全国勘察设计注册公用设备工程师（暖通空调）专业考试历年真题详解——专业案例篇

清风注考 编著

机械工业出版社

本书以清风注考版注册暖通空调专业考试历年真题详解为基础，融合了GO-GO培训班各位老师的研究成果，也采纳了两年来广大考友宝贵的意见和建议，精心编写而成。

本书紧扣考试大纲和规范，针对2006~2019年注册暖通空调专业考试历年考试真题进行了详细解答，并对必要的知识点进行了扩展延伸。参编人员均为高分通过考试的考友和授课名师，有丰富的注册考试及工程设计经验，真正从考生的角度深入分析题目，题目详解逻辑性强、步骤规范、知识点总结到位，更有助于考生的复习备考。

图书在版编目(CIP)数据

全国勘察设计注册公用设备工程师(暖通空调)专业考试历年真题详解.专业案例篇/清风注考编著. —4版. —北京：机械工业出版社，2020.3
　ISBN 978-7-111-64822-2

　Ⅰ.①全… Ⅱ.①清… Ⅲ.①采暖设备－建筑设计－资格考试－题解②通风设备－建筑设计－资格考试－题解③空气调节设备－建筑设计－资格考试－题解　Ⅳ.①TU83-44

中国版本图书馆CIP数据核字(2020)第031342号

机械工业出版社(北京市百万庄大街22号　邮政编码100037)
策划编辑：范秋涛　责任编辑：范秋涛　张大勇
责任校对：刘时光　责任印制：张　博
三河市宏达印刷有限公司印刷
2020年4月第4版第1次印刷
184mm×260mm・26.75印张・2插页・697千字
标准书号：ISBN 978-7-111-64822-2
定价：79.00元

电话服务　　　　　　　　　网络服务
客服电话：010-88361066　　机　工　官　网：www.cmpbook.com
　　　　　010-88379833　　机　工　官　博：weibo.com/cmp1952
　　　　　010-68326294　　金　书　网：www.golden-book.com
封底无防伪标均为盗版　　　机工教育服务网：www.cmpedu.com

本书编委会

主　编：
　　张　诚　北京首钢国际工程技术有限公司

参　编：
　　毛钰荣　江苏碳元绿色建筑科技有限公司
　　王勇丽　北京添易琦建筑设计咨询工作室
　　杜学丽　甘肃省建筑设计研究院有限公司
　　刘宇亮　湖南省建筑设计院有限公司
　　方　伟　北京首钢国际工程技术有限公司
　　叶　睿　北京首钢国际工程技术有限公司
　　王雪飞　北京首钢国际工程技术有限公司
　　朱德润　北京首钢国际工程技术有限公司
　　魏慧娇　中国建筑科学研究院天津分院
　　马　涛　济南市人防建筑设计研究院有限责任公司
　　丛　惠　西安市建筑设计研究院有限公司

前　言

《全国勘察设计注册公用设备工程师（暖通空调）专业考试历年真题详解——专业知识篇》及《全国勘察设计注册公用设备工程师（暖通空调）专业考试历年真题详解——专业案例篇》融合了2019年清风版真题详解和GO-GO培训班各位老师的研究成果，精心编写而成。

本书紧扣考试大纲和规范，对2006~2019年历年考试真题进行了全面的收录和详细解答，力争做到"题题有依据""难点有分析""争议有讨论"，并对必要的知识点进行了扩展延伸。参编人员均为高分通过考试的考友和授课名师，有丰富的注册考试及工程设计经验，真正从考生的角度深入分析题目，题目详解逻辑性强、步骤规范、知识点总结到位，更有助于考生的复习备考。我们希望这本精心编制的注考书籍，能为您指点迷津，助您高效备考，顺利通过注册考试！

本书所有题目均来源于网友贡献，题目解析由清风注考及GO-GO培训班各位老师整理，也采纳了广大考友的宝贵建议，不代表任何官方意见，也不是官方标准答案，仅供备考2020年注册考试的广大考友交流学习使用。同时，由于水平和时间有限，本书难免出现差错，恳请您提出宝贵的修改建议，联系作者或加入注册考试交流群，大家共同进步。

本书自2015年出版以来，受到了广大考生的热烈好评，同时也有众多考友向我们提出了积极的改进意见。本着全力服务考生、不断完善真题、尽力满足考生差异化要求的目的，笔者对2020年新版真题详解做出了以下改版：

一、形式方面

1. 将《专业知识》和《专业案例》作为两册分别出版，方便携带和考场翻查。

2. 2006~2014年真题参照《教材2019》目录按考点进行详细分类，提高真题在前期复习过程中的使用效率，也方便考场上快速查找往年相同考点的题目。

3. 2016~2019年题目不列入分类题目中，目的在于避免考生在复习前期涉及所有年份真题，但同时将前两年真题对应题号列于分类目录标题之后，以方便考生后期总结归纳以及考场查找。

4. 保留2011~2019年原版空白试卷及详细解析，主要用于复习中后期实战模拟测试，以避免复习过程中常见的眼高手低现象。

5. 删除了分类解析中部分规范依据过时的题目。

二、内容方面

1. 结合按章节详细分类的历年真题，对重要及常考知识点进行总结归纳，方便考生系统掌握相同考点真题的知识脉络和解题思路。

2. 针对2020年可能更新的规范，在相关题目详解中增加了针对新规范的解答和分析，做到与时俱进、老题新解。

3. 优化附录中焓湿图，使用更方便，查询更快捷，并增加焓湿图计算常用公式及常用状态焓湿表。

4. 对2019年版书籍中的错误和不足进行了勘误和完善。

三、新增模拟试题

近年来，暖通空调专业考试出题思路不断调整，新鲜考点频出，而考生在复习过程中往往缺乏深入思考，机械地模仿历年真题套路，在遇见新考点或原有考点稍有变化时，无法做到举一反三，灵活应对。因此为了扩展考生思路，避免思维固化，提高应对新题型、新考点的能力，笔者组织高水平考生共同编写了一套全真模拟试题，充分结合工程实际，挖掘历年真题未涉及考点，希望能够提高广大考生的应试能力，也欢迎广大考生积极投稿，参与到今后模拟题的创作中来。本期模拟题编写组成员及录用题目数量见下表。

出题成员	录用题目数量		
	单选	多选	案例
张诚	33	25	26
毛钰荣	15	5	17
王勇丽	15	12	0
杜学丽	2	9	2
方伟	5	1	4
刘宇亮	7	6	0
马涛	1	1	1
魏慧娇	2	1	0

真题编号说明：

本书题目编号原则为：××××-×-××，编号第一部分数字为考试年份，第二部分数字为考试场次，其中1、2、3、4分别对应专业知识（上）、专业知识（下）、专业案例（上）、专业案例（下），第三部分数字为题目编号。如2014-2-4为2014年专业知识（下）第4题。2014-3-16为2014年专业案例（上）第16题，以此类推。

清风注考
考试交流QQ群：578042535
15966718

来自 GO-GO 培训的一封信

今天的你是否结束了制图的辛劳，耳边却还萦绕着甲方的念叨？

今天的你是否受够了领导的指派，胸中的理想却还在脑海徘徊？

是否，你工作多年，辛苦拼搏，阔别课本已久？为了完成职业生涯的蜕变，为了提升专业素养，为了离自己的理想更进一步，义无反顾地踏上了漫漫备考路？旁人喝咖啡的时候，你在埋头看书；旁人看韩剧的时候，你在默默复习；旁人享天伦的时候，你在奋笔做题；旁人思考人生的时候，你在忐忑不安地等成绩……

天道酬勤，有志者事竟成！有一天当你拿到"沉甸甸"的证书，回首充实的备考时光，点点滴滴在心头。往日的坚毅奋斗都将化为你生命中宝贵的财富。在学习的路上，再没有什么可以阻挡你迈向理想的步伐。

可是……

你是否曾经受制于 71 本规范的桎梏，寸步难行？

你是否曾经面对 800 余页考试教材的纷繁复杂，无从下手？

你是否曾经独自一人，孤军奋战，欲求名师耳提面命的谆谆教导而不可得？

水压图，高深莫测，百思不得其解？

防排烟，事关重大，岂敢视若等闲？

焓湿图，千变万化，自信游刃有余？

更别提温熵图、压焓图两大杀器，不知摧残了多少颗疲惫的心……

浸淫书海大半年，笔下解题两千余。却依然有很多人搞不清散热器的水力工况；不明白空调水系统的故障分析；不知道污染物排放浓度的计算要点；望着"闪发蒸汽分离器""多级压缩""热回收式热泵机组""弗鲁德数 Fr""一次节流、不完全中间冷却"这些高大上的概念不知所云。

当然啦，像"空调箱和冷却塔的进出风风量、风温、进出水水量、水温之间的相互关系""供暖水系统阀门开闭造成的水力工况变化""空调水系统定压、压差旁通控制、一级泵变流量和二级泵系统的详细工作特性""泵与风机的工况变化及其相关的核心知识点""逆卡诺循环、劳伦兹循环、理论制冷循环、实际制冷循环""热泵工况变化的一系列必考题型""红外线辐射供暖案例题""有关中和面定位的案例题""非等温自由射流的案例题""年年必考，得分难点，焓湿图计算的案例题""大多数人很少接触的涉及冷库与冰蓄冷的案例题"，还有，还有，像"溶液除湿温湿度独立控制""蒸发冷却空调""VAV 变风量系统及置换通风"……诸如此类，大家确定一定以及肯定是非常熟悉了吧？

什么？你说你还不知道？呃……

没关系，GO-GO 暖通注册培训班，为你护航。

洒脱的人生，快乐的学习。

GO-GO 培训拥有强大的师资力量，所有授课老师均为 985 高校授课名师，博士学历，教学经验丰富，授课方式生动，深入浅出，广受好评。更重要的是，他们都早早地通过了注册考试，和广大考生一样，体验过注考的种种不易，更能有针对性地进行贴心辅导。

GO-GO 培训也拥有强大的明星助考团，成员均为各届注考的高分考生，对注册考试颇有心得，且乐于分享。2014~2019 年，我们一起为群里的上千考友提供了无私的帮助，组织了多场规范串讲，制冷与空调重难点精讲，反响甚好。我们都是注考路上的同路人，经历了酸甜苦辣才会更加懂得珍惜和感恩。规范与教材内容繁多，该如何复习？重难点与旁枝末节如何取舍？又该如何安排复习进度与计划？所有的这些，我们都将全程陪同助考，与诸君共勉。

付出的是青春与汗水，收获的是成长与友谊。

GO-GO 暖通注册培训班，在我们追求理想的道路上 GO！GO！GO！

2020，我们在这里等你！

GO-GO 培训

依据简称对照表

简　称	全　称
《教材2019》	《全国勘察设计注册公用设备工程师暖通空调专业考试复习教材(第三版)2019》
《教材(第三版)》	《全国勘察设计注册公用设备工程师暖通空调专业考试复习教材(第三版)》
《教材(第二版)》	《全国勘察设计注册公用设备工程师暖通空调专业考试复习教材(第二版)》
《红宝书》	《实用供热空调设计手册(第二版)》)(陆耀庆主编)
《暖规》	《采暖通风与空气调节设计规范》(GB 50019—2003)(已废止，部分题目供参考)
《民规》	《民用建筑供暖通风与空气调节设计规范》(GB 50736—2012)
《工业暖规》	《工业建筑供暖通风与空气调节设计规范》(GB 50019—2015)
《建规2014》	《建筑设计防火规范》(GB 50016—2014)
《防排烟规范》	《建筑防烟排烟系统技术标准》(GB 51251—2017)
《公建节能》	《公共建筑节能设计标准》(GB 50189—2005)(已废止，部分题目供参考)
《公建节能2015》	《公共建筑节能设计标准》(GB 50189—2015)
《供热计量》(JGJ 173—2009)	《供热计量技术规程》(JGJ 173—2009)
《锅规》(GB 50041—2008)	《锅炉房设计规范》(GB 50041—2008)
《严寒规》(JGJ 26—2010)	《严寒和寒冷地区居住建筑节能设计标准》(JGJ 26—2010)
《辐射冷暖规》(JGJ 142—2012)	《辐射供暖供冷技术规程》(JGJ 142—2012)
《热网规》(CJJ 34—2010)	《城镇供热管网设计规范》(CJJ 34—2010)
《通风验规》(GB 50243—2016)	《通风与空调工程施工质量验收规范》(GB 50243—2016)
《水暖验规》(GB 50242—2002)	《建筑给水排水及采暖工程施工质量验收规范》(GB 50242—2002)
《通风施规》(GB 50738—2011)	《通风与空调工程施工规范》(GB 50738—2011)
《地源热泵规》(GB 50366—2005)	《地源热泵系统工程技术规范》(GB 50366—2005)
《给水排水规》(GB 50015—2003)	《建筑给水排水设计规范》(GB 50015—2003)
《燃气设计规》(GB 50028—2006)	《城镇燃气设计规范》(GB 50028—2006)
《冷库规》(GB 50072—2010)	《冷库设计规范》(GB 50072—2010)
《洁净规》(GB 50073—2013)	《洁净厂房设计规范》(GB 50073—2013)
《人防规》(GB 50038—2005)	《人民防空地下室设计规范》(GB 50038—2005)
《09技措》	《全国民用建筑工程设计技术措施暖通空调·动力2009版》
《07节能技措》	《全国民用建筑工程设计技术措施节能专篇暖通空调·动力2007版》
《供热工程》	《供热工程(第四版)》中国建筑工业出版社
《工业通风》	《工业通风(第四版)》中国建筑工业出版社
《空气调节》	《空气调节(第四版)》中国建筑工业出版社
《制冷技术》	《空气调节用制冷技术(第四版)》中国建筑工业出版社

考生须知及注意事项

1. 全国勘察设计注册公用设备工程师（暖通空调）专业考试分为两天进行，题目分布及合格标准见下表。

考试日程	考试科目	题目类型	题目数量	题目分值	满分	合格标准	备注
第一天	专业知识（上）	单选题	40	1	200	120	两天分数同时达到合格标准方为通过
		多选题	30	2			
	专业知识（下）	单选题	40	1			
		多选题	30	2			
第二天	专业案例（上）	案例题	25	2	100	60	
	专业案例（下）	案例题	25	2			

2. 书写用笔：黑色或蓝色墨水的钢笔、签字笔、圆珠笔，考生在试卷上作答时，必须使用书写用笔，不得使用铅笔，否则视为违纪试卷。

填涂答题卡用笔：黑色2B铅笔。

3. 须用书写用笔将工作单位、姓名、准考证号填写在答题卡和试卷相应栏目内，在其他位置书写单位、姓名、准考证号等信息的作为违纪试卷，不予评分。

4. 考生在作答第一天专业知识考试试卷时，需按题号在答题卡上将相应试题所选选项对应的字母用2B铅笔涂黑。

5. 考生在作答第二天专业案例考试试卷时，必须在每道题目下方对应"[ ]"内填写该试题所选答案对应的字母，并必须在相应试题解答过程下面的空白处写明该题目的主要分析或计算过程及计算结果，同时还须将所选答案用2B铅笔填涂在答题卡上。对于不按要求作答的，如不在每道题目下方对应"[ ]"内填写该试题所选答案对应的字母，仅在选项A、B、C、D处画"√"的作答行为，视为违规，该试题不予复评计分。

6. 在答题卡上书写与题意无关的语言，或在答题卡上做标记的，均按违纪试卷处理。

7. 考试结束时，由监考人员当面将试卷、答题卡一并收回。

8. 草稿纸由各地统一配发，考后收回。

目　　录

前言
来自 GO-GO 培训的一封信
依据简称对照表
考生须知及注意事项

第1篇　历年真题考点分类解析(专业案例)

第1章　供暖 2
1.1　建筑热工与节能 2
1.1.1　围护结构热工计算 2
1.1.2　建筑节能与权衡判断(考点总结：新旧节能规范关于权衡判断的对比) 3
1.2　建筑供暖热负荷计算 5
1.3　热水、蒸汽供暖系统分类及计算 6
1.4　辐射供暖(供冷) 6
1.4.1　热水辐射供暖 6
1.4.2　燃气红外线辐射供暖 8
1.5　热风供暖 9
1.5.1　集中送风 9
1.5.2　暖风机的选择 10
1.6　供暖系统的水力计算 11
1.6.1　经典热水网络水力分析计算 12
1.6.2　管网阻力系数相关计算(考点总结：管网阻力系数恒定在计算中的灵活运用) 17
1.6.3　蒸汽供暖系统的水力计算 20
1.7　供暖设备与附件 21
1.7.1　散热器片数计算(考点总结：1. 流量修正系数 β_4 的使用原则　2. 散热器片数取舍原则) 21
1.7.2　散热器水温及散热量计算 23
1.7.3　换热器 27
1.8　小区供热 29
1.8.1　集中供暖系统的热负荷概算 29
1.8.2　热水供热管网压力工况分析 30
1.9　小区供热锅炉房 33
1.9.1　锅炉的基本特性及设备选择 33
1.9.2　供热节能改造热指标计算 35
1.10　水泵耗电输热比计算 36

第2章 通风 38
2.1 环境标准、卫生标准、排放标准 38
2.2 全面通风 40
2.2.1 全面通风量计算 40
2.2.2 热风平衡计算(考点总结：通风工程中室外计算温度取值) 43
2.3 自然通风 46
2.3.1 自然通风的计算 46
2.3.2 自然通风原理及设备选择 50
2.4 局部排风 51
2.4.1 密闭罩及柜式排风罩 51
2.4.2 工作台上侧吸罩(考点总结：工作台上侧吸罩计算方法释疑) 52
2.4.3 接受式排风罩 53
2.5 过滤与除尘 53
2.5.1 除尘器的选择(性能指标) 53
2.5.2 除尘器的计算 55
2.5.3 典型除尘器 58
2.6 有害气体净化 59
2.7 通风管道系统 61
2.8 通风机 63
2.8.1 通风机的分类、性能参数与命名 63
2.8.2 通风机与管网特性曲线 66
2.9 通风管道风压、风速、风量测定 67
2.10 建筑防排烟及防火规范 68
2.11 人民防空地下室通风 69
2.12 汽车库、电气和设备用房通风 70

第3章 空气调节 72
3.1 空气调节的基础知识 72
3.2 空调冷热负荷和湿负荷计算 74
3.3 空气处理与空调风系统 76
3.3.1 新风、送风量计算 76
3.3.2 加湿、除湿计算 79
3.3.3 直流全新风系统 81
3.3.4 一次回风系统 82
3.3.5 二次回风系统 88
3.3.6 风机盘管加新风空调系统 89
3.3.7 温湿度独立控制系统(考点总结：温湿度独立控制系统的设计计算方法) 93
3.3.8 组合式空调机组 97
3.4 空调房间的气流组织 99

3.5 空气洁净技术 ··· 101
   3.5.1 空气洁净等级 ··· 101
   3.5.2 空气过滤器 ·· 101
   3.5.3 气流流型和送风量、回风量 ··· 102
   3.5.4 室压控制 ··· 103
3.6 空调冷热源与集中空调水系统 ·· 103
   3.6.1 水泵计算(考点总结：水泵相关计算) ·· 103
   3.6.2 空调水系统的水力计算和水力工况分析 ··· 106
3.7 空调系统的监测与控制 ·· 111
3.8 空调、通风系统的消声与隔振 ·· 111
3.9 保温与保冷设计(考点总结：多层平板传热问题) ·· 113
3.10 空调系统的节能、相关节能规范 ·· 117
   3.10.1 新风比设计 ··· 117
   3.10.2 风机节能 ·· 118
   3.10.3 热回收 ··· 119
   3.10.4 耗电输热(冷)比[考点总结：耗电输热(冷)比争议点总结] ················· 122

第4章 制冷与热泵技术 ·· 124
4.1 蒸汽压缩式制冷循环(考点总结：制冷循环题目计算要点) ······························ 124
4.2 制冷剂及载冷剂 ·· 131
4.3 蒸汽压缩式制冷(热泵)机组及其选择计算方法 ·· 131
   4.3.1 制冷压缩机及热泵机组的主要性能参数 ··· 131
   4.3.2 制冷压缩机的种类及其特点 ··· 135
   4.3.3 制冷(热泵)机组的性能系数及 IPLV 计算 ··· 135
   4.3.4 蒸发器、冷凝器相关计算 ·· 138
   4.3.5 热泵机组计算 ··· 139
4.4 蒸汽压缩式制冷系统及制冷机房设计 ·· 141
4.5 溴化锂吸收式制冷机 ·· 143
4.6 燃气冷热电三联供 ··· 144
4.7 蓄冷技术及其应用 ··· 144
4.8 冷库设计的基础知识 ·· 146
4.9 冷库制冷系统设计及设备的选择计算 ·· 147
4.10 其他 ··· 148
   4.10.1 地源热泵 ·· 148
   4.10.2 冷热源方案 ··· 150

第5章 民用建筑房屋卫生设备和燃气供应 ··· 156
5.1 室内给水 ·· 156
5.2 室内排水 ·· 157
5.3 燃气供应 ·· 158

第2篇　历年真题原版试卷及详细解析(专业案例)

2011年度全国注册公用设备工程师(暖通空调)执业资格考试	专业案例(上)………………	162
2011年度全国注册公用设备工程师(暖通空调)执业资格考试	专业案例(上)　详解……	168
2011年度全国注册公用设备工程师(暖通空调)执业资格考试	专业案例(下)………………	174
2011年度全国注册公用设备工程师(暖通空调)执业资格考试	专业案例(下)　详解……	180
2012年度全国注册公用设备工程师(暖通空调)执业资格考试	专业案例(上)………………	186
2012年度全国注册公用设备工程师(暖通空调)执业资格考试	专业案例(上)　详解……	192
2012年度全国注册公用设备工程师(暖通空调)执业资格考试	专业案例(下)………………	198
2012年度全国注册公用设备工程师(暖通空调)执业资格考试	专业案例(下)　详解……	204
2013年度全国注册公用设备工程师(暖通空调)执业资格考试	专业案例(上)………………	211
2013年度全国注册公用设备工程师(暖通空调)执业资格考试	专业案例(上)　详解……	218
2013年度全国注册公用设备工程师(暖通空调)执业资格考试	专业案例(下)………………	224
2013年度全国注册公用设备工程师(暖通空调)执业资格考试	专业案例(下)　详解……	231
2014年度全国注册公用设备工程师(暖通空调)执业资格考试	专业案例(上)………………	237
2014年度全国注册公用设备工程师(暖通空调)执业资格考试	专业案例(上)　详解……	243
2014年度全国注册公用设备工程师(暖通空调)执业资格考试	专业案例(下)………………	251
2014年度全国注册公用设备工程师(暖通空调)执业资格考试	专业案例(下)　详解……	257
2016年度全国注册公用设备工程师(暖通空调)执业资格考试	专业案例(上)………………	266
2016年度全国注册公用设备工程师(暖通空调)执业资格考试	专业案例(上)　详解……	273
2016年度全国注册公用设备工程师(暖通空调)执业资格考试	专业案例(下)………………	281
2016年度全国注册公用设备工程师(暖通空调)执业资格考试	专业案例(下)　详解……	287
2017年度全国注册公用设备工程师(暖通空调)执业资格考试	专业案例(上)………………	294
2017年度全国注册公用设备工程师(暖通空调)执业资格考试	专业案例(上)　详解……	300
2017年度全国注册公用设备工程师(暖通空调)执业资格考试	专业案例(下)………………	307
2017年度全国注册公用设备工程师(暖通空调)执业资格考试	专业案例(下)　详解……	313
2018年度全国注册公用设备工程师(暖通空调)执业资格考试	专业案例(上)………………	320
2018年度全国注册公用设备工程师(暖通空调)执业资格考试	专业案例(上)　详解……	326
2018年度全国注册公用设备工程师(暖通空调)执业资格考试	专业案例(下)………………	334
2018年度全国注册公用设备工程师(暖通空调)执业资格考试	专业案例(下)　详解……	341
2019年度全国注册公用设备工程师(暖通空调)执业资格考试	专业案例(上)………………	348
2019年度全国注册公用设备工程师(暖通空调)执业资格考试	专业案例(上)　详解……	354

2019 年度全国注册公用设备工程师(暖通空调)执业资格考试 专业案例(下) ……………… 361
2019 年度全国注册公用设备工程师(暖通空调)执业资格考试 专业案例(下) 详解 …… 368

第 3 篇 模拟试题及详细解析(专业案例)

2020 年度全国注册公用设备工程师(暖通空调)执业资格考试 专业案例
模拟试卷(上) ……………………………………………………………………………… 376
2020 年度全国注册公用设备工程师(暖通空调)执业资格考试 专业案例
模拟试卷(上) 详解 ……………………………………………………………………… 384
2020 年度全国注册公用设备工程师(暖通空调)执业资格考试 专业案例
模拟试卷(下) ……………………………………………………………………………… 392
2020 年度全国注册公用设备工程师(暖通空调)执业资格考试 专业案例
模拟试卷(下) 详解 ……………………………………………………………………… 399

附录 …………………………………………………………………………………………… 408
  附录 A **2020 年全国注册公用设备工程师(暖通空调)执业资格考试专业考试使用的
     主要规范、标准** ……………………………………………………………… 408
  附录 B 考点总结快速查找目录 ……………………………………………………… 411
  附录 C 热湿比小工具 …………………………………………………………………… 413
  附录 D 焓湿图

第1篇

历年真题考点分类解析
（专业案例）

第 1 章 供 暖

1.1 建筑热工与节能

1.1.1 围护结构热工计算(2016-3-1,2017-3-2,2018-4-2)[一]

1. 试对某建筑卷材屋面保温材料内部冷凝受潮进行验算,已知,在一个供暖期中,由室内空气渗入到保温材料中的水蒸气量为 $60kg/m^2$,从保温材料向室外空气渗出的水蒸气量为 $30kg/m^2$,保温材料干密度为 $400kg/m^3$,厚度为 200mm,保温材料重量湿度的允许增量为 6%,下列结论正确的是何项?(2009-3-1)
(A)保温材料的允许重量湿度增量为 $30kg/m^2$,会受潮
(B)保温材料的允许重量湿度增量为 $30kg/m^2$,不会受潮
(C)保温材料的允许重量湿度增量为 $48kg/m^2$,会受潮
(D)保温材料的允许重量湿度增量为 $48kg/m^2$,不会受潮

主要解答过程:

保温材料实际湿度增量为:$60kg/m^2 - 30kg/m^2 = 30kg/m^2$

根据 2017 年教材 P8 式(1.1-13):允许重量湿度增量为:

$C = 10\rho\delta[\Delta\omega] = 10 \times 400 \times 0.2 \times 6\% = 48kg/m^2 > 30kg/m^2$,故不会受潮。

注:《教材2019》删除该公式。

答案:[D]

2. 某热湿作业车间冬季的室内温度为 23℃,相对湿度为 70%,供暖室外计算温度为 -8℃,$R_n = 0.115m^2 \cdot K/W$,当地大气压为标准大气压,现要求外窗的内表面不结露,且选用造价低的窗玻璃,应是下列何项?(2009-4-1)

(A) $K = 1.2W/(m^2 \cdot K)$ (B) $K = 1.5W/(m^2 \cdot K)$
(C) $K = 1.7W/(m^2 \cdot K)$ (D) $K = 2.0W/(m^2 \cdot K)$

主要解答过程:

查 h-d 图得:露点温度 $t_1 = 17.24℃$

在保证不结露的情况下,根据热量平衡关系得:

$$K \times [23 - (-8)] = \frac{23 - 17.24}{R_n} \Rightarrow K = 1.62W/(m^2 \cdot K)$$

为保证不结露并且造价最低选择 $K = 1.5W/(m^2 \cdot K)$。

答案:[B]

3. 某住宅楼节能外墙的做法(从内到外):①水泥砂浆,厚度 $\delta_1 = 20mm$,导热系数 $\lambda_1 = 0.93W/(m \cdot K)$;②蒸压加气混凝土块,$\delta_2 = 200mm$,导热系数 $\lambda_2 = 0.20W/(m \cdot K)$,修正系数 $\alpha_\lambda = 1.25$;③单面钢丝网片岩棉板,$\delta_3 = 70mm$,$\lambda_3 = 0.045W/(m \cdot K)$,修正系数 $\alpha_\lambda =$

[一] 括号内为前三年考试对应该知识点题目编号(下同),考生可根据题号在本书后半部分成套真题中快速查找对应题目,也可以根据前三年该小节题目多少来判断近两年出题侧重趋势。笔者建议保留前三年新鲜题用作考前实战模拟测试。

1.20；④保护层、饰面层。如果忽略保护层、饰面层热阻影响，该外墙的传热系数 K 应为以下何项？（2014-3-1）

(A) $(0.29 \sim 0.31)$ W/(m² · K)　　　　(B) $(0.35 \sim 0.37)$ W/(m² · K)

(C) $(0.38 \sim 0.40)$ W/(m² · K)　　　　(D) $(0.42 \sim 0.44)$ W/(m² · K)

主要解答过程：

根据《教材2019》P3 表1.1-4和表1.1-5，该外墙内外表面换热系数：

$$\alpha_n = 8.7 \text{ W/(m}^2 \cdot \text{K)} \quad \alpha_w = 23 \text{ W/(m}^2 \cdot \text{K)}$$

根据式(1.1-3)，该外墙传热系数：（其中 $R_k = 0 \text{ m}^2 \cdot \text{K/W}$）

$$K = \frac{1}{R_o} = \frac{1}{\dfrac{1}{\alpha_n} + \sum \dfrac{\delta}{\alpha_\lambda \lambda} + R_K + \dfrac{1}{\alpha_w}}$$

$$= \frac{1}{\dfrac{1}{8.7} + \dfrac{0.02}{0.93} + \dfrac{0.2}{0.2 \times 1.25} + \dfrac{0.07}{1.2 \times 0.045} + 0 + \dfrac{1}{23}} = 0.439 \text{ W/(m}^2 \cdot \text{K)}$$

答案：[D]

1.1.2　建筑节能与权衡判断（2018-4-1）

考点总结：新旧节能规范关于权衡判断的对比

权衡判断内容	《公建节能》（GB 50189—2005）		《公建节能2015》（甲类公建）	
严寒、寒冷地区体型系数	4.1.2条	不大于0.4，不满足时需权衡判断	3.2.1条	取消权衡判断条件，根据实际工程面积大小略放宽了对体型系数的要求
窗墙比要求	4.2.4条	不大于0.7，不满足时需权衡判断	3.2.2条	取消权衡判断条件，规定严寒地区要求不宜大于0.6，其他地区要求不宜大于0.7
可见光透射比	4.2.4条	不小于0.4，不满足时需权衡判断	3.2.4条	取消权衡判断条件，规定窗墙比小于0.4时，可见光透射比不应小于0.6；窗墙比小于0.4时，可见光透射比不应小于0.4
屋顶透明面积比	4.2.6条	不大于屋顶总面积的20%，不满足时需权衡判断	3.2.7条	未做修改
围护结构热工性能	4.2.2条	满足表4.2.2-1～表4.2.2-6要求，不满足时需权衡判断	3.3.1条	满足表3.3.1-1～表3.3.1-6要求，不满足时需权衡判断，注意各表中热工参数及气候区划分有所调整

总结：《公建节能2015》权衡判断相关改动的理解分析

(1)针对一些对能耗影响较大的参数，取消了其权衡判断的可能性，提高了权衡判断的门槛，防止设计师随意以权衡判断为借口，设计出各种"奇奇怪怪"的高能耗建筑。

(2)针对建筑面积大小划分甲类和乙类公建，仅对能耗较大的甲类公建做相关限制，抓大放小，避免一刀切现象。

(3)针对建筑规模、不同气候区做更详细的限值区分，提高了规范条文的科学性和可执行性。

(4)以下相关历年真题根据《公建节能》（GB 50189—2005）条文出题，考生不必纠结具体答案，仅需掌握权衡判断的基本思路，做到灵活运用，举一反三。

1. 地处严寒地区A区的某10层矩形办公楼（正南北朝向，平屋顶），其外围护结构平面几何尺寸为 57.6m×14.4m，每层层高均为 3.1m，其中南向外窗面积最大（其外窗面积为 604.8m²），问该朝向的外窗及外墙的传热系数[W/(m²·K)]应是何项？（2010-3-1）

(A) $K_窗 ≤ 2.8$，$K_墙 ≤ 0.45$　　　　　　(B) $K_窗 ≤ 1.7$，$K_墙 ≤ 0.40$
(C) $K_窗 ≤ 2.5$，$K_墙 ≤ 0.45$　　　　　　(D) 应进行权衡判断

主要解答过程：

建筑体积：$V = 57.6 × 14.4 × (10 × 3.1) = 25712.64(m^3)$

建筑表面积：$S = (57.6 + 14.4) × 2 × (10 × 3.1) + 57.6 × 14.4 = 5293.44(m^2)$

体型系数：$n = S/V = 0.206 < 0.4$，因此不需要进行权衡判断

南外窗窗墙比：$m = 604.8/(57.6 × 3.1 × 10) = 0.34$

根据《公建节能》表 4.2.2-1，查得：$K_窗 ≤ 2.5$，$K_墙 ≤ 0.45$

答案：[C]

2. 某严寒地区 A 区拟建 10 层办公建筑（正南、北朝向、平屋顶），矩形平面，其外轮廓平面尺寸为 40000mm×14400mm。一层和顶层层高均为 5.4m，中间层层高均为 3.0m。顶层为多功能厅，多功能厅屋面开设一天窗，尺寸为 12000mm×6000mm。该建筑的屋面及天窗的传热系数[W/(m²·K)]应是下列哪一项？（2011-4-1）

(A) $K_{天窗} ≤ 2.6$，$K_{屋面} ≤ 0.45$　　　　(B) $K_{天窗} ≤ 2.5$，$K_{屋面} ≤ 0.35$
(C) $K_{天窗} ≤ 2.5$，$K_{屋面} ≤ 0.30$　　　　(D) 应当进行权衡判断确定

主要解答过程：

建筑表面积：$S = 40 × 14.4 + (14.4 + 40) × 2 × (5.4 × 2 + 3 × 8) = 4362.24(m^2)$

建筑体积：$V = 14.4 × 40 × (5.4 × 2 + 3 × 8) = 20044.8(m^3)$

体型系数：$N = S/V = 0.218 < 0.4$

天窗占屋面百分比：$M = (12 × 6)/(40 × 14.4) = 12.5\% < 20\%$

根据《公建节能》第 4.1.2 及 4.2.6 条，不需要进行权衡判断确定

查表 4.2.2-1，得 $K_{天窗} ≤ 2.5$，$K_{屋面} ≤ 0.35$

答案：[B]

3. 设计严寒地区 A 区某正南北朝向的 9 层办公楼，外轮廓尺寸为 54m×15m，南外窗为 16 个通高竖向条形窗（每个窗宽 2.10m），整个顶层为多功能厅，顶部开设一天窗（24m×6m），一层和顶层层高均为 5.4m，中间层层高均为 3.9m，问该建筑的南外窗及窗外的传热系数 W/(m²·K)应当是下列何项？（2012-3-1）

(A) $K_窗 ≤ 1.4$，$K_墙 ≤ 0.40$　　　　　　(B) $K_窗 ≤ 1.7$，$K_墙 ≤ 0.45$
(C) $K_窗 ≤ 1.5$，$K_墙 ≤ 0.40$　　　　　　(D) $K_窗 ≤ 1.5$，$K_墙 ≤ 0.45$

主要解答过程：

建筑表面积：$S = 54 × 15 + 2 × (54 + 15) × (5.4 × 2 + 3.9 × 7) = 6067.8(m^2)$

建筑体积：$V = 54 × 15 × (5.4 × 2 + 3.9 × 7) = 30861(m^3)$

体型系数：$N = S/V = 0.197 < 0.4$

天窗占屋面百分比：$M = (24 × 6)/(54 × 15) = 17.8\% < 20\%$

南向窗墙比：$Q = 16 × 2.10 × (5.4 × 2 + 3.9 × 7)/54 × (5.4 × 2 + 3.9 × 7) = 62.2\%$

根据《公建节能》第 4.1.2 及 4.2.6 条，不需要进行权衡判断确定

查表 4.2.2-1，得 $K_墙 ≤ 0.45$，$K_窗 ≤ 1.7$

答案：[B]

1.2 建筑供暖热负荷计算

1. 某商住楼，首层和二层是三班制工场，供暖室内计算温度16℃，三层及以上是住宅，每层6户，每户145m²，供暖室内计算温度为18℃，每户住宅计算供暖热负荷约为4kW，二三层间楼板传热系数为2W/(m²·K)，房间楼板传热的处理方法按有关设计规范下列哪一项是正确的？(2007-3-2)
(A)计算三层向二层传热量，但三层房间供暖热负荷不增加
(B)计算三层向二层传热量，计入三层供暖热负荷中
(C)不需要计算二、三层之间的楼板的传热量
(D)计算三层向二层传热量，但二层房间的供暖负荷可不减少
主要解答过程：
根据《民规》第5.2.5条：相邻房间温差为2℃<5℃，但：
供暖总负荷为：$Q = 6 \times 4kW = 24kW$
通过楼板传热量为：$Q_c = KF\Delta t = 2W/(m^2 \cdot K) \times (6 \times 145m^2) \times (18℃ - 16℃) = 3.48kW > 10\%Q$
故需要计算三层向二层传热量，计入三层供暖热负荷中。
答案：[B]

2. 某车间围护结构耗热量 $Q_1 = 110kW$，加热由门窗缝隙渗入室内的冷空气耗热量 $Q_2 = 27kW$，加热由门孔洞侵入室内的冷空气耗热量 $Q_3 = 10kW$，有组织的新风耗热量 $Q_4 = 150kW$，热物料进入室内的散热量 $Q_5 = 32kW$（每班1次，一班8h）。该车间的冬季供暖通风系统的热负荷是下列哪一项？(2008-3-2)
(A)304kW (B)297kW (C)292kW (D)271kW
主要解答过程：
根据《教材2019》P15 或《工业暖规》第5.2.1条："不经常的散热量，可以不计算"。
因此 $Q = Q_1 + Q_2 + Q_3 + Q_4 = 297kW$
答案：[B]

3. 某6层办公楼层高均为3.3m，其中位于二层的一个办公室开间、进深和窗的尺寸如图所示，该房间的南外墙基本耗热量142W，南外窗的基本耗热量为545W，南外窗缝隙渗透入室内的冷空气耗热量为205W，该办公室选用散热器时，采用的耗热量应为下列哪一个选项值？（南向修正率 -15%）(2008-4-3)
(A)740~790W (B)800~850W
(C)860~910W (D)920~960W

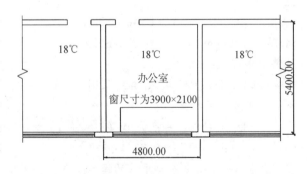

主要解答过程：
根据《教材2019》P19 第(6)条："窗墙面积比超过1:1时，对窗的基本耗热附加10%"。
本题中窗墙比 = (3.9×2.1)/(4.8×3.3 − 3.9×2.1) = 1.07 > 1
故散热器负荷 $Q = 142W \times (1 - 15\%) + 545W \times (1 + 10\% - 15\%) + 205W = 843.45W$
注：(1)朝向修正和窗墙比修正均为对围护结构基本耗热量的修正，修正系数应相加而不是连乘。

(2) 只有题干明确指出为间歇供暖的办公楼才会考虑20%的间歇附加,本题不考虑。

(3) 在计算窗墙比修正系数时,墙的面积是扣除窗户面积的,与之不同的是关于《公建节能》中窗墙比的计算,墙的面积是不扣除窗户面积的,做题时应根据考点区别对待。

答案:[B]

4. 某5层办公楼冬季采用散热器供暖,层高均为3.6m,二层有一个办公室的开间、进深和窗的尺寸如图所示,该办公室的南外墙基本耗热量为243W,南外窗的基本耗热量为490W,南外窗缝隙渗入室内的冷空气的耗热量为205W,不计与邻室之间的传热,南向的朝向修正按 -15% 计算,该室选用散热器时,其耗热量应为何项?(2009-3-2)

(A)920~940W (B)890~910W
(C)860~880W (D)810~830W

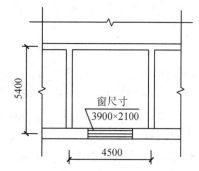

主要解答过程:

根据《教材2019》P19,当窗墙面积比超过1:1时,对窗的基本耗热量增加10%。

本题中窗墙比 = $(3.9 \times 2.1)/(4.5 \times 3.6 - 3.9 \times 2.1) = 1.02 > 1$

故散热器耗热量为:$Q = 243 \times (1 - 15\%) + 490 \times (1 + 10\% - 15\%) + 205 = 877.05(\text{W})$

注:本题与2008年案例(下)第3题考点相同。

答案:[C]

1.3 热水、蒸汽供暖系统分类及计算

1. 如图所示一重力循环上供下回供暖系统,已知:供回水温度为95℃/70℃,对应的水密度分别为961.92kg/m³、977.81kg/m³,管道散热量忽略不计。问:系统的重力循环水头应为何项?(2013-3-1)

(A)42~46kg/m² (B)48~52kg/m²
(C)58~62kg/m² (D)82~86kg/m²

主要解答过程:

根据《教材2019》P25 式(1.3-3)及图 1.3-1
系统的重力循环水头:

$$\Delta p = h(\rho_\text{h} - \rho_\text{g}) = (2.8 + 1) \times (977.81 - 961.92) = 60.38(\text{kg/m}^2)$$

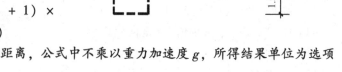

注:h 为加热中心至冷却中心的垂直距离,公式中不乘以重力加速度 g,所得结果单位为选项中的 kg/m²。

答案:[C]

1.4 辐射供暖(供冷)

1.4.1 热水辐射供暖(2016-4-4,2017-4-3)

1. 严寒地区某住宅楼西北角单元有一两面外墙的卫生间($t_\text{n} = 25℃$),开间 2.7m、进深 2.4m、

其中卫生洁具占地 $1.5m^2$，位于中间楼层卫生间的对流供暖计算热负荷为 680W。甲方建议整栋楼设计地面热水辐射供暖系统，热媒为 50~40℃ 热水，加热管采用 PE-X 管。中间层卫生间供暖系统的合理方案应是下列何项？（给出计算判断过程）(2009-3-4)

(A) 设置加热管管间距为 250mm 的地面辐射供暖系统
(B) 设置加热管管间距为 200mm 的地面辐射供暖系统
(C) 设置加热管管间距为 150mm 的地面辐射供暖系统
(D) 设置地面辐射供暖系统 + 散热器供暖系统

主要解答过程：

根据《地暖规》(JGJ 142—2004) 第 3.3.2 条及条文说明，严寒地区地暖热负荷为对流热负荷的 0.95 倍。再根据第 3.4.4、3.4.5 条计算公式

$$q_x = \frac{Q}{F} = \frac{680 \times 0.95}{2.7 \times 2.4 - 1.5} = 129.7 (W/m^2)$$

$$t_{pj} = t_n + 9.82 \left(\frac{q_x}{100}\right)^{0.969} = 25 + 9.82 \times \left(\frac{129.7}{100}\right)^{0.969} = 37.6(℃)$$

大于第 3.1.2 条中人员短期停留温度的最高限值(32℃)，因此应改善建筑热工性能或设置其他辅助供暖设备，减少地面辐射供暖系统的热负荷。

注：本题考点为老版《地暖规》(JGJ 142—2004)，新版《辐射冷暖规》(JGJ 142—2012) 删除了 0.9~0.95 的说法。

答案：[D]

2. 某低温热水地板辐射供暖系统，设计供回水温度为 50℃/40℃，系统工作压力 $p_D = 0.4MPa$，某一环路所承担的热负荷为 2000W。说法正确的应是下列哪一项？并列出判断过程。(2010-3-2)

(A) 采用公称外径为 $De40$ 的 PP-R 管，符合规范规定
(B) 采用公称外径为 $De32$ 的 PP-R 管，符合规范规定
(C) 采用公称外径为 $De20$ 的 PP-R 管，符合规范规定
(D) 采用公称外径为 $De20$ 的 PP-R 管，不符合规范规定

主要解答过程：

根据：$2000W = cm\Delta t$，$m = 2 \times 3600/(4.18 \times 10) = 172.25 (kg/h)$

根据《辐射冷暖规》(JGJ 142—2012) 附录 C 表 C.1.3 可知，0.4MPa 条件下 $De20$ 的 PPR 管壁厚为 2mm，即内径为 16mm。

因此管内流速：$V = \dfrac{\dfrac{m}{3600\rho}}{\dfrac{1}{4}\pi D_n^2} = \dfrac{\dfrac{172.25}{3600 \times 1000}}{\dfrac{1}{4} \times 3.14 \times 0.016^2} = 0.238 m/s < 0.25 m/s$

因此，根据第 3.5.11 条，不符合规范要求。

答案：[D]

3. 在浴室采用低温热水地面辐射供暖系统，设计室内温度为 25℃，且不超过地表面平均温度最高上限要求(32℃)，敷设加热管单位地面积散热量的最大数值应为哪一项？(2013-4-4)

(A) $60W/m^2$ (B) $70W/m^2$ (C) $80W/m^2$ (D) $100W/m^2$

主要解答过程：

根据《教材 2019》P44 式(1.4-9)

$$32 = 25 + 9.82 \times \left(\frac{q_x}{100}\right)^{0.969} \Rightarrow q_x = 70.5 \text{W/m}^2$$

答案：[B]

4. 寒冷地区某住宅楼采用热水地面辐射供暖系统(间歇供暖，修正系数 $\alpha = 1.3$)，各户热源为燃气壁挂炉，供水/回水温度为 45℃/35℃，分室温控，加热管采用 PE-X 管，某户的起居室 32m^2，基本耗热量 0.96kW，查规范水力计算表该环路的管径(mm)和设计流速应为下列中的哪一项？(2014-3-2)

注：管径 D_o：X_1/X_2(管内径/管外径)mm
(A) D_0：15.7/20　　v：约 0.17m/s　　　　(B) D_0：15.7/20　　v：约 0.18m/s
(C) D_0：12.1/16　　v：约 0.26m/s　　　　(D) D_0：12.1/16　　v：约 0.30m/s

主要解答过程：

根据《辐射冷暖规》(JGJ 142—2012)第 3.3.7 条及其条文说明，该住户起居室的供暖热负荷为：

$$Q = \alpha Q_j + q_h M = 1.3 \times (0.96 \times 1000) + 7 \times 32 = 1472(\text{W})$$

系统流量为：

$$G = \frac{0.86Q}{\Delta t} = \frac{0.86 \times 1472}{45 - 35} = 126.6(\text{kg/h})$$

查附录 D 表 D.0.1，结合第 3.5.11 条对于管内流速不小于 0.25m/s 的要求，表 D.0.1 中三种管径规格，当 $G = 126.6$kg/h 时，只有管内径/管外径为 12.1mm/16mm 对应的流速为 0.3m/s 左右，大于 0.25m/s 的限值，因此只能选择选项 D。

答案：[D]

5. 某建筑首层门厅采用地面辐射供暖系统，门厅面积 $F = 360\text{m}^2$，可敷设加热管的地面面积 $F_j = 270\text{m}^2$，室内设计计算温度 20℃。以下何项房间计算热负荷数值满足保证地表面温度的规定上限值？(2014-4-1)

(A) 19.2kW　　　　(B) 21.2kW　　　　(C) 23.2kW　　　　(D) 33.2kW

主要解答过程：

根据《辐射冷暖规》(JGJ 142—2012)第 3.4.6 条，再查表 3.1.3，门厅为人员短时间停留场所，地面平均温度上限取 32℃，故：

$$t_{pj} = t_n + 9.82 \times \left(\frac{q}{100}\right)^{0.969}$$

$$32℃ = 20 + 9.82 \times \left(\frac{q}{100}\right)^{0.969} \Rightarrow q = 123 \text{W/m}^2$$

最大房间热负荷为：$Q = qF_j = 33.2\text{kW}$

答案：[D]

1.4.2　燃气红外线辐射供暖(2016-3-4)

1. 某展览馆建筑面积 3296m^2，采用红外线燃气辐射供暖，已知辐射管安装高度离人体头部为 10m，室内设计温度 $t_{sh} = 16℃$，室外供暖计算温度 $-9℃$，围护结构热负荷 750kW，辐射供暖系统效率 0.9，计算辐射管总散热量。(2007-3-3)

(A) 550~590　　　　　　　　　　(B) 600~640
(C) 650~690　　　　　　　　　　(D) 700~750

主要解答过程：

《教材2019》P54 式(1.4-18)~式(1.4-20)，假设人的身高为1.8m，则有：$h^2/A = 11.8^2/3296 = 0.042$，

查图1.4-19得$\varepsilon = 0.43$。查表1.4-12得$\eta_2 = 0.84$，则：$\eta = 0.43 \times 0.9 \times 0.84 = 0.325$

$$R = \frac{Q}{\frac{CA}{\eta}(t_{sh} - t_w)} = \frac{750000}{\frac{11 \times 3296}{0.325} \times [16 - (-9)]} = 0.269$$

$$Q_f = \frac{Q}{1+R} = \frac{750000}{1+0.269} = 590000W = 590kW$$

答案：[A]

2. 某超市采用单体式燃气红外线辐射供暖，超市面积$A = 1000m^2$，辐射器安装高度$h = 4m$（辐射器与人体头部距离按2.5m计，$\eta_f = 0.9$），室内舒适温度$t_n = 15℃$，室外供暖计算$t_w = -12℃$，供暖围护结构耗热量$Q = 100kW$，试计算辐射器的总热负荷Q_f，是下列哪一选项？（2008-4-5）
(A) 95000~100000W
(B) 85000~88000W
(C) 82000~84000W
(D) 79000~81000W

主要解答过程：

根据《教材2019》P54 式(1.4-18)~式(1.4.20)，则有：$h^2/A = 4^2/1000 = 0.016$，

查图1.4-19得$\varepsilon = 0.52$。查表1.4-12得$\eta_2 = 0.9$，则$\eta = 0.52 \times 0.9 \times 0.9 = 0.421$

$$R = \frac{Q}{\frac{CA}{\eta}(t_{sh} - t_w)} = \frac{100000}{\frac{11 \times 1000}{0.421} \times [15 - (-12)]} = 0.142$$

$$Q_f = \frac{Q}{1+R} = \frac{100000}{1+0.142} = 87585(W)$$

注：本题与2007年案例(上)第3题考点相同。

答案：[B]

1.5 热风供暖

1.5.1 集中送风

1. 工业厂房长80m、宽18m、高10m，用集中送风方式供暖，在厂房两端墙上各布置一个普通圆喷嘴送风口对吹，喷嘴高度$h = 5m$，工作带最大平均回流速度$v_1 = 0.4m/s$，计算每股射流的送风量$L(m^3/h)$，为下列何值？（2006-3-3）
(A) $9000 < L \leq 10000$
(B) $10000 < L \leq 11000$
(C) $11000 < L \leq 2000$
(D) $12000 < L \leq 13000$

主要解答过程：

根据《教材2019》P65~P66 式(1.5-2)~式(1.5-5)，由于送风口高度$h = 5m = 0.5H$，查表1.5-2得$X = 0.35$，查表1.5-4可知普通圆喷嘴的紊流系数为0.08，因此射流有效长度为：

$$l_x = \frac{0.7X}{a}\sqrt{A_h} = \frac{0.7 \times 0.35}{0.08} \times \sqrt{18 \times 10} = 41.1(m)$$

换气次数为：

$$n = \frac{380v_1^2}{l_x} = \frac{380 \times 0.4^2}{41.1} = 1.48$$

每股射流的空气量为：

$$L = \frac{nV}{3600 m_p m_c} = \frac{1.48 \times 80 \times 18 \times 10}{3600 \times 1 \times 2} = 2.96 \text{m}^3/\text{s} = 10656 \text{m}^3/\text{h}$$

答案：[B]

2. 拟对车间采用单股平行射流集中送风方式供暖，每股射流作用的宽度范围均为 24m，已知：车间的高度均为 6m，送风口采用收缩的圆喷口，送风口高度为 4.5m，工作地带的最大平均回流速度 V_1 为 0.3m/s，射流末端最小平均回流速度 V_2 为 0.15m/s，该方案能覆盖车间的最大长度为下列何项值？(2008-4-2)

(A) 90m (B) 84m (C) 72m (D) 54m

主要解答过程：

根据《教材2019》P65 式(1.5-1) $h = 4.5\text{m} \geqslant 0.7H = 0.7 \times 6\text{m} = 4.2\text{m}$。根据 P67 表 1.5-2 取 $X = 0.33$；根据 P68 表 1.5-4 取送风口紊流系数 $a = 0.07$。代入得：

$$l_x = \frac{X}{a} \sqrt{A_h} = \frac{0.33}{0.07} \times \sqrt{24 \times 6} = 56.57 (\text{m})$$

答案：[D]

3. 某车间采用单侧单股平行射流集中送风方式供暖，每股射流作用的宽度范围为 24m。已知：车间高度为 6m，送风口采用收缩的圆喷嘴，送风口高度为 3m，工作地带的最大平均回流速度 V_1 为 0.3m/s，射流末端最小平均回流速度 V_2 为 0.15m/s。试问该方案的送风射流的有效作用长度能够完全覆盖的车间是哪一项？(2013-3-3)

(A) 长度为 60m 的车间 (B) 长度为 54m 的车间
(C) 长度为 48m 的车间 (D) 长度为 36m 的车间

主要解答过程：本题类似于 2008 年案例（下）第 2 题，送风口高度不同，采用计算公式不同。

根据《教材2019》P65 式(1.5-2)

$h = 3\text{m} = 0.5H$。根据 P67 表 1.5-2 取 $X = 0.33$；根据 P68 表 1.5-4 取送风口紊流系数 $a = 0.07$。代入得：

$$l_x = \frac{0.7X}{a} \sqrt{A_h} = \frac{0.7 \times 0.33}{0.07} \times \sqrt{24 \times 6} = 39.6 (\text{m})$$

答案：[D]

1.5.2 暖风机的选择 (2017-3-4，2018-3-3)

1. 某高度为 6m，面积为 1000m² 的机加工车间，室内设计温度 18℃，供暖计算总负荷 94kW，热媒为 95℃/70℃热水。设置暖风机供暖，并配以散热量为 30kW 的散热器。若采用每台标准热量为 6kW、风量 500m³/h 的暖风机，应至少布置多少台？(2007-4-2)

(A) 16 (B) 17 (C) 18 (D) 19

主要解答过程：

根据《教材2019》P70，暖风机进口温度标准参数为 15℃，不同时散热量需进行修正：

$$\frac{Q_d}{Q_0} = \frac{t_{pj} - t_n}{t_{pj} - 15} = \frac{\frac{95+70}{2} - 18}{\frac{95+70}{2} - 15} \Rightarrow Q_d = 5.73 \text{kW}$$

则台数为：$n = \dfrac{Q}{Q_d \eta} = \dfrac{94 - 30}{5.73 \times 0.8} = 14 (\text{台})$

注意：需验算换气次数不小于1.5次时所需台数为：

$$n' = \frac{1.5 \times (6 \times 1000)}{500} = 18 \text{ 台} > 14 \text{ 台，应取} 18 \text{ 台}$$

答案：[C]

2. 某工业厂房，采用暖风机热风供暖，已知：室内设计温度为18℃，选用热水型暖风机，暖风机标准参数条件的散热量为6kW，热水供回水温度为95℃/70℃热水，该暖风机的实际散热量，应是下列何项？（2009-3-3）
(A)5.3～5.5kW　　　　(B)5.6～5.8kW　　　　(C)5.9～6.1kW　　　　(D)6.2～6.4kW

主要解答过程：

根据《教材2019》P70，暖风机进口温度标准参数为15℃，不同时散热量需进行修正：

$$\frac{Q_d}{Q_0} = \frac{t_{pj} - t_n}{t_{pj} - 15} = \frac{\frac{95+70}{2} - 18}{\frac{95+70}{2} - 15} \Rightarrow Q_d = 5.73 \text{kW}$$

注：本题与2007年案例(下)第2题考点相同。

答案：[B]

1.6　供暖系统的水力计算(2016-4-2)

双管下供下回式热水供暖系统如图所示，每层散热器间的垂直距离为6m，供/回水温度85℃/60℃，供水管ab段、bc段和cd段的阻力分别为0.5kPa、1.0kPa和1.0kPa(对应的回水管段阻力相同)，散热器A_1、A_2和A_3的水阻力分别为$P_{A1} = P_{A2} = 7.5$kPa和$P_{A3} = 5.5$kPa，忽略管道沿程冷却与散热器支管阻力，试问设计工况下散热器A_3环路相对A_1环路的阻力不平衡率(%)为多少？（2014-3-3）（取$g = 9.8 \text{m/s}^2$，热水密度$\rho_{85℃} = 968.65 \text{kg/m}^3$，$\rho_{60℃} = 983.75 \text{kg/m}^3$）(2014-3-3)

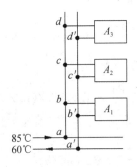

(A)26～27　　　　(B)2.8～3.0　　　　(C)2.5～2.7　　　　(D)10～11

主要解答过程：

根据《教材2019》P27，重力循环宜采用上供下回式，题干中系统为下供下回，故判断该系统为机械循环系统。再根据P78，机械循环系统必须考虑各层不同的自然循环压力，可按设计水温条件下最大循环压力的2/3计算。此外根据《民规》第5.9.11条或教材P78所述，各并联环路之间的压力损失相对差值不包括公共管段，因此A_3环路相对A_1环路的阻力差值不应包括ab段和$a'b'$段。A_3环路相对A_1环路附加的自然循环压力为：

$$H = \frac{2}{3}gh(\rho_h - \rho_g) = \frac{2}{3} \times 9.8 \times (6+6) \times (983.75 - 968.65) = 1183.84 \text{(Pa)}$$

A_3 环路相对 A_1 环路的阻力不平衡率为：(A_3 相对于 A_1，因此以 A_1 环路阻力为分母)

$$\alpha = \frac{(\Delta P_3 - H) - \Delta P_1}{\Delta P_1} = \frac{2P_{bc+cd} + P_{A3} - H - P_{A1}}{P_{A1}} = \frac{4000\text{Pa} + 5500\text{Pa} - 1183.84\text{Pa} - 7500\text{Pa}}{7500\text{Pa}}$$
$$= 10.9\%$$

注：1. 自然循环(即热压)对于散热器热水循环是动力，因此在计算阻力时应减去。
2. 本题存在争议，具体分析请参考2016年案例(下)第2题解答过程。
答案：[D]

1.6.1 经典热水网络水力分析计算

1. 某热水网路各用户的流量均为 $100\text{m}^3/\text{h}$，热网在正常使用时的水压图如图所示，如水泵扬程保持不变，试求同时关闭用户1和2后，用户3、4的流量各为多少？(2006-4-4)

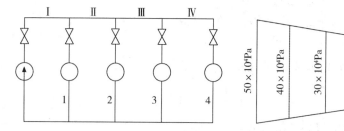

(A) 用户3为 $250 \sim 260\text{m}^3/\text{h}$，用户4为 $100\text{m}^3/\text{h}$

(B) 均为 $120 \sim 130\text{m}^3/\text{h}$

(C) 均为 $250 \sim 260\text{m}^3/\text{h}$

(D) 均为 $100\text{m}^3/\text{h}$

主要解答过程：

参考《教材2019》P138~P141 部分内容，如图所示，四个用户均运行时，
I 管段(包括其对应的回水干管)的阻力数为：

$$S_\text{I} = \frac{P_\text{I}}{Q_\text{I}^2} = \frac{(50-40) \times 10^4 \text{Pa}}{(400\text{m}^3/\text{h})^2} = 0.625\text{Pa}/(\text{m}^3/\text{h})^2$$

II 管段(包括其对应的回水干管)的阻力数为：

$$S_\text{II} = \frac{P_\text{II}}{Q_\text{II}^2} = \frac{(40-30) \times 10^4 \text{Pa}}{(300\text{m}^3/\text{h})^2} = 1.111\text{Pa}/(\text{m}^3/\text{h})^2$$

用户2之后的管网阻力数为：

$$S_{3-4} = \frac{P_\text{III}}{Q_{3,4}^2} = \frac{30 \times 10^4 \text{Pa}}{(200\text{m}^3/\text{h})^2} = 7.5\text{Pa}/(\text{m}^3/\text{h})^2$$

关闭1、2用户后，系统的总阻力数为：

$$S' = S_\text{I} + S_\text{II} + S_{3-4} = 9.236\text{ Pa}/(\text{m}^3/\text{h})^2$$

系统总流量为：

$$Q' = \sqrt{\frac{P_z}{S'}} = \sqrt{\frac{50 \times 10^4}{9.236}} = 232.7(\text{m}^3/\text{h})$$

根据《教材2019》P141 图 1.10-8d 可知，3、4用户流量呈等比例一致增加，故3、4用户的流量均为：

$$Q_3' = Q_4' = 0.5Q' = 116.3\text{m}^3/\text{h}$$

答案：[B]

2. 某热水网路，各用户的流量：用户1和用户3均为60m³/h，用户2为80m³/h，热网示意图如图所示，压力测点的压力数值见下表，若管网供回水接口的压差保持不变，求关闭用户1后，用户2、3的流量应是下列哪一项？（2008-3-5）

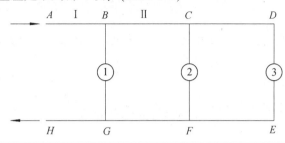

压力测点	A	B	C	F	G	H
压力数值/mH₂O○	25	23	21	14	12	10

(A) 用户2为80m³/h，用户3为60m³/h
(B) 用户2为84~88m³/h，用户3为62~66m³/h
(C) 用户2为94~98m³/h，用户3为70~74m³/h
(D) 用户2为112~116m³/h，用户3为84~88m³/h

主要解答过程：

干管 AB+GH 的阻力系数：

$$S_{AB+GH} = \frac{\Delta P_{AB+GH}}{G_{总}^2} = \frac{(25-23)+(12-10)}{200^2} = 0.0001$$

用户①之后的管网总阻力系数：

$$S_{①后} = \frac{P_B - P_G}{(G_② + G_③)^2} = \frac{23-12}{140^2} = 0.0006$$

则关闭①用户后管网总阻力系数 $S' = S_{AB+GH} + S_{①后} = 0.0007$

总流量 $G_{总}' = \sqrt{\frac{25-10}{S'}} = 146.1 (m^3/h)$，等比例失调度 $x = 146.1/140 = 1.05$

因此 $G_②' = 1.05 \times 80 = 84 (m^3/h)$；$G_③' = 1.05 \times 60 = 62.4 (m^3/h)$

答案：[B]

3. 某热水网路，已知总流量为200m³/h，各用户的流量：用户1和用户3均为60m³/h，用户2为80m³/h，热网示意图如图所示，压力测点的压力数值见下表，试求关闭用户2后，用户1和用户3并联管段的总阻力数应是下列何项？（2009-4-4）

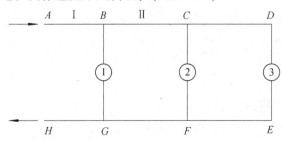

○ 1mH₂O = 9806.65Pa，后同。

压力测点	A	B	C	F	G	H
压力数值/Pa	25000	23000	21000	14000	12000	10000

(A)$0.5 \sim 1.0 \text{Pa}/(\text{m}^3/\text{h})^2$ (B)$1.2 \sim 1.7 \text{Pa}/(\text{m}^3/\text{h})^2$

(C)$2.0 \sim 2.5 \text{Pa}/(\text{m}^3/\text{h})^2$ (D)$2.8 \sim 3.3 \text{Pa}/(\text{m}^3/\text{h})^2$

主要解答过程：

本类型题目为供暖经典题目，计算量较大，注意掌握计算方法，可参见《教材（第二版）》P127例题。

管道 $CDEF$ 的阻力数：

$$S_{CDEF} = \frac{P_C - P_F}{G_3^2} = \frac{21000 - 14000}{60^2} = 1.94 \, [\text{Pa}/(\text{m}^3/\text{h})^2]$$

管道 BC 及 GF 的阻力数：

$$S_{BC} = S_{GF} = \frac{P_B - P_C}{(G_2 + G_3)^2} = \frac{23000 - 21000}{140^2} = 0.102 \, [\text{Pa}/(\text{m}^3/\text{h})^2]$$

管道 AB 及 GH 的阻力数：

$$S_{AB} = S_{GH} = \frac{P_A - P_B}{(G_1 + G_2 + G_3)^2} = \frac{25000 - 23000}{200^2} = 0.05 \, [\text{Pa}/(\text{m}^3/\text{h})^2]$$

①支路的阻力数：

$$S_① = \frac{P_B - P_C}{G_1^2} = \frac{23000 - 12000}{60^2} = 3.056 \, [\text{Pa}/(\text{m}^3/\text{h})^2]$$

则关闭②用户后，①用户后的管网总阻力系数：

$$S_{BG} = S_{BC} + S_{CDEF} + S_{GF} = 2.144 \, [\text{Pa}/(\text{m}^3/\text{h})^2]$$

①支路与①支路后的管网并联的阻力数为 $S_并$，则：

$$\frac{1}{\sqrt{S_并}} = \frac{1}{\sqrt{S_①}} + \frac{1}{\sqrt{S_{BG}}} \Rightarrow S_并 = 0.635 \text{Pa}/(\text{m}^3/\text{h})^2$$

答案：[A]

4. 接上题，若管网供回水的压差保持不变，试求关闭用户 2 后，用户 1 和用户 3 的流量应是下列何项？（测点数值为关闭用户 2 之前工况）(2009-4-5)

压力测点	A	B	C	F	G	H
压力数值/Pa	25000	23000	21000	14000	12000	10000

(A)用户 1 为 $90\text{m}^3/\text{h}$，用户 3 为 $60\text{m}^3/\text{h}$

(B)用户 1 为 $68 \sim 71.5 \text{m}^3/\text{h}$，用户 3 为 $75 \sim 79 \text{m}^3/\text{h}$

(C)用户 1 为 $64 \sim 67.5 \text{m}^3/\text{h}$，用户 3 为 $75 \sim 79 \text{m}^3/\text{h}$

(D)用户 1 为 $60 \sim 63.5 \text{m}^3/\text{h}$，用户 3 为 $75 \sim 79 \text{m}^3/\text{h}$

主要解答过程：

由于压差不变，$P = SG^2$

关闭用户 2 前系统总阻力数：

$$S_{总0} = \frac{P_A - P_H}{(G_1 + G_2 + G_3)^2} = \frac{25000 - 10000}{200^2} = 0.375 \, [\text{Pa}/(\text{m}^3/\text{h})^2]$$

关闭用户 2 后系统总流量：

$$G = \sqrt{\frac{S_{\text{总}0}}{S_{\text{总}}}} G_0 = \sqrt{\frac{0.375}{0.735}} \times 200 = 142.86(\text{m}^3/\text{h})$$

管段 AB+GH 的总阻力为：

$$\Delta P_{\text{AB+GH}} = (S_{\text{AB}} + S_{\text{GH}})G^2 = (0.05 + 0.05) \times 142.86^2 = 2040.8(\text{Pa})$$

则用户 1 的压头为：

$$P_① = (P_A - P_H) - \Delta P_{\text{AB+GH}} = 12959.2\text{Pa}$$

用户 1 的流量为：

$$G_① = \sqrt{\frac{P_①}{S_①}} = \sqrt{\frac{12959.2\text{Pa}}{3.056\text{ Pa}/(\text{m}^3/\text{h})^2}} = 65.1\text{m}^3/\text{h}$$

用户 3 的流量为：

$$G_③ = G - G_① = 142.86 - 65.1 = 77.7(\text{m}^3/\text{h})$$

答案：[C]

5. 某住宅小区热力管网有四个热用户，管网在正常工况时的水压图和各用户的水流量如图所示，如果关闭用户 2，管网的总阻力数应是下列哪一项？（设循环水泵扬程保持不变）（2010-4-4）

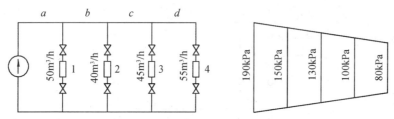

(A) 2~5.5 Pa/(m³/h)² (B) 6~9.5 Pa/(m³/h)²
(C) 10~13.5 Pa/(m³/h)² (D) 14~17.5 Pa/(m³/h)²

主要解答过程：

如图所示，设 abcd 管段下方对应管段为 hgfe，用户 2 以后的管网压头为 $P_{2\text{后}} = 130\text{kPa}$，$Q_{2\text{后}} = 45 + 55 = 100(\text{m}^3/\text{h})$

$$S_{2\text{后}} = \frac{P_{2\text{后}}}{Q_{2\text{后}}^2} = \frac{130 \times 10^3 \text{Pa}}{(100\text{m}^3/\text{h})^2} = 13\text{Pa}/(\text{m}^3/\text{h})^2$$

$$S_{\text{b+g}} = \frac{P_{\text{b+g}}}{Q_{\text{b+g}}^2} = \frac{20 \times 10^3 \text{Pa}}{(140\text{m}^3/\text{h})^2} = 1.02\text{Pa}/(\text{m}^3/\text{h})^2$$

$$S_1 = \frac{P_1}{Q_1^2} = \frac{150 \times 10^3 \text{Pa}}{(50\text{m}^3/\text{h})^2} = 60\text{Pa}/(\text{m}^3/\text{h})^2$$

$$S_{\text{a+h}} = \frac{P_{\text{a+h}}}{Q_{\text{a+h}}^2} = \frac{40 \times 10^3 \text{Pa}}{(190\text{m}^3/\text{h})^2} = 1.108\text{Pa}/(\text{m}^3/\text{h})^2$$

关闭用户 2 后，根据并联公式：$\frac{1}{\sqrt{S}} = \frac{1}{\sqrt{S_1}} + \frac{1}{\sqrt{S_2}}$ 设 S_1 并联 $(S_{\text{b+g}} + S_{2\text{后}})$ 的阻力数为 $S_{\text{并}}$

则：$\frac{1}{\sqrt{S_{\text{并}}}} = \frac{1}{\sqrt{S_1}} + \frac{1}{\sqrt{S_{\text{b+g}} + S_{2\text{后}}}} \Rightarrow S_{\text{并}} = 6.37\text{ Pa}/(\text{m}^3/\text{h})^2$

则总阻力数为：$S_{\text{总}} = S_{\text{a+h}} + S_{\text{并}} = 7.48\text{Pa}/(\text{m}^3/\text{h})^2$

答案：[B]

6. 接上题，若关闭用户2，热用户4的水流量是下列哪一项？(2010-4-5)
(A)28~33.5m³/h (B)53.6~58.5m³/h
(C)58.6~63.5m³/h (D)67~72.5m³/h

主要解答过程：

关闭用户2后，系统总流量：

$$Q' = \sqrt{\frac{P}{S_{总}}} = \sqrt{\frac{190000\text{Pa}}{7.48\text{Pa}/(\text{m}^3/\text{h})^2}} = 159.4\text{m}^3/\text{h}$$

$$190\text{kPa} - S_{a+h}Q'^2 = (S_{b+g} + S_{2后})(Q_3 + Q_4)^2$$

解得：$Q_3 + Q_4 = 107.44\text{m}^3/\text{h}$

用户3、4等比例失调，失调度为 $107.44/(45+55) = 1.0744$

因此，用户4的流量为 $Q_4 = 1.0744 \times 55 = 59.1(\text{m}^3/\text{h})$

答案：[C]

7. 某热水网路如图所示，已知总流量为220m³/h。各用户的流量：用户1和用户3均为80m³/h，用户2为60m³/h，压力测点的数值见下表。试求关闭用户1后，该热水管网 B—G 管段总阻力数应是下列哪一项？(2011-3-3)

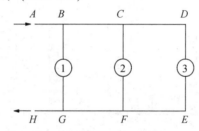

压力测点	A	B	C	F	G	H
压力数值/Pa	25000	23000	21000	14000	12000	10000

(A)0.5~1.0Pa/(m³/h)² (B)1.2~1.7Pa/(m³/h)²
(C)1.8~2.3Pa/(m³/h)² (D)3.0~3.3Pa/(m³/h)²

主要解答过程：

$$S_{BG} = \frac{P_B - P_G}{(Q_2 + Q_3)^2} = \frac{11000\text{Pa}}{(140\text{m}^3/\text{h})^2} = 0.561\text{Pa}/(\text{m}^3/\text{h})^2$$

答案：[A]

8. 接上题(表、图相同)，若管网供回水接口的压差保持不变，试求关闭用户1后，用户2和用户3的流量失调度应是下列哪一项？(2011-3-4)
(A)0.98~1.02 (B)1.06~1.10
(C)1.11~1.15 (D)1.16~1.20

主要解答过程：

AB 管段阻力数为：

$$S_{AB} = \frac{P_A - P_B}{(Q_1 + Q_2 + Q_3)^2} = \frac{2000\text{Pa}}{(220\text{m}^3/\text{h})^2} = 0.041\text{Pa}/(\text{m}^3/\text{h})^2$$

GH 管段阻力数为：

$$S_{GH} = \frac{P_G - P_H}{(Q_1 + Q_2 + Q_3)^2} = \frac{2000\text{Pa}}{(220\text{m}^3/\text{h})^2} = 0.041\text{Pa}/(\text{m}^3/\text{h})^2$$

则关闭用户 1 后管网总阻力数为：
$$S = S_{AB} + S_{BG} + S_{GH} = 0.644 \text{Pa}/(\text{m}^3/\text{h})^2$$
用户 2、3 等比例失调，总流量为：
$$Q_2' + Q_3' = \sqrt{\frac{P_A - P_H}{S}} = 152.6 \text{m}^3/\text{h}$$
失调度：
$$x = \frac{Q_2' + Q_3'}{Q_2 + Q_3} = \frac{152.6}{140} = 1.09$$
答案：[B]

9. 某住宅小区热力管网有四个热用户，管网在正常工况时的水压图和各热用户的水流量如图所示，如果关闭热用户 2、3、4，热用户 1 的水力失调度应是下列选项的哪一个？(2014-4-5)（假设循环水泵扬程不变）

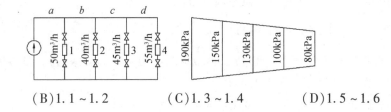

(A) 0.9 ~ 1.0　　　　(B) 1.1 ~ 1.2　　　　(C) 1.3 ~ 1.4　　　　(D) 1.5 ~ 1.6

主要解答过程：

参考《教材2019》P138 ~ P141 部分内容，如图所示，四个用户均运行时 a 管段的阻力损失为：$(190-150)/2 = 20(\text{kPa})$，流量为：$50+40+45+55 = 190(\text{m}^3/\text{h})$，故：

a 管段的阻力数为：
$$S_a = \frac{P_a}{Q_a^2} = \frac{20 \times 10^3 \text{Pa}}{(190 \text{m}^3/\text{h})^2} = 0.554 \text{Pa}/(\text{m}^3/\text{h})^2$$

1 支路的阻力数为：
$$S_1 = \frac{P_1}{Q_1^2} = \frac{150 \times 10^3 \text{Pa}}{(50 \text{m}^3/\text{h})^2} = 60 \text{Pa}/(\text{m}^3/\text{h})^2$$

关闭 2、3、4 用户后，原干管和 1 支路阻力系数不变，故：

1 支路的流量为：
$$Q_1' = \sqrt{\frac{P_Z}{2S_a + S_1}} = \sqrt{\frac{190 \times 10^3}{2 \times 0.554 + 60}} = 55.76(\text{m}^3/\text{h})，注意与 a 管路对应还有一段回水干管。$$

用户 1 的水力失调度为：
$$x_1 = \frac{Q_1'}{Q_1} = \frac{55.76}{50} = 1.12$$

答案：[B]

1.6.2 管网阻力系数相关计算 (2016-4-5, 2017-4-5)

考点总结：管网阻力系数恒定在计算中的灵活运用

该考点在各类管网计算中运用十分普遍，考生应熟练掌握并灵活运用。其具体原则为：当系统管网阻力系数条件(管网长度、管径，局部阻力部件个数，阀门开度等)不发生变化时，可利用公式 $P = SQ^2$ 中阻力系数 S 不变的条件，进行流量和压力变化工况的相关计算。

1. 某建筑采用低温地板辐射供暖，按60℃/50℃热水设计，计算阻力损失为70kPa（其中最不利环路阻力损失为30kPa），由于热源条件改变，热水温度需要调整为50℃/43℃，系统和辐射地板加热管的管径不变，但需要增加辐射地板的布管密度，使最不利环路阻力损失增加40kPa，热力入口的供、回水压差为下列何值？（2006-3-2）

(A) 应增加为 90 ~ 110kPa
(B) 应增加为 120 ~ 140kPa
(C) 应增加为 150 ~ 170kPa
(D) 应增加为 180 ~ 200kPa

主要解答过程：

原设计工况，系统干管阻力损失为：$\Delta P_g = 70 - 30 = 40(\text{kPa})$

现将供回水温度调整为50℃/43℃，为保证供热量不变，则：

$$Q = cG\Delta t = cG'\Delta t' \Rightarrow \frac{G'}{G} = \frac{\Delta t}{\Delta t'} = \frac{60-50}{50-43} = \frac{10}{7}$$

由 $\Delta P = SG^2$ 得新工况下系统干管阻力损失为：

$$\Delta P'_g = \left(\frac{G'}{G}\right)^2 \Delta P_g = 81.6\text{kPa}$$

由于最不利环路阻力损失增加40kPa，即增加到：$30+40=70(\text{kPa})$，因此供、回水压差为：

$$P' = \Delta P'_g + 70\text{kPa} = 151.6\text{kPa}$$

注：要认真审题，不要把"增加40kPa"看成"增加到40kPa"。

答案：[C]

2. 某建筑物，设计计算冬季供暖热负荷为250kW，热媒为95℃/70℃热水，室内供暖系统计算阻力损失为43kPa，而实际运行时测得：供回水温度为90℃/70℃热力入口处供回水压差为52.03kPa，如管道计算阻力损失无误，系统实际供热量为下列何值？（2007-3-4）

(A) 165 ~ 182kW
(B) 215 ~ 225kW
(C) 240 ~ 245kW
(D) 248 ~ 252kW

主要解答过程：

设计工况：

$$G_0 = \frac{Q_0}{c\Delta t_0} = \frac{250}{4.18 \times (95-70)} = 2.39(\text{kg/s})$$

由于管网阻力系数S值不变，则：

$$\frac{P_0}{P} = \left(\frac{G_0}{G}\right)^2 \Rightarrow G = \sqrt{\frac{P}{P_0}}G_0 = \sqrt{\frac{52.03}{43}} \times 2.39 = 2.63(\text{kg/s})$$

实际供热量：

$$Q = cG\Delta t = 4.18 \times 2.63 \times (90-70) = 219.9(\text{kW})$$

答案：[B]

3. 某热水供暖系统运行时实测流量为9000kg/h，系统总压力损失为10kPa，现将流量减小为8000kg/h，系统总压力损失为：（2007-4-4）

(A) 0.78 ~ 0.80kPa
(B) 5.5 ~ 5.8kPa
(C) 7.8 ~ 8.0kPa
(D) 8.1 ~ 8.3kPa

主要解答过程：

$\Delta P = SQ^2$，管网不变则管网阻力系数不变，

$$\frac{\Delta P_1}{\Delta P_2} = \left(\frac{Q_1}{Q_2}\right)^2 \Rightarrow \Delta P_2 = \left(\frac{Q_2}{Q_1}\right)^2 \Delta P_1 = \left(\frac{8000}{9000}\right)^2 \times 10 = 7.9(\text{kPa})$$

答案：[C]

4. 某建筑供暖用低温热水地面辐射供暖系统，设计供暖供回水温度为60℃/50℃，计算阻力损失为50kPa（其中最不利环路阻力损失为25kPa）。现供暖供回水温度调整为50℃/42℃，系统和辐射地板加热的管径均不变，但需要调整辐射地板的布管，形成最不利的环路阻力损失为30kPa。热力入口的供回水压差应为下列何项？(2008-3-3)
(A)45~50kPa　　　(B)51~60kPa　　　(C)61~70kPa　　　(D)71~80kPa

主要解答过程：
设调整前系统流量为 G_1，调整后为 G_2，则：$G_1(60-50) = G_2(50-42)$，得：$G_2 = 1.25G_1$
调整前公共管路阻力损失 $\Delta P_\text{公} = 50 - 25 = 25(\text{kPa})$，调整后 $\Delta P_\text{公}' = (G_2/G_1)^2 \Delta P_\text{公} = 39.1 \text{kPa}$
则热力入口的供回水压差 $\Delta P = \Delta P_\text{公}' + 30\text{kPa} = 69.1\text{kPa}$

答案：[C]

5. 某建筑的设计供暖负荷为200kW，供回水温度为80℃/60℃，计算阻力损失为50kPa，其入口处外网的实际供回水压差为40kPa，该建筑供暖系统的实际热水循环量应是下列何项？(2009-4-2)
(A)6550~6950kg/h　　　　　　(B)7000~7450kg/h
(C)7500~8000kg/h　　　　　　(D)8050~8550kg/h

主要解答过程：
设计热水循环量：
$$G = \frac{200}{c \times (80-60)} \times 3600 = 8612.4(\text{kg/h})$$

由于管网阻力系数 S 值不变则：
$$G_\text{实际} = \sqrt{\frac{P_\text{实际}}{P}} G = \sqrt{\frac{40}{50}} \times 8612.4 = 7703(\text{kg/h})$$

答案：[C]

6. 某热水集中供暖系统的设计参数：供暖热负荷为750kW，供回水温度为95℃/70℃。系统计算阻力损失为30kPa。实际运行时于系统的热力入口处测得：供回水压差为34.7kPa，供回水温度为80℃/60℃，系统实际运行的热负荷，应为下列哪一项？(2011-4-3)
(A)530~560kW　　　(B)570~600kW　　　(C)605~635kW　　　(D)640~670kW

主要解答过程：
设计工况系统流量：
$$G_1 = \frac{750}{4.18 \times (95-70)} = 7.18(\text{kg/s})$$

管网阻力数 S 值不变，则：
$$\frac{P_1}{P_2} = \frac{G_1^2}{G_2^2} \Rightarrow G_2 = \sqrt{\frac{P_2}{P_1}} G_1 = \sqrt{\frac{34.7}{30}} \times 7.18 = 7.72(\text{kg/s})$$

则实际热负荷：
$$Q_\text{实} = cG_2(80-60) = 645.6(\text{kW})$$

答案：[D]

1.6.3 蒸汽供暖系统的水力计算（2016-3-3，2017-4-6）

1. 验算由分气缸送出的供气压力 P_0 能否使凝结水回到闭式水箱中，求最小供汽压力 P_0 的正确值为下列哪一项？（2006-4-3）

已知：(1) 蒸汽管道长度 $L=500$m，平均比摩阻 $\Delta P_m = 200$Pa/m，局部阻力按总阻力的 20% 计。

(2) 凝结水管道总阻力为 0.01MPa。

(3) 疏水器背压 $P_2 = 0.5P_1$。

(4) 闭式水箱内压力 $P_4 = 0.02$MPa。

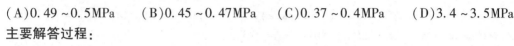

(A) 0.49～0.5MPa　　(B) 0.45～0.47MPa　　(C) 0.37～0.4MPa　　(D) 3.4～3.5MPa

主要解答过程：

疏水器后最小压力：

$$P_2 = P_4 + P_3 + \rho g H = 0.02 + 0.01 + 1000 \times 9.8 \times 10 \times 10^{-6} = 0.128(\text{MPa})$$

$$P_1 = 2P_2$$

局部阻力按总阻力的 20% 计（注意不是按沿程阻力的 20% 计），因此总阻力为：

$$P_Z = L\Delta P_m + 20\% P_Z$$

$$\Rightarrow P_Z = 1.25 \times L \times \Delta P_m = 1.25 \times 500\text{m} \times 200\text{Pa/m} = 0.125\text{MPa}$$

最小供汽压力 P_0 为：

$$P_0 = P_1 + P_Z = 0.256 + 0.125 = 0.381(\text{MPa})$$

答案：[C]

2. 某厂房设计采用 50kPa 蒸汽供暖，供汽管道最大长度为 600m，选择供汽管径时，平均单位长度摩擦压力损失值以及供汽水平干管的管径，应是下列何项？（2012-4-4）

(A) $\Delta P_m \leqslant 25$Pa/m，$DN \leqslant 20$mm　　(B) $\Delta P_m \leqslant 48$Pa/m，$DN \geqslant 25$mm

(C) $\Delta P_m \leqslant 50$Pa/m，$DN \leqslant 20$mm　　(D) $\Delta P_m \leqslant 25$Pa/m，$DN \geqslant 25$mm

主要解答过程：

根据《教材 2019》P34 可知，50kPa 属于低压蒸汽系统，根据 P81 式(1.6-4)

$$\Delta P_m = \frac{(P - 2000)\alpha}{l} = \frac{(50000 - 2000) \times 0.6}{600} = 48(\text{Pa/m})$$

根据《教材 2019》P79，低压蒸汽管路管径不小于 25mm。

答案：[B]

3. 某厂房设计采用 60kPa 蒸汽供暖，供气管道最大长度为 870m，选择供气管道管径时，平均单位长度摩擦压力损失值以及供汽水平干管的末端管径，应是何项？（2013-4-2）

(A) $\Delta P_m \leqslant 25$Pa/m，$DN \leqslant 20$mm　　(B) $\Delta P_m \leqslant 35$Pa/m，$DN \geqslant 25$mm

(C) $\Delta P_m \leqslant 40$Pa/m，$DN \geqslant 25$mm　　(D) $\Delta P_m \leqslant 50$Pa/m，$DN \geqslant 25$mm

主要解答过程：

根据《教材 2019》P34 可知，60kPa 属于低压蒸汽系统，根据 P81 式(1.6-4)

$$\Delta P_m = \frac{(P - 2000)\alpha}{l} = \frac{(60000 - 2000) \times 0.6}{870} = 40(\text{Pa/m})$$

根据《教材 2019》P79，低压蒸汽管路管径不小于 25mm。

答案：[C]

1.7 供暖设备与附件(2017-4-4，2018-3-4，2018-4-4)

1.7.1 散热器片数计算(2017-4-2，2018-3-1)

考点总结：

1. 流量修正系数 β_4 的使用原则

(1) 流量修正系数的含义及取值方法

新版教材在散热器面积计算公式中增加了"流量修正系数"β_4，其基本原理是：散热器标准测试工况的进出口温差为25℃，此时流经散热器的流量称为标准流量，当实际工况散热器进出口温差小于25℃时，在保证换热量相同的情况下，流经散热器的流量增加，散热器内表面流速增大，对流换热系数增大，所需散热器面积减小，因此在计算散热器面积时，可选取小于1的流量修正系数。其中流量增加倍数的计算公式为：

$$\alpha = \frac{25(标准供回水温差)}{实际供回水温差}$$

根据 α 计算值查表 1.8-5 即可得流量修正系数，当流量增加倍数不是整数时可采用插值法。如柱形散热器供回水温度为5℃时，计算得 $\alpha = 5$，查表得 $\beta_4 = 0.83$。

(2) 流量修正系数使用误区

考生请注意，流量修正系数的选取是以散热器散热量不变为前提的，因此必须准确审题，如本书第1.7.2节中建筑节能改造的类似题目，由于房间负荷减小(如减小至65%)，即便是供回水温差减小(如减小为20℃)，实际流经散热器的流量依旧减小，故此类散热器负荷发生变化的题目，一般不考虑流量修正系数的影响。

2. 散热器片数取舍原则

关于散热器片数计算尾数取舍问题一直存在争议，唯一的依据来自于《09技措》第2.3.3条，但是笔者认为散热器片数选取只能进位而不能舍去，因为舍去散热器尾数后，从理论计算角度就无法满足设计工况下室温的要求了，这显然是不合理的，工程设计当中也只会采取进位。对于此类问题，笔者建议考生根据实际考题和选项设置灵活应对。

---

1. 计算第一组散热器比第五组散热器相差片数为下列何值？(2006-4-1)

散热器为铸铁640型，传热系数 $K = 3.663\Delta t^{0.16}$ W/(m²·K)，单片面积为0.2m²/片，每个散热器的散热量均为1500W，散热器明装，系统如图所示：

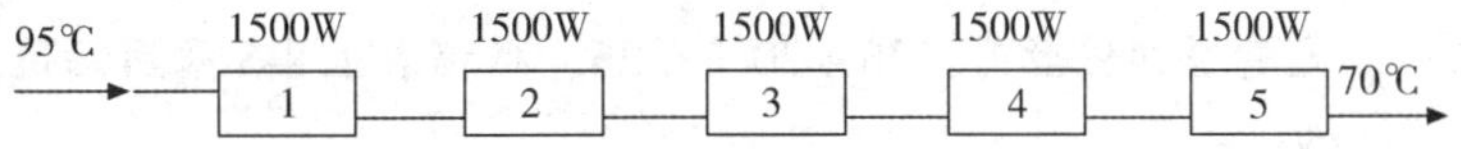

(A) 8　　　　(B) 9　　　　(C) 10　　　　(D) 11

主要解答过程：

由于采用单管串联系统，设第1组的出口水温为 t_1，第5组的进口水温为 t_5，流经每组散热器流量相等：

$$G = \frac{1500 \times 5}{(95-70)} = \frac{1500}{95-t_1} = \frac{1500}{t_5-70}$$

$$t_1 = 90℃, t_5 = 75℃$$

根据《教材2019》P89 式(1.8-1)，此时注意，对比《教材(第二版)》P46 式(1.6-1)，新版教材增加了流量修正系数β_4，而β_4的取值方法应根据表1.8-5 注："表中流量增加倍数为1时的流量即为散热器进出口水温为25℃时的流量，也称标准流量"，因此对于本题来说进出口温差为5℃，在保持换热量相等的情况下，流量增加倍数为5，铸铁640型散热器为柱形，因此β_4取0.83。

对于第1组散热器，查表得：$\beta_2 = 1.0$，$\beta_3 = 1.0$，$\beta_4 = 0.83$，并先假设$\beta_1 = 1.0$，则散热器面积为：

$$F'_1 = \frac{Q}{K\Delta t_p}\beta_1\beta_2\beta_3\beta_4 = \frac{1500}{3.663 \times \left(\frac{95+90}{2} - 18\right)^{1.16}} \times 0.83 = 2.289(\text{m}^2)$$

所需片数为：$n'_1 = 2.289/0.2 = 11.4$，取$\beta_1 = 1.05$，
则实际所需片数为：$n_1 = 11.4 \times 1.05 = 11.97$，取12片。
对于第5组散热器，查表得：$\beta_2 = 1.251$，$\beta_3 = 1.0$，$\beta_4 = 0.83$，并先假设$\beta_1 = 1.0$，则散热器面积为：

$$F'_5 = \frac{Q}{K\Delta t_p}\beta_1\beta_2\beta_3\beta_4 = \frac{1500}{3.663 \times \left(\frac{75+70}{2} - 18\right)^{1.16}} \times 1.251 \times 0.83 = 4.115(\text{m}^2)$$

所需片数为：$n'_5 = 4.115/0.2 = 20.6$，取$\beta_1 = 1.05$
则实际所需片数为：$n_5 = 20.6 \times 1.05 = 21.6$，取22片。
因此第一组散热器比第五组散热器相差片数为：22 − 12 = 10(片)
注：根据表1.8-2，笔者认为只有片数≥21时β_1取1.1，因此本题在计算片数为20.6时，只能取$\beta_1 = 1.05$，此处有争议。
答案：[C]

2. 某办公楼的办公室$t_n = 18$℃，计算供暖热负荷为850W，选用铸铁四柱640散热器，散热器罩内暗装，上部和下部开口高度均为150mm，供暖系统热媒为80～60℃热水，双管上供下回，散热器为异侧上进下出。问该办公室计算选用散热器片数应是下列哪一项？(已知：铸铁四柱640型散热器单片散热面积$f = 0.205\text{m}^2$；10片的散热器传热系数计算公式$K = 2.442\Delta t^{0.321}$)(2011-4-2)
(A)8 片　　　　　　(B)9 片　　　　　　(C)10 片　　　　　　(D)11 片
主要解答过程：
根据《教材2019》P89 式(1.8-1)

$$F = \frac{Q}{K(t_{pj} - t_n)}\beta_1\beta_2\beta_3\beta_4$$，先假设$\beta_1 = 1.0$，根据表1.8-3 和表1.8-4 得$\beta_2 = 1.0$，$\beta_3 = 1.04$

供回水温差为20℃，流量增加倍数为：25 ÷ 20 = 1.25，根据表1.8-5 采用插值法得$\beta_4 = 0.975$

$$F = \frac{850}{2.442 \times \left(\frac{80+60}{2} - 18\right)^{1.321}} \times 1 \times 1 \times 1.04 \times 0.975 = 1.91(\text{m}^2)\quad 片数：n_0 = \frac{F}{f} = 9.32$$

查表1.8-2，得9～10片时$\beta_1 = 1.0$，因此：$n = 9.55 \times 1.0 = 9.32$(片)，取整进位为10片
注：关于散热器片数取舍原则，可参考本节考点总结。
答案：[C]

3. 某5层住宅为下供下回双管热水供暖系统，设计条件下供回水温度95℃/70℃，顶层某房间设计室温20℃，设计热负荷1148W。进入立管水温为93℃。已知：立管的平均流量为

250kg/h，一～四层立管高度为10m，立管散热量为78W/m。设定条件下，散热器散热量为140W/片，传热系数 $K = 3.10(t_{pj} - t_n)^{0.278}$ W/(m²·K)，散热器散热回水温度维持70℃，该房间散热器的片数应为下列何项？（不计该层立管散热和有关修正系数）(2012-4-3)

(A)8 片　　　　(B)9 片　　　　(C)10 片　　　　(D)11 片

主要解答过程：

立管散热过程：

$$4.18 \times \frac{250}{3600} \times (93 - t_{进}) = 10m \times 0.078 kW/m \quad \therefore t_{进} = 90.31℃$$

标准供回水温度下散热器散热量：

$$140W = KF(t_{pj} - t_n)^{0.278} = 3.10F \times \left(\frac{95+70}{2} - 20\right)^{1.278}$$

实际供回水温度下散热器散热量：

$$Q' = K'F(t'_{pj} - t_n)^{0.278} = 3.10F \times \left(\frac{90.31+70}{2} - 20\right)^{1.278}$$

两式相比解得：

$$Q' = 133.3W/片 \quad \therefore n = 1148/Q' = 8.61 片 \approx 9 片$$

答案：[B]

1.7.2 散热器水温及散热量计算(2016-4-1，2017-3-3，2017-3-15，2018-4-3)

1. 某热水供暖系统流量为32t/h 时锅炉产热量为0.7MW，锅炉回水温度65℃，热网供回水温降分别为1.6℃和0.6℃，在室温18℃时，钢制柱形散热器的 K_2 值与95℃/70℃时的 K_1 值相比约为下列哪项？（钢柱式散热器 $K = 2.489\Delta T^{0.8069}$ W/m²·K）(2007-4-3)

(A)0.9　　　　(B)0.89　　　　(C)0.88　　　　(D)0.87

主要解答过程：

$$0.7MW = c \times 32t/h \times (t_g - 65℃) \Rightarrow t_g = 83.8℃$$

散热器供水温度为：$t_{gs} = t_g - 1.6℃ = 82.2℃$

回水温度为：$t_{hs} = t_h + 0.6℃ = 65.6℃$

$$\Delta t_1 = \frac{95+70}{2} - 18 = 64.5(℃) \qquad \Delta t_2 = \frac{82.2+65.6}{2} - 18 = 55.9(℃)$$

$$\frac{K_2}{K_1} = \left(\frac{\Delta t_2}{\Delta t_1}\right)^{0.8069} = 0.89$$

答案：[B]

2. 某办公楼会议室计算供暖热负荷为4500kW，采用铸铁四柱640型散热器，供暖热媒为热水，供回水温度为80℃/60℃，会议室为独立环路。办公楼围护结构节能改造后，该会议室的供暖热负荷降至3100W，若原设计的散热器片数与有关修正系数不变，要保持室内温度为18℃（不大于21℃），供回水温度应是下列哪一项？（已知散热器的传热系数计算公式 $K = 2.442\Delta t^{0.321}$，供回水温差为20℃）(2010-4-3)

(A)供回水温度为75℃/55℃　　　　(B)供回水温度为70℃/50℃
(C)供回水温度为65℃/45℃　　　　(D)供回水温度为60℃/40℃

主要解答过程：

根据《教材2019》P89 式(1.8-1)，各修正系数不变，忽略其影响。改造前后热负荷：

$$Q_1 = \frac{K_1 F \Delta t_1}{\beta_1 \beta_2 \beta_3 \beta_4} = \frac{2.442 \times F (t_{pj1} - t_n)^{1.321}}{\beta_1 \beta_2 \beta_3 \beta_4} = 4500\text{W}$$

$$Q_2 = \frac{K_2 F \Delta t_2}{\beta_1 \beta_2 \beta_3 \beta_4} = \frac{2.442 \times F (t_{pj2} - t_n)^{1.321}}{\beta_1 \beta_2 \beta_3 \beta_4} = 3100\text{W}$$

两式相比得:$\dfrac{\left(\dfrac{80+60}{2} - 18\right)^{1.321}}{(t_{pj2} - 18)^{1.321}} = \dfrac{4500}{3100}$

$t_{pj2} = \dfrac{t_g' + t_h'}{2} = 57.2℃ \quad t_g' - t_h' = 20℃$

$t_g' = 67.2℃ \quad t_h' = 47.2℃$

答案:[B]

3. 某办公楼会议室供暖负荷为5500W,采用铸铁四柱640型散热器,供暖热水为85℃/60℃,会议室为独立环路。办公室进行围护结构节能改造后,该会议室的供暖热负荷降至3800W,若原设计的散热器片数与有关修正系数不变,要保持室内温度为18℃(不超过21℃),供回水温度应是下列哪一项?(已知散热器的传热系数公式 $K = 2.442\Delta t^{0.321}$,供回水温差为20℃)(2011-3-2)

(A)75℃/55℃　　　　(B)70℃/50℃　　　　(C)65℃/45℃　　　　(D)60℃/40℃

主要解答过程:

根据《教材2019》P89 式(1.8-1),由于修正系数保持不变,则:

原始散热量:$Q_0 = K_0 F \Delta t_0 = 2.442 \times F \times \Delta t_0^{1.321}$

改造后散热量:$Q = KF\Delta t = 2.442 \times F \times \Delta t^{1.321}$

两式相除得:$\dfrac{5500}{3800} = \dfrac{\left(\dfrac{85+60}{2} - 18\right)^{1.321}}{\left(\dfrac{t_g + t_h}{2} - 18\right)^{1.321}}$,解得:$t_g + t_h = 118.4℃$,又因为 $t_g - t_h = 20℃$

因此:$t_g = 70℃$,$t_h = 50℃$

答案:[B]

4. 某办公楼供暖系统原设计热媒为85~60℃热水,采用铸铁四柱散热器,室内温度为18℃。因办公楼进行了围护结构节能改造,其热负荷降至原来的67%,若散热器不变,维持室内温度为18℃(不超过21℃),且供暖热媒温差采用20℃,选择热媒应为下列何项?(已知散热器传热系数 $K = 2.81\Delta t^{0.276}$)(2012-3-2)

(A)75~55℃热水　　　　　　　　(B)70~50℃热水

(C)65~45℃热水　　　　　　　　(D)60~40℃热水

主要解答过程:

根据《教材2019》P89 式(1.8-1),由于修正系数保持不变,则:

原始散热量:$Q_0 = K_0 F \Delta t_0 = 2.81 \times F \times \Delta t_0^{1.276}$

改造后散热量:$0.67Q = KF\Delta t = 2.81 \times F \times \Delta t^{1.276}$

两式相除得:$\dfrac{1}{0.67} = \dfrac{\left(\dfrac{85+60}{2} - 18\right)^{1.276}}{\left(\dfrac{t_g + t_h}{2} - 18\right)^{1.276}}$,解得:$t_g + t_h = 115.64℃$,又因为 $t_g - t_h = 20℃$

因此取 $t_g = 70℃$，$t_h = 50℃$

答案：[B]

5. 某住宅楼设计供暖热媒为 85～60℃ 热水，采用四柱型散热器，经住宅楼进行围护结构节能改造后，采用 70～50℃ 热水，仍能满足原设计的室内温度 20℃（原供暖系统未做变更）。则改造后的热负荷应是下列何项？（散热器传热系数 $K = 2.81\Delta t^{0.297}$）（2012-4-5）

(A) 为原热负荷的 67.1%～68.8%　　　　(B) 为原热负荷的 69.1%～70.8%
(C) 为原热负荷的 71.1%～72.8%　　　　(D) 为原热负荷的 73.1%～74.8%

主要解答过程：

改造前热负荷：$Q = KF(t_{pj} - t_n) = 2.81F \times \left(\dfrac{85+60}{2} - 20\right)^{1.297} = 478.36F$

改造后热负荷：$Q' = K'F(t'_{pj} - t_n) = 2.81F \times \left(\dfrac{70+50}{2} - 20\right)^{1.297} = 336.18F$

两式相比得：$Q'/Q = 336.18F/478.36F = 70.2\%$

答案：[B]

6. 某住宅小区，住宅楼均为 6 层，设分户热计量散热器供暖系统（异程双管下供下回式），设计室内温度为 20℃，户内为单管跨越式（户间共用立管）。原设计供暖热水的供回水温度分别为 85℃/60℃。对小区住宅楼进行了围护结构节能改造后，该住宅小区的供暖热负荷降至原来的 65%，若维持原系统流量和设计室内温度不变，供暖热水供回水的平均温度和温差应是下列何项？（已知散热器传热系数计算公式 $K = 2.81\Delta t^{0.276}$）（2013-3-2）

(A) $t_{pj} = 59～60℃$，$\Delta t = 20℃$　　　　(B) $t_{pj} = 55～58℃$，$\Delta t = 20℃$
(C) $t_{pj} = 55～58℃$，$\Delta t = 16.25℃$　　(D) $t_{pj} = 59～60℃$，$\Delta t = 16.25℃$

主要解答过程：

因为系统流量不变，热负荷减小为 65%，因此供回水温差也应减小为改造前的 65%，即：$t_g - t_h = 0.65 \times (t_{g0} - t_{h0}) = 0.65 \times (85 - 60) = 16.25(℃)$

根据《教材 2019》P89 式（1.8-1），由于修正系数保持不变，则：

原始散热量：$Q = K_0 F \Delta t_0 = 2.81 \times F \times \Delta t_0^{1.276}$

改造后散热量：$0.65Q = KF\Delta t = 2.81 \times F \times \Delta t^{1.276}$

两式相除得：$\dfrac{1}{0.65} = \dfrac{\left(\dfrac{85+60}{2} - 20\right)^{1.276}}{(t_{pj} - 20)^{1.276}}$，解得：$t_{pj} = 57.46℃$。

注：本题出题符号混乱！要注意题干中传热系数表达式中的 Δt 与选项中的 Δt 含义不同！

答案：[C]

7. 某住宅楼供暖系统原设计热媒为 85～60℃ 热水，采用铸铁四柱 640 型散热器，经对该楼进行围护结构节能改造后，室外供暖热水降至 65～45℃ 仍能满足原设计的室内温度 20℃（原供暖系统未做任何变动）。围护结构改造后的供暖热负荷应是下列何项？（已知散热器传热系数计算公式 $K = 2.81\Delta t^{0.297}$）（2013-4-3）

(A) 为原设计热负荷的 56%～60%　　　　(B) 为原设计热负荷的 61%～65%
(C) 为原设计热负荷的 66%～70%　　　　(D) 为原设计热负荷的 71%～75%

主要解答过程：

改造前房间热负荷：$Q_1 = K_1 F \Delta t_1 = 2.81F(t_{pj1} - t_n)^{1.297} = 2.81 \times F \times \left(\dfrac{85+60}{2} - 20\right)^{1.297}$

改造后房间热负荷：$Q_2 = K_2 F \Delta t_2 = 2.81 F (t_{pj2} - t_n)^{1.297} = 2.81 \times F \times \left(\dfrac{65+45}{2} - 20\right)^{1.297}$

$$\dfrac{Q_2}{Q_1} = \left(\dfrac{\dfrac{65+45}{2} - 20}{\dfrac{85+60}{2} - 20}\right)^{1.297} = 59.1\%$$

注：本题为2010年案例（下）第3题原题改编。
答案：[A]

8. 某住宅小区住宅楼均为6层，设计为分户热计量散热器供暖系统（异程双管下供下回式）。设计供暖热媒为85℃/60℃热水，散热器为内腔无砂四柱660型，$K = 2.81 \Delta t^{0.276} [\text{W}/(\text{m}^2 \cdot \text{℃})]$。因住宅楼进行了围护结构节能改造（供暖系统设计不变），改造后该住宅小区的供暖热水供回水温度为70℃/50℃，即可实现原室内设计温度20℃。问：该住宅小区节能改造前与改造后供暖系统阻力之比应是下列哪一项？（2014-3-4）
(A)0.8~0.9　　　　(B)1.0~1.1　　　　(C)1.2~1.3　　　　(D)1.4~1.5

主要解答过程：

根据《教材2019》P89式(1.8-1)，并认为散热器修正系数不变，有：

$$Q_1 = \dfrac{K_1 F \Delta t_1}{\beta_1 \beta_2 \beta_3 \beta_4} = \dfrac{2.81 \times F(t_{pj1} - t_n)^{1.276}}{\beta_1 \beta_2 \beta_3 \beta_4} = c \times G_1 \times (85 - 60)$$

$$Q_2 = \dfrac{K_2 F \Delta t_2}{\beta_1 \beta_2 \beta_3 \beta_4} = \dfrac{2.81 \times F(t_{pj2} - t_n)^{1.276}}{\beta_1 \beta_2 \beta_3 \beta_4} = c \times G_2 \times (70 - 50)$$

两式相比得：$\dfrac{\left(\dfrac{85+60}{2} - 20\right)^{1.276}}{\left(\dfrac{70+50}{2} - 20\right)^{1.276}} = \dfrac{G_1}{G_2} \times \dfrac{85-60}{70-50} \Rightarrow \dfrac{G_1}{G_2} = 1.132$

由于系统管网阻力系数S值不变：

$$\dfrac{\Delta P_1}{\Delta P_2} = \dfrac{S G_1^2}{S G_1^2} = \left(\dfrac{G_1}{G_2}\right)^2 = 1.28$$

答案：[C]

9. 某住宅楼采用上供下回双管散热器供暖系统，室内设计温度为20℃，热水供回水温度90℃/65℃，设计采用椭四柱660型散热器，其传热系数$K = 2.682 \Delta t^{0.297} [\text{W}/(\text{m}^2 \cdot \text{℃})]$。因对小区住宅楼进行了围护结构节能改造，该住宅小区的供暖热负荷降至原设计负荷的60%，若原设计供暖系统保持不变，要保持室内温度为20~22℃，供暖热水供回水温度（供回水温差为20℃）应是下列哪一项？并列出计算判断过程（忽略水流量变化对散热器散热量的影响）。(2014-4-2)
(A)75℃/55℃　　　　　　　　　　(B)70℃/50℃
(C)65℃/45℃　　　　　　　　　　(D)60℃/40℃

主要解答过程：

根据《教材2019》P89式(1.8-1)，由于散热器片数与安装形式均未变化，且忽略水流量变化对散热器散热量的影响，故各修正系数均未发生变化。改造前后热负荷：

$$Q_1 = \dfrac{K_1 F \Delta t_1}{\beta_1 \beta_2 \beta_3 \beta_4} = \dfrac{2.682 \times F(t_{pj1} - t_n)^{1.297}}{\beta_1 \beta_2 \beta_3 \beta_4}$$

$$0.6 \times Q_1 = \frac{K_2 F \Delta t_2}{\beta_1 \beta_2 \beta_3 \beta_4} = \frac{2.682 \times F(t_{pj2} - t_n)^{1.297}}{\beta_1 \beta_2 \beta_3 \beta_4}$$

两式相比得:$\dfrac{\left(\dfrac{90+65}{2} - 20\right)^{1.297}}{(t_{pj2} - 20)^{1.297}} = \dfrac{1}{0.6}$

$$t_{pj2} = \frac{t'_g + t'_h}{2} = 58.8℃$$

$$t'_g - t'_h = 20 \Rightarrow t'_g = 68.8℃ \quad t'_h = 48.8℃$$

注：本题为2010年案例(下)第3题原题改编。

答案：[B]

10. 某住宅室内设计温度为20℃，采用双管上供下回供暖系统，设计供回水温度85℃/60℃，铸铁柱型散热器明装，片厚60mm，单片散热面积0.24m²，连接方式如图所示。为使散热器组装长度≤1500mm，每组散热器负担的热负荷不应大于下列哪一个选项？(2014-4-3) 注：散热器传热系数 $K = 2.503\Delta t^{0.293}$ [W/(m²·℃)]，$\beta_3 = \beta_4 = 1.0$

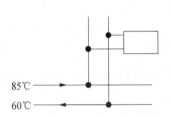

(A) (1600~1740)W (B) (1750~1840)W
(C) (2200~2300)W (D) (3100~3200)W

主要解答过程：

由散热器长度限制可知，最大片数值为：$n = \dfrac{1500}{60} = 25$(片)。

根据《教材2019》P89 式(1.8-1)并查表1.8-2和表1.8-3得 $\beta_1 = 1.1$, $\beta_2 = 1.42$。

$$Q = \frac{K_1 F(t_{pj} - t_n)}{\beta_1 \beta_2 \beta_3 \beta_4} = \frac{(25 \times 0.24) \times 2.503 \times \left(\dfrac{85+60}{2} - 20\right)^{1.293}}{1.1 \times 1.42 \times 1 \times 1} = 1610.96(W)$$

注：本题出题图文不符，题干为上供下回，而配图散热器为下供上回，本题根据配图下供上回选取修正系数进行计算。

答案：[A]

1.7.3 换热器(2017-3-1)

1. 计算汽水换热器的传热面积 $F(m^2)$ 为下列何值？(2006-4-5)

已知：换热量 $Q = 15 \times 10^5$W；传热系数：$K = 2000$W/(m²·℃)；
水垢系数：$\beta = 0.9$；一次热媒为0.4MPa蒸汽($t = 143.6℃$)；
二次热媒为95~70℃。

(A) $11 < F \leqslant 12$ (B) $12 < F \leqslant 13$ (C) $13 < F \leqslant 14$ (D) $14 < F \leqslant 15$

主要解答过程：

根据《教材2019》P108 式(1.8-27)和式(1.8-28)

$$\Delta t_{pj} = \frac{\Delta t_a - \Delta t_b}{\ln(\Delta t_a / \Delta t_b)} = \frac{(143.6 - 70) - (143.6 - 95)}{\ln(143.6 - 70)/(143.6 - 95)} = 60.24(℃)$$

$$F = \frac{Q}{K\beta \Delta t_{pj}} = \frac{15 \times 10^5}{2000 \times 0.9 \times 60.24} = 13.8(m^2)$$

答案：[C]

2. 某低温热水地面辐射供暖，供回水温度 60℃/50℃，热用户与热水供热管网采用板式换热器连接，热网供回水温度为 110℃/70℃，该用户供暖热负荷为 3000kW，供水温度及供回水温差均采用最高值，换热器传热系数为 3100W/(m²·℃)，采用逆流换热时，所需换热器的最小面积。(2007-3-5)

(A) 23～25m²　　(B) 30～32m²　　(C) 36～38m²　　(D) 40～42m²

主要解答过程：

根据《教材2019》P108 式(1.8-29)，对于逆流换热器：

$$\Delta t_{pj} = \frac{(110-60)-(70-50)}{\ln\dfrac{110-60}{70-50}} = 32.7(℃)$$

求最小面积取 $B = 0.8$，则：

$$F = \frac{Q}{KB\Delta t_{pj}} = \frac{3000000}{0.8 \times 3100 \times 32.7} = 37(m^2)$$

答案：[C]

3. 某小区供暖热负荷为 1200kW，供暖一次热水由市政热力管网提供，供回水温度为 110℃/70℃，采用水-水换热器进行换热后提供小区供暖，换热器的传热系数为 2500W/(m²·℃)，供暖供回水温度为 80℃/60℃，水垢系数 $B = 0.75$。该换热器的换热面积应是下列何项？(2008-3-1)

(A) 16～22m²　　(B) 24～30m²　　(C) 32～38m²　　(D) 40～46m²

主要解答过程：

如题目未说明，默认为逆流换热。根据《教材2019》P108：

$$\Delta t_{pj} = \frac{(110-80)-(70-60)}{\ln\dfrac{110-80}{70-60}} = 18.2(℃)$$

$$F = \frac{Q}{KB\Delta t_{pj}} = \frac{1200 \times 1000}{2500 \times 0.75 \times 18.2} = 35.1(m^2)$$

答案：[C]

4. 一容积式水—水换热器，一次水进出口温度为 110℃/70℃，二次水进出口温度为 60℃/50℃。所需换热量为 0.15MW，传热系数为 300W/(m²·℃)，水垢系数为 0.8，设计计算的换热面积应是下列哪一项？(2010-4-6)

(A) 15.8～16.8m²　　(B) 17.8～18.8m²　　(C) 19.0～19.8m²　　(D) 21.2～22.0m²

主要解答过程：

注意：根据《给水排水规》(GB 50015—2003) 第5.4.7条，容积式水加热器计算温差应取算数平均温差。

$$\Delta t_j = \frac{t_{mc}-t_{mz}}{2} - \frac{t_c-t_z}{2} = \frac{110+70}{2} - \frac{60+50}{2} = 35(℃)$$

$$F = \frac{Q}{K\Delta t_j B} = \frac{0.15 \times 10^6}{300 \times 35 \times 0.8} = 17.86(m^2)$$

答案：[B]

5. 某空调系统供热负荷为 1500kW，系统热媒为 60℃/50℃的热水，外网热媒为 95℃/70℃的热水，拟采用板式换热器进行换热，其传热系数为 4000W/(m²·℃)，污垢系数为 0.7，计算换热器面积应是下列哪一项？(2011-4-4)

(A)18 ~ 19m² (B)19.5 ~ 20.5m²
(C)21 ~ 22m² (D)22.5 ~ 23.5m²

主要解答过程：

根据《教材2019》P108 式(1.8-29)，在题目未指明的情况下，一般按照逆流换热计算。

$$\Delta t_\mathrm{m} = \frac{\Delta t_a - \Delta t_b}{\ln \frac{\Delta t_a}{\Delta t_b}} = \frac{(95-60)-(70-50)}{\ln \frac{95-60}{70-50}} = 26.8(\text{℃})$$

$$F = \frac{Q}{KB\Delta t_\mathrm{m}} = \frac{1500\text{kW}}{4\text{kW}/(\text{m}^2 \cdot \text{℃}) \times 0.7 \times 26.8\text{℃}} = 20\text{m}^2$$

答案：[B]

1.8 小区供热(2017-4-1)

某带有混水装置直接连接的热水供暖系统，热力网的设计供回水温度为150℃/70℃，供暖用户的设计供回水温度为95℃/70℃，承担用户负荷的热力网的热水流量为200t/h，则混水装置的设计流量应为下列何项？（2009-3-5）

(A)120t/h (B)200t/h (C)440t/h (D)620t/h

主要解答过程：

如图所示，注意题干中"热力网的热水流量为200t/h"。

质量守恒：$Q_1 + 200\text{t/h} = Q_2$

能量守恒：$Q_1 \times 70\text{℃} + 200 \times 150\text{℃} = Q_2 \times 95\text{℃}$

解得：$Q_1 = 440\text{t/h}$

注：也可根据《热网规》(CJJ 34—2010)第10.3.6条公式计算。

答案：[C]

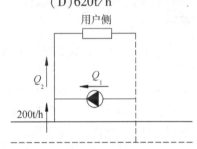

1.8.1 集中供暖系统的热负荷概算(2016-3-5，2018-4-5，2018-4-6)

1. 某集中供暖系统供暖热负荷为50MW，供暖期天数为100天，室内计算温度为18℃，冬季室外计算温度为-5℃，供暖期室外平均温度1℃，则供暖期耗热量(GJ)为下列何值？(2006-3-4)

(A)≈3.2×10⁵ (B)≈8.8×10⁵ (C)≈5.8×10⁵ (D)≈5.8×10⁷

主要解答过程：

根据《教材2019》P123 式(1.10-8)或《热网规》(CJJ 34—2010)第3.2.1条式(3.2.1-1)，供暖期耗热量为：

$$Q_\mathrm{h}^\mathrm{a} = 0.0864 N Q_\mathrm{h} \frac{t_i - t_a}{t_i - t_{o.h}} = 0.0864 \times 100 \times 50 \times 10^3 \times \frac{18-1}{18-(-5)} = 319304(\text{GJ})$$

答案：[A]

2. 某生活小区总建筑面积156000m²，设计的供暖热负荷指标为44.1W/m²（已含管网损失），室内设计温度为18℃，该地区的室外设计温度为-7.5℃，供暖期室外平均温度为-1.6℃，供暖期为122天，该小区供暖的全年耗热量应是下列何项？(2009-4-3)

(A)58500 ~ 59000GJ (B)55500 ~ 56000GJ (C)52700 ~ 53200GJ (D)50000 ~ 50500GJ

主要解答过程：

根据《热网规》(CJJ 34—2010)第3.2.1条。

$$Q_h^a = 0.0864 N Q_h \frac{t_i - t_a}{t_i - t_{o,h}}$$

$$= 0.0864 \times 122 \times (156000 \times 44.1/1000) \times \frac{18 - (-1.6)}{18 - (-7.5)} = 55738(GJ)$$

答案：[B]

3. 某商业综合体内办公建筑面积135000m²、商业建筑面积75000m²、宾馆建筑面积50000m²，其夏季空调冷负荷建筑面积指标分别为：90W/m²、140W/m²、110W/m²（已考虑各种因素的影响），冷源为蒸汽溴化锂吸收式制冷机组，市政热网供应0.4MPa蒸汽，市政热网的供热负荷是下列何项？（2012-4-6）
(A) 46920~40220kW   (B) 31280~37530kW
(C) 28150~23460kW   (D) 20110~21650kW

主要解答过程：
总空调冷负荷：$Q = 135000 \times 90 + 75000 \times 140 + 50000 \times 110 = 28150(kW)$
根据《热网规》(CJJ 34—2010)第3.1.2.3条条文说明，双效溴化锂机组COP可达1.0~1.2，再根据《教材2019》P647，0.4MPa蒸汽采用双效溴化锂机组，热力系数可提高到1.1~1.2。
因此市政供热负荷：$Q_R = 28150kW/(1.0~1.2) = 28450~23460kW$

答案：[C]

4. 某工程的集中供暖系统，室内设计温度为18℃，供暖室外计算温度-7℃，冬季通风室外计算温度-4℃，冬季空调室外计算温度-10℃，供暖期室外平均温度-1℃，供暖期为120天。该工程供暖设计热负荷1500kW，通风设计热负荷800kW，通风系统每天平均运行3h。另有，空调冬季设计热负荷500kW，空调系统每天平均运行8h，该工程全年最大耗热量应是下列何项？（2013-3-4）
(A) 18750~18850GJ   (B) 13800~14000GJ
(C) 11850~11950GJ   (D) 10650~10750GJ

主要解答过程：
根据《教材2019》P123~P124

供暖全年耗热量：$Q_h^a = 0.0864 N Q_h \frac{t_i - t_a}{t_i - t_{o,h}} = 0.0864 \times 120 \times 1500 \times \frac{18-(-1)}{18-(-7)} = 11819.52(GJ)$

通风全年耗热量：$Q_v^a = 0.0036 T_v N Q_v \frac{t_i - t_a}{t_i - t_{o,v}} = 0.0036 \times 3 \times 120 \times 800 \times \frac{18-(-1)}{18-(-4)} = 895.42(GJ)$

空调全年耗热量：$Q_a^a = 0.0036 T_a N Q_a \frac{t_i - t_a}{t_i - t_{o,a}} = 0.0036 \times 8 \times 120 \times 500 \times \frac{18-(-1)}{18-(-10)} = 1172.57(GJ)$

全年最大耗热量：$Q_T^a = Q_h^a + Q_v^a + Q_a^a = 13887.51(GJ)$

答案：[B]

1.8.2 热水供热管网压力工况分析

1. 某热水供热管网供回水温度为110℃/70℃，定压水箱液面在水压图中的标高为30m，该热网末端直接连接到普通铸铁散热器，建筑底部标高为-5m，顶部标高为21m，内部阻力为6mH₂O。网路供回水干管阻力分别为6mH₂O，循环水泵能满足要求。当铸铁管散热器的安全工作压力为40mH₂O时，下列哪一项是正确的？并说明原因。（2006-3-5）
(A) 水泵停止运行，底部散热器实际受压超过40mH₂O，不安全

(B)水泵运行时,散热器实际受压35mH$_2$O,系统顶部压力满足不倒空,但有汽化,不安全
(C)水泵运行时,底部散热器受压为41mH$_2$O,不安全
(D)水泵运行时,底部散热器受压为47mH$_2$O,不安全

主要解答过程:

参考《教材2019》P136~P138供热系统水压图分析,认为系统定压点设置于水泵的吸入口处。
系统停止时,底部散热器承压:

$$P_t = 30 - (-5) = 35mH_2O < 40mH_2O,安全。$$

系统运行时,参考P136图1.10-6可知水泵吸入口处定压值为30mH$_2$O,考虑6mH$_2$O的回水干管阻力和-5m的建筑底层标高,则用户回水管处的压力值为:

$$P_{yh} = 30 + 6 - (-5) = 41(mH_2O)$$

一般在系统运行时,近似认为回水管压力即为散热器承压值,因此41mH$_2$O大于散热器安全工作压力。

答案:[C]

2. 某热水供热管网的水压图如图所示,设计供回水温度为110℃/70℃。1号楼、2号楼、3号楼和4号楼的高度分别是:18m、36m、21m和21m。2号楼为间接连接,其余为直接连接,求循环水泵的扬程和系统停止运行时3号楼顶层的水系统的压力(不考虑顶层的层高因素)是何项?(2013-3-5)

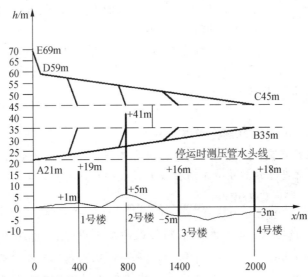

(A)水泵扬程38mH$_2$O、3号楼顶层水系统的压力5mH$_2$O
(B)水泵扬程48mH$_2$O、3号楼顶层水系统的压力5mH$_2$O
(C)水泵扬程38mH$_2$O、3号楼顶层水系统的压力19mH$_2$O
(D)水泵扬程48mH$_2$O、3号楼顶层水系统的压力19mH$_2$O

主要解答过程:

本题可参考《教材2019》P136例题。水泵扬程:$H = 69 - 21 = 48(mH_2O)$
系统停泵后,静水压线为21m,则3号楼顶层的水系统的压力为:$P_3 = 21 - 16 = 5(mH_2O)$。
注:本题出题不严密,题干中没有像教材一样说明1、3、4号楼是直接采用高温水供暖还是采用带混合装置的直接连接。查《教材2019》P136表1.10-4,110℃水的汽化压力为46kPa=4.6mH$_2$O,为保证不汽化还要留有30~50kPa的富裕压力,分析1、3、4号楼停泵时候顶层

水系统的压力：

$P_1 = 21 - 19 = 2(mH_2O)$，$P_3 = 21 - 16 = 5(mH_2O)$，$P_4 = 21 - 18 = 3(mH_2O)$ 均小于 $4.6 + 3 = 7.6m(H_2O)$ 防止汽化的最低压力，因此推测题干中所谓的直接连接应该是采用混合装置的直接连接，才能够满足不汽化的要求。其实可以发现，教材P136图中在高温水供暖建筑的楼顶是附加了 $4.6mH_2O$ 的汽化压力水头的，而题干图中并未做该附加，因此可以认为题目默认1、3、4号楼是采用带混合装置的直接连接。

答案：[B]

3. 某热水供暖系统(上供下回)设计供回水温度110℃/70℃，为5个用户供暖(见下表)，用户采用散热器承压0.6MPa，试问设计选用的系统定压方式(留出了$3mH_2O$余量)及用户与外网连接方式，正确的应是下列何项？(汽化表压取42kPa，$1mH_2O = 9.8kPa$，膨胀水箱架设高度小于1m)(2014-4-6)

用户	1	2	3	4	5
用户底层地面标高/m	+5	+3	-2	-5	0
用户楼高/m	48	24	15	15	24

注：以热网循环水泵中心高度为基准。

(A) 在用户1屋面设置膨胀水箱，各用户与热网直接连接
(B) 在用户2屋面设置膨胀水箱，用户1与外网分层连接，高区28~48m间接连接，低区1~27m直接连接，其余用户与热网直接连接
(C) 取定压点压力56m，各用户与热网直接连接，用户4散热器选用承压0.8MPa
(D) 取定压点压力35m，用户1与外网分层连接，高区23~48m间接连接，低区1~22m直接连接，其余用户与热网直接连接

主要解答过程：

根据《教材2019》P136~P138水压图分析部分内容。
由于系统任意一点(系统最高点为最不利点)的压力不能低于热水的汽化压力(42kPa)，并留出 $3mH_2O$ 的余量，计算最高建筑用户1所需求的最低静水压力要求为：

$$H_{J1} = 48m + 5m + \frac{42000Pa}{1000 \times 9.8} + 3m = 60.3m$$

因此首先排除选项C；选项A：由于膨胀水箱架设高度小于1m，因此若在屋面设置膨胀水箱，定压压力 $H \leq 48m + 5m + 1m = 54m < 60.3m$，同样不满足最低静水压力要求；选项B：同理选项A，在用户2屋面设置膨胀水箱，是不可能满足2用户直接连接方式下的最低静水压力要求的，因此选项B错误；选项D正确，分析如下：
在用户1进行高低分区后，除用户1高区外，其余直接连接用户(包括用户1低区)，系统最高点为 $22+5=27(m)$ 或 $24+3=27(m)$，此时所需要的最低静水压力要求为：

$$H_{J2} = 27m + \frac{42000Pa}{1000 \times 9.8} + 3m = 34.3m < 35m，故定压点压力满足静水压力要求。$$

系统最低点为用户4底层的-5m，散热器承压为：

$$P = \rho g H = 1000 \times 9.8 \times (35 + 5) = 0.392MPa < 0.6MPa$$

散热器不超压。

答案：[D]

1.9 小区供热锅炉房

1.9.1 锅炉的基本特性及设备选择(2017-4-23)

1. 某热水锅炉进水温度为60℃，出水温度为80℃，测定的循环流量为120t/h，压力为4MPa（表压）。锅炉每小时燃煤量为0.66t，燃煤的低位发热量是19000kJ/kg。求锅炉热效率？（$t=80℃$，比焓 $i=335.5kJ/kg$，$t=60℃$，比焓 $i=251.5kJ/kg$）（2007-4-5）
(A)75.6%～76.6%　　　　　　　　(B)66.8%～68.8%
(C)84.7%～85.2%　　　　　　　　(D)79.0%～80.8%

主要解答过程：
根据《教材2019》P152，锅炉热效率：

$$\eta = \frac{\text{加热水的热量}}{\text{完全燃烧产生的热量}} = \frac{120 \times (335.5 - 251.5)}{19000 \times 0.66} = 80.4\%$$

答案：[D]

2. 某小区锅炉房为燃煤粉锅炉，煤粉仓几何容积为60m³，煤粉仓设置的防爆门面积应是下列哪一项？（2011-3-5）
(A)0.1～0.19m²　　(B)0.2～0.29m²　　(C)0.3～0.39m²　　(D)0.4～0.59m²

主要解答过程：
根据《锅规》（GB 50041—2008）第5.1.8.4条。
防爆门面积为：$S = 60m^3 \times 0.0025m^2/m^3 = 0.15m^2$，但总面积不应小于0.5m²。
答案：[D]

3. 某天然气锅炉房位于地下室，锅炉额定产热量为4.2MW，效率为91%，天然气的低位热值 $Q_{DW}=35000kJ/m^3$，燃烧理论空气量 $V=0.2680Q_{DW}/1000(m^3/m^3)$，燃烧装置空气过剩系数为1.1，锅炉间空气体积为1300m³，该锅炉房平时总送风量和室内压力状态应为下列哪一项？（运算中，保留到小数点后一位）（2011-4-5）
(A)略大于15600m³/h，维持锅炉间微正压　　(B)略大于20053m³/h，维持锅炉间微正压
(C)＜20500m³/h，维持锅炉间负压　　(D)略大于20500m³/h，维持锅炉间微正压

主要解答过程：

所需天然气体积量为：$V_{\text{天然气}} = \frac{4.2MW}{Q_{DW}\eta} \times 3600 = \frac{4200}{35000 \times 0.91} \times 3600 = 475(m^3/h)$

燃烧所需空气量：$V_{\text{空}} = \frac{0.268 \times Q_{DW}}{1000} \times V_{\text{天然气}} \times 1.1 = 4901(m^3/h)$

根据《锅规》（GB 50041—2008）第15.3.7条，锅炉房位于地下室时，换气次数不小于12次，根据注：换气量中不包括锅炉燃烧所需空气量，根据条文说明中，锅炉房维持微正压。
送风量：$V_{\text{送}} = V_{\text{空}} + 12 \times 1300 = 20501 m^3/h$
答案：[D]

4. 某居住小区的热源为燃煤锅炉，小区供暖热负荷为10MW，冬季生活热水的最大小时耗热量为4MW，夏季生活热水的最小小时耗热量为2.5MW，室外供热管网的输送效率为0.92，不计锅炉房的自用热。锅炉房的总设计容量以及最小锅炉容量的设计最大值应为下列何项？（生活热水的同时使用率为0.8）（2012-3-4）
(A)总设计容量为11～13MW，最小锅炉容量的设计最大值为5MW

(B) 总设计容量为 11～13MW，最小锅炉容量的设计最大值为 8MW

(C) 总设计容量为 13.1～14.5MW，最小锅炉容量的设计最大值为 5MW

(D) 总设计容量为 13.1～14.5MW，最小锅炉容量的设计最大值为 8MW

主要解答过程：

根据《教材 2019》P157 式(1.11-4)
$$Q = (10\text{MW} + 4\text{MW} \times 0.8)/0.92 = 14.35\text{MW}$$

夏季锅炉需要提供的最小供热量为：（注意：最小耗热量不应再乘同时使用率）
$$Q_x = 2.5\text{MW}/0.92 = 2.72\text{MW}$$

根据《09 技措》第 8.2.10.3.2) 条，"单台燃煤锅炉的运行负荷不应低于锅炉额定负荷的 50%"，因此，最小锅炉容量的设计最大值为：
$$Q_{\max} = Q_x/50\% = 5.43\text{MW}$$

答案：[C]

5. 某小区供暖锅炉房，设有 1 台燃气锅炉，其额定工况为：供水温度为 95℃，回水温度 70℃，效率为 90%。实际运行中，锅炉供水温度改变为 80℃，回收温度为 60℃，同时测得水流量为 100t/h，天然气耗量为 260Nm³/h（当地天然气低位热值为 35000kJ/Nm³）。该锅炉实际运行中的效率变化为下列何项？（2013-4-6）

(A) 运行效率比额定效率降低了 1.5%～2.5%

(B) 运行效率比额定效率降低了 4%～5%

(C) 运行效率比额定效率提高了 1.5%～2.5%

(D) 运行效率比额定效率提高了 4%～5%

主要解答过程：

根据《教材 2019》P152，锅炉实际运行热效率：
$$\eta' = \frac{\text{加热水的热量}}{\text{完全燃烧产生的热量}} = \frac{4.18 \times (100 \times 1000) \times (80 - 60)}{35000 \times 260} = 91.87\%$$

答案：[C]

6. 某项目需设计一台热水锅炉，供回水温度 95℃/70℃，循环水量 48t/h，设锅炉热效率 90%，分别计算锅炉采用重油的燃料耗量(kg/h)及采用天然气的燃料消耗量(Nm³/h)。正确的答案应是下列哪一项？（水的比热容取 4.18kJ/kg·K，重油的低位热值为 40600kJ/kg、天然气的低位热值为 35000kJ/Nm³）（2014-3-5）

(A) 135～140，155～160   (B) 126～134，146～154

(C) 120～125，140～145   (D) 110～119，130～139

主要解答过程：

根据《教材 2019》P152，锅炉热效率：（设 Q 为热水负荷，B 为燃料消耗量，q 为燃料低位热值）

$$\eta_{gl} = \frac{Q}{Bq} \Rightarrow B = \frac{Q}{\eta_{gl} q} = \frac{cG\Delta t}{\eta_{gl} q}，\text{因此：}$$

燃料采用重油时燃料消耗量为：
$$B_{zy} = \frac{48 \times 1000\text{kg/h} \times 4.18\text{kJ/(kg·K)} \times (95 - 70)}{90\% \times 40600\text{kJ/kg}} = 137.3\text{kg/h}$$

燃料采用天然气时燃料消耗量为：

$$B_{tyq} = \frac{48 \times 1000 \text{kg/h} \times 4.18 \text{kJ/(kg·K)} \times (95-70)}{90\% \times 35000 \text{kJ/Nm}^3} = 159.2 \text{Nm}^3/\text{h}$$

答案：[A]

1.9.2 供热节能改造热指标计算(2018-3-5)

总结：此类题目一直存在争议，经多方求证，此类题目计算时即有建筑和新建建筑均需考虑输送散热损失，即以2014-4-4解法为准。

---

1. 严寒地区某住宅小区，有一冬季供暖用热水锅炉房，容量为140MW，原供热范围为200万m^2的既有住宅，经对既有住宅进行围护结构节能改造后，供暖热指标降至48W/m^2。试问，既有住宅改造后，该锅炉房还可负担新建住宅供暖的面积应是下列何项？（锅炉房自用负荷可忽略不计，管网为直埋，散热损失附加系数为0.10；新建住宅供暖热指标为40W/m^2）(2010-3-4)

(A)90~95($10^4 m^2$)　　(B)96~100($10^4 m^2$)　　(C)101~105($10^4 m^2$)　　(D)106~115($10^4 m^2$)

主要解答过程：

注意，本题需默认改造建筑热指标的48W/m^2已包括管网热损失，否则无可选答案。

既有住宅改造后所需总负荷：$Q_0 = 200 \times 10^4 \times 48 = 96$(MW)

节约容量：$\Delta Q = 140 \text{MW} - Q_0 = 44 \text{MW}$

可负担新建住宅面积：$S = \Delta Q / [40 \text{W}/m^2 \times (1+10\%)] = 100 \times 10^4 m^2$

答案：[B]

2. 严寒地区某200万m^2住宅小区，冬季供暖用热水锅炉容量为140MW，满足供暖需求。城市规划在该区域再建130万m^2节能住宅也需该锅炉供暖。因该锅炉房无法扩建，故对既有住宅进行围护结构节能改造，满足全部住宅正常供暖，问：既有住宅节能改造后的供暖热指标应是下列何项？（锅炉房自用负荷忽略不计，管网直埋附加$K_0 = 1.02$，新建住宅供暖热指标35W/m^2）(2012-3-3)

(A)≤44W/m^2　　(B)≤45W/m^2　　(C)≤46W/m^2　　(D)≤47W/m^2

主要解答过程：

新建住宅所需锅炉容量：$Q_x = K_0 \times 130 \times 10^4 \times 35 = 46.41 \text{MW}$

既有住宅改造后所需锅炉容量：$Q = 140 \text{MW} - 46.41 \text{MW} = 93.59 \text{MW}$

改造后的热指标为：$Q_0 = Q/(K_0 \times 200 \times 10^4) = 45.9 \text{W}/m^2$

答案：[C]

3. 严寒地区某200万m^2的住宅小区，冬季供暖用热水锅炉房总装机容量为140MW，对该住宅小区进行围护结构节能改造后，供暖热指标降至45W/m^2，该锅炉房还能再负担新建节能住宅(供暖热指标35W/m^2)供暖的面积，应是下列何项？（锅炉房自用负荷忽略不计，管网输送效率$K_0 = 0.94$）(2013-4-5)

(A)$118 \times 10^4 m^2$　　(B)$128 \times 10^4 m^2$　　(C)$134 \times 10^4 m^2$　　(D)$142 \times 10^4 m^2$

主要解答过程：

容量为140MW的锅炉，能够提供的供暖负荷为：

$$Q = 140 \times K_0 = 131.6 \text{MW}$$

既有住宅改造后所需的供暖负荷为：

$$Q_1 = 200 \times 10^4 \times 45 = 90(MW)$$

可负担新建住宅面积为：

$$\Delta S = \frac{Q - Q_1}{35} = \frac{131.6 - 90}{35} = 119 \times 10^4 m^2$$

答案：[A]

4. 严寒地区某住宅小区的冬季供暖用热水锅炉房，容量为280MW，刚好满足 $400 \times 10^4 m^2$ 既有住宅的供暖。因对既有住宅进行了围护结构节能改造，改造后该锅炉房又多负担了新建住宅供暖的面积 $270 \times 10^4 m^2$，且能满足设计要求。请问既有住宅的供暖热指标和改造后既有住宅的供暖热指标分别应接近下列选项的哪一个？（锅炉房自用负荷可忽略不计，管网散热损失为供热量的2%；新建住宅供暖热指标 $35W/m^2$）(2014-4-4)

(A) $70.0W/m^2$ 和 $46.3W/m^2$
(B) $70.0W/m^2$ 和 $45.0W/m^2$
(C) $68.6W/m^2$ 和 $46.3W/m^2$
(D) $68.6W/m^2$ 和 $45.0W/m^2$

主要解答过程：

容量为280MW的锅炉，能够提供的供暖负荷为：

$$Q = 280 \times (1 - 2\%) = 274.4(MW)$$

既有建筑改造前的热指标为：

$$q = \frac{Q}{400 \times 10^4} = 68.6 \ W/m^2$$

新建住宅所需的供暖负荷为：

$$Q_x = 270 \times 10^4 \times 35 = 94.5(MW)$$

既有建筑改造后的热指标为：

$$q' = \frac{Q - Q_x}{400 \times 10^4} = 45.0 \ W/m^2$$

答案：[D]

1.10 水泵耗电输热比计算(2018-3-2)

注意：1. 供暖系统耗电输热比总结参见本书第3.10.4节。
2. 以下题目均根据老版《公建节能》出题，考生需掌握基本计算方法。

1. 某公共建筑的集中热水供暖的二次水系统，总热负荷为3200kW，供回水温度为95℃/70℃，室外主干线总长1600m，如果选用联轴器连接的循环水泵时，水泵的设计工况点的轴功率计算值应是下列何项值（取整数）？(2008-4-1)

(A)19kW (B)17kW (C)15kW (D)13kW

主要解答过程：

根据《公建节能》5.2.8条：

$$EHR = N/Q\eta \leq 0.0056(14 + \alpha \sum L)/\Delta t$$

$N \leq Q \times \eta \times 0.0056(14 + \alpha \sum L)/\Delta t = 3200 \times 0.83 \times 0.0056 \times (14 + 0.0069 \times 1600)/(95 - 70) = 14.9(kW)$，取整为15kW。

注：《公建节能2015》第4.3.3条对计算公式做出了更新，考生需关注。

答案：[C]

2. 某办公建筑设计采用散热器供暖系统，总热负荷为2100kW，供回水温度为80℃/60℃，系统主干线总长950m，如果选用直联方式的循环水泵时，与水泵设计工况点的轴功率接近的应是下列哪一项？(2010-3-3)

(A)不应大于4.0kW (B)不应大于5.5kW
(C)不应大于1.5kW (D)不应大于11kW

主要解答过程：

根据《公建节能》第5.2.8条：

$$EHR = \frac{N}{Q\eta} \leq 0.00561 \times (14 + \alpha \sum L)/\Delta t$$

$$N \leq \frac{0.00561 \times (14 + \alpha \sum L)}{\Delta t} \times Q\eta = \frac{0.00561 \times (14 + 0.0092 \times 950)}{80 - 60} \times 2100 \times 0.85 = 11.37(\text{kW})$$

答案：[D]

第 2 章 通 风

2.1 环境标准、卫生标准、排放标准(2017-4-8)

1. 某车间有毒物质实测的时间加权浓度为：苯(皮)3mg/m³、二甲苯胺(皮)2mg/m³，甲醇(皮)15mg/m³、甲苯(皮)20mg/m³。问此车间有毒物质的容许浓度是否符合卫生要求并说明理由？(2007-3-6)
(A)符合　　　　　　(B)不符合　　　　　　(C)无法确定　　　　　　(D)基本符合
主要解答过程：
根据《工作场所有害因素职业接触限值　第1部分：化学有害因素》(GBZ 2.1—2007)表1，查得各有害物质容许浓度分别为：苯(皮)6mg/m³，二甲苯胺(皮)5mg/m³，甲醇(皮)25mg/m³，甲苯(皮)50mg/m³。再根据 A.12 条：3/6 + 2/5 + 15/25 + 20/50 = 1.9 > 1，超过限值，不符合卫生标准。
答案：[B]

2. 某车间生产过程中，工作场所空气中所含有毒气物质为丙醇，劳动者的接触状况见下表。试问，该状况下 8h 的时间加权平均浓度值以及是否超过国家标准容许值的判断，应是下列哪一项？(2008-3-6)
(A)1440mg/m³，未超过国家标准容许值
(B)1440mg/m³，超过国家标准容许值
(C)180mg/m³，未超过国家标准容许值
(D)180mg/m³，超过国家标准容许值

接触时间/h	相应浓度/(mg/m³)
$T_1 = 2$	$G_1 = 220$
$T_2 = 2$	$G_2 = 200$
$T_3 = 2$	$G_3 = 180$
$T_4 = 2$	$G_4 = 120$

主要解答过程：
根据《工作场所有害因素职业接触限值　第1部分：化学有害因素》(GBZ 2.1—2007)第 A.3 条，$C_{TWA} = (C_1T_1 + C_2T_2 + C_3T_3 + C_4T_4)/8 = 180mg/m^3$。查表1得：丙醇的时间加权平均容许浓度为 200mg/m³，故未超过国家标准容许值。
答案：[C]

3. 某新建化验室排放有毒气体苯，其排气筒的高度为12m，试问：其符合国家二级排放标准的最高排放速率为？(2008-3-10)
(A)约 0.78kg/h　　　　　　(B)约 0.5kg/h
(C)约 0.4kg/h　　　　　　(D)约 0.32kg/h(改为 0.16kg/h)
主要解答过程：
根据《大气污染物综合排放标准》(GB 16297—1996)表2查得新污染源苯的二级排放标准的最高排放速率(排气筒为15m)为 0.5kg/h。再根据第 B3 条，$Q = Q_c(h/h_c)^2 = 0.5 \times (12/15)^2 = 0.32(kg/h)$。由于第7.4条要求："新污染源的排气筒一般不应低于15m。若新污染源的排气筒必须低于15m时，其排放速率标准值按第7.3条的外推计算结果再严格50%执行"，因此本题答案应为 0.16kg/h，题目选项无正确答案，将 D 选项改为 0.16kg/h。

答案：[D]

4. 某工厂现存理化楼的化验室排放有害气体甲苯，其排气筒的高度为12m，试问，符合国家二级排放标准的最高允许排放速率，接近下列何项？（2009-3-6）

(A)1.98kg/h (B)2.3kg/h (C)3.11kg/h (D)3.6kg/h

主要解答过程：

根据《大气污染物综合排放标准》(GB 16297—1996)表1查得现有污染源甲苯的二级排放标准的最高排放速率(排气筒为15m)为3.6kg/h。再根据第B3条，$Q = Q_c(h/h_c)^2 = 3.6 \times (12/15)^2 = 2.304(kg/h)$。

答案：[B]

5. 在一般工业区内（非特定工业区）新建某除尘系统，排气筒的高度为20m，排放的污染物为石英粉尘，排放速度速率均匀，经2h连续测定，标准工况下，排气量80000m³/h，除尘效率为99%，粉尘收集量为 $G_1 = 633.6kg$。试问，以下依次列出排气筒的排放速率值，排放浓度值以及达标排放的结论，正确者应为下列哪一项？（2010-3-6）

(A)3.0kg/h，60mg/m³，达标排放　　(B)3.1kg/h，80mg/m³，排放不达标
(C)3.0kg/h，40mg/m³，达标排放　　(D)3.2kg/h，40mg/m³，排放不达标

主要解答过程：

查《环境空气质量标准》(GB 3095—1996)，非特定工业区的排放标准为二级。

排气2h排含尘量为$(G_1/0.99) \times (1-0.99) = 6.4kg$，则排放速率为 6.4kg/2h = 3.2kg/h

排放浓度为(3.2kg/h)/80000m³/h = 40mg/m³

根据《大气污染物综合排放标准》(GB 16297—1996)表2，查得石英粉尘的最高允许排放浓度为60mg/m³，允许排放速率为3.1kg/h。故排放浓度达标，但排放速率不达标，总体不达标。

答案：[D]

6. 某工厂焊接车间散发的有害物质主要为电焊烟尘，劳动者接触状况见下表。试问，此状况下该物质的时间加权平均允许浓度值和是否符合国家相关标准规定的判断，正确的是下列哪一项？（2011-3-6）

(A)3.2mg/m³，未超标
(B)3.45mg/m³，未超标
(C)4.24mg/m³，超标
(D)4.42mg/m³，超标

接触时间/h	接触焊尘对应的浓度/(mg/m³)
1.5	3.4
2.5	4
2.5	5
1.5	0（等同不接触）

主要解答过程：

根据《工作场所有害因素职业接触限值 第1部分：化学有害因素》(GBZ 2.1—2007)第A.3条，

$$C_{TWA} = (C_1T_1 + C_2T_2 + C_3T_3 + C_4T_4)/8 = 3.45mg/m^3。$$

查表2得：电焊烟尘的时间加权平均容许浓度为4mg/m³，故未超过国家标准容许值。

答案：[B]

7. 某工厂新建理化楼的化验室排放有害气体甲苯，排气筒的高度为12m，试问符合国家二级排放标准的最高允许排放速率接近下列哪一项？（2011-4-7）

(A)3.49kg/h (B)2.30kg/h (C)1.98kg/h (D)0.99kg/h

主要解答过程：

根据《大气污染物综合排放标准》(GB 16297—1996)表2查得15m排气筒的二级最高允许排放

速率为 3.1kg/h，根据附录 B3：

$$Q_0 = Q_c \left(\frac{h}{h_c}\right)^2 = 3.1 \times \left(\frac{12}{15}\right)^2 = 1.984(\text{kg/h})$$

根据第 7.4 条规定，再严格 50% 则：$Q = 0.5Q_0 = 0.99\text{kg/h}$

答案：[D]

8. 在一般工业区内(非特定工业区)新建某除尘系统，排气筒的高度为 20m，距其 190m 处有一高度为 18m 的建筑物。排放污染物为石英粉尘，排放浓度为 $y = 50\text{mg/m}^3$，标准工况下，排气量 $V = 60000\text{m}^3/\text{h}$。试问，以下依次列出排气筒的排放速率值以及排放是否达标的结论，正确者应为何项？(2012-4-7)

(A) 3.5kg/h，排放不达标 (B) 3.1kg/h，排放达标
(C) 3.0kg/h，排放达标   (D) 3.0kg/h，排放不达标

主要解答过程：

查《环境空气质量标准》(GB 3095—1996)，非特定工业区的排放标准为二级。

排放速率为：$50\text{mg/m}^3 \times 60000\text{m}^3/\text{h} = 3\text{kg/h}$

根据《大气污染物综合排放标准》(GB 16297—1996)表 2，20m 排气筒的二级允许排放速率为 3.1kg/h。但根据第 7.1 条，排气筒应高出周围 200m 半径范围的建筑 5m 以上，不能达到则需严格 50%，因此允许排放速率为 $3.1\text{kg/h} \times 50\% = 1.55\text{kg/h} < 3\text{kg/h}$，故排放不达标。

答案：[D]

2.2 全面通风

2.2.1 全面通风量计算 (2017-3-8，2017-4-9，2018-3-7，2018-3-10，2018-4-11)

1. 某变配电间(所处地区大气压为 101325Pa)的余热量为 40kW，室外计算通风温度为 32℃，计算相对湿度为 72%。现要求室内温度不超过 40℃，试问机械通风系统排出余热的最小风量是下列哪项值？(2008-3-7)

(A) 12000 ~ 13400kg/h   (B) 13560 ~ 14300kg/h
(C) 14600 ~ 15300kg/h   (D) 16500 ~ 18000kg/h

主要解答过程：

变电所无湿负荷，余热应为显热负荷，因此：

$$G = \frac{Q}{c(t_n - t_w)} = \frac{40}{1.01 \times (40 - 32)} = 4.95\text{kg/s} = 17822\text{kg/h}$$

答案：[D]

2. 某车间工艺生产过程散发的主要有害物质包括苯胺、丙烯醇和氯化物，已知将上述三种有害物稀释至国标规定的接触限值所需空气量分别为 $8.2\text{m}^3/\text{s}$、$5.6\text{m}^3/\text{s}$、$2.1\text{m}^3/\text{s}$。试问：该车间的全面通风换气量应是下列哪一项值？(2008-4-6)

(A) $8.2\text{m}^3/\text{s}$ (B) $10.3\text{m}^3/\text{s}$ (C) $7.7\text{m}^3/\text{s}$ (D) $15.9\text{m}^3/\text{s}$

主要解答过程：

根据《教材 2019》P174：刺激气体稀释全面通风量应为叠加关系：$8.2\text{m}^3/\text{s} + 5.6\text{m}^3/\text{s} + 2.1\text{m}^3/\text{s} = 15.9\text{m}^3/\text{s}$。

答案：[D]

3. 某变配电间（所处地区大气压为101325Pa）的余热量为40.4kW，通风室外计算温度为32℃，计算相对湿度为70%，要求室内温度不超过40℃，试问机械通风系统排除余热的最小风量，应是下列何项？（2009-4-7）

(A) 13000～14000kg/h (B) 14500～15500kg/h
(C) 16000～17000kg/h (D) 17500～18500kg/h

主要解答过程：

根据热量平衡关系：

$$40.4\text{kW} = cG\Delta t = 1.01\text{kJ}/(\text{kg}\cdot\text{℃}) \times G \times 8\text{℃}$$

解得：$G = 5\text{kg/s} = 18000\text{kg/h}$

答案：[D]

4. 某会议室有105人，每人每小时呼出 CO_2 为22.6L。设室外空气中 CO_2 的体积浓度为400ppm，会议室内空气 CO_2 允许体积浓度为0.1%；用全面通风方式稀释室内 CO_2 浓度，则能满足室内 CO_2 的允许浓度的最小新风量是下列哪一项？（2010-4-8）

(A) 3700～3800m³/h (B) 3900～4000m³/h
(C) 4100～4200m³/h (D) 4300～4400m³/h

主要解答过程：

注意：ppm 的含义为体积分数为百万分之一，即1000ppm = 0.1%

室内 CO_2 的产生量 $m = (22.6/22.4) \times 44 \times 105 = 4.66(\text{kg/h})$

根据《教材2019》P231 式(2.6-1)，由 CO_2 的质量平衡：

$$G \frac{(1000\text{ppm} - 400\text{ppm}) \times 44}{22.4} = G \times 1178.6\text{mg/m}^3 = m$$

解得：$G = 3954\text{m}^3/\text{h}$

答案：[B]

5. 某车间同时散发苯、乙酸乙酯溶剂蒸气和余热，设稀释苯、乙酸乙酯溶剂蒸气的散发量所需的室外新风量分别为200000m³/h、50000m³/h；满足排出余热的室外新风量为220000m³/h。问同时满足排出苯、乙酸乙酯溶剂蒸气和余热的最小新风量是下列哪一项？（2011-4-9）

(A) 220000m³/h (B) 250000m³/h (C) 270000m³/h (D) 470000m³/h

主要解答过程：

根据《教材2019》P174，排除苯和乙酸乙酯的新风量应叠加计算即为：200000 + 50000 = 250000(m³/h)，大于排除余热所需新风量220000m³/h，因此最小新风量应取较大值。

答案：[B]

6. 某配电室的变压器功率为1000kVA，变压器功率因数为0.95，效率为0.98，负荷率为0.75。配电室要求下级室内设计温度不大于40℃，当地夏季室外通风计算温度为32℃，采用机械排风，自然进风的通风方式。能消除夏季变压器发热量的风机最小排风量应下列何项？（风机计算风量为标准状态，空气比热容 $C = 1.01\text{kJ/kg}\cdot\text{℃}$）（2012-3-7）

(A) 5200～5400m³/h (B) 5500～5700m³/h (C) 5800～6000m³/h (D) 6100～6300m³/h

主要解答过程：

根据《09技措》P60 式(4.4.2)

变压器散热量：$Q = (1 - \eta_1)\eta_2\phi W = (1 - 0.98) \times 0.75 \times 0.95 \times 1000 = 14.25(\text{kW})$

风机最小排风量：$G = \dfrac{Q}{c\rho\Delta t} \times 3600 = \dfrac{14.25}{1.01 \times 1.2 \times (40-32)} \times 3600 = 5290.8(\text{m}^3/\text{h})$

答案：[A]

7. 某车间同时散发苯、醋酸乙酯、松节油溶剂蒸气和余热，为稀释苯、醋酸乙酯、松节油溶剂蒸气的散发量，所需的室外新风量分别为500000m³/h、10000m³/h、2000m³/h，满足排除余热的室外新风量为510000m³/h。则能够满足排除苯、醋酸乙酯、松节油溶剂蒸气和余热的最小新风量是下列何项？(2012-4-8)

(A)510000m³/h　　　(B)512000m³/h　　　(C)520000m³/h　　　(D)522000m³/h

主要解答过程：

根据《教材2019》P174 当数种溶剂(苯及其同系物、醇类或醋酸酯类)蒸气或数种刺激性气体同时放散于空气中时，应按各种气体分别稀释至规定的接触限值所需要的空气量的总和计算全面通风换气量。所需新风量为 500000 + 10000 + 2000 = 512000(m³/h)，大于排除余热余湿所需新风量，因此应取较大值512000m³/h。

答案：[B]

8. 某生产厂房采用自然进风，机械排风的全面通风方式，室内空气温度为30℃，相对湿度为60%，室外通风设计温度为27℃，相对湿度为50%，厂房内的余湿量为25kg/h。厂房所在地为标准大气压，查h-d图计算，该厂房排风系统消除余湿的设计风量(按干空气计)应为下列何项？(2013-3-7)

(A)3100~3500kg/h　　　　　　　　(B)3600~4000kg/h
(C)4100~4500kg/h　　　　　　　　(D)4800~5200kg/h

主要解答过程：

根据《教材2019》P174 查 h-d 图得：$d_n = 16.04\text{g/kg}$，$d_w = 11.15\text{g/kg}$

排风量：$G = \dfrac{W}{d_n - d_w} = \dfrac{25 \times 1000}{16.04 - 11.15} = 5112.5(\text{kg/h})$

答案：[D]

9. 某生产厂房采用自然进风、机械排风的全面通风方式，室内设计空气温度为30℃，含湿量17.4g/kg；室外通风设计温度为26.5℃，含湿量为15.5g/kg；厂房内的余热量20kW，余湿量为25kg/h；该厂房排风系统的设计风量应为下列何项？(空气比热容为1.01kJ/kg·K)(2013-3-8)

(A)12000~14000kg/h　　　　　　　(B)15000~17000kg/h
(C)18000~19000kg/h　　　　　　　(D)20000~21000kg/h

主要解答过程：

根据《教材2019》P174

消除余热排风量：$G_1 = \dfrac{Q}{c(t_p - t_o)} = \dfrac{20\text{kW}}{1.01\text{kJ/(kg·K)} \times (30-26.5)\text{℃}} = 5.658\text{kg/s} = 20367.8\text{kg/h}$

消除余湿排风量：$G_2 = \dfrac{W}{d_p - d_o} = \dfrac{25 \times 1000}{17.4 - 15.5} = 13157.9(\text{kg/h})$

设计风量应取两者大值，即20367.8kg/h

注意：题干中所给的余热量为显热。计算风量要记住：显热用温差，潜热用湿差，全热用焓差。

答案：[D]

10. 某化工生产车间内,生产过程中散发苯、丙酮、醋酸乙酯和醋酸丁酯的有机溶剂蒸气,需设置通风系统。已知其散发量分别为:苯 $M_1 = 200\text{g/h}$、丙酮 $M_2 = 150\text{g/h}$、醋酸乙酯 $M_3 = 180\text{g/h}$、醋酸丁酯 $M_4 = 260\text{g/h}$。车间内四种溶剂的最高允许浓度分别为:苯 $S_1 = 50\text{mg/m}^3$、丙酮 $S_2 = 400\text{mg/m}^3$、醋酸乙酯 $S_3 = 200\text{mg/m}^3$、醋酸丁酯 $S_4 = 200\text{mg/m}^3$。试问该车间的通风量应为下列何项?(2013-4-8)

(A)$4000\text{m}^3/\text{h}$　　　(B)$4900\text{m}^3/\text{h}$　　　(C)$5300\text{m}^3/\text{h}$　　　(D)$6575\text{m}^3/\text{h}$

主要解答过程:

根据《教材2019》P174,当数种溶剂(苯及其同系物、醇类或醋酸酯类)蒸气或数种刺激性气体同时放散于空气中时,应按各种气体分别稀释至规定的接触限值所需要的空气量的总和计算全面通风换气量。根据P173式(2.2-1b),则该车间的通风量应为:(公式 K 值取1,否则没有答案)

$$L = \frac{M_1}{S_1 - 0} + \frac{M_2}{S_2 - 0} + \frac{M_3}{S_3 - 0} + \frac{M_4}{S_4 - 0} = \frac{200}{0.05} + \frac{150}{0.4} + \frac{180}{0.2} + \frac{260}{0.2} = 6575\,(\text{m}^3/\text{h})$$

答案:[D]

2.2.2 热风平衡计算(2016-3-2,2016-3-11,2016-4-8,2017-3-9)

考点总结:通风工程中室外计算温度取值

应用场合	应用条件	温度取值	出处
计算机械送风耗热量及选择空气加热器	一般情况	冬季供暖室外计算温度	《教材2019》P174
	用于补偿消除余热、余湿的全面排风耗热量	冬季通风室外计算温度	《民规》第6.3.3条
热量平衡计算	局部排风及稀释有害气体的全面通风	冬季供暖室外计算温度	《教材2016》P175 (2017版教材删除该部分)
	消除余热、余湿及稀释低毒性有害物质的全面通风	冬季通风室外计算温度	
自然通风	有效热量系数法计算排风温度	夏季通风室外计算温度	《教材2019》P183

注:热量平衡计算中要注意"有害气体"和"低毒性有害物质"的区别。

---

1. 某散发有害气体的车间,冬季室内供暖温度15℃,室内围护结构耗热量90.9kW,室内局部机械排风量为4.4kg/s。当地冬季通风室外计算干球温度-5℃,冬季供暖室外计算干球温度-10℃,空气定压比热1.01kJ/(kg·K),采用全新风集中供热系统,为维持室内一定的负压,取送风量为4kg/s(风量不足部分由门窗外缝隙补入),送风温度 t,下列何值为正确?(2006-4-2)

(A)$36 < t \leqslant 39$℃　　(B)$39 < t \leqslant 41$℃　　(C)$41 < t \leqslant 43$℃　　(D)$43 < t \leqslant 45$℃

主要解答过程:

根据《教材2019》P175,根据质量守恒:

$$G_{zj} + G_{jj} = G_{jp} \Rightarrow G_{zj} = 0.4\text{kg/s}$$

根据能量守恒:(局部排风的补风应采用供暖室外计算温度 $t_w = -10$℃)

$$90.9\text{kW} + cG_{jp}t_n = cG_{jj}t_s + cG_{zj}t_w$$

$$90.9\text{kW} + 1.01 \times 4.4 \times 15 = 1.01 \times 4 \times t_s + 1.01 \times 0.4 \times (-10)$$

$$t_s = 40\text{℃}$$

答案：[B]

2. 某车间局部机械排风系统的排风量 $G_{jp} = 0.6\text{kg/s}$，设带有空气加热器的机械进风系统作补风和供暖，机械进风量 $G_{jj} = 0.54\text{kg/s}$，该车间供暖需热量 $Q = 5.8\text{kW}$，冬季供暖室外计算温度 $t_w = -15℃$，室内供暖计算温度 $t_n = 15℃$。求机械进风系统的送风温度 t_s 为下列何值？(2006-4-6)

(A) 31～33℃   (B) 28～30℃   (C) 34～36℃   (D) >36℃

主要解答过程：

根据《教材2019》P175，根据质量守恒：

$$G_{zj} + G_{jj} = G_{jp} \Rightarrow G_{zj} = 0.06\text{kg/s}$$

根据能量守恒：(局部排风的补风应采用供暖室外计算温度 $t_w = -15℃$)

$$5.8\text{kW} + cG_{jp}t_n = cG_{jj}t_s + cG_{zj}t_w$$

$$5.8\text{kW} + 1.01 \times 0.6 \times 15 = 1.01 \times 0.54 \times t_s + 1.01 \times 0.06 \times (-15)$$

$$t_s = 29℃$$

答案：[B]

3. 夏季室外通风计算温度为28℃，室内工作区设计温度为32℃，计算排风温度36.9℃，设计的排风量为66.7kg/s，计算排风排出的总热量为下列何值？(2006-4-7)

(A) 2400～2500kW   (B) 590～610kW

(C) 420～440kW   (D) 320～340kW

主要解答过程：

排风排出的总热量为：

$$Q = cG\Delta t = 1.01 \times 66.7 \times (36.9 - 28) = 600(\text{kW})$$

答案：[B]

4. 某地冬季通风室外计算温度为0℃，冬季供暖室外计算温度为-5℃。一散发有害气体的生产车间，冬季工作区供暖计算温度为15℃，车间围护结构耗热量 $Q = 242.4\text{kW}$；车间工作区设全面机械通风系统排除有害气体，机械排风量为9kg/s；设计采用全新风集中热风供暖，设送风量为8kg/s；则该系统冬季的设计送风温度应为下列何项？(空气比热容 $C_p = 1.01\text{kJ/kg} \cdot ℃$) (2010-4-1)

(A) 40.5～42.4℃   (B) 42.5～44.4℃

(C) 44.5～47.0℃   (D) 47.1～49.5℃

主要解答过程：

《教材2019》P175，根据风量平衡：$G_s + G_{zj} = G_p$，得：$G_{zj} = 1\text{kg/s}$

根据热量平衡：$Q + cG_p t_n = cG_{zj} t_w + cG_s t_s$，其中 t_w 为冬季供暖室外计算温度-5℃

$242.4 + 1.01 \times 9 \times 15 = 1.01 \times 1 \times (-5) + 1.01 \times 8 \times t_s$

解得：$t_s = 47.5℃$

答案：[D]

5. 某地夏季为标准大气压力，室外通风计算温度为32℃，设计某车间内一高温设备的排风系统，已知：排风罩吸入的热空气温度为500℃，排风量1500m³/h。因排风机承受的温度最高为250℃，采用风机入口段混入室外空气做法，满足要求的最小室外空气风量应是下列何项？(空气比热容按 $C = 1.01\text{kJ/kg} \cdot ℃$ 计，不计风管与外界的热交换) (2012-3-8)

(A)600~700m³/h　　　　　　　　(B)900~1100m³/h
(C)1400~1600m³/h　　　　　　　(D)1700~1800m³/h

主要解答过程：

32℃时空气密度：$\rho_{32} = 353/(273+32) = 1.157(kg/m^3)$

250℃时空气密度：$\rho_{250} = 353/(273+250) = 0.675(kg/m^3)$

500℃时空气密度：$\rho_{500} = 353/(273+500) = 0.457(kg/m^3)$

根据混合过程能量守恒：

$$c\rho_{500}V_{排} \times 500℃ + c\rho_{32}V \times 32℃ = c \times (\rho_{500}V_{排} + \rho_{32}V) \times 250℃$$

$$0.457 \times 1500 \times 500 + 1.157 \times V \times 32 = (0.457 \times 1500 + 1.157 \times V) \times 250$$

$$\therefore V = 679.45 m^3/h$$

答案：[A]

6. 某乙类厂房，冬季工作区供暖计算温度15℃，厂房围护结构耗热量$Q = 313.1kW$，厂房全面排风量$L = 42000m^3/h$；厂房采用集中热风供暖系统，设计送风量$G = 12kg/s$，则该系统冬季的设计送风温度t_{jj}应为下列何项？（注：当地为标准大气压，室内外空气密度取均为$1.2kg/m^3$，空气比热容$C_p = 1.01kJ/kg \cdot ℃$，冬季通风室外计算温度$-10℃$）(2012-4-1)

(A)40~41.9℃　　　　　　　　　(B)42~43.9℃
(C)44~45.9℃　　　　　　　　　(D)46~48.9℃

主要解答过程：

根据《教材2019》P175

全面排风质量流量：$G_{jp} = \dfrac{42000}{3600} \times \rho = 14(kg/s)$

根据质量守恒，自然进风量：$G_{zj} = G_{jp} - G = 2kg/s$

根据能量守恒：

$$Q + C_P G_{jp} t_n = C_P G t_{jj} + C_P G_{zj} t_w$$

$$313.1 + 1.01 \times 14 \times 15 = 1.01 \times 12 \times t_{jj} + 1.01 \times 2 \times (-10)$$

$$\therefore t_{jj} = 45℃$$

注：本题题干错误，根据《教材2019》P171第6)条，机械送风系统加热器的冬季室外参数应采用供暖室外计算温度，但是题干所给条件却是冬季通风室外计算温度。

答案：[C]

7. 某车间设有局部排风系统，局部排风量为0.56kg/s，冬季室内工作区温度为15℃，冬季通风室外计算温度为$-15℃$，供暖室外计算温度为$-25℃$（大气为标准大气压，空气定压比热$1.01kJ/kg \cdot ℃$）。围护结构耗热量为8.8kW，室内维持负压，机械进风量为排风量的90%，试求机械通风量和送风温度为下列何项？(2012-3-6)

(A)0.3~0.53kg/s，29~32℃　　　　(B)0.54~0.65kg/s，29~32℃
(C)0.54~0.65kg/s，33~36.5℃　　　(D)0.3~0.53kg/s，36.6~38.5℃

主要解答过程：

根据《教材2019》P175，机械通风量：$G_{jj} = 90\% \times 0.56kg/s = 0.504kg/s$

根据质量守恒：$G_{zj} + G_{jj} = G_{jp} \Rightarrow G_{zj} = 0.056kg/s$

根据能量守恒：（局部排风的补风应采用供暖室外计算温度$t_w = -25℃$）

$$8.8\text{kW} + cG_{jp}t_n = cG_{jj}t_s + cG_{zj}t_w$$
$$8.8\text{kW} + 1.01 \times 0.56 \times 15 = 1.01 \times 0.504 \times t_s + 1.01 \times 0.056 \times (-25)$$
$$t_s = 36.7℃$$

答案：[D]

8. 某层高4m的一栋散发有害气体的厂房，室内供暖计算温度15℃，车间围护结构耗热量200kW，室内为消除有害气体的全面机械排风量10kg/s；拟采用全新风集中热风供暖系统，送风量9kg/s，则车间热风供暖系统的送风温度应为下列何项？（当地室外供暖计算温度－10℃，冬季通风室外计算温度－5℃，空气比热容为1.01kJ/kg·K）(2013-4-9)
(A)33.0～34.9℃　　(B)35.0～36.9℃　　(C)37.0～38.9℃　　(D)39.0～40.9℃

主要解答过程：根据《教材2019》P175，根据风量平衡：$G_s + G_{zj} = G_p$，得：$G_{zj} = 1\text{kg/s}$

根据热量平衡：$Q + cG_p t_n = cG_{zj}t_w + cG_s t_s$，其中$t_w$为冬季供暖室外计算温度－10℃

$$200 + 1.01 \times 10 \times 15 = 1.01 \times 1 \times (-10) + 1.01 \times 9 \times t_s$$

解得：$t_s = 39.8℃$

注：本题为2010年案例（下）第1题修改数据原题。

答案：[D]

9. 某车间，室内设计温度15℃，车间围护结构设计耗热量200kW，工作区局部排风量10kg/s；车间采用混合供暖系统（散热器＋新风集中热风供暖），设计散热器散热量等于室内+5℃值班供暖的热负荷。新风送风系统风量7kg/s，送风温度t(℃)为下列何项？（已知：供暖室外计算温度为－10℃，空气的比热容为1.01kJ/kg，值班供暖时，通风系统不运行）(2014-4-8)
(A)35.5～36.5　　(B)36.6～37.5　　(C)37.6～38.5　　(D)38.6～39.5

主要解答过程：

由于值班供暖时通风系统不运行，因此值班供暖散热器仅承担+5℃条件下对应的围护结构耗热量，在设计温度15℃条件下，围护结构设计耗热量为200kW，由于围护结构耗热量与室内外温差成正比，故：

$$\frac{Q'}{200\text{kW}} = \frac{5 - (-10)}{15 - (-10)} \Rightarrow Q' = 120\text{kW} \text{ 即为散热器的散热量。}$$

根据《教材2019》P175 式(2.2-5)和式(2.2-6)

车间风量平衡：
$$G_p = G_{zj} + G_{jj} \Rightarrow G_{zj} = 10 - 7 = 3(\text{kg/s})$$

车间热量平衡：
$$(200 - Q') + cG_p t_n = cG_{jj} t + cG_{zj} t_w$$

解得：$t = 37.03℃$

注：本题近似认为散热器在室温5℃时和15℃时散热量不变，均为120kW。

答案：[B]

2.3 自然通风

2.3.1 自然通风的计算(2016-4-9, 2017-3-11, 2017-4-7, 2017-4-10, 2018-3-9)

1. 如图所示某车间，侧窗进风温度$t_w = 31℃$，车间工作区温度$t_n = 35℃$，散热有效系数$m =$

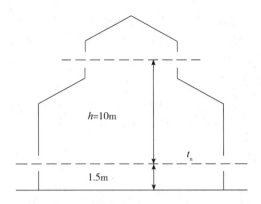

0.4,侧窗进风口面积 $F_j = 50\text{m}^2$,天窗排风口面积 $F_p = 36\text{m}^2$,天窗和侧窗流量系数 $\mu_p = \mu_j = 0.6$,该车间自然通风量为下列哪一项? $\rho_t = 353/(273+t)$,kg/m^3。(2007-3-8)

(A) 30~32kg/s (B) 42~44kg/s
(C) 50~52kg/s (D) 72~74kg/s

主要解答过程:

根据《教材2019》P183,排风温度 $t_p = t_w + (t_n - t_w)/m = 31 + (35-31)/0.4 = 41(\text{℃})$,平均温度 $t_{np} = (t_n + t_p)/2 = 38\text{℃}$

利用公式 $\rho_t = 353/(273+t)$(空气密度与温度关系式):

$\rho_p = 353/(273+41) = 1.124(\text{kg/m}^3)$,$\rho_w = 353/(273+31) = 1.161(\text{kg/m}^3)$,$\rho_{np} = 353/(273+38) = 1.135(\text{kg/m}^3)$

根据P182 式(2.3-14)及式(2.3-15),又因为 $\mu_p = \mu_j$,则:

$$\frac{F_j}{F_p} = \sqrt{\frac{h_2 \rho_p}{h_1 \rho_w}}$$,又因为 $h_1 + h_2 = 10\text{m}$,可解得 $h_1 = 3.33\text{m}$

则通风量:

$$G_j = F_j \mu_j \sqrt{2h_1 g(\rho_w - \rho_{np})\rho_w} = 42.1\text{kg/s}$$

答案:[B]

2. 某车间采用自然通风降温,已知车间总余热量 $Q = 300\text{kW}$,有效热量系数 $m = 0.5$,$F_1 = F_2 = 10\text{m}^2$,$F_3 = 30\text{m}^2$,侧窗与天窗中心距 $h = 10\text{m}$,$\mu_1 = \mu_2 = 0.4$,$\mu_3 = 0.5$,室外风速为0,空气温度 $t_w = 25\text{℃}$,通风换气量为18kg/s。室内工作区温度应为下列何项?(2009-3-7)

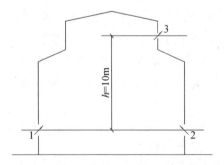

(A) 28~29.5℃ (B) 30~31.5℃
(C) 32~33.5℃ (D) 34~35.5℃

主要解答过程:

根据《教材2019》P181 式(2.3-13)及P183 式(2.3-19)

$$G = \frac{Q}{c(t_p - t_w)} = 300\text{kW} \Rightarrow t_p = 41.5\text{℃}$$

$$t_p = \frac{t_n - t_w}{m} + t_w \Rightarrow t_n = 33.25\text{℃}$$

注意: 该类型自然通风考题经常给出许多无用条件,需熟练掌握如何选择所需条件解题。

答案:[C]

3. 某厂房利用热压进行自然通风，进风口面积 $F_j = 36\mathrm{m}^2$，排风口面积 $F_p = 30\mathrm{m}^2$，进排风口中心的高度差 $H = 12.2\mathrm{m}$。设进、排风口的流量系数相同，且近似认为 $\rho_w = \rho_p$，则厂房内部空间中余压值为零的界面与进风口中心的距离 h_j 为下列哪一项？（2010-4-9）

(A) 4.7~5.2m (B) 5.3~5.8m (C) 5.9~6.4m (D) 6.8~7.3m

主要解答过程：

由于认为 $\mu_j = \mu_p$，$\rho_w = \rho_p$，根据《教材2019》P182 式(2.3-16)

$$\left(\frac{F_j}{F_p}\right)^2 = \frac{h_p}{h_j} = \left(\frac{36}{30}\right)^2$$

$$h_j + h_p = 12.2\mathrm{m}$$

解得：$h_j = 5\mathrm{m}$

答案：[A]

4. 地处标准大气压的某车间利用热压自然通风（如图所示），已知车间的侧窗 a 的开启面积 $F_a = 27\mathrm{m}^2$，侧窗 a 与天窗 b 距地面的高度分别为 $h_a = 2.14\mathrm{m}$、$h_b = 13\mathrm{m}$。设室外空气密度与排风密度近似相等，侧窗与天窗的流量系数相同。现拟维持车间距地面 $h = 8.14\mathrm{m}$ 处余压为0，问：天窗开启面积 F_b 为下列哪一项？（2011-3-8）

(A) 26.5~27.5m²   (B) 28.0~29.0m²
(C) 29.5~30.5m²   (D) 31.0~32.0m²

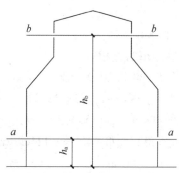

主要解答过程：

$h_1 = h - h_a = 8.14 - 2.14 = 6(\mathrm{m})$，$h_2 = h_b - h = 13 - 8.14 = 4.86(\mathrm{m})$

根据《教材2019》P182 式(2.3-16)

$$\frac{F_a}{F_b} = \sqrt{\frac{h_2}{h_1}} = 0.9 \Rightarrow F_b = 30\mathrm{m}^2$$

答案：[C]

5. 某生产厂房全面通风量20kg/s，采用自然通风，进风为厂房外墙 F 的侧窗（$\mu_j = 0.56$，窗的面积 $F_j = 260\mathrm{m}^2$），排风为顶面的矩形通风天窗（$\mu_p = 0.46$），通风天窗距进风窗之间的中心距离 $H = 15\mathrm{m}$。夏季室内工作地点空气计算温度35℃，室内平均气温度接近下列何项？（注：当地大气压为101.3kPa，夏季通风室外空气计算温度32℃，厂房有效热量系数 $m = 0.4$）（2012-4-9）

(A) 32.5℃   (B) 35.4℃   (C) 37.5℃   (D) 39.5℃

主要解答过程：

根据《教材2019》P183 式(2.3-19)

$$t_p = t_w + \frac{t_n - t_w}{m} = 32 + \frac{35 - 32}{0.4} = 39.5(℃)$$

根据 P181 式(2.3-12)

$$t_{np} = \frac{t_n + t_p}{2} = \frac{35 + 39.5}{2} = 37.25(℃)$$

注意： 题干给出干扰条件，要根据需求选择有用的已知条件。

答案：[C]

6. 某厂房采用自然通风排除室内余热，要求进风窗的进风量与天窗的排风量均为 $G_j = 850 \text{kg/s}$，排风天窗窗孔两侧的密度差为 0.055kg/m^3，进风窗的面积 $F_j = 800 \text{m}^2$、局部阻力系数 $\zeta_j = 3.18$，设：天窗与进风窗之间中心距 $h = 15 \text{m}$，天窗中心与中和面的距离 $h_j = 10 \text{m}$，天窗局部阻力系数 $\zeta_p = 4.2$，天窗排风口空气密度 $\rho_p = 1.125 \text{kg/m}^3$，则所需天窗面积为下列何项？(2013-3-10)

(A) 410～470 m^2 (B) 471～530 m^2 (C) 531～590 m^2 (D) 591～640 m^2

主要解答过程：

根据《教材2019》P178 式(2.3-1b)，$\mu_p = \sqrt{\dfrac{1}{\zeta_p}} = 0.49$

根据 P182 式(2.3-15)，排风天窗面积为：

$$F_b = \frac{G_j}{\mu_p \sqrt{2 h_2 g \Delta\rho \rho_p}} = \frac{850}{0.49 \times \sqrt{2 \times 10 \times 9.8 \times 0.055 \times 1.125}} = 498.1 (\text{m}^2)$$

注：本题出题有问题，因为教材 P182 式(2.3-15)中 $\Delta\rho = \rho_w - \rho_{np}$，是室外空气密度和室内平均温度下的空气密度之差，而题干中所给的窗孔两侧的密度差实际上是 $\rho_w - \rho_p$，即室外空气密度和排风密度之差，因此实际上上述算法是不准确的，正确的解法如下：

室外空气密度为：

$$\rho_w = \rho_p + 0.055 = 1.18 (\text{kg/m}^3)$$

式(2.3-14) 与 式(2.3-15) 相比：

$$\frac{F_j}{F_p} = \frac{\mu_p \sqrt{2 h_2 g \Delta\rho \rho_p}}{\mu_j \sqrt{2 h_1 g \Delta\rho \rho_w}} = \sqrt{\frac{h_2 \rho_p \zeta_j}{h_1 \rho_w \zeta_p}} = \sqrt{\frac{10 \times 1.125 \times 3.18}{5 \times 1.18 \times 4.2}} = 1.2$$

$$F_p = 665.8 \text{m}^2$$

但却发现并没有对应选项，不知本题目出题者想法为何。

答案：[B]

7. 某屋面高为 14m 的厂房，室内散热均匀，余热量为 1374kW，温度梯度 0.4℃/m；夏季室外通风计算温度 30℃，室内工作区(高 2m)设计温度 32℃。拟采用屋面天窗排风、外墙侧窗进风的自然通风方式排除室内余热，自然通风量应为下列何项？（空气比热容为 1.01kJ/kg·K）(2013-4-10)

(A) 171～190 kg/s (B) 191～210 kg/s (C) 211～230 kg/s (D) 231～250 kg/s

主要解答过程：

天窗排风温度：$t_p = 32 + 0.4 \times (14 - 2) = 36.8(℃)$

通风量：$G = \dfrac{Q}{c(t_p - t_w)} = \dfrac{1374 \text{kW}}{1.01 \text{kJ/(kg·K)} \times (36.8 - 30)℃} = 200 \text{kg/s}$

答案：[B]

8. 已知室内有强热源的某厂房，工艺设备总散热量为 1136kJ/s，有效热量系数 $m = 0.4$；夏季室内工作点设计温度 33℃；采用天窗排风、侧窗进风的自然通风方式排除室内余热，其全面通风量 G 应是下列何项？注：当地大气压 101.3kPa，夏季通风室外计算温度 30℃，取空气的定压比热为 1.01kJ/(kg·K) (2014-3-10)

(A) 80～120 kg/s (B) 125～165 kg/s (C) 175～215 kg/s (D) 220～260 kg/s

主要解答过程：

根据《教材2019》P183 式(2.3-19)，天窗排风温度：

$$t_p = t_w + \frac{t_n - t_w}{m} = 30 + \frac{33 - 30}{0.4} = 37.5(℃)$$

根据 P181 式(2.3-13)，全面通风量为：

$$G = \frac{Q}{C(t_p - t_j)} = \frac{1136}{1.01 \times (37.5 - 30)} = 149.97(kg/s)$$

答案：[B]

2.3.2 自然通风原理及设备选择(2016-3-8，2018-3-8)

1. 某工业厂房设筒形风帽排风，该风帽直径 $d = 800mm$，风管长度 $l = 4m$，风管局部阻力系数之和 $\sum \xi \approx 0.5$。室外计算风速 $v_w = 3m/s$ 时，仅有风压作用，该风帽排风量为下列哪一项？(2006-3-7)

(A)2700～2800m^3/h (B)2500～2600m^3/h
(C)>2800m^3/h (D)<2500m^3/h

主要解答过程：

根据《教材2019》P187 式(2.3-22)，式(2.3-23)：

$$A = \sqrt{0.4v_w^2 + 1.63(\Delta p_g + \Delta p_{ch})} = \sqrt{0.4 \times 3^2 + 1.63(0 + 0)} = 1.897$$

$$L_0 = 2827d^2 \frac{A}{\sqrt{1.2 + \sum \xi + 0.02l/d}}$$

$$= 2827 \times 0.8^2 \times \frac{1.897}{\sqrt{1.2 + 0.5 + 0.02 \times 4/0.8}} = 2558(m^3/h)$$

答案：[B]

2. 含有剧毒物质或难闻气味物质的局部排风系统，或含有浓度较高的爆炸危险性物质的局部排风系统，排风系统排风口设计的正确做法应是下列选项的哪一个？（已知：建筑物正面为迎风面，迎风面长60m，高10m）(2008-4-10)

(A)排至建筑的迎风面 (B)排至建筑背风面3m 高处
(C)排至建筑物两侧面3m 高处 (D)排至建筑背风面8m 高处

主要解答过程：

本题应结合《教材2019》P257 排风口要求"位于建筑空气动力阴影区和正压区以上"（图2.7-3）。并利用 P180 式(2.3-7)。动力阴影区的最大高度为：$H_c \approx 0.3\sqrt{A} = 0.3 \times \sqrt{60 \times 10} = 7.35(m)$

答案：[D]

3. 某厂房利用热压进行自然通风。厂房高度 $H = 12m$，排风天窗中心距地面高度 $h = 10m$，天窗的局部阻力系数 $\xi = 4$。已知：厂房内散热均匀，散热量为 $100W/m^3$，厂房工作区的温度 $t_n = 25℃$，当天窗的空气平均流速 $V = 1.1m/s$ 时，天窗窗口压力损失为下列哪一项（当地为标准大气压）？(2010-3-8)

(A)2.50～2.60Pa (B)2.70～2.80Pa
(C)2.85～3.10Pa (D)3.20～3.30Pa

主要解答过程：

根据《教材2019》P183 表2.3-3 查得温度梯度 $\alpha = 1.5℃/m$。根据式(2.3-17)

$$t_p = t_n + \alpha(h - 2) = 25 + 1.5 \times (10 - 2) = 37(℃)$$

$$\rho_p = 353/(273 + 37) = 1.139(kg/m^3)$$

根据 P185 式(2.3-21)

$$\Delta p = \zeta(\rho_p v^2/2) = 2.76 \text{Pa}$$

答案：[B]

4. 某厂房利用风帽进行自然排风，总排风量 $L = 13842 \text{m}^3/\text{h}$，室外风速 $v = 3.16 \text{m/s}$，不考虑热压作用，压差修正系数 $A = 1.43$，拟选用 $d = 800\text{mm}$ 的筒形风帽，不接风管，风帽入口的局部阻力系数 $\xi = 0.5$。问：设计配置的风帽个数为下列何项(当地为标准大气压)？(2012-3-9)

(A) 4 个　　　　(B) 5 个　　　　(C) 6 个　　　　(D) 7 个

主要解答过程：

根据《教材2019》P187 式(2.3-22)

$$L_0 = 2827 d^2 \frac{A}{\sqrt{1.2 + \sum \xi + 0.02 l/d}} = 2827 \times 0.8^2 \times \frac{1.43}{\sqrt{1.2 + 0.5 + 0.02 \times 0/0.8}}$$

$$= 1984.3 (\text{m}^3/\text{h})$$

$$n = \frac{L}{L_0} = \frac{13842}{1984.3} = 6.98 \approx 7$$

答案：[D]

2.4　局部排风(2018-4-8)

2.4.1　密闭罩及柜式排风罩(2017-4-11)

1. 某工厂化验室采用通风柜排放产生的有毒气体甲苯，通风柜开孔为 $1000\text{mm} \times 600\text{mm}$，柜内甲苯发生量为 $0.05\text{m}^3/\text{s}$，若安全系数 $\beta = 1.2$，则通风柜符合控制风速要求的计算排风量应是下列何项？(2009-3-8)

(A) $864 \sim 980\text{m}^3/\text{h}$　　　　　　　　(B) $1044 \sim 1200\text{m}^3/\text{h}$
(C) $1217 \sim 1467\text{m}^3/\text{h}$　　　　　　(D) $1520 \sim 1735\text{m}^3/\text{h}$

主要解答过程：

根据《教材2019》P191 式(2.4-3)

$$L = L_1 + vF\beta = 0.05 + 0.45 \times (1 \times 0.6) \times 1.2 = 0.374 \text{m}^3/\text{s} = 1346.4 \text{m}^3/\text{h}$$

答案：[C]

2. 某实验室为空调房间，为节约能耗，采用送风式通风柜，补风取自相邻房间。通风柜柜内进行有毒污染物试验，柜内有毒污染物气体发生量为 $0.2\text{m}^3/\text{s}$，通风柜工作孔面积 0.2m^2，则通风柜的最小补风量应是下列哪一项？(2010-4-10)

(A) $500 \sim 600\text{m}^3/\text{h}$　　　　　　　(B) $680 \sim 740\text{m}^3/\text{h}$
(C) $750 \sim 850\text{m}^3/\text{h}$　　　　　　　(D) $1000 \sim 1080\text{m}^3/\text{h}$

主要解答过程：

根据《教材2019》P191 式(2.4-3)，由于所求为最小通风量，取 $\beta = 1.1$，控制风速 v 取 0.4

排风量：$L = L_1 + vF\beta = 0.2 + 0.4 \times 0.2 \times 1.1 = 0.288\text{m}^3/\text{s} = 1036.8\text{m}^3/\text{h}$

注意，题干要求计算的为补风量，根据 P192："送风量约为排风量的 $70\% \sim 75\%$"，取 70%

则补风量：$L_{补} = 0.7L = 725.76\text{m}^3/\text{h}$

答案：[B]

3. 拟设计一用于"粗颗粒物料的破碎"的局部排风密闭罩。已知：物料下落时带入罩内的诱导

空气量为 $0.35\text{m}^3/\text{s}$，从孔口或缝隙出吸入的空气量为 $0.50\text{m}^3/\text{s}$，则连接密闭罩"圆形吸风口"的最小直径最接近下列哪一项？(2011-3-10)

(A)0.5m　　　　　(B)0.6m　　　　　(C)0.7m　　　　　(D)0.8m

主要解答过程：

根据《教材2019》P190 式(2.4-2)
$$L = L_1 + L_2 = 0.85\text{m}^3/\text{s}$$

根据 P191，粗颗粒物料破碎吸风口风速 $\leq 3\text{m/s}$

最小直径：$S = \frac{1}{4}\pi D^2 = \frac{L}{3\text{m/s}} = 0.2833\text{m}^2$，解得：$D = 0.6\text{m}$

答案：[B]

2.4.2　工作台上侧吸罩(2016-4-10)

考点总结：工作台上侧吸罩计算方法释疑

多年来该考点题目的解法一直在考生中存在争议，对于工作台上矩形侧吸罩的排风量，究竟是直接采用《教材2019》式(2.4-8)计算，还是根据《教材(第二版)》或《工业通风》相关例题查图计算？其实仔细的考生应该可以发现，《教材2019》式(2.4-4)~式(2.4-8)的推导过程，均是以圆形吸气口为前提的，并不适用于矩形排风罩，使人产生误解的原因在于图2.4-14b 矩形排风罩的配图。而从另一个角度理解，式(2.4-8)中排风量仅与排风罩面积和控制点风速有关，而控制点风速一般为已知条件，因此假想两个面积相同的排风罩，一个为正方形，一个为特别扁长的矩形，若同时采用公式法计算其结果是相同的，这显然不合理。其实图2.4-15 就是针对不同长宽比的矩形排风罩所绘制的。因此，笔者认为工作台上矩形侧吸罩的排风量计算，必须采用查图法！

但是出题老师也许并未注意到这一点，2016年专业案例(下)第10题，题干为矩形侧吸罩排风量计算，但却要求直接采用公式法，而采用查图法计算的结果与选项差距较大，对于考生造成了较大困扰。

实际上自2013年出版第三版教材时，教材就已经删除了查图法的计算例题，笔者推断在今后的考试中应该不会再涉及根据查图法计算的题目，考生应理解其原理，在考场上要根据实际题目灵活应对。

---

1. 某车间的一个工作平台上装有带法兰边的矩形吸气罩，罩口的净尺寸为 $320\text{mm} \times 640\text{mm}$，工作距罩口的距离 640mm，要求于工作处形成 0.52m/s 的吸入速度，排气罩的排风量应为下列何项？(2012-4-10)

(A)$1800 \sim 2160\text{m}^3/\text{s}$　　(B)$2200 \sim 2500\text{m}^3/\text{s}$　　(C)$2650 \sim 2950\text{m}^3/\text{s}$　　(D)$3000 \sim 3360\text{m}^3/\text{s}$

主要解答过程：

参考《教材(第二版)》P179 第2个例题，将该罩看成是 $640\text{mm} \times 640\text{mm}$ 的假想罩，$a/b = 1.0$，$x/b = 1.0$，查图2.3-15 得：$v_x/v_0 = 0.12$（注意教材取值错误，图中从下向上，第一根是圆形风管，第二根才是矩形1:1）

罩口平均风速：$v_0 = v_x/0.12 = 4.33\text{m/s}$

实际排风量：$L = 3600Fv_0 = 3600 \times 0.32 \times 0.64 \times 4.33 = 3194.9(\text{m}^3/\text{h})$

由于带法兰边，需考虑0.75的系数，即：$L' = 0.75L = 2396.2\text{m}^3/\text{h}$

答案：[B]

2.4.3 接受式排风罩

1. 某金属熔化炉，炉内金属温度为650℃，环境温度为30℃，炉口直径为0.65m，散热面为水平面，于炉口上方1.0m处设圆形接受罩，接受罩的直径为下列哪一项？(2010-3-9)
（A）0.65~1.0m　　　（B）1.01~1.30m　　　（C）1.31~1.60m　　　（D）1.61~1.90m

主要解答过程：

根据《教材2019》P200，$1.5\sqrt{A_P} = 1.5 \times \left(\dfrac{\pi}{4} \times 0.65^2\right)^{0.5} = 0.864 < H$，故为高悬罩。

根据式(2.4-23)及式(2.4-30)得：
$$D = D_Z + 0.8H = 0.36H + B + 0.8H = 1.81\text{m}$$

答案：[D]

2. 某金属熔化炉，炉内金属温度为650℃，环境温度为30℃，炉口直径为0.65m，散热面为水平面，于炉口上方1.0m处设接受罩，热源的热射流收缩断面上的流量为下列哪一项？(2011-4-10)
（A）0.10~0.14m³/h　　（B）0.16~0.20m³/h　　（C）0.40~0.44m³/h　　（D）1.1~1.3m³/h

主要解答过程：

根据《教材2019》P200 式(2.4-24)~式(2.4-26)：

$$Q = \alpha F\Delta t = A\Delta t^{1/3} \times F\Delta t = 1.7 \times \dfrac{\pi}{4} \times (0.65)^2 \times (650-30)^{4/3} = 2.98(\text{kJ/s})$$

$$L_0 = 0.167 Q^{1/3} B^{3/2} = 0.167 \times 2.98^{1/3} \times 0.65^{3/2} = 0.126(\text{m}^3/\text{s})$$

注意：教材式(2.4-25)中Q的单位为J/s，而式(2.4-24)中的Q的单位为kJ/s，计算时注意换算。

答案：[A]

3. 某水平圆形热源（散热面直径$B=1.0$m）的对流散热量为$Q=5.466$kJ/s，拟在热源上部1.0m处设直径为$D=1.2$m的圆伞形接受罩排除余热。设室内有轻微的横向气流干扰，则计算排风量应是何项？（罩口扩大面积的空气吸入气流速$V=0.5$m/s）(2012-3-10)
（A）1001~1200m³/h
（B）1201~1400m³/h
（C）1401~1600m³/h
（D）1601~1800m³/h

主要解答过程：

根据《教材2019》P200，$1.5\sqrt{AP} = 1.32\text{m} > H$，因此为低悬罩，再根据式(2.4-24)，也可参考《教材(第二版)》P186 例题，注意忽略轻微横向气流影响。

$$L_0 = 0.167 Q^{\frac{1}{3}} B^{\frac{3}{2}} = 0.167 \times 5.466^{\frac{1}{3}} \times 1 = 0.294(\text{m}^3/\text{s})$$

$$L = L_0 + v'F' = L_0 + v' \times \dfrac{\pi(D^2 - B^2)}{4} = 0.294 + 0.5 \times \dfrac{3.14 \times (1.2^2 - 1)}{4} = 0.467\text{m}^3/\text{s}$$
$$= 1681.2\text{m}^3/\text{h}$$

答案：[D]

2.5 过滤与除尘

2.5.1 除尘器的选择（性能指标）

1. 经测定某除尘器入口粉尘的质量粒径分布及其分级效率见下表，问该除尘器的全效率为下

列何值？（2006-3-10）

粒径范围/μm	0~5	5~10	10~20	20~40	>40
粒径分布(%)	20	10	20	20	30
除尘器分级效率(%)	40	80	90	95	100

(A)78%~81%　　　(B)82%~84%　　　(C)86%~88%　　　(D)88.5%~90.5%

主要解答过程：

根据《工业通风》P72，全效率计算公式为：

$$\eta = \sum_{i=1}^{n} \eta(d_c)f_i(d_c)\Delta d_c = 0.2 \times 0.4 + 0.1 \times 0.8 + 0.2 \times 0.9 + 0.2 \times 0.95 + 0.3 \times 1 = 83\%$$

或根据《教材2019》P207，全效率及分级效率(式2.5-6)的基本定义：

$$\eta = \frac{G_2}{G_1} = \frac{0.2G_1 \times 0.4 + 0.1G_1 \times 0.8 + 0.2G_1 \times 0.9 + 0.2G_1 \times 0.95 + 0.3G_1 \times 1}{G_1}$$

$$= 0.83 = 83\%$$

答案：[B]

2. 经过某电厂锅炉除尘器的测定已知：烟气进口含尘浓度 $y_1 = 3000 \text{mg/m}^3$，出口含尘浓度 $y_2 = 75 \text{mg/m}^3$，烟尘粒径分布(质量百分比)见下表。(2007-4-6)

粒径范围/μm	0~5	5~10	10~20	20~40	>40
进口粉尘(%)	10.4	14.0	19.6	22.4	33.6
出口粉尘(%)	78.0	14.0	7.4	0.6	0.0

试计算0~5μm 及 20~40μm 的分级效率约为下列何值？

(A)86.8%，99.3%　　　(B)81.3%，99.9%

(C)86.6%，99%　　　(D)81.3%，97.5%

主要解答过程：

根据《教材2019》P207 式(2.5-6)

$$\eta_c(0 \sim 5\mu m) = \frac{\Delta S_c}{\Delta S_j} \times 100\% = \frac{10.4\% \times y_1 - 78\% \times y_2}{10.4\% \times y_1} = 81.3\%$$

$$\eta_c(20 \sim 40\mu m) = \frac{\Delta S_c}{\Delta S_j} \times 100\% = \frac{22.4\% \times y_1 - 0.6\% \times y_2}{22.4\% \times y_1} = 99.9\%$$

答案：[B]

3. 某新建车间治理污染装有一台除尘器，污染源为含石英粉尘的气体(最高允许排风浓度 $Y_2 = 60 \text{mg/m}^3$)，其起始浓度 $Y_1 = 600 \text{mg/m}^3$，经测定含尘气体达标排放，除尘器进口及灰斗中粉尘的粒径分布见下表。

粒径范围/μm	0~5	5~10	10~20	20~40	>40
进口粉尘(%)	16	12	20	21	31
出口粉尘(%)	13	11	18	23	35

问除尘器全效率 η 和对10~20μm范围内粉尘的除尘效率 η_c (分级效率)约为下列何值？(2007-4-9)

(A)95%，85%　　　(B)90%，83%

(C)90%，81%　　　(D)86%，77%

主要解答过程：
注意本题题干表述与表格数据不符，题干中为"进口及灰斗中粉尘的粒径分布"，因此要将表格中"出口粉尘"理解为"灰斗中粉尘(即过滤掉的粉尘)"的数据才可正确计算。

全效率：$\eta = 1 - \dfrac{Y_2}{Y_1} = 90\%$

根据《教材2019》P207 式(2.5-6)

$$\eta_c(10 \sim 20\mu m) = \dfrac{\Delta S_c}{\Delta S_j} \times 100\% = \dfrac{18\% \times y_1 \times \eta}{20\% \times y_1} = 81\%$$

注意：重视本题解答第一句说明，理解本题与2007-4-6的不同之处。
答案：[C]

4. 某两级除尘器串联，已知粉尘的初始浓度为 $15g/m^3$，排风标准为 $30mg/m^3$，第一级除尘器效率 85%，求第二级除尘器的效率至少应为下列哪一项？(2010-3-11)
(A) $82.5\% \sim 85\%$ (B) $86.5\% \sim 90\%$ (C) $91.5\% \sim 95.5\%$ (D) $96.5\% \sim 99.5\%$

主要解答过程：
两级除尘器的总效率为：

$$\eta_t = 1 - \dfrac{30mg/m^3}{15g/m^3} = 99.8\% = 1 - (1 - 85\%) \times (1 - \eta_2)$$

解得：$\eta_2 = 98.7\%$
答案：[D]

2.5.2 除尘器的计算 (2018-4-9)

1. 某负压运行的袋式除尘器，在除尘器进口测得风量为 $5000m^3/h$，相应含尘浓度为 $3120mg/m^3$，除尘器的全效率为 99%，漏风率为 4%，该除尘器出口空气的含尘浓度为下列何值？(2006-4-9)
(A) $29 \sim 31mg/m^3$ (B) $32 \sim 34mg/m^3$
(C) $35 \sim 37mg/m^3$ (D) $38 \sim 40mg/m^3$

主要解答过程：
入口粉尘量为：

$$m_入 = 3120 mg/m^3 \times 5000m^3/h = 15.6 \times 10^6 mg/h$$

出口粉尘量为：

$$m_出 = m_入(1 - \eta) = 15.6 \times 10^4 mg/h$$

出口风量为：

$$V_出 = 5000m^3/h \times (1 + 4\%) = 5200(m^3/h)$$

出含尘浓度为：

$$y_出 = m_出/V_出 = 15.6 \times 10^4/5200 = 30(mg/m^3)$$

答案：[A]

2. 某除尘系统采用两级除尘，测得第一级旋风除尘器的效率 $\eta_1 = 80\%$，第二级电除尘器的效率 $\eta_2 = 99\%$，除尘系统出口粉尘浓度 $C_2 = 50mg/m^3$，达标排放。试问该除尘系统入口允许的最高粉尘浓度为下列何值？(2006-4-10)
(A) $24500 \sim 25500mg/m^3$ (B) $2450 \sim 2550mg/m^3$
(C) $21000 \sim 22000mg/m^3$ (D) $2100 \sim 2200mg/m^3$

主要解答过程：

两级串联除尘器总除尘效率为：
$$\eta = 1 - (1-\eta_1)(1-\eta_2) = 1 - (1-80\%) \times (1-99\%) = 99.8\%$$

入口允许的最高粉尘浓度为：
$$C_1 = \frac{C_2}{1-\eta} = \frac{50}{1-99.8\%} = 25000(\text{mg/m}^3)$$

答案：[A]

3. 某除尘系统设计排风量 $L = 30000\text{m}^3/\text{h}$，空气温度 $t = 180℃$，入口含尘浓度 $y_1 = 2.0\text{g/m}^3$，除尘效率 $\eta = 95\%$。试问下列哪一项是错误的？(2007-3-9)
(A) 排风浓度为 100mg/m^3（标态）　　　　(B) 排尘量为 3kg/h
(C) 设计工况空气密度约 0.78kg/m^3　　　　(D) 标准工况下排风量约为 $18100\text{m}^3/\text{h}$（标态）

主要解答过程：

排尘量 $= 30000\text{m}^3/\text{h} \times 2.0\text{g/m}^3 \times (1-0.95) = 3\text{kg/h}$

设计工况空气密度为 $353/(273+180) = 0.78(\text{kg/m}^3)$

标态下排风量为 $30000 \times (273+0)/(273+180) = 18100(\text{m}^3/\text{h})$

标态下排风浓度为 $(3\text{kg/h})/(18100\text{m}^3/\text{h}) = 165\text{mg/m}^3$，故选项 A 错误。

答案：[A]

4. 实测某台袋式除尘器的数据如下：进口：气体温度 $40℃$，风量 $10000\text{m}^3/\text{h}$，出口：气体温度 $38℃$，风量 $10574\text{m}^3/\text{h}$（测试时大气压力为 101325Pa）。当进口粉尘浓度为 4641mg/m^3，除尘器的效率为 99% 时，求在标准状态下除尘器出口的粉尘浓度为下列何值？(2007-3-10)
(A) $38 \sim 40\text{mg/m}^3$　　　(B) $46 \sim 47\text{mg/m}^3$　　　(C) $49 \sim 51\text{mg/m}^3$　　　(D) $52 \sim 53\text{mg/m}^3$

主要解答过程：

出口气体排尘量 $M = 10000\text{m}^3/\text{h} \times 4641\text{mg/m}^3 \times (1-99\%) = 464100\text{mg/h}$

出口气体在工况($38℃$)下浓度 $g = M/10574\text{m}^3/\text{h} = 43.9\text{mg/m}^3$

换算到标准状态($0℃$)下浓度 $g_0 = g \times (273+38)/(273+0) = 50(\text{mg/m}^3)$

答案：[C]

5. 在 101325Pa 大气压情况下，对某电厂锅炉除尘器的测定已知：烟气温度 $t = 180℃$ 时，烟气进口含尘浓度 $y_1 = 3000\text{mg/m}^3$，出口含尘浓度 $y_2 = 75\text{mg/m}^3$，据《锅炉大气污染物排放标准》（GB 13271—2001）为一类地区：100mg/m^3，二类地区：250mg/m^3，三类地区：350mg/m^3。问该除尘器的全效率及排放浓度达到几类地区的排放标准。(2007-4-10)
(A) 约 97.5%，一类地区　　　　(B) 约 99%，一类地区
(C) 约 97.5%，二类地区　　　　(D) 约 99%，二类地区

主要解答过程：

全效率：$\eta = 1 - \dfrac{y_2}{y_1} = 1 - \dfrac{75}{3000} = 97.5\%$

标准状态下出口含尘浓度 $y_{2标} = \dfrac{273+180}{273}y_2 = 124.5\text{mg/m}^3$，属于二类地区。

答案：[C]

6. 某车间为治理石英粉尘的污染，在除尘系统风机的入口处新装一台除尘器，经测定：除尘器的入口处理风量 $L_1 = 5\text{m}^3/\text{s}$，除尘器的漏风率 $c = 2\%$，达标排放（排放浓度为 60mg/m^3），

试问：每分钟该除尘器收集的粉尘量 G，应是下列哪一项？（2008-3-11）
(A) 1620～1630g/min　　　　　　　(B) 1750～1760g/min
(C) 1810～1820g/min　　　　　　　(D) 1910～1920g/min

主要解答过程：

本题题干条件不足，需增加"除尘效率为99%"的已知条件。

出口风量 $L_2 = L_1(1+c) = 5 \times 1.02 = 5.1 (m^3/s)$

排尘量 $g = L_2 \times 60mg/m^3 = 306mg/s = 18.36g/min$

收集的粉尘量 $G = g \times 99\%/(1-99\%) = 1817.6g/min$

答案：[C]

7. 对负压运行的袋式除尘器测定得到如下数据：入口风量 $L = 10000m^3/h$，入口粉尘浓度为 $4680mg/m^3$，出口含尘空气的温度为 27.3℃，大气压为 101325Pa，设除尘器全效率为 99%，除尘器漏风率为 4%，试问，在标准状态下，该除尘器出口的粉尘浓度，应为下列何项？（2008-4-11）
(A) 40～43mg/m³　　(B) 44～47mg/m³　　(C) 48～51mg/m³　　(D) 52～55mg/m³

主要解答过程：

入口含尘量：$m_入 = L \times 4680mg/m^3 = 46.8(kg/h)$

出口含尘量：$m_出 = m_入 \times (1-99\%) = 0.468(kg/h)$

出口风量(27.3℃工况)：$L_出 = L \times (1+4\%) = 10400(m^3/h)$

出口风量换算到标准状态：$L_标 = L_出 \times 273/(273+27.3) = 9455(m^3/h)$

则出口粉尘浓度为：$m_出/L_标 = 49.5mg/m^3$

答案：[C]

8. 某袋式除尘器位于风机的吸入段，实测数据如下：除尘器的漏风率为 4%；除尘器的入口风量为 $10000m^3/h$，入口粉尘浓度为 $4680mg/m^3$；除尘器的出口粉尘浓度为 $45mg/m^3$。该除尘器实测的除尘效率应是下列何项？（2009-3-10）
(A) 98.5%～98.8%　　(B) 98.9%～99.2%　　(C) 99.3%～99.6%　　(D) 99.7%～99.9%

主要解答过程：

风机处于风机吸入端，故为负压。

入口粉尘量为：$m_入 = 4680mg/m^3 \times 10000m^3/h = 46.8kg/h$

出口风量为：$V_出 = 10000m^3/h \times (1+4\%) = 10400m^3/h$

出口粉尘量为：$m_出 = 45mg/m^3 \times V_出 = 0.468kg/h$

除尘效率为：$\eta = 1 - \dfrac{m_出}{m_入} = 99\%$

答案：[B]

9. 某旋风除尘器气体进口截面面积 $F = 0.24m^2$，除尘器的局部阻力系数 $\xi = 9$，在大气压 $B = 101.3kPa$，气体温度 $t = 20℃$ 的工况下，测得的压差 $\Delta p = 1215Pa$，则该工况除尘器处理的风量应是下列何项？（2009-4-10）
(A) 2.4～2.8m³/s　　(B) 2.9～3.3m³/s　　(C) 3.4～3.8m³/s　　(D) 3.9～4.2m³/s

主要解答过程：

根据《教材 2019》P210 式(2.5-14)

$\Delta P = \zeta \rho v^2/2 = 9 \times 1.2 \times v^2/2$，解得 $v = 15\text{m/s}$
因此处理风量：$V = Fv = 3.6\text{m}^3/\text{s}$

答案：[C]

10. 某除尘系统由旋风除尘器(除尘总效率85%) + 脉冲袋式除尘器(除尘总效率99%)组成，已知除尘系统进入风量为 $10000\text{m}^3/\text{h}$，入口含尘浓度为 5.0g/m^3，漏风率：旋风除尘器为1.5%，脉冲袋式除尘器为3%，求该除尘系统的出口含尘浓度应接近下列何项(环境空气的含尘量忽略不计)？(2014-4-9)

(A) 7.0mg/m^3 (B) 7.2mg/m^3 (C) 7.4mg/m^3 (D) 7.5mg/m^3

主要解答过程：

入口含尘量为：
$$m_\text{入} = 5\text{g/m}^3 \times 10000\text{m}^3/\text{h} = 50\text{kg/h}$$

总除尘效率为：
$$\eta_\text{t} = 1 - (1-\eta_1)(1-\eta_2) = 99.85\%$$

出口风量为：
$$V_\text{出} = 10000\text{m}^3/\text{h} \times (1+1.5\%) \times (1+3\%) = 10454.5\text{m}^3/\text{h}$$

出口含尘量为：
$$m_\text{出} = m_\text{入}(1-\eta_\text{t}) = 0.075\text{kg/h}$$

出口浓度为：
$$y = \frac{m_\text{出}}{V_\text{出}} = 7.17\text{mg/m}^3$$

答案：[B]

2.5.3 典型除尘器

1. 已知：某静电除尘器的处理风量 $40\text{m}^3/\text{s}$，长度10m，电场风速 0.8m/s。求静电除尘器的体积，应是下列哪项值？(2008-3-8)

(A) 50m^3 (B) 200m^3 (C) 500m^3 (D) 2000m^3

主要解答过程：

根据《教材2019》P226 式(2.5-28)，$F = L/v = (40\text{m}^3/\text{s})/(0.8\text{m/s}) = 50\text{m}^2$

所以体积为 $V = Fl = 500\text{m}^3$

答案：[C]

2. 某通风系统的过滤器，可选择静电过滤器或袋式过滤器。已知：大气压为101.3kPa，空气温度为20℃。处理风量为 $3000\text{m}^3/\text{h}$，静电过滤器阻力为20Pa，耗电功率为20W；袋式过滤器阻力为120Pa。风机的全压效率为0.80，风机采用三角带传动(滚动轴承)。系统每年运行180天，每天运行10h。若不计电动机的功率损耗，试从节能角度比较，静电过滤器比袋式过滤器年节电数值应是下列哪一项？(2010-4-7)

(A) 110～125kWh   (B) 140～155kWh
(C) 160～185kWh   (D) 195～210kWh

主要解答过程：

根据《教材2019》P267 式(2.8-3)(不考虑电动机容量安全系数 K)，查表2.8-4 三角带传动时 $\eta_\text{m} = 0.95$

静电除尘器总耗电量：

$$W_电 = \frac{LP_电}{\eta \times 3600 \times \eta_m} + 20 = \frac{3000 \times 20}{0.8 \times 3600 \times 0.95} + 20 = 41.93(W)$$

袋式除尘器总耗电量：

$$W_袋 = \frac{LP_袋}{\eta \times 3600 \times \eta_m} = \frac{3000 \times 120}{0.8 \times 3600 \times 0.95} = 131.58(W)$$

总节电量：$W = 180 \times 10 \times (W_袋 - W_电) = 161.4(kWh)$

答案：[C]

3. 采用静电除尘器处理某种含尘烟气，烟气量 $L = 50m^3/s$，含尘浓度 $Y_1 = 12g/m^3$，已知该除尘器的极板面积 $F = 2300m^2$，尘粒的有效驱进速度 $w_e = 0.1m/s$，计算的排放浓度 Y_2 接近下列哪一项？（2011-3-11）

(A) $240mg/m^3$　　　　(B) $180mg/m^3$　　　　(C) $144mg/m^3$　　　　(D) $120mg/m^3$

主要解答过程：

根据《教材2019》P225 式(2.5-27)

$$\eta = 1.0 - \exp\left(-\frac{F}{L}w_e\right) = 1.0 - \exp\left(-\frac{2300}{50} \times 0.1\right) = 98.995\%$$

$$Y_2 = Y_1(1-\eta) = 120.6mg/m^3$$

答案：[D]

4. 对某环隙脉冲袋式除尘器进行漏风率的测试，已知测试时除尘器的净气箱中的负压稳定为2500Pa，测试的漏风率为2.5%，试求在标准测试条件下，该除尘器的漏风率更接近下列何项？（2014-3-11）

(A) 2.0%　　　　(B) 2.2%　　　　(C) 2.5%　　　　(D) 5.0%

主要解答过程：

根据《脉冲喷吹类袋式除尘器》(JBJ 8532—2008) 第5.2条，该除尘器的漏风率为：

$$\varepsilon = \frac{44.72\varepsilon_1}{\sqrt{p}} = \frac{44.72 \times 2.5\%}{\sqrt{2500}} = 2.236\%$$

答案：[B]

2.6　有害气体净化(2016-4-11, 2017-3-6)

1. 某锅炉房烧掉500kg煤时，共产生的烟气量为$5000m^3$，每1kg煤散发的SO_2量为16g，问燃煤烟气中SO_2的体积浓度为下列何值？（SO_2的分子量为64）（2006-3-11）

(A) 550～570ppm　　　(B) 0.5～0.6ppm　　　(C) 800～900ppm　　　(D) 440～460ppm

主要解答过程：

燃烧500kg煤，散发的SO_2量为：

$$m = 500 \times 16 = 8000(g)$$

SO_2的质量浓度为：

$$Y = \frac{8000g}{5000m^3} = 1.6g/m^3$$

根据《教材2019》P231 式(2.6-1)，SO_2的体积浓度为：

$$C = \frac{22.4Y}{M} = \frac{22.4 \times 1.6 \times 1000}{64} = 560 \text{ppm}$$

答案：[A]

2. 某办公室体积 200m^3，新风量为每小时换气 2 次，初始室内空气中 CO_2 含量与室外相同，为 0.05%，工作人员每人呼出 CO_2 量为 19.8g/h，当 CO_2 含量始终 $\not> 0.1\%$ 时，室内最多容纳人数为下列哪一项？(2007-4-7)

(A) 18   (B) 19   (C) 20   (D) 21

主要解答过程：

根据《教材 2019》P231 式(2.6-1)

$C_1 = 500\text{ppm}$，$Y_1 = C_1 M/22.4 = 0.98\text{g/m}^3$；$C_2 = 1000\text{ppm}$，$Y_2 = C_2 M/22.4 = 1.96\text{g/m}^3$

新风量 $L_x = 200\text{m}^3 \times 2 \text{次/h} = 400\text{m}^3/\text{h}$

根据 CO_2 质量平衡方程：$19.8\text{g/h} \times n = L_x(Y_2 - Y_1)$

解得：$n = 19.8$ 取 19 人，注意此处不能四舍五入。

答案：[B]

3. 某有害气体流量为 $3000\text{m}^3/\text{h}$，其中有害物成分的浓度为 5.25ppm，克摩尔数 $M = 64$，采用固定床活性炭吸附装置净化该有害气体，设平衡吸附量为 0.15kg/kg，炭吸附效率为 95%，一次装活性炭量为 80kg，则连续有效使用时间为下列哪一项？(2010-3-10)

(A) 200~225h   (B) 226~250h   (C) 251~270h   (D) 271~290h

主要解答过程：

根据《教材 2019》P231 式(2.6-1)

$$Y = CM/22.4 = 5.25 \times 64/22.4 = 15(\text{mg/m}^3)$$

根据吸附过程质量守恒：

$$3000\text{m}^3/\text{h} \times 15\text{mg/m}^3 \times 10^{-6} \times 95\% \times t = 80\text{kg} \times 0.15\text{kg/kg}$$

解得：$t = 280.7\text{h}$

注意：1. 活性炭吸附为案例常考点，原理及公式较为固定，为送分题，务必熟练掌握。此外《教材（第二版）》P220 例题印刷错误，公式漏乘 200h，注意鉴别。

2. 本题参考《教材（第二版）》例题出题，不考虑《工业暖规》第 7.3.5 条条文说明中动活性与静活性之比，今后题目如明确给出该参数时，才需要考虑。

答案：[D]

4. 含有 SO_2 浓度为 100ppm 的有害气体，流量为 $5000\text{m}^3/\text{h}$，选用净化装置的净化效率为 95%，净化后的 SO_2 浓度 (mg/m^3) 为下列何项？（大气压为 101325Pa）(2014-4-10)

(A) 12.0~13.0   (B) 13.1~14.0   (C) 14.1~15.0   (D) 15.1~16.0

主要解答过程：

根据《教材 2019》P231 式(2.6-1)

$$Y = \frac{CM}{22.4} = \frac{100 \times 64}{22.4} = 285.71(\text{mg/m}^3)$$

故净化后的 SO_2 浓度为：

$$Y' = Y(1-\eta) = 285.71 \times (1-95\%) = 14.29(\text{mg/m}^3)$$

答案：[C]

2.7 通风管道系统(2017-3-7,2018-3-6)

1. 某工厂通风系统,采用矩形薄钢板风管(管壁粗糙度为0.15mm),尺寸为 $a \times b = 210\text{mm} \times 190\text{mm}$,在夏季测得管内空气流速 $v = 12\text{m/s}$,温度 $t = 100℃$,计算出该风管的单位长度摩擦压力损失为下列何值?(已知:当地大气压力为80.80kPa,要求按流速查相关表计算,不需要进行空气密度和黏度修正)(2006-4-8)
(A)7.4~7.6Pa/m (B)7.1~7.3Pa/m (C)5.7~6.0Pa/m (D)5.3~5.6Pa/m

主要解答过程:
根据《教材2019》P252 式(2.7-7)
流速当量直径:
$$D_v = \frac{2ab}{a+b} = \frac{2 \times 210 \times 190}{210 + 190} = 199.5(\text{mm})$$

查P251 图2.7-1得单位长度摩擦压力损失为:$R_{mo} = 9\text{Pa/m}$
考虑空气温度和大气压的修正,不考虑空气密度和黏性的修正,因此,根据式(2.7-4):
$$R_m = K_t K_B R_{mo} = \left(\frac{273+20}{273+t}\right)^{0.825} \times \left(\frac{B}{101.3}\right)^{0.9} \times R_{mo}$$
$$= \left(\frac{273+20}{273+100}\right)^{0.825} \times \left(\frac{80.8}{101.3}\right)^{0.9} \times 9 = 6.0(\text{Pa})$$

答案:[C]

2. 某车间除尘通风系统的圆形风管制作完毕,需对其漏风量进行测试,风管设计工作压力为1500Pa,风管设计工作压力下的最大允许漏风量接近何项值?(按 GB 50738)(2013-4-7)
(A)$1.03\text{m}^3/(\text{h} \cdot \text{m}^2)$ (B)$2.04\text{m}^3/(\text{h} \cdot \text{m}^2)$
(C)$4.08\text{m}^3/(\text{h} \cdot \text{m}^2)$ (D)$6.12\text{m}^3/(\text{h} \cdot \text{m}^2)$

主要解答过程:
根据《通风施规》(GB 50738—2011)第4.1.6条表4.1.6-1,1500Pa管道属于中压系统,再根据第15.2.3条,中压矩形风道允许漏风量为:
$$Q_M \leq 0.0352 \times 1500^{0.65} = 4.083\text{m}^3/(\text{h} \cdot \text{m}^2)$$

再根据15.2.3.2条,圆形风管允许漏风量是矩形的50%,因此最终允许漏风量为$2.041\text{m}^3/(\text{h} \cdot \text{m}^2)$。
注:其实根据《通风验规》(GB 50243—2002)第4.2.5.5条,除尘系统风管是直接按照中压计算的,但是 GB 50738 相同的条款将"除尘"二字删除了,值得注意。假如题干所给压力为400Pa,则根据两本规范计算所得数值就不同了。

答案:[B]

3. 某送风管(镀锌薄钢板制作,管道壁面粗糙度0.15mm)长30m,断面尺寸为800mm×313mm;当管内空气流速16m/s,温度50℃时,该段风管的长度摩擦阻力损失是多少Pa?(注:大气压力101.3kPa,忽略空气密度和黏性变化的影响)(2014-3-6)
(A)80~100 (B)120~140 (C)155~170 (D)175~195

主要解答过程:
根据《教材2019》P252 式(2.7-7)
流速当量直径:
$$D_v = \frac{2ab}{a+b} = \frac{2 \times 800 \times 313}{800 + 313} = 449.95(\text{mm})$$

查 P251 图 2.7-1 得单位长度摩擦压力损失为：$R_{mo} = 6Pa/m$

考虑空气温度和大气压的修正，不考虑空气密度和黏性的修正，$K=0.15$ 不考虑管壁粗糙度的修正，因此，根据式(2.7-4)：

$$R_m = K_t K_B R_{mo} = \left(\frac{273+20}{273+t}\right)^{0.825} \times \left(\frac{B}{101.3}\right)^{0.9} \times R_{mo}$$

$$= \left(\frac{273+20}{273+50}\right)^{0.825} \times \left(\frac{101.3}{101.3}\right)^{0.9} \times 6 = 5.536(Pa)$$

故该段风管的长度摩擦阻力损失为：

$$\Delta P = R_m L = 5.536 \times 30 = 166.1(Pa)$$

答案：[C]

4. 某均匀送风管道采用保持孔口前静压相同原理实现均匀送风(如图所示)，有四个间距为 2.5m 的送风孔口(每个孔口送风量为 1000m³/h)。已知：每个孔口的平均流速为 5m/s，孔口的流量系数均为 0.6，断面 1 处风管的空气平均流速为 4.5m/s。该段风管断面 1 处的全压应是下列何项，并计算说明是否保证出流角 $\alpha \geq 60°$？(注：大气压力 101.3kPa，空气密度取 1.20kg/m³)(2014-3-7)
(A)10~15Pa 不满足保证出流角的条件
(B)16~30Pa 不满足保证出流角的条件
(C)31~45Pa 满足保证出流角的条件
(D)46~60Pa 满足保证出流角的条件

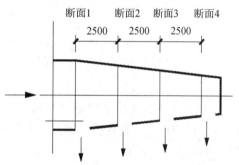

主要解答过程：

根据《教材 2019》P260~P261

根据式(2.7-15)，孔口平均流速 $v_0 = 5m/s$，孔口流量系数 $\mu = 0.6$

故静压流速为：

$$v_j = \frac{v_0}{\mu} = 8.33m/s$$

根据式(2.7-10)和式(2.7-11)

断面 1 处的静压为：

$$p_j = \frac{1}{2}v_j^2 \rho = 0.5 \times 8.33^2 \times 1.2 = 41.63(Pa)$$

动压为：

$$p_d = \frac{1}{2}v_d^2 \rho = 0.5 \times 4.5^2 \times 1.2 = 12.15(Pa)$$

全压为：

$$p_q = p_j + p_d = 41.63 + 12.15 = 53.78(Pa)$$

根据式(2.7-12)，出流角为：

$$\alpha = \arctan\left(\frac{v_j}{v_d}\right) = \arctan\frac{8.33}{4.5} = 61.6° > 60°$$

注：本题可参考《教材(第二版)》P245 例题，更易理解，第三版教材删除该例题。

答案：[D]

5. 接上题，孔口出流的实际流速应为下列何项？(2014-3-8)

(A)$9.1 \sim 10 \text{m/s}$ (B)$8.1 \sim 9.0 \text{m/s}$
(C)$5.1 \sim 6.0 \text{m/s}$ (D)$4.1 \sim 5.0 \text{m/s}$

主要解答过程：

根据《教材2019》P260 式(2.7-13)

孔口实际流速为：$v = \dfrac{v_j}{\sin\alpha} = \dfrac{8.33}{\sin 61.6} = 9.47 (\text{m/s})$

答案：[A]

2.8 通风机

2.8.1 通风机的分类、性能参数与命名（2016-3-7，2018-4-7，2018-4-10）

1. 要求一通风机风量 $L = 48600 \text{m}^3/\text{h}$，风机入口气流全压 $P_1 = -1800\text{Pa}$，出口气流全压 $P_2 = 200\text{Pa}$，风机全压效率 $\eta = 0.9$，电动机与风机直联，电动机容量安全系数 $K = 1.15$，问电动机功率为下列何值？（2006-4-11）

(A)$27.6 \sim 28 \text{kW}$ (B)$3.4 \sim 3.5 \text{kW}$ (C)$34 \sim 35 \text{kW}$ (D)$30 \sim 31 \text{kW}$

主要解答过程：

根据《教材2019》P267 式(2.8-3)

$$N = \dfrac{LP}{\eta \times 3600 \times \eta_m} K = \dfrac{48600 \times [200 - (-1800)]}{0.9 \times 3600 \times 1.0} \times 1.15 = 34.5 (\text{kW})$$

答案：[C]

2. 以下四台同一系列的后向机翼型离心通风机，均在高效率运行情况时，比较其噪声性能哪一台是最好的？（2007-3-11）

(A)风量 $50000 \text{m}^3/\text{h}$，全压 600Pa，声功率级 105dB

(B)风量 $100000 \text{m}^3/\text{h}$，全压 800Pa，声功率级 110dB

(C)风量 $80000 \text{m}^3/\text{h}$，全压 700Pa，声功率级 110dB

(D)风量 $20000 \text{m}^3/\text{h}$，全压 500Pa，声功率级 100dB

主要解答过程：

本题需根据《红宝书》P1359，"风机的最佳工况点就是其最高效率点，也就是比声功率级的最低点"，即风机的效率越高，其转化为噪声的功率就越低，噪声性能就越好。

$L_W = L_{WC} + 10\lg(QH^2) - 20$，$L_{WC} = L_W - 10\lg(QH^2) + 20$

A 选项：$L_{WCA} = 105 - 10\lg(50000 \times 600^2) + 20 = 22.44 (\text{dB})$

B 选项：$L_{WCB} = 110 - 10\lg(100000 \times 800^2) + 20 = 21.94 (\text{dB})$

C 选项：$L_{WCC} = 110 - 10\lg(80000 \times 700^2) + 20 = 24.07 (\text{dB})$

D 选项：$L_{WCD} = 100 - 10\lg(20000 \times 500^2) + 20 = 23.01 (\text{dB})$

答案：[B]

3. 已知一台通风兼排烟双速离心风机，低速时风机铭牌风量为 $12450\text{m}^3/\text{h}$，风压为 431Pa。已知当地的大气压力为 $B = 101.3\text{kPa}$，现要求高温时排风量为 $17430\text{m}^3/\text{h}$，排气温度为 $270℃$，若风机、电动机及传动效率在内的风机总效率为 0.52，求该配套风机的电动机功率至少应为多少。（2007-4-11）

(A)4kW (B)5.5kW (C)11kW (D)15kW

主要解答过程：

根据《教材2019》P268 低速运行时：

$$N_1 = \frac{L_1 P_1}{3600\eta_{\text{总}}} K = 2.866K(\text{kW})$$

高速运行与低速运行风机转速比：

$$\frac{n_2}{n_1} = \frac{L_2}{L_1} = \frac{17430}{12450} = 1.4$$

高温与标态空气密度比：

$$\frac{\rho_2}{\rho_1} = \frac{273+20}{273+270} = 0.54$$

根据表2.8-6

$$N_2 = \frac{\rho_2}{\rho_1}\left(\frac{n_2}{n_1}\right)^3 N_1 = 0.54 \times 1.4^3 \times 2.866K = 4.247K(\text{kW})$$

查表2.8-5，取 $K=1.2$，则 $N_2 = 4.247 \times 1.2 = 5.1(\text{kW})$

答案：[B]

4. 已知：一台双速风机（$n_1=1450\text{r/min}$，$n_2=2900\text{r/min}$）的通风系统，风机低速运行时，测得系统风量 $L_1=60000\text{m}^3/\text{h}$，系统的压力损失 $\Delta P_1=148\text{Pa}$，试问：该风机的全压效率 $\eta=0.8$，当风机高速运转时（大气压力和温度不变），风机的轴功率应是下列选项的哪一个？(2008-4-8)

(A) 24~25kW　　(B) 26~27kW　　(C) 28~29kW　　(D) 30~31kW

主要解答过程：

根据《教材2019》P268

低速运行时功率：

$$N_1 = \frac{L_1 P_1}{3600\eta} = \frac{60000 \times 148}{3600 \times 0.8} = 3.08(\text{kW})$$

根据表2.8-6，高速运行时功率：

$$N_1 = N_2 \left(\frac{n_2}{n_1}\right)^3 = 24.66\text{kW}$$

注意：《教材2019》P268 式(2.8-3) 为配用电动机功率，若求轴功率公式中无 η_m 和 K，轴功率为：

$$N_{\text{轴}} = \frac{LP}{3600\eta}$$

答案：[A]

5. 根据产品样本，某风机的有效功率为40kW，现该风机安装于一山区（当地大气压 $B=91.17\text{kPa}$，气温 $t=20℃$），风机有效功率的变化（kW）应是下列何项？(2009-3-11)

(A) 增加1.6~2.0kW　(B) 增加3.8~4.2kW　(C) 减少1.6~2.0kW　(D) 减少3.8~4.2kW

主要解答过程：

根据《教材2019》P272 式(2.8-5)

$$\rho_2 = 1.293 \times \left[\frac{273}{(273+20)}\right] \times \left(\frac{91.17}{101.3}\right) = 1.084(\text{kg/m}^3)$$

根据P268 表2.8-6

$$N_2 = N_1 \frac{\rho_2}{\rho_1} = 40 \times \frac{1.084}{1.2} = 36.1(\text{kW}) \quad \Delta N = 40 - N_2 = 3.9(\text{kW})$$

答案：[D]

6. 某民用建筑的全面通风系统，系统计算总风量为10000m³/h，系统计算总压力损失300Pa，当地大气压力为101.3kPa，假设空气温度为20℃。若选用风系统全压效率为0.65、机械效率为0.98，在选择确定通风机时，风机的配用电动机容量至少应为下列何项？（风机风量按计算风量附加5%，风压按计算阻力附加10%）(2012-4-11)
(A)1.25～1.4kW (B)1.4～1.50kW (C)1.6～1.75kW (D)1.8～2.0kW

主要解答过程：

实际计算风量为：10000m³/h×(1+5%)=10500m³/h，实际计算风压为：300Pa×(1+10%)=330Pa

根据《教材2019》P268 式(2.8-3)

电动机功率：$N = \frac{LP}{3600\eta\eta_m}K = \frac{10500 \times 330}{3600 \times 0.65 \times 0.98} \times K = 1511K(\text{W})$

根据表2.7-5，K=1.3，因此：N=(1511×1.3)W=1964W=1.964kW

答案：[D]

7. 某台离心式风机在标准工况下的参数为：风量9900m³/h，风压350Pa，在实际工程中用于输送10℃的空气，当地大气压力为标准大气压力，则该风机的实际风量和风压值为下列哪项？(2013-3-11)

(A)风量不变，风压为335～340Pa

(B)风量不变，风压为360～365Pa

(C)风量为8650～8700m³/h，风压为335～340Pa

(D)风量为9310～9320m³/h，风压为360～365Pa

主要解答过程：

根据《教材2019》P267，通风机的标准工况为空气温度为20℃，空气密度为1.20kg/m³

实际工程中10℃空气的密度为：$\rho_{10} = 353/(273+10) = 1.247(\text{kg/m}^3)$

再根据P268 表2.8-6，密度变化风量不变，风压：$P_2 = P_1 \times \frac{1.247}{1.2} = 363.8(\text{Pa})$

答案：[B]

8. 某空调机组从风机出口至房间送风口的空气阻力为1800Pa，机组出口处的送风温度为15℃，且送风管保温良好(不计风管的传热)。问：该系统送至房间送风出口处的空气温度，最接近以下哪个选项？（取空气的定压比热为1.01kJ/kg·K、空气密度为1.2kg/m³）（注：风机电动机外置)(2014-3-9)
(A)15℃ (B)15.5℃ (C)16℃ (D)16.5℃

主要解答过程：

本系统风道及风口的阻力为1800Pa，参考《教材2019》P273 风机全压的组成，这1800Pa的阻力需要依靠风机全压里的一部分压头来克服，并且这部分能量通过摩擦的方式转化为热量造成了送风温升，那么产生这部分压头所需的风机有效功率为：（P267 式2.8-1)

$$N_y = \frac{LP}{3600} = Q_{温升} = c\rho\frac{L}{3600}\Delta t \times 1000$$

$$\Delta t = 1.49℃$$

$$t_s = 15 + \Delta t = 16.49℃$$

答案：[D]

9. 某风系统风量为 4000m³/h，系统全年运行 180d、每天运行 8h，拟比较选择纤维填充式过滤器和静电过滤器两种方案（二者实现同样的过滤级别）的用能情况。已知：纤维填充式过滤器的运行阻力为 120Pa，静电过滤器的运行阻力为 20Pa、静电过滤器的耗电功率为 40W，风机机组的效率为 0.75，问采用静电过滤器方案，一年节约的电量（kW·h）应为下列何项？（2014-4-7）

(A)140~170　　　　(B)175~205　　　　(C)210~240　　　　(D)250~280

主要解答过程：

根据《教材 2019》P268 式(2.8-3)，题干所给通风机效率为总效率，计算消耗电能不需不考虑电动机安全容量系数。

纤维填充式过滤器耗电量为：

$$N_1 = \frac{LP_1}{\eta \times 3600} = \frac{4000 \times 120}{0.75 \times 3600} = 177.8(\text{W})$$

静电过滤器除了风机电耗外还要计算除尘器本身电耗：

$$N_2 = \frac{LP_2}{\eta \times 3600} + 40\text{W} = \frac{4000 \times 20}{0.75 \times 3600} + 40 = 69.6(\text{W})$$

故，运行 180d 一年节约电量为：

$$W = 180 \times 8 \times \frac{177.8 - 69.6}{1000} = 155.8(\text{kW} \cdot \text{h})$$

注：本题为 2010 年专业案例（下）第 7 题原题改编。

答案：[A]

2.8.2　通风机与管网特性曲线(2016-3-6)

1. 某局部排风系统，由总管通过三根支管（管径均为 $\Phi 220$）分别与 A、B、C 三个局部排风罩（局部阻力系数均相等）连接。已知：总管流量 7020m³/h，在各支管与局部排风罩连接处的管中平均静压分别为：A 罩，-196Pa；B 罩，-169Pa；C 罩，-144Pa。A 罩的排风量为下列何值？（2007-4-8）

(A)2160~2180m³/h　　(B)2320~2370m³/h　　(C)2500~2540m³/h　　(D)2680~2720m³/h

主要解答过程：

由 $\Delta P = SQ^2$，$S_A = S_B = S_C = S$ 则有：

$$\Delta P_A = SQ_A^2$$
$$\Delta P_B = SQ_B^2 \Rightarrow Q_A : Q_B : Q_C = 14 : 13 : 12$$
$$\Delta P_C = SQ_C^2$$

又因为：$Q_A + Q_B + Q_C = 7020\text{m}^3/\text{h}$，解得：$Q_A = 2520\text{m}^3/\text{h}$

答案：[C]

2. 某厂房内一排风系统设置变频调速风机，当风机低速运行时，测得系统风量 $Q_1 = 30000\text{m}^3/\text{h}$，系统的压力损失 $\Delta P_1 = 300\text{Pa}$；当将风机转速提高，系统风量增大到 $Q_2 = 60000\text{m}^3/\text{h}$ 时，系统的压力损失 ΔP_2 将为下列何项？（2013-3-6）

(A)600Pa　　　　(B)900Pa　　　　(C)1200Pa　　　　(D)2400Pa

主要解答过程：

风道系统阻力系数 S 值不变，根据公式 $\Delta P = SQ^2$

$$\Delta P_1 = SQ_1^2 \quad \Delta P_2 = SQ_2^2 = \left(\frac{Q_2}{Q_1}\right)^2 \Delta P_1 = 1200\text{Pa}$$

答案：[C]

3. 某房间设置一机械送风系统，房间与室外压差为零。当通风机在设计工况运行时，系统送风量为 5000m³/h，系统的阻力为 380Pa。现改变风机转速，系统送风量降为 4000m³/h，此时该机械送风系统的阻力（Pa）应为下列何项？（2014-4-11）
(A) 210~215　　(B) 240~245　　(C) 300~305　　(D) 系统阻力不变

主要解答过程：

根据管网公式 $P = SQ^2$，工况改变管网阻力系数 S 不变，故有：

$$\frac{P_1}{P_2} = \frac{Q_1^2}{Q_2^2}$$

$$P_2 = \frac{Q_2^2}{Q_1^2} \times P_1 = \left(\frac{4000}{5000}\right)^2 \times 380\text{Pa} = 243.2\text{Pa}$$

答案：[B]

2.9 通风管道风压、风速、风量测定 (2017-3-10)

1. 风道中空气压力测定如图所示，$a = 300\text{Pa}$，$b = 135\text{Pa}$，$c = 165\text{Pa}$，以上压力值是在大气压力 $B = 101.3\text{Pa}$，$t = 20℃$ 时的测定值，求 A 点空气流速应为下列哪一项？（计算或查表取小数点后一位即可）（2006-3-6）
(A) 21.5~22.5m/s　　(B) 16.5~17.5m/s
(C) 14.5~15.5m/s　　(D) 10~11m/s

主要解答过程：

根据《教材2019》P281 图2.9-4 及 P282 式(2.9-3)，可知动压值 $P_d = 135\text{Pa}$，因此 A 点流速为：

$$v = \sqrt{\frac{2P_d}{\rho}} = \sqrt{\frac{2 \times 135}{1.2}} = 15(\text{m/s})$$

答案：[C]

2. 如图所示排风罩，其连接风管直径 $D = 200\text{mm}$，已知该排风罩的局部阻力系数 $\xi_Z = 0.04$（对应管内风速），蝶阀全开 $\xi_{FK1} = 0.2$，风管 $A-A$ 断面处测得静压 $P_{J1} = -120\text{Pa}$，当蝶阀开度关小，蝶阀的 $\xi_{FK2} = 4.0$，风管 $A-A$ 断面处测得的静压 $P_{J2} = -220\text{Pa}$。设空气密度 $\rho = 1.20\text{kg/m}^3$，蝶阀开度关小后排风罩的排风量与蝶阀全开的排风量之比为哪一项（沿程阻力忽略不计）？（2011-3-9）
(A) 48%~53%　　(B) 54%~59%
(C) 65%~70%　　(D) 71%~76%

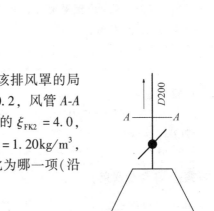

主要解答过程：

根据《教材2019》P285 式(2.9-9)

$$L = \frac{1}{\sqrt{1+\zeta}} F \sqrt{\frac{2}{\rho}} \sqrt{|p_j|}$$

$$\begin{cases} L_1 = \dfrac{1}{\sqrt{1+0.04+0.2}} F \sqrt{\dfrac{2}{\rho}} \sqrt{120} \\ L_2 = \dfrac{1}{\sqrt{1+0.04+4}} F \sqrt{\dfrac{2}{\rho}} \sqrt{|-220|} \end{cases} \Rightarrow \frac{L_2}{L_1} = 0.67$$

注：也可根据基本理论方程计算：

设罩口处为 B 断面，由 A、B 断面的伯努利方程：

$$\frac{\rho v_B^2}{2} = \frac{\rho v_A^2}{2} + \sum \xi \frac{\rho v_A^2}{2} + P_A(v_B = 0) \Rightarrow P_A = -(1 + \sum \xi) \frac{\rho v_A^2}{2}$$

因此：$P_{J1} = -(1 + \xi_Z + \xi_{FK1}) \dfrac{\rho v_{A1}^2}{2}$，$P_{J2} = -(1 + \xi_Z + \xi_{FK2}) \dfrac{\rho v_{A2}^2}{2}$

两式相比得：

$$\frac{-220}{-120} = \frac{1+0.04+4}{1+0.04+0.2} \times \frac{v_{A2}^2}{v_{A1}^2} \Rightarrow \frac{v_{A2}}{v_{A1}} = 0.67 \Rightarrow \frac{Q_2}{Q_1} = \frac{Sv_{A2}}{Sv_{A1}} = 0.67$$

答案：[C]

2.10 建筑防排烟及防火规范

1. 某一高层建筑，需在一、二层的 6 个防烟分区，设置如图所示的机械排烟系统。求管段①和管段②通过的最小风量为下列何项值？（2006-3-9）

(A) 22800m³/h，49800m³/h
(B) 45600m³/h，54000m³/h
(C) 45600m³/h，72600m³/h
(D) 22800m³/h，76800m³/h

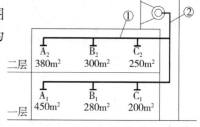

机械排烟系统示意图

主要解答过程：

本题按《防排烟规范》重新解答，根据第 4.6.4 条，假设所有防烟分区净高相同且小于 6m，并结合 P101 计算例题，

管段①负担防烟分区 A_2、B_2，故最小排烟量（二层排烟量）为：

$$G_2 = G_① = (380 + 300) \times 60 = 40800 (m^3/h)$$

一层排烟量为：

$$G_1 = (450 + 280) \times 60 = 43800 (m^3/h)$$

管段②排烟量为：

$$G_② = MA \times [G_1, G_2] = 43800 (m^3/h)$$

答案：[B]（老规范）

2. 高层建筑内的二层为商场，周边均为固定窗和墙体，该层的防烟分区为 6 个，6 个防烟分区的面积为 250m²、320m²、450m²、280m²、490m²、390m²。当设计为一个排烟系统，采用一台排烟风机时，问：当正确按照《高规》和《全国民用建筑设计技术措施暖通·动力》的规定进行排烟风机风量选择时，其排烟风量的数值应是下列哪一选项？（2008-4-7）

(A) 16500～18000m³/h
(B) 32340～35280m³/h

(C)42240～46080m³/h　　　　　　(D)64680～70568m³/h

主要解答过程：
本题按《防排烟规范》重新解答，根据第4.6.4及4.6.1条，假设所有防烟分区净高相同且小于6m，450m²和490m²两分区相邻，则排烟风机风量为：

$$G = 1.2 \times (450 + 490) \times 60 = 67680 (m^3/h)$$

答案：[D]

3. 某10层办公楼的多功能厅高度为7.2m，其面积为100m²，要设置一个排烟系统，则选择排烟风机的最小风量应是下列何项？(2009-3-9)
(A)4320m³/h　　　(B)6600m³/h　　　(C)7200m³/h　　　(D)12000m³/h

主要解答过程：
本题按《防排烟规范》重新解答，根据第4.6.3.2条，假设多功能厅设置喷淋系统，由于条件不足无法进行排烟量计算，本题直接查表4.6.3得排烟风机风量为：

$$L = 1.2 \times \left[9.1 + \frac{7.2 - 7}{8 - 7} \times (10.6 - 9.1) \right] = 11.28 \times 10^4 (m^3/h)$$

可以发现，对于净高超过6m的空间，新规排烟量远大于老规范要求。

答案：[C]（老规范）

4. 一个地下二层的汽车库，建筑面积3500m²，层高3m，设置通风兼排烟系统，排烟时机械补风。试问计算的排烟量和补风量为下列哪组时符合要求？(2013-4-11)
(A)排烟量52500m³/h，补风量21000m³/h　　　(B)排烟量52500m³/h，补风量26250m³/h
(C)排烟量63000m³/h，补风量25200m³/h　　　(D)排烟量63000m³/h，补风量31500m³/h

主要解答过程：
根据《汽车库、修车库、停车场设计防火规范》(GB 50067—2014)第8.2.2条、8.2.5条及8.2.10条，建筑面积3500m²，应该划分至少2个防烟分区，层高3m，单个防烟分区排烟量不小于30000m³/h，总排烟量不小于60000m³/h，补风量不小于30000m³/h。

答案：[D]

2.11　人民防空地下室通风

1. 某人防工程为二等掩蔽体，掩蔽人数1000人，清洁区的面积为1000m²，高3m，防毒通道的净空尺寸为6m×3m×3m，人员的新风为2m³/(h·p)，试问，该工程的滤毒通风量应是下列哪一项？(2008-3-9)
(A)1900～2100m³/h　　(B)2150～2350m³/h　　(C)2400～2600m³/h　　(D)2650～2850m³/h

主要解答过程：
根据《人防规》(GB 50038—2005)第5.2.7条

$$L_R = L_2 n = 2 \times 1000 = 2000 (m^3/h)$$

$$L_H = V_F K_H + L_F = (6 \times 3 \times 3) \times 40 + (1000 \times 3) \times 4\% = 2280 (m^3/h)，取大值为2280m^3/h。$$

答案：[B]

2. 某防空地下室为二等人员掩蔽所，掩蔽人数N=415人，清洁新风量为5m³/(p·h)，滤毒新风量为2m³/(p·h)(滤毒设备额定风量1000m³/h)，最小防毒通道有效容积为20m³，清洁区有效容积为1725m³，滤毒通风时的新风量应是下列何项？(2009-4-6)

(A)$2000\sim2100m^3/h$　　(B)$950\sim1050m^3/h$　　(C)$850\sim900m^3/h$　　(D)$790\sim840m^3/h$

主要解答过程：

根据《人防规》(GB 50038—2005)第5.2.7条

$L_R = L_2 N = 2 \times 415 = 830 (m^3/h)$

$L_H = V_F K_H + L_F = 20 \times 40 + (1725) \times 4\% = 869 (m^3/h)$，取大值为$869m^3/h$。

根据第5.2.16条滤毒设备的额定风量($1000m^3/h$)大于$869m^3/h$，故满足要求。

答案：[C]

3. 某防空地下室为二等人员掩蔽所(一个防护单元)，掩蔽人数 $N=415$ 人，清洁新风量为$5m^3/(p \cdot h)$，滤毒新风量为$2m^3/(p \cdot h)$(滤毒风机风量为$1000m^3/h$)，最小防毒通道有效容积为$10m^3$，清洁区有效容积为$1725m^3$，该掩蔽所设计的防毒通道的最小换气次数接近下列哪一项？(2011-3-7)

(A)200 次/h　　(B)93 次/h　　(C)76 次/h　　(D)40 次/h

主要解答过程：

本题，滤毒风机风量为$1000m^3/h$应理解为实际防毒通道的换气量。

根据《人防规》(GB 50038—2005)第5.2.7条，人员新风量为：

$L_R = L_2 N = 2 \times 415 = 830 m^3/h < 1000 m^3/h$

因此实际防毒通道的换气量应按保持超压的新风量确定，即：

$L_H = V_F K_H + L_f = 10 m^3 \times K_H + 1725 m^3 \times 4\%$

解得：$K_H = 93.1$ 次/h

答案：[B]

4. 某人防地下室战时为二级人员掩护体，清洁区的有效体积为$3200m^3$，掩蔽人数为420人，清洁式通风的新风量标准为$6m^3/(p \cdot h)$，滤毒式通风的新风量标准为$2.5m^3/(p \cdot h)$，最小防毒通道体积为$20m^3$，设计滤毒通风时的最小新风量，应是下列何项？(2013-3-9)

(A)$2510\sim2530m^3/h$

(B)$1040\sim1060m^3/h$

(C)$920\sim940m^3/h$

(D)$790\sim810m^3/h$

主要解答过程：

根据《人防规》(GB 50038—2005)第5.2.7条

$L_R = L_2 n = 2.5 \times 420 = 1050 (m^3/h)$

$L_H = V_F K_H + L_F = 20 \times 40 + 3200 \times 4\% = 928 (m^3/h)$，取大值为$1050m^3/h$。

答案：[B]

2.12 汽车库、电气和设备用房通风(2018-3-11)

某地下车库面积为$500m^2$，平均净高3m，设置全面机械通风系统。已知车库内汽车的CO散发量为40g/h，室外空气的CO浓度为$1.0mg/m^3$。为了保证车库内空气的CO浓度不超过$5.0mg/m^3$，所需的最小机械通风量应接近下列哪一项？(2011-4-8)

(A)$7500m^3/h$　　(B)$8000m^3/h$　　(C)$9000m^3/h$　　(D)$10000m^3/h$

主要解答过程：

根据CO质量平衡方程：

$40 \times 10^3 mg/h + V \times 1 mg/m^3 = V \times 5 mg/m^3$

解得：$V = 10000 \text{m}^3/\text{h}$

车库换气次数为 $n = V/(500 \times 3) = 6.67(\text{次}/\text{h})$，满足《教材2019》P337 不小于 6 次换气的要求。

答案：[D]

第 3 章　空气调节

3.1　空气调节的基础知识(2016-4-15，2017-3-17)

1. 某空调车间，要求冬季室内干球温度为 20℃，相对湿度为 50%，该车间冬季总余热量为 −12.5kW，总余湿量为 15kg/h。若冬季送风量为 5000kg/h，不用焓湿图，试计算送风温度约为下列何值？(2006-4-14)

(A)52℃　　　　　(B)45℃　　　　　(C)36℃　　　　　(D)21℃

主要解答过程：

根据《教材 2019》P344 式(3.1-4)，本题不用焓湿图计算焓差，需忽略水蒸气的定压比热对焓值的影响，即忽略公式中 $1.84t$ 这一项。

$$\Delta h = \frac{Q}{G} = 1.01\Delta t + 2500\Delta d$$

$$\frac{-12.5\text{kW}}{5000/3600(\text{kg/s})} = 1.01 \times (20 - t_s) + 2500\text{kJ/kg} \times \frac{15/3600(\text{kg/s})}{5000/3600(\text{kg/s})}$$

解得：$t_s = 36.3$℃

注：由于 $1.84t$ 远小于 2500，有时在工程简化计算中可以忽略不计。

答案：[C]

2. 某空调的独立新风系统，新风机组在冬季依次用热水盘管和清洁自来水湿膜加湿器来加热和加湿空气。已知：风量 $6000\text{m}^3/\text{h}$；室外空气参数：大气压力 101.3kPa，$t_1 = -5$℃，$d_1 = 2\text{g/kg}_{干空气}$。机组出口送风参数：$t_2 = 20$℃，$d_2 = 8\text{g/kg}_{干空气}$，不查焓湿图，试计算热水盘管后的空气温度约为下列何值？(2007-3-14)

(A)25~28℃　　　　(B)29~32℃　　　　(C)33~36℃　　　　(D)37~40℃

主要解答过程：

热水盘管加热为等湿加热，湿膜加湿为等焓加湿。

因此可知：$d_3 = d_1 = 2\text{g/kg}_{干空气}$，$h_2 = h_3 = h$

$h_2 = h = 1.01t_2 + d_2 \times (2500 + 1.84t_2)$

$h_3 = h = 1.01t_3 + d_3 \times (2500 + 1.84t_3)$

根据上几式可以解得：$t_3 = 35$℃

答案：[C]

3. 某车间的内区室内空气设计计算参数：干球温度为 20℃，相对湿度为 60%，湿负荷为零，交付运行后，发热设备减少了，实际室内空调冷负荷比设计时减少了 30%，在送风量和送风状态不变(送风相对湿度为 90%)的情况下，室内空气状态应是下列哪一项？(工程所在地为标准大气压，计算时不考虑维护结构的传热)(2010-3-13)

(A)16.5~17.5℃，相对湿度 68%~70%
(B)18.0~18.9℃，相对湿度 65%~68%

(C)37.5~38.5kJ/kg$_{干空气}$、含湿量为 8.9~9.1g/kg$_{干空气}$

(D)42.9~43.1kJ/kg$_{干空气}$、含湿量为 7.5~8.0g/kg$_{干空气}$

主要解答过程：

查 h-d 图得：h_n = 42.36kJ/kg，由于没有湿负荷，过室内点的等含湿量线与 90% 相对湿度线交点即为送风状态点，查得：h_o = 35.7kJ/kg

减少 30% 后单位送风量承担的室内负荷为：

$$Q_n' = (1-30\%) \times (h_n - h_o) = 4.66\text{kJ/kg}$$

此时室内焓值：

$$h_n' = h_o + 4.66\text{kJ/kg} = 40.36\text{kJ/kg}$$

查 h-d 图得：t_n' = 18.3℃，φ = 67.5%

答案：[B]

4. 某空调工程位于天津市。夏季空调室外计算日 16:00 时的空调室外计算温度，最接近下列哪个选项？并写出判断过程。(2014-3-14)

(A)29.4℃　　　(B)33.1℃　　　(C)33.9℃　　　(D)38.1℃

主要解答过程：

根据《民规》第 4.1.11 条或《教材 2019》P352

夏季空调室外计算逐时温度为：$t_{sh} = t_{wp} + \beta \Delta t_r$

查表 4.1-11 得：β = 0.43，查民规附录 A 得：t_{wp} = 29.4℃，t_{wg} = 33.9℃，故：

$$t_{sh} = 29.4℃ + 0.43 \times \frac{33.9℃ - 29.4℃}{0.52} = 33.12℃$$

答案：[B]

5. 某空调房间经计算在设计状态时，显热冷负荷为 10kW，房间湿负荷为 0.01kg/s。则该房间空调送风的设计热湿比，接近下列何项？(2014-4-13)

(A)800　　　(B)1000　　　(C)2500　　　(D)3500

主要解答过程：

本题考查热湿比的基本定义，根据《教材 2019》P346 式(3.1-6)，注意热湿比可换算为全热负荷除以湿负荷。

房间全热负荷为：

$$Q = 10\text{kW} + 2500\text{kJ/kg} \times 0.01\text{kg/s} = 35\text{kW}$$

房间送风热湿比为：

$$\varepsilon = \frac{Q}{W} = \frac{35\text{kW}}{0.01\text{kg/s}} = 3500\text{kJ/kg}$$

答案：[D]

6. 某空调房间室内设计参数为：t_n = 26℃，φ_n = 50%，d_n = 10.5g/kg$_{干空气}$；房间热湿比为 8500kJ/kg，设计送风温差 9℃。要求应用公式计算空气焓值，则设计送风状态点的空气焓值(kJ/kg$_{干空气}$)应为下列何项？(空气的比热容为 1.01kJ/kg·℃)(2014-4-15)

(A)38.2~38.7　　　(B)39.5~40　　　(C)41.0~41.5　　　(D)42.3~42.8

主要解答过程：

送风温度 $t_o = t_n - 9 = 17℃$，根据《教材 2019》P344 式(3.1-4)

$$h_o = 1.01t_o + \frac{d_o}{1000}(2500 + 1.84t_o)$$

$$h_n = 1.01t_n + \frac{d_n}{1000}(2500 + 1.84t_n) = 1.01 \times 26 + \frac{10.5}{1000} \times (2500 + 1.84 \times 26)$$

$$= 53.01(\text{kJ/kg}_{\text{干空气}})$$

再根据 P346 式(3.1-6)

$$\varepsilon = \frac{\Delta h}{\Delta d} = \frac{h_o - h_n}{(d_o - d_n)/1000} = 8500 \text{kJ/kg}$$

$$d_o = 8.95 \text{g/kg}_{\text{干空气}}$$

解得:$h_o = 1.01t_o + \dfrac{d_o}{1000}(2500 + 1.84t_o) = 39.81 \text{kJ/kg}_{\text{干空气}}$

答案:[B]

3.2 空调冷热负荷和湿负荷计算(2016-3-15,2017-4-14)

1. 某体育馆有 3000 人,每人散热量为:显热 65W,潜热 69W,人员群集系数取 0.92,试问该体育馆人员的空调冷负荷约为下列何值?(2006-4-12)

(A)400kW   (B)370kW   (C)210kW   (D)200kW

主要解答过程:

根据《教材 2019》P363 式(3.2-11a),体育馆属人员密集场所,人体冷负荷系数取 1,则人员空调冷负荷为:

$$CL_{rt} = C_{cl,rt}\phi Q_{rt} = 1 \times 0.92 \times (65 + 69) \times 3000 = 369.84(\text{kW})$$

答案:[B]

2. 在标准大气压条件下,某全新风定风量空调系统的风量为 $G=4$kg/s,冬季时房间的散湿量为 6g/s;房间需维持 $t_N=20℃$,相对湿度 $\Phi_N=30\%$;室外空气计算参数为:$t_W=-7℃$,$\Phi_W=70\%$。问:以下哪项蒸汽加湿量是正确的?(2007-4-13)

(A)24g/s   (B)17~18g/s   (C)11~12g/s   (D)5~8g/s

主要解答过程:

查 h-d 图得:$d_W = 1.46$g/kg,$d_N = 4.34$g/kg

加湿量 $\Delta d = G(d_N - d_W) - 6\text{g/s} = 5.52\text{g/s}$

答案:[D]

3. 某大楼的中间楼层有两个功能相同的房间,冬季使用同一个组合空调器送风,A 房间(仅有外墙)位于外区,B 房间位于内区。已知:设计室外温度为 -12℃,室内设计温度为 18℃,A 房间外墙计算热损失 9kW,两房间送风量均为 3000m³/h,送风温度为 30℃,空气密度采用 1.2kg/m³,定压比热 1.01kJ/(kg·K)。试计算当两房间内均存在 2kW 发热量时,A、B 两个房间的温度(取整数)应是哪一个选项?(2008-3-18)

(A)A 房间 22℃,B 房间 32℃   (B)A 房间 21℃,B 房间 30℃

(C)A 房间 19℃,B 房间 32℃   (D)A 房间 19℃,B 房间 33℃

主要解答过程:

注意题干中给出的 18℃ 为室内设计温度,所求的为室内实际温度。而外墙计算热损失 9kW 也是设计室温条件下的计算热负荷,当室温不同时需要修正。

设 A 房间实际室温为 t_A，B 房间实际室温为 t_B
t_A 时 A 房间外墙实际热负荷为 Q_A

$$\frac{Q_A}{9kW} = \frac{t_A - (-12)}{18 - (-12)} \Rightarrow Q_A = \frac{3}{10}(t_A + 12)$$

根据 A 房间热量平衡：$Q_A - 2kW = 1.01 \times (3000/3600) \times 1.2 \times (30 - t_A)$，解得：$t_A = 21.9℃$
根据 B 房间热量平衡：$-2kW = 1.01 \times (3000/3600) \times 1.2 \times (30 - t_B)$，解得：$t_B = 32℃$
答案：[A]

4. 两幢办公建筑夏季合用一个集中空调水系统，各幢建筑典型设计日的耗冷量逐时计算值（单位：kW）见下表，冷水系统设计供回水温差为 4℃，经计算冷水循环泵的扬程为 $35mH_2O$，水泵效率为 50%，水管道和设备由于传热引起的冷负荷为 50kW。正确的冷水机组的总制冷量等于（或最接近）下列何值？（2009-4-21）

时刻	8:00	9:00	10:00	11:00	12:00	13:00	14:00	15:00	16:00	17:00
建筑1	200	250	300	350	450	550	700	800	750	700
建筑2	500	600	700	750	800	750	550	400	300	200

(A) 1300kW　　　　(B) 1350kW　　　　(C) 1400kW　　　　(D) 1650kW

主要解答过程：
两建筑各逐时负荷累加最大值出现在 13:00，最大值为 1300kW。设冷水机组冷冻水量为 G：
$1300 = c\rho G \Delta t = 4.18 \times 1000 \times G \times 4$，解得：$G = 0.0778 m^3/s = 279.9 m^3/h$
根据水泵轴功率公式：

$$W = \frac{GH}{367.3\eta} = \frac{279.9 \times 35}{367.3 \times 0.5} = 53.3 (kW)$$

因此冷机所需的总制冷量：

$$Q_T = 1300 + 53.3 + 50 = 1403.3 (kW)$$

答案：[C]

5. 如图所示分别为 A 建筑、B 建筑处于夏季典型设计日全天工作的冷负荷逐时分布图（横坐标为工作时刻，纵坐标为冷负荷）。设各建筑的冷水机组装机容量分别为 Q_A、Q_B，各建筑典型设计日的总耗冷量（kWh）分别为 E_A、E_B。说法正确的是下列哪一项？并写出判断过程。（2010-3-19）

(A) $Q_A > Q_B$ 且 $E_A > E_B$
(B) $Q_A > Q_B$ 且 $E_A = E_B$
(C) $Q_A > Q_B$ 且 $E_A < E_B$
(D) $Q_A = Q_B$ 且 $E_A = E_B$

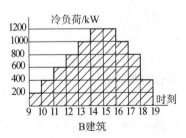

主要解答过程：
根据《民规》第 8.2.2 条，冷水机组装机容量应该以设计计算负荷选定，不另做附加。
故：$Q_A = 1600kW$，$Q_B = 1200kW$，$Q_A > Q_B$
而 $E_A = (200 + 400 + 800 + 1200 + 1400 + 1600 + 1200 + 800)kW \times 1h = 7600kWh$
$E_B = (200 + 400 + 600 + 800 + 1000 + 1200 + 1200 + 1000 + 800 + 400)kW \times 1h = 7600kWh$
所以：$E_A = E_B$
答案：[B]

3.3 空气处理与空调风系统

3.3.1 新风、送风量计算(2016-4-18,2017-4-13)

1. 某地夏季计算大气压力为580mmHg,车间总余热量为25.7kW,标准工况下空调系统送风焓差为6.28kJ/$kg_{干空气}$,系统总阻力为800Pa,试问此空调系统实际送风量和系统总阻力为下列何值?(2006-4-13)

(A)14500~15000m^3/h,600~620Pa (B)14500~15000m^3/h,790~810Pa
(C)15700~16200m^3/h,600~620Pa (D)15700~16200m^3/h,790~810Pa

主要解答过程:

根据《教材2019》P272式(2.8-6),注意一个标准大气压对应760mmHg,空调标准工况为一个大气压,温度为20℃,密度为1.2kg/m^3。而实际空气密度为:

$$\rho = 1.293 \times \frac{273}{273+20} \times \frac{580}{760} = 0.92 (kg/m^3)$$

送风质量流量为:

$$G = \frac{Q}{\Delta h} = \frac{25.7kW}{6.28kJ/kg_{干空气}} = 4.1 kg/s$$

标况送风量为:

$$L_1 = G/\rho_0 = 4.1/1.2 = 3.42 m^3/s = 12300 m^3/h$$

实际送风量为:

$$L_2 = G/\rho = 4.1/0.92 = 4.45 m^3/s = 16014 m^3/h$$

认为系统管网阻力系数不变,则实际系统总阻力为:

$$P_2 = \left(\frac{L_2}{L_1}\right)^2 \times P_1 = \left(\frac{16014}{12300}\right)^2 \times 800 = 1356(Pa)$$

注:考生应区分系统阻力计算与风机工况变化计算的区别,由于体积流量变化,因此本题不应根据P267表2.8-6风机公式计算,没有正确答案。

答案:[无]

2. 某大楼内无人值班的通信机房,计算显热冷负荷为30kW。室内空气参数干球温度为27℃,相对湿度为60%。采用专用空调机组,其送风相对湿度为90%。试问该机房的计算送风量为下列哪项数值?(注:当地大气压力为101325Pa,空气密度1.2kg/m^3)(2007-3-17)

(A)11000~12000m^3/h (B)12500~13500m^3/h
(C)14000~15000m^3/h (D)15500~16500m^3/h

主要解答过程:

无人值守即没有湿负荷,因此$d_O = d_N$,过室内状态点N做等湿线与90%相对湿度线交点即为送风状态点O,查h-d图得:$t_O = 20.4℃$。

则风量:$L = \frac{30}{c\rho(t_N - t_O)} \times 3600 = 13500 (m^3/h)$

答案:[B]

3. 某空调机房总余热量为4kW,总余湿为1.08kg/h。要求室内温度18℃,相对湿度55%。若送风温度差取6℃,则该空调系统的送风量约为下列哪项数值?(2007-4-12)

(A)1635kg/h (B)1925kg/h (C)2375kg/h (D)>2500kg/h

主要解答过程:

热湿比: $\varepsilon = \dfrac{4}{1.08} \times 3600 = 13333$,送风温度 $t_0 = 18 - 6 = 12(℃)$。

查 h-d 图得 $h_N = 36\text{kJ/kg}$, $d_N = 7.1\text{g/kg}$, $h_0 = 28.6\text{kJ/kg}$

则送风量: $G = \dfrac{Q}{h_N - h_0} = \dfrac{3600 \times 4}{36 - 28.6} = 1946(\text{kg/h})$

注:本题由于热湿比线不是整数且超过常规焓湿图热湿比标尺的上限(10000),推荐使用本书附录中作者发明的热湿比小工具快速绘制热湿比线。此外也可以通过热湿比基本定义计算得到送风状态点的焓值,具体计算方法如下:

$$\varepsilon = \dfrac{h_N - h_0}{\dfrac{d_N - d_0}{1000}} = \dfrac{h_N - \left[1.01 t_0 + \dfrac{d_0}{1000}(2500 + 1.84 t_0)\right]}{\dfrac{d_N - d_0}{1000}} = 13333$$

通过上式可以计算出送风点含湿量 d_0,从而计算出送风点焓值 h_0,此种方法计算量较大,推荐在题目热湿比不是整数的情况下采用。

答案:[B]

4. 某建筑的空调系统采用全空气系统,冬季房间的空调热负荷为100kW(冬季不加湿),室内计算温度为20℃,冬季室外空调计算温度为−10℃,空调热源为60℃/50℃的热水,热水量为10000kg/h,冬季的大气压力为标准大气压,空气密度为1.2kg/m³,定压比热1.01kJ/(kg·℃)。试问:该系统的新风量为何项值?(2008-3-13)

(A)1400~1500m³/h (B)1520~1620m³/h
(C)1650~1750m³/h (D)1770~1870m³/h

主要解答过程:

空调系统总负荷 $Q = cm\Delta t = 4.18 \times (10000/3600) \times (60 - 50) = 116.11(\text{kW})$

则新风系统的负荷 $Q_X = Q - 100\text{kW} = 16.11\text{kW}$

则新风量 $V = Q_X/(c\rho\Delta t) = 16.11/(1.01 \times 1.2 \times 30) = 0.443\text{m}^3/\text{s} = 1595\text{m}^3/\text{h}$

答案:[B]

5. 某空调系统的夏季新风供给量为10.0m³/s(室外空气计算温度为35℃),若要求供氧量保持不变,已知0℃时空气密度为1.293kg/m³,冬季(室外空气计算温度为−10℃)的最小新风供给量应是下列何项(全年均为标准大气压)?(2009-4-8)

(A)约8.57m³/s (B)约10.01m³/s
(C)约11.46m³/s (D)约12.50m³/s

主要解答过程:

根据《教材2019》P272 式(2.8-6), $\rho_t = 353/(273 + t)$

$\rho_{35} = 353/(273 + 35) = 1.146(\text{kg/m}^3)$; $\rho_{-10} = 353/(273 - 10) = 1.342(\text{kg/m}^3)$

要求供氧量不变即空气质量流量相同: $10.0\text{m}^3/\text{s} \times \rho_{35} = V \times \rho_{-10}$

解得: $V = 8.54\text{m}^3/\text{s}$

答案:[A]

6. 某地为标准大气压,有一变风量空调系统,所服务的各空调区室内逐时显热冷负荷见下表,取送风温差为10℃,该空调系统的送风量为下列何项?(2012-3-13)

时间\房间	逐时显热负荷/W								
	9:00	10:00	11:00	12:00	13:00	14:00	15:00	16:00	17:00
房间1	4340	4560	4535	4410	4190	4050	4000	3960	3935
房间2	8870	9125	8655	7725	6065	6145	6130	5990	5800
房间3	2440	2600	2730	2950	3245	3630	3900	3930	3730

(A) 1.40 ~ 1.50kg/s (B) 1.50 ~ 1.60kg/s
(C) 1.60 ~ 1.70kg/s (D) 1.70 ~ 1.80kg/s

主要解答过程：

各房间逐时负荷累加最大值出现在10:00，负荷值为16.285kW。

空调送风量：$G = \dfrac{Q}{c\Delta t} = \dfrac{16.285}{1.01 \times 10} = 1.61(\text{kg/s})$

答案：[C]

7. 位于我国西部某厂的空调系统，当地夏季大气压力为70kPa，车间的总余热为100kW，空调系统的送风焓差为15kJ/kg$_{干空气}$，试问：设空气密度与温度无关，该空调系统的送风量最接近下列何项？（标准大气压力下，空气密度$\rho = 1.20$kg/m³）(2013-3-14)

(A) 29000m³/h (B) 31000m³/h
(C) 33000m³/h (D) 35000m³/h

主要解答过程：

大气压力不同于标准大气压，空气密度需做修正，题干假设密度与温度无关，仅与大气压有关。根据热力学公式：

$PV = mRT \Rightarrow P = \dfrac{m}{V}RT \Rightarrow P = \rho RT$，因此：$\rho_{70} = \dfrac{70}{101.3}\rho_0 = 0.83\text{kg/m}^3$

送风量：$L = \dfrac{Q}{\rho_{70}\Delta h} = \dfrac{100 \times 3600}{0.83 \times 15} = 28915.7(\text{m}^3/\text{h})$

答案：[A]

8. 某办公室1000m²，层高4m，吊顶高度3m；空调换气次数8次/h；要求采用面尺寸500mm，颈部尺寸400mm的方形散流器送风，试计算散流器的最少个数？（已知：散流器的安装高度为3m时，颈部最大风速要求为4.65m/s；安装高度为4m时，颈部最大风速要求为5.60m/s）(2013-4-18)

(A) 6个 (B) 9个 (C) 10个 (D) 12个

主要解答过程：

换气次数应计算吊顶下的空间，送风量为：

$L = 1000 \times 3 \times 8 = 24000(\text{m}^3/\text{h})$

单个散流器送风量为：

$L_0 = 0.4^2 \times 4.65 = 0.744\text{m}^3/\text{s} = 2678.4\text{m}^3/\text{h}$

所需散流器个数为：

$n = \dfrac{L}{L_0} = \dfrac{24000}{2678.4} = 8.96$，取9个。

答案：[B]

9. 某工艺用空调房间共有 10 名工作人员，人均最小新风量要求不少于 $30m^3/(h·P)$，该房间设置了工艺要求的局部排风系统，其排风量为 $250m^3/h$，保证房间正压所要求的风量为 $200m^3/h$。问：该房间空调系统最小设计新风量应为多少 m^3/h？（2014-3-13）
(A) 300 　　　　(B) 450 　　　　(C) 500 　　　　(D) 550

主要解答过程：
根据《民规》第 7.3.19.2 条
首先，人员所需的最小新风量为：$M_1 = 30 \times 10 = 300 (m^3/h)$
其次，补偿排风与保持空调区域空气压力所需的新风量之和为：$M_2 = 250 + 200 = 450 (m^3/h)$
因此，该房间空调系统最小的设计新风量为：$M = \max(M_1, M_2) = 450 m^3/h$
答案：[B]

3.3.2　加湿、除湿计算（2016-3-12，2018-3-17）

1. 某成品库库房体积为 $75m^3$，对室温无特殊要求，其围护结构内表面散湿量与设备等散湿量之和为 $0.9kg/h$，人员散湿量为 $0.1kg/h$，自然渗透换气量为每小时 1 次。采用风量为 $600m^3/h$ 的除湿机进行除湿，试问除湿机出口空气的含湿量应为下列何值？（2006-3-13）
已知：室外空气干球温度为 32℃，湿球温度为 28℃。
　　　　室内空气温度约为 28℃，相对湿度不大于 70%。
(A) 12~12.9g/kg 　　　　　　　　(B) 13~13.9g/kg
(C) 14~14.9g/kg 　　　　　　　　(D) 15~15.9g/kg

主要解答过程：
查 h-d 图得：室外含湿量 $d_w = 22.4g/kg$，室内含湿量 $d_n = 16.7g/kg$，自然渗透带来的湿负荷为：
$$W_w = (75 \times 1) \times \rho \times (d_w - d_n) = (75 \times 1) \times 1.2 \times (22.4 - 16.7) = 513 (g/h)$$
根据《教材 2019》P366 式(3.2-18)：
$$L = \frac{W_n + W_w}{d_n - d_o}$$
$$d_o = d_n - \frac{W_n + W_w}{L} = 16.7g/kg - \frac{(900 + 100 + 513)g/h}{600m^3/h \times 1.2 kg/m^3} = 14.6g/kg$$
答案：[C]

2. 某仓库容积为 $1000m^3$，梅雨季节时，所在地的室外计算干球温度为 34℃，相对湿度 80%，现要求库内空气温度为 30℃，相对湿度为 50%，选用总风量为 $2000m^3/h$ 的除湿机除湿。已知，建筑和设备的散湿量为 $0.2kg/h$，库内人员的散湿量为 $0.8kg/h$，库内自然渗透的换气量为每小时一次，按标准大气压考虑，空气密度区 $1.2kg/m^3$ 时，除湿机出口空气的含湿量应为下列哪一项？（2008-3-15）
(A) 4.5~5.5g/kg$_{干空气}$ 　　　　(B) 5.6~6.5g/kg$_{干空气}$
(C) 6.6~7.5g/kg$_{干空气}$ 　　　　(D) 7.6~8.5g/kg$_{干空气}$

主要解答过程：
查 h-d 图得：室外 $d_w = 27.29g/kg_{干空气}$，室内 $d_n = 13.31g/kg_{干空气}$
根据室内空气含湿量平衡方程，即：得湿量 = 除湿量：
$(0.2 + 0.8)kg/h + 1000m^3 \times 1 次/h \times 1.2kg/m^3 \times (d_w - d_n)/1000 =$
$2000m^3/h \times 1.2kg/m^3 \times (d_n - d_送)/1000$

可以解得：$d_送 = 5.9 \text{g/kg}_{干空气}$
答案：[B]

3. 冬季某空调房间 $G = 120000 \text{kg/h}$，室内空气设计参数 $t_n = 23℃$，$\varphi_n = 85\%$，室内无余湿，当地大气压力 $B = 101.3 \text{kPa}$，室外空气设计参数 $t_w = 2℃$，$\varphi_w = 70\%$，采用组合式空调机组，一次回风系统（回风参数与室内空气参数相同），新风比为10%，干蒸汽加湿。计算加湿的干蒸汽耗量应是下列何值？并以 h-d 图绘制出空气处理过程。(2009-3-14)
(A) 130~200 kg/h   (B) 380~400 kg/h
(C) 800~840 kg/h   (D) 1140~1200 kg/h

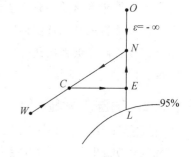

主要解答过程：
空气处理过程如图所示，干蒸汽加湿为等温加湿过程
查 h-d 图得：$d_n = 15.2 \text{g/kg}$，$d_w = 3.1 \text{g/kg}$
C 点含湿量：$d_c = 0.1 \times d_w + 0.9 \times d_n = 14 \text{g/kg}$
则加湿量：$W = G(d_n - d_c) = 145.2 \text{kg/h}$
答案：[A]

4. 某房间冬季供暖采用散热器，房间净面积 20m³，净高 2.8m，室内温度 $t_n = 20℃$，相对湿度 $\varphi_n = 50\%$。经窗户的自然换气量为 1 次/h，计算的散热器散热量为 Q，如采用喷雾加湿，且维持室内空气参数不变，加湿量和计算散热器散热量的变化应是下列何项？(2009-4-12)
已知：室内散湿量可以忽略不计，该地区为标准大气压，空气密度取 1.20 kg/m³，计算室外温度为 -6℃，相对湿度 50%。
(A) 加湿量 200~220 g/h，散热器散热量不变
(B) 加湿量 400~420 g/h，散热器散热量不变
(C) 加湿量 200~220 g/h，散热器散热量需增加
(D) 加湿量 400~420 g/h，散热器散热量需增加
主要解答过程：
加湿量等于由于自然换气由室内带走的湿量，查 h-d 图得：$d_n = 7.26 \text{g/kg}$，$d_w = 1.13 \text{g/kg}$
自然换气量：$V = 20 \times 2.8 \times 1 = 56 (\text{m}^3/\text{h})$
加湿量：$W = V\rho(d_n - d_w) = 411.9 \text{g/h}$
由于喷雾加湿为等焓过程，水雾蒸发所需热量由室内空气提供，若要保持室内温度不变，则散热器散热量需增大，以补偿水雾蒸发的汽化潜热。
答案：[D]

5. 在标准大气压力下，将干球温度为 34℃、相对湿度为 70%、流量为 5000 m³/h 的室外空气处理到干球温度为 24℃、相对湿度为 55% 的送风状态。试问处理过程中空气的除湿量为下列哪一项？（查 h-d 图计算，空气密度取 1.2 kg/m³）(2011-4-16)
(A) 60~65 kg/h   (B) 70~75 kg/h   (C) 76~85 kg/h   (D) 100~105 kg/h
主要解答过程：
查 h-d 图得：$d_1 = 23.75 \text{g/kg}$，$d_2 = 10.25 \text{g/kg}$
除湿量：$\Delta W = G\rho \left(\dfrac{d_1 - d_2}{1000} \right) = 5000 \times 1.2 \times \dfrac{23.75 - 10.25}{1000} = 81 (\text{kg/h})$
答案：[C]

3.3.3 直流全新风系统

1. 某空调区域空气计算参数：室温为28℃，相对湿度为55%。室内仅有显热冷负荷8kW。工艺要求采用直流式、送风温差为8℃的空调系统。该系统的设计冷量应为下列何值？（标准大气压，室外计算温度34℃，相对湿度75%）(2010-3-14)

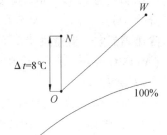

(A)35~39kW (B)40~44kW
(C)45~49kW (D)50~54kW

主要解答过程：

由于仅有显热负荷，总送风量：$G = 8kW/c\Delta t = 0.99 kg/s$

查 h-d 图得：$h_w = 100.2 kJ/kg$，$h_O = 53.2 kJ/kg$

因此系统的设计冷量为：

$$L = G(h_w - h_O) = 46.5 kW$$

答案：[C]

2. 标准大气压下，空气从状态 $A(t_A=5℃、\varphi_A=80\%)$ 依次经表面式加热器和干蒸汽加湿器处理到状态点 $B(t_B=80kJ/kg，\varphi_B=50\%)$，要求直接查 h-d 图，求出该空气状态处理过程中，单位质量空气经表面加热器的加热量应该接近下列何项？并以 h-d 图绘制出处理过程。(2010-3-15)

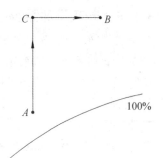

(A)64.1kJ/kg (B)40.1kJ/kg
(C)33.8kJ/kg (D)30.3kJ/kg

主要解答过程：

h-d 图如图所示，AC 过程为等湿加热过程，CB 过程为等温加湿过程

查 h-d 图得：$h_C = 46 kJ/kg$，$h_A = 15.9 kJ/kg$

因此加热量为：$\Delta h = h_C - h_A = 30.1 kJ/kg$

答案：[D]

3. 已知某地夏季室外设计计算参数：干球温度为35℃，湿球温度为28℃（标准大气压）。需设计直流全新风系统，风量为1000m³/h（空气密度取1.2kg/m³）。要求提供新风的参数为：干球温度为15℃，相对湿度为30%，试问，采用一级冷却除湿（处理到相对湿度为95%，焓降为45kJ/kg）+转轮除湿（冷凝水带走热量忽略不计）+二级冷却方案，符合要求的除湿器后空气温度最接近下列哪一项？查 h-d 图，并绘制出全部处理过程。(2010-3-16)

(A)15℃ (B)16℃
(C)34℃ (D)36℃

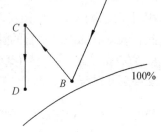

主要解答过程：

根据《09技措》P125，知转轮除湿过程近似认为是等焓升温过程。处理过程线如图所示：AB 为一级冷却除湿，BC 为转轮除湿，等焓过程，CD 为二级冷却过程。过 D 点做等含湿量线与过 B 点的等焓线的交点即为除湿器后的状态点，查 h-d 图得：$t_C = 36.5℃$。

答案：[D]

4. 已知某地夏季室外设计计算参数：干球温度为35℃，湿球温度为28℃（标准大气压）。需

设计直流全新风系统，风量为1000m³/h(空气密度取1.2kg/m³)。要求提供新风的参数为：干球温度为15℃，相对湿度为30%，试问，采用一级冷却除湿(处理到相对湿度为95%，焓降为45kJ/kg干空气) +转轮除湿(冷凝水带走热量忽略不计) +二级冷却方案，符合要求的转轮除湿器后空气温度最接近下列哪一项？查h-d图，并绘制出全部处理过程。(2012-4-15)
(A)15℃　　　(B)15.8~16.8℃　　　(C)35℃　　　(D)35.2~36.2℃

主要解答过程：

本题为2010年专业案例(上)第16题原题，为防止歧义，出题老师将2010年原题题干"除湿器"改为"转轮除湿器"，计算方法不变。根据《09技措》P125，知转轮除湿过程近似认为是等焓升温过程。处理过程线如图所示：AB为一级冷却除湿，BC为转轮除湿，等焓过程，CD为二级冷却过程。过D点做等含湿量线与过B点的等焓线的交点即为除湿器后的状态点，查h-d图得：$t_C = 36.5℃$

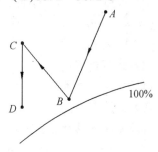

答案：[D]

3.3.4 一次回风系统 (2016-3-16, 2016-4-14, 2017-3-19, 2018-3-12, 2018-3-14, 2018-4-13)

1. 某空调车间要求夏季室内空气温度为25℃，相对湿度为50%，车间总余热量为500kW，产湿量忽略不计。拟采用20%的新风，室外空气状态为：标准大气压力、干球温度为34℃、相对湿度为75%，若送风相对湿度为90%，试问系统所需制冷量约为下列何值？(2006-4-15)
(A)3060kW　　　(B)2560kW　　　(C)1020kW　　　(D)500kW

主要解答过程：

参考《教材2019》P380部分，由于送风相对湿度为90%，认为系统为露点送风，无再热负荷。又因为房间无湿负荷，故送风点含湿量与室内状态点含湿量相等，查h-d图得：$h_W = 99.6$kJ/kg，$h_n = 50.3$kJ/kg，$d_n = d_o = 9.9$g/kg，又因为$\Phi_o = 90\%$，查得$h_o = 40.6$kJ/kg。

系统送风量为：

$$G = \frac{Q_0}{h_n - h_o} = \frac{500}{50.3 - 40.6} = 51.5 (\text{kg/s})$$

新风量：$G_x = 20\% \times G = 10.3$kg/s

系统所需制冷量为：

$$Q = Q_0 + Q_x = 500 + G_x(h_W - h_n) = 500 + 10.3 \times (99.6 - 50.3) = 1007.8 (\text{kW})$$

答案：[C]

2. 某地大气压力B=101325Pa，某车间工艺性空调设带水冷式表冷器的一次回风系统，取送风温差6℃，冷负荷为170kW，湿负荷为0.017kg/s，室内空气设计参数为：t=23℃±1℃、相对湿度为55%，已知新回风混合点C的h=53.21kJ/kg，取表冷器的出口相对湿度为90%。问：表冷器的冷凝水管的管径应为下列哪一项？(2007-3-15)
(A)DN32　　　(B)DN40　　　(C)DN50　　　(D)DN80

主要解答过程：

热湿比：$\varepsilon = \frac{170}{0.017} = 10000$

查h-d图得：

$h_N = 48.1$kJ/kg，$d_N = 9.6$g/kg干空气，送风温度$t_0 = 23 - 6 = 17(℃)$

过室内点N做热湿比为10000的热湿比线与17℃等温线交点即为送风点O，$h_0 = 39.1$kJ/kg

则送风量：$G = \dfrac{170}{48.1 - 39.1} = 18.89(\text{kg/s})$

过 O 点做等湿线与90%相对湿度线交点即为机器露点 L。

查 $h\text{-}d$ 图即可得到 $h_L = 35.52\text{kJ/kg}$

所以表冷器冷负荷 $Q_L = G(h_C - h_L) = 18.89\text{kg/s} \times (53.21\text{kJ/kg} - 35.52\text{kJ/kg}) = 334.14\text{kW}$

根据《暖规》第6.4.18.6条条文说明表4，根据冷量选择冷凝水管管径为 $DN40$。

答案：[B]

3. 在标准大气压力下，某空调房间的余热量为120kW，余湿量为零，其室内空气参数干球温度为25℃、相对湿度为60%。空调采用带循环水喷淋室的一次回风系统。当室外空气参数干球温度为15℃、相对湿度为50%时，送风相对湿度为95%，试问此时新风比为下列哪项数值？(2007-3-16)

(A)10%~15%　　　　(B)25%~30%　　　　(C)35%~40%　　　　(D)45%~50%

主要解答过程：

处理过程如图所示，查 $h\text{-}d$ 图得 $h_N = 55.4\text{kJ/kg}$，$h_W = 28.4\text{kJ/kg}$。

由于"采用带循环水喷淋室的一次回风系统"，因此加湿过程为等焓加湿，即 $h_C = h_L$，由于湿负荷为0，过室内点 N 做等湿线与95%相对湿度线得到机器露点 L，查 $h\text{-}d$ 图得 $h_L = 48\text{kJ/kg}$

又因为 $h_C = h_L = (1-m)h_N + m h_W$

可解得：$m = 27\%$

答案：[B]

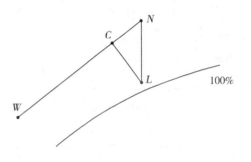

4. 已知：①某报告厅夏季室内设计温度为25℃，相对湿度为60%，房间的冷负荷 $\sum Q = 100\text{kW}$，热湿比为10000kJ/kg，采用一次回风系统；②空调器的出风相对湿度为90%，送风过程温升为1℃；当大气压为101325Pa，且房间的温度达到设计值，请绘出 $h\text{-}d$ 图的过程线，该报告厅的夏季设计送风量(查 $h\text{-}d$ 图计算)，应为下列选项的哪一个？(2008-4-15)

(A)32900~33900kg/h　　　　(B)34300~35300kg/h
(C)35900~36900kg/h　　　　(D)38400~39400kg/h

主要解答过程：

本题题意为：由于存在风机温升，使得室内实际状态点达不到设计值，如图所示，N_0 为室内设计状态点，L 点为机器露点，O 点为实际送风状态点，过 O 点做热湿比为10000的热湿比线与25℃的等温线相交即为实际室内状态点。

设计送风量应根据设计参数计算，过 N_0 点($h_{N_0} = 55.54\text{kJ/kg}$)做热湿比为10000的热湿比线与90%相对湿度线相交，交点为 L，查 $h\text{-}d$ 图得：$h_L = 45.2\text{kJ/kg}$

则设计送风量：

$G = \dfrac{\sum Q}{h_{N_0} - h_L} = \dfrac{100}{55.54 - 45.2} = 9.67\text{kg/s} = 34816\text{kg/h}$

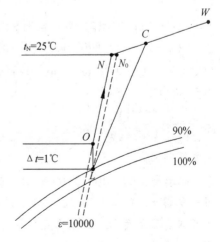

答案：[B]

5. 某空调房间冬季室内设计参数为 $t_n = 20℃$，$\varphi_n = 50\%$，室内无湿负荷，采用一次回风系统（新风比为50%），新回风混合后经绝热加湿和加热后送入房间，因此当室外空气焓值小于某一数值时，就应设新风空气预加热器。试问，该数值处于下列何范围？（大气压力101325Pa）(2009-3-13)

(A)14～19kJ/kg　　　　　　　　　(B)20～25kJ/kg
(C)26～30kJ/kg　　　　　　　　　(D)31～35kJ/kg

主要解答过程：

根据《教材2019》P380："采用绝热加湿方案，当新风比要求比较大时，可能使得一次混合点的焓值低于露点焓值，此时应将新风进行预热。"

查 h-d 图，$h_n = 38.5$kJ/kg。

由于没有湿负荷，过室内点与95%相对湿度线相交点即为机器露点，焓值为 $h_L = 28.4$kJ/kg

混合点焓值：$h_C = 50\% \times h_n + 50\% \times h_w$，当 $h_C < h_L$ 时即需要对空气进行预热。

解得 $h_w = 18.3$kJ/kg

答案：[A]

6. 已知室内设计参数为：$t_n = 23℃$，$\varphi_n = 60\%$，室外参数为：$t_w = 35℃$，$h_w = 92.2$kJ/kg，新风比为15%，夏季室内余热量为 $Q = 4.89$kW，余湿量为0，送风温差为4℃，采用一次回风系统，机器露点的相对湿度取90%，不计风机和管道的温升。试求，夏季所需送风量(kg/s)和系统所需的冷量(kW)应为下列何项？（注：空气为标准大气压）(2010-3-17)

(A)1.10～1.30kg/s，11～14kW
(B)1.10～1.30kg/s，14.5～18kW
(C)0.7～0.9kg/s，7～9kW
(D)0.7～0.9kg/s，9.1～11kW

主要解答过程：

查 h-d 图得：$h_n = 50$kJ/kg，$h_w = 92.2$kJ/kg，机器露点 $h_L = 43.4$kJ/kg

则混合状态点焓值：$h_C = (1-15\%)h_n + 15\%h_w = 56.33$kJ/kg

总送风量 $G = Q/c\Delta t = 4.89/(1.01 \times 4) = 1.21$(kg/s)

系统所需冷量：$Q = G(h_C - h_L) = 15.65$kW

答案：[B]

7. 某空调房间的计算参数：室温28℃，相对湿度55%，室内仅有显热负荷为8kW，采用一次回风系统、新风比为20%，送风的相对湿度为90%。该系统的设计冷量应为下列哪一项？（大气条件为标准大气压，室外计算温度为34℃，相对湿度75%，不考虑风机与风道引起的温升）(2010-4-15)

(A)6.5～12.4kW　　　　　　　　　(B)12.5～14.4kW
(C)14.5～16.4kW　　　　　　　　　(D)16.5～18.4kW

主要解答过程：

查 h-d 图得：$h_W = 100.2$kJ/kg，$h_n = 61.55$kJ/kg

混合状态点：$h_C = 0.2 \times h_W + (1-0.2) \times h_n = 69.28$kJ/kg

由于仅有显热负荷，过室内点做等含湿量线与90%相对湿度线交点即为送风状态点。

查 h-d 图得：$h_0 = 52.89$kJ/kg，$t_0 = 20℃$

因此总风量：$G = \dfrac{8}{1.01 \times (t_n - t_o)} = 0.99(\text{kg/s})$

系统设计冷量为：$Q_L = G(h_c - h_o) = 16.23\text{kW}$

答案：[C]

8. 某一次回风定风量空调系统夏季设计参数见下表。计算该空调系统组合式空调器表冷器的设计冷量，接近下列哪一项？(2011-3-13)

	干球温度	含湿量	焓值	风量
	℃	g/kg干空气	kJ/kg	kg/h
送风	15	9.7	39.7	8000
回风	26	10.7	53.4	6500
新风	33	22.7	91.5	1500

(A)24.7kW　　　　(B)30.4kW　　　　(C)37.6kW　　　　(D)46.3kW

主要解答过程：

新风回风混合状态点焓值：

$$h_c = \dfrac{6500 \times 53.4 + 1500 \times 91.5}{6500 + 1500} = 60.54(\text{kJ/kg})$$

查 h-d 图知，送风状态点相对湿度为92%，即该系统为露点送风，所以空调表冷器设计冷量为：

$$Q_L = \dfrac{G}{3600}(h_c - h_o) = \dfrac{8000}{3600} \times (60.54 - 39.7) = 46.3(\text{kW})$$

答案：[D]

9. 某地一室内游泳池的夏季室内设计参数 $t_n = 32℃$，$\varphi_n = 70\%$，室外设计参数：干球温度35℃，湿球温度28.9℃(标准大气压，空气定压比热为1.01kJ/kg·℃，空气密度为1.2kg/m³)。已知：室内总散湿量为160kg/h，夏季设计总送风量为50000m³/h，新风量为送风量的15%，问：组合式空调机组表冷器的冷量应为下列何项(表冷器处理后空气相对湿度为90%)？查 h-d 图计算，相关参数见下表。(2012-3-14)

室内 d_s/(g/kg干空气)	室内 h_s/(kJ/kg干空气)	室外 d_w/(g/kg干空气)	室内 h_w/(kJ/kg干空气)
21.2	86.4	22.8	94

(A)170~185kW　　(B)195~210kW　　(C)215~230kW　　(D)235~250kW

主要解答过程：

处理过程 h-d 图如图所示。

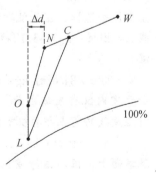

混合状态点焓值：$h_c = 0.15 \times 94 + (1 - 0.15) \times 86.4 = 87.54(\text{kJ/kg})$

室内总散湿量：

$160\text{kg/h} = 50000 \times 1.2 \times \dfrac{(d_s - d_o)}{1000} \Rightarrow d_o = d_L = 18.53\text{g/kg}$

根据 $d_L = 18.53\text{g/kg}$，$\varphi = 90\%$ 查 h-d 图得：$h_L = 72.96\text{kJ/kg}$，$t_L = 25.5℃$

因此，表冷器的冷量为：$Q_L = \dfrac{50000 \times 1.2}{3600} \times (h_c - h_L) = 243(\text{kW})$

答案：[D]

10. 接上题,为维持室内游泳池夏季设计室温32℃,设计相对湿度70%的条件,已知:计算的夏季显热冷负荷为80kW。问:空气经组合式空调机组的表冷器冷却除湿后,空气的再热量应为何项?并用 h-d 图绘制该游泳池空气处理的全部过程。(2012-3-15)

(A)25~40kW (B)46~56kW (C)85~95kW (D)170~190kW

主要解答过程:

计算显热负荷:$80\text{kW} = 1.01 \times \dfrac{50000}{3600} \times 1.2 \times (t_N - t_0) \Rightarrow t_0 = 27.25℃$

再热量为:

$$Q_R = 1.01 \times \dfrac{50000}{3600} \times 1.2 \times (t_0 - t_L) = 1.01 \times \dfrac{50000}{3600} \times 1.2 \times (27.25 - 25.5) = 29.4(\text{kW})$$

答案:[A]

11. 某空调系统采用全空气空调方案,冬季房间总热负荷为150kW,室内计算温度为18℃,需要的新风量为3600m³/h,冬季室外空调计算温度为-12℃,冬季大气压力按101300Pa 计算,空气的密度为1.2kg/m³,定压比热容为1.01kJ/(kg·K),热水的平均比热容为4.18kJ/(kg·K),空调热源为80℃/60℃的热水,则该房间需要的热水量为何值?(2012-3-17)

(A)5000~5800kg/h (B)5900~6700kg/h
(C)6800~7600kg/h (D)7700~8500kg/h

主要解答过程:

加热新风所需热量:$Q_X = c \times \dfrac{3600}{3600} \times \rho \times (18+12) = 1.01 \times 1 \times 1.2 \times 30 = 36.36(\text{kW})$

总热负荷:$Q = Q_X + 150\text{kW} = 186.36\text{kW} = c_水 \times G \times (80-60)$

解得:$G = 8025.1\text{kg/h}$

答案:[D]

12. 某恒温车间采用一次回风空调系统,设计室温为22℃±0.5℃,相对湿度为50%,室外设计计算参数:干球温度36℃,湿球温度27℃,夏季室内仅有显热负荷109.08kW,新风比为20%,表冷器机器露点取相对湿度为90%,当采用最大送风温差时,该车间的组合式空调器的设计冷量(当地为标准大气压,空气密度按1.20kg/m³,不考虑风机与管道温升)应为下列何项?查 h-d 图计算。(2013-3-12)

(A)200~230kW (B)240~280kW
(C)300~350kW (D)380~420kW

主要解答过程:空气处理过程如图所示。

查 h-d 图得:$h_n = 43.12\text{kJ/kg}$,$h_w = 84.62\text{kJ/kg}$

混合状态点:

　　$h_c = 20\% \times 84.62\text{kJ/kg} + (1-20\%) \times 43.12\text{kJ/kg} = 51.42\text{kJ/kg}$

由于室内仅有显热负荷,做室内状态点的等湿线与90%相对湿度线的交点即为机器露点。

　　$h_L = 33.7\text{kJ/kg}$,$t_L = 12.75℃$

注意题干,恒温洁净室的温度精度为±0.5℃,根据《教材2019》P437 表3.5-4,送风温差为3~6℃,取最大值6℃,则送风量为:

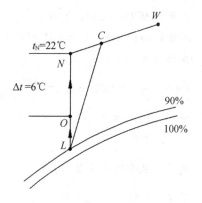

$$G = \frac{Q}{c\Delta t} = \frac{109.08\text{kW}}{1.01\text{kJ}/(\text{kg}\cdot\text{K}) \times 6℃} = 18\text{kg/s}$$

空调器的设计冷量即为将空气由 C 点处理至 L 点所需要的冷量：

$$Q_L = G(h_c - h_L) = 18\text{kg/s} \times (51.42 - 33.7)\text{kJ/kg} = 318.96\text{kW}$$

注意：本题由于是有精度要求的恒温空调，因此最大温差送风并不是露点送风，需要经过再热至 O 点，再送入室内。

答案：[C]

13. 某地大型商场为定风量空调系统，冬季采用变新风供冷、湿膜加湿方式。室内设计温度 22℃，相对湿度 50%，室外空调设计温度 -1.2℃，相对湿度 74%；要求送风参数为 13℃，相对湿度为 80%；系统送风量 30000m³/h。查焓湿图（$B = 101325\text{Pa}$）求新风量和加湿量为下列何项？（空气密度取 1.20kg/m³）(2013-3-13)

(A) 20000 ~ 23000m³/h, 130 ~ 150kg/h
(B) 10000 ~ 13000m³/h, 45 ~ 55kg/h
(C) 7500 ~ 9000m³/h, 30 ~ 40kg/h
(D) 2500 ~ 4000m³/h, 20 ~ 25kg/h

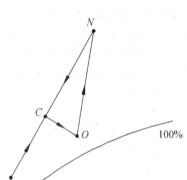

主要解答过程：空气处理过程如图所示。

湿膜加湿为等焓加湿过程，因此 $h_c = h_o$。

查 h-d 图得：$h_o = h_c = 31.92\text{kJ/kg}$，$h_n = 43.12\text{kJ/kg}$，$h_w = 5.02\text{kJ/kg}$

设新风比为 m，根据空气混合关系：

$$h_c = mh_w + (1-m)h_n$$

$$m = \frac{h_c - h_n}{h_w - h_n} = \frac{31.92 - 43.12}{5.02 - 43.12} = 0.294$$

新风量为：$G_x = 30000\text{m}^3/\text{h} \times 0.294 = 8818.9\text{m}^3/\text{h}$

查 h-d 图得：$d_n = 8.22\text{g/kg}$，$d_w = 2.52\text{g/kg}$，$d_o = 7.44\text{g/kg}$

则：$d_c = md_w + (1-m)d_n = 6.54\text{g/kg}$

加湿量：$\Delta W = G(d_o - d_c) = 30000 \times 1.2 \times (7.44 - 6.54) = 32248\text{g/h} = 32.25\text{kg/h}$

答案：[C]

14. 某建筑一房间空调系统为全空气一次回风定风量、定新风比系统（全年送风量不变），新风比为 40%。系统设计的基本参数除表列值外，其余见后：①夏季房间空调全热冷负荷 40kW，送风机器露点确定为 95%（不考虑风机及风管温升）；②冬季室外设计状态：室外温度 -5℃，相对湿度 30%；冬季送风设计温度为 28℃；冬季加湿方式为高压喷雾等焓加湿；③大气压力为 101325Pa。问：该系统空调机组的加热盘管在冬季设计状态下所需要的加热量，接近以下何项？（查 h-d 图计算）(2013-4-17)

	室内设计参数		热湿比/(kJ/kg)
	温度	相对湿度	
夏季	25℃	50%	20000
冬季	20℃	40%	-5000

(A) 72 ~ 78kw
(B) 60 ~ 71kW
(C) 55 ~ 59kW
(D) 43 ~ 54kW

主要解答过程：

过室内状态点 N 做20000的热湿比线与95%相对湿度线的交点即为送风状态点，查 h-d 图得：$h_n = 50.2\text{kJ/kg}$，$h_L = 36.9\text{kJ/kg}$

送风量：$G = \dfrac{40}{50.2 - 36.9} = 3.01(\text{kg/s})$

冬季工况，具体空气处理过程如图所示（先加热，再加湿方案）。

查 h-d 图得：$h_n' = 34.8\text{kJ/kg}$，$h_w' = -3.15\text{kJ/kg}$

一次回风与新风混合状态点焓值为：

$$h_c = h_w' \times 40\% + h_n' \times (1 - 40\%) = 19.62\text{kJ/kg}$$

过冬季室内状态点做 -5000 的热湿比线与28℃的等温线的交点即为送风状态点 O，过 O 点做等焓线与 C 点等湿线的交点即为加热盘管出口空气状态点 O_1，查焓湿图得：$h_{O1} = h_O = 40.15\text{kJ/kg}$，则加热盘管的加热量为：

$$Q_R = G(h_{O1} - h_c) = 3.01\text{kg/s} \times (40.15 - 19.62)\text{kJ/kg} = 61.8\text{kW}$$

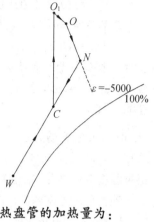

注：一般焓湿图热湿比标尺最大为10000，附录中清风注考焓湿图小工具已将热湿比标尺扩展至40000，此外精确热湿比线的手工画法请参照交流群内共享资料。

答案：[B]

3.3.5 二次回风系统

1. 某工艺用空调房间采用冷却降温除湿的空调方式，室内设计状态：干球温度为25℃，相对湿度为55%，室温允许波动范围为 ±0.5℃。房间的冷负荷为21000W，湿负荷为3g/s。问：满足空调要求的空调机组，其经表冷器后的空气温度（即"机器露点"）的最低允许值，用 h-d 图求解应为下列何项？并写出过程。（当地为标准大气压，取"机器露点"的相对湿度为90%）（2010-4-13）

(A) 9 ~ 10℃ (B) 11.5 ~ 13℃
(C) 14 ~ 16.5℃ (D) 19 ~ 22℃

主要解答过程：

本题室温允许波动范围为 ±0.5℃，根据《民规》表7.4.10-2 可知，最大送风温差为6℃，由于二次回风的机器露点低于一次回风，题目要求机器露点的最低允许值，因此空气处理过程采用二次回风。

热湿比：$\varepsilon = \dfrac{21\text{kW}}{0.003\text{kg/s}} = 7000\text{kJ/kg}$

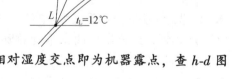

如图所示，过室内状态点做7000的热湿比线与90%相对湿度交点即为机器露点，查 h-d 图得：$t_L = 12$℃

答案：[B]

2. 某剧院空调采用二次回风和座椅送风方式，夏季室内设计温度为25℃，座椅送风口出风温度为20℃，一次回风与新风混合后经表冷器处理到出风温度为13℃，风机和送风管考虑1℃温升。如一次回风量和新风量均为10000m³/h，要求采用计算方法求空气处理机组的送风机风量，应接近下列哪一项（空气的密度视为不变）？（2011-3-14）

(A) 20000m³/h (B) 40000m³/h (C) 44000m³/h (D) 48000m³/h

主要解答过程：

空气处理过程如图所示。

由于风机温升为1℃，则二次回风混合点 $t_{00} = 20 - 1 = 19(℃)$
经过表冷器的风量为新风量与一次回风量之和为：$10000 + 10000 = 20000(m^3/h)$
根据二次回风混合关系：

$$\frac{V_总}{20000} = \frac{25℃ - 13℃}{25℃ - 19℃}$$

解得：$V_总 = 40000 m^3/h$
答案：[B]

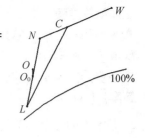

3. 某二次回风空调系统，房间设计温度23℃，相对湿度45%，室内显热负荷17kW，室内散湿量9kg/h。系统新风量2000m³/h，表冷器出风相对湿度95%（焓值23.3kJ/kg干空气）；二次回风混合后经风机及送风管温升1℃，送风温度19℃；夏季室外设计计算温度34℃，湿球温度26℃，大气压力101.325kPa。新风与一次回风混合点的焓值接近下列何项？并于焓湿图绘制空气处理过程线。（空气密度取1.2kg/m³，比热取1.01kJ/kg·℃，忽略回风温升。过程点参数：室内 $d_n = 7.9 g/kg_{干空气}$，$h_n = 43.1 kJ/kg_{干空气}$，室外 $d_w = 18.1 g/kg_{干空气}$，$h_w = 80.6 kJ/kg_{干空气}$）(2014-3-15)
(A) 67 kJ/kg干空气
(B) 61 kJ/kg干空气
(C) 55 kJ/kg干空气
(D) 51 kJ/kg干空气

主要解答过程：
空气处理过程示意图如下，根据相对湿度95%，$h = 23.3 kJ/kg_{干空气}$，查 h-d 图得机器露点 $t_L = 7.7℃$，二次回风混合点温度 $t_{00} = 19 - 1 = 18℃$，系统总送风量为：

$$G_总 = \frac{3600Q}{c\rho\Delta t}$$

$$= \frac{3600 \times 17kW}{1.01 kJ/(kg_{干空气}·℃) \times 1.2 kg/m^3 \times (23 - 19)℃}$$

$$= 12623.7 m^3/h$$

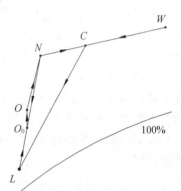

根据二次混风风量关系比：

$$\frac{G_L}{G_总} = \frac{t_N - t_{00}}{t_N - t_L} = \frac{23 - 18}{23 - 7.7} \Rightarrow G_L = 4125.4 m^3/h$$

一次回风量为：
$G_1 = G_L - G_w = 4125.4 - 2000 = 2125.4 (m^3/h)$

一次回风混合点焓值：

$$h_C = \frac{G_1}{G_L}h_N + \frac{G_w}{G_L}h_W = \frac{2125.4}{4125.4} \times 43.1 + \frac{2000}{4125.4} \times 80.6 = 61.28 (kJ/kg_{干空气})$$

答案：[B]

3.3.6 风机盘管加新风空调系统(2016-4-17)

1. 在标准大气压的条件下，某风机盘管的风量为680m³/h，其运行时的进风干球温度 $t_1 = 26℃$，湿球温度 $t_{sh1} = 20.5℃$；出风干球温度 $t_2 = 13℃$，湿球温度 $t_{sh2} = 12℃$。该风机盘管在此工况下，除湿量 W 与供冷量 Q 约为下列哪项？(2007-4-15)
(A) $W = 3.68 kg/h$，$Q = 1.95 kW$
(B) $W = 6.95 kg/h$，$Q = 2.95 kW$
(C) $W = 3.68 kg/h$，$Q = 5.65 kW$
(D) $W = 6.95 kg/h$，$Q = 5.65 kW$

主要解答过程：

查 h-d 图得：$h_1 = 59 \text{kJ/kg}$, $h_2 = 34.3 \text{kJ/kg}$, $d_1 = 12.8 \text{g/kg}$, $d_2 = 8.39 \text{g/kg}$

除湿量：$W = G\rho(d_1 - d_2) = 680 \text{m}^3/\text{h} \times 1.2 \text{kg/m}^3 \times (12.8 - 8.39) \text{g/kg} = 3.6 \text{kg/h}$

供冷量：$Q = G\rho(h_1 - h_2) = 680 \text{m}^3/\text{h} \times 1.2 \text{kg/m}^3 \times (59 - 34.3) \text{kJ/kg} \div 3600 = 5.6 \text{kW}$

答案：[C]

2. 某 8 人的办公室为风机盘管加新风空调系统，房间的全热冷负荷为 7.35kW，拟选风机盘管对应工况的制冷量为 3.55kW/台，并控制新风机组的出风露点温度（新风处理到相对湿度 90%）等于室内空气设计点的露点温度。已知新风参数：干球温度 $t_w = 35℃$，相对湿度为 65%，室内设计参数：干球温度 $t_n = 26℃$，相对湿度为 60%，请查 h-d 图，求满足要求的风机盘管的台数应是下列何值？（大气压力为标准大气压，空气密度取 1.2kg/m³）（2009-4-15）

(A)1 台　　　　　(B)2 台　　　　　(C)3 台　　　　　(D)4 台

主要解答过程：

办公室人员新风量：$V = 8 \times 30 \text{m}^3/(\text{h} \cdot \text{p}) = 240 \text{m}^3/\text{h}$

由于新风处理到室内状态的露点温度，而不是室内状态点的等焓线上，因此新风承担了一部分室内冷负荷，查 h-d 图得：室内点焓值 $h_n = 58.2 \text{kJ/kg}$，室内状态点露点温度为 17.6℃，新风处理到 90% 相对湿度，该点焓值 $h_1 = 51.2 \text{kJ/kg}$。因此新风所承担的室内冷负荷为：

$$Q_X = \frac{240 \text{m}^3/\text{h} \times 1.2 \text{kg/m}^3}{3600} \times (58.2 - 51.2) \text{kJ/kg} = 0.56 \text{kW}$$

则风机盘管所需承担的负荷：$Q_P = 7.35 \text{kW} - Q_X = 6.79 \text{kW}$

所需风盘数量：$n = Q_P/3.55 \text{kW} = 1.91 \approx 2$

注：本题题干有争议，关键在于如何理解新风机组的"出风露点温度"，如果理解为出风状态点的露点温度，则出风状态点为室内状态点等湿线与 90% 相对湿度线交点，$h_1 = 51.2 \text{kJ/kg}$，如果理解为出风的机器露点温度，则出风状态点为 90% 相对湿度线与 17.6℃ 等温线交点，$h_1 = 46.2 \text{kJ/kg}$，本题按第一种理解计算，两种方式最终选项相同。

答案：[B]

3. 某风机盘管的冷量的计算公式：$Q = A(t_s - t_g)e^{0.02t_s}e^{0.0167t_g}$，式中，$A$ 为常数，t_s 为进风湿球湿度（℃），t_g 为供水温度（℃）。若风机盘管的实际进口空气状态符合国家标准规定的试验工况参数，实际供水温度 $t_{g1} = 12℃$，该风机盘管实际冷量与额定冷量之比值应为下列何项？（2010-4-18）

(A)0.60 ~ 0.70　　　　　　　　　(B)0.75 ~ 0.85
(C)1.15 ~ 1.25　　　　　　　　　(D)1.50 ~ 1.60

主要解答过程：

根据《风机盘管机组》(GB/T 19232—2003) 表 4，标准试验工况为 $t_{s0} = 19.5℃$，$t_{g0} = 7℃$

因此冷量比值为：

$$\frac{Q_1}{Q_0} = \frac{A \times (19.5 - 12) \times e^{0.02 \times 19.5} \times e^{0.0167 \times 12}}{A \times (19.5 - 7) \times e^{0.02 \times 19.5} \times e^{0.0167 \times 7}} = 0.65$$

答案：[A]

4. 某地一宾馆空调采用风机盘管+新风系统，设计计算参数：室内干球温度为 26℃，相对湿度为 60%；室外干球温度为 36℃、相对湿度为 65%（标准大气压）。某健身房夏季室内冷负荷为 4.8kW，湿负荷为 0.6g/s。新风处理到室内状态的等焓线，因管路温升，新风的温度为 23℃；风机盘管的出口干球温度为 16℃；新风机组和风机盘管的表冷器机器露点均为 90%，设空气密度为 1.20kg/m³，风机盘管的风量应为下列哪一项？查 h-d 图计算，并绘制出处理过程。(2011-3-15)

(A) 751~800m³/h　　(B) 801~805m³/h
(C) 851~1000m³/h　　(D) 1001~1200m³/h

主要解答过程：

空气处理过程如图所示。

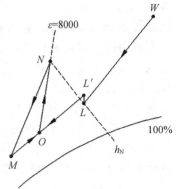

空调房间热湿比：$\varepsilon = \dfrac{4.8\text{kW}}{\dfrac{0.6}{1000}\text{kg/s}} = 8000\text{kJ/kg}$

查 h-d 图得：$h_N = 58.3$kJ/kg，风机盘管出口点 $t_M = 16℃$，$\varphi = 90\%$，$h_M = 42$kJ/kg，由于新风处理到室内等焓线上，不承担室内负荷（管路温升产生的冷负荷本题忽略，下题专门计算），因此，风机盘管风量为：

$$V_{风盘} = \dfrac{4.8\text{kW}}{\rho(h_N - h_M)} = \dfrac{4.8\text{kW}}{1.2\text{kg/m}^3 \times (58.3 - 42)\text{kJ/kg}} \times 3600 = 883.4\text{m}^3/\text{h}$$

答案：[C]

5. 接上题，因新风管路温升，产生的附加冷负荷应为下列哪一项？(2011-3-16)

(A) 0.105~0.168kW　　(B) 0.231~0.248kW
(C) 0.331~0.348kW　　(D) 0.441~0.488kW

主要解答过程：

查 h-d 图得：$h_L = h_N = 58.3$kJ/kg，$h_M = 42$kJ/kg，$h_L' = 60$kJ/kg，$h_0 = 45$kJ/kg

根据混合关系：

$$\dfrac{V_{风盘}}{V_{新}} = \dfrac{h_L' - h_0}{h_0 - h_M} \Rightarrow V_{新} = 176.7\text{m}^3/\text{h}$$

因此，附加冷负荷：

$$\Delta Q = V_{新}\rho(h_L' - h_L) = \dfrac{176.7}{3600} \times 1.2 \times (60 - 58.3) = 0.100(\text{kW})$$

答案：[A]

6. 某空调房间采用风机盘管（回水管上设置电动两通阀）加新风空调系统。房间空气设计参数为：干球温度 26℃，相对湿度 50%。房间的计算冷负荷为 8kW，计算湿负荷为 3.72kg/h，设计新风量为 1000m³/h，新风进入房间的温度为 14℃（新风机组的机器露点 95%）。风机盘管送风量为 2000m³/h。问：若运行时，室内相对湿度是多少？(2012-4-16)

(A) 45%　　(B) 50%　　(C) 55%　　(D) 60%

主要解答过程：

本题出题错误，所给条件不足，备选答案四个选项均有可能。一般的解题过程如下：

一般风机盘管加新风系统不能同时满足室内温度和相对湿度的设计要求，通常以保证室内设计温度为主，本题即为在保证室内设计温度（26℃）的情况下，计算室内实际的相对湿度值。

房间全热负荷为 8kW，湿负荷为 3.72kg/h，则潜热负荷为：

$$Q_q = \dfrac{3.72}{3600} \times 2500 = 2.58(\text{kW})$$

显热负荷为：

$$Q_x = 8 - 2.58\text{kW} = cG_{新}(t_n - t_{新}) + cG_{风盘}(t_n - t_{风盘})$$

$$= 1.01 \times \frac{1000}{3600} \times 1.2 \times (26 - 14) + 1.01 \times \frac{2000}{3600} \times 1.2 \times (26 - t_{风盘})$$

解得：$t_{风盘} = 24℃$

从这里开始很多参考资料的解答就出现了判断错误，有人判断，由于风盘出口送风温度远远高于室内状态点的露点温度，就此做出"风机盘管不承担室内湿负荷，为干工况运行"的错误判断，之后让新风系统承担所有湿负荷，计算出室内含湿量（12.59g/kg），从而得出室内相对湿度为60%的错误答案。其实，决定风盘处理过程是否为干工况的关键在于供水温度，只有供水温度（或供回水平均温度）低于室内空气的露点温度时，才会发生结露现象，即所谓的湿工况，这也是为什么温湿度独立控制系统要严格控制供水温度的原因。下图（风盘送风与新风混合后送入室内的画法）将说明之前所述判断错误的原因，并分析为什么本题得不到确切答案：

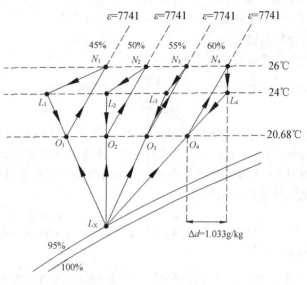

图中四种工况，分别表示 ABCD 四个选项中室内相对湿度的状态点，可以看出前三种工况风盘的处理过程线（N_1L_1，N_2L_2，N_3L_3）风盘出风口温度均为 24℃，均远远大于室内状态点的露点温度，但可以明显看出，3 个过程线均为湿工况，风盘均承担湿负荷，因此可以说明之前提到的判断方法是完全错误的。具体原因可参考《教材2019》P375，"由于表冷器翅片之间的距离，不是所有的空气都能被冷却到露点"，因此湿工况的出风温度不一定低于空气露点温度。

图中 L_X 为新风送风温度，$L_1 \sim L_4$ 为风盘出口状态点，$O_1 \sim O_4$ 为新风与风盘送风混合后状态点。

房间热湿比为：$\varepsilon = 1000 \times \dfrac{8}{\dfrac{3.72}{3600} \times 1000} = 7741$，$N_1O_1$，$N_2O_2$，$N_3O_3$，$N_4O_4$ 均为沿该热湿比的过程线。

因此，根据焓湿图比例及相似关系，可以得到以下等式：

$$h_{N1} - h_{O1} = h_{N2} - h_{O2} = h_{N3} - h_{O3} = h_{N4} - h_{O4} = \frac{8kW}{G_{新} + G_{风盘}}$$

$$= \frac{8}{\dfrac{1000 + 2000}{3600} \times 1.2} = 8(kJ/kg)$$

$$t_{N1} - t_{O1} = t_{N2} - t_{O2} = t_{N3} - t_{O3} = t_{N4} - t_{O4} = \frac{8 - 2.58}{c(G_{新} + G_{风盘})}$$

$$= \frac{5.37}{1.01 \times \dfrac{1000 + 2000}{3600} \times 1.2} = 5.32(℃)$$

$$d_{N1} - d_{O1} = d_{N2} - d_{O2} = d_{N3} - d_{O3} = d_{N4} - d_{O4}$$

$$= \frac{1000 \times 3.72 kg/h}{G_{新} + G_{风盘}} = \frac{1000 \times 3.72}{(1000 + 2000) \times 1.2} = 1.033(g/kg)$$

$$\frac{\overline{L_X O_1}}{L_1 O_1} = \frac{\overline{L_X O_2}}{L_2 O_2} = \frac{\overline{L_X O_3}}{L_3 O_3} = \frac{\overline{L_X O_4}}{L_4 O_4} = \frac{L_{风盘}}{L_{新风}} = \frac{2000 \text{m}^3/\text{h}}{1000 \text{m}^3/\text{h}} = 2$$

可以发现图中四种工况(仅根据 ABCD 选项举例,其他工况也可)处理过程均能够满足题干中所有条件的要求和约束,因此本题没有固定答案,目测为出题过程中遗漏已知条件,较为可能遗漏的已知条件为:"风盘为干工况运行",若补充条件后,则实际工况为图中第四种工况,解答过程较为简单,可以得到60%的结果。

答案:[均可]

7. 某建筑设置 VAV + 外区风机盘管空调系统。其中一个外区房间外墙面积 8m^2,外墙传热系数 $0.6\text{W}/(\text{m}^2 \cdot \text{K})$;外窗面积 16m^2,外窗传热系数 $2.3\text{W}/(\text{m}^2 \cdot \text{K})$;室外空调计算温度 $-12℃$,室内设计温度 $20℃$;房间变风量末端最大送风量 $1000\text{m}^3/\text{h}$,最小送风量 $500\text{m}^3/\text{h}$,送风温度 $15℃$;取空气密度为 $1.2\text{kg}/\text{m}^3$,比热容为 $1.01\text{kJ}/(\text{kg} \cdot ℃)$。不考虑围护结构附加耗热量及房间内部的热量。问:该房间风机盘管应承担的热负荷(W)为下列何项?(2014-4-14)
(A)830~850　　　(B)1320~1340　　　(C)2160~2180　　　(D)3000~3020

主要解答过程:

围护结构热负荷为:

$$Q_{围} = K_1 F_1 \Delta t + K_2 F_2 \Delta t = 0.6 \times 8 \times [20 - (-12)] + 2.3 \times 16 \times [20 - (-12)]$$
$$= 1331.2(\text{W})$$

关于 VAV 系统带来的热负荷应按最小送风量计算,原因在于:题干所述变风量系统一次送风温度为15℃,低于室内设计温度,其目的是为了满足建筑内区房间冬季供冷的需求,而对于外区房间,一次风仅需要满足室内最小新风量的要求,采用最小送风量即可。若选择最大送风量则会造成冷热抵消,增加风机盘管负荷,显然不合理,具体可参考《教材2019》P384~P387部分。因此 VAV 系统带来的热负荷为:

$$Q_{\text{VAV}} = cG\Delta t = 1.01 \times \frac{500}{3600} \times 1.2 \times (20 - 15) = 0.842\text{kW} = 842\text{W}$$

故,风机盘管应承担的热负荷为:

$$Q_{\text{FP}} = Q_{围} + Q_{\text{VAV}} = 2173\text{W}$$

答案:[C]

3.3.7　温湿度独立控制系统(2017-4-19,2018-4-17)

考点总结:温湿度独立控制系统的设计计算方法

由于显热负荷和潜热负荷分别处理,因此温湿度独立空调系统的负荷计算及负荷分配流程有别于常规系统:

首先,分别计算出室内显热负荷和潜热负荷。

其次,根据室内湿负荷和新风量计算出新风系统的送风状态点,保证新风承担全部湿负荷。

接着,根据新风送风状态点,计算出新风系统所能承担室内的显热负荷。

最后,将剩余的室内显热负荷交给干工况末端来处理。

---

1. 标准大气压下,某房间采用温、湿度独立控制的空调系统,房间末端装置的空气处理过程为干工况。

已知:(1)室内空气设计参数 $t_N = 26℃$,$\varphi_N = 55\%$。
　　　(2)送入处理后新风参数 $t_C = 20℃$,$\varphi_C = 55\%$。

(3)新风与末端装置处理后的室内空气混合后送入室内,混合后的空气温度为18.6℃。

(4)室内热湿比为10000。

要求以 h-d 图绘制处理过程。直接查 h-d 图,求出送入房间新风量与室内装置处理风量的比值应为下列何值?(2010-4-14)

(A)0.21~0.30 (B)0.31~0.40
(C)0.41~0.50 (D)0.51~0.60

主要解答过程:

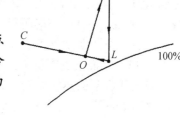

处理过程如图所示,由于系统为温湿度独立控制,空调末端干工况运行,因此处理过程 N—L 为等湿冷却。

过 N 做 10000 的热湿比线与 18.6℃的等温线交点为送风状态点 O,O 点为处理后新风状态点 C 与末端处理后状态点 L 的混合状态点,因此 C—O 的延长线与 N 点的等含湿量线的交点即为状态点 L。

查 h-d 图得:$h_C = 40.3 \text{kJ/kg}$, $h_O = 45.3 \text{kJ/kg}$, $h_L = 47.3 \text{kJ/kg}$

由空气混合关系得:$\dfrac{V_{新}}{V_{末}} = \dfrac{h_L - h_O}{h_O - h_C} = 0.4$

答案:[B]

2. 某医院病房区采用理想的温湿度独立控制空调系统,夏季室内设计参数:$t_n = 27$℃, $\varphi_n = 60\%$。室外设计参数:干球温度36℃、湿球温度28.9℃(标准大气压、空气定压比热容为1.01kJ/kg·K,空气密度为1.2kg/m³)。已知:室内总散湿量为29.16kg/h,设计总送风量为30000m³/h,新风量为4500m³/h,新风处理后含湿量为8.0g/kg干空气,问:新风空调机组的除湿量应为下列何项?查 h-d 图计算。(2012-4-13)

(A)25~35kg/h (B)40~50kg/h
(C)55~65kg/h (D)70~80kg/h

主要解答过程:

由于是温湿度独立控制系统,室内风机盘管不承担任何湿负荷,为干工况运行,新风承担新风和室内湿负荷,参见《教材2019》P392 表中第三种工况。查 h-d 图得,$d_w = 22.3 \text{g/kg}$

因此新风湿负荷为:$W_X = \dfrac{4500}{3600} \rho (d_w - d_L) = 1.25 \times 1.2 \times (22.3 - 8) = 21.45 \text{g/s} = 77.27 \text{kg/h}$

答案:[D]

3. 接上题,问:系统的室内干式风机盘管承担的冷负荷应为下列何项(盘管处理后空气相对湿度为90%)?查 h-d 图计算,并绘制空气处理的全过程(新风空调机组的出风的相对湿度为70%)。(2012-4-14)

(A)39~49kW (B)50~60kW
(C)61~71kW (D)72~82kW

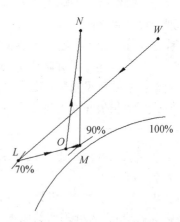

主要解答过程:

处理过程线如图所示,风机盘管处理后相对湿度为90%,过室内等含湿量线与90%相对湿度线相交,交点 M 的温度 $t_M = 20.25$℃,由于风盘仅处理显热负荷,冷负荷为:

$$Q_L = cG\Delta t = 1.01 \times \frac{30000 - 4500}{3600} \times 1.2 \times (27 - 20.25) = 57.9(kW)$$

答案：[B]

4. 某房间采用温湿度独立控制方式的新风加干式风机盘管空调系统，房间各项冷负荷逐时计算结果汇总见下表。问：在设备选型时，新风机组的设计冷负荷 Q_k 和干工况风机盘管的设计冷负荷 Q_f 应为以下何项？（2013-3-19）

各项冷负荷逐时计算结果汇总表 （单位：W）

时刻	10:00	11:00	12:00	13:00	14:00	15:00	16:00
围护结构冷负荷	1800	2300	2700	2900	3000	3100	3000
照明冷负荷	200	210	220	230	240	250	260
人员潜热冷负荷	200	200	200	200	200	200	200
人员显热冷负荷	100	110	120	130	140	150	160
新风冷负荷	900	1000	1100	1200	1300	1200	1100

(A) $Q_k = 1300W$，$Q_f = 3580W$ (B) $Q_k = 1300W$，$Q_f = 3650W$
(C) $Q_k = 1500W$，$Q_f = 3380W$ (D) $Q_k = 1500W$，$Q_f = 3500W$

主要解答过程：
温湿度独立控制方式，干式风机盘管仅承担室内显热负荷，新风机组承担新风负荷和室内潜热负荷

表中显热负荷最大值出现在15:00时，$Q_f = 3500kW$

新风负荷和室内潜热负荷的累加最大值出现在14:00时，$Q_k = 1500kW$

注：本题出题有误，简单的认为温湿度独立控制系统的室内显热负荷全部由干式风机盘管承担，实际上，新风在承担全部潜热负荷的同时，还会承担一部分显热负荷，而干式风机盘管只承担剩余的显热负荷，但本题明显未考虑到这点，否则无法作答。温湿度独立控制系统负荷的正确计算方法可参考2014年案例(上)18题解析。

答案：[D]

5. 已知某地一空调房间采用辐射顶板 + 新风系统供冷（新风系统采用7℃/12℃冷水冷却除湿），设计室内参数：干球温度26℃，相对湿度60%，室内无余湿。当地气象条件：标准大气压，室外空调计算干球温度34℃，计算含湿量20g/kg干空气。送入房间的新风处理方式中，设计合理的应是下列何项？并说明求解过程(新风处理后相对湿度为90%)（2013-4-15）
(A) 直接送室外34℃的新风   (B) 新风处理到约18℃送入室内
(C) 新风处理到约19.5℃送入室内   (D) 新风处理到约26℃送入室内

主要解答过程：
室内无余湿，因此新风机组只需要承担新风的湿负荷即可，即新风处理到室内状态点的等湿线上，假设新风机组的机器露点为90%，做室内状态点的等湿线与90%相对湿度线的交点即为送风状态点，查 h-d 图得，新风送风温度为：19.5℃。

答案：[C]

6. 某地大气压力 $B = 101.3kPa$，夏季室外空气设计参数：干球温度34℃、湿球温度20℃。一房间的室内空气设计参数 $t_n = 26℃$、$\Phi_n = 55\%$，室内余湿量为1.6kg/h。采用新风机组 + 干式风机盘管，新风机组由表冷段 + 循环喷雾段组成。已知，表冷段供水温度为16℃，热交换

效率系数 0.75，新风机组出风的相对湿度 $\Phi_x = 90\%$。查 h-d 图计算并绘制出空气处理过程。送入房间的新风量应是下列何项？（2013-4-16）

(A) 1280～1680kg/h (B) 1700～2300kg/h
(C) 2400～3000kg/h (D) 3100～3600kg/h

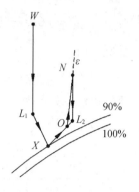

主要解答过程：

本题比较特殊，查 h-d 图得：$d_w = 9.05$g/kg，$d_n = 11.57$g/kg，可以发现夏季室外含湿量低于室内，对于新风反而要加湿，具体空气处理过程如图所示，其中上图为新风与风盘送风混合后送入室内，下图为新风与风盘送风分别送入室内（两种方案计算结果相同）。风盘+新风处理过程线可参考《教材2019》P392。

根据《教材2019》P408 式(3.4-15)：

$$0.75 = \frac{34 - t_{L1}}{34 - 16} \Rightarrow t_{L1} = 20.5℃$$

循环喷雾为等焓加湿，做 L_1 点的等焓线与 90% 相对湿度线交点即为新风出口状态点，查 h-d 图得：$d_x = 10.6$g/kg

由于风机盘管为干式，因此室内湿负荷完全由新风承担，因此新风量为：

$$G_x = \frac{W}{d_n - d_x} = \frac{1.6\text{kg/h}}{\frac{11.57 - 10.6}{1000}\text{kg/kg}} = 1650\text{kg/h}$$

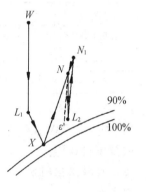

注：本题出题较为新颖，过程线与常见工况不同（干旱高温地区）。

答案：[A]

7. 某空调办公室采用温湿度独立控制系统，设计室内空气温度 24℃。房间热湿负荷的计算结果为：围护结构冷负荷 1500W，人体显热冷负荷 550W，人体潜热冷负荷 300W，室内照明及用电设备冷负荷 1150W。房间设计新风量合计为 300m³/h，送入房间的新风温度要求为 20℃。问：室内干工况末端装置的最小供冷量，应为下列何项？（空气密度为 1.2kg/m³，空气的定压比热为 1.01kJ/kg·℃）（2014-3-18）

(A) 2650W (B) 2796W (C) 3096W (D) 3200W

主要解答过程：

温湿度独立控制系统，新风承担所有系统湿负荷，室内末端干工况运行，仅承担显热负荷。
由于新风送风温度为 20℃，低于室内空气干球温度，故承担了一部分室内显热负荷：

$$Q_1 = c\rho L_W \Delta t = 1.01 \times 1.2 \times \frac{300}{3600} \times (24 - 20) = 0.404\text{(kW)}$$

室内总显热负荷为：

$$Q_X = 1500 + 550 + 1150 = 3200\text{(W)}$$

干工况末端最小供冷量为：

$$Q = Q_X - Q_1 = 3200 - 404 = 2796\text{(W)}$$

答案：[B]

8. 某办公楼层采用温湿度独立控制空调系统，夏季室内设计参为 $t = 26℃$，$\varphi = 60\%$，室内总显热冷负荷为 35kW。湿度控制系统（新风系统）的送风量为 2000m³/h，送风温度为 19℃；温度控制系统由若干台干式风机盘管构成，风机盘管的送风温度为 20℃。试问温度控制系统的总风量（m³/h）应为下列何项？（取空气密度为 1.2kg/m³，比热容为 1.01kJ/(kg·℃)）。不计

风机、管道温升)(2014-4-17)
(A)14800～14900　　(B)14900～15000　　(C)16500～16600　　(D)17300～17400

主要解答过程：

温湿度独立控制系统，新风承担所有系统湿负荷，室内末端干工况运行，仅承担显热负荷。由于新风送风温度为19℃，低于室内空气干球温度，故承担了一部分室内显热负荷：

$$Q_1 = c\rho L_W \Delta t = 1.01 \times 1.2 \times \frac{2000}{3600} \times (26 - 19) = 4.71(kW)$$

干式风机盘管承担的显热负荷为：

$$Q = 35kW - Q_1 = 30.29kW$$

干式风机盘管的风量为：

$$V = \frac{Q}{c\rho \Delta t} = \frac{30.29}{1.01 \times 1.2 \times (26 - 20)} \times 3600 = 14995(m^3/h)$$

答案：[B]

3.3.8　组合式空调机组(2017-3-12)

1. 某空调箱的回风与新风混合段的压力为-30Pa，过滤器阻力为100Pa，空气冷却器的阻力为150Pa，试问在A点排放冷凝水应有的水封最小高度为下列何值？(2006-3-17)

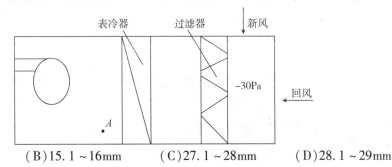

(A)10.1～11mm　　(B)15.1～16mm　　(C)27.1～28mm　　(D)28.1～29mm

主要解答过程：

根据《民规》第8.5.23.1条冷凝水排水管应设置水封，高度不小于该点的正压或负压。排水点为负压，一旦无水封或水封高度不够，就会造成由室内向机组内漏风，气水逆向，导致冷凝水无法有效排出。A点的负压值为：

$$P_A = -30 - 100 - 150 = -280(Pa)$$

$$|P_A| = \rho g H$$

$$H = \frac{|P_A|}{\rho g} = \frac{280}{1000 \times 9.8} = 0.0286m = 28.6mm$$

答案：[D]

2. 某房间冬季空调室内设计参数为：室温20℃，相对湿度35%，空调热负荷为$Q = 1kW$，室内冬季余湿为$W = 0.005kg/s$。空调系统为直流式系统，采用湿膜加湿(按等焓加湿计算)方式，要求冬季送风温度为25℃。室外空气状态为：干球温度-6℃，相对湿度为40%。大气压力101325Pa，计算所要求的加湿器的饱和效率。(2007-4-14)

(A)23%～32%　　(B)33%～42%　　(C)43%～52%　　(D)53%～62%

主要解答过程：

处理过程如图所示

热湿比：$\varepsilon = \dfrac{-1\text{kW}}{0.005\text{kg/s}} = -200$

查 $h\text{-}d$ 图可知：$t_{W1} = 30.5\,^{\circ}\!\text{C}$

送风状态对应饱和空气湿球温度 $t_s = 11.5\,^{\circ}\!\text{C}$

根据《教材 2019》P412

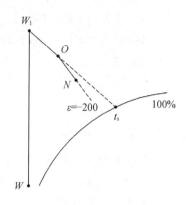

$$\text{饱和效率} = \dfrac{\text{加湿前空气干球温度} - \text{加湿后空气干球温度}}{\text{加湿前空气干球温度} - \text{饱和空气湿球温度}}$$

$$= \dfrac{30.5 - 25}{30.5 - 11.5} = 29\%$$

答案：[A]

3. 已知：①某空调房间夏季室内设计温度为 26℃，设计相对湿度为 55%，房间的热湿比为 5000kJ/kg。②空调器的表面冷却器的出风干球温度为 14℃，相对湿度 90%，送风过程中温升为 2℃。当地大气压为 101325Pa，房间的温度达到设计值，请绘出 $h\text{-}d$ 图中的过程线，该房间的实际达到的相对湿度（查 $h\text{-}d$ 图），应为下列哪一项？(2008-3-16)

(A) 76%～85% (B) 66%～75%
(C) 56%～65% (D) 45%～55%

主要解答过程：

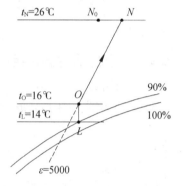

如图所示，N_0 为设计室内状态点，L 为空调器出风状态点，O 点为经过 2℃送风温差后的送风状态点，过 O 点做热湿比为 5000 的热湿比线与 26℃等温线的交点即为该房间实际达到的状态点，查 $h\text{-}d$ 图得：N 点相对湿度为 62%。

答案：[C]

4. 某空调系统风量 18000m³/h，空气初参数：干球温度 $t_1 = 25\,^{\circ}\!\text{C}$，湿球温度 $t_{s1} = 20.2\,^{\circ}\!\text{C}$，水量为 20t/h，冷水初温为 7℃；经表冷器处理后的空气温度 $t_2 = 10.5\,^{\circ}\!\text{C}$，湿球温度 $t_{s2} = 10.2\,^{\circ}\!\text{C}$，已知该地为标准大气压，水的比热 4.19kJ/(kg·℃)，空气密度 1.2kg/m³，该系统冷水终温和表冷器热交换效率系数应为下列何项？(2009-3-15)

(A) 11.7～12.8℃，0.80～0.81 (B) 12.9～13.9℃，0.82～0.83
(C) 14～14.8℃，0.80～0.81 (D) 14.9～15.5℃，0.78～0.79

主要解答过程：

查 $h\text{-}d$ 图得：$h_1 = 58.1\text{kJ/kg}$，$h_2 = 30.1\text{kJ/kg}$

根据风侧和水侧的能量守恒：

$$\dfrac{G\rho}{3600}(h_1 - h_2) = cm(t_{\text{终}} - 7\,^{\circ}\!\text{C})$$

$$\dfrac{18000 \times 1.2}{3600} \times (58.1 - 30.1) = 4.19 \times \dfrac{20 \times 1000}{3600} \times (t_{\text{终}} - 7\,^{\circ}\!\text{C}) \Rightarrow t_{\text{终}} = 14.3\,^{\circ}\!\text{C}$$

根据《教材 2019》P408 式(3.4-15)

$$\varepsilon_1 = \dfrac{t_1 - t_2}{t_1 - 7} = \dfrac{25 - 10.5}{25 - 7} = 0.806$$

答案：[C]

5. 某空调系统采用表冷器对空气进行冷却除湿,空气的初始状态参数为:$i_1 = 53\text{kJ/kg}$,$t_1 = 30℃$;空气的终状态参数为:$i_2 = 30.2\text{kJ/kg}$,$t_2 = 11.5℃$。空气为标准大气压,空气的比热为1.01kJ/(kg·℃),试求处理过程的析湿系数应是下列哪一项?(2010-4-17)
(A)1.05~1.09　　　(B)1.10~1.14　　　(C)1.15~1.19　　　(D)1.20~1.25

主要解答过程:

根据《教材2019》P403 式(3.4-11)

$$\xi = \frac{h_1 - h_2}{c_p(t_1 - t_2)} = \frac{53 - 30.2}{1.01 \times (30 - 11.5)} = 1.22$$

答案:[D]

6. 某餐厅(高6m)空调夏季室内设计参数为:$t = 25℃$,$\Phi = 50\%$。计算室内冷负荷为$\Sigma Q = 24250\text{W}$,总余湿量$\Sigma W = 5\text{g/s}$。该房间采用冷却降温除湿、机器露点最大送风温差送风的方式(注:无再热热源,不计风机和送风管温升)。空调机组的表冷器进水温度为7.5℃。当地为标准大气压。问:空调时段,房间的实际相对湿度接近以下哪一项(取"机器露点"的相对湿度为95%)?绘制焓湿图,图上绘制过程线。(2011-4-17)

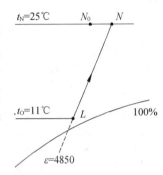

(A)50%　　　　　　　　　(B)60%
(C)70%　　　　　　　　　(D)80%

主要解答过程:

本题较难,需根据《民规》第7.5.4.2条,空气出口温度应比冷媒温度至少高3.5℃,因此认为空调机组的出风温度(机器露点)为$t_L = 7.5 + 3.5 = 11(℃)$

热湿比:$\varepsilon = \dfrac{24.250\text{kW}}{0.005\text{kg/s}} = 4850\text{kJ/kg}$

过L点做热湿比为4850的热湿比线与25℃的等温线相交,交点即为房间实际状态点,查h-d图得相对湿度接近70%。

答案:[C]

7. 某空调系统用表冷器处理空气,表冷器空气进口温度为34℃,出口温度为11℃,冷水进口温度为7℃,则表冷器的热交换效率系数应为下列何项?(2013-3-15)
(A)0.58~0.64　　　(B)0.66~0.72　　　(C)0.73~0.79　　　(D)0.80~0.86

主要解答过程:

根据《教材2019》P408 式(3.4-15)

$$\varepsilon_1 = \frac{t_1 - t_2}{t_1 - t_{w1}} = \frac{34 - 11}{34 - 7} = 0.852$$

答案:[D]

3.4 空调房间的气流组织(2016-4-16,2017-3-14,2018-3-19)

1. 某工程采用喷口进行等温射流送风,射程$x = 12\text{m}$,射流末端平均风速应$\leq 0.25\text{m/s}$,喷口紊流系数$\alpha = 0.07$,送风速度为5m/s,试问喷口直径最大为下列何值?(2006-4-16)

已知:射流计算公式为:$v_x = v_0 \dfrac{0.48}{\dfrac{\alpha x}{d} + 0.147}$

式中，v_x 为射程 x 处的射流轴心速度（m/s）；v_0 为喷口送风速度（m/s）；d 为喷口直径（m）。
(A) 0.08~0.09m (B) 0.17~0.185m
(C) 0.24~0.25m (D) 已知条件不足，无法求解

主要解答过程： 根据《教材2019》P451 式（3.5-32），射流轴心速度 $v_x \leq 0.25/0.5 = 0.5$m/s，根据题干所给公式：

$$5 \times \frac{0.48}{\frac{0.07 \times 12}{d} + 0.147} \leq 0.5$$

解得：$d \leq 0.18$m
答案： [B]

2. 某空调办公室夏季室内设计温度为25℃，采用 1.0m×0.15m 的活动百叶风口送风，风口紊流系数为0.16，送风口送风温度为15℃。问：距离风口1.0m处的送风射流轴心温度为下列何值？（2010-4-16）
(A) 18.0~18.4℃ (B) 18.5~18.9℃ (C) 19.0~19.8℃ (D) 20.0~20.8℃

主要解答过程：
根据《教材2019》P429 式（3.5-3），注意此处的当量直径 d_0 在教材中已勘误为水力直径，即：

$$d_0 = 4 \times \frac{AB}{2(A+B)} = \frac{2 \times 1 \times 0.15}{1 + 0.15} = 0.26(\text{m})$$

$$\frac{\Delta T_x}{\Delta T_0} = \frac{0.35}{\frac{\alpha x}{d_0} + 0.147} = \frac{0.35}{\frac{0.16 \times 1}{0.26} + 0.147} = 0.459$$

$\Delta T_0 = 25 - 15 = 10(℃)$，$\Delta T_x = 4.59℃$
$T_x = 25 - \Delta T_x = 20.4℃$
答案： [D]

3. 某空调房间设计室温为27℃，送风量为2160m³/h。采用尺寸为1000mm×150mm的矩形风口进行送风（不考虑风口有效面积系数），送风口出风温度为17℃。问：该送风气流的阿基米德数接近以下哪一项？（2011-3-17）
(A) 0.0992 (B) 0.0081 (C) 0.0089 (D) 0.0053

主要解答过程：
根据《教材2019》P429 式（3.5-5），注意此处的当量直径 d_0 已勘误为水力直径，即：

$$d_0 = 4 \times \frac{AB}{2(A+B)} = \frac{2 \times 1 \times 0.15}{1 + 0.15} = 0.26(\text{m})$$

风速：$v_0 = \frac{2160}{3600 \times 1 \times 0.15} = 4(\text{m/s})$

$$Ar = \frac{gd_0(t_0 - t_n)}{v_0^2 T_n} = \frac{9.81 \times 0.26 \times (17 - 27)}{4^2 \times (273 + 27)} = -0.0053$$

注：负号代表气流方向。
答案： [D]

4. 某局部岗位冷却送风系统，采用紊流系数为0.076的圆管送风口，送风出口温度 $t_s = 20℃$，房间温度 $t_n = 35℃$，送风口至工作岗位的距离为3m。工艺要求为：送风至岗位处的射流的轴心温度 $t = 29℃$、射流轴心速度为0.5m/s。问：该圆管风口的送风量，应最接近下列何项（送

风口直径采用计算值)？(2014-4-16)
(A)160m³/h　　　(B)200m³/h　　　(C)250m³/h　　　(D)300m³/h

主要解答过程：

根据《教材2019》P429 式(3.5-3)

$$\frac{\Delta T_x}{\Delta T_0} = \frac{0.35}{\frac{\alpha x}{d_0} + 0.145} \Rightarrow \frac{35-29}{35-20} = \frac{0.35}{\frac{0.076 \times 3}{d_0} + 0.145} \Rightarrow d_0 = 0.31\text{m}$$

根据 P425 式(3.5-1)

$$\frac{v_x}{v_0} = \frac{0.48}{\frac{\alpha x}{d_0} + 0.145} \Rightarrow \frac{0.5}{v_0} = \frac{0.48}{\frac{0.076 \times 3}{0.313} + 0.145} \Rightarrow v_0 = 0.91\text{m/s}$$

故送风量：

$$V = \frac{1}{4}\pi d_0^2 v_0 = 251\text{m}^3/\text{h}$$

答案：[C]

3.5　空气洁净技术

3.5.1　空气洁净等级(2017-4-20)

1. 某洁净房间空气含尘浓度为 $0.5\mu\text{m}$ 粒子 3600 个/m³，其空气洁净等级按国际标准规定的是下列何项？并列出判定过程(2009-4-20)
(A)4.6 级　　　(B)4.8 级　　　(C)5.0 级　　　(D)5.2 级

主要解答过程：

根据《教材2019》P456 式(3.6-1)

$$C_n = 3600 = 10^N \times \left(\frac{0.1}{0.5}\right)^{2.08}, \text{解得：} N = 5.0$$

答案：[C]

3.5.2　空气过滤器(2018-4-20)

1. 4000m² 的洁净室，高效空气过滤器的布满率为 64.8%，如果过滤器的尺寸为 1200mm × 1200mm，试问需要的过滤器数量为下列何值？(2006-3-24)
(A)750 台　　　(B)1500 台　　　(C)1800 台　　　(D)2160 台

主要解答过程：

过滤器面积为：

$$S = 4000 \times 64.8\% = 2592(\text{m}^2)$$

所需台数为：

$$N = \frac{S}{s_0} = \frac{2592}{1.2 \times 1.2} = 1800$$

答案：[C]

2. 第一个过滤器过滤效率为 99.8%，第二个过滤器过滤效率为 99.9%，问两个过滤器串联的总效率最接近下列哪一项？(2007-3-24)
(A)99.98%　　　(B)99.99%　　　(C)99.998%　　　(D)99.9998%

主要解答过程：

根据《教材2019》P207 式(2.5-4)

$$\eta_T = 1 - (1-\eta_1)(1-\eta_2) = 1 - (1-0.998) \times (1-0.999) = 0.999998 = 99.9998\%$$

答案：[D]

3. 室外大气含尘浓度为 $30 \times 10^4 PC/L(\geq 0.5\mu m)$，预过滤器效率($\geq 0.5\mu m$)为10%，终过滤器效率为99.9%($\geq 0.5\mu m$)。室外空气经过该组合过滤器后出口处的空气含尘浓度，约为下列选项的哪一个？(2008-4-19)

(A) $300 PC/m^3$ (B) $270 PC/m^3$

(C) $30 \times 10^4 PC/m^3$ (D) $27 \times 10^4 PC/m^3$

主要解答过程：

出口处的空气含尘浓度为：

$30 \times 10^4 PC/L \times (1-10\%) \times (1-99.9\%) = 270 PC/L = 27 \times 10^4 PC/m^3$

注意：本题本身较为简单，但陷阱在于单位，不要误选 B 选项：$270 PC/m^3$。

答案：[D]

4. 某空气处理机设有两级过滤器，按计重浓度，粗效过滤器的过滤效率为70%、中效过滤器的过滤效率为90%。若粗效过滤器入口空气含尘浓度为 $50 mg/m^3$，中效过滤器出口空气含尘浓度是下列哪一项？(2011-4-20)

(A) $1 mg/m^3$ (B) $1.5 mg/m^3$ (C) $2 mg/m^3$ (D) $2.5 mg/m^3$

主要解答过程：

总过滤效率：$\eta_t = 1 - (1-70\%) \times (1-90\%) = 97\%$

出口含尘浓度：$m = 50 mg/m^3 \times (1-\eta_t) = 1.5 mg/m^3$

答案：[B]

5. 某空调机组内设有粗、中效两级空气过滤器，按质量浓度计，粗效过滤器的效率为70%，中效过滤器的效率为80%。若粗效过滤器入口空气含尘浓度为 $150 mg/m^3$，中效过滤器出口空气含尘浓度为下列何项？(2013-4-20)

(A) $3 mg/m^3$ (B) $5 mg/m^3$ (C) $7 mg/m^3$ (D) $9 mg/m^3$

主要解答过程：

根据《教材2019》P207 式(2.5-4)

$$\eta = 1 - (1-70\%) \times (1-80\%) = 0.94$$

出口含尘浓度为：$G = 150 mg/m^3 \times (1-0.94) = 9 mg/m^3$

答案：[D]

3.5.3 气流流型和送风量、回风量(2016-4-20)

1. 设计空气洁净度等级为6级的洁净室，对于 $0.5\mu m$ 的粒子而言，其室内单位容积发尘量为 $G = 1 \times 10^4 PC/(m^3 \cdot min)$，新风比为10%，其含尘浓度为 $C_1 = 100 \times 10^4 PC/L$，预过滤器总效率为50%，高效空气过滤器效率为99.999%，如果室内粒子呈均匀分布状态，试问该洁净室所需换气次数为下列何值？(2007-4-24)

(A) 35~54次/h   (B) 100~110次/h   (C) 65.8~84次/h   (D) 112~150次/h

主要解答过程：

首先根据《教材2019》P456，对于 $0.5\mu m$ 的粒子而言6级洁净室 $N = 35200 PC/m^3 = 35.2 PC/L$，

再根据 P465，送风含尘浓度(可参考第二版 P418 计算方法)：

$$N_s = M(1-s)(1-\eta_{预})(1-\eta_{高}) + Ns(1-\eta_{高}) = 100 \times 10^4 \text{PC/L} \times 0.1 \times 0.5 \times 1 \times 10^{-5} + 35.2\text{PC/L} \times 0.9 \times 1 \times 10^{-5} = 0.5\text{PC/L}$$

代入式(3.6-8)得：

$$n = \frac{60G \times 10^{-3}}{\alpha N - N_s} = \frac{60 \times 1 \times 10^4 \times 10^{-3}}{0.4 \times 35.2 - 0.5} = 44(\text{次/h})$$

注：本题只有取 $\alpha = 0.4$ 计算答案才能落到选项范围内。

答案：[A]

2. 某洁净室按照发尘量和洁净度等级要求计算送风量 12000m³/h，根据热湿负荷计算送风量 15000m³/h，排风量 14000m³/h，正压风量 1500m³/h，室内 25 人，该洁净室的送风量应为下列何项？(2014-4-20)

(A)12000m³/h   (B)15000m³/h   (C)15500m³/h   (D)16500m³/h

主要解答过程：

根据《洁净规》(GB 50073—2013)第 6.1.5 条，新鲜空气量为：

$$V_x = \max[(14000 + 1500), 25 \times 40] = 15500\text{m}^3/\text{h}$$

再根据第 6.3.2 条，送风量为：

$$V_s = \max[12000, 15000, V_x] = V_x = 15500\text{m}^3/\text{h}$$

答案：[C]

3.5.4 室压控制

1. 沿海某地为标准大气压，冬季的室外平均风速为 4.5m/s，室外温度为 0℃，空气密度为 1.29kg/m³。该地洁净室与室外合理的设计正压值应为下列何项？(2010-4-20)

(A)5Pa   (B)10Pa   (C)15Pa   (D)25Pa

主要解答过程：

根据《教材 2019》P468 式(3.6-11)

压力复核计算：$P = C\dfrac{v^2 \rho}{2} = 0.9 \times \dfrac{4.5^2 \times 1.29}{2} = 11.76(\text{Pa})$

正压值应高于迎面风压 5Pa，即为：11.76Pa + 5Pa = 16.76Pa，选择 D 选项。

答案：[D]

3.6 空调冷热源与集中空调水系统

3.6.1 水泵计算 (2016-3-14, 2016-4-19, 2018-4-19)

考点总结：水泵相关计算

1. 水泵轴功率计算公式

教材中并未给出水泵轴功率的计算公式，历年考题又经常涉及，因此笔者对于水泵轴功率的常用计算公式推导过程如下，以解考生之惑：

水泵将 m(kg)的水提升 H(m)高度做功为：

$$W = mgH = \rho VgH = \rho\left(\frac{G}{3600}t\right)gH$$

其中 ρ 为水的密度，取 1000kg/m³，V 为水泵提升水的体积，G 为水泵流量(m³/h)，重力加速度 $g = 9.8\text{m/s}^2$。因此水泵的有效功率为：

$$N_y = \frac{W}{t} = \frac{\rho G t g H}{3600 t} = \frac{1000 \times 9.8 \times G \times H}{3600}(W) = \frac{GH}{367.3}(kW)$$

考虑水泵效率 η 后即可得到常用的轴功率计算公式：

$$N = \frac{N_y}{\eta} = \frac{GH}{367.3\eta}(kW)$$

其中水泵流量 G 的单位为 m^3/h，水泵扬程 H 的单位为 mH_2O，轴功率的单位为 kW，考生在做题时需注意题干已知条件单位是否与公式相同。

2. 水泵变频调速相关计算

水泵变频与风机变频类似，可参考《教材2019》P268 表2.8-6：水泵流量与转速成正比，水泵扬程与转速的2次方成正比，水泵功率与转速的3次方成正比，

$$\frac{G_2}{G_1} = \frac{n_2}{n_1} \quad \frac{H_2}{H_1} = \left(\frac{n_2}{n_1}\right)^2 \quad \frac{N_2}{N_1} = \left(\frac{n_2}{n_1}\right)^3$$

---

1. 一空调建筑空调水系统的供冷量为1000kW，冷水供回水温差为5℃，水的比热为4.18kJ/(kg·K)，设计工况的水泵扬程为27mH₂O，对应的效率为70%，在设计工况下，水泵的轴功率为何项值？(2008-3-17)

(A) 10～13kW (B) 13.1～15kW
(C) 15.1～17kW (D) 17.1～19kW

主要解答过程：

水泵的运行流量 $G = 1000kW/(4.18 \times 5 \times 1000) = 0.0478 m^3/s = 172.25 m^3/h$

根据水泵轴功率公式：$W = GH/(367.3 \times \eta) = 172.25 \times 27/(367.3 \times 0.7) = 18.09(kW)$

注意：水泵功率公式教材没有，建议将其抄在教材通风机功率一页，以备考试使用。

$W = GH/(367.3 \times \eta)$，其中，$G$ 的单位为 m^3/h；H 的单位为 mH_2O。

答案：[D]

2. 某集中空调系统需供冷量 $Q = 2000kW$，供回水温差 $\Delta t = 6℃$，在设计状态点，水泵的扬程为 $H = 28mH_2O$，效率为 $\eta = 75\%$，选择两台同规格水泵，单台水泵轴功率是下列哪一项（$C_p = 4.18kJ/kg·K$）？(2011-3-18)

(A) 20～21kW (B) 11～12kW
(C) 14～15kW (D) 17～18kW

主要解答过程：

单台水泵流量：$G = \frac{0.5Q}{C_p \rho \Delta t} \times 3600 = \frac{1000}{4.18 \times 1000 \times 6} \times 3600 = 143.5(m^3/h)$

单台水泵轴功率：$N = \frac{GH}{367.3\eta} = \frac{143.5 \times 28}{367.3 \times 0.75} = 14.6(kW)$

答案：[C]

3. 某高层酒店采用集中空调系统，冷水机组设在地下室，采用单台离心式水泵输送冷水。水泵设计工况：流量为400m³/h，扬程为50mH₂O，配套电动机功率为75kW。系统运行后水泵发生停泵，经核查，系统运行时的实际阻力为30mH₂O。水泵性能有关数据见下表。实际运行工况下，水泵功率接近下列哪一项？并解释引起故障的原因。(2011-4-13)

流量/(m³/h)	扬程/mH₂O	备注
280	54.5	
400	50	效率75%
480	39	
540	30	效率50%

(A)90kW　　　　　(B)75kW　　　　　(C)55kW　　　　　(D)110kW

主要解答过程：

实际运行时 $H=30mH_2O$，查表得流量为 $540m^3/h$

水泵轴功率：$N = \dfrac{GH}{376.3\eta} = \dfrac{540 \times 30}{367.3 \times 0.5} = 88.21kW > 75kW$

可以看出，水泵实际运行功率大于配用电动机功率，造成电流超载，导致停泵，主要原因在于设计计算管网阻力大于实际管网阻力，水泵选型过大。

答案：[A]

4. 实测某空调冷水系统(水泵)流量为 $200m^3/h$，供水温度 $7.5℃$，回水温度 $11.5℃$，系统压力损失为 $325kPa$。后采用变频调节技术将水泵流量调小到 $160m^3/h$。如加装变频器前后的水泵效率不变($\eta = 0.75$)，并不计变频器能量损耗，水泵轴功率减少的数值应为下列何项？(2012-3-12)

(A)8.0~8.9kW　　　　　　　　　(B)9.0~9.9kW
(C)10.0~10.9kW　　　　　　　　(D)11.0~12.0kW

主要解答过程：

变频前水泵轴功率为：$N_0 = \dfrac{G_0 H_0}{367.3\eta} = \dfrac{200 \times (325000/1000 \times 9.8)}{367.3 \times 0.75} = 24.08(kW)$

根据变频后流量扬程关系：$H = H_0 \left(\dfrac{G}{G_0}\right)^2 = 325 \times \left(\dfrac{160}{200}\right)^2 = 208kPa = 21.2mH_2O$

变频后水泵轴功率为：$N = \dfrac{GH}{367.3\eta} = \dfrac{160 \times 21.2}{367.3 \times 0.75} = 12.3(kW)$

水泵轴功率减少：$\Delta N = N_0 - N = 11.77kW$

答案：[D]

5. 某高层酒店采用集中空调系统，冷水机组设在屋顶，送冷水，单台水泵流量 $400m^3/h$，配扬程 $50mH_2O$，系统正常运行时水泵出现过载现象，水泵阀门要关至1/4水泵才可正常进行，且满足供冷要求。实测水泵流量 $300m^3/h$。查该水泵样本见下表，若采用改变水泵转速的方式，则满足供冷要求时，水泵转速应接近何项？(2012-3-20)

型号	流量/(m³/h)	扬程/mH₂O	转速/(r/min)	功率/kW
200/400	280	54.5	1460	75
	400	50		
	480	39		

(A)980r/min　　　　(B)1100r/min　　　　(C)2960r/min　　　　(D)760r/min

主要解答过程：

满足供冷要求的水泵流量为 $300m^3/h$，由于水泵转速与流量成正比，因此

$$\frac{n_2}{n_1} = \frac{n_2}{1460} = \frac{300}{400} \Rightarrow n_2 = 1095 \text{r/min}$$

答案：[B]

6. 某空调冷水系统如图所示。设计工况下，二次侧水泵的运行效率为75%，水泵轴功率为10kW。当末端及系统处于低负荷时，该系统采用恒定水泵出口压力的方式来自动控制水泵的转速。当系统所需要的流量为设计工况流量的50%时，假设二次侧水泵在此工况时的效率为60%。问：此时二次侧水泵所需的轴功率，接近以下何项（膨胀管连接在水泵吸入口）？(2013-4-19)

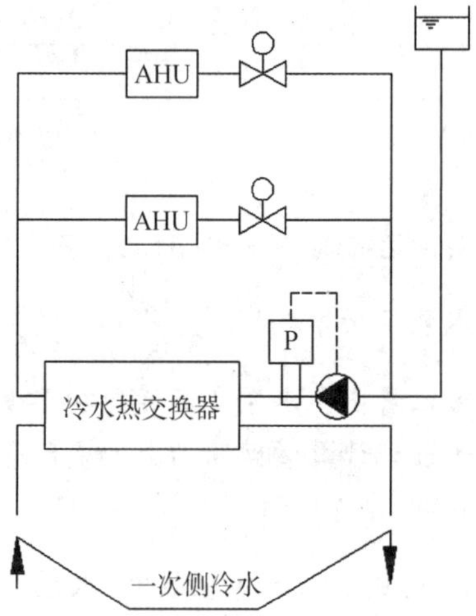

(A)12.5kW　　　　(B)6.3kW
(C)5.0kW　　　　 (D)1.6kW

主要解答过程：

设计工况下：$N_0 = \dfrac{G_0 H}{367.3 \eta_0}$

50%流量工况下：$N_1 = \dfrac{0.5 G_0 H}{367.3 \eta_1}$

两式相比得：$\dfrac{N_1}{N_0} = 0.5 \dfrac{\eta_0}{\eta_1} = 0.625 \text{kW} \Rightarrow N_1 = 0.625 N_0 = 6.25 \text{kW}$

答案：[B]

3.6.2　空调水系统的水力计算和水力工况分析(2017-4-16, 2018-3-15, 2018-3-16)

1. 某空调系统三个相同的机组，末端采用手动阀调节，如图所示。设计状态为：每个空调箱的水流量均为100kg/h，每个末端支路的水阻力均为90kPa（含阀门、盘管及支管和附件等）；总供、回水管的水流阻力合计为 $\Delta P_{AC} + \Delta P_{DB} = 30$kPa。如果A、B两点的供、回水压差始终保持不变，问：当其中一个末端的阀门全关后，系统的水流量是多少？(2007-3-18)

(A)190~200kg/h　　　(B)201~210kg/h
(C)211~220kg/h　　　(D)221~230kg/h

主要解答过程：

根据《教材2019》P139 式(1.10-23)，$\Delta P = SV^2$

单台机组阻力系数：

$$S_0 = \frac{P_0}{V_0^2} = \frac{90\text{kPa}}{(100\text{kg/h})^2} = 9 \times 10^{-3} \text{kPa/(kg/h)}^2$$

干管总阻力系数：

$$S_{AC+DB} = \frac{P_{AC+DB}}{(3V_0)^2} = \frac{30\text{kPa}}{(300\text{kg/h})^2} = 3.33 \times 10^{-4} \text{kPa/(kg/h)}^2$$

关闭一台机组后，两台机组并联阻力系数：

$$\frac{1}{\sqrt{S_{并}}} = \frac{1}{\sqrt{S_0}} + \frac{1}{\sqrt{S_0}} \Rightarrow S_{并} = 0.25 S_0 = 2.25 \times 10^{-3} \text{kPa/(kg/h)}^2$$

则系统总阻力系数为：
$$S_总 = S_{AC+DB} + S_并 = 2.58 \times 10^{-3} \text{kPa}/(\text{kg/h})^2$$
系统总流量：
$$V_总 = \sqrt{\frac{P}{S_总}} = \sqrt{\frac{(30+90)\text{kPa}}{2.58 \times 10^{-3}\text{kPa}/(\text{kg/h})^2}} = 215.5 \text{kg/h}$$

答案：[C]

2. 如图所示，某高层建筑空调水系统，①管路单位长度阻力损失（含局部阻力）为 400Pa/m；②冷水机组的压力降 0.1MPa；③水泵扬程为 30mH₂O；试问系统运行时 A 点处的压力约为下列何值？（2007-4-16）
(A) 11mH₂O (B) 25mH₂O
(C) 16mH₂O (D) 8mH₂O

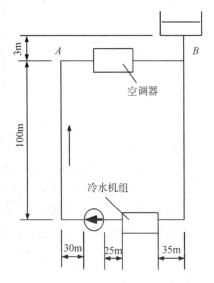

主要解答过程：
定压点 B 压力为 $P_B = 3\text{mH}_2\text{O}$，A 和 B 高度相同故不存在重力水头差。

$$\begin{aligned}P_A &= P_B - P_{沿程} - P_{局部} + H_{水泵} \\&= 3\text{mH}_2\text{O} - [(100+35+25+30+100)\text{mH}_2\text{O} \times 400\text{Pa/m}]/ \\&\quad (1000\text{kg/m}^3 \times 9.8) - 0.1\text{MPa}/(1000\text{kg/m}^3 \times 9.8) + \\&\quad 30\text{mH}_2\text{O} \\&= 3\text{mH}_2\text{O} - 11.8\text{mH}_2\text{O} - 10.2\text{mH}_2\text{O} + 30\text{mH}_2\text{O} = 11\text{mH}_2\text{O}\end{aligned}$$

注意：计算时尽量取 $g = 9.8$。
答案：[A]

3. 某型手动静态平衡阀的全开阻力均为 30kPa，在所示的空调水系统图中（未加平衡阀），各支路的计算水阻力分别为：$\Delta P_{AB} = 90\text{kPa}$、$\Delta P_{CD} = 50\text{kPa}$、$\Delta P_{EF} = 40\text{kPa}$，如果主干管的水阻力忽略不计，问：设置静态平衡阀时，合理的设置方法应是下列选项的哪一个？（2008-4-16）

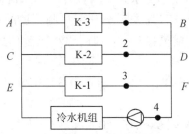

(A) 在 1、2、3、4 点均应设置静态平衡阀
(B) 只在 2、3、4 点设置静态平衡阀
(C) 只在 2、3 点设置静态平衡阀
(D) 只在 2 点设置静态平衡阀

主要解答过程：
静态平衡阀应设置在阻力较小的支路上，AB 支路阻力最大，故 1 点不需要设平衡阀，4 点在总干线上，增加平衡阀不能解决各支路阻力不平衡的现象，因此不需要设静态平衡阀。
答案：[C]

4. 某大楼空调水系统等高安装两个相同的膨胀水箱,如图所示。系统未运行时,两个膨胀水箱水面均处于溢水位,溢水口比空调箱高20m,比冷水机组高40m,水泵扬程为20mH$_2$O,冷水机组的阻力为10mH$_2$O,空调箱的阻力为10mH$_2$O(忽略管路和其他部件的阻力),问系统稳定运行后再停下来时,A、B两个膨胀水箱的液面到冷水机组的高差与下列何项最接近(设膨胀水箱为圆柱形,内部足够深,且水系统无补水)?(2009-3-17)

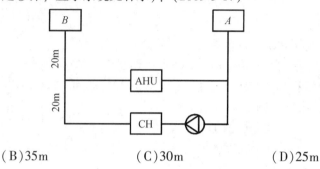

(A)40m　　　　　　(B)35m　　　　　　(C)30m　　　　　　(D)25m

主要解答过程:

本题较难理解,关键要注意题干中"两个膨胀水箱水面均处于溢水位"即若水箱内水位上升则水从溢水口溢流,而且"系统无补水",则溢流水量不会得到补充。

当系统正常运行时,水泵入口与冷机出口压差为10mH$_2$O(水泵扬程20mH$_2$O – 冷机阻力10mH$_2$O),即B水箱的水位应高出A水箱10m。开始运行后A水箱水位下降,B水箱水位上升,但是由于有溢流口的存在,B水箱上升的水位均溢流出去,始终保持水位不变,而A水箱水位不断下降,当A、B水箱高差达到10m时系统达到稳定状态,此时相当于A水箱下降的10m水位均由B水箱溢流口溢流出去。

而当系统再次停止运行时,由于压力相等A、B水箱又将达到相同高度,B水箱水位下降5m,A水箱水位上升5m,即到冷水机组的高差同为35m。

答案:[B]

5. 某办公室的集中空调采用不带新风的风机盘管系统,其负荷计算结果为:夏季冷负荷1000kW,冬季热负荷1200kW。夏季冷水系统的设计供回水温度为7℃/12℃,冬季热水系统的设计供回水温度为60℃/50℃。若夏季工况下用户侧管道的计算水阻力为0.26MPa。冬季用户侧管道的计算水阻力等于(或最接近)下列何项?(计算时,冷热水的水热容视为相同)(2009-4-16)

(A)0.0936MPa　　　(B)0.156MPa　　　(C)0.312MPa　　　(D)0.374MPa

主要解答过程:

$1000kW = cG_{夏}(12-7)$,$1200kW = cG_{冬}(60-50)$

因此 $G_{夏} = 1.67G_{冬}$,$P = SQ^2$,由于管道阻力数不变则:

$$P_{冬} = \left(\frac{G_{冬}}{G_{夏}}\right)^2 P_{夏} = 0.0936MPa$$

答案:[A]

6. 某采用压差旁通控制的空调冷水系统如左图所示,两台冷水泵规格型号相同,水泵流量和扬程曲线如右图所示,两台冷水泵同时运行时,有关管段的流量和压力损失见下表。问:当1号泵单独运行时,测得AB管段、GH管段的压力损失分别为4.27kPa。则水泵的流量和扬程最接近下列哪一项?并列出判断计算过程(2010-3-18)

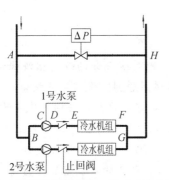
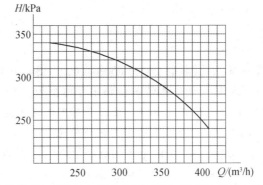

管段	AB	BC	DE	冷水机组	FG	GH
流量/(m³/h)	600	300	300	300	300	600
压力损失/kPa	15	10	15	50	15	15

(A)流量300m³/h,扬程320kPa　　　　(B)流量320m³/h,扬程310kPa
(C)流量338m³/h,扬程300kPa　　　　(D)流量300m³/h,扬程293kPa

主要解答过程：

对于 AB 管段,管网阻力数 S_{AB} 不变。

两台水泵运行时：$P_{AB} = S_{AB} Q_{AB}^2$

单台水泵运行时：$P'_{AB} = S_{AB} {Q'_{AB}}^2$

两式相比可得：$\dfrac{15\text{kPa}}{4.27\text{kPa}} = \dfrac{600^2}{(Q'_{AB})^2}$

解得：$Q'_{AB} = 320\text{m}^3/\text{h}$,即为水泵流量,查右图得：扬程 $H = 310\text{kPa}$

答案：[B]

7. 某空调水系统的某段管道如图所示。管道内径为200mm, A、B 点之间的管长为10m,管道的摩擦系数为0.02。管道上阀门的局部阻力系数(以流速计算)为2,水管弯头的局部阻力系数(以流速计算)为0.7。当输送水量为180m³/h时,问：A、B 点之间的水流阻力最接近下列何项？(水的密度取1000kg/m³)(2012-4-18)

(A)2.53kPa　　　(B)3.41kPa　　　(C)3.79kPa　　　(D)4.67kPa

主要解答过程：

管内水流速为：$v = \dfrac{180}{3600 \times \dfrac{1}{4}\pi \times (0.2)^2} = 1.59(\text{m/s})$

根据《教材2019》P74 式(1.6-1)

$$\Delta p = \Delta p_m + \Delta p_j = \left(\dfrac{\lambda}{d}l + \sum \zeta\right)\dfrac{\rho v^2}{2} = \left[\dfrac{0.02}{0.2} \times 10 + (2 + 0.7)\right] \times \dfrac{1000 \times 1.59^2}{2}$$
$$= 4677\text{Pa} = 4.677\text{kPa}$$

答案：[D]

8. 某酒店的集中空调系统为闭式系统,冷水机组及冷水循环水泵(处于机组的进水口前)设于地下室,回水干管最高点至水泵吸入口的水阻力15kPa,系统最大高差50m(回水干管最高点至水泵吸入口)定压点设于泵吸入口管路上,试问系统最低定压压力值,正确的是下列何项

(取 $g = 9.8 \text{m/s}^2$)? (2014-3-12)
(A) 510kPa　　　　(B) 495kPa　　　　(C) 25kPa　　　　(D) 15kPa

主要解答过程：

本题的直接考点是《教材2018》P508 式(3.7-13)，但是教材针对这部分的分析出现错误，《教材2019》P509 已做出了勘误，但仍未考虑全面，为说明其错误原因，做以下分析：

根据 P508 关于定压点的叙述，定压点确定的最主要原则是：保证系统内任何一点不出现负压或者热水的汽化(无论是系统运行还是停止)，定压点的最低运行压力应保证水系统最高点的压力为5kPa以上。根据以上原则结合 P508 图 3.7-26b 对该系统进行水力工况分析：

(1) 当系统停止时，为保证系统最高点 A 点压力不小于5kPa，B 点的最低定压压力为：

$$P_{B停} = P_{A\min} + \rho g H = 5 + 1 \times 9.8 \times 50 = 495(\text{kPa})$$

(2) 当系统运行时，同样保证 A 点压力不小于5kPa，列 AB 两点的伯努利方程：

$$P_{A\min} + \rho g H + \frac{\rho v^2}{2} = P_{B运行} + \frac{\rho v^2}{2} + \Delta P_{AB}$$

$$P_{B运行} = P_{A\min} + \rho g H - \Delta H_{AB} = 5 + 1 \times 9.8 \times 50 - 15 = 480(\text{kPa})$$

可以发现，系统停止运行时是对于定压点定压值选取的最不利状态，只要满足系统停止时定压值的要求，则系统运行时一定不会产生负压或者汽化现象，因此系统最低定压压力值应选取 495kPa。

注： 由以上分析可知，老版教材式(3.7-13)给出的计算方法是错误的，并且也没有合理的物理意义，当年本题的出题意图应该是有意考查教材的出错点，以考验考生真实的分析能力，但也不排除出题者并未意识到公式错误，以简单套公式为目的给出 510kPa 的参考答案。

答案： [B]

9. 某常年运行的冷却水系统如图所示，h_1、h_2、h_3 为高差，$h_1 = 8\text{m}$、$h_2 = 6\text{m}$、$h_3 = 3\text{m}$，各段阻力见下表。计算的冷却水循环泵的扬程应为下列何项？(不考虑安全系数，取 $g = 9.8\text{m/s}^2$) (2014-3-16)

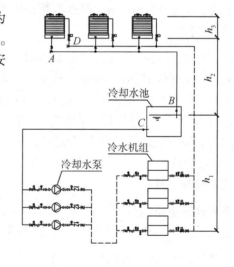

	阻力/kPa
$A \sim B$ 管道及附件	20
$C \sim D$ 管道及附件	150
冷水机组	50
冷却塔布水器	20

(A) 215～225kPa　　　　(B) 235～245kPa
(C) 300～315kPa　　　　(D) 380～395kPa

主要解答过程：

冷却水泵从水箱抽水经冷凝器(冷水机组)送到冷却塔布水器，因此不计从冷却塔依靠重力流至回水箱的管路阻力(可把"管路AB＋水箱"当作一个"集水盘"来看待，由水箱提升至喷淋器的高差($h_2 + h_3$)相当于冷却塔中水的提升高度，根据《教材2019》P496 式(3.7-7)，其中根据 P495 下部所述，进塔水压 H_t 包含了集水盘到布水口之间的压差，因此，冷却水泵扬程为：

$$H_p = \Delta P + H_t = (P_{CD} + P_{冷机}) + [\rho g(h_2 + h_3) + P_{布水}]$$

$$= 150 + 50 + 1 \times 9.8 \times (6 + 3) + 20 = 308.2(\text{kPa})$$

答案：[C]

3.7 空调系统的监测与控制(2016-3-19，2017-4-17，2018-4-15)

如图所示的集中空调冷水系统为由两台主机和两台冷水泵组成的一级泵变频变流量水系统，一级泵转速由供回水总管压差进行控制。已知条件是：每台冷水机组的额定设计制冷量为1163kW，供回水温差为5℃，冷水机组允许的最小安全运行流量为额定设计流量的60%，供回水总管恒定控制压差为150kPa。问：供回水总管之间的旁通电动阀所需要流通能力，最接近下列何项？(2014-4-18)

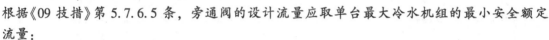

(A)326　　　　　　　(B)196
(C)163　　　　　　　(D)98

主要解答过程：

每台冷水机组的额定流量为：

$$V = \frac{Q}{c\rho\Delta t} = \frac{1163}{4.18 \times 1000 \times 5} \times 3600 = 200.3(\text{m}^3/\text{h})$$

根据《09技措》第5.7.6.5条，旁通阀的设计流量应取单台最大冷水机组的最小安全额定流量：

$$V_{\min} = 60\% \times V = 120.2\text{m}^3/\text{h}$$

根据《教材2019》P525 式(3.8-1)

$$C = \frac{316 V_{\min}}{\sqrt{\Delta P}} = \frac{316 \times 120.2}{\sqrt{150 \times 1000}} = 98$$

答案：[D]

3.8 空调、通风系统的消声与隔振(2016-3-17，2016-4-12，2017-4-12)

1. 某机房同时运行3台风机，风机的声功率级分别为83dB、85dB和80dB，试问机房内总声功率级约为下列何值？(2006-3-18)

(A)88dB　　　　(B)248dB　　　　(C)89dB　　　　(D)85dB

主要解答过程：

根据《教材2019》P541 表3.9-6，声功率级叠加的附加值
85dB 叠加 83dB 得 85 + 2.1 = 87.1(dB)
87.1dB 叠加 80dB 得 87.1 + 0.8 = 87.9(dB)

答案：[A]

2. 某双速离心风机，转速由 $n_1 = 960\text{r}/\min$ 转换为 $n_2 = 1450\text{r}/\min$，试估算该风机声功率级的增加，为下列何值？(2006-4-18)

(A)8.5~9.5dB　　(B)9.6~10.5dB　　(C)10.6~11.5dB　　(D)11.6~12.5dB

主要解答过程：

根据《教材2019》P268 表2.8-6，提高转速后，风机的流量和风压关系分别为：

$$\frac{L_2}{L_1} = \frac{n_2}{n_1} = 1.51 \quad \frac{P_2}{P_1} = \left(\frac{n_2}{n_1}\right)^2 = 2.28$$

根据 P540 式(3.9-7)，风机声功率级增加量为：

$$\Delta L_W = (5 + 10\lg L_2 + 20\lg P_2) - (5 + 10\lg L_1 + 20\lg P_1)$$

$$= 10\lg \frac{L_2}{L_1} + 20\lg \frac{P_2}{P_1} = 10 \times \lg 1.51 + 20\lg 2.28 = 8.95(\text{dB})$$

注：也可根据 P538 式(3.9-5)直接计算。

答案：[A]

3. 某圆形大厅，直径 10m，高 5m，室内平均吸声系数 $\alpha_M = 0.2$，空调送风口位于四周、贴顶布置，指向性因素 Q 可取 5；如果从送风口进入室内的声功率级为 50dB，试问该大厅中央就座的观众感受到的声压级 dB 为下列哪项数值？(2007-4-18)

已知：$L_p = L_W + 10\lg \left(\frac{Q}{4\pi r^2} + \frac{1-\alpha_M}{S\alpha_M} \right)$

式中　L_p——距送风口 r 处的声压级(dB)；
　　　L_W——从送风口进入室内的声功率级(dB)；
　　　S——房间总表面积(m^2)。

(A)30 ~ 31　　　　　(B)31.1 ~ 32　　　　　(C)32.1 ~ 33　　　　　(D)33.1 ~ 34

主要解答过程：

室内表面积 $S = \pi d h + 2 \times \frac{1}{4}\pi d^2 = 3.14 \times 10 \times 5 + 0.5 \times 3.14 \times 100 = 314(m^2)$

代入题干公式：

$$L_p = L_W + 10\lg\left(\frac{Q}{4\pi r^2} + \frac{1-\alpha_M}{S\alpha_M}\right) = 50 + 10\lg\left[\frac{5}{4\pi(5^2+5^2)} + \frac{1-0.2}{314 \times 0.2}\right] = 33.16(\text{dB})$$

注：空调送风口位于四周、贴顶布置，观众在大厅中央就座，因此由勾股定理可知，公式中 $r^2 = 5^2 + 5^2$，此处常有考生不理解，特此说明。

答案：[D]

4. 空调机房内设置有四套组合式空调机组，各系统对应风机的声功率级分别为：K-1，85dB、K-2，80dB、K-3，75dB、K-4，70dB。该空调机房内的最大声功率级应是下列选项的哪一个？(2008-4-17)

(A)85 ~ 85.9dB　　　(B)86 ~ 86.9dB　　　(C)87 ~ 87.9dB　　　(D)88 ~ 88.9dB

主要解答过程：

根据《教材2019》P541 表 3.9-6，声功率级叠加的附加值

85dB 叠加 80dB 得 85 + 1.2 = 86.2(dB)

86.2dB 叠加 75dB 得 86.2 + 0.3 = 86.5(dB)

86.5dB 叠加 70dB 时要注意表格下面注，当两个声功率差值大于 15dB 时，可不再叠加。

答案：[B]

5. 设置于室外的某空气源热泵冷(热)水机组的产品样本标注的噪声值为 70dB(A)(距机组 1m，距地面 1.5m 的实测值)，距机组的距离 10m 处的噪声值应是何项？(2009-4-19)

(A)49 ~ 51dB(A)　　(B)52 ~ 54dB(A)　　(C)55 ~ 57dB(A)　　(D)58 ~ 60dB(A)

主要解答过程：

根据《教材2019》P628 式(4.3-26)

$$L_1 = 70 = L_W + 10\lg(4\pi \times 10^2)^{-1}$$

$$L_{10} = L_W + 10\lg(4\pi \times 10^2)^{-1}$$

两式相减，解得 $L_{10} = 50\text{dB}(\text{A})$。

答案：[A]

6. 某风机转速为2900r/min，若风机减振器选用金属弹簧型，减振器固有频率应为下列哪一项？(2010-4-19)
(A) 4~5Hz (B) 9~13Hz (C) 18~21Hz (D) 45~50Hz

主要解答过程：

2900r/min = 48.33r/s = 48.33Hz

根据《民规》第10.3.3条：

$$\frac{48.33\text{Hz}}{f} = 4 \sim 5 \Rightarrow f = 9.66 \sim 12.08\text{Hz}$$

答案：[B]

7. 在同一排风机房内，设有三台排风机，其声功率依次为62dB、65dB和70dB，该机房的最大声功率级为下列哪一项？(2011-3-19)
(A) 69.5~70.5dB (B) 70.8~71.8dB (C) 71.9~72.9dB (D) 73.5~74.5dB

主要解答过程：

根据《教材2019》P541 表3.9-6

70dB 叠加 65dB 为 70 + 1.2 = 71.2(dB)

71.2dB 叠加 62dB 为 71.2 + 0.5 = 71.7(dB)

答案：[B]

8. 某变频水泵的额定转速为960r/min，变频控制最小转速为额定转速的60%。现要求该水泵隔振设计时的振动传递比不大于0.05。问：选用下列哪种隔振器更合理？并写出推断过程。(2014-3-19)
(A) 非预应力阻尼型金属弹簧隔振器 (B) 橡胶剪切隔振器
(C) 预应力阻尼型金属弹簧隔振器 (D) 橡胶隔振垫

主要解答过程：

根据《教材2019》P549 式(3.9-14)及式(3.9-15)

水泵额定工况的扰动频率为：

$$f = \frac{n}{60} = \frac{960}{60} = 16(\text{Hz})$$

所需隔振器的自振频率为：

$$f_0 = f\sqrt{\frac{T}{1-T}} \leq 16\sqrt{\frac{0.05}{1-0.05}} = 3.67(\text{Hz}) < 5(\text{Hz})$$

故，根据教材所述自振频率小于5Hz时，应采用预应力阻尼型金属弹簧隔振器。

答案：[C]

3.9 保温与保冷设计 (2017-4-15)

考点总结：多层平板传热问题

该考点在在历年考题中常有涉及，也是众多考生的易错点之一，考题类型主要包括防结露计算，保温材料厚度，导热系数计算等。以两层平板为例：平板内外侧空气温度分别为：t_n 和

t_w，对流换热系数分别为：α_n 和 α_w，壁面温度从内到外依次为 t_1、t_2、t_3，两层材料的导热系数分别为：λ_1、λ_2，厚度分别为：δ_1、δ_2，可列其传热热流密度等式如下：

$$q = \frac{t_n - t_w}{\frac{1}{\alpha_n} + \frac{\delta_1}{\lambda_1} + \frac{\delta_2}{\lambda_2} + \frac{1}{\alpha_w}} = \frac{\text{壁面两侧空气温差}}{\text{总热阻}}$$

$$= \frac{t_n - t_1}{\frac{1}{\alpha_n}} = \frac{\text{内侧空气温度 - 内侧壁面温度}}{\text{内壁面对流换热热阻}}$$

$$= \frac{t_3 - t_w}{\frac{1}{\alpha_w}} = \frac{\text{外侧壁面温度 - 外侧空气温度}}{\text{外壁面对流换热热阻}}$$

$$= \frac{t_1 - t_2}{\frac{\delta_1}{\lambda_1}} = \frac{t_2 - t_3}{\frac{\delta_2}{\lambda_2}} = \frac{t_1 - t_3}{\frac{\delta_1}{\lambda_1} + \frac{\delta_2}{\lambda_2}} = \frac{\text{各壁面间温差}}{\text{对应材料导热热阻}}$$

该类题目正确解答的关键就在于：准确选取两点间温差与其对应热阻，并根据题干要求列出包含所求参数的热流密度等式，所列等式解法可能有多种，但只要符合上述对应原则，均能得到正确答案。

---

1. 组合式空调机组的壁板采用聚氨酯泡沫塑料保温（$\lambda = 0.0275 + 0.0009 t_m$），机外的环境温度按12℃考虑，满足标准规定的保温层厚度应选何项？（2008-3-14）
   (A) 最小为30mm (B) 最小为40mm (C) 最小为50mm (D) 最小为60mm

主要解答过程：

本题根据《组合式空调机组》(GB/T 14294—2008) 第 6.1.2 条，壁板绝热得热阻不小于 $0.74 \text{m}^2 \cdot \text{K/W}$，而保温材料的导热系数与其保温层平均温度有关，但规范中并未提到空调箱内温度为多少，而根据表4，供暖工况供回水温度为60℃/50℃，考虑到热舒适性，冬季送风温度一般不会大于50℃，接近回水温度。因此取空调箱内最高温度为50℃。则：

$$\lambda = 0.0275 + 0.0009 \times \frac{50 + 12}{2} = 0.0554$$

$$R = \frac{\delta}{\lambda} \geq 0.74 \Rightarrow \delta \geq 0.74 \lambda = 0.74 \times 0.0554 = 0.04 \text{m} = 40 \text{mm}$$

在满足热阻要求条件下保温层厚度的最小值应为40mm。

答案：[B]

2. 空调风管材料镀锌钢板，尺寸 1000mm×500mm，长度26m，风管始端送风温度为16℃，环境温度为28℃，送风量为 10000m³/h，绝热材料采用25mm厚泡沫型塑板，$\lambda = 0.035 \text{W/(m·K)}$，风管内表面的放热系数为 $30 \text{W/(m}^2 \cdot \text{K)}$，风管外表面的放热系数 $8.7 \text{W/(m}^2 \cdot \text{K)}$，空气密度为 1.2kg/m^3，定压比热为 1.01kJ/(kg·K)，试问，该管段因传热所产生的空气温度升高，应是下列选项哪一个？（2008-4-14）
   (A) 0.1~0.2℃ (B) 0.25~0.4℃
   (C) 0.45~0.6℃ (D) 0.65~0.75℃

主要解答过程：

本题可根据《红宝书》P1496 式(19.6-1)计算得到。但《红宝书》考试不易翻查，推荐通过能量守恒方程的方法计算：

风管热阻 $R = 1/30 + 0.025/0.035 + 1/8.7 = 0.863(m^2 \cdot K/W)$，传热系数 $K = 1/R = 1.16 W/(m^2 \cdot K)$
忽略风管内空气温升(很小，本题为 0.32℃)对风管内外温差的影响，$\Delta t = 28 - 16 = 12(℃)$
根据能量守恒方程：$KF\Delta t = cV\rho\Delta t_{送}$（$F$ 为风管表面积）

$1.16 \times 10^{-3} kW/(m^2 \cdot K) \times [2 \times (1 + 0.5) \times 26] m^2 \times 12℃ =$
$1.01 kJ/(kg \cdot K) \times (10000/3600) m^3/s \times 1.2 kg/m^3 \times \Delta t_{送}$

解得：$\Delta t_{送} = 0.32℃$

注意：应从原理上理解物理过程，明确物理意义，此外计算时注意单位的匹配。

答案：[B]

3. 已知空调风管内空气温度 $t_1 = 14℃$，环境的空气温度 $t_w = 32℃$，相对湿度为 80%，露点温度 $t_p = 28℃$，采用的保温材料导热系数 $\lambda = 0.04 W/(m \cdot K)$，风管外部的对流换热系数 $\alpha = 8 W/(m^2 \cdot K)$，为防止保温材料外表面结露，风管的保温层厚度应是下列何项(风管内表面的对流换热系数和风管壁热阻忽略不计)？(2009-3-12)

(A) 18mm　　　　(B) 16mm　　　　(C) 14mm　　　　(D) 12mm

主要解答过程：

根据能量守恒：通过风管的总热量 = 风管表面的对流换热量

$$\frac{32℃ - 14℃}{\frac{\delta}{\lambda} + \frac{1}{\alpha}} = \frac{32℃ - 28℃}{\frac{1}{\alpha}}$$

解得：$\delta = 17.5 mm$

答案：[A]

4. 某房间室内温度为 32℃，相对湿度为 70%，房间内有明敷无保温的钢质给水管，大气压力为标准大气压，给水管表面不产生结露的给水温度应为下列何项(给水管壁的热阻忽略不计)？并说明取值理由。(2009-4-14)

(A) 23℃　　　　(B) 24℃　　　　(C) 25℃　　　　(D) 26℃

主要解答过程：

由于给水管壁的热阻忽略不计，因此可认为给水温度等于管壁温度，不产生结露要求管壁温度高于室内空气露点温度。查 h-d 图得空气露点温度 $t_1 = 25.84℃$，因此供水温度应为 26℃。

答案：[D]

5. I 类地区的某办公楼的全空气空调系统，空调送风温度为 19℃，风管材料为镀锌钢板，风管处于室内非空调区(空气温度为 31℃)，采用导热系数为 $0.0377 W/(m \cdot K)$ 的离心玻璃棉保温(不计导热系数的温度修正)。问满足空调风管热阻的玻璃棉板保温层厚度为下列哪一项？(2010-3-12)

(A) 26~30mm　　(B) 31~36mm　　(C) 36~40mm　　(D) 41~45mm

主要解答过程：

根据《民规》P271 表 K.0.4 或《公建节能 2015 版》P58 表 D.0.4，一般空调系统绝热层最小热阻为 $0.81 m^2 \cdot K/W$，由于不考虑导热系数温度修正，则：

$\delta = R\lambda = 0.81 \times 0.0377 = 0.0305 m \approx 31 mm$

答案：[B]

6. 某冷库地处标准大气压，其一内走廊与 -15℃ 的冷藏间相邻。已知冷藏间外侧空气参数：16℃，$\varphi = 85\%$。冷藏间与走廊之间传热系数 $K = 0.371 W/(m^2 \cdot K)$，隔墙外表面换热阻 $R_w =$

$0.125 m^2 \cdot ℃/W$。求走廊隔墙外表面温度,并判断隔墙外表面是否会结露?(2010-4-24)
(A)14~15℃,不会结露　　　　　　(B)14~15℃,会结露
(C)12~13℃,不会结露　　　　　　(D)12~13℃,会结露

主要解答过程:

查 h-d 图得室内状态点露点温度: $t_L = 13.4℃$

根据墙体热平衡方程:

$$\frac{16 - t_{外}}{R_w} = \frac{16 - (-15)}{\frac{1}{K}} \Rightarrow t_{外} = 14.56℃ > t_L,因此隔墙外表面不会结露。$$

答案:[A]

7. 某地夏季空调室外计算干球温度 $t_W = 35℃$,累年最热月平均相对湿度为80%。设计一矩形钢制冷水箱(冷水温度为7℃),采用导热系数 $λ = 0.0407 W/(m \cdot K)$ 的软质聚氨酯制品保温。不计水箱壁热阻和水箱内表面放热系数,按防结露要求计算的最小保温层厚度 δ 应是下列哪一项?注:当地为标准大气压,保温层外表面换热系数 $α_W = 8.14 W/(m^2 \cdot K)$。(2011-4-12)
(A)23.5~26.4mm　　(B)26.5~29mm　　(C)29.5~32.4mm　　(D)32.5~35.4mm

主要解答过程:

查 h-d 图,室外状态点露点温度 $t_L = 31.02℃$

由于不计水箱壁热阻和水箱内表面放热系数,由热量平衡关系:

$$\frac{35 - 7}{\frac{d}{λ} + \frac{1}{α_w}} = \frac{35 - t_L}{\frac{1}{α_w}} \Rightarrow d = 0.03m = 30mm$$

答案:[C]

8. 一空调矩形钢板送风管(风管内空气温度15℃),途经一非空调场所(场所空气干球温度35℃、露点温度为31℃)。拟选用离心玻璃棉保温防止结露,则该风管的防止结露的最小计算保温厚度应是下列何项?(注:离心玻璃棉的导热系数 $λ = 0.039 W/(m \cdot K)$,不考虑导热系数的温度修正;保温层外表面换热系数 $α = 8.14 W/(m^2 \cdot K)$,保冷厚度修正系数为1.2)(2013-4-13)
(A)19.3~20.3mm　　(B)21.4~22.4mm　　(C)22.5~23.5mm　　(D)23.6~24.6mm

主要解答过程:

本题未给出风管内表面换热系数、风管材料导热系数以及风管厚度,只能忽略其热阻。(风管内为强制对流换热,对流换热热阻较小,此外风管材料的热阻也远小于保温材料)

为防止结露,保温层外侧最低温度不能低于空气的露点温度,根据热量传递等量关系:

$$8.14 × (35 - 31) = \frac{31 - 15}{\frac{d}{0.039}} \Rightarrow d = 19.17mm$$

考虑到1.2的保冷厚度修正系数,保温层厚度为:19.17mm × 1.2 = 23.0mm

答案:[C]

9. 某办公楼的空气调节系统,空调风管的绝热材料采用柔性泡沫橡塑材料,其导热系数为 $0.0365 W/(m \cdot K)$,根据有关节能设计标准,采用柔性泡沫橡塑板材的厚度规格,最合理的应是下列选项的哪一个?并列出判断过程。(计算中不考虑修正系数)(2014-4-12)
(A)19mm　　(B)25mm　　(C)32mm　　(D)38mm

主要解答过程：

根据《民规》第 11.1.6 条及附录表 K.0.4-1 或《公建节能 2015 版》附录 D.0.4，最小热阻限值限值为 $0.81(m^2 \cdot K/W)$，因此：

$$0.81 \leq \frac{\delta_2}{\lambda} \Rightarrow \delta_2 \geq 29.6mm$$

答案：[C]

3.10 空调系统的节能、相关节能规范

3.10.1 新风比设计

1. 某办公楼的一全空气空调系统为四个房间送风，下表内新风量和送风量是根据各房间的人员和负荷计算所得。问该空调设计的总新风量应是下列哪一项？(2011-4-19)

房间用途	办公室1	办公室2	会议室	接待室	合计
新风量/(m^3/h)	500	180	1360	200	2240
送风量/(m^3/h)	3000	2000	4200	2800	12000

(A) $2200 \sim 2300 m^3/h$　　　　　(B) $2350 \sim 2450 m^3/h$
(C) $2500 \sim 2650 m^3/h$　　　　　(D) $2700 \sim 2850 m^3/h$

主要解答过程：

根据《公建节能 2015》第 4.3.12 条

$$X = \frac{2240}{12000} = 18.76\% \quad Z = \frac{1360}{4200} = 32.4\%$$

$$Y = \frac{X}{1+X-Z} = \frac{18.76\%}{1+18.76\% - 32.4\%} = 21.6\%$$

$$Q_{新} = 12000 m^3/h \times Y = 2597 m^3/h$$

答案：[C]

2. 某总风量为 $40000 m^3/h$ 的全空气低速空调系统服务于总人数为 180 人的多个房间，其中新风要求比最大的房间为 50 人，送风量为 $7500 m^3/h$。新风人均标准为 $30 m^3/(h \cdot 人)$。试问该系统的总新风量最接近下列何项？(2012-4-12)

(A) $5050 m^3/h$　　(B) $5250 m^3/h$　　(C) $5450 m^3/h$　　(D) $5800 m^3/h$

主要解答过程：

根据《公建节能 2015》第 4.3.12 条

$$X = \frac{180 \times 30}{40000} = 0.135 \quad Z = \frac{50 \times 30}{7500} = 0.2$$

$$Y = \frac{X}{1+X-Z} = \frac{0.135}{1+0.135-0.2} = 0.1444$$

因此系统新风量为：$40000 \times 0.1444 = 5775.4 (m^3/h)$

答案：[D]

3. 某一次回风全空气空调系统负担 4 个空调房间（房间 A～房间 D），各房间设计状态下的新风量和送风量详见下表，已知 4 个房间的总室内冷负荷为 18kW，各房间的室内设计参数均为：$t = 25℃$，$\varphi = 55\%$，$h = 52.9 kJ/kg$，室外新风状态点为 $t = 34℃$，$\varphi = 65\%$，$h = 90.4 kJ/kg$，

无再热负荷,且忽略风机、管道温升,该系统的空调器所需冷量应为下列何项?(空气密度 $\rho = 1.2\text{kg/m}^3$)(2013-3-16)

	房间 A	房间 B	房间 C	房间 D	合计
新风量/(m³/h)	180	270	180	150	780
送风量/(m³/h)	1250	1500	1500	1200	5450
新风比	14.4%	18%	12%	12.5%	14.3%

(A)25~25.9kW   (B)26~26.9kW   (C)27~27.9kW   (D)28~28.9kW

主要解答过程:

房间总冷负荷已知,只需求出新风负荷即可,根据《教材2019》P560 或《公建节能2015》第 4.3.12 条

系统新风比:$Y = \dfrac{X}{1+X-Z} = \dfrac{14.3\%}{1+14.3\%-18\%} = 14.85\%$

系统新风量为:$L_x = 5450 \times 14.85\% = 809.3(\text{m}^3/\text{h})$

新风负荷为:$Q_x = L_x \rho \Delta h = \dfrac{809.3}{3600} \times 1.2 \times (90.4 - 52.9) = 10.12(\text{kW})$

空调器所需冷量:$Q = Q_n + Q_x = 28.12\text{kW}$

答案:[D]

3.10.2 风机节能(2018-4-16)

注意: 该考点往年题目均根据《公建节能》(GB 50189—2005)相关条文出题,而《公建节能》(GB 50189—2015)第 4.3.22 条已做出修改,考生应根据往年考题掌握该类题目基本做题思路,不必纠结答案。

1. 某房间采用机械通风与空调相结合的方式排除室内余热。已知,室内余热量为 10kW,设计室温为 28℃,空调机的 $COP = 4 - 0.005 \times (t_w - 35)(\text{kW/kW})$,其中 t_w 为室外空气温度,单位为℃;机械通风系统可根据室外气温调节风量以保证室温,风机功率为 $1.5\text{kW/(m}^3/\text{s})$,问采用机械通风与空调的切换温度(室外为标准大气压,空气密度取 1.2kg/m^3)应为下列哪一项?(2010-3-7)

(A)19.5~21.5℃   (B)21.6~23.5℃   (C)23.6~25.5℃   (D)25.6~27.5℃

主要解答过程:
本题为过渡季根据室外条件切换自然通风与空调系统以达到节能的目的,只需求出系统切换点的室外空气温度。注意题干中"风机功率为 $1.5\text{kW/(m}^3/\text{s})$"的单位,意思是单位风量风机耗功率。

设通风与空调能耗相同时室外温度为 t_w,有:

$$\dfrac{10\text{kW}}{4 - 0.005 \times (t_w - 35)} = \dfrac{10\text{kW}}{c \times \rho \times (28 - t_w)} \times 1.5\text{kW/(m}^3/\text{s})$$

解得:$t_w = 22.98℃$

答案:[B]

2. 某严寒地区办公楼,采用二管制定风量空调系统,空调机组内设置了预热盘管,空气经粗、中效两级过滤后送入房间,其风机全压为 1280Pa,总效率为 70%,风机的单位风量耗功率数值和是否满足节能设计标准的判断,正确的为下列哪一项?(2011-4-18)

(A)0.38W/(m³/h)，满足　　　　　　　(B)0.42W/(m³/h)，满足
(C)0.51W/(m³/h)，满足　　　　　　　(D)0.51W/(m³/h)，不满足

主要解答过程：

根据《公建节能》第5.3.26条，查表5.3.26严寒地区二管制定风量空调系统的办公建筑，设置了预热盘管时单位风量耗功率限值为：$0.42+0.035=0.515\text{W}/(\text{m}^3/\text{h})$

$$W_s = \frac{P}{3600\eta_t} = \frac{1280}{3600 \times 0.7} = 0.508\text{W}/(\text{m}^3/\text{h}) < 0.515\text{W}/(\text{m}^3/\text{h}) \text{ 满足要求。}$$

注：同上题。

答案：[C]

3.10.3 热回收 (2016-3-13，2016-4-7，2017-3-13，2017-3-18)

1. 某空调房间冷负荷142kW，采用全空气空调，空调系统配有新风从排风中回收显热的装置（热交换率$\eta=0.65$，且新风量与排风量相等，均为送风量的15%）。已知：室外空气计算参数：干球温度33℃，比焓90kJ/kg$_{干空气}$，室内空气计算参数：干球温度26℃，比焓58.1kJ/kg$_{干空气}$，当采用室内空气状态下的机器露点（干球温度19℃，焓51kJ/kg$_{干空气}$）送风时，空调设备的冷量（不计过程的冷量损失）为下列何值？(2007-3-13)

(A)170~180kW　　(B)215~232kW　　(C)233~240kW　　(D)241~250kW

主要解答过程：

注意：排风热回收题目为常考点，要看清是显热回收还是全热回收，排风热回收相关内容参考《教材2019》P563。基本步骤如下：

第一步：计算送风量 $G = 142\text{kW}/(58.1-51)\text{kJ/kg} = 20\text{kg/s}$

第二步：计算假设不进行热回收时空调设备的冷量

一次回风混合状态点 $h_C = h_N + 15\%(h_W - h_N) = 62.9\text{kJ/kg}$

空调设备的冷量 $Q_0 = G(h_C - h_L) = 20\text{kg/s} \times (62.9-51)\text{kJ/kg} = 237.7\text{kW}$

第三步：计算回收热量（显热用温差计算，全热用焓差计算）

$$Q_{回} = \eta \times 15\% G \times c \times \Delta t = 0.65 \times 0.15 \times 20\text{kg/s} \times 1.01\text{kJ}/(\text{kg}\cdot\text{℃}) \times (33-26)\text{℃}$$
$$= 13.79\text{kW}$$

第四步：计算实际空调设备冷量

$Q = Q_0 - Q_{回} = 223.9\text{kW}$

答案：[B]

2. 某办公室设计为风机盘管加新风空调系统，并设有"排风—新风热回收装置"，室内全热冷负荷为10kW，配置的风机盘管全热供冷量为9kW，新风空调机组的送风量为1000m³/h，排风量为新风量的80%，以排风侧为基准的"排风—新风热回收装置"的显热回收效率62.5%，已知新风参数为：干球温度$t_w=35℃$，比焓$h_w=86$kJ/kg$_{干空气}$；室内设计参数为：干球温度$t_n=25℃$，比焓$h_n=50.7$kJ/kg$_{干空气}$。问：新风空调机组的表冷器的设计供冷量应是下列选项的哪一个（大气压力按标准大气压考虑，空气密度取1.2kg/m³）？(2008-4-18)

(A)6.5~8.0kW　　(B)8.5~10.0kW　　(C)10.5~12.0kW　　(D)12.5~14.0kW

主要解答过程：

(1)若不进行显热回收，且新风处理到室内等焓线时新风表冷器所需供冷量为：

$$Q_0 = G(h_w - h_n) = (1000\text{m}^3/\text{h}/3600) \times 1.2\text{kg/m}^3(86-50.7)\text{kJ/kg} = 11.77\text{kW}$$

(2)但由于风机盘管全热供冷量为9kW，则室内负荷中有1kW(10-9)的冷负荷需要由新风系

统承担。

(3) 热回收系统回收热量

$$Q_{回} = cG_{排}\Delta t\eta = 1.01 \times (1000/3600) \times 0.8 \times 1.2 \times (35-25) \times 0.625 = 1.68(\text{kW})$$

则实际新风表冷器所需供冷量 $Q = Q_0 + 1\text{kW} - Q_{回} = 11.09\text{kW}$。

答案：[C]

3. 某办公室有40人，采用风机盘管加新风空调系统，设"排风—新风热回收装置"，室内全热冷负荷为22kW，新风空调机组的送风量为1200m³/h，以排风侧为基准的热回收装置全热回收效率为60%，排风量为新风量80%。已知新风参数：干球温度 $t_w = 36℃$，湿球温度 $t_{ws} = 27℃$；室内参数：$t_n = 26℃$，$\varphi_n = 50\%$。问：经热回收后，该房间空调设备的总冷负荷应是下列何项(大气压为标准大气压，空气密度取 1.2kg/m^3)？(2009-3-19)
(A) 28.3~29kW   (B) 27.6~28.2kW   (C) 26.9~27.5kW   (D) 26.2~26.8kW

主要解答过程：

查 h-d 图得：$h_W = 87.7\text{kJ/kg}$，$h_n = 53.3\text{kJ/kg}$

(1) 若不进行显热回收，且新风处理到室内等焓线时新风表冷器所需供冷量为：

$$Q_0 = G(h_W - h_n) = (1200\text{m}^3/3600) \times 1.2\text{kg/m}^3 \times (87.7 - 53.3)\text{kJ/kg} = 13.76\text{kW}$$

(2) 热回收系统回收热量

$$Q_{回} = G_{排}(h_W - h_n)\eta = (1200/3600) \times 0.8 \times 1.2 \times (87.7 - 53.3) \times 0.6 = 6.6(\text{kW})$$

(3) 则房间设备总冷负荷 $Q = 22\text{kW} + Q_0 - Q_{回} = 29.1\text{kW}$

答案：[A]

4. 某全新风空调系统设全热交换器，新风与排风量相等，夏季显热回收效率为60%，全热回收效率为55%。已知：新风进风干球温度为34℃，进风焓值为90kJ/kg_{干空气}；排风温度为27℃，排风焓值为55kJ/kg_{干空气}。试计算其新风出口的干球温度和焓值应是下列哪一项？(2011-4-15)
(A) 31.2℃，74.25kJ/kg_{干空气}   (B) 22.3℃，64.4kJ/kg_{干空气}
(C) 38.7℃，118.26kJ/kg_{干空气}   (D) 29.8℃，70.75kJ/kg_{干空气}

主要解答过程：

根据《教材2019》P563~P564

显热回收效率：$60\% = \dfrac{t_1 - t_2}{t_1 - t_3} = \dfrac{34 - t_2}{34 - 27} \Rightarrow t_2 = 29.8℃$

全热回收效率：$55\% = \dfrac{h_1 - h_2}{h_1 - h_3} = \dfrac{90 - h_2}{90 - 55} \Rightarrow h_2 = 70.75\text{kJ/kg}$

答案：[D]

5. 某空调系统新排风设全热交换器，夏季显热回收效率为60%，全热回收效率为55%，若夏季新风进风干球温度34℃，进风焓值90kJ/kg_{干空气}，排风温度27℃，排风焓值60kJ/kg_{干空气}，夏季新风出风的干球温度和焓值应为下列何项？(2012-3-16)
(A) 33~34℃，85~90kJ/kg_{干空气}   (B) 31~32℃，77~83kJ/kg_{干空气}
(C) 29~30℃，70~75kJ/kg_{干空气}   (D) 27~28℃，63~68kJ/kg_{干空气}

主要解答过程：

本题为2011年专业案例(下)第15题稍做修改。根据《教材2019》P563~P564

显热回收效率：$60\% = \dfrac{t_1 - t_2}{t_1 - t_3} = \dfrac{34 - t_2}{34 - 27} \Rightarrow t_2 = 29.8℃$

全热回收效率：$55\% = \dfrac{h_1 - h_2}{h_1 - h_3} = \dfrac{90 - h_2}{90 - 60} \Rightarrow h_2 = 73.5\text{kJ/kg}$

答案：[C]

6. 某空调房间采用风机盘管加新风空调系统（新风不承担室内显热负荷），该房间冬季设计湿负荷为0，房间设计参数为：干球温度20℃，相对湿度30%，室外通风计算参数为：干球温度0℃，相对湿度20%，房间设计新风量为1000m³/h，新风采用空气显热热回收装置，显热回收效率为60%，新风机组的处理过程如图所示。问：新风机组加热盘管的加热量约为下列何项？（按照标准大气压计算，空气密度为1.2kg/m³）（2012-3-18）

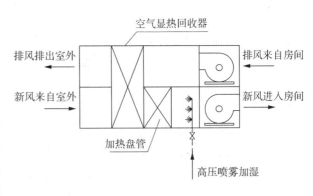

(A)2.7kW　　　(B)5.4kW　　　(C)6.7kW　　　(D)9.2kW

主要解答过程：

根据《教材2019》P376，高压喷雾加湿为等焓过程，又因为新风不承担室内显热负荷，且房间湿负荷为0，因此新风需直接处理到室内状态点N处，新风处理过程如图所示。查 h-d 图得：$d_W = 0.75\text{g/kg}$，$h_N = 31.2\text{kJ/kg}$。其中W_2点为室内等焓线与室外等含湿量线的交点，查得：$t_{W2} = 29℃$，或根据：$31.2 = 1.01 t_{W2} + (2500 + 1.84 t_{W2}) \times 0.75 \times 10^{-3}$，解得：$t_{W2} = 29℃$，因此：

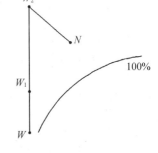

若不进行热回收所需加热量：

$$Q_0 = 1.01 \times \dfrac{1000}{3600} \times 1.2 \times (29 - 0) = 9.76(\text{kW})$$

显热回收热量：$Q_R = 0.6 \times 1.01 \times \dfrac{1000}{3600} \times 1.2 \times (20 - 0) = 4.04(\text{kW})$

新风机组所需加热量：$Q = Q_0 - Q_R = 5.72\text{kW}$，计算结果与B选项有一定差距。

注：实际工程中，将新风通过等焓加湿直接处理到室内状态点要求控制精度较高，并不常用，本题疑似题干附图印刷错误，若将"高压喷雾加湿"更改为"干蒸汽加湿"，则加湿过程为等温过程，则计算过程调整为：

若不进行热回收所需加热量：$Q_0 = 1.01 \times \dfrac{1000}{3600} \times 1.2 \times (20 - 0) = 6.73(\text{kW})$

显热回收热量：$Q_R = 0.6 \times 1.01 \times \dfrac{1000}{3600} \times 1.2 \times (20 - 0) = 4.04(\text{kW})$

新风机组所需加热量：$Q = Q_0 - Q_R = 2.69\text{kW}$，发现十分接近A选项。

答案：[B]

7. 某空调房间设置全热回收装置，新风量与排风量均为200m³/h，室内温度为24℃、相对湿度60%、焓值56.2kJ/kg，室外温度35℃、相对湿度60%、焓值90.2kJ/kg，全热回收效率62%，试求新风带入室内的冷负荷为下列何项？（空气密度为1.2kg/m³）（2014-4-19）

(A)260~320W　　　　(B)430~470W　　　　(C)840~880W　　　　(D)1380~1420W

主要解答过程：

根据《教材2019》P564 式(3.11-7)

$$\eta_h = 0.62 = \frac{h_1 - h_2}{h_1 - h_3} = \frac{90.2 - h_2}{90.2 - 56.2}$$

$$h_2 = 69.12 \text{kJ/kg}$$

则新风带入室内的冷负荷为：

$$Q_x = \rho V(h_2 - h_3) = 1.2 \times \frac{200}{3600} \times (69.12 - 56.2) = 0.861\text{kW} = 861\text{W}$$

答案：[C]

3.10.4　耗电输热(冷)比(2016-4-13，2017-3-16，2018-3-18)

考点总结：耗电输热(冷)比争议点总结

《民规》及《公建节能2015版》针对供暖系统及空调冷(热)水耗电输热(冷)比做出了修订，计算公式及方法相同，但细心的考生可以发现两本规范在系数选取上有所区别，并且规范印刷也均存在错误(新印刷版本已修改)，因此笔者对于以上问题做如下总结：

供暖系统耗电输热比

规范名称	《民规》	《公建节能2015》
条文编号	第8.11.13条	第4.3.3条
不同点	一级泵 $B = 20.4$；二级泵 $B = 24.4$	一级泵 $B = 17$；二级泵 $B = 21$
错误点	当 $\sum L \leq 400$m 时，α 取值错误，应为 $\alpha = 0.0115$，与《公建节能2015》取值相同	无

空调冷(热)水系统耗电输冷(热)比

规范名称	《民规》	《公建节能2015》
条文编号	第8.5.12条	第4.3.9条
不同点	$\sum L$，当管道设于大面积单层或多层建筑时，可按机房出口至最远端空调末端的管道长度减去100m确定	$\sum L$，当最远用户为风机盘管时，应按机房出口至最远端空调末端的管道长度减去100m确定
错误点	无	表4.3.9-5表格划分印刷错误，应以《民规》表8.5.12-5为准

注：大面积单层建筑，且最远用户为风机盘管时，管道长度是否应减去200m存在一定争议，笔者个人认为不应重复计算。

说明：

(1)考虑到《民规》及《公建节能2015》均为现行规范，如遇相关考题，考生应根据题干所给信息判断考点出处，灵活选择规范依据。

(2)以下2014年之前题目均根据2005版《公建节能》出题，考生应掌握基本解题思路，不必纠结答案。

---

1. 二管制空调水系统，夏季测得如下数据：空调冷水流量 $G = 108\text{m}^3/\text{h}$，供、回水温度分别为11.5℃，7.5℃，水泵轴功率 $N = 10$kW，水泵效率为75%。问系统的输送能效比(ER)为下列哪一项？(注：水的密度 $\rho = 1000\text{kg/m}^3$，比热为 4.2kJ/kg·K)(2011-3-12)

(A) 0.0171~0.0190　　(B) 0.0191~0.0210　　(C) 0.0211~0.0230　　(D) 0.0236~0.0270

主要解答过程：

由水泵轴功率公式：

$$N = \frac{GH}{367.3\eta} \Rightarrow H = \frac{367.3 \times 0.75 \times 10}{108} = 25.5(\text{m})$$

根据《公建节能》第5.3.27条

$$ER = \frac{0.002342H}{\Delta T \eta} = \frac{0.002342 \times 25.5}{(11.5 - 7.5) \times 0.75} = 0.01991$$

答案：[B]

2. 成都市某12层的办公建筑，设计总冷负荷为850kW，冷水机组采用两台水冷螺杆式冷水机组。空调水系统采用二管制一级泵系统，选用两台设计流量为100m³/h，设计扬程为30mH₂O的冷水循环泵并联运行。冷冻机房至系统最远用户的供回水管道的总输送长度350m，那么冷水循环泵的设计工作点效率应不小于多少？(2014-3-17)

(A) 58.3%　　(B) 69.00%　　(C) 76.4%　　(D) 80.9%

主要解答过程：

根据《民规》第8.5.12条，冷水循环泵的耗电输冷比满足：

$$ECR = 0.003096 \sum (GH/\eta_b) / \sum Q \leq A(B + \alpha \sum L)/\Delta T$$

查各附表：$G = 100\text{m}^3/\text{h}$（单台水泵），$H = 30\text{m}$，$\sum Q = 850\text{kW}$，$\Delta T = 5℃$

$A = 0.003858$，$B = 28$，$\sum L = 350$，$\alpha = 0.02$

故：$\eta_b \geq \dfrac{0.003096 \Delta T \times \sum GH}{A(B + \alpha \sum L) \times \sum Q} = \dfrac{0.003096 \times 5 \times 2 \times 100 \times 30}{0.003858 \times (28 + 0.02 \times 350) \times 850} = 80.92\%$

注：表8.5.12-3和表8.5.12-4在查询参数上标注不明确，易造成困扰，故作者对表8.5.12-3做出注释，以便考生理解：

表8.5.12-3

系统组成		四管制单冷、单热管道 B 值（两管制冷水管路 B 值也按该列选取）	二管制热水管道 B 值（热水管道对应冷水系统不取值，为"—"）
一级泵	冷水系统	28	—
	热水系统	22	21
二级泵	冷水系统	33	—
	热水系统	27	25

同理，两管制冷水管路 α 值也应根据表8.5.12-4取值。

答案：[D]

第 4 章 制冷与热泵技术

4.1 蒸汽压缩式制冷循环(2016-3-20，2016-3-22，2017-3-23，2017-3-24，2018-3-21)

考点总结：制冷循环题目计算要点
(1)熟悉各种制冷循环的具体流程，准确对应系统流程图与压焓图各点位置。
(2)准确理解各点之间所对应的循环过程，以及各点的质量流量和对应焓值。
(3)准确列出各部件(回热器、闪发蒸汽分离器、中间冷却器等)的质量守恒和能量守恒方程。

1. 某 R134a 制冷循环，蒸发温度 4℃，冷凝温度 40℃，采用膨胀机代替膨胀阀，试问理论循环制冷系数为下列何值？注：各状态点参数见下表。(2006-4-19)

状态点	温度/℃	绝对压力/MPa	比焓/(kJ/kg)	比熵/[kJ/(kg·K)]	比容/(m³/kg)
压缩机入口蒸发器出口	4	0.33755	401.0	1.7252	0.6042
压缩机出口冷凝器入口	44.1	1.0165	423.8	1.7252	
冷凝器出口	40	1.0165	256.36	1.190	
膨胀机出口	4	0.33755	252.66		

(A)7.5~7.6　　(B)7.7~7.8　　(C)7.9~8.0　　(D)>8.0

主要解答过程：
采用膨胀机代替膨胀阀，膨胀机可以对外做功或者发电，提高了制冷循环的制冷系数。

$$\varepsilon_{th} = \frac{\Phi_0}{P_{th}} = \frac{q_0}{\omega_{th}} = \frac{q_0}{\omega_{压缩机} - \omega_{膨胀机}}$$
$$= \frac{401.0 - 252.66}{(423.8 - 401.0) - (256.36 - 252.66)} = 7.77$$

答案：[B]

2. 下图为闪发分离器的 R134a 双级压缩制冷循环，问流经蒸发器与流经冷凝器制剂质量流量之比，应为下列何值？该循环主要状态点制冷剂的比焓(kJ/kg)为：$h_3 = 410.25$，$h_6 = 256.41$，$h_7 = 228.50$。(2007-3-19)

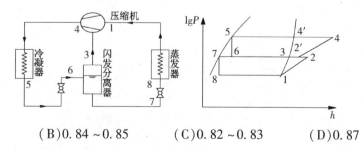

(A)0.8~0.87　　(B)0.84~0.85　　(C)0.82~0.83　　(D)0.87

主要解答过程：
对于闪发分离器：
质量守恒方程：$m_6 = m_3 + m_7$
能量守恒方程：$m_6 h_6 = m_3 h_3 + m_7 h_7$
解得 $m_7 : m_3 = 5.51$，因此 $m_7 : m_6 = 0.846$
答案：[B]

3. 某 R134a 制冷循环，蒸发温度 4℃，冷凝温度 40℃，采用膨胀涡轮代替膨胀阀，试问理论循环可回收的功量为下列何值(kJ/kg)？注：各种状态点参数见下表。(2007-3-20)

状态点	温度/℃	绝对压力/MPa	比焓/(kJ/kg)	比容/(m³/kg)
压缩机入口蒸发器出口	4	0.33755	401.0	0.06042
压缩机出口冷凝器入口	44.1	1.0165	423.8	
冷凝器出口	40	1.0165	256.36	
蒸发器入口	4	0.33755	252.66	

(A) 3.65～3.75　　(B) 3.55～3.64　　(C) 3.76～3.85　　(D) 3.45～3.54

主要解答过程：
回收功：$W_{回收} = h_{冷凝器出口} - h_{蒸发器入口} = 256.36\,\text{kJ/kg} - 252.66\,\text{kJ/kg} = 3.7\,\text{kJ/kg}$
答案：[A]

4. 如图所示为采用热力膨胀阀的回热式制冷循环。点 2 蒸发器出口状态，2—3 和 6—7 为气液在回热器的换热过程，试问该循环制冷剂的单位质量制冷能力为下列何值？(kJ/kg)(各点比焓见下表)(2007-3-23)

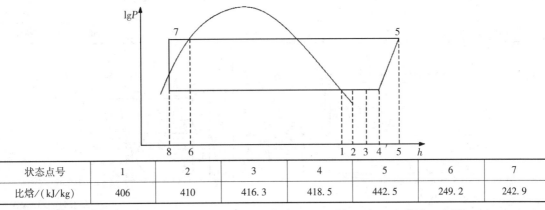

状态点号	1	2	3	4	5	6	7
比焓/(kJ/kg)	406	410	416.3	418.5	442.5	249.2	242.9

(A) 166.5～167.5　　(B) 163～164　　(C) 165～166　　(D) >166

主要解答过程：
制冷能力即为蒸发器吸热量 $h_2 - h_8 = h_2 - h_7 = 410 - 242.9 = 167.1\,(\text{kJ/kg})$
另一种解法：利用回热循环热平衡关系可得：$h_2 - h_8 = h_3 - h_6 = 416.3 - 249.2 = 167.1\,(\text{kJ/kg})$，答案相同。
答案：[A]

5. 一台带节能器的螺杆压缩机的二次吸气制冷循环，工质为 R22，已知：冷凝温度 40℃，绝对压力 1.5336MPa，蒸发温度 4℃，绝对压力 0.56605MPa，按理论循环，不考虑制冷剂的吸气过热，试求节能器中的压力。(2007-4-21)

(A)0.50~0.57MPa (B)0.90~0.95MPa (C)1.00~1.05MPa (D)1.40~1.55MPa

主要解答过程：

根据《教材2019》P585，公式：$P_m = (P_k P_o)^{0.5} = 0.932 \text{MPa}$

答案：[B]

6. 图示为采用热力膨胀阀的回热式制冷循环，点1为蒸发器出口状态，1—2和5—6为气液在回热器内的换热过程，该循环制冷能效比应为下列哪一项？（注：各点比焓见下表）(2008-3-22)

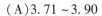

状态点号	1	2	3	4	5
比焓/(kJ/kg)	340	346.3	349.3	376.5	235.6

(A)3.71~3.90 (B)3.91~4.10
(C)4.11~4.30 (D)4.31~4.50

主要解答过程：

由回热器能量守恒：$h_2 - h_1 = h_5 - h_6$，得：$h_6 = 229.3 \text{kJ/kg}$

制冷量 $q = h_1 - h_6 = 110.7 \text{kJ/kg}$；耗功率 $W = h_4 - h_3 = 27.2 \text{kJ/kg}$

能效比 $\varepsilon = q/W = 4.07$。

答案：[B]

7. 某氨压缩式制冷机组，采用带辅助压缩机的过冷器以提高制冷系数。冷凝温度为40℃、蒸发温度为 -15℃，过冷器蒸发温度为 -5℃。图示为系统组成和理论循环，点2为蒸发器出口状态，该循环的理论制冷系数应是下列何项？（注：各点比焓见下表）(2009-3-22)

比焓点号	2	3	5	6	7	8
比焓/(kJ/kg)	1441	2040	686	616	1500	1900

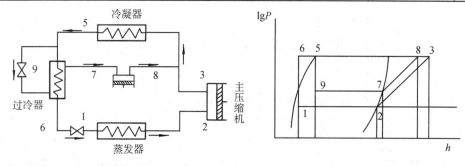

(A)2.10~2.30 (B)1.75~1.95 (C)1.36~1.46 (D)1.15~1.35

主要解答过程：

根据过冷器的能量平衡方程：$M_5 h_9 = M_6 h_6 + M_7 h_7$　　$(h_9 = h_5, h_6 = h_1)$

质量平衡：$M_5 = M_6 + M_7$，解得：$M_6 = 11.63 M_7$

则制冷系数为：$\varepsilon = \dfrac{(h_2 - h_1) M_6}{(h_8 - h_7) M_7 + (h_3 - h_2) M_6} = 1.3$

答案：[D]

8. 假设制冷机组以逆卡诺循环工作，当外界环境温度为35℃，冷水机组可分别制取7℃和18℃冷水，已知室内冷负荷为20kW，可全部采用7℃冷水处理，也可分别用7℃和18℃冷水处理(各承担10kW)，试问全部由7℃冷水处理需要的冷机电耗与分别用7℃和18℃冷水处理

需要冷机电耗的比值为下列何项?(2009-4-22)
(A) >2.0　　　　(B)1.6~2.0　　　　(C)1.1~1.5　　　　(D)0.6~1.0
主要解答过程:
制取7℃冷水时机组效率:
$$\varepsilon_7 = \frac{273+7}{(273+35)-(273+7)} = 10$$
制取18℃冷水时机组效率:
$$\varepsilon_{18} = \frac{273+18}{(273+35)-(273+18)} = 17.1$$
方案一的耗电量: $W_1 = \dfrac{20\text{kW}}{\varepsilon_7} = 2\text{kW}$

方案二的耗电量: $W_2 = \dfrac{10\text{kW}}{\varepsilon_7} + \dfrac{10\text{kW}}{\varepsilon_{18}} = 1.58\text{kW}$

因此: $W_1/W_2 = 1.266$
答案:[C]

9. 某活塞式二级氨压缩式机组,若已知机组冷凝压力为1.16MPa,机组的中间压力为0.43MPa,按经验公式计算,机组的蒸发压力应是下列何项?(2009-4-24)
(A)0.31~0.36MPa　　(B)0.25~0.30MPa　　(C)0.19~0.24MPa　　(D)0.13~0.18MPa
主要解答过程:
根据《教材2019》P585
$$0.43 = (P_0 \times 1.16)^{\frac{1}{2}}, \text{解得}: p_0 = 0.159\text{MPa}$$
答案:[D]

10. 某带经济器的螺杆式压缩式制冷机组,制冷剂为R22。制冷剂质量流量的比值 $M_{R1}:M_{R2} = 6:1$,如图所示为系统组成和理论循环,点1为蒸发器出口状态,该循环状态点3的焓值为下列哪一项?(注:各点比焓见下表)(2010-3-21)

状态点号	1	2	4	5	9
比焓/(kJ/kg)	409.09	428.02	440.33	263.27	414.53

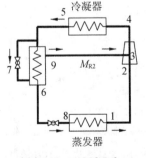
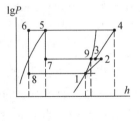

(A)403~410kJ/kg　　(B)419~422kJ/kg　　(C)424~427kJ/kg　　(D)428~431kJ/kg
主要解答过程:
3点为9点和2点的混合状态点,由能量守恒:
$$(M_{R1} + M_{R2})h_3 = M_{R1}h_2 + M_{R2}h_9$$
解得: $h_3 = 426.1\text{kJ/kg}$
答案:[C]

11. 接上题,该循环的理论制冷系数 COP 接近下列何项?(2010-3-22)
(A)6.34　　　　(B)5.48　　　　(C)5.16　　　　(D)4.83

主要解答过程:

由经济器的能量守恒:($h_6 = h_8$)

$$(M_{R1} + M_{R2})h_5 = M_{R1}h_6 + M_{R2}h_9$$

解得:$h_8 = h_6 = 238.06 \text{kJ/kg}$

制冷量:$Q_V = (h_1 - h_8)M_{R1}$

耗功率:$W = M_{R1}(h_2 - h_1) + (M_{R1} + M_{R2})(h_4 - h_3)$

$$COP = \frac{Q_V}{W} = \frac{6 \times 171.03}{6 \times (428.02 - 409.09) + 7 \times (440.33 - 426.1)} = 4.81$$

答案:[D]

12. 某一次节流完全中间冷却的氨双级压缩制冷理论循环,冷凝温度为38℃,蒸发温度为-35℃。按制冷系数最大为原则确定中间压力,对应的中间温度接近下列何值?(2011-3-24)
(A)1.5℃　　　　(B)0℃　　　　(C)-2.8℃　　　　(D)-5.8℃

主要解答过程:

根据《教材2019》P585 式(4.1-35)

$$t_{\text{中}} = 0.4t_k + 0.6t_0 + 3℃ = 0.4 \times 38 + 0.6 \times (-35) + 3 = -2.8(℃)$$

答案:[C]

13. 某氨压缩式制冷机组,冷凝温度为40℃、蒸发温度为-15℃,如图所示为其理论循环,点2为蒸发器制冷剂蒸汽出口状态。该循环的理论制冷系数应是下列何值?(注:各点比焓见下表)(2011-4-21)

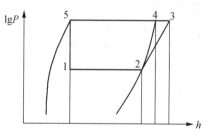

状态点号	1	2	3	4
比焓/(kJ/kg)	686	1441	2040	1650

(A)2.10~2.30　　　　(B)1.75~1.95
(C)1.45~1.65　　　　(D)1.15~1.35

主要解答过程:

$$\varepsilon = \frac{Q}{W} = \frac{h_2 - h_1}{h_3 - h_2} = \frac{1441 - 686}{2040 - 1441} = 1.26$$

答案:[D]

14. 某热回收型地源热泵机组,采用R502制冷剂,冷凝温度为40℃、蒸发温度为-5℃,如图所示为其理论循环。采用冷凝热回收,回收蒸发的显热。点4为冷凝器制冷剂蒸汽进口状态,该机组回收的热量占循环中总的冷凝热的比例应是下列哪一项?注:各点比焓见下表。(2011-4-22)

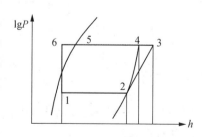

状态点号	1	2	3	4	5
比焓/(kJ/kg)	241.5	344.7	385.7	359.6	247.9

(A)26.5%~29.0%　　　　(B)21.0%~23.5%
(C)18.6%~20.1%　　　　(D)17%~18.5%

主要解答过程：
3 点为压缩机出口状态点，在不进行热回收时即为冷凝器进口状态，进行热回收后，冷凝器进口状态点为 4 点，因此，单位制冷机流量回收热量为：$h_3 - h_4$，总冷凝热为：$h_3 - h_6 = h_3 - h_1$

回收热量所占比例：

$$m = \frac{h_3 - h_4}{h_3 - h_1} = \frac{385.7 - 359.6}{385.7 - 241.5} = 18.1\%$$

答案：[D]

15. 图示为闪发分离器(制冷剂为 R134a)的双级压缩制冷循环，已知：循环主要状态点制冷剂的比焓(kJ/kg)为：$h_3 = 410.25$，$h_7 = 228.50$。当流经蒸发器与流出闪发分离器的制冷剂质量流量之比为 5.5 时，h_5 应为下列何值？(2012-4-23)

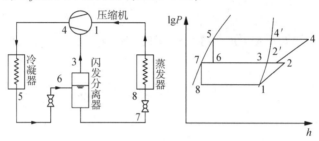

(A) 231 ~ 256kJ/kg (B) 251 ~ 270kJ/kg
(C) 271 ~ 280kJ/kg (D) 281 ~ 310kJ/kg

主要解答过程：

本题根据 2007 年专业案例(上)第 19 题改编。

$m_7 : m_3 = 5.5$

质量守恒方程：$m_6 = m_3 + m_7$

能量守恒方程：$m_6 h_6 = m_3 h_3 + m_7 h_7$

解得：$h_5 = h_6 = 256.5 \text{kJ/kg}$

答案：[B]

16. 图示为采用热力膨胀阀的回热式制冷循环，点 1 为蒸发器出口状态，1—2 和 5—6 为气液在回热器的换热过程，试问该循环制冷剂的单位质量压缩耗功应是下列哪个选项？(注：各点比焓见下表)(2013-4-21)

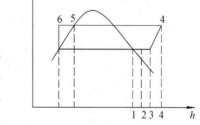

状态点号	1	2	3	4	5	6
比焓/(kJ/kg)	340	346.3	349.3	376.5	235.6	229.3

(A) 6.8kJ/kg (B) 9.5kJ/kg
(C) 27.2kJ/kg (D) 30.2kJ/kg

主要解答过程：

耗功率 $W = h_4 - h_3 = 27.2 \text{kJ/kg}$

注：本题为 2008 年专业案例(上)第 22 题原题简化版。

答案：[C]

17. 某带回热器的压缩式制冷机组，制冷剂为 CO_2。图示为系统组成和制冷循环，点 1 为蒸发

器出口状态,该循环回热器的出口(点5)焓值为何项?(注:各点比焓见下表)(2013-4-22)

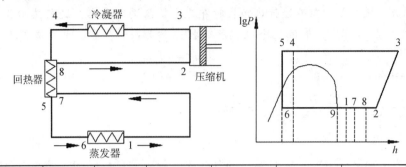

状态点号	1	2	3	4	7	8	9
比焓/(kJ/kg)	434.6	485.2	537.3	327.6	437.6	484.7	434.2

(A)277kJ/kg (B)277.5kJ/kg (C)280kJ/kg (D)280.5kJ/kg

主要解答过程:

由回热器能量守恒: $h_4 - h_5 = h_8 - h_7$, 得: $h_5 = 280.5$ kJ/kg

答案:[D]

18. 如图所示为一次节流完全中间冷却的双级氨制冷理论循环,各状态点比焓见下表(kJ/kg)。

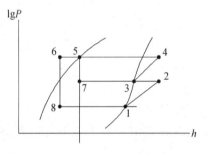

h_1	h_2	h_3	h_4	h_5	h_6
1408.41	1590.12	1450.42	1648.82	342.08	181.54

试问在该工况下,理论制冷系数为下列何项?(2014-3-22)

(A)1.9~2.2 (B)2.3~2.6
(C)2.7~3.0 (D)3.1~3.4

主要解答过程:

根据《教材2019》P583~P584 式(4.1-24)~式(4.1-29),设制冷量为 Φ_0,通过蒸发器的制冷剂质量流量为 M_{R1},通过中间冷却器的制冷剂质量流量为 M_{R2}(注意教材图4.1-13与题干附图状态点编号有差别),则有:

$$M_{R1} = \frac{\Phi_0}{(h_1 - h_8)} = \frac{\Phi_0}{(h_1 - h_6)}$$

$$M_{R2} = M_{R1}\frac{(h_2 - h_3) + (h_5 - h_6)}{(h_3 - h_7)} = M_{R1}\frac{(h_2 - h_3) + (h_5 - h_6)}{(h_3 - h_5)}$$

$$P_{th1} = M_{R1}(h_2 - h_1) = \frac{h_2 - h_1}{h_1 - h_6}\Phi_0 = 0.148\Phi_0$$

$$P_{th2} = (M_{R1} + M_{R2})(h_4 - h_3) = \frac{(h_2 - h_6)(h_4 - h_3)}{(h_3 - h_5)(h_1 - h_6)}\Phi_0 = 0.206\Phi_0$$

$$\varepsilon_{th} = \frac{\Phi_0}{P_{th1} + P_{th2}} = \frac{1}{0.148 + 0.206} = 2.83$$

答案:[C]

19. 已知某电动压缩式制冷机组处于额定负荷出力的工况运行:冷凝温度为30℃,蒸发温度为2℃,不同的销售人员介绍该工况下机组的制冷系数值,不可取信的为下列何项?并说明原因。(2014-3-23)

(A)5.85 (B)6.52 (C)6.80 (D)9.82

主要解答过程：

参考《教材2019》P575 式(4.1-5)，两定温热源间的逆卡诺循环效率为：

$$\varepsilon_c = \frac{T'_0}{T'_k - T'_0} = \frac{273+2}{(273+30)-(273+2)} = 9.82$$

要知道逆卡诺循环为理想制冷循环，是所能达到的最高效率，考虑到实际制冷循环的温差损失、节流损失、过热损失等因素，实际制冷循环的制冷系数不可能达到9.82。

答案：[D]

4.2 制冷剂及载冷剂

CO_2作为载冷剂采用蒸发吸热，具有环保、节能的优点，其食品冷藏间($t_n = -20℃$)的空气冷却器采用载冷剂，已知冷负荷为210kW，现比较选用载冷剂 CO_2 或乙二醇溶液(有关参数见下表)，理论计算的乙二醇溶液质量流量与 CO_2 质量流量之比值为何项？(2009-3-20)

载冷剂	传热方式	传热计算温差 Δt	比热容/[kJ/(kg·K)]	汽化潜热/(J/g)
CO_2	蒸发吸热	—		282
乙二醇溶液	温差传热	5℃	3.3	

(A) 16~18　　(B) 13~15　　(C) 10~12　　(D) 7~9

主要解答过程：

乙二醇质量流量：$M_1 = Q/c\Delta t = 210/(3.3 \times 5) = 12.7 \text{(kg/s)}$

CO_2质量流量：$M_2 = Q/q = 210/282 = 0.745 \text{(kg/s)}$

故：$M_1 : M_2 = 17$

答案：[A]

4.3 蒸汽压缩式制冷(热泵)机组及其选择计算方法

4.3.1 制冷压缩机及热泵机组的主要性能参数(2016-3-21，2016-4-6，2016-4-21)

1. 某制冷系统供A、B两个冷藏室使用，其制冷量分别为12kW和9kW，两室蒸发器出口均为饱和状态，而且至压缩机入口无热损失，试问该系统制冷剂质量循环量应为下列何值？注：各状态点参数见下表。(2006-3-19)

状态点	温度/℃	绝对压力/MPa	比焓/(kJ/kg)	比熵/[kJ/(kg·K)]	比容/(m³/kg)
A室蒸发器出口	-30	0.164	392.65	1.8016	0.136
B室蒸发器出口	0	0.498	404.93	1.7502	0.4718
冷凝器出口	38	1.454	246.69	1.1572	

(A) 470~480kg/h　　(B) 495~505kg/h　　(C) 510~520kg/h　　(D) 525~535kg/h

主要解答过程：

由于蒸发器至压缩机入口无热损失，冷凝器出口至蒸发器入口经膨胀阀为等焓过程，因此蒸发器入口焓值与冷凝器出口焓值相等，A、B两个冷藏室所需的制冷剂质量流量为：

$$M_A = \frac{12\text{kW}}{(392.65-246.69)\text{kJ/kg}} \times 3600 = 296\text{kg/h}$$

$$M_B = \frac{9\text{kW}}{(404.93-246.69)\text{kJ/kg}} \times 3600 = 205\text{kg/h}$$

制冷系统制冷剂的总循环量为：

$$M = M_A + M_B = 296 + 205 = 501(kg/h)$$

答案：[B]

2. 图示给出冷凝器污垢系数对冷水机组性能影响的相对百分比。美国标准污垢系数为 $0.044 m^2 \cdot K/kW$，我国标准为 $0.086 m^2 \cdot K/kW$，问要求按我国标准选用一台制冷量 1000kW 按美国标准生产的冷水机组，其性能系数应乘以下列何值？(2006-3-21)

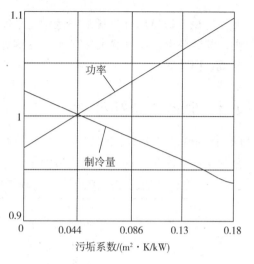

(A)1　　　　　　　　(B)0.98
(C)0.95　　　　　　　(D)0.9

主要解答过程：

可以发现，附图是以美国污垢系数(0.044)为基准，对其他污垢系数工况下制冷机组制冷量和耗功率进行修正，当污垢系数为 0.044 时，功率和制冷量的修正系数均为 1；而当污垢系数为 0.086 时，查图可知，功率和制冷量的修正系数分别为：

$$\eta_W = 1.03$$
$$\eta_Q = 0.98$$

因此，性能系数的修正系数应为：

$$\eta_{COP} = \frac{\eta_Q}{\eta_W} = \frac{0.98}{1.03} = 0.951$$

答案：[C]

3. 一台理论排气量为 $0.1 m^3/s$ 的半封闭式双螺旋压缩机，其压缩过程的指示效率为 0.9，摩擦效率为 0.95，容积效率为 0.8，电动机效率为 0.85。当吸气比容为 $0.1 m^3/kg$，单位质量制冷量为 150kJ/kg，理论耗功率为 20kJ/kg 时，该工况下压缩机的制冷性能系数为下列何值？(2006-3-22)

(A)5.0~5.1　　　(B)5.2~5.3　　　(C)5.4~5.5　　　(D)5.6~5.7

主要解答过程：

单位质量制冷剂的制冷量为：150kJ/kg。

对于封闭式压缩机(包括半封闭)，根据《教材2019》P614 式(4.3-19)，单位质量制冷剂电动机的输入功率为：

$$P_{in} = P_{th}/\eta_i \eta_m \eta_e = \frac{20kJ/kg}{0.9 \times 0.95 \times 0.85} = 27.52 kJ/kg$$

根据式(4.3-23)，制冷性能系数为：

$$COP = \frac{\phi_0}{P_{in}} = \frac{150}{27.52} = 5.45$$

答案：[C]

4. 某单级压缩蒸汽理论制冷循环，工质为 R22，机械效率 $\eta_m = 0.9$，理论比功 $w_0 = 43.98 kJ/kg$，指示比功 $w_i = 67.66 kJ/kg$，制冷机质量流量 $q_m = 0.5$，求压缩机的理论功率、指示功率和轴功率约为下列哪一项？(2007-4-19)

(A)37.59kW, 21.99kW, 33.8kW (B)21.99kW, 37.59kW, 33.83kW
(C)33.83kW, 21.99kW, 37.59kW (D)21.99kW, 33.83kW, 37.59kW

主要解答过程：

根据《教材2019》P613~P614

理论功率：$P_0 = q_m w_0 = 21.99\text{kW}$

指示功率：$P_i = q_m w_i = 33.83\text{kW}$

轴功率：$P_e = P_i/\eta_m = 37.59\text{kW}$

答案：[D]

5. 某全封闭制冷压缩机，其制冷量 $Q_0 = 128.7\text{W}$，理论功率 $P_{ts} = 44.8\text{W}$，指示功率 $P_i = 65.5\text{W}$，轴功率 $P_e = 79.81\text{W}$，电动机效率 $\eta_{m0} = 0.8$。问这台压缩机的实际 EER 为下列何值？(2007-4-20)

(A)0.8~1.0 (B)2.2~2.4 (C)1.2~1.5 (D)3.0~3.2

主要解答过程：

根据《教材2019》P614 式(4.3-19)对于封闭式压缩机：

$P_{in} = P_{ts}/\eta_i \eta_m \eta_{mo} = P_i/\eta_m \eta_{mo} = P_e/\eta_{mo} = 79.81/0.8 = 99.76$

$EER = Q_o/P_{in} = 1.29$

本题需熟练掌握《教材2019》P614 各种功率及效率的换算关系。

答案：[C]

6. 对于单级氨压缩制冷循环，可采用冷负荷系数法计算冷凝器热负荷，一氨压缩机载标准工况下的制冷量为122kW，按冷负荷系数法计算，该压缩机在标准工况下配套冷凝器的热负荷应是下列何项值？(2008-3-24)

(A)151~154kW (B)148~150kW
(C)144~147kW (D)140~143kW

主要解答过程：

根据《教材2019》P610 表4.3-2 查得无机制冷剂(氨)压缩机标准工况为：吸入压力饱和温度(蒸发温度)为 -15℃，排出压力饱和温度(冷凝温度)为30℃。

再根据《教材2019》P738 图4.9-3，冷凝器负荷系数约为1.19，则 $\Phi_c = \psi \times 122 = 145\text{kW}$

答案：[C]

7. 某中高温水源热泵机组，采用 R123 工质，蒸发温度为20℃，冷凝温度为75℃，容积制冷量为578.3kJ/m³，若某机组制冷量为50kW时，采用活塞压缩机。问：理论输气量满足要求，且富裕最小的机组，应是下列何项？(2009-3-23)

(A)机组 A：4 缸(缸径100mm，活塞行程100mm)，转速为 960r/min
(B)机组 B：4 缸(缸径100mm，活塞行程100mm)，转速为 1440r/min
(C)机组 C：8 缸(缸径100mm，活塞行程100mm)，转速为 960r/min
(D)机组 D：8 缸(缸径100mm，活塞行程100mm)，转速为 1440r/min

主要解答过程：

实际要求输气量 $V_R = 50\text{kW}/578.3\text{kJ/m}^3 = 0.0865\text{m}^3/\text{s}$

根据《教材2019》P611 式(4.3-1)，$V_h = (\pi/240)D^2 SnZ$

$V_{hA} = (3.14/240) \times 0.1^2 \times 0.1 \times 960 \times 4 = 0.0524(\text{m}^3/\text{s})$

$V_{hB} = (3.14/240) \times 0.1^2 \times 0.1 \times 1440 \times 4 = 0.07536(\text{m}^3/\text{s})$

$$V_{hC} = (3.14/240) \times 0.1^2 \times 0.1 \times 960 \times 8 = 0.10048 (\text{m}^3/\text{s})$$
$$V_{hD} = (3.14/240) \times 0.1^2 \times 0.1 \times 1440 \times 8 = 0.15072 (\text{m}^3/\text{s})$$

因此满足要求,且富裕最小的机组,应是机组 C。

答案:[C]

8. 有一台制冷剂为 R717 的 8 缸活塞压缩机,缸径为 100mm,活塞行程为 80mm,压缩机转速为 720r/min,压缩比为 6,压缩机的实际输气量是下列何项?(2012-3-21)

(A)0.04~0.042m³/s　　　　　　　　(B)0.049~0.051m³/s
(C)0.058~0.06m³/s　　　　　　　　(D)0.067~0.069m³/s

主要解答过程:

根据《教材2019》P611 式(4.3-1)

压缩机理论输气量:$V_h = \dfrac{\pi}{240} D^2 SnZ = \dfrac{\pi}{240} \times 0.1^2 \times 0.08 \times 720 \times 8 = 0.0603 (\text{m}^3/\text{s})$

根据《教材2019》P612 式(4.3-8)

容积效率:$\eta_V = 0.94 - 0.085 \left[\left(\dfrac{p_2}{p_1}\right)^{\frac{1}{m}} - 1 \right] = 0.94 - 0.085 \times (6^{\frac{1}{1.28}} - 1) = 0.68$

实际输气量:$V_R = V_h \eta_V = 0.0603 \times 0.68 = 0.041 (\text{m}^3/\text{s})$

答案:[A]

9. 某空调系统的水冷式冷水机组的运行工况与国家标准(GB/T 18430.1—2007)规定的名义工况时的温度/流量条件完全相同,其制冷性能系数 COP = 6.25kW/kW,如果按照该冷水机组名义工况的要求来配备冷却水泵的水流量,此时冷却塔进塔与出塔水温,最接近以下哪个选项?(不考虑冷却水供回水管和冷却水泵的温升)(2013-3-17)

(A)进塔水温 34.6℃,出塔水温 30℃　　(B)进塔水温 35.0℃,出塔水温 30℃
(C)进塔水温 36.0℃,出塔水温 31℃　　(D)进塔水温 37.0℃,出塔水温 32℃

主要解答过程:

根据 GB/T 18430.1—2007 表 2 或《教材2019》P621 表 4.3-5,冷却塔出塔水温为 30℃,单位制冷量冷却水流量为 0.215m³/(h·kW)

则冷却塔所需散热量为:$Q_1 = Q_0 + \dfrac{Q_0}{COP} = 1.16 Q_0$

冷却塔循环水流量为:$G = 0.215 Q_0$

冷却塔温升:$\Delta t = \dfrac{Q_1}{cG\rho} = \dfrac{1.16 Q_0}{4.18 \times \dfrac{0.215 Q_0}{3600} \times 1000} = 4.65℃$

冷却塔进塔水温为 30℃ + 4.65℃ = 34.65℃

注意:表 2 中冷却水流量的单位(单位制冷量)。

答案:[A]

10. 某活塞式制冷压缩机的轴功率为 100kW,摩擦效率为 0.85。压缩机制冷负荷卸载 50% 运行时(设压缩机进出口的制冷剂焓值、指示效率与摩擦功率维持不变),压缩机所需的轴功率为下列何项?(2014-4-22)

(A)50kW　　　　　　　　　　　　(B)50.5~54.0kW
(C)54.5~60.0kW　　　　　　　　　(D)60.5~65.0kW

主要解答过程：
根据《教材2019》P614式(4.3-17)，压缩机指示功率为：
$$P_i = P_e \eta_m = 100 \times 0.85 = 85(kW)$$
根据式(4.3-16)，摩擦功率为：
$$P_m = P_i - P_e = 100 - 85 = 15(kW)$$
冷负荷卸载50%后，压缩机制冷剂质量流量减半，由于压缩机进出口的制冷剂焓值、指示效率与摩擦功率维持不变，根据式(4.3-15)，指示效率变为：
$$P'_i = \frac{1}{2} M_{R0}(h_3 - h_2)/\eta_i = \frac{1}{2} P_i = 42.5 kW$$
轴功率变为：
$$P'_e = P'_i + P_m = 42.5 + 15 = 57.5(kW)$$
答案：[C]

4.3.2 制冷压缩机的种类及其特点

1. 现设定火力发电+电力输配系统的一次能源转换率为30%(到用户)，且往复式、螺杆式、离心式和直燃式冷水机组的制冷性能系数为4.0、4.3、4.7、1.25。问：在额定状态下产生相同的冷量，以消耗一次能源量计算，按照从小到大一次排列的顺序应是下列选项的哪一个？并说明理由。(2008-3-20)
(A)直燃式、离心式、螺杆式、往复式　　(B)离心式、螺杆式、往复式、直燃式
(C)螺杆式、往复式、直燃式、离心式　　(D)离心式、螺杆式、直燃式、往复式

主要解答过程：
设往复式、螺杆式、离心式和直燃式冷水机组的一次能源消耗量分别为：M_1，M_2，M_3，M_4
$$M_1 = \frac{Q}{4.0 \times 30\%} = 0.833Q, \quad M_2 = \frac{Q}{4.3 \times 30\%} = 0.775Q$$
$$M_3 = \frac{Q}{4.7 \times 30\%} = 0.709Q, \quad M_4 = \frac{Q}{1.25} = 0.8Q$$
答案：[D]

4.3.3 制冷(热泵)机组的性能系数及 *IPLV* 计算(2016-3-23，2017-4-18，2018-3-13，2018-3-20，2018-3-22，2018-4-21)

1. 某大楼安装一台额定冷量为500kW的冷水机组(*COP* = 5)，系统冷冻水水泵功率为25kW，冷却水泵功率为20kW，冷却塔风机功率为4kW，设水系统按定水量方式运行，且水泵和风机均处于额定工况运行，冷机的*COP*在部分负荷时维持不变。已知大楼整个供冷季100%、75%、50%、25%负荷的时间份额依次为0.1、0.2、0.4和0.3，该空调系统在整个供冷季的系统能效比(不考虑末端能耗)为何项？(2009-4-18)
(A)4.5~5　　(B)3.2~3.5　　(C)2.4~2.7　　(D)1.6~1.9

主要解答过程：
设冷机运行总时间为t，则整个供冷季系统能效比：
$$EER = \frac{\sum Q}{\sum W}$$
$$= \frac{0.1t \times 500 \times 1 + 0.2t \times 500 \times 0.75 + 0.4t \times 500 \times 0.5 + 0.3t \times 500 \times 0.25}{\frac{0.1t \times 500 \times 1 + 0.2t \times 500 \times 0.75 + 0.4t \times 500 \times 0.5 + 0.3t \times 500 \times 0.25}{COP} + (25 + 20 + 4)t}$$
$$= 2.59$$

答案：[C]

2. 某工程选择风冷螺杆式冷热水机组参数如下：名义制热量为462kW，输入功率为114kW。该地室外空调计算干球温度为-10℃，空调设计供水温度为45℃，该机组冬季制热工况修正系数见下表。

环境温度/℃	机组出水温度/℃					
	40		45		50	
	制热量	输入功率	制热量	输入功率	制热量	输入功率
-10	0.695	0.822	0.711	0.915		
0	0.840	0.854	0.863	0.961	0.891	1.084
7	0.976	0.887	1	1	1.028	1.130

机组每小时化霜2次。该机组在设计工况下的制热量及输入功率正确值为哪一项？（2011-4-6）
(A)320~330kW，100~105kW　　　　(B)260~265kW，100~105kW
(C)290~300kW，100~105kW　　　　(D)260~265kW，110~120kW

主要解答过程：

根据《民规》第8.3.2条条文说明，查表得：$K_1 = 0.711$，$K_2 = 0.8$

则：$Q = qK_1K_2 = 462 \times 0.711 \times 0.8 = 263(kW)$

查题干附表得：$K_3 = 0.915$，输入功率：$W = W_0 K_3 = 114 \times 0.915 = 104.3(kW)$

答案：[B]

3. 某办公楼拟选择2台风冷螺杆式冷热水机组，已知机组名义制热量462kW，建设地室外空调计算干球温度-5℃，室外供暖计算干球温度0℃，空调设计供水温度50℃，该机组制热量修正系数见下表。机组每小时化霜2次，该机组在设计工况下的供热量为下列何项？（2012-3-5）

进风温度/℃	出水温度/℃			
	35	40	45	50
-5	0.71	0.69	0.65	0.59
0	0.85	0.83	0.79	0.73
5	1.01	0.97	0.93	0.87

(A)210~220kW　　(B)240~250kW　　(C)260~275kW　　(D)280~305kW

主要解答过程：

根据《民规》第8.3.2条条文说明，查表得：$K_1 = 0.59$，化霜2次，$K_2 = 0.8$

则设计工况供热量：$Q = qK_1K_2 = 462kW \times 0.59 \times 0.8 = 218.06kW$

答案：[A]

4. 某项目设计采用国外进口的离心式冷水机组，机组名义制冷量1055kW，名义输入功率209kW，污垢系数$0.044m^2 \cdot ℃/kW$。项目所在地水质较差，污垢系数$0.18m^2 \cdot ℃/kW$，查得设备的性能系数变化比值：冷水机组实际制冷量/冷水机组设计制冷量=0.935，压缩机实际耗功率/压缩机设计耗功率=1.095，试求机组实际COP值接近下列何项？（2012-4-21）
(A)4.2　　　　(B)4.3　　　　(C)4.5　　　　(D)4.7

主要解答过程：

实际COP为：$COP = \dfrac{1055 \times 0.935}{209 \times 1.095} = 4.31$

答案：[B]

5. 某处一公共建筑，空调系统冷源选用两台离心式水冷冷水机组和一台螺杆式水冷冷水机组，其参数分别为：离心式水冷冷水机组：额定制冷量为3267kW，额定输入功率605kW；螺杆式水冷冷水机组：额定制冷量为1338kW，额定输入功率278kW。问：下列性能系数及能源效率等级的选项何项正确？（2012-4-22）
(A)离心式：性能系数5.4，能源效率等级为3级；螺杆式：性能系数4.8，能源效率等级为4级
(B)离心式：性能系数5.8，能源效率等级为2级；螺杆式：性能系数4.2，能源效率等级为3级
(C)离心式：性能系数5.0，能源效率等级为4级；螺杆式：性能系数4.8，能源效率等级为4级
(D)离心式：性能系数5.4，能源效率等级为2级；螺杆式：性能系数4.8，能源效率等级为3级

主要解答过程：

离心冷水机组性能系数：$COP_1 = \dfrac{3267}{605} = 5.4$，螺杆冷水机组性能系数：$COP_2 = \dfrac{1338}{278} = 4.8$。

根据《公建节能》表5.4.5及条文说明P73，可知制冷量大于1163时，$COP = 5.4$属于3级能效等级，$COP = 4.8$属于4级能效等级。

注：本题根据2005版《公建节能》出题，《公建节能2015》第4.2.10条针对于2005版规范第5.4.5条，更新了冷机类型制冷量范围及其效率限值，将定频机组和变频机组区别规定，并分气候区进行规定，考生应引起重视。

答案：[A]

6. 某户用风冷冷水机组，按照现行国家标准规定的方法，出厂时测得机组名义工况制冷量为35.4kW，制冷总耗功率为12.5kW，试问，该机组能源效率按国家能耗等级标准判断，下列哪项是正确的？（2013-3-20）
(A)1级 (B)2级 (C)3级 (D)4级

主要解答过程：

机组能效比：$COP = 35.4/12.5 = 2.832$

查《冷水机组能效限定值及能源效率等级》（GB 19577—2004）表2，能耗等级为3级。

答案：[C]

7. 某全新的水冷式冷水机组（冷量2400kW，$COP = 5.0$）的冷凝器温差为1.2℃（100%负荷），经过一个供冷季的运行后，冷凝器温差为3.6℃（100%负荷），设机组冷凝温度提高1℃，机组能效降低4%，问机组当前的COP为下列何项？（2013-3-23）
(A)4.4 (B)4.5 (C)4.6 (D)4.7

主要解答过程：

机组当前$COP = 5.0 - 5.0 \times (3.6 - 1.2) \times 4\% = 4.52$

答案：[B]

8. 已知用于全年累计工况评价的某空调系统的冷水机组运行效率限值$COP_{LV} = 4.8$，冷却水输送系数限值$WTFcw_{LV} = 25$，用于评价该空调系统的制冷子系统的能效比限值（$EERr_{LV}$）应为下列何值？（2014-3-21）
(A)2.8～3.50 (B)3.51～4.00 (C)4.01～4.50 (D)4.51～5.00

主要解答过程：

根据《空气调节经济运行》（GB/T 17981—2007）第5.4.2条，用于评价空调系统中制冷子系统的经济运行指标限值为：

$$EERr_{LV} = \frac{1}{\frac{1}{COP_{LV}} + \frac{1}{WTFcw_{LV}} + 0.02} = \frac{1}{\frac{1}{4.8} + \frac{1}{25} + 0.02} = 3.73$$

答案：[B]

4.3.4 蒸发器、冷凝器相关计算(2017-3-21)

1. 一台离心式冷水机组，运行中由于蒸发器内的传热面污垢的形成，导致其传热系数下降，已知该机组的额定值和实际运行条件产冷量 Q，蒸发的对数传热温差 $\Delta\theta_m$ 和传热系数与传热面积的乘积 KA，具体见下表。试问：机组蒸发器的污垢系数增加，导致蒸发器传热系数下降幅度的百分比，下列哪一个选项是正确的？(2008-4-20)

(A) 10% ~ 20%　　(B) 25% ~ 30%
(C) 35% ~ 40%　　(D) 45% ~ 50%

参数	冷水机组额定值	实际运行数值
Q/kW	2460	1636.8
$\Delta\theta_m$/℃	4	4.4
KA/(W/K)	615	372

主要解答过程：

污垢系数增加可认为换热面积 A 不变，则传热系数下降幅度的百分比：

$$\Delta = (K_{额} - K_{实})/K_{额} = (K_{额}A - K_{实}A)/K_{额}A = (615 - 372)/615 = 39.5\%$$

答案：[C]

2. 一台冷水机组，当蒸发温度为 0℃，冷水进、出口温度分别为 12℃和 7℃，制冷量为 800kW。如果蒸发器的传热系数 $K = 1000\text{W}/(\text{m}^2 \cdot \text{K})$，该蒸发器的传热面积 A 和冷水流量 G_w（取整数）应是下列选项的哪一个？(2008-4-24)

(A) 91m², 152m³/h　　(B) 86m², 138m³/h
(C) 79m², 138m³/h　　(D) 86m², 152m³/h

主要解答过程：

根据《教材 2019》P108，对数平均温差计算公式

$$t_a = 12 - 0 = 12(℃)，t_b = 7 - 0 = 7(℃)。则：\Delta\theta_m = (t_a - t_b)/\ln(t_a/t_b) = 9.28℃$$

根据热量平衡方程：$800\text{kW} = cG_w\rho\Delta t = 4.18 \times G_w \times 1000 \times 5$，

解得 $G_w = 0.0383\text{m}^3/\text{s} = 138\text{m}^3/\text{h}$

又因为 $800\text{kW} = KA\Delta\theta_m$，解得：$A = 86\text{m}^2$

答案：[B]

3. 某风冷制冷机的冷凝器放热量为 50kW，风量为 14000m³/h，在空气密度为 1.15kg/m³ 和比热为 1.005kJ/(kg·K) 的条件下运行，若要求控制冷凝温度不超过 50℃，冷凝器内侧制冷剂和空气的平均对数温差 $\Delta t_m = 9.19℃$，则该冷凝器空气入口最高允许温度应是下列何值？(2011-3-20)

(A) 34 ~ 35℃　　(B) 37 ~ 38℃　　(C) 40 ~ 41℃　　(D) 43 ~ 44℃

主要解答过程：

设冷凝器入口空气温度为 t_1，出口温度为 t_2

$$Q = 50\text{kW} = \frac{14000}{3600} \times 1.15 \times 1.005 \times (t_2 - t_1) \Rightarrow t_2 - t_1 = 11.12℃，又因为：$$

$$\Delta t_m = \frac{\Delta t_a - \Delta t_b}{\ln\frac{\Delta t_a}{\Delta t_b}} = \frac{(50 - t_1) - (50 - t_2)}{\ln\frac{50 - t_1}{50 - t_2}} = 9.19(℃)$$

结合两式可解得：$t_1 = 34.16℃$
答案：[A]

4. 某建筑设置的集中空调系统中，采用的离心式冷水机组为国家标准《冷水机组能效限值及能源效率等级》(GB 19577—2004)规定的 3 级能效等级的机组，其蒸发器的制冷量为 1530kW，冷凝器冷却供回水设计温差为 5℃。冷却水水泵的设计参数如下：扬程为 40mH$_2$O，水泵效率 70%。问：冷却塔的排热量（不考虑冷却水管路的外排热）应接近下列何项值？(2012-4-17)
(A)1530kW　　　　(B)1580kW　　　　(C)1830kW　　　　(D)1880kW

主要解答过程：
根据 GB 19577—2004 表 2，制冷量为 1530kW 时，3 级能效机组 $COP = 5.1$
因此其冷凝器热负荷为：$Q_K = 1530 \times (1 + 1/COP) = 1830$ kW

冷却水泵流量：$G = \dfrac{Q_K}{c\rho\Delta t} \times 3600 = \dfrac{1830}{4.18 \times 1000 \times 5} \times 3600 = 315.2 \, (\text{m}^3/\text{h})$

水泵轴功率为：$N = \dfrac{GH}{367.3\eta} = \dfrac{315.2 \times 40}{367.3 \times 0.7} = 49 \, (\text{kW})$

因此冷却塔总排热量为：$Q = Q_K + N = 1830 + 49 = 1879 \, (\text{kW})$
答案：[D]

5. 离心式冷水机组运行中由于冷凝器内传热面污垢的形成，会导致其传热系数下降，已知某机组的冷凝放热量 Q，冷凝器的对数传热温差 $\Delta\theta_m$ 的额定值和实际运行数值，具体见下表，试问，机组冷凝器的污垢系数增加后，导致冷凝器传热系数下降的百分比，数值正确的应该是下列选项的哪一个？(2013-3-21)

参数	冷水机组额定值	实际运行数值
Q/kW	2460	1636.8
$\Delta\theta_m$/℃	4	4.4

(A)10%~20%　　　　(B)25%~30%　　　　(C)35%~40%　　　　(D)45%~50%

主要解答过程：
污垢系数增加可认为换热面积 A 不变，则

额定传热系数：$K_0 = \dfrac{2460}{4 \times A} = \dfrac{615}{A}$

实际传热系数：$K_1 = \dfrac{1636.8}{4.4 \times A} = \dfrac{372}{A}$

则传热系数下降的百分比：$m = \dfrac{K_0 - K_1}{K_0} = \dfrac{615 - 372}{615} = 39.5\%$

答案：[C]

4.3.5 热泵机组计算 (2016-3-18，2017-3-5，2017-3-22，2017-4-24，2018-3-23，2018-4-12，2018-4-18)

1. 某风冷热泵冷水机组，仅白天运行，每小时融霜 2 次。从其样本查得：制冷量修正系数为 0.979，制热量修正系数为 0.93，额定制热量为 331.3kW，试问机组制热量约为下列何值？(2006-4-17)
(A)292kW　　　　(B)277kW　　　　(C)260kW　　　　(D)247kW

主要解答过程：
根据《民规》第8.3.2条条文说明，每小时融霜2次，修正系数 $K_2=0.8$，因此机组制热量为：
$$Q = qK_1K_2 = 331.3 \times 0.93 \times 0.8 = 246.5(kW)$$
答案：[D]

2. 使用电热水器和热泵热水器将520kg的水从15℃加热到55℃，如果电热水器电效率为90%，热泵 $COP=3$，试问热泵热水器耗电量与电热水器耗电量之比为下列何值？（2007-3-21）
(A)20%左右　　　(B)30%左右　　　(C)45%左右　　　(D)60%左右

主要解答过程：
热泵热水器耗电量：$Q_{热泵} = cm\Delta t/COP$
电热水器耗电量：$Q_电 = cm\Delta t/\eta$
因此：$Q_{热泵}:Q_电 = \eta/COP = 0.3$
答案：[B]

3. 某水源热泵机组系统的冷负荷356kW，该热泵机组供冷时的 EER 为6.5，供热时的 COP 为4.7，试问：该机组供热时，从水源中获取的热量应是下列选项哪一个？（2008-4-23）
(A)250~260kW　　(B)220~230kW　　(C)190~210kW　　(D)160~180kW

主要解答过程：
额定功率 $W = 356kW/EER = 54.77kW$
冬季热负荷 $Q_r = W \times COP = 257.4kW$
由能量守恒可知：从水中获取的热量 $Q = Q_r - W = 202.6kW$
答案：[C]

4. 某酒店采用太阳能+电辅助加热的中央热水系统。已知：全年日平均用热负荷为2600kWh，该地可用太阳能的天数为290天，同时，其日辅助电加热量为日平均用热负荷的30%，其余天数均采用电加热器加热。为了节能，拟采用热泵热水机组取代电加热器，满足使用功能的条件下，机组制热 $COP=4.60$。利用太阳能时，若不计循环热水泵耗电量以及热损失，新方案的年节电量应是下列哪一项？（2010-3-5）
(A)250000~325000kWh　　　(B)325500~327500kWh
(C)328000~330000kWh　　　(D)330500~332500kWh

主要解答过程：
全年电热器的总热负荷为：
$$Q_电 = 2600kWh \times 30\% \times 290 + (365-290) \times 2600kWh = 421200kWh$$
若采用热泵机组提供同样热量，所需耗电量：
$$Q_{热泵} = Q_电/COP = 91565kWh$$
节电量为：
$$\Delta Q = Q_电 - Q_{热泵} = 329634.8kWh$$
答案：[C]

5. 某空气源热泵机组冬季室外换热器通风干球温度为7℃，焓值为18.09kJ/kg，出风干球温度为2℃，焓值为9.74kJ/kg，当室外通风干球温度为-5℃，焓值为-0.91kJ/kg，出风干球温度为-10℃，焓值-7.43kJ/kg时，略去融霜因素，且设环境为标准大气压（0℃空气密度为1.293kg/m³），室外换热器空气体积流量保持不变，冷凝器换热变化比例与蒸发器吸热变

化比例相同，试求机组制热量的降低比例接近下列哪一项？（2010-3-23）
(A)10%　　　　　　(B)15%　　　　　　(C)18%　　　　　　(D)22%
主要解答过程：
本题有争议，作者认为题干"室外换热器空气体积流量保持不变"应为机器入口体积流量不变，因为空气经过蒸发器的过程温度不断变化，空气体积流量无法保持不变，但由于质量守恒，质量流量保持不变。

$\rho_7 = 353/(273+7) = 1.2607 (kg/m^3)$，$\rho_{-5} = 353/(273-5) = 1.317 (kg/m^3)$

$Q_1 = V \times \rho_7 \times (18.09 - 9.74) = 10.527V$，$Q_2 = V \times \rho_{-5} \times [-0.91 - (-7.43)] = 8.588V$

由于冷凝器换热变化比例与蒸发器吸热变化比例相同，制热量降低比率为：

$\eta = (Q_1 - Q_2)/Q_1 = 18.4\%$

热量降低比率：$\eta = (Q_1 - Q_2)/Q_1 = 18.4\%$

答案：[C]

6. 某风冷热泵机组工质为 R22，冬季工况：冷凝温度为 40℃，蒸发温度为 -5℃，进出蒸发器的空气参数（标准大气压）分别为：温度 6℃，相对湿度 90%（含湿量 $d_R = 5.2 g/kg_{干空气}$）和温度 0℃，相对湿度 100%（含湿量 $d_C = 3.8 g/kg_{干空气}$）。若采用凝结后冷媒热液化霜，如图所示为其理论循环，点 3 为冷凝器出口状态。请判断热量是否满足化霜要求，1kg 制冷剂成霜后，化霜需要的热量应是哪一项？（注：各点比焓见下表）（2010-4-21）

状态点号	1	3	5
比焓/(kJ/kg)	415.13	239.35	224.29

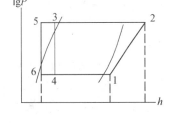

(A)化霜需求的热量为 8.30 ~ 8.80kJ，可化霜
(B)化霜需求的热量为 8.30 ~ 8.80kJ，不可化霜
(C)化霜需求的热量为 9.10 ~ 9.60kJ，可化霜
(D)化霜需求的热量为 9.10 ~ 9.60kJ，不可化霜

主要解答过程：
本题十分难做，首先题目没有给出霜的溶化潜热，需要根据相关资料查得：冰的溶解热为：333.03kJ/kg（红宝书 P20，0℃的水和冰的焓差），还需要理解"凝结后冷媒热液化霜"的含义，即为利用 3 点和 5 点之间的焓差进行融霜。

查 h-d 图得，空气进出口焓差为：$\Delta h = 19.14 - 9.44 = 9.7 (kJ/kg)$，含湿量差为：$\Delta d = 5.2 - 3.8 = 1.4 g/(kg_{干空气})$

每 1kg 制冷剂从蒸发器吸热量：$\Delta h_0 = h_1 - h_4 = h_1 - h_3 = 415.13 - 239.35 = 175.78 (kJ/kg)$

每 1kg 制冷剂对应的空气质量流量为：$m_0 = \Delta h_0/\Delta h = 18.12 kg$

每 1kg 制冷剂对应的结霜量为：$m_霜 = \Delta d m_0 = 25.37g = 0.02537 kg$

融霜所需热量为：$Q = m_霜 \times 333.03 kJ/kg = 0.02537 kg \times 333.03 kJ/kg = 8.45 kJ$

采用凝结后冷媒热液化霜的方法，1kg 制冷剂所能提供的热量为：$Q_化 = h_3 - h_5 = 15.04 kJ/kg > Q$

因此，可以实现化霜。

答案：[A]

4.4 蒸汽压缩式制冷系统及制冷机房设计

1. 有一冷却水系统采用逆流式玻璃钢冷却塔，冷却塔池面喷淋器高差 3.5m，系统管路总阻力损失 45kPa。冷水机组的冷凝器阻力损失 80kPa，冷却塔进水压力要求为 30kPa，选用冷却

水泵的扬程应为下列何项？（2012-4-24）
(A)16.8~19.1mH$_2$O　　　　　　　(B)19.2~21.5mH$_2$O
(C)21.6~23.9mH$_2$O　　　　　　　(D)24.0~26.3mH$_2$O

主要解答过程：

根据《教材（第二版）》P562 式(4.4-1)

$$H_P = 1.1(H_f + H_d + H_m + H_s + H_0) = 1.1 \times \left[\frac{(45+80+30) \times 10^3}{1000 \times 9.8} + 3.5\right]$$

$$= 21.25(\text{mH}_2\text{O})$$

注：《教材2019》P496 式(3.7-7)有所调整，本题按《教材（第二版）》出题。

答案：[B]

2. 某离心式冷水机组允许变流量运行，允许蒸发器最小流量是额定流量的65%，蒸发器在额定流量时，水压降为60kPa，蒸发侧（冷水回路侧）设有压差保护装置（当压差低于设定数值，表明水量过小，实现机组自动停机保护）。问满足变流量要求设定的保护压差数值应为下列何项？（2013-3-22）
(A)60kPa　　　(B)48~52kPa　　　(C)38~42kPa　　　(D)24~28kPa

主要解答过程：

当运行流量小于额定流量的65%时，机组停机保护，蒸发器管路阻力系数 S 不变，

根据：$P = SQ^2 \Rightarrow P' = \left(\frac{0.65Q_0}{Q_0}\right)^2 P_0 = 25.35\text{kPa}$

答案：[D]

3. 某多联式制冷机组（制冷剂为 R410A），布置如图所示，已知，蒸发温度为5℃（对应蒸发压力934kPa、饱和液体密度为795.5kg/m^3）；冷凝温度为55℃（对应冷凝压力为2602kPa、饱和液体密度为1162.8kg/m^3），根据电子膨胀阀的动作要求，其压差不应超过2.26MPa。如不计制冷剂的流动阻力和制冷剂的温度变化，则理论上，图中 H 数值最大为下列何项（g 取 9.81m/s^2）？（2014-3-24） 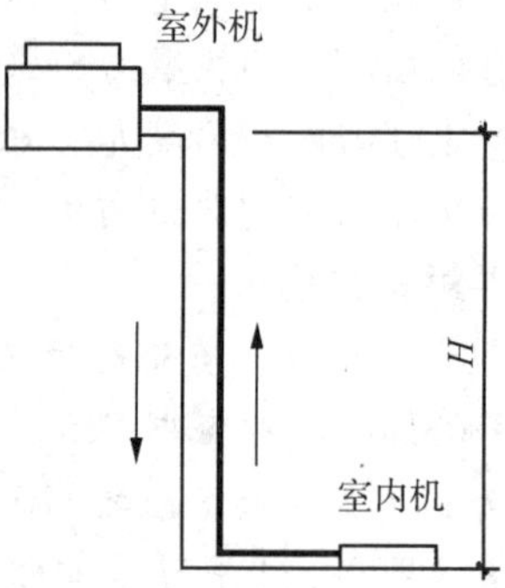
(A)49~55m　　(B)56~62m　　(C)63~69m　　(D)70~76m

主要解答过程：

本题要首先明确的是多联机在制冷工况下，电子膨胀阀位于室内机即蒸发器侧，故由室外机至室内机向下方的制冷剂管道内为高温高压的液态制冷剂，密度取1162.8kg/m^3，列该段管路的阻力关系方程：

$$P_k + \rho g H - \Delta P = P_0$$

$$\Delta P = P_k - P_0 + \rho g H \leq 2260\text{kPa}$$

$$H \leq \frac{(2260 - 2602 + 934) \times 1000}{9.81 \times 1162.8} = 51.89(\text{m})$$

注：本题解答的关键是判断膨胀阀位置，并选用正确的密度数据，多联机冷媒管一般分为液管和气管，液管较细，气管较粗。故也可以从附图中管道粗细得到一定提示。

答案：[A]

4.5 溴化锂吸收式制冷机（2016-4-22，2018-3-24，2018-4-23）

1. 溴化锂吸收式制机中，进入发生器的稀溶液流量为 10.9kg/s，浓度为 0.591，在发生器中产生 753g/s 的制冷剂水蒸气，剩下 10.147kg/s 的浓溶液，试问该制冷机的循环放气范围约为下列何值？（2007-4-22）

(A) 14.5，0.064　　(B) 13.5，0.044　　(C) 14.5，0.044　　(D) 13.5，0.064

主要解答过程：

根据《教材2019》P646

$$f = m_3/m_7 = 10.9/0.753 = 14.5$$
$$\xi_s = m_3\xi_3/(m_3 - m_7) = 0.634$$
$$\Delta\xi = \xi_s - \xi_w = 0.634 - 0.591 = 0.044$$

答案：[C]

2. 某直燃型溴化锂吸收式冷水机组，出厂时按照现行国家标准规定的方法测得机组名义工况的制冷量为 1125kW，天然气消耗量为 88.5Nm³/h（标准状态下天然气的低位热值为 36000kJ/Nm³）。电力消耗量为 15kW。试问：根据该机组的测定的能源消耗量，该冷水机组制冷时的性能系数应是下列选项的哪一个？（2008-4-22）

(A) 1.10～1.15　　(B) 1.16～1.21　　(C) 1.22～1.27　　(D) 1.28～1.33

主要解答过程：

根据《教材2019》P652 式(4.5-17)

$$\Phi_g = (88.5\text{Nm}^3/\text{h} \times 36000\text{kJ/Nm}^3)/3600 = 885\text{kW}$$
$$COP_0 = \Phi_0/(\Phi_g + P) = 1125/(885 + 15) = 1.25$$

答案：[C]

3. 某溴化锂吸收式机组，其发生器出口溶液浓度为 57%，吸收器出口溶液浓度为 53%，求循环倍率为下列哪一项？（2010-4-22）

(A) 13～13.15　　(B) 13.2～13.3　　(C) 13.5～14.1　　(D) 14.2～14.3

主要解答过程：

根据《教材2019》P646 式(4.5-15)

$$f = \frac{\xi_s}{\xi_s - \xi_w} = \frac{57\%}{57\% - 53\%} = 14.25$$

答案：[D]

4. 某吸收式溴化锂制冷机组的热力系数为 1.1，冷却水进出水温差为 6℃，若制冷量为 1200kW，则计算的冷却水量为多少？（2010-4-23）

(A) 165～195 m³/h　　　　　　(B) 310～345 m³/h
(C) 350～385 m³/h　　　　　　(D) 390～425 m³/h

主要解答过程：

根据《教材2019》P643 式(4.5-6)

$$\xi = \frac{\phi_0}{\phi_g} = 1.1 \Rightarrow \phi_g = 1200\text{kW}/1.1 = 1090.91\text{kW}$$

因此，冷却水负荷为：

$$\phi_K = \phi_0 + \phi_g = 2290.91\text{kW}$$

冷却水流量为：

$$G = \frac{\phi_K}{c\rho\Delta t} = \frac{2290.91}{4.18 \times 1000 \times 6} \times 3600 = 328.8(m^3/h)$$

答案：[B]

4.6 燃气冷热电三联供

1. 某燃气三联供项目的发电量全部用于冷水机组供冷，设内燃发电机组额定功率1MW×2台，发电效率40%，发电后燃气余热可利用67%，若离心式冷水机组COP为5.6，余热溴化锂吸收式冷水机组性能系数为1.1，系统供冷量为下列何项？（2013-3-24）
(A)12.52MW (B)13.4MW (C)5.36MW (D)10MW

主要解答过程：

参考《教材2019》燃气冷热电三联供相关内容，首先要明确题干中内燃发电机组额定功率即为发电机组的装机容量，简单地说就是发电机组可以发出的电量。因此：

离心冷机供冷量：$Q_1 = 2MW \times 5.6 = 11.2MW$

发电余热：$Q_y = \frac{2MW}{40\%} - 2MW = 3MW$

溴化锂冷机供冷量：$Q_2 = 3MW \times 67\% \times 1.1 = 2.21MW$

总供冷量：$Q = Q_1 + Q_2 = 13.41MW$

答案：[B]

4.7 蓄冷技术及其应用（2016-3-25，2016-4-23，2018-4-14，2018-4-24）

1. 某办公建筑空调工程，采用部分负荷蓄冰供冷系统，主机为螺杆式冷水机组，制冰工况制冷能力变化率$c_F = 0.7$，设计日平均小时冷负荷为850kW，设计日空调运行小时数$n_2 = 10h$。该地区23:00~7:00时执行低谷电价。试问冷水机组空调工况制冷量和蓄冷装置有效容量应为下列何值？（06-4-22）
(A)2600~2700kWh，560~570kW (B)2400~2500kWh，430~440kW
(C)3000~3100kWh，540~550kW (D)8450~8550kWh，800~900kW

主要解答过程：

根据《教材2019》P690 式(4.7-6)和式(4.7-7)，制冷机的标定冷量：

$$q_c = \frac{\sum q_i}{n_2 + n_i c_f} = \frac{10 \times 850}{10 + 8 \times 0.7} = 544.9(kW)$$

蓄冰装置容量：

$$Q_s = n_i c_f q_c = 8 \times 0.7 \times 544.9 = 3051.3(kWh)$$

答案：[C]

2. 某办公建筑日累计负荷400000kWh，空调工况时间9:00~19:00，制冷站设计日附加系数为1.0，电费的谷价时间段为22:00~6:00，采用螺杆式制冷机（制冰时冷量变化率为0.64），试比较采用全负荷蓄冷和部分负荷蓄冷，蓄冷装置有效容量前后两者的差值。（2007-4-23）
(A)（全负荷）有效容量 - （部分负荷）有效容量 = 243900kWh
(B)（部分负荷）有效容量 - （全负荷）有效容量 = 264550kWh
(C)（全负荷）有效容量 - （部分负荷）有效容量 = 264550kWh

(D)(全负荷)有效容量 - (部分负荷)有效容量 = 270270kWh

主要解答过程：

根据《教材2019》P690

(全负荷)有效容量为：$Q_{全} = 400000$kWh

(部分负荷)有效容量为：

$$Q_{部} = n_1 c_f \sum Q/(n_2 + n_1 c_f) = (8 \times 0.64 \times 400000)/(10 + 8 \times 0.64) = 135449.7(\text{kWh})$$

$$\Delta Q = Q_{全} - Q_{部} = 264550\text{kWh}$$

答案：[C]

3. 南方某办公建筑拟建蓄冰空调工程，该大楼设计日的日总负荷为12045kWh，当地电费的谷价时段为23:00~7:00，采用双工况螺杆式制冷机夜间低谷电价时段制冰蓄冷(制冰时制冷能力的变化率为0.7)，白天机组在空调工况运行9h，制冷站设计日附加系数为1.0，试问：在部分负荷蓄冷的条件下，该项目蓄冷装置最低有效容量Q_s，应是下列何项值？(2008-3-21)

(A)4450~4650kW (B)4700~4850kW (C)4950~5150kW (D)5250~5450kW

主要解答过程：

根据《教材2019》P690

$$q_c = 12045/(9 + 8 \times 0.7) = 825(\text{kW}); Q_s = 0.7 \times 8 \times q_c = 4620\text{kW}$$

答案：[A]

4. 某办公楼空调制冷系统拟采用水蓄冷方式，空调日总负荷为54000kWh，峰值冷负荷为8000kW，分层型蓄冷槽进出水温差为8℃，容积率为1.08。若采用全负荷蓄冷，计算蓄冷槽容积值为下列何值？(2011-3-23)

(A)1050~1200m³ (B)1300~1400m³ (C)7300~8000m³ (D)8500~9500m³

主要解答过程：

根据《教材2019》P691 式(4.7-11)，蓄冷槽效率根据表4.7-8取温度分层型的中间值0.85

$$V = \frac{Q_s P}{1.163 \eta \Delta t} = \frac{54000 \times 1.08}{1.163 \times 0.85 \times 8} = 7374.4(\text{m}^3)$$

答案：[C]

5. 某办公楼空调制冷系统拟采用冰蓄冷方式，制冷系统白天运行10h，当地谷价电时间为23:00~7:00，计算日总冷负荷$Q = 53000$kWh，采用部分负荷蓄冷方式(制冷机制冰时制冷能力变化率$C_f = 0.7$)，则蓄冷装置有效容量为下列何项？(2012-3-23)

(A)5300~5400kWh (B)7500~7600kWh
(C)19000~19100kWh (D)23700~23800kWh

主要解答过程：

根据《教材2019》P690

$$q_c = \frac{\sum_{i=1}^{24} q_i}{n_2 + n_1 c_f} = \frac{53000}{10 + 8 \times 0.7} = 3397.4(\text{kW})$$

$$Q_s = n_1 c_f q_c = 8 \times 0.7 \times 3397.4 = 19025.6(\text{kWh})$$

答案：[C]

4.8 冷库设计的基础知识(2016-4-25，2017-4-22)

1. 某冷库，外墙自外至内的组成材料见下表。

材料	厚度/mm	导湿系数/[g/(m·h·mmHg)]
钢筋混凝土	180	0.0014
聚乙烯薄膜	0.2	0.22×10^{-6}
聚氨酯泡沫塑料	125	0.0014
木板	10	0.001

室外空气水蒸气分压力 $p_1 = 26.1$ mmHg，室内 $p_2 = 0.379$ mmHg，聚氨酯泡沫塑料与木板之间的温度为 -21.86 ℃，空气饱和水蒸气分压力为 0.647mmHg，如果忽略墙体内外表面的湿阻，试问聚氨酯泡沫塑料与木板之间应为下列何种状态？(2006-3-23)

(A)不结露　　　　　(B)结露　　　　　(C)结霜　　　　　(D)不结霜

主要解答过程：

根据《教材2019》P719 式(4.8-14)，与多层平板材料传热过程相似，多层材料的蒸汽渗透强度为材料两侧的水蒸气分压力与蒸汽渗透阻力的比值。设聚氨酯泡沫塑料与木板之间的蒸汽分压力为 P_{sx}，由于由室外至室内的蒸汽渗透强度等于由室外至聚氨酯泡沫塑料与木板之间的蒸汽渗透强度，即：(忽略墙体内外表面的湿阻)

$$\omega = \frac{P_{sw} - P_{sn}}{\frac{\delta_1}{\mu_1} + \frac{\delta_2}{\mu_2} + \frac{\delta_3}{\mu_3} + \frac{\delta_4}{\mu_4}} = \frac{P_{sw} - P_{sx}}{\frac{\delta_1}{\mu_1} + \frac{\delta_2}{\mu_2} + \frac{\delta_3}{\mu_3}}$$

$$= \frac{26.1 - 0.379}{\frac{0.18}{0.0014} + \frac{0.0002}{0.22 \times 10^{-6}} + \frac{0.125}{0.0014} + \frac{0.01}{0.001}} = \frac{26.1 - P_{sx}}{\frac{0.18}{0.0014} + \frac{0.0002}{0.22 \times 10^{-6}} + \frac{0.125}{0.0014}}$$

解得：$P_{sx} = 0.605$ mmHg

小于饱和水蒸气分压力 0.647mmHg，空气未达饱和状态，故聚氨酯泡沫塑料与木板之间不结露。

注：本题类似于常考的多层平板材料传热过程计算，应学会类比。

答案：[A]

2. 某装配式冷库用于储藏新鲜蔬菜，若已知该冷库的公称容积为 500m³，冷库计算吨位按规范计算，体积利用系数为 0.4，其每天蔬菜的最大进货量应是何值？(2009-3-24)

(A)2500～2800kg　　(B)2850～3150kg　　(C)3500～3800kg　　(D)4500～4800kg

主要解答过程：

根据《冷库规》(GB 50072—2010)第 3.0.3 条注2，蔬菜的容积利用系数乘 0.8 的修正系数，查表 3.0.6 得蔬菜密度为 230kg/m³，根据式(3.0.2)：

冷库计算吨位：$G = \frac{\sum V_1 \rho_s \eta}{1000} = \frac{500 \times 230 \times 0.4 \times 0.8}{1000} = 36.8(t)$

再根据第 6.1.5.2 条：最大进货量 $M = 10\% \times G = 3.68t$

答案：[C]

3. 某水果冷藏库的总储藏量为 1300t，带包装的容积利用系数为 0.75，该冷藏库的公称容积正确的应是下列何项？(2012-3-24)

(A)4560~4570m³　　(B)4950~4960m³　　(C)6190~6200m³　　(D)7530~7540m³

主要解答过程：

根据《冷库规》(GB 50072—2010)第3.0.2条，查表3.0.6，水果密度为350kg/m³。

$$G = \frac{\sum V_1 \rho_s \eta}{1000} \Rightarrow \sum V_1 = \frac{G \times 1000}{\rho_s \eta} = \frac{1300 \times 1000}{350 \times 0.75} = 4952.4$$

答案：[B]

4. 1t含水率为60%的猪肉从15℃冷却至0℃，需用时1h，货物耗冷量为下列何项？(2014-4-24)

(A)11.0~11.2kW　　(B)13.4~13.6kW　　(C)14.0~14.20kW　　(D)15.4~15.6kW

主要解答过程：

根据《教材2019》P711 式(4.8-1)，猪肉比热为：

$$C_r = 4.19 - 2.30X_s - 0.628X_s^3$$
$$= 4.19 - 2.3 \times (1-0.6) - 0.628 \times (1-0.6)^3 = 3.23(kJ/kg \cdot ℃)$$

货物耗冷量为：

$$Q = \frac{C_r m \Delta t}{3600} = \frac{3.23 \times 1000 \times (15-0)}{3600} = 13.46(kW)$$

答案：[B]

4.9 冷库制冷系统设计及设备的选择计算

1. 某两级压缩氨制冷系统，试问为了保证正常经济运行，中间压力(绝对压力)应为下列何值？

注：一些状态点参数见下表。(2006-4-23)

状态点	温度/℃	绝对压力/MPa	比焓/(kJ/kg)	比熵/[kJ/(kg·K)]	比容/(m³/kg)
低压级压缩机入口	-30	0.1193	1427	6.079	0.9658
高压级压缩机出口		1.473			
冷凝器出口	38	1.473	385.4		

(A)0.30~0.32MPa　　(B)0.38~0.40MPa　　(C)0.41~0.43MPa　　(D)0.45~0.47MPa

主要解答过程：

根据《教材2019》P735 式(4.9-7)，中间压力为：

$$p_{zj} = \sqrt{p_c p_z} = \sqrt{1.473 \times 0.1193} = 0.42(MPa)$$

答案：[C]

2. 北京地区某大型冷库，冷间面积为1000m²，冷间地面传热系数为0.6W/(m·℃)、土壤传热系数为0.4W/(m·℃)、冷间空气温度为-30℃，采用机械通风地面防冻方式，设地面加热层温度为1℃，若通风加热系统每天运行8h，系统防冻加热负荷是下列何值(计算修正值α取为1.15、土壤温度t_r取为9.4℃)？(2011-4-24)

(A)50~55kW　　(B)43~48kW　　(C)39~41kW　　(D)36~37kW

主要解答过程：

根据《冷库规》(GB 50072—2010)附录A 第A.0.2~A.0.4条

$$Q_r = F_d(t_r - t_n)K_d = 1000 \times (1 + 30) \times 0.6 = 18.6(\text{kW})$$

$$Q_{tu} = F_d(t_{tu} - t_r)K_d = 1000 \times (9.4 - 1) \times 0.4 = 3.36(\text{kW})$$

$$Q_f = \alpha(Q_r - Q_{tu})\frac{24}{T} = 1.15 \times (18.6 - 3.36) \times \frac{24}{8} = 52.6(\text{kW})$$

答案：[A]

4.10 其他

4.10.1 地源热泵(2017-3-20, 2017-4-21, 2018-4-22)

1. 某土壤源热泵机组冬季空调供热量为823kW，机组性能系数为4.58，蒸发器进出口水温度为15℃/8℃，循环水泵释热18.7kW，该机组的地埋管换热系统从土壤中得到的最大吸热量和循环水量最接近下列哪项？(2007-4-17)

(A)823kW, 101t/h　　(B)662kW, 81.3t/h　　(C)643.3kW, 79t/h　　(D)624.6kW, 79t/h

主要解答过程：

根据《地源热泵规》(GB 50366—2005)第4.3.3条条文说明：

蒸发器热负荷：$Q_1 = 823\text{kW}(1 - 1/4.58) = 643.3\text{kW}$；自土壤吸热量：$Q = Q_1 - 18.7\text{kW} = 624.6\text{kW}$

则循环水量：$G = Q_1/c\Delta t = 643.3/(4.18 \times 7) = 21.99\text{kg/s} = 79.1\text{t/h}$

答案：[D]

2. 某地源热泵系统，夏季的总供冷量为900000kWh，冬季的总供热量为540000kWh，设热泵机组的$EER = 5.5$(制冷)，$COP = 4.7$(制热)，如仅计算系统中热泵机组的热量转移，则以一年计算，土壤的热量变化应是下列何项？(2009-3-21)

(A)土壤增加热量 350000 ~ 370000kWh　　(B)土壤增加热量 460000 ~ 480000kWh
(C)土壤增加热量 520000 ~ 540000kWh　　(D)土壤增加热量 620000 ~ 640000kWh

主要解答过程：

夏季向土壤排热量：$Q_1 = 900000\text{kWh} \times (1 + 1/EER) = 1063636\text{kWh}$

冬季从土壤吸热量：$Q_2 = 540000\text{kWh} \times (1 - 1/COP) = 425106\text{kWh}$

则土壤增加热量：$\Delta Q = Q_1 - Q_2 = 638530\text{kWh}$

答案：[D]

3. 某建筑空调采用地埋管地源热泵，设计参数为：制冷量2000kW。全年空调制冷当量满负荷运行时间为1000h，制热量为2500kW，全年空调供热当量满负荷运行时间为800h，设热泵机组的制冷、制热的能效比全年均为5.0，辅助冷却塔的冷却能力不随负荷变化，不计水泵等的附加散热量。问要维持土壤全年自身热平衡(不考虑土壤与外界的换热)，以下措施正确的应是哪一项？(2010-3-20)

(A)设置全年冷却能力为 800000kWh 的辅助冷却塔
(B)设置全年冷却能力为 400000kWh 的辅助冷却塔
(C)设置全年加热能力为 400000kWh 的辅助供热设备
(D)系统已能实现保持土壤全年热平衡，不需设置任何辅助设备

主要解答过程：

冷负荷：$Q_冷 = 2000\text{kW} \times 1000\text{h} = 2 \times 10^6 \text{kWh}$；热负荷：$Q_热 = 2500\text{kW} \times 800\text{h} = 2 \times 10^6 \text{kWh}$

夏季排热量：$Q_夏 = Q_冷(1 + 1/COP)$；冬季吸热量：$Q_冬 = Q_热(1 - 1/COP)$

故需附加散热量：$\Delta Q = Q_夏 - Q_冬 = 800000 \text{kWh}$

答案：[A]

4. 某建筑采用土壤源热泵冷热水机组作为空调冷、热源。在夏季向建筑供冷时，空调系统各末端设备的综合冷负荷合计为1000kW，热泵制冷工况下的性能系数为$COP=5$。空调冷水循环泵的轴功率为50kW，空调冷水管道系统的冷损失为50kW。问：上述工况条件下热泵向土壤的总释热量Q接近下列何值？(2011-3-22)

(A)1100kW　　　　(B)1200kW　　　　(C)1300kW　　　　(D)1320kW

主要解答过程：

注意，本题题干条件"空调冷水循环泵的轴功率为50kW"及"空调冷水管道系统的冷损失为50kW"都是冷冻水侧相关数据，并未提到冷却水水泵功率及管道散热量，要注意仔细审题看清条件。

空调蒸发器冷负荷：$Q_L = 1000 + 50 + 50 = 1100(\text{kW})$

因此排热量为：$Q = Q_L(1 + 1/COP) = 1320 \text{kW}$

注：若题干给出冷却水泵功率为50kW，空调冷却水管道系统的冷损失为50kW

则排热量为：$Q = 1000(1 + 1/COP) + 50 + 50 = 1300 \text{kW}$

答案：[D]

5. 某地源热泵系统所处岩土的导热系数为1.65W/(m·K)，采用竖直单U形地埋管，管外径为32mm，钻孔灌浆回填材料是混凝土+细河沙，导热系数为2.20W/(m·K)，钻孔的直径为130mm。计算回填材料的热阻应为下列哪一项？(2011-4-14)

(A)0.048~0.052m·K/W　　　　　　(B)0.060~0.070m·K/W

(C)0.072~0.082m·K/W　　　　　　(D)0.092~0.112m·K/W

主要解答过程：

根据《地源热泵规》(GB 50366—2005)附录B

$$d_e = \sqrt{n} d_0 = \sqrt{2} \times 32 = 45.25(\text{mm})$$

$$R_b = \frac{1}{2\pi\lambda_b}\ln\left(\frac{d_b}{d_e}\right) = \frac{1}{2 \times 3.14 \times 2.2} \times \ln\left(\frac{130}{45.25}\right) = 0.076(\text{m·K/W})$$

答案：[C]

6. 某项目采用地源热泵进行集中供冷、供热，经测量，有效换热深度为90m，设单U管换热，设夏、冬季单位管长的换热量为$q=30\text{W/m}$，夏季冷负荷和冬季热负荷均为450kW，所选热泵机组夏季性能系数$EER=5$，冬季性能系数$COP=4$，在理想换热状态下，所需孔数应为下列何项？(2012-3-22)

(A)63孔　　　　(B)84孔　　　　(C)100孔　　　　(D)167孔

主要解答过程：

单孔换热量：$Q_0 = (90 \times 2) \times 30 = 5.4(\text{kW})$

根据《地源热泵规》(GB 50366—2005)第4.3.3条条文说明

夏季最大释热量：$Q_X = 450 \times (1 + 1/EER) = 540 \text{kW}$，所需孔数为：$n_X = 540/5.4 = 100$

冬季最大吸热量：$Q_d = 450 \times (1 - 1/COP) = 337.5 \text{kW}$，所需孔数为：$n_d = 337.5/5.4 = 62.5$

根据条文说明所述，最大吸热量和最大释热量，所需孔数取大值，当两者相差较大时，宜通过技术经济比较，采用辅助散热（增加冷却塔）或辅助供热方式解决，保证土壤热平衡。因此取63孔。

注：本题在2012年考试时，《民规》尚未实施，对于以上分析中"相差较大"没有给出量化指标，故当时有争议。现根据《民规》第8.3.4.4条条文说明，相差不大是指两者的比值在0.8~1.25，本题比值为：540/337.5 = 1.6，属相差较大的范围，故应按较小值打孔。

答案：[A]

4.10.2 冷热源方案

1. 某全年需要供冷的空调建筑，最小需求的供冷量为120kW，夏季设计工况的需冷量为4800kW。现有螺杆式冷水机组（单机最小负荷率为15%）和离心式冷水机组（单机最小负荷率为25%）两类产品可供选配。合理的冷水机组配置应为下列何项？并给出判断过程。(2009-3-16)

(A)选择2台制冷量均为2400kW的离心机式冷水组
(B)选择3台制冷量均为1600kW的离心机式冷水组
(C)选择1台制冷量为480kW的离心式冷水机组和2台制冷量均为2160kW的离心机式冷水机组
(D)选择1台制冷量为800kW的螺杆式冷水机组和2台制冷量均为2000kW的离心机式冷水机组

主要解答过程：

AB选项：无法实现最小需求的供冷量为120kW时的节能运行（2400×0.25 = 600，1600×0.25 = 400）。C选项：单台2160kW的离心机组，最低负荷值为：2160×25% = 540（kW），因此当系统负荷处于480~540kW时无法实现机组的合理搭配。只有D选项既能满足最小负荷要求，又可以在不同负荷变化时实现机组的合理搭配，保证机组安全节能运行。

答案：[D]

2. 某地建筑A与建筑B完全相同，冷水机组的额定制冷量均为3000kW，$COP = 6$（冷却水进水温度为30℃，机组消耗功率为500kW），仅采用冷却塔类型不同。冷却水系统见下表。(2011-3-21)

	冷却塔类型	运行进出水温差/℃	冷却水泵扬程/mH₂O	冷却塔风机功率/kW	喷淋泵功率/kW	出水温度/℃
建筑A	开式	4	25	18.5	—	30
建筑B	闭式	5	15	28.2	15	32

两个建筑冷站的冷却水泵流量应为下列何值？（设机组冷却水进水水温每升高1℃，冷机COP下降1.5%；取$C_p = 4.2 \text{kJ/kg} \cdot \text{K}$）

(A) A建筑550~650m³/h，B建筑440~540m³/h
(B) A建筑550~650m³/h，B建筑550~650m³/h
(C) A建筑700~800m³/h，B建筑550~650m³/h
(D) A建筑700~800m³/h，B建筑700~800m³/h

主要解答过程：

对于建筑A，冷却水流量为G_A

冷凝器负荷为：

$$3000\text{kW} + 500\text{kW} = C_p \rho \frac{G_A}{3600} \Delta t_A \Rightarrow G_A = \frac{3500 \times 3600}{4.2 \times 1000 \times 4} = 750(\text{m}^3/\text{h})$$

对于B建筑，冷却水流量为G_B，由于冷却塔出水温度为32℃，因此

$$COP_B = 6 \times (1 - 1.5\% \times 2) = 5.82$$

冷凝器负荷为：

$$3000\text{kW} + \frac{3000\text{kW}}{COP_B} = C_p\rho\frac{G_B}{3600}\Delta t_B \Rightarrow G_B = \frac{3515.5 \times 3600}{4.2 \times 1000 \times 5} = 602.7(\text{m}^3/\text{h})$$

答案：[C]

3. 夏热冬暖地区的某旅馆为集中空调两管制水系统。空调冷负荷为6000kW，空调热负荷为1000kW。全年当量满负荷运行时间，制冷为1000h，供热为300h。四种可供选择的制冷、制热设备方案，其数据见下表。

性能系数 \ 设备类型	风冷式冷、热水热泵	离心式冷水机组	溴化锂吸收式冷(热)水机组	燃气热水锅炉
当量满负荷制冷性能系数	4.5	6.0	1.6	
当量满负荷制热性能系数	4.0	—	1.0	当量满负荷平均热效率0.7

建筑所在区域的一次能源换算为用户电能耗换算系数为0.35。问：全年最节省一次能源的冷、热源组合，为下列何项（不考虑水泵等的能耗）？（2012-4-19）

(A) 配置制冷量为2000kW的离心机3台与1000kW的热水锅炉1台
(B) 配置制冷量为2500kW的离心机2台与夏季制冷量和冬季供热量均为1000kW的风冷式冷、热水机组1台
(C) 配置制冷量为2000kW的风冷式冷(热)水机组3台
(D) 配置制冷量为2000kW的直燃式冷(热)水机组3台

主要解答过程：

分别计算四种搭配方案的一次能源消耗量：

第一种方案：$M_1 = \frac{3 \times 2000\text{kW}}{6 \times 0.35} \times 1000\text{h} + \frac{1000\text{kW}}{0.7} \times 300\text{h} = 3.28 \times 10^6 \text{kWh}$

第二种方案：$M_2 = \left(\frac{2 \times 2500\text{kW}}{6 \times 0.35} + \frac{1000\text{kW}}{4.5 \times 0.35}\right) \times 1000\text{h} + \frac{1000\text{kW}}{4 \times 0.35} \times 300\text{h} = 3.23 \times 10^6 \text{kWh}$

第三、第四种方案在配置上不合理，无法合理匹配冬季热负荷，这里假设机组非满负荷运行性能系数与满负荷运行性能系数相同，计算其一次能源消耗量（实际消耗量应大于以下计算值，因为非满负荷性能系数低）

第三种方案：$M_3 = \frac{3 \times 2000\text{kW}}{4.5 \times 0.35} \times 1000\text{h} + \frac{1000\text{kW}}{4 \times 0.35} \times 300\text{h} = 4.02 \times 10^6 \text{kWh}$

第四种方案：$M_4 = \frac{3 \times 2000\text{kW}}{1.6} \times 1000\text{h} + \frac{1000\text{kW}}{1.0} \times 300\text{h} = 4.05 \times 10^6 \text{kWh}$

因此应选择方案二。

答案：[B]

4. 某建筑冬季采用水环热泵空调系统，设计工况，外区热负荷为3000kW，内区冷负荷为2100kW，水环热泵机组的制热系数为4.0，制冷系数为3.75，若要求系统能够满足冬季运行要求，在设计工况下，辅助设备应是辅助供热设备还是辅助排热设备？其容量（预留10%余量）应为下列何项（忽略水泵及管道系统冷热损失）？（2013-4-23）

(A) 排热设备，450kW　　　　(B) 供热设备，450kW
(C) 排热设备，660kW　　　　(D) 供热设备，660kW

主要解答过程：

为满足外区热负荷，所需热量为：$Q_r = 3000 - \dfrac{3000}{4.0} = 2250(kW)$

为满足内区冷负荷，所需排热量为：$Q_l = 2100 + \dfrac{2100}{3.75} = 2660(kW)$

因此辅助设备应是排热设备，容量为：$\Delta Q = 1.1 \times (2660 - 2250) = 451(kW)$

答案：[A]

5. 地处夏热冬冷地区的某信息中心工程项目采用一台热回收冷水机组进行夏冬季期间的供冷、供暖，供冷负荷为3500kW，供暖负荷为2400kW，设机组的能效维持不变，其 COP = 5.2，忽略水泵和管道系统的冷、热损失，试求该运行工况下由循环冷却水带走的热量为下列何项？（2013-4-24）

(A) 4173kW　　　　(B) 3500kW　　　　(C) 1773kW　　　　(D) 2400kW

主要解答过程：

本题与上题类似。

排热量为：$Q_p = 3500 + \dfrac{3500}{5.2} = 4173.1(kW)$

需由冷却水带走的热量为：$\Delta Q = Q_p - 2400 = 1773.1 kW$

答案：[C]

6. 某地一宾馆卫生热水供应方案：方案一采用热回收热泵机组2台；方案二采用燃气锅炉1台。已知：热回收热泵机组供冷期（运行185天）既满足空调制冷又同时满足卫生热水的需求，其他有关数据见下表。

卫生热水用量/(t/d)	自来水温度/℃	卫生热水温度/℃	热回收机组产热量/(kW/台)/耗电量/kW	燃气锅炉效率(%)
160	10	50℃	455/118	90

注：1. 电费1元/kWh，燃气费4元/Nm^3，燃气低位热值为39840kJ/Nm^3。
　　2. 热回收机组产热量、耗电量为过渡季节和冬季制备卫生热水的数值。

关于两个方案年运行能源费用的论证结果，正确的是下列何项？（2013-4-25）

(A) 方案一比方案二年节约运行能源费用350000~380000元
(B) 方案一比方案二年节约运行能源费用720000~750000元
(C) 方案二比方案一年节约运行能源费用350000~380000元
(D) 方案一与方案二的运行费用基本一致

主要解答过程：

采用方案一时，供冷季不需消耗额外电能进行卫生热水的制备，因此一年内消耗电能制取卫生热水的天数只有365 − 185 = 180（天）。方案一加热热水热量为：

$$Q_1 = cm\Delta t = 4.18 \times 160 \times 1000 \times 180 \times (50 - 10) = 4815360000(kJ)$$

耗电量为：

$$M_1 = Q_1 \times \dfrac{118}{455} = 1248818637 kJ = 346894 kWh$$

电费为：$W_1 = M_1 \times 1 = 346894$ 元

方案二加热热水热量为：（365天都要运行）

$$Q_2 = cm\Delta t = 4.18 \times 160 \times 1000 \times 365 \times (50 - 10) = 9764480000(kJ)$$

耗燃气量为：

$$M_2 = \frac{Q_2}{90\% \times 39840} = 272324.9 \text{Nm}^3$$

燃气费为：

$$W_2 = M_2 \times 4 = 1089299.4 \text{ 元}$$

因此方案一比方案二年节约运行能源费用：$\Delta W = 1089299.4 - 346894 = 742405(元)$

答案：[B]

7. 已知不同制冷方案的一次能源利用效率见下表，表列方案中的最高一次能源利用效率制冷方案与最低一次能源利用效率制冷方案之比值接近下列何项？（2014-3-20）

序号	制冷方案	效率
1	燃气蒸汽锅炉 + 蒸汽溴化锂吸收式制冷	锅炉效率88%，吸收式制冷 $COP = 1.3$
2	燃煤发电 + 电压缩制冷	发电效率（计入传输损失）25%，电压缩制冷 $COP = 5.5$
3	燃气直燃溴化锂吸收式制冷	$COP = 1.3$
4	燃气发电 + 电压缩制冷	发电效率（计入传输损失）45%，电压缩制冷 $COP = 5.5$

(A)1.80　　　　　(B)1.90　　　　　(C)2.16　　　　　(D)2.48

主要解答过程：

设制冷量为 Q，一次能源消耗量为 A，一次能源利用效率为 ε，则：

$$\varepsilon = \frac{Q}{A} = \frac{Q}{\frac{Q}{\eta COP}} = \eta COP$$

其中 η 为锅炉效率或发电效率，COP 为机组制冷效率，故：

方案1：$\varepsilon_1 = \eta_1 COP_1 = 0.88 \times 1.3 = 1.144$

方案2：$\varepsilon_2 = \eta_2 COP_2 = 0.25 \times 5.5 = 1.375$

方案3：$\varepsilon_3 = COP_3 = 1.3$

方案4：$\varepsilon_4 = \eta_4 COP_4 = 0.45 \times 5.5 = 2.475$

最大与最小比值为：

$$\frac{\varepsilon_4}{\varepsilon_1} = \frac{2.475}{1.144} = 2.16$$

答案：[C]

8. 某建筑空调冷源配置2台同规格冷水机组，表1为不同负荷率下冷水机组的制冷 COP，表2为供冷季节负荷率。计算冷水机组供冷季节制冷的 COP 应为下列何项？（2014-4-21）

表1　冷水机组制冷 COP

负荷率	12.5%	25%	37.5%	50%	75%	100%
COP	3.2	5.6	6.2	6.0	6.2	6.0

表2　供冷季节负荷率

负荷率	100%	75%	50%	37.5%	25%	12.5%
时间比例(%)	5	25	30	20	15	5

(A)5.20～5.30　　　(B)5.55～5.65　　　(C)5.95～6.05　　　(D)6.15～6.25

主要解答过程：

本题主要考点为2台机组配合运行时，运行策略对于系统整体 COP 的影响，但题干并未给出具体运行策略，这就给解题过程造成了一定的争议，下面主要讨论两种运行策略：①COP 最大方案，②逐台启动，满载后加载下一台。

①COP 最大方案。

负荷率	12.5%	25%	37.5%	50%	75%	100%
搭配方案及机组负荷率	1×25%	1×50%	1×75%	1×75%+1×25%	2×75%	2×100%
机组综合 COP	5.6	6.0	6.2	6.038*	6.2	6.0
时间比例(%)	5	15	20	30	25	5

注：50% 负荷率时综合 COP 的计算方法为：

$$COP_{50\%} = \frac{Q}{W} = \frac{0.5Q_0}{\dfrac{0.375Q_0}{6.2} + \dfrac{0.125Q_0}{5.6}} = 6.038$$

大于单台 100% 运行和两台 50% 运行时的 COP 值(6.0)。

因此供冷季节制冷的 COP 应为：（按加权平均算法）

$$COP_z = 5.6 \times 0.05 + 6 \times 0.15 + 6.2 \times 0.2 + 6.038 \times 0.3 + 6.2 \times 0.25 + 6 \times 0.05 = 6.08$$

②逐台启动，满载后加载下一台。

负荷率	12.5%	25%	37.5%	50%	75%	100%
搭配方案及机组负荷率	1×25%	1×50%	1×75%	1×100%	1×100%+1×50%	2×100%
机组综合 COP	5.6	6.0	6.2	6.0	6.0	6.0
时间比例(%)	5	15	20	30	25	5

因此供冷季节制冷的 COP 应为：

$$COP_z = 5.6 \times 0.05 + 6 \times 0.15 + 6.2 \times 0.2 + 6 \times 0.3 + 6 \times 0.25 + 6 \times 0.05 = 6.02$$

可以发现只有按方案②计算结果落在了选项 C 的范围内，因此推测出题者思路为方案②，但题干未说明产生了争议。

注：题解中所采用的加权平均法其实是一种近似的计算方法，其实按照 COP 的基本定义，采用总制冷量/总功耗的方法计算出的 COP 才是最准确的，但两种方法计算结果差距很小，不影响选项结果。

如方案②的计算过程如下：

$$COP_z = \frac{\sum Q}{\sum W}$$

$$= \frac{0.125Q_0 \times 0.05 + 0.25Q_0 \times 0.15 + 0.375Q_0 \times 0.2 + 0.5Q_0 \times 0.3 + 0.75Q_0 \times 0.25 + Q_0 \times 0.05}{\dfrac{0.125Q_0 \times 0.05}{5.6} + \dfrac{0.25Q_0 \times 0.15}{6.0} + \dfrac{0.375Q_0 \times 0.2}{6.2} + \dfrac{0.5Q_0 \times 0.3}{6.0} + \dfrac{0.75Q_0 \times 0.25}{6.0} + \dfrac{Q_0 \times 0.05}{6.0}}$$

$$= 6.023$$

答案：[C]

9. 已知某电动压缩式制冷机组的冷凝器设计的放热量为 1500kW，分别采用温差为 5℃ 的冷却水冷却和采用常温下水完全蒸发冷却(不考虑显热)，前者与后者相同单位时间的水量之比值是下列何项？(2014-4-23)

(A) 10~12　　　　　(B) 50~90　　　　　(C) 100~120　　　　　(D) 130~150

主要解答过程：

采用冷却水冷却时，用水量为：

$$M_1 = \frac{Q}{c\Delta t} = \frac{1500}{4.18 \times 5} = 71.77 (\text{kg/s})$$

采用蒸发冷却时，用水量为：

$$M_2 = \frac{Q}{2500 \text{kJ/kg}} = \frac{1500 \text{kW}}{2500 \text{kJ/kg}} = 0.6 \text{kg/s}$$

比值为：

$$\frac{M_1}{M_2} = \frac{71.77}{0.6} = 119.6$$

答案：[C]

第5章 民用建筑房屋卫生设备和燃气供应

5.1 室内给水 (2016-3-24, 2017-4-25, 2018-3-25)

1. 某住宅楼16层、每层6户,每层房间设备为低水箱冲落式大便器、沐浴器、洗涤盆、洗脸盆、家用洗衣机各一个,本楼排水为一个总出口,计算其排水设计秒流量为下列哪一项?(2007-3-25)

(A)4.5～5.4L/s   (B)5.5～6.4L/s   (C)6.5～7.4L/s   (D)7.5～8.5L/s

主要解答过程:

根据《给水排水规》(GB 50015—2003)第4.4.5条

总排水当量:$N_p = 16 \times 6 \times (4.5 + 0.45 + 1 + 0.75 + 1.5) = 787.2$

排水设计秒流量:$q = 0.12 \times 1.5 \sqrt{787.2} + 1.5 = 6.55(L/s)$

答案:[C]

2. 某住宅楼18层,一～四层生活给水由市政直供,五～十八层由楼顶水箱供给,水泵从储水池向水箱供水,该楼每层6户,每户按3口人计,每户设大便器、洗脸盆、洗涤盆、洗衣机、热水器和沐浴器。用水定额和小时变化系数均取最小值,计算高位水箱最小调节水量应为下列何值?(2007-4-25)

(A)1.0～1.3m³   (B)1.5～1.8m³   (C)2.0～2.3m³   (D)2.4～2.9m³

主要解答过程:

根据《给水排水规》(GB 50015—2003)第3.7.5条"……水箱的生活用水调节容量,不宜小于最大用水时水量的50%"。

再根据表3.1.9:$V = 0.5 \times 14(层) \times (6 \times 3) \times 130 \times 2.3 = 37674$L/d $= 37674/24$h$/1000 = 1.57$m³/h

答案:[B]

3. 某大剧院的化妆间有5间(均附设卫生间),由同一给水管供冷水,每间的用水设备相同,每间卫生间器具数量和额定流量见下表(注:洗脸盆和洗手盆均供应冷热水)。当卫生器具采用额定流量计算时,化妆间的冷水给水管道的设计秒流量应为下列何值?(2011-4-25)

名称	洗脸盆 (混合水嘴)	大便器 (延时自闭式冲洗阀)	洗手盆 (感应水嘴)	小便器 (自闭式冲洗阀)
数量	2	1	1	1
额定流量/(L/s)	0.10	1.2	0.10	0.10

(A)1.90～2.10L/s   (B)2.14～2.30L/s   (C)2.31～2.40L/s   (D)2.41～2.50L/s

主要解答过程:

根据《给水排水规》(GB 50015—2003)第3.6.6条

解题要点:

(1)第3.6.6条注2:大便器自闭式冲洗阀应单列计算,当单列计算值小于1.2L/s时,以1.2L/s计;大于1.2L/s时,以计算值计。

(2)根据表 3.6.6-1 注 1:"表中括号内数据是电影院、剧院的化妆间使用"。
因此根据式(3.6.6)结合上述解题要点,设计秒流量为:

$$q_g = \sum q_0 n_0 b = q_{脸} n_{脸} b_{脸} + q_{大} n_{大} b_{大} + q_{手} n_{手} b_{手} + q_{小} n_{小} b_{小}$$
$$= 0.1 \times (2 \times 5) \times 50\% + 1.2 \times 5 \times 2\% + 0.1 \times 5 \times 50\% + 0.1 \times 5 \times 10\%$$
$$= 0.5 + 0.12(小于 1.2L/s,以 1.2L/s 计) + 0.25 + 0.05$$
$$= 0.5 + 1.2 + 0.25 + 0.05 = 2(L/s)$$

答案:[A]

4. 某民用住宅楼用户户内安装有大便器、洗脸盆、洗涤盆、洗衣机、热水器和淋浴设备,已知该住宅楼总人数为 600,最高日用水定额为 200L/(人·d),最高日用热水定额为 60L/(人·d),问:该住宅楼最大日用水量为下列哪一项?(2013-3-25)
(A)120t/d　　　　　(B)125t/d　　　　　(C)145t/d　　　　　(D)165t/d
主要解答过程:
根据《教材 2019》P809 或《给水排水规》(GB 50015—2003)第 5.1.1 条表 5.1.1-1 注 2 可知热水定额是包括在日用水定额内的,因此题干中最高日用热水定额为干扰数据。根据《教材 2019》P807 式(6.1-1),最大日用水量为:

$$M_d = Q_d \rho = m q_0 \rho = 600 \times \frac{200}{1000} \times 1000 = 120000 \text{kg/d} = 120 \text{t/d}$$

答案:[A]

5. 某半即热式水加热器,要求小时供热量不低于 1250000kJ/h,热媒为 50kPa 饱和蒸汽(饱和蒸汽温度为 100℃,进入加热器的最低水温为 7℃,出水终温为 60℃,加热器的传热系数为 5000kJ/(m²·h·K),则加热器的最小加热面积应为下列何项?(取热损失系数为 1.10,ε 为 0.8)(2014-4-25)
(A)7.55~7.85m²　　(B)7.20~7.50m²　　(C)5.40~5.70m²　　(D)5.05~5.35m²
主要解答过程:
根据《给水排水规》(GB 50015—2003)第 5.4.7.2 条,半即热式水加热器计算温差为:

$$\Delta t_j = \frac{\Delta t_{max} - \Delta t_{min}}{\ln \frac{\Delta t_{max}}{\Delta t_{min}}} = \frac{(100-7)-(100-60)}{\ln \frac{100-7}{100-60}} = 62.8(℃)$$

根据第 5.4.6 条,最小加热面积为:

$$F_{jr} = \frac{C_r Q_g}{\varepsilon K \Delta t_j} = \frac{1.1 \times 1250000}{0.8 \times 5000 \times 62.8} = 5.47(\text{m}^2)$$

注:题干已给出蒸汽热媒温度,无需按第 5.4.8.1 条选择。
答案:[C]

5.2 室内排水(2017-3-25)

1. 某 4 层办公建筑有四根污水立管,其管径分别为 150mm、125mm、125mm 和 100mm,现设置汇合通气管,该通气管的计算管径应是何项?(2009-3-25)
(A)140~160mm　　(B)165~185mm　　(C)190~210mm　　(D)220~240mm
主要解答过程:
根据《给水排水规》(GB 50015—2003)第 4.6.16 条。

$$\frac{\pi}{4}D_{\text{总}}^2 = S_{\text{总}} = S_{\text{mac}} + 0.25(\sum S_i) = \frac{\pi}{4}D_{\text{max}}^2 + 0.25\frac{\pi}{4} \times (D_2^2 + D_3^2 + D_4^2)$$

解得：$D_{\text{总}} = 181.1\text{mm}$

注意：专用通气管、共用通气管、结合通气管和汇合通气管的区别：

第 4.6.11 条：通气管的管径，应根据排水能力、管道长度确定，不宜小于排水管管径的 0.5，最小管径可按表 4.6.11 确定。

第 4.6.12 条：通气立管长度在 50m 以上时，其管径应与排水立管管径相同。

第 4.6.13 条：通气立管长度小于等于 50m 时，且两根及两根以上排水立管同时与一根通气立管相连，应以最大一根排水立管按表 4.6.11 确定通气立管管径，且其管径不宜小于其余任何一根排水立管管径。

答案：[B]

5.3 燃气供应(2016-4-24，2018-4-25)

1. 某居民住宅楼 18 层，每层 6 户，每户一厨房，内设一台双眼灶和一台快速燃气热水器（燃气用量分别为 $0.3\text{Nm}^3/\text{h}$ 和 $1.4\text{Nm}^3/\text{h}$），试问，该楼燃气入口处的设计流量应为下列何项值？(2008-3-25)

(A) $26.5 \sim 30\text{Nm}^3/\text{h}$ (B) $30.5 \sim 34\text{Nm}^3/\text{h}$ (C) $34.5 \sim 38\text{Nm}^3/\text{h}$ (D) $60.5 \sim 64\text{Nm}^3/\text{h}$

主要解答过程：

根据《教材 2019》P822 式(6.3-2)及表 6.3-4

总用户为 $18 \times 6 = 108$，$\sum k$ 按 100 人近似取值为 0.17

则：$Q_n = 1 \times 0.17 \times 18 \times 6 \times (0.3 + 1.4) = 31.2(\text{Nm}^3/\text{h})$。

答案：[B]

2. 某小区采用低压天然气管道供气，已知：小区住户的低压燃具需要的额定压力为 2500Pa，从调压站到最远燃具的管道允许阻力损失应为下列何项？(2009-4-25)

(A) 2500Pa (B) 2025Pa (C) 1875Pa (D) 1500Pa

主要解答过程：

根据《燃气设计规》(GB 50028—2006)第 6.2.8 条：

$$\Delta P_d = 0.75p_n + 150 = 0.75 \times 2500 + 150 = 2025(\text{Pa})$$

答案：[B]

3. 山地城市某高层使用人工煤气，顶层的民用燃具的燃气管道终点比调压箱出口管道高出 300m。已知燃气的密度为 0.71kg/m^3，空气的密度为 1.20kg/m^3，调压箱出口压力为 1500Pa，调压箱至用户燃气具的压力降为 500Pa。计算用户燃气具前压力并判断是否满足燃具要求。(2010-4-25)

(A) 用户燃气具前压力为 $2400 \sim 2500\text{Pa}$，满足用户燃气具前额定压力要求
(B) 用户燃气具前压力为 $2400 \sim 2500\text{Pa}$，不符合用户燃气具前额定压力要求
(C) 用户燃气具前压力为 $2900 \sim 3000\text{Pa}$，满足用户燃气具前额定压力要求
(D) 用户燃气具前压力为 $2900 \sim 3000\text{Pa}$，不符合用户燃气具前额定压力要求

主要解答过程：

根据《教材 2019》P818 式(6.3-1)

因高差引起的附加压头：

$$\Delta P = 9.81(\rho_a - \rho_g)\Delta H = 9.81 \times (1.2 - 0.71) \times 300 = 1442.07(\text{Pa})$$

用户燃气具前压力：

$$P = 1500 - 500 + \Delta P = 2442.07\text{Pa}$$

根据《燃气设计规》(GB 50028—2006)表 10.2.2，人工煤气用户设备燃烧器的额定压力要求为 1000Pa，根据第 10.4.1 条，用气设备前的燃气压力应在 750~1500 的范围内，因此实际燃气具前压力超出了规范规定的压力上限值。

答案：[B]

4. 某 28 层的塔式住宅，每层 8 户，每户一个厨房，气源为天然气，厨房内设一双眼灶(燃气额定流量为 $0.3\text{m}^3/\text{h}$)和一燃气快速热水器(燃气额定流量为 $1.4\text{m}^3/\text{h}$)。该住宅天然气入管道的燃气计算流量应为下列何值？(2011-3-25)

(A) $50.1 \sim 54.0\text{m}^3/\text{h}$ (B) $54.1 \sim 57.0\text{m}^3/\text{h}$ (C) $57.1 \sim 61.0\text{m}^3/\text{h}$ (D) $61.1 \sim 65.0\text{m}^3/\text{h}$

主要解答过程：

根据《教材 2019》P822 表 6.3-4

总用户为：$28 \times 8 = 224$(户)，利用插值法根据表 6.3-4 得到

$$\sum k = 0.16 - \frac{224 - 200}{300 - 200} \times (0.16 - 0.15) = 0.1576$$

根据式(6.3-2)

$$Q_h = k_t (\sum kNQ_n) = 1 \times [0.1576 \times 224 \times (0.3 + 1.4)] = 60.01(\text{m}^3/\text{h})$$

答案：[C]

5. 武汉市某 20 层住宅(层高 2.80m)接入用户的燃气管道引入管高于一层室内地面 1.8m。供气立管沿外墙敷设，立管顶端高于二十层住宅室内地坪 0.8m，立管管道的热伸长量应为下列何项？(2012-4-25)

(A) $10 \sim 18\text{mm}$ (B) $20 \sim 28\text{mm}$ (C) $30 \sim 38\text{mm}$ (D) $40 \sim 48\text{mm}$

主要解答过程：

根据《燃气设计规》(GB 50028—2006)第 10.2.29.3 条，沿外墙敷设补偿计算温差取 70℃。

根据《教材 2019》P104 式(1.8-23)

$$\Delta X = 0.012(t_1 - t_2)L = 0.012 \times 70 \times (19 \times 2.8 - 1.8 + 0.8) = 43.85(\text{mm})$$

答案：[D]

6. 已知某住宅小区燃气用户为 250 户，每户均设置燃气双眼灶和快速热水器各一台，其额定流量分别为 $2.4\text{m}^3/\text{h}$ 和 $1.75\text{m}^3/\text{h}$，该小区的燃气计算流量应接近下列何项？(2014-3-25)

(A) $156\text{m}^3/\text{h}$ (B) $161\text{m}^3/\text{h}$ (C) $166\text{m}^3/\text{h}$ (D) $170\text{m}^3/\text{h}$

主要解答过程：

根据《教材 2019》P822 式(6.3-2)，查表 6.3-4，采用内插法得：

$$k = 0.15 + \frac{300 - 250}{300 - 200} \times (0.16 - 0.15) = 0.155$$

$$Q_h = \sum kNQ_n = 0.155 \times 250 \times (2.4 + 1.75) = 160.8(\text{m}^3/\text{h})$$

答案：[B]

第2篇

历年真题原版试卷及详细解析（专业案例）

2011年度全国注册公用设备工程师(暖通空调)执业资格考试 专业案例(上)

1. 某地一厂房冬季室内设计参数为 $t_n = 18℃$、$\Phi_n = 50\%$,供暖室外计算温度 $t_w = -12℃$,室内空气干燥。厂房的外门的最小热阻不应低于下列哪一项?
(A)0.21m²·℃/W (B)0.26m²·℃/W
(C)0.31m²·℃/W (D)0.35m²·℃/W
答案:[ ]
主要解答过程:

2. 某办公楼会议室供暖负荷为5500W,采用铸铁四柱640型散热器,供暖热水为85℃/60℃,会议室为独立环路。办公室进行围护结构节能改造后,该会议室的供暖热负荷降至3800W,若原设计的散热器片数与有关修正系数不变,要保持室内温度为18℃(不超过21℃),供回水温度应是下列哪一项?(已知散热器的传热系数公式 $K = 2.442\Delta t^{0.321}$,供回水温差20℃)
(A)75℃/55℃ (B)70℃/50℃
(C)65℃/45℃ (D)60℃/40℃
答案:[ ]
主要解答过程:

3. 某热水网路如图所示,已知总流量为220m³/h,各用户的流量:用户1和用户3均为80m³/h,用户2为60m³/h,压力测点的数值见下表。试求关闭用户1后,该热水管网 B—G 管段总阻力数应是下列哪一项?

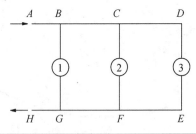

压力测点	A	B	C	F	G	H
压力数值/Pa	25000	23000	21000	14000	12000	10000

(A)0.5~1.0Pa/(m³/h)² (B)1.2~1.7Pa/(m³/h)²
(C)1.8~2.3Pa/(m³/h)² (D)3.0~3.3Pa/(m³/h)²
答案:[ ]
主要解答过程:

4. 接上题(表、图相同),若管网供回水接口的压差保持不变,试求关闭用户1后,用户2和用户3的流量失调度应是下列哪一项?

(A)0.98~1.02　　　　　　　　(B)1.06~1.10
(C)1.11~1.15　　　　　　　　(D)1.16~1.20
答案:[　　]
主要解答过程:

5. 某小区锅炉房为燃煤粉锅炉,煤粉仓几何容积为$60m^3$,煤粉仓设置的防爆门面积应是下列哪一项?

(A)$0.1~0.19m^2$　　　　　　(B)$0.2~0.29m^2$
(C)$0.3~0.39m^2$　　　　　　(D)$0.4~0.59m^2$
答案:[　　]
主要解答过程:

6. 某工厂焊接车间散发的有害物质主要为电焊烟尘,劳动者接触状况见下表。试问,此状况下该物质的时间加权平均允许浓度值和是否符合国家相关标准规定的判断,是下列哪一项?

接触时间/h	接触焊尘对应的浓度/(mg/m³)
1.5	3.4
2.5	4
2.5	5
1.5	0(等同不接触)

(A)$3.2mg/m^3$,未超标　　　　(B)$3.45mg/m^3$,未超标
(C)$4.24mg/m^3$,超标　　　　(D)$4.42mg/m^3$,超标
答案:[　　]
主要解答过程:

7. 某防空地下室为二等人员掩蔽所(一个防护单元),掩蔽人数$N=415$人,清洁新风量为$5m^3/(p·h)$,滤毒新风量为$2m^3/(p·h)$(滤毒风机风量为$1000m^3/h$),最小防毒通道有效容积为$10m^3$,清洁区有效容积为$1725m^3$,该掩蔽所设计的防毒通道的最小换气次数接近下列哪一项?

(A)200次/h　　(B)93次/h　　(C)76次/h　　(D)40次/h
答案:[　　]
主要解答过程:

8. 地处标准大气压的某车间利用热压自然通风(如图所示),已知车间的侧窗a的开启面积$F_a=27m^2$,侧窗a与天窗b距地面的高度分别为$h_a=2.14m$、$h_b=13m$。设室外空气密度与排风密度近似相等,侧窗与天窗的流量系数相同。现拟维持车间距地面$h=8.14m$处余压为0,问:天窗开启面积F_b为下列哪一项?

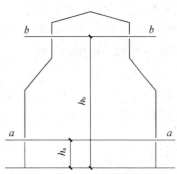

(A)26.5~27.5m² (B)28.0~29.0m²
(C)29.5~30.5m² (D)31.0~32.0m²

答案：[ ]

主要解答过程：

9. 如图所示排风罩，其连接风管直径 $D=200\text{mm}$，已知该排风罩的局部阻力系数 $\xi_Z=0.04$（对应管内风速），蝶阀全开 $\xi_{FK1}=0.2$，风管 A-A 断面处测得静压 $P_{J1}=-120\text{Pa}$。当蝶阀开度关小，蝶阀的 $\xi_{FK2}=4.0$，风管 A-A 断面处测得的静压 $P_{J2}=-220\text{Pa}$。设空气密度 $\rho=1.20\text{kg/m}^3$，蝶阀开度关小后排风罩的排风量与蝶阀全开的排风量之比为哪一项（沿程阻力忽略不计）？

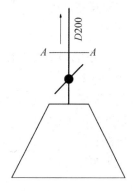

(A)48%~53% (B)54%~59%
(C)65%~70% (D)71%~76%

答案：[ ]

主要解答过程：

10. 拟设计一用于"粗颗粒物料的破碎"的局部排风密闭罩。已知：物料下落时带入罩内的诱导空气量为 $0.35\text{m}^3/\text{s}$，从孔口或缝隙处吸入的空气量为 $0.50\text{m}^3/\text{s}$，则连接密闭罩"圆形吸风口"的最小直径最接近下列哪一项？

(A)0.5m (B)0.6m (C)0.7m (D)0.8m

答案：[ ]

主要解答过程：

11. 采用静电除尘器处理某种含尘烟气，烟气量 $L=50\text{m}^3/\text{s}$，含尘浓度 $Y_1=12\text{g/m}^3$，已知该除尘器的极板面积 $F=2300\text{m}^2$，尘粒的有效驱进速度 $W_e=0.1\text{m/s}$，计算的排放浓度 Y_2 接近下列哪一项？

(A)240mg/m³ (B)180mg/m³ (C)144mg/m³ (D)120mg/m³

答案：[ ]

主要解答过程：

12. 二管制空调水系统，夏季测得如下数据：空调冷水流量 $G=108\text{m}^3/\text{h}$，供、回水温度为 11.5℃，7.5℃，水泵轴功率 $N=10\text{kW}$，水泵效率为 75%。问系统的输送能效比（ER）为下列哪一项？（注：水的密度 $\rho=1000\text{kg/m}^3$，比热为 $4.2\text{kJ/kg}\cdot\text{K}$）

(A)0.0171~0.0190 (B)0.0191~0.0210
(C)0.0211~0.0230 (D)0.0236~0.0270

答案：[ ]

主要解答过程：

13. 某一次回风定风量空调系统夏季设计参数见表。计算该空调系统组合式空调器表冷器的设计冷量,接近下列哪一项?

	干球温度	含湿量	焓值	风量
	℃	g/kg干空气	kJ/kg	kg/h
送风	15	9.7	39.7	8000
回风	26	10.7	53.4	6500
新风	33	22.7	91.5	1500

(A)24.7kW (B)30.4kW (C)37.6kW (D)46.3kW
答案:[ ]
主要解答过程:

14. 某剧院空调采用二次回风和座椅送风方式,夏季室内设计温度为25℃,座椅送风口出风温度为20℃,一次回风与新风混合后经表冷器处理到出风温度为13℃,风机和送风管考虑1℃温升。如一次回风量和新风量均为10000m³/h,要求采用计算方法求空气处理机组的送风机风量,应接近下列哪一项(空气的密度视为不变)?
(A)20000m³/h (B)40000m³/h (C)44000m³/h (D)48000m³/h
答案:[ ]
主要解答过程:

15. 某地一宾馆空调采用风机盘管+新风系统,设计计算参数:室内干球温度为26℃,相对湿度为60%;室外干球温度为36℃、相对湿度为65%(标准大气压)。某健身房夏季室内冷负荷为4.8kW,湿负荷为0.6g/s。新风处理到室内状态的等焓线,因管路温升,新风的温度为23℃;风机盘管的出口干球温度为16℃;新风机组和风机盘管的表冷器机器露点均为90%,设空气密度为1.20kg/m³,风机盘管的风量应为下列哪一项?查 h-d 图计算,并绘制出处理过程。
(A)751~800m³/h (B)801~805m³/h (C)851~1000m³/h (D)1001~1200m³/h
答案:[ ]
主要解答过程:

16. 接上题,因新风管路温升,产生的附加冷负荷应为下列哪一项?
(A)0.105~0.168kW (B)0.231~0.248kW
(C)0.331~0.348kW (D)0.441~0.488kW
答案:[ ]
主要解答过程:

17. 某空调房间设计室温为27℃,送风量为2160m³/h。采用尺寸为1000mm×150mm的矩形风口进行送风(不考虑风口有效面积系数),送风口出风温度为17℃。问:该送风气流的阿基米德数接近以下哪一项?
(A)0.0992 (B)0.0081 (C)0.0089 (D)0.0053
答案:[ ]

主要解答过程：

18. 某集中空调系统需供冷量 $Q=2000\text{kW}$，供回水温差 $\Delta t=6℃$，在设计状态点，水泵的扬程为 $H=28\text{mH}_2\text{O}$，效率为 $\eta=75\%$，选择两台同规格水泵，单台水泵轴功率是下列哪一项（$C_p=4.18\text{kJ/kg}\cdot\text{K}$）？
(A) 20～21kW　　　(B) 11～12kW　　　(C) 14～15kW　　　(D) 17～18kW
答案：[ ]
主要解答过程：

19. 在同一排风机房内，设有三台排风机，其声功率依次为 62dB、65dB 和 70dB，该机房的最大声功率级为下列哪一项？
(A) 69.5～70.5dB　　　　　　　　(B) 70.8～71.8dB
(C) 71.9～72.9dB　　　　　　　　(D) 73.5～74.5dB
答案：[ ]
主要解答过程：

20. 某风冷制冷机的冷凝器放热量 50kW，风量为 14000m³/h，在空气密度为 1.15kg/m³ 和比热为 1.005kJ/(kg·K) 的条件下运行，若要求控制冷凝温度不超过 50℃，冷凝器内侧制冷剂和空气的平均对数温差 $\Delta t_m=9.19℃$，则该冷凝器空气入口最高允许温度应是下列何值？
(A) 34～35℃　　　(B) 37～38℃　　　(C) 40～41℃　　　(D) 43～44℃
答案：[ ]
主要解答过程：

21. 某地建筑 A 与建筑 B 完全相同，冷水机组的额定制冷量均为 3000kW，$COP=6$（冷却水进水温度为 30℃，机组消耗功率为 500kW），仅采用冷却塔类型不同。冷却水系统见下表。

冷却塔类型	运行进出水温差/℃	冷却水泵扬程/mH₂O	冷却塔风机功率/kW	喷淋泵功率/kW	出水温度/℃
建筑 A	开式	4	25	18.5	—	30
建筑 B	闭式	5	15	28.2	15	32

两个建筑冷站的冷却水泵流量应为下列何值？（设机组冷却水进水水温每升高 1℃，冷机 COP 下降 1.5%；取 $C_p=4.2\text{kJ/kg}\cdot\text{K}$）
(A) A 建筑 550～650m³/h，B 建筑 440～540m³/h
(B) A 建筑 550～650m³/h，B 建筑 550～650m³/h
(C) A 建筑 700～800m³/h，B 建筑 550～650m³/h
(D) A 建筑 700～800m³/h，B 建筑 700～800m³/h
答案：[ ]
主要解答过程：

22. 某建筑采用土壤源热泵冷热水机组作为空调冷、热源。在夏季向建筑供冷时，空调系统各末端设备的综合冷负荷合计为 1000kW，热泵制冷工况下的性能系数为 $COP=5$。空调冷水循环泵的轴功率为 50kW，空调冷水管道系统的冷损失为 50kW。问：上述工况条件下热泵向土壤的总释热量 Q 接近下列何值？
(A)1100kW (B)1200kW (C)1300kW (D)1320kW
答案：[ ]
主要解答过程：

23. 某办公楼空调制冷系统拟采用水蓄冷方式，空调日总负荷为 54000kWh，峰值冷负荷为 8000kW，分层型蓄冷槽进出水温差为 8℃，容积率为 1.08。若采用全负荷蓄冷，计算蓄冷槽容积值为下列何值？
(A)1050~1200m³ (B)1300~1400m³ (C)7300~8000m³ (D)8500~9500m³
答案：[ ]
主要解答过程：

24. 某一次节流完全中间冷却的氨双级压缩制冷理论循环，冷凝温度为 38℃，蒸发温度为 −35℃。按制冷系数最大为原则确定中间压力，对应的中间温度接近下列何值？
(A)1.5℃ (B)0℃ (C)−2.8℃ (D)−5.8℃
答案：[ ]
主要解答过程：

25. 某 28 层的塔式住宅，每层 8 户，每户一个厨房，气源为天然气，厨房内设一双眼灶(燃气额定流量为 0.3m³/h)和一燃气快速热水器(燃气额定流量为 1.4m³/h)。该住宅天然气入管道的燃气计算流量应为下列何值？
(A)50.1~54.0m³/h (B)54.1~57.0m³/h
(C)57.1~61.0m³/h (D)61.1~65.0m³/h
答案：[ ]
主要解答过程：

2011 年度全国注册公用设备工程师(暖通空调)执业资格考试 专业案例(上) 详解

专业案例答案										
题号	答案	题号	答案	题号	答案	题号	答案	题号	答案
1	A	6	B	11	D	16	A	21	C
2	B	7	B	12	B	17	D	22	D
3	A	8	C	13	D	18	C	23	C
4	B	9	C	14	B	19	B	24	C
5	D	10	B	15	C	20	A	25	C

1. 答案：[A]
主要解答过程：

根据《教材2019》P4 式(1.1-5)，外墙最小热阻：$R_{0min} = \dfrac{\alpha(t_n - t_w)}{\Delta t_y \alpha_n}$

查表 1.1-8、表 1.1-9 和表 1.1-4 知：$\alpha = 1.0, \Delta t_y = 10℃, \alpha_n = 8.7 \text{ W}/(\text{m}^2 \cdot ℃)$
又根据 P5 注③，外门最小热阻为外墙的 60%，因此外门最小热阻为：

$$R_{0min门} = 0.6 \dfrac{\alpha(t_n - t_w)}{\Delta t_y \alpha_n} = 0.6 \times \dfrac{1 \times (18 + 12)}{10 \times 8.7} = 0.207 (\text{m}^2 \cdot ℃/\text{W})$$

注：《教材2019》中最小传热阻相关内容已根据《民用建筑热工设计规范》(GB 50176—2016)改编。

2. 答案：[B]
主要解答过程：
根据《教材2019》P89 式(1.8-1)，由于修正系数保持不变，则：
原始散热量：$Q_0 = K_0 F \Delta t_0 = 2.442 \times F \times \Delta t_0^{1.321}$
改造后散热量：$Q = KF\Delta t = 2.442 \times F \times \Delta t^{1.321}$

两式相除得：$\dfrac{5500}{3800} = \dfrac{\left(\dfrac{85+60}{2} - 18\right)^{1.321}}{\left(\dfrac{t_g + t_h}{2} - 18\right)^{1.321}}$，解得：$t_g + t_h = 118.4℃$，又因为 $t_g - t_h = 20℃$

因此：$t_g = 70℃$，$t_h = 50℃$

3. 答案：[A]
主要解答过程：

$$S_{BG} = \dfrac{P_B - P_G}{(Q_2 + Q_3)^2} = \dfrac{11000\text{Pa}}{(140\text{m}^3/\text{h})^2} = 0.561 \text{ Pa}/(\text{m}^3/\text{h})^2$$

4. 答案：[B]

主要解答过程：

AB 管段阻力数为：

$$S_{AB} = \frac{P_A - P_B}{(Q_1 + Q_2 + Q_3)^2} = \frac{2000\text{Pa}}{(220\text{m}^3/\text{h})^2} = 0.041\ \text{Pa}/(\text{m}^3/\text{h})^2$$

GH 管段阻力数为：

$$S_{GH} = \frac{P_G - P_H}{(Q_1 + Q_2 + Q_3)^2} = \frac{2000\text{Pa}}{(220\text{m}^3/\text{h})^2} = 0.041\ \text{Pa}/(\text{m}^3/\text{h})^2$$

则关闭①用户后管网总阻力数为：

$$S = S_{AB} + S_{BG} + S_{GH} = 0.644\ \text{Pa}/(\text{m}^3/\text{h})^2$$

②、③用户等比例失调，总流量为：

$$Q_2' + Q_3' = \sqrt{\frac{P_A - P_H}{S}} = 152.6\text{m}^3/\text{h}$$

失调度：

$$\chi = \frac{Q_2' + Q_3'}{Q_2 + Q_3} = \frac{152.6}{140} = 1.09$$

5. 答案：[D]

主要解答过程：

根据《锅规》(GB 50041—2008) 第 5.1.8.4 条

防爆门面积为：$S = 60\text{m}^3 \times 0.0025\text{m}^2/\text{m}^3 = 0.15\text{m}^2$，但总面积不应小于 0.5m^2。

6. 答案：[B]

主要解答过程：

根据《工作场所有害因素职业接触限值 第 1 部分：化学有害因素》(GBZ 2.1—2007) 第 A.3 条

$$C_{TWA} = (C_1T_1 + C_2T_2 + C_3T_3 + C_4T_4)/8 = 3.45\text{mg/m}^3$$

查表 2 得：电焊烟尘的时间加权平均容许浓度为 4mg/m^3，故未超过国家标准容许值。

7. 答案：[B]

主要解答过程：

本题，滤毒风机风量为 $1000\text{m}^3/\text{h}$ 应理解为实际防毒通道的换气量。

根据《人防规》(GB 50038—2005) 第 5.2.7 条，人员新风量为：

$$L_R = L_2 N = 2 \times 415 = 830\text{m}^3/\text{h} < 1000\text{m}^3/\text{h}$$

因此实际防毒通道的换气量应按保持超压的新风量确定，即：

$$L_H = V_F K_H + L_f = 10\text{m}^3 \times K_H + 1725\text{m}^3 \times 4\%$$

解得：$K_H = 93.1$ 次/h

8. 答案：[C]

主要解答过程：

$h_1 = h - h_a = 8.14 - 2.14 = 6(\text{m})$，$h_2 = h_b - h = 13 - 8.14 = 4.86(\text{m})$

根据《教材 2019》P182 式(2.3-16)

$$\frac{F_a}{F_b} = \sqrt{\frac{h_2}{h_1}} = 0.9 \Rightarrow F_b = 30\text{m}^2$$

9. 答案：[C]

主要解答过程：

根据《教材2019》P284 式(2.9-9)

$$L = \frac{1}{\sqrt{1+\zeta}} F \sqrt{\frac{2}{\rho}} \sqrt{|p_j|}$$

$$\begin{cases} L_1 = \frac{1}{\sqrt{1+0.04+0.2}} F \sqrt{\frac{2}{\rho}} \sqrt{120} \\ L_2 = \frac{1}{\sqrt{1+0.04+4}} F \sqrt{\frac{2}{\rho}} \sqrt{|-220|} \end{cases} \Rightarrow \frac{L_2}{L_1} = 0.67$$

注：也可根据基本理论方程计算：

设罩口处为 B 断面，由 A、B 断面的伯努利方程：

$$\frac{\rho v_B^2}{2} = \frac{\rho v_A^2}{2} + \sum \xi \frac{\rho v_A^2}{2} + P_A (v_B = 0) \Rightarrow P_A = -(1+\sum \xi)\frac{\rho v_A^2}{2}$$

因此：$P_{J1} = -(1+\xi_Z+\xi_{FK1})\frac{\rho v_{A1}^2}{2}$，$P_{J2} = -(1+\xi_Z+\xi_{FK2})\frac{\rho v_{A2}^2}{2}$

两式相比得：

$$\frac{-220}{-120} = \frac{1+0.04+4}{1+0.04+0.2} \times \frac{v_{A2}^2}{v_{A1}^2} \Rightarrow \frac{v_{A2}}{v_{A1}} = 0.67 \Rightarrow \frac{Q_2}{Q_1} = \frac{Sv_{A2}}{Sv_{A1}} = 0.67$$

10. 答案：[B]

主要解答过程：

根据《教材2019》P190 式(2.4-2)

$$L = L_1 + L_2 = 0.85 \mathrm{m^3/s}$$

根据 P191，粗颗粒物料破碎吸风口风速 ≤3m/s。

最小直径：$S = \frac{1}{4}\pi D^2 = \frac{L}{3\mathrm{m/s}} = 0.2833 \mathrm{m^2}$，解得：$D = 0.6 \mathrm{m}$

11. 答案：[D]

主要解答过程：

根据《教材2019》P225(式 2.5-27)

$$\eta = 1.0 - \exp\left(-\frac{A}{L}w_e\right) = 1.0 - \exp\left(-\frac{2300}{50} \times 0.1\right) = 98.995\%$$

$$Y_2 = Y_1(1-\eta) = 120.6 \mathrm{mg/m^3}$$

12. 答案：[B]

主要解答过程：

由水泵轴功率公式：

$$N = \frac{GH}{367.3\eta} \Rightarrow H = \frac{367.3 \times 0.75 \times 10}{108} = 25.5(\mathrm{m})$$

根据《公建节能》第5.3.27条

$$ER = \frac{0.002342H}{\Delta T\eta} = \frac{0.002342 \times 25.5}{(11.5-7.5) \times 0.75} = 0.01991$$

13. 答案：[D]

主要解答过程：

新风回风混合状态点焓值：

$$h_c = \frac{6500 \times 53.4 + 1500 \times 91.5}{6500 + 1500} = 60.54(\text{kJ/kg})$$

查 h-d 图知，送风状态点相对湿度为 92%，即该系统为露点送风，所以空调表冷器设计冷量为：

$$Q_L = \frac{G}{3600}(h_c - h_o) = \frac{8000}{3600} \times (60.54 - 39.7) = 46.3(\text{kW})$$

14. **答案：[B]**

主要解答过程：

空气处理过程如图所示。

由于风机温升为 1℃，则二次回风混合点 $t_{O_0} = 20 - 1 = 19(℃)$

经过表冷器的风量为新风量与一次回风量之和为：$10000 + 10000 = 20000(\text{m}^3/\text{h})$

根据二次回风混合关系：

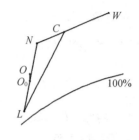

$$\frac{V_{总}}{20000} = \frac{25℃ - 13℃}{25℃ - 19℃}$$

解得：$V_{总} = 40000 \text{m}^3/\text{h}$

15. **答案：[C]**

主要解答过程：

空气处理过程如图所示。

空调房间热湿比：$\varepsilon = \dfrac{4.8\text{kW}}{\dfrac{0.6}{1000}\text{kg/s}} = 8000\text{kJ/kg}$

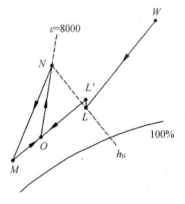

查 h-d 图得：$h_N = 58.3\text{kJ/kg}$，风机盘管出口点 $t_M = 16℃$，$\varphi = 90\%$，$h_M = 42\text{kJ/kg}$，由于新风处理到室内等焓线上，不承担室内负荷（管路温升产生的冷负荷本题忽略，16 题专门计算），因此，风机盘管风量为：

$$V_{风盘} = \frac{4.8\text{kW}}{\rho(h_N - h_M)} = \frac{4.8\text{kW}}{1.2\text{kg/m}^3 \times (58.3 - 42)\text{kJ/kg}} \times 3600 = 883.4 \text{m}^3/\text{h}$$

16. **答案：[A]**

主要解答过程：

查 h-d 图得：$h_L = h_N = 58.3\text{kJ/kg}$，$h_M = 42\text{kJ/kg}$，$h_{L'} = 60\text{kJ/kg}$，$h_o = 45\text{kJ/kg}$

根据混合关系：

$$\frac{V_{风盘}}{V_{新}} = \frac{h_{L'} - h_O}{h_O - h_M} \Rightarrow V_{新} = 176.7 \text{m}^3/\text{h}$$

因此，附加冷负荷：

$$\Delta Q = V_{新} \rho (h_{L'} - h_L) = \frac{176.7}{3600} \times 1.2 \times (60 - 58.3) = 0.100(\text{kW})$$

17. **答案：[D]**

主要解答过程：

根据《教材 2019》P429 式(3.5-5)，注意此处的当量直径 d_0 已勘误为水力直径，即：

$$d_0 = 4\frac{AB}{2(A+B)} = \frac{2 \times 1 \times 0.15}{1 + 0.15} = 0.26(\text{m})$$

风速: $v_0 = \dfrac{2160}{3600 \times 1 \times 0.15} = 4(\text{m/s})$

$$Ar = \frac{gd_0(t_0 - t_n)}{v_0^2 T_n} = \frac{9.81 \times 0.26 \times (17 - 27)}{4^2 \times (273 + 27)} = -0.0053$$

注：负号代表气流方向。

18. 答案：[C]
主要解答过程：

单台水泵流量: $G = \dfrac{0.5Q}{C_p \rho \Delta t} \times 3600 = \dfrac{1000}{4.18 \times 1000 \times 6} \times 3600 = 143.5(\text{m}^3/\text{h})$

单台水泵轴功率: $N = \dfrac{GH}{367.3\eta} = \dfrac{143.5 \times 28}{367.3 \times 0.75} = 14.6(\text{kW})$

19. 答案：[B]
主要解答过程：
根据《教材2019》P541 表3.9-6
70dB 叠加 65dB 为 $70 + 1.2 = 71.2(\text{dB})$
71.2dB 叠加 62dB 为 $71.2 + 0.5 = 71.7(\text{dB})$

20. 答案：[A]
主要解答过程：
设冷凝器入口空气温度为 t_1，出口温度为 t_2

$$Q = 50\text{kW} = \frac{14000}{3600} \times 1.15 \times 1.005 \times (t_2 - t_1) \Rightarrow t_2 - t_1 = 11.12℃，又因为:$$

$$\Delta t_m = \frac{\Delta t_a - \Delta t_b}{\ln \dfrac{\Delta t_a}{\Delta t_b}} = \frac{(50 - t_1) - (50 - t_2)}{\ln \dfrac{50 - t_1}{50 - t_2}} = 9.19℃$$

结合两式可解得: $t_1 = 34.16℃$

21. 答案：[C]
主要解答过程：
对于建筑A, 冷却水流量为 G_A
冷凝器负荷为：

$$3000\text{kW} + 500\text{kW} = C_p \rho \frac{G_A}{3600} \Delta t_A$$

$$\Rightarrow G_A = \frac{3500 \times 3600}{4.2 \times 1000 \times 4} = 750(\text{m}^3/\text{h})$$

对于B建筑，冷却水流量为 G_B，由于冷却塔出水温度为32℃，因此 $COP_B = 6 \times (1 - 1.5\% \times 2) = 5.82$
冷凝器负荷为：

$$3000\text{kW} + \frac{3000\text{kW}}{COP_B} = C_p \rho \frac{G_B}{3600} \Delta t_B$$

$$\Rightarrow G_B = \frac{3515.5 \times 3600}{4.2 \times 1000 \times 5} = 602.7(\text{m}^3/\text{h})$$

22. 答案：[D]

主要解答过程：

注意，本题题干条件"空调冷水循环泵的轴功率为50kW"及"空调冷水管道系统的冷损失为50kW"都是冷冻水侧相关数据，并未提到冷却水水泵功率及管道散热量，要注意仔细审题看清条件。

空调蒸发器冷负荷：$Q_L = 1000 + 50 + 50 = 1100(kW)$

因此排热量为：$Q = Q_L(1 + 1/COP) = 1320 kW$

注：若题干给出冷却水泵功率为50kW，空调冷却水管道系统的冷损失为50kW。

则排热量为：$Q = 1000 \times (1 + 1/COP) + 50 + 50 = 1300(kW)$

23. 答案：[C]

主要解答过程：

根据《教材2019》P691式(4.7-11)，蓄冷槽效率根据表4.7-8取温度分层型的中间值0.85。

$$V = \frac{Q_s P}{1.163 \eta \Delta t} = \frac{54000 \times 1.08}{1.163 \times 0.85 \times 8} = 7374.4(m^3)$$

24. 答案：[C]

主要解答过程：

根据《教材2019》P585式(4.1-35)

$$t_{佳} = 0.4 t_k + 0.6 t_0 + 3℃ = 0.4 \times 38 + 0.6 \times (-35) + 3 = -2.8(℃)$$

25. 答案：[C]

主要解答过程：

根据《教材2019》P822表6.3-4

总用户为：$28 \times 8 = 224$户，利用插值法根据表6.3-4得到

$$\sum k = 0.16 - \frac{224 - 200}{300 - 200} \times (0.16 - 0.15) = 0.1576$$

根据式(6.3-2)

$$Q_h = k_t (\sum k N Q_n) = 1 \times [0.1576 \times 224 \times (0.3 + 1.4)] = 60.01(m^3/h)$$

2011年度全国注册公用设备工程师(暖通空调)执业资格考试 专业案例(下)

1. 某严寒地区 A 区拟建 10 层办公建筑(正南、北朝向、平屋顶),矩形平面,其外轮廓平面尺寸为 40000mm×14400mm。一层和顶层层高均为 5.4m,中间层层高均为 3.0m。顶层为多功能厅,多功能厅屋面开设一天窗,尺寸为 12000mm×6000mm。该建筑的屋面及天窗的传热系数 [W/(m²·K)] 应是下列哪一项?
 (A) $K_{天窗}$≤2.6,$K_{屋面}$≤0.45
 (B) $K_{天窗}$≤2.5,$K_{屋面}$≤0.35
 (C) $K_{天窗}$≤2.5,$K_{屋面}$≤0.30
 (D) 应当进行权衡判断确定
 答案:[ ]
 主要解答过程:

2. 某办公楼的办公室 t_n = 18℃,计算供暖热负荷为 850W,选用铸铁四柱 640 散热器,散热器罩内暗装,上部和下部开口高度均为 150mm,供暖系统热媒为 80~60℃ 热水,双管上供下回,散热器为异侧上进下出。问该办公室计算选用散热器片数应是下列哪一项?(已知:铸铁四柱 640 型散热器单片散热面积 f = 0.205m²;10 片的散热器传热系数计算公式 $K = 2.442\Delta t^{0.321}$)
 (A) 8 片
 (B) 9 片
 (C) 10 片
 (D) 11 片
 答案:[ ]
 主要解答过程:

3. 某热水集中供暖系统的设计参数:供暖热负荷为 750kW,供回水温度为 95℃/70℃。系统计算阻力损失为 30kPa。实际运行时于系统的热力入口处测得:供回水压差为 34.7kPa,供回水温度为 80℃/60℃,系统实际运行的热负荷,应为下列哪一项?
 (A) 530~560kW
 (B) 570~600kW
 (C) 605~635kW
 (D) 640~670kW
 答案:[ ]
 主要解答过程:

4. 某空调系统供热负荷为 1500kW,系统热媒为 60℃/50℃ 的热水,外网热媒为 95℃/70℃ 的热水,拟采用板式换热器进行换热,其传热系数为 4000W/(m²·℃),污垢系数为 0.7,计算换热器面积应是下列哪一项?
 (A) 18~19m²
 (B) 19.5~20.5m²
 (C) 21~22m²
 (D) 22.5~23.5m²
 答案:[ ]
 主要解答过程:

5. 某天然气锅炉房位于地下室，锅炉额定产热量为 4.2MW，效率为 91%，天然气的低位热值 $Q_{DW} = 35000 \text{kJ/m}^3$，燃烧理论空气量 $V = 0.2680 Q_{DW}/1000 (\text{m}^3/\text{m}^3)$，燃烧装置空气过剩系数为 1.1，锅炉间空气体积为 1300m^3，该锅炉房平时总送风量和室内压力状态应为下列哪一项？（运算中，保留到小数点后一位）

(A) 略大于 $15600 \text{m}^3/\text{h}$，维持锅炉间微正压
(B) 略大于 $20053 \text{m}^3/\text{h}$，维持锅炉间微正压
(C) 小于 $20500 \text{m}^3/\text{h}$，维持锅炉间负压
(D) 略大于 $20500 \text{m}^3/\text{h}$，维持锅炉间微正压

答案：[　]
主要解答过程：

6. 某工程选择风冷螺杆式冷热水机组参数如下：名义制热量为 462kW，输入功率为 114kW。该地室外空调计算干球温度为 -10℃，空调设计供水温度为 45℃，该机组冬季制热工况修正系数见下表。

环境温度/℃	机组出水温度/℃					
	40		45		50	
	制热量	输入功率	制热量	输入功率	制热量	输入功率
-10	0.695	0.822	0.711	0.915		
0	0.840	0.854	0.863	0.961	0.891	1.084
7	0.976	0.887	1	1	1.028	1.130

机组每小时化霜 2 次。该机组在设计工况下的制热量及输入功率正确值为哪一项？

(A) 320~330kW，100~105kW
(B) 260~265kW，100~105kW
(C) 290~300kW，100~105kW
(D) 260~265kW，110~120kW

答案：[　]
主要解答过程：

7. 某工厂新建理化楼的化验室排放有害气体甲苯，排气筒的高度为 12m，试问符合国家二级排放标准的最高允许排放速率接近下列哪一项？
(A) 3.49kg/h　　(B) 2.30kg/h　　(C) 1.98kg/h　　(D) 0.99kg/h

答案：[　]
主要解答过程：

8. 某地下车库面积为 500m^2，平均净高 3m，设置全面机械通风系统。已知车库内汽车的 CO 散发量为 40g/h，室外空气的 CO 浓度为 1.0mg/m^3。为了保证车库内空气的 CO 浓度不超过 5.0mg/m^3，所需的最小机械通风量应接近下列哪一项？
(A) $7500 \text{m}^3/\text{h}$　　(B) $8000 \text{m}^3/\text{h}$　　(C) $9000 \text{m}^3/\text{h}$　　(D) $10000 \text{m}^3/\text{h}$

答案：[　]
主要解答过程：

9. 某车间同时散发苯、乙酸乙酯溶剂蒸汽和余热，设稀释苯、乙酸乙酯溶剂蒸汽的散发量所需的室外新风量分别为 $200000 \text{m}^3/\text{h}$、$50000 \text{m}^3/\text{h}$；满足排出余热的室外新风量为 $220000 \text{m}^3/\text{h}$。

问同时满足排出苯、乙酸乙酯溶剂蒸汽和余热的最小新风量是下列哪一项？
(A)220000m³/h   (B)250000m³/h
(C)270000m³/h   (D)470000m³/h
答案：[   ]
主要解答过程：

10. 某金属熔化炉，炉内金属温度为650℃，环境温度为30℃，炉口直径为0.65m，散热面为水平面，于炉口上方1.0m处设接受罩，热源的热射流收缩断面上的流量为下列哪一项？
(A)0.10~0.14m³/h   (B)0.16~0.20m³/h
(C)0.40~0.44m³/h   (D)1.1~1.3m³/h
答案：[   ]
主要解答过程：

11. 含有SO_2有害气体的流量为3000m³/h，其中SO_2的浓度为5.25mL/m³，采用固定床活性炭吸附装置净化该有害气体。设平衡吸附量为0.15kg/kg$_炭$，吸附效率为96%。如有效使用时间(穿透时间)为250h，所需装炭量为下列哪一项？
(A)71.5~72.5kg   (B)72.6~73.6kg
(C)73.7~74.7kg   (D)74.8~78.8kg
答案：[   ]
主要解答过程：

12. 某地夏季空调室外计算干球温度$t_W=35℃$，累年最热月平均相对湿度为80%。设计一矩形钢制冷水箱(冷水温度为7℃)。采用导热系数$\lambda=0.0407W/(m·K)$软质聚氨酯制品保温。不计水箱壁热阻和水箱内表面放热系数，按防结露要求计算的最小保温层厚度应是下列哪一项？注：当地为标准大气压，保温层外表面换热系数$\alpha_W=8.14W/(m^2·K)$。
(A)23.5~26.4mm   (B)26.5~29mm
(C)29.5~32.4mm   (D)32.5~35.4mm
答案：[   ]
主要解答过程：

13. 某高层酒店采用集中空调系统，冷水机组设在地下室，采用单台离心式水泵输送冷水。水泵设计工况：流量为400m³/h，扬程为50mH_2O，配套电动机功率为75kW。系统运行后水泵发生停泵，经核查，系统运行时的实际阻力为30mH_2O。水泵性能有关数据见表。实际运行工况下，水泵功率接近下列哪一项？并解释引起故障的原因。

流量/(m³/h)	扬程/mH_2O	备注
280	54.5	
400	50	效率75%
480	39	
540	30	效率50%

(A)90kW (B)75kW (C)55kW (D)110kW
答案:[ ]
主要解答过程:

14. 某地源热泵系统所处岩土的导热系数为1.65W/(m·K),采用竖直单U形地埋管,管外径为32mm,钻孔灌浆回填材料是混凝土+细河沙,导热系数为2.20W/(m·K),钻孔的直径为130mm。计算回填材料的热阻应为下列哪一项?
(A)0.048~0.052m·K/W (B)0.060~0.070m·K/W
(C)0.072~0.082m·K/W (D)0.092~0.112m·K/W
答案:[ ]
主要解答过程:

15. 某全新风空调系统设全热交换器,新风与排风量相等,夏季显热回收效率为60%,全热回收效率为55%。已知:新风进风干球温度为34℃,进风焓值为90kJ/kg$_{干空气}$;排风温度为27℃,排风焓值为55kJ/kg$_{干空气}$。试计算其新风出口的干球温度和焓值应是下列哪一项?
(A)31.2℃,74.25kJ/kg$_{干空气}$ (B)22.3℃,64.4kJ/kg$_{干空气}$
(C)38.7℃,118.26kJ/kg$_{干空气}$ (D)29.8℃,70.75kJ/kg$_{干空气}$
答案:[ ]
主要解答过程:

16. 在标准大气压力下,将干球温度为34℃、相对湿度为70%、流量为5000m³/h的室外空气处理到干球温度为24℃、相对湿度为55%的送风状态。试问处理过程中空气的除湿量为下列哪一项?(查h-d图计算,空气密度取1.2kg/m³)
(A)60~65kg/h (B)70~75kg/h
(C)76~85kg/h (D)100~105kg/h
答案:[ ]
主要解答过程:

17. 某餐厅(高6m)空调夏季室内设计参数为:$t=25℃$,$\Phi=50\%$。计算室内冷负荷为$\sum Q=24250W$,总余湿量$\sum W=5g/s$。该房间采用冷却降温除湿、机器露点最大送风温差送风的方式(注:无再热热源,不计风机和送风管温升)。空调机组的表冷器进水温度为7.5℃。当地为标准大气压。问:空调时段,房间的实际相对湿度接近以下哪一项(取"机器露点"的相对湿度为95%)?绘制焓湿图,图上绘制过程线。
(A)50% (B)60% (C)70% (D)80%
答案:[ ]
主要解答过程:

18. 某严寒地区办公楼,采用二管制定风量空调系统,空调机组内设置了预热盘管,空气经粗、中效两级过滤后送入房间,其风机全压为1280Pa,总效率为70%,风机的单位风量耗功率数值和是否满足节能设计标准的判断,正确的为下列哪一项?

(A)0.38W/(m³/h),满足 (B)0.42W/(m³/h),满足
(C)0.51W/(m³/h),满足 (D)0.51W/(m³/h),不满足

答案:[   ]

主要解答过程:

19. 某办公楼的一全空气空调系统为四个房间送风,下表内新风量和送风量是根据各房间的人员和负荷计算所得。问该空调设计的总新风量应是下列哪一项?

房间用途	办公室1	办公室2	会议室	接待室	合计
新风量/(m³/h)	500	180	1360	200	2240
送风量/(m³/h)	3000	2000	4200	2800	12000

(A)2200~2300m³/h (B)2350~2450m³/h
(C)2500~2650m³/h (D)2700~2850m³/h

答案:[   ]

主要解答过程:

20. 某空气处理机设有两级过滤器,按计重浓度,粗效过滤器的过滤效率为70%、中效过滤器的过滤效率为90%。若粗效过滤器入口空气含尘浓度为50mg/m³,中效过滤器出口空气含尘浓度是下列哪一项?

(A)1mg/m³   (B)1.5mg/m³   (C)2mg/m³   (D)2.5mg/m³

答案:[   ]

主要解答过程:

21. 某氨压缩式制冷机组,冷凝温度为40℃、蒸发温度为-15℃,如图所示为其理论循环,点2为蒸发器制冷剂蒸汽出口状态。该循环的理论制冷系数应是下列何值?
(注:各点比焓见下表)

状态点号	1	2	3	4
比焓/(kJ/kg)	686	1441	2040	1650

(A)2.10~2.30 (B)1.75~1.95
(C)1.45~1.65 (D)1.15~1.35

答案:[   ]

主要解答过程:

22. 某热回收型地源热泵机组,采用R502制冷剂,冷凝温度为40℃、蒸发温度为-5℃,如图所示为其理论循环。采用冷凝热回收,回收蒸发的显热。点4为冷凝器制冷剂蒸汽进口状态,该机组回收的热量占循环中总的冷凝热的比例应是下列哪一项?注:各点比焓见下表。

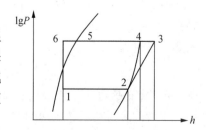

状态点号	1	2	3	4	5
比焓/(kJ/kg)	241.5	344.7	385.7	359.6	247.9

(A)26.5% ~29.0% (B)21.0% ~23.5%
(C)18.6% ~20.1% (D)17% ~18.5%

答案:[   ]
主要解答过程:

23. 某水冷离心式冷水机组,设计工况下的制冷量为500kW、COP =5.0,冷却水进出水温差为5℃。采用横流型冷却塔,冷却塔设在裙房屋面,其集水盘水面与机房内冷却水泵的高差为18m。冷却塔喷淋口距离冷却水集水盘水面的高差为5m,喷淋口出水压力为$2mH_2O$,冷却水管路总阻力为$5mH_2O$,冷凝器水阻力为$8mH_2O$。忽略冷却水水泵及冷凝水管与环境热交换对冷凝负荷的影响。问:冷却水泵的扬程和流量(不考虑安全系数)接近以下何项?

(A)扬程为$38mH_2O$,流量为$86m^3/h$ (B)扬程为$38mH_2O$,流量为$103.2m^3/h$
(C)扬程为$20mH_2O$,流量为$86m^3/h$ (D)扬程为$20mH_2O$,流量为$103.2m^3/h$

答案:[   ]
主要解答过程:

24. 北京地区某大型冷库,冷间面积为$1000m^2$,冷间地面传热系数为$0.6W/(m·℃)$、土壤传热系数为$0.4W/(m·℃)$、冷间空气温度为$-30℃$,采用机械通风地面防冻方式,设地面加热层温度为1℃,若通风加热系统每天运行8h,系统防冻加热负荷应是下列何值(计算修正值α取为1.15,土壤温度t_r取为9.4℃)?

(A)50 ~55kW (B)43 ~48kW
(C)39 ~41kW (D)36 ~37kW

答案:[   ]
主要解答过程:

25. 某大剧院的化妆间有5间(均附设卫生间),由同一给水管供冷水,每间的用水设备相同,每间卫生间器具数量和额定流量见下表(注:洗脸盆和洗手盆均供应冷热水)。当卫生器具采用额定流量计算时,化妆间的冷水给水管道的设计秒流量应为下列何值?

名称	洗脸盆 (混合水嘴)	大便器 (延时自闭式冲洗阀)	洗手盆 (感应水嘴)	小便器 (自闭式冲洗阀)
数量	2	1	1	1
额定流量/(L/s)	0.10	1.2	0.10	0.10

(A)1.90 ~2.10L/s (B)2.14 ~2.30L/s
(C)2.31 ~2.40L/s (D)2.41 ~2.50L/s

答案:[   ]
主要解答过程:

2011 年度全国注册公用设备工程师（暖通空调）执业资格考试 专业案例（下） 详解

专业案例答案									
题号	答案	题号	答案	题号	答案	题号	答案	题号	答案
1	B	6	B	11	A	16	C	21	D
2	C	7	D	12	C	17	C	22	D
3	D	8	D	13	A	18	C	23	D
4	B	9	B	14	C	19	C	24	A
5	D	10	A	15	D	20	B	25	A

1. 答案：[B]
主要解答过程：
建筑表面积：$S = 40 \times 14.4 + (14.4 + 40) \times 2 \times (5.4 \times 2 + 3 \times 8) = 4362.24(m^2)$
建筑体积：$V = 14.4 \times 40 \times (5.4 \times 2 + 3 \times 8) = 20044.8(m^3)$
体形系数：$N = S/V = 0.218 < 0.4$
天窗占屋面百分比：$M = (12 \times 6)/(40 \times 14.4) = 12.5\% < 20\%$
根据《公建节能》第4.1.2及4.2.6条，不需要进行权衡判断确定。
查表4.2.2-1，得 $K_{天窗} \leq 2.5$，$K_{屋面} \leq 0.35$

2. 答案：[C]
主要解答过程：
根据《教材2019》P89 式(1.8-1)

$$F = \frac{Q}{K(t_{pj} - t_n)} \beta_1 \beta_2 \beta_3 \beta_4$$，先假设 $\beta_1 = 1.0$，根据表1.8-3和表1.8-4得 $\beta_2 = 1.0$，$\beta_3 = 1.04$

供回水温差为20℃，流量增加倍数为：$25 \div 20 = 1.25$，根据表1.8-5采用插值法 $\beta_4 = 0.975$

$$F = \frac{850}{2.442 \times \left(\frac{80+60}{2} - 18\right)^{1.321}} \times 1 \times 1 \times 1.04 \times 0.975 = 1.91(m)^2 \quad 片数：n_0 = \frac{F}{f} = 9.32$$

查表1.8-2，得9~10片时 $\beta_1 = 1.0$，因此：$n = 9.55 \times 1.0 = 9.32$（片），取整进位为10片。
注：关于《09技措》第2.3.3条的散热器片数取舍原则，笔者认为是不合理的，笔者认为散热器片数选取只能进位而不能舍去，因为舍去之后，从理论计算角度就无法满足在设计工况下室温的要求了，这显然是不合理的，工程设计当中也只会采取进位。

3. 答案：[D]
主要解答过程：
设计工况系统流量：

$$G_1 = \frac{750}{4.18 \times (95-70)} = 7.18(\text{kg/s})$$

管网阻力数 S 值不变,则:

$$\frac{P_1}{P_2} = \frac{G_1^2}{G_2^2} \Rightarrow G_2 = \sqrt{\frac{P_2}{P_1}} G_1 = \sqrt{\frac{34.7}{30}} \times 7.18 = 7.72(\text{kg/s})$$

则实际热负荷:

$$Q_\text{实} = cG_2(80-60) = 645.6\text{kW}$$

4. 答案:[B]
主要解答过程:

根据《教材2019》P108 式(1.8-29),在题目未指明的情况下,一般按照逆流换热计算

$$\Delta t_m = \frac{\Delta t_a - \Delta t_b}{\ln \frac{\Delta t_a}{\Delta t_b}} = \frac{(95-60)-(70-50)}{\ln \frac{95-60}{70-50}} = 26.8(\text{℃})$$

$$F = \frac{Q}{KB\Delta t_m} = \frac{1500\text{kW}}{4\text{kW/(m}^2\cdot\text{℃})\times 0.7 \times 26.8\text{℃}} = 20\text{m}^2$$

5. 答案:[D]
主要解答过程:

所需天然气体积量为:$V_\text{天然气} = \frac{4.2\text{MW}}{Q_{DW}\eta} \times 3600 = \frac{4200}{35000 \times 0.91} \times 3600 = 475(\text{m}^3/\text{h})$

燃烧所需空气量:$V_\text{空} = \frac{0.268 Q_{DW}}{1000} \times V_\text{天然气} \times 1.1 = 4901\text{m}^3/\text{h}$

根据《锅规》(GB 50041—2008)第15.3.7条,锅炉房位于地下室时,换气次数不小于12次,根据注:换气量中不包括锅炉燃烧所需空气量,根据条文说明中,锅炉房维持微正压。
送风量:$V_\text{送} = V_\text{空} + 12 \times 1300 = 20501\text{m}^3/\text{h}$

6. 答案:[B]
主要解答过程:

根据《民规》第8.3.2条条文说明,查表得:$K_1 = 0.711$,$K_2 = 0.8$
则:$Q = qK_1K_2 = 462 \times 0.711 \times 0.8 = 263(\text{kW})$
查题干附表得:$K_3 = 0.915$,输入功率:$W = W_0 K_3 = 114 \times 0.915 = 104.3(\text{kW})$

7. 答案:[D]
主要解答过程:

根据《大气污染物综合排放标准》(GB 16297—1996)表2查得15m排气筒的二级最高允许排放速率为3.1kg/h,根据附录B3:

$$Q_0 = Q_c \left(\frac{h}{h_c}\right)^2 = 3.1 \times \left(\frac{12}{15}\right)^2 = 1.984(\text{kg/h})$$

根据第7.4条规定,再严格50%则:$Q = 0.5Q_0 = 0.99\text{kg/h}$

8. 答案:[D]
主要解答过程:
根据CO质量平衡方程:

$$40 \times 10^3 \text{mg/h} + V \times 1\text{mg/m}^3 = V \times 5\text{mg/m}^3$$

解得：$V = 10000 \text{m}^3/\text{h}$

车库换气次数为 $n = V/(500 \times 3) = 6.67$ 次/h，满足《教材2019》P337 不小于 6 次换气的要求。

9. 答案：[B]
主要解答过程：
根据《教材2019》P174，排除苯和乙酸乙酯的新风量应叠加计算即为：$200000 + 50000 = 250000(\text{m}^3/\text{h})$，大于排除余热所需新风量 $220000 \text{m}^3/\text{h}$，因此最小新风量应取较大值。

10. 答案：[A]
主要解答过程：
根据《教材2019》P200，式(2.4-24)~式(2.4-26)：

$$Q = \alpha F \Delta t = A \Delta t^{1/3} \times F \Delta t = 1.7 \times \frac{\pi}{4} \times (0.65)^2 \times (650 - 30)^{4/3} = 2.98(\text{kJ/s})$$

$$L_0 = 0.167 Q^{1/3} B^{3/2} = 0.167 \times 2.98^{1/3} \times 0.65^{3/2} = 0.126(\text{m}^3/\text{s})$$

注意：教材式(2.4-25)中 Q 的单位为(J/s)，而式(2.4-24)中 Q 的单位为(kJ/s)，计算时注意换算。

11. 答案：[A]
主要解答过程：
根据《教材2019》P231 式(2.6-1)

$$Y = \frac{CM}{22.4} = \frac{5.25 \times 64}{22.4} = 15(\text{mg/m}^3)$$

根据吸附过程 SO_2 的质量平衡：

$$W \times 0.15 \text{kg/kg}_{\text{炭}} = 3000 \text{m}^3/\text{h} \times 15 \times 10^{-6} \text{kg/m}^3 \times 250\text{h} \times 96\%$$

$$\therefore W = 72 \text{kg}$$

注意：参考 2010-3-10 说明。

12. 答案：[C]
主要解答过程：
查 h-d 图，室外状态点露点温度 $t_L = 31.02$℃。
由于不计水箱壁热阻和水箱内表面放热系数，由热量平衡关系：

$$\frac{35-7}{\dfrac{d}{\lambda} + \dfrac{1}{\alpha_w}} = \frac{35 - t_L}{\dfrac{1}{\alpha_w}} \Rightarrow d = 0.03\text{m} = 30\text{mm}$$

13. 答案：[A]
主要解答过程：
实际运行时 $H = 30\text{m}$，查表得流量为 $540 \text{m}^3/\text{h}$。

水泵轴功率：$N = \dfrac{GH}{376.3\eta} = \dfrac{540 \times 30}{367.3 \times 0.5} = 88.21 \text{kW} > 75 \text{kW}$

可以看出，水泵实际运行功率大于配用电动机功率，造成电流超载，导致停泵，主要原因在于设计计算管网阻力大于实际管网阻力，水泵选型过大。

14. 答案：[C]

主要解答过程：

根据《地源热泵规》(GB 50366—2005) 附录 B

$$d_e = \sqrt{n}d_0 = \sqrt{2} \times 32 = 45.25(\text{mm})$$

$$R_b = \frac{1}{2\pi\lambda_b}\ln\left(\frac{d_b}{d_e}\right) = \frac{1}{2 \times 3.14 \times 2.2}\ln\left(\frac{130}{45.25}\right) = 0.076(\text{m} \cdot \text{K/W})$$

15. 答案：[D]

主要解答过程：

根据《教材 2019》P563~P564

显热回收效率：$60\% = \dfrac{t_1 - t_2}{t_1 - t_3} = \dfrac{34 - t_2}{34 - 27} \Rightarrow t_2 = 29.8℃$

全热回收效率：$55\% = \dfrac{h_1 - h_2}{h_1 - h_3} = \dfrac{90 - h_2}{90 - 55} \Rightarrow h_2 = 70.75\text{kJ/kg}$

16. 答案：[C]

主要解答过程：

查 h-d 图得：$d_1 = 23.75\text{g/kg}$，$d_2 = 10.25\text{g/kg}$

除湿量：$\Delta W = G\rho\left(\dfrac{d_1 - d_2}{1000}\right) = 5000\text{m}^3/\text{h} \times 1.2\text{kg/m}^3 \times \dfrac{23.75 - 10.25}{1000} = 81\text{kg/h}$

17. 答案：[C]

主要解答过程：

本题较难，需根据《民规》第 7.5.4.2 条，空气出口温度应比冷媒温度至少高 3.5℃，因此认为空调机组的出风温度（机器露点）为 $t_L = 7.5 + 3.5 = 11℃$

热湿比：$\varepsilon = \dfrac{24.250\text{kW}}{0.005\text{kg/s}} = 4850\text{kJ/kg}$

过 L 点做热湿比为 4850 的热湿比线与 25℃ 的等温线相交，交点即为房间实际状态点，查 h-d 图得相对湿度接近 70%。

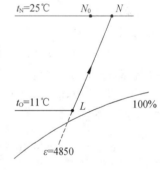

18. 答案：[C]

主要解答过程：

根据《公建节能》第 5.3.26 条，查表 5.3.26 严寒地区二管制定风量空调系统的办公建筑，设置了预热盘管时单位风量耗功率限值为：$0.42 + 0.035 = 0.515\text{W}/(\text{m}^3/\text{h})$

$$W_s = \frac{P}{3600\eta_t} = \frac{1280}{3600 \times 0.7} = 0.508\text{W}/(\text{m}^3/\text{h}) < 0.515\text{W}/(\text{m}^3/\text{h})，满足要求。$$

19. 答案：[C]

主要解答过程：

根据《公建节能 2015》第 4.3.12 条

$$X = \frac{2240}{12000} = 18.76\% \quad Z = \frac{1360}{4200} = 32.4\%$$

$$Y = \frac{X}{1 + X - Z} = \frac{18.76\%}{1 + 18.76\% - 32.4\%} = 21.6\%$$

$$Q_{新} = 12000 \text{m}^3/\text{h} \times Y = 2597 \text{m}^3/\text{h}$$

20. 答案：[B]
主要解答过程：
总过滤效率：$\eta_t = 1 - (1 - 70\%) \times (1 - 90\%) = 97\%$
出口含尘浓度：$m = 50 \text{mg/m}^3 \times (1 - \eta_t) = 1.5 \text{mg/m}^3$

21. 答案：[D]
主要解答过程：

$$\varepsilon = \frac{Q}{W} = \frac{h_2 - h_1}{h_3 - h_2} = \frac{1441 - 686}{2040 - 1441} = 1.26$$

22. 答案：[D]
主要解答过程：
3 点为压缩机出口状态点，在不进行热回收时即为冷凝器进口状态，进行热回收后，冷凝器进口状态点为 4 点，因此，单位制冷机流量回收热量为：$h_3 - h_4$，总冷凝热为：$h_3 - h_6 = h_3 - h_1$
回收热量所占比例：

$$m = \frac{h_3 - h_4}{h_3 - h_1} = \frac{385.7 - 359.6}{385.7 - 241.5} = 18.1\%$$

23. 答案：[D]
主要解答过程：
根据《教材（第二版）》P562 式（4.4-1），若不考虑安全系数，冷却水泵扬程为：

$$H_p = H_f + H_d + H_m + H_s + H_0 = 5 + 8 + 5 + 2 = 20 (\text{mH}_2\text{O})$$

冷凝器排热热负荷为：

$$Q_k = 500 \text{kW} \times (1 + 1/COP) = 600 \text{kW}$$

冷却水泵流量：

$$G = \frac{Q_k}{c\rho\Delta t} \times 3600 = \frac{600 \text{kW}}{4.18 \times 1000 \times 5} \times 3600 = 103.2 (\text{m}^3/\text{h})$$

注：《教材 2019》P496 式（3.7-7）有所调整，本题按《教材（第二版）》出题。

24. 答案：[A]
主要解答过程：
根据《冷库规》（GB 50072—2010）附录 A 第 A.0.2～A.0.4 条

$$Q_r = F_d(t_r - t_n)K_d = 1000 \text{m}^2 \times (1 + 30) \times 0.6 \text{W/(m}\cdot\text{°C)} = 18.6 \text{kW}$$

$$Q_{tu} = F_d(t_{tu} - t_r)K_d = 1000 \text{m}^2 \times (9.4 - 1) \times 0.4 \text{W/(m}\cdot\text{°C)} = 3.36 \text{kW}$$

$$Q_f = \alpha(Q_r - Q_{tu})\frac{24}{T} = 1.15 \times (18.6 - 3.36) \times \frac{24}{8} = 52.6 (\text{kW})$$

25. 答案：[A]
主要解答过程：
根据《给水排水规》（GB 50015—2003）第 3.6.6 条。
解题要点：
(1) 第 3.6.6 条注 2：大便器自闭式冲洗阀应单列计算，当单列计算值小于 1.2L/s 时，以 1.2L/s 计；大于 1.2L/s 时，以计算值计。

(2) 根据表 3.6.6-1 注 1: "表中括号内数据是电影院、剧院的化妆间使用"。
因此根据式(3.6.6)结合上述解题要点,设计秒流量为:

$$\begin{aligned}
q_g &= \sum q_0 n_0 b = q_{脸} n_{脸} b_{脸} + q_{大} n_{大} b_{大} + q_{手} n_{手} b_{手} + q_{小} n_{小} b_{小} \\
&= 0.1 \times (2 \times 5) \times 50\% + 1.2 \times 5 \times 2\% + 0.1 \times 5 \times 50\% + 0.1 \times 5 \times 10\% \\
&= 0.5 + 0.12(小于 1.2 \text{L/s},以 1.2 \text{L/s} 计) + 0.25 + 0.05 \\
&= 0.5 + 1.2 + 0.25 + 0.05 = 2(\text{L/s})
\end{aligned}$$

2012 年度全国注册公用设备工程师(暖通空调)执业资格考试 专业案例(上)

1. 设计严寒地区 A 区某正南北朝向的 9 层办公楼,外轮廓尺寸为 54m×15m,南外窗为 16 个通高竖向条形窗(每个窗宽 2.10m),整个顶层为多功能厅,顶部开设一天窗(24m×6m),一层和顶层层高均为 5.4m,中间层层高均为 3.9m,问该建筑的南外窗及窗外的传热系数 W/(m²·K)应当是下列何项?

(A)$K_窗 \leq 1.4$,$K_墙 \leq 0.40$ (B)$K_窗 \leq 1.7$,$K_墙 \leq 0.45$
(C)$K_窗 \leq 1.5$,$K_墙 \leq 0.40$ (D)$K_窗 \leq 1.5$,$K_墙 \leq 0.45$

答案:[ ]
主要解答过程:

2. 某办公楼供暖系统原设计热媒为 85~60℃热水,采用铸铁四柱散热器,室内温度为 18℃。因办公楼进行了围护结构节能改造,其热负荷降至原来的 67%,若散热器不变,维持室内温度为 18℃(不超过 21℃),且供暖热媒温差采用 20℃,选择热媒应为下列何项?(已知散热器传热系数 $K = 2.81 \times \Delta t^{0.276}$)

(A)75~55℃热水 (B)70~50℃热水
(C)65~45℃热水 (D)60~40℃热水

答案:[ ]
主要解答过程:

3. 严寒地区某 200 万 m² 住宅小区,冬季供暖用热水锅炉容量为 140MW,满足供暖需求。城市规划在该区域再建 130 万 m² 节能住宅也需该锅炉供暖。因该锅炉房无法扩建,故对既有住宅进行围护结构节能改造,满足全部住宅正常供暖,问:既有住宅节能改造后的供暖热指标应是下列何项?(锅炉房自用负荷忽略不计,管网直埋附加 $K_0 = 1.02$,新建住宅供暖热指标 35W/m²)

(A)≤44W/m² (B)≤45W/m² (C)≤46W/m² (D)≤47W/m²

答案:[ ]
主要解答过程:

4. 某居住小区的热源为燃煤锅炉,小区供暖热负荷为 10MW,冬季生活热水的最大小时耗热量为 4MW,夏季生活热水的最小小时耗热量为 2.5MW,室外供热管网的输送效率为 0.92,不计锅炉房的自用热。锅炉房的总设计容量以及最小锅炉容量的设计最大值应为下列何项?(生活热水的同时使用率为 0.8)

(A)总设计容量为 11~13MW,最小锅炉容量的设计最大值为 5MW
(B)总设计容量为 11~13MW,最小锅炉容量的设计最大值为 8MW

(C)总设计容量为 13.1~14.5MW,最小锅炉容量的设计最大值为 5MW
(D)总设计容量为 13.1~14.5MW,最小锅炉容量的设计最大值为 8MW
答案:[ ]
主要解答过程:

5. 某办公楼拟选择 2 台风冷螺杆式冷热水机组,已知,机组名义制热量 462kW,建设地室外空调计算干球温度 -5℃,室外供暖计算干球温度 0℃,空调设计供水温度 50℃,该机组制热量修正系数见下表。机组每小时化霜两次,该机组在设计工况下的供热量为下列何项?

进风温度/℃	出水温度/℃			
	35	40	45	50
-5	0.71	0.69	0.65	0.59
0	0.85	0.83	0.79	0.73
5	1.01	0.97	0.93	0.87

(A)210~220kW (B)240~250kW
(C)260~275kW (D)280~305kW
答案:[ ]
主要解答过程:

6. 某车间设有局部排风系统,局部排风量为 0.56kg/s,冬季室内工作区温度为 15℃,冬季通风室外计算温度为 -15℃,供暖室外计算温度为 -25℃(大气为标准大气压,空气定压比热 1.01kJ/kg·℃)。围护结构耗热量为 8.8kW,室内维持负压,机械进风量为排风量的 90%,试求机械通风量和送风温度为下列何项?
(A)0.3~0.53kg/s, 29~32℃ (B)0.54~0.65kg/s, 29~32℃
(C)0.54~0.65kg/s, 33~36.5℃ (D)0.3~0.53kg/s, 36.6~38.5℃
答案:[ ]
主要解答过程:

7. 某配电室的变压器功率为 1000kVA,变压器功率因数为 0.95,效率为 0.98,负荷率为 0.75,配电室要求夏季室内设计温度不大于 40℃,当地夏季室外通风计算温度为 32℃,采用机械排风,自然进风的通风方式。能消除夏季变压器发热量的风机最小排风量应为下列何项?(风机计算风量为标准状态,空气比热容 C=1.01kJ/kg·℃)
(A)5200~5400m³/h (B)5500~5700m³/h
(C)5800~6000m³/h (D)6100~6300m³/h
答案:[ ]
主要解答过程:

8. 某地夏季为标准大气压力,室外通风计算温度为 32℃,设计某车间内一高温设备的排风系统,已知:排风罩吸入的热空气温度为 500℃,排风量 1500m³/h。因排风机承受的温度最高为 250℃,采用风机入口段混入室外空气做法,满足要求的最小室外空气风量应为下列何项?

(空气比热容按 $C = 1.01\text{kJ/kg}\cdot\text{℃}$ 计，不计风管与外界的热交换)

(A) $600 \sim 700\text{m}^3/\text{h}$ 　　　　　　　　　(B) $900 \sim 1100\text{m}^3/\text{h}$

(C) $1400 \sim 1600\text{m}^3/\text{h}$ 　　　　　　　　(D) $1700 \sim 1800\text{m}^3/\text{h}$

答案：[　]

主要解答过程：

9. 某厂房利用风帽进行自然排风，总排风量 $L = 13842\text{m}^3/\text{h}$，室外风速 $V = 3.16\text{m/s}$，不考虑热压作用，压差修正系数 $A = 1.43$，拟选用 $d = 800\text{mm}$ 的筒形风帽，不接风管，风帽入口的局部阻力系数 $\xi = 0.5$。问：设计配置的风帽个数为下列何项(当地为标准大气压)?

(A) 4 个　　　　(B) 5 个　　　　(C) 6 个　　　　(D) 7 个

答案：[　]

主要解答过程：

10. 某水平圆形热源(散热面直径 $B = 1.0\text{m}$)的对流散热量为 $Q = 5.466\text{kJ/s}$，拟在热源上部 1.0m 处设直径为 $D = 1.2\text{m}$ 的圆伞形接受罩排除余热。设室内有轻微的横向气流干扰，则计算排风量应是下列何项?(罩口扩大面积的空气吸入气流速 $V = 0.5\text{m/s}$)

(A) $1001 \sim 1200\text{m}^3/\text{h}$ 　　　　　　　　(B) $1201 \sim 1400\text{m}^3/\text{h}$

(C) $1401 \sim 1600\text{m}^3/\text{h}$ 　　　　　　　　(D) $1601 \sim 1800\text{m}^3/\text{h}$

答案：[　]

主要解答过程：

11. 含有 SO_2 有害气体流量 $2500\text{m}^3/\text{h}$，其中 SO_2 的浓度 4.48ml/m^3，采用固定床活性炭吸附装置净化该有害气体，设平衡吸附量为 $0.15\text{kg/kg}_\text{炭}$，吸附效率为 94.5%，如装炭量为 50kg，有效使用时间(穿透时间) t 为下列何项？

(A) $216 \sim 225\text{h}$ 　　　　　　　　　(B) $226 \sim 235\text{h}$

(C) $236 \sim 245\text{h}$ 　　　　　　　　　(D) $246 \sim 255\text{h}$

答案：[　]

主要解答过程：

12. 实测某空调冷水系统(水泵)流量为 $200\text{m}^3/\text{h}$，供水温度 7.5℃，回水温度 11.5℃，系统压力损失为 325kPa。后采用变频调节技术将水泵流量调小到 $160\text{m}^3/\text{h}$。如加装变频器前后的水泵效率不变($\eta = 0.75$)，并不计变频器能量损耗，水泵轴功率减少的数值应为下列何项？

(A) $8.0 \sim 8.9\text{kW}$　　(B) $9.0 \sim 9.9\text{kW}$　　(C) $10.0 \sim 10.9\text{kW}$　　(D) $11.0 \sim 12.0\text{kW}$

答案：[　]

主要解答过程：

13. 某地为标准大气压，有一变风量空调系统，所服务的各空调区室内逐时显热冷负荷见下表，取送风温差为 10℃，该空调系统的送风量为下列何项？

时间房间	逐时显热负荷/W								
	9:00	10:00	11:00	12:00	13:00	14:00	15:00	16:00	17:00
房间1	4340	4560	4535	4410	4190	4050	4000	3960	3935
房间2	8870	9125	8655	7725	6065	6145	6130	5990	5800
房间3	2440	2600	2730	2950	3245	3630	3900	3930	3730

(A)1.40~1.50kg/s (B)1.50~1.60kg/s
(C)1.60~1.70kg/s (D)1.70~1.80kg/s
答案：[ ]
主要解答过程：

14. 某地一室内游泳池的夏季室内设计参数 $t_n=32℃$，$\varphi_n=70\%$，室外设计参数：干球温度35℃，湿球温度28.9℃（标准大气压，空气定压比热为1.01kJ/kg·℃，空气密度为1.2kg/m³）。已知：室内总散湿量为160kg/h，夏季设计总送风量为50000m³/h，新风量为送风量的15%，问：组合式空调机组表冷器的冷量应为下列何项（表冷器处理后空气相对湿度为90%）？查 h-d 图计算，相关参数见下表。

室内 d_s /(g/kg干空气)	室内 h_s /(kJ/kg干空气)	室外 d_w /(g/kg干空气)	室内 h_w /(kJ/kg干空气)
21.2	86.4	22.8	94

(A)170~185kW (B)195~210kW (C)215~230kW (D)235~250kW
答案：[ ]
主要解答过程：

15. 接上题为维持室内游泳池夏季设计室温32℃，设计相对湿度70%的条件，已知：计算的夏季显热冷负荷为80kW。问：空气经组合式空调机组的表冷器冷却除湿后，空气的再热量应为何项？并用 h-d 图绘制该游泳池空气处理的全部过程。
(A)25~40kW (B)46~56kW (C)85~95kW (D)170~190kW
答案：[ ]
主要解答过程：

16. 某空调系统新排风设全热交换器，夏季显热回收效率为60%，全热回收效率为55%，若夏季新风进风干球温度34℃，进风焓值90kJ/kg干空气，排风温度27℃，排风焓值60kJ/kg干空气，夏季新风出风的干球温度和焓值应为下列何项？
(A)33~34℃，85~90kJ/kg干空气   (B)31~32℃，77~83kJ/kg干空气
(C)29~30℃，70~75kJ/kg干空气   (D)27~28℃，63~68kJ/kg干空气
答案：[ ]
主要解答过程：

17. 某空调系统采用全空气空调方案，冬季房间总热负荷为150kW，室内计算温度为18℃，需要的新风量为3600m³/h，冬季室外空调计算温度为-12℃，冬季大气压力按101300Pa计算，空

气的密度为 1.2kg/m³，定压比热容为 1.01kJ/(kg·K)，热水的平均比热容为 4.18kJ/(kg·K)，空调热源为 80℃/60℃ 的热水，则该房间需要的热水量为何值？

(A)5000～5800kg/h (B)5900～6700kg/h
(C)6800～7600kg/h (D)7700～8500kg/h

答案：[　]
主要解答过程：

18. 某空调房间采用风机盘管加新风空调系统(新风不承担室内显热负荷)，该房间冬季设计湿负荷为 0，房间设计参数为：干球温度 20℃，相对湿度 30%，室外通风计算参数为：干球温度 0℃，相对湿度 20%，房间设计新风量为 1000m³/h，新风采用空气显热热回收装置，显热回收效率为 60%，新风机组的处理过程如图所示。问：新风机组加热盘管的加热量，约为下列何项？(按照标准大气压计算，空气密度为 1.2kg/m³)

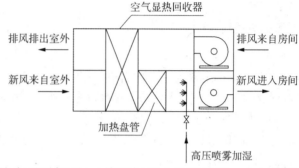

(A)2.7kW (B)5.4kW (C)6.7kW (D)9.2kW

答案：[　]
主要解答过程：

19. 某办公楼普通机械送风系统风机与电动机采用直联方式，设计工况下的风机及传动效率为 92.8%，风管的长度为 124m，通风系统单位长度平均风压为 5Pa/m(包含摩擦阻力和局部阻力)。问：在通风系统设计时，所选择的风机效率的最小值应接近以下效率值，才能满足节能要求？

(A)52% (B)53% (C)56% (D)58%

答案：[　]
主要解答过程：

20. 某高层酒店采用集中空调系统，冷水机组设在屋顶，送冷水，单台水泵流量 400m³/h，扬程 50mH₂O，系统正常运行时水泵出现过载现象，水泵阀门要关至 1/4 水泵才可正常进行，且满足供冷要求。实测水泵流量 300m³/h。查该水泵样本见下表，若采用改变水泵转速的方式，则满足供冷要求时，水泵转速应接近何项？

型号	流量/(m³/h)	扬程/mH₂O	转速/(r/min)	功率/kW
200/400	280	54.5	1460	75
	400	50		
	480	39		

(A)980r/min (B)1100r/min (C)2960r/min (D)760r/min

答案：[　]

主要解答过程：

21. 有一台制冷剂为 R717 的 8 缸活塞压缩机，缸径为 100mm，活塞行程为 80mm，压缩机转速为 720r/min，压缩比为 6，压缩机的实际输气量是下列何项？
(A) $0.04 \sim 0.042 \text{m}^3/\text{s}$
(B) $0.049 \sim 0.051 \text{m}^3/\text{s}$
(C) $0.058 \sim 0.06 \text{m}^3/\text{s}$
(D) $0.067 \sim 0.069 \text{m}^3/\text{s}$
答案：[　　]
主要解答过程：

22. 某项目采用地源热泵进行集中供冷、供热，经测量，有效换热深度为 90m，设单 U 形管换热，设夏、冬季单位管长的换热量为 $q=30\text{W/m}$，夏季冷负荷和冬季热负荷均为 450kW，所选热泵机组夏季性能系数 $EER=5$，冬季性能系数 $COP=4$，在理想换热状态下，所需孔数应为下列何项？
(A) 63 孔
(B) 84 孔
(C) 100 孔
(D) 167 孔
答案：[　　]
主要解答过程：

23. 某办公楼空调制冷系统拟采用冰蓄冷方式，制冷系统的白天运行 10h，当地谷价电时间为 23:00~7:00，计算日总冷负荷 $Q=53000\text{kWh}$，采用部分负荷蓄冷方式（制冷机制冰时制冷能力变化率 $C_f=0.7$），则蓄冷装置有效容量为下列何项？
(A) $5300 \sim 5400 \text{kWh}$
(B) $7500 \sim 7600 \text{kWh}$
(C) $19000 \sim 19100 \text{kWh}$
(D) $23700 \sim 23800 \text{kWh}$
答案：[　　]
主要解答过程：

24. 某水果冷藏库的总储藏量为 1300t，带包装的容积利用系数为 0.75，该冷藏库的公称容积正确的应是下列何项？
(A) $4560 \sim 4570 \text{m}^3$
(B) $4950 \sim 4960 \text{m}^3$
(C) $6190 \sim 6200 \text{m}^3$
(D) $7530 \sim 7540 \text{m}^3$
答案：[　　]
主要解答过程：

25. 沈阳一别墅区，消防水池的容积为 450m^3，问消防水池的最小补水量应为下列何项？
(A) 1.0L/s
(B) 1.3L/s
(C) 2.6L/s
(D) 3.5L/s
答案：[　　]
主要解答过程：

2012年度全国注册公用设备工程师(暖通空调)执业资格考试 专业案例(上) 详解

专业案例答案									
题号	答案	题号	答案	题号	答案	题号	答案	题号	答案
1	B	6	D	11	D	16	C	21	A
2	B	7	A	12	D	17	D	22	A
3	C	8	A	13	C	18	B	23	C
4	C	9	D	14	D	19	D	24	B
5	A	10	D	15	A	20	B	25	C

1. 答案：[B]
主要解答过程：
建筑表面积：$S = 54 \times 15 + 2 \times (54 + 15) \times (5.4 \times 2 + 3.9 \times 7) = 6067.8(m^2)$
建筑体积：$V = 54 \times 15 \times (5.4 \times 2 + 3.9 \times 7) = 30861(m^3)$
体形系数：$N = S/V = 0.197 < 0.4$
天窗占屋面百分比：$M = (24 \times 6)/(54 \times 15) = 17.8\% < 20\%$
南向窗墙比：$Q = 16 \times 2.10 \times (5.4 \times 2 + 3.9 \times 7)/54 \times (5.4 \times 2 + 3.9 \times 7) = 62.2\%$
根据《公建节能》第4.1.2及4.2.6条，不需要进行权衡判断确定
查表4.2.2-1，得$K_{墙} \leq 0.45$，$K_{窗} \leq 1.7$

2. 答案：[B]
主要解答过程：
根据《教材2019》P89式(1.8-1)，由于修正系数保持不变，则：
原始散热量：$Q = K_0 F \Delta t_0 = 2.81 \times F \times \Delta t_0^{1.276}$
改造后散热量：$0.67Q = KF\Delta t = 2.81 \times F \times \Delta t^{1.276}$

两式相除得：$\dfrac{1}{0.67} = \dfrac{\left(\dfrac{85+60}{2} - 18\right)^{1.276}}{\left(\dfrac{t_g + t_h}{2} - 18\right)^{1.276}}$，解得：$t_g + t_h = 115.64℃$，又因为 $t_g - t_h = 20℃$

因此取 $t_g = 70℃$，$t_h = 50℃$

3. 答案：[C]
主要解答过程：
新建住宅所需锅炉容量：$Q_x = K_0 \times 130 \times 10^4 \times 35 = 46.41(MW)$
既有住宅改造后所需锅炉容量：$Q = 140MW - 46.41MW = 93.59MW$
改造后的热指标为：$Q_0 = Q/(K_0 \times 200 \times 10^4) = 45.9 W/m^2$

4. 答案：[C]
主要解答过程：
根据《教材 2019》P157 式(1.11-4)
$$Q = (10\text{MW} + 4\text{MW} \times 0.8)/0.92 = 14.35\text{MW}$$
夏季锅炉需要提供的最小供热量为：（注意：最小耗热量不应再乘同时使用率）
$$Q_x = 2.5\text{MW}/0.92 = 2.72\text{MW}$$
根据《09 技措》第 8.2.10.3.2) 条，"单台燃煤锅炉的运行负荷不应低于锅炉额定负荷的 50%"，因此，最小锅炉容量的设计最大值为：
$$Q_{\max} = Q_x/50\% = 5.43\text{MW}$$

5. 答案：[A]
主要解答过程：
根据《民规》第 8.3.2 条条文说明，查表得：$K_1 = 0.59$，化霜两次，$K_2 = 0.8$
则设计工况供热量：$Q = qK_1K_2 = 462\text{kW} \times 0.59 \times 0.8 = 218.06\text{kW}$

6. 答案：[D]
主要解答过程：
根据《教材 2019》P175，机械通风量：$G_{jj} = 90\% \times 0.56\text{kg/s} = 0.504\text{kg/s}$
根据质量守恒：$G_{zj} + G_{jj} = G_{jp} \Rightarrow G_{zj} = 0.056\text{kg/s}$
根据能量守恒：（局部排风的补风应采用供暖室外计算温度 $t_w = -25℃$）
$$8.8\text{kW} + cG_{jp}t_n = cG_{jj}t_s + cG_{zj}t_w$$
$$8.8 + 1.01 \times 0.56 \times 15 = 1.01 \times 0.504 \times t_s + 1.01 \times 0.056 \times (-25)$$
$$t_s = 36.7℃$$

7. 答案：[A]
主要解答过程：
根据《09 技措》P60 式(4.4.2)
变压器散热量：$Q = (1-\eta_1)\eta_2\phi W = (1-0.98) \times 0.75 \times 0.95 \times 1000 = 14.25(\text{kW})$
风机最小排风量：$G = \dfrac{Q}{c\rho\Delta t} \times 3600 = \dfrac{14.25}{1.01 \times 1.2 \times (40-32)} \times 3600 = 5290.8(\text{m}^3/\text{h})$

8. 答案：[A]
主要解答过程：
32℃时空气密度：$\rho_{32} = 353/(273+32) = 1.157(\text{kg/m}^3)$
250℃时空气密度：$\rho_{250} = 353/(273+250) = 0.675(\text{kg/m}^3)$
500℃时空气密度：$\rho_{500} = 353/(273+500) = 0.457(\text{kg/m}^3)$
根据混合过程能量守恒：
$$c\rho_{500}V_{排} \times 500℃ + c\rho_{32}V \times 32℃ = c(\rho_{500}V_{排} + \rho_{32}V) \times 250℃$$
$$0.457 \times 1500 \times 500 + 1.157 \times V \times 32 = (0.457 \times 1500 + 1.157 \times V) \times 250$$
$$\therefore V = 679.45\text{m}^3/\text{h}$$

9. 答案：[D]
主要解答过程：
根据《教材 2019》P187 式(2.3-22)

$$L_0 = 2827d^2 \frac{A}{\sqrt{1.2 + \sum \xi + 0.02l/d}} = 2827 \times 0.8^2 \times \frac{1.43}{\sqrt{1.2 + 0.5 + 0.02 \times 0/0.8}}$$
$$= 1984.3(\text{m}^3/\text{h})$$
$$n = \frac{L}{L_0} = \frac{13842}{1984.3} = 6.98 \approx 7$$

10. 答案：[D]
主要解答过程：

根据《教材2019》P200，$1.5\sqrt{AP} = 1.32\text{m} > H$，因此为低悬罩。再根据式（2.4-24），也可参考《教材（第二版）》P186 例题，注意忽略轻微横向气流影响。

$$L_0 = 0.167Q^{\frac{1}{3}}B^{\frac{3}{2}} = 0.167 \times 5.466^{\frac{1}{3}} \times 1 = 0.294(\text{m}^3/\text{s})$$
$$L = L_0 + v'F' = L_0 + v'\frac{\pi(D^2 - B^2)}{4} = 0.294 + 0.5 \times \frac{3.14 \times (1.2^2 - 1)}{4} = 0.467\text{m}^3/\text{s}$$
$$= 1681.2\text{m}^3/\text{h}$$

11. 答案：[D]
主要解答过程：
根据吸附过程质量守恒：
根据《教材2019》P231 式（2.5-1）
$$Y = CM/22.4 = 4.48 \times 64/22.4 = 12.8(\text{mg/m}^3)$$
$$2500\text{m}^3/\text{h} \times 12.8\text{mg/m}^3 \times 10^{-6} \times 94.5\% \times t = 50\text{kg} \times 0.15\text{kg/kg}_{炭}$$
解得：$t = 248\text{h}$
注意：参考 2010-3-10 说明。

12. 答案：[D]
主要解答过程：

变频前水泵轴功率为：$N_0 = \frac{G_0 H_0}{367.3\eta} = \frac{200 \times (325000/1000 \times 9.8)}{367.3 \times 0.75} = 24.08(\text{kW})$

根据变频后流量扬程关系：$H = H_0 \left(\frac{G}{G_0}\right)^2 = 325 \times \left(\frac{160}{200}\right)^2 = 208\text{kPa} = 21.2\text{H}_2\text{O}$

变频后水泵轴功率为：$N = \frac{GH}{367.3\eta} = \frac{160 \times 21.2}{367.3 \times 0.75} = 12.3(\text{kW})$

水泵轴功率减少：$\Delta N = N_0 - N = 11.77\text{kW}$

13. 答案：[C]
主要解答过程：
各房间逐时负荷累加最大值出现在 10：00，负荷值为 16.285kW

空调送风量：$G = \frac{Q}{c\Delta t} = \frac{16.285}{1.01 \times 10} = 1.61(\text{kg/s})$

14. 答案：[D]
主要解答过程：
处理过程 h-d 图如图所示。
混合状态点焓值：$h_c = 0.15 \times 94 + (1 - 0.15) \times 86.4 = 87.54(\text{kJ/kg})$

室内总散湿量：

$$160 = 50000 \times 1.2 \times \frac{(d_s - d_o)}{1000} \Rightarrow d_o = d_L = 18.53 \text{g/kg}$$

根据 $d_L = 18.53 \text{g/kg}$，$\varphi = 90\%$ 查 $h\text{-}d$ 图得：$h_L = 72.96 \text{kJ/kg}$，$t_L = 25.5℃$

因此，表冷器的冷量为：$Q_L = \frac{50000 \times 1.2}{3600} \times (h_C - h_L) = 243 \text{kW}$

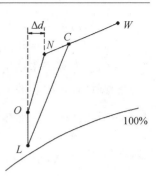

15. 答案：[A]

主要解答过程：

计算显热负荷：$80 \text{kW} = 1.01 \times \frac{50000}{3600} \times 1.2 \times (t_N - t_O) \Rightarrow t_O = 27.25℃$

再热量为：

$$Q_R = 1.01 \times \frac{50000}{3600} \times 1.2 \times (t_O - t_L)$$

$$= 1.01 \times \frac{50000}{3600} \times 1.2 \times (27.25 - 25.5) = 29.4(\text{kW})$$

16. 答案：[C]

主要解答过程：

本题为2011年专业案例（下）第15题稍做修改。根据《教材2019》P563~P564

显热回收效率：$60\% = \frac{t_1 - t_2}{t_1 - t_3} = \frac{34 - t_2}{34 - 27} \Rightarrow t_2 = 29.8℃$

全热回收效率：$55\% = \frac{h_1 - h_2}{h_1 - h_3} = \frac{90 - h_2}{90 - 60} \Rightarrow h_2 = 73.5 \text{kJ/kg}$

17. 答案：[D]

主要解答过程：

加热新风所需热量：$Q_X = c \times \frac{3600}{3600} \times \rho \times (18 + 12) = 1.01 \times 1 \times 1.2 \times 30 = 36.36(\text{kW})$

总热负荷：$Q = Q_X + 150 \text{kW} = 186.36 \text{kW} = c_水 \times G \times (80 - 60)$

解得：$G = 8025.1 \text{kg/h}$

18. 答案：[B]

主要解答过程：

根据《教材2019》P376，高压喷雾加湿为等焓过程，又因为新风不承担室内显热负荷，且房间湿负荷为0，因此新风需直接处理到室内状态点 N 处，新风处理过程如图所示。查 $h\text{-}d$ 图得：$d_W = 0.75 \text{g/kg}$，$h_N = 31.2 \text{kJ/kg}$。其中 W_2 点为室内等焓线与室外等含湿量线的交点，查得：$t_{W2} = 29℃$ [或根据：$31.2 = 1.01 t_{W2} + (2500 + 1.84 t_{W2}) \times 0.75 \times 10^{-3}$，解得：$t_{W2} = 29℃$]，因此：

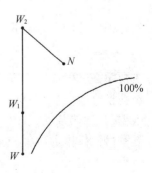

若不进行热回收所需加热量：$Q_0 = 1.01 \times \frac{1000}{3600} \times 1.2 \times (29 - 0) = 9.76(\text{kW})$

显热回收热量：$Q_R = 0.6 \times 1.01 \times \frac{1000}{3600} \times 1.2 \times (20 - 0) = 4.04(\text{kW})$

新风机组所需加热量：$Q = Q_0 - Q_R = 5.72\text{kW}$，计算结果与 B 选项有一定差距。

注：实际工程中，将新风通过等焓加湿直接处理到室内状态点要求控制精度较高，并不常用，本题疑似题干附图印刷错误，若将"高压喷雾加湿"更改为"干蒸汽加湿"，则加湿过程为等温过程，则计算过程调整为：

若不进行热回收所需加热量：$Q_0 = 1.01 \times \dfrac{1000}{3600} \times 1.2 \times (20 - 0) = 6.73(\text{kW})$

显热回收热量：$Q_R = 0.6 \times 1.01 \times \dfrac{1000}{3600} \times 1.2 \times (20 - 0) = 4.04(\text{kW})$

新风机组所需加热量：$Q = Q_0 - Q_R = 2.69\text{kW}$，发现十分接近 A 选项。

19. 答案：[D]
主要解答过程：
电动机直联，机械效率为 1，风管总阻力为：$124\text{m} \times 5\text{Pa/m} = 620\text{Pa}$
根据《公建节能》第 5.3.26 条，普通机械通风系统 $W_s = 0.32$

$$W_s = 0.32 = \frac{P}{3600 \times 1 \times \eta \times 0.928} = \frac{620}{3600 \times 1 \times \eta \times 0.928} (\eta_t = \eta_m \eta_d)$$

$$\therefore \eta = 58\%$$

20. 答案：[B]
主要解答过程：
满足供冷要求的水泵流量为 $300\text{m}^3/\text{h}$，由于水泵转速与流量成正比，因此

$$\frac{n_2}{n_1} = \frac{n_2}{1460} = \frac{300}{400} \Rightarrow n_2 = 1095\text{r/min}$$

21. 答案：[A]
主要解答过程：
根据《教材 2019》P611 式(4.3-1)

压缩机理论输气量：$V_h = \dfrac{\pi}{240} D^2 SnZ = \dfrac{\pi}{240} \times 0.1^2 \times 0.08 \times 720 \times 8 = 0.0603(\text{m}^3/\text{s})$

根据《教材 2019》P612 式(4.3-8)

容积效率：$\eta_V = 0.94 - 0.085 \left[\left(\dfrac{p_2}{p_1}\right)^{\frac{1}{m}} - 1\right] = 0.94 - 0.085 \times (6^{\frac{1}{1.28}} - 1) = 0.68$

实际输气量：$V_R = V_h \eta_V = 0.0603 \times 0.68 = 0.041(\text{m}^3/\text{s})$

22. 答案：[A]
主要解答过程：
单孔换热量：$Q_0 = (90 \times 2) \times 30 = 5.4(\text{kW})$
根据《地源热泵规》（GB 50366—2005）第 4.3.3 条条文说明
夏季最大释热量：$Q_X = 450 \times (1 + 1/EER) = 540\text{kW}$，所需孔数为：$n_X = 540/5.4 = 100$
冬季最大吸热量：$Q_d = 450 \times (1 - 1/COP) = 337.5\text{kW}$，所需孔数为：$n_d = 337.5/5.4 = 62.5$
根据条文说明所述，最大吸热量和最大释热量，所需孔数取大值，当两者相差较大时，宜通过技术经济比较，采用辅助散热（增加冷却塔）或辅助供热方式解决，保证土壤热平衡。因此取 63 孔。

注：本题在 2012 年考试时，《民规》尚未实施，对于以上分析中"相差较大"没有给出量化指

标，故当时有争议。现根据《民规》第8.3.4.4条条文说明，相差不大是指两者的比值在0.8~1.25，本题比值为：540/337.5=1.6，属相差较大的范围，故应按较小值打孔。

23. 答案：[C]
主要解答过程：
根据《教材2019》P690

$$q_c = \frac{\sum_{i=1}^{24} q_i}{n_2 + n_1 c_f} = \frac{53000}{10 + 8 \times 0.7} = 3397.4 (\text{kW})$$

$$Q_s = n_1 c_f q_c = 8 \times 0.7 \times 3397.4 = 19025.6 (\text{kWh})$$

24. 答案：[B]
主要解答过程：
根据《冷库规》(GB 50072—2010)第3.0.2条，查表3.0.6，水果密度为350kg/m³。

$$G = \frac{\sum V_1 \rho_s \eta}{1000} \Rightarrow \sum V_1 = \frac{G \times 1000}{\rho_s \eta} = \frac{1300 \times 1000}{350 \times 0.75} = 4952.4$$

25. 答案：[C]
主要解答过程：
根据《建规》第8.6.2.3条，题干未提及是缺水地区，因此取48h。

最小补水量：$G = \dfrac{450 \times 1000}{48 \times 3600} = 2.6 (\text{L/s})$

注：《教材(第三版)》已删除对消防给水排水部分内容的考试要求。

2012 年度全国注册公用设备工程师(暖通空调)执业资格考试 专业案例(下)

1. 某乙类厂房,冬季工作区供暖计算温度15℃,厂房围护结构耗热量 $Q=313.1\text{kW}$,厂房全面排风量 $L=42000\text{m}^3/\text{h}$;厂房采用集中热风供暖系统,设计送风量 $G=12\text{kg/s}$,则该系统冬季的设计送风温度 t_{jj} 应为下列何项?(注:当地为标准大气压力,室内外空气密度取均为 1.2kg/m^3,空气比热容 $C_p=1.01\text{kJ/kg}\cdot\text{℃}$,冬季通风室外计算温度 -10℃)
(A)40~41.9℃　　　(B)42~43.9℃　　　(C)44~45.9℃　　　(D)46~48.9℃
答案:[　]
主要解答过程:

2. 低温热水地面辐射供暖系统的单位地面面积的散热量与地面面层材料有关,当设计供回水温度为60℃/50℃,室内空气温度为16℃时,地面面层分别为陶瓷地砖与木地板,采用公称外径为 $De20$ 的 PB 管,加热管间距200mm,填充层厚度为50mm,聚苯乙烯绝热层厚度为20mm,陶瓷地砖(热阻 $R=0.02\text{m}^2\cdot\text{K/W}$)与木地板(热阻 $R=0.1\text{m}^2\cdot\text{K/W}$)的单位地面面积的散热量之比,应是下列何项?
(A)1.70~1.79　　　(B)1.60~1.69　　　(C)1.40~1.49　　　(D)1.30~1.39
答案:[　]
主要解答过程:

3. 某5层住宅为下供下回双管热水供暖系统,设计条件下供回水温度95℃/70℃,顶层某房间设计室温20℃,设计热负荷1148W。进入立管水温为93℃。已知:立管的平均流量为250kg/h,一~四层立管高度为10m,立管散热量为78W/m。设定条件下,散热器散热量为140W/片,传热系数 $K=3.10(t_{pj}-t_n)^{0.278}\text{W/(m}^2\cdot\text{K)}$,散热器散热回水温度维持70℃,该房间散热器的片数应为下列何项?(不计该层立管散热和有关修正系数)
(A)8片　　　(B)9片　　　(C)10片　　　(D)11片
答案:[　]
主要解答过程:

4. 某厂房设计采用50kPa蒸汽供暖,供汽管道最大长度为600m,选择供汽管径时,平均单位长度摩擦压力损失值以及供汽水平干管的管径,应是下列何项?
(A)$\Delta P_m \leqslant 25\text{Pa/m}$,$DN \leqslant 20\text{mm}$　　　　(B)$\Delta P_m \leqslant 48\text{Pa/m}$,$DN \geqslant 25\text{mm}$
(C)$\Delta P_m \leqslant 50\text{Pa/m}$,$DN \leqslant 20\text{mm}$　　　　(D)$\Delta P_m \leqslant 25\text{Pa/m}$,$DN \geqslant 25\text{mm}$
答案:[　]
主要解答过程:

5. 某住宅楼设计供暖热媒为85~60℃热水,采用四柱型散热器,经住宅楼进行围护结构节能改造后,采用70~50℃热水,仍能满足原设计的室内温度20℃(原供暖系统未做变更)。则改造后的热负荷应是下列何项?(散热器传热系数 $K = 2.81\Delta t^{0.297}$)
(A)为原热负荷的67.1%~68.8%
(B)为原热负荷的69.1%~70.8%
(C)为原热负荷的71.1%~72.8%
(D)为原热负荷的73.1%~74.8%
答案:[ ]
主要解答过程:

6. 某商业综合体内办公建筑面积135000m²、商业建筑面积75000m²、宾馆建筑面积50000m²,其夏季空调冷负荷建筑面积指标分别为:90W/m²、140W/m²、110W/m²(已考虑各种因素的影响),冷源为蒸汽溴化锂吸收式制冷机组,市政热网供应0.4MPa蒸汽,市政热网的供热负荷是下列何项?
(A)46920~40220kW
(B)31280~37530kW
(C)28150~23460kW
(D)20110~21650kW
答案:[ ]
主要解答过程:

7. 在一般工业区内(非特定工业区)新建某除尘系统,排气筒的高度为20m,距其190m处有一高度为18m的建筑物。排放污染物为石英粉尘,排放浓度为 $y = 50\text{mg/m}^3$,标准工况下,排气量 $V = 60000\text{m}^3/\text{h}$。试问,以下依次列出排气筒的排放速率值以及排放是否达标的结论,正确者应为何项?
(A)3.5kg/h,排放不达标
(B)3.1kg/h,排放达标
(C)3.0kg/h,排放达标
(D)3.0kg/h,排放不达标
答案:[ ]
主要解答过程:

8. 某车间同时散发苯、醋酸乙酯、松节油溶剂蒸汽和余热,为稀释苯、醋酸乙酯、松节油溶剂蒸汽的散发量,所需的室外新风量分别为500000m³/h、10000m³/h、2000m³/h,满足排除余热的室外新风量为510000m³/h。则能够满足排除苯、醋酸乙酯、松节油溶剂蒸汽和余热的最小新风量是下列何项?
(A)510000m³/h
(B)512000m³/h
(C)520000m³/h
(D)522000m³/h
答案:[ ]
主要解答过程:

9. 某生产厂房全面通风量20kg/s,采用自然通风,进风为厂房外墙F的侧窗($\mu_j = 0.56$,窗的面积 $F_j = 260\text{m}^2$),排风为顶面的矩形通风天窗($\mu_p = 0.46$),通风天窗距进风窗之间的中心距离 $H = 15\text{m}$。夏季室内工作地点空气计算温度35℃,室内平均气温度接近下列何项?(注:当地大气压为101.3kPa,夏季通风室外空气计算温度32℃,厂房有效热量系数 $m = 0.4$)
(A)32.5℃
(B)35.4℃
(C)37.5℃
(D)39.5℃

答案：[　　]
主要解答过程：

10. 某车间的一个工作平台上装有带法兰边的矩形吸气罩，罩口的净尺寸为320mm×640mm，工作距罩口的距离640mm，要求于工作处形成0.52m/s的吸入速度，排气罩的排风量应为下列何项？

(A) 1800~2160 m³/h　　　　　　　(B) 2200~2500 m³/h
(C) 2650~2950 m³/h　　　　　　　(D) 3000~3360 m³/h

答案：[　　]
主要解答过程：

11. 某民用建筑的全面通风系统，系统计算总风量为10000m³/h，系统计算总压力损失300Pa，当地大气压力为101.3kPa，假设空气温度为20℃。若选用风系统全压效率为0.65，机械效率为0.98，在选择确定通风机时，风机的配用电动机容量至少应为下列何项？（风机风量按计算风量附加5%，风压按计算阻力附加10%）

(A) 1.25~1.4kW　　(B) 1.4~1.50kW　　(C) 1.6~1.75kW　　(D) 1.8~2.0kW

答案：[　　]
主要解答过程：

12. 某总风量为40000m³/h的全空气低速空调系统服务于总人数为180人的多个房间，其中新风要求比最大的房间为50人，送风量为7500m³/h。新风人均标准为30m³/(h·人)。试问该系统的总新风量最接近下列何项？

(A) 5050 m³/h　　(B) 5250 m³/h　　(C) 5450 m³/h　　(D) 5800 m³/h

答案：[　　]
主要解答过程：

13. 某医院病房区采用理想的温湿度独立控制空调系统，夏季室内设计参数：$t_n = 27℃$，$\varphi_n = 60\%$。室外设计参数：干球温度36℃、湿球温度28.9℃（标准大气压、空气定压比热容为1.01kJ/kg·K，空气密度为1.2kg/m³）。已知：室内总散湿量为29.16kg/h，设计总送风量为30000m³/h，新风量为4500m³/h，新风处理后含湿量为8.0g/kg$_{干空气}$，问：新风空调机组的除湿量应为下列何项？查h-d图计算。

(A) 25~35kg/h　　(B) 40~50kg/h　　(C) 55~65kg/h　　(D) 70~80kg/h

答案：[　　]
主要解答过程：

14. 接上题，问：系统的室内干式风机盘管承担的冷负荷应为下列何项（盘管处理后空气相对湿度为90%）？查h-d图计算，并绘制空气处理的全过程（新风空调机组的出风的相对湿度为70%）。

(A) 39~49kW　　(B) 50~60kW　　(C) 61~71kW　　(D) 72~82kW

答案：[　　]
主要解答过程：

15. 已知某地夏季室外设计计算参数：干球温度为35℃，湿球温度为28℃（标准大气压）。需设计直流全新风系统，风量为1000m³/h（空气密度取1.2kg/m³）。要求提供新风的参数为：干球温度为15℃，相对湿度为30%，试问，采用一级冷却除湿（处理到相对湿度为95%，焓降为45kJ/kg$_{干空气}$）+转轮除湿（冷凝水带走热量忽略不计）+二级冷却方案，符合要求的转轮除湿器后空气温度最接近下列哪一项？查 h-d 图，并绘制出全部处理过程。
(A)15℃　　　　　(B)15.8~16.8℃　　　　(C)35℃　　　　(D)35.2~36.2℃
答案：[　　]
主要解答过程：

16. 某空调房间采用风机盘管（回水管上设置电动两通阀）加新风空调系统。房间空气设计参数为：干球温度26℃，相对湿度50%。房间的计算冷负荷为8kW，计算湿负荷为3.72kg/h，设计新风量为1000m³/h，新风进入房间的温度为14℃（新风机组的机器露点95%）。风机盘管送风量为2000m³/h。问：若运行时，室内相对湿度为下列何项？
(A)45%　　　　　(B)50%　　　　　(C)55%　　　　　(D)60%
答案：[　　]
主要解答过程：

17. 某建筑设置的集中空调系统中，采用的离心式冷水机组为国家标准《冷水机组能效限值及能源效率等级》(GB 19577—2004)规定的3级能效等级的机组，其蒸发器的制冷量为1530kW，冷凝器冷却供回水设计温差为5℃。冷却水水泵的设计参数如下：扬程为40mH₂O，水泵效率70%。问：冷却塔的排热量（不考虑冷却水管路的外排热）应接近下列何项值？
(A)1530kW　　　(B)1580kW　　　(C)1830kW　　　(D)1880kW
答案：[　　]
主要解答过程：

18. 某空调水系统的某段管道如图所示。管道内径为200mm，A、B 点之间的管长为10m，管道的摩擦系数为0.02。管道上阀门的局部阻力系数（以流速计算）为2，水管弯头的局部阻力系数（以流速计算）为0.7。当输送水量为180m³/h 时，问：A、B 点之间的水流阻力最接近下列何项？（水的密度取1000kg/m³）
(A)2.53kPa　　　(B)3.41kPa　　　(C)3.79kPa　　　(D)4.67kPa
答案：[　　]
主要解答过程：

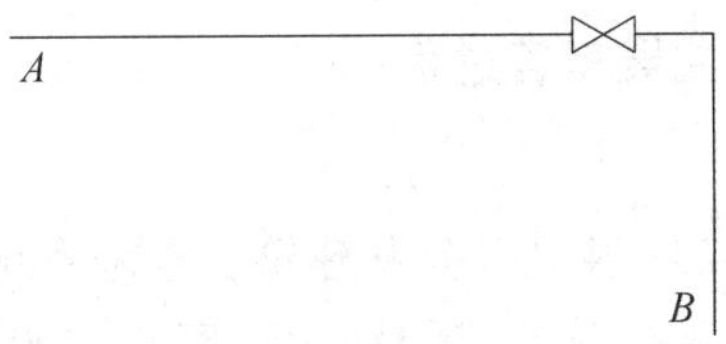

19. 夏热冬暖地区的某旅馆为集中空调两管制水系统。空调冷负荷为6000kW，空调热负荷为1000kW。全年当量满负荷运行时间，制冷为1000h，供热为300h。四种可供选择的制冷、制

热设备方案。其数据见下表。

性能系数 \ 设备类型	风冷式冷、热水热泵	离式冷水机组	溴化锂吸收式冷(热)水机组	燃气热水锅炉
当量满负荷制冷性能系数	4.5	6.0	1.6	
当量满负荷制热性能系数	4.0	—	1.0	当量满负荷平均热效率 0.7

建筑所在区域的一次能源换算为用户电能耗换算系数为 0.35。问：全年最节省一次能源的冷、热源组合，为下列何项〈不考虑水泵等的能耗〉？
(A) 配置制冷量为 2000kW 的离心机 3 台与 1000kW 的热水锅炉 1 台
(B) 配置制冷量为 2500kW 的离心机 2 台与夏季制冷量和冬季供热量均为 1000kW 的风冷式冷、热水机组 1 台
(C) 配置制冷量为 2000kW 的风冷式冷(热)水机组 3 台
(D) 配置制冷量为 2000kW 的直燃式冷(热)水机组 3 台
答案：[   ]
主要解答过程：

20. 某净化室空调系统新风比为 0.15，设置了初、中、高效过滤器，对于粒径≥0.5 微粒的计数效率分别为 20%、65%、99.9%，回风含尘浓度为 500000 粒/m³，新风含尘浓度为 1000000 粒/m³，高效过滤器下游的空气含尘浓度(保留整数)为下列何项？
(A) 43 粒　　　　　(B) 119 粒　　　　　(C) 161 粒　　　　　(D) 259 粒
答案：[   ]
主要解答过程：

21. 某项目设计采用国外进口的离心式冷水机组，机组名义制冷量 1055kW，名义输入功率 209kW，污垢系数 $0.044m^2 \cdot ℃/kW$。项目所在地水质较差，污垢系数为 $0.18m^2 \cdot ℃/kW$，查得设备的性能系数变化比值：冷水机组实际制冷量/冷水机组设计制冷量 = 0.935，压缩机实际耗功率/压缩机设计耗功率 = 1.095，试求机组实际 COP 值接近下列何项？
(A) 4.2　　　　　(B) 4.3　　　　　(C) 4.5　　　　　(D) 4.7
答案：[   ]
主要解答过程：

22. 某处一公共建筑，空调系统冷源选用两台离心式水冷冷水机组和一台螺杆式水冷冷水机组，其参数分别为：离心式水冷冷水机组：额定制冷量为 3267kW，额定输入功率 605kW；螺杆式水冷冷水机组：额定制冷量为 1338kW，额定输入功率 278kW。问：下列性能系数及能源效率等级的选项哪项正确？
(A) 离心式：性能系数 5.4，能源效率等级为 3 级；螺杆式：性能系数 4.8，能源效率等级为 4 级
(B) 离心式：性能系数 5.8，能源效率等级为 2 级；螺杆式：性能系数 4.2，能源效率等级为 3 级
(C) 离心式：性能系数 5.0，能源效率等级为 4 级；螺杆式：性能系数 4.8，能源效率等级为

4级

(D) 离心式：性能系数 5.4，能源效率等级为 2 级；螺杆式：性能系数 4.8，能源效率等级为 3 级

答案：[   ]

主要解答过程：

23. 如图所示为闪发分离器(制冷剂为 R134a)的双级压缩制冷循环，已知：循环主要状态点制冷剂的比焓(kJ/kg)为：$h_3 = 410.25$，$h_7 = 228.50$。当流经蒸发器与流出闪发分离器的制冷剂质量流量之比为 5.5 时，h_5 应为下列何值？

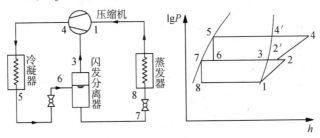

(A) 231 ~ 256kJ/kg
(C) 271 ~ 280kJ/kg
(B) 251 ~ 270kJ/kg
(D) 281 ~ 310kJ/kg

答案：[   ]

主要解答过程：

24. 有一冷却水系统采用逆流式玻璃钢冷却塔，冷却塔池面喷淋器高差 3.5m，系统管路总阻力损失 45kPa。冷水机组的冷凝器阻力损失 80kPa，冷却塔进水压力要求为 30kPa，选用冷却水泵的扬程应为下列何项？

(A) 16.8 ~ 19.1mH$_2$O
(B) 19.2 ~ 21.5mH$_2$O
(C) 21.6 ~ 23.9mH$_2$O
(D) 24.0 ~ 26.3mH$_2$O

答案：[   ]

主要解答过程：

25. 武汉市某 20 层住宅(层高 2.80m)接入用户的天然气管道引入管高于一层室内地面 1.8m。供气立管沿外墙敷设，立管顶端高于二十层住宅室内地坪 0.8m，立管管道的热伸长量应为下列何项？

(A) 10 ~ 18mm　　(B) 20 ~ 28mm　　(C) 30 ~ 38mm　　(D) 40 ~ 48mm

答案：[   ]

主要解答过程：

2012年度全国注册公用设备工程师(暖通空调)执业资格考试 专业案例(下) 详解

专业案例答案										
题号	答案	题号	答案	题号	答案	题号	答案	题号	答案
1	C	6	C	11	D	16	均可	21	B
2	C	7	D	12	D	17	D	22	A
3	B	8	B	13	D	18	D	23	B
4	B	9	C	14	B	19	B	24	B
5	B	10	B	15	D	20	C	25	D

1. 答案：[C]
主要解答过程：
根据《教材2019》P175

全面排风质量流量：$G_{jp} = \dfrac{42000}{3600} \times \rho = 14 \text{(kg/s)}$

根据质量守恒，自然进风量：$G_{zj} = G_{jp} - G = 2 \text{kg/s}$
根据能量守恒：

$$Q + C_P G_{jp} t_n = C_P G t_{jj} + C_P G_{zj} t_w$$

$$313.1 + 1.01 \times 14 \times 15 = 1.01 \times 12 \times t_{jj} + 1.01 \times 2 \times (-10)$$

$$\therefore t_{jj} = 45\text{℃}$$

注：本题题干错误，根据《教材2019》P171第6)条，机械送风系统加热器的冬季室外参数应采用供暖室外计算温度，但是题干所给条件却是冬季通风室外计算温度。

2. 答案：[C]
主要解答过程：
根据《地暖规》(JGJ 142—2004)附录A表A.2.1及表A.2.3可查得两种情况单位地面面积散热量分别为：199.1W/m²和137.5W/m²，比值为：199.1/137.5 = 1.448
注：本题根据老版《地暖规》出题，新版《辐射冷暖规》附录B中参数与本题参数有所不同。

3. 答案：[B]
主要解答过程：
立管散热过程：

$$4.18 \times \dfrac{250}{3600} \times (93 - t_{进}) = 10\text{m} \times 0.078\text{kW/m}$$

$$\therefore t_{进} = 90.31\text{℃}$$

标准供回水温度下散热器散热量：

$$140W = KF(t_{pj} - t_n)^{0.278} = 3.10F \times \left(\frac{95 + 70}{2} - 20\right)^{1.278}$$

实际供回水温度下散热器散热量：

$$Q' = K'F(t'_{pj} - t_n)^{0.278} = 3.10F \times \left(\frac{90.31 + 70}{2} - 20\right)^{1.278}$$

两式相比解得：

$$Q' = 133.3W/片$$

$$\therefore n = 1148/Q' = 8.61 \approx 9 片$$

4. 答案：[B]
主要解答过程：
根据《教材2019》P34可知，50kPa属于低压蒸汽系统，根据P81式(1.6-4)

$$\Delta P_m = \frac{(P - 2000)\alpha}{l} = \frac{(50000 - 2000) \times 0.6}{600} = 48(Pa/m)$$

根据《教材2019》P79，低压蒸汽管路管径不小于25mm。

5. 答案：[B]
主要解答过程：

改造前热负荷：$Q = KF(t_{pj} - t_n) = 2.81F \times \left(\frac{85 + 60}{2} - 20\right)^{1.297} = 478.36F$

改造后热负荷：$Q' = K'F(t'_{pj} - t_n) = 2.81F \times \left(\frac{70 + 50}{2} - 20\right)^{1.297} = 336.18F$

两式相比得：$Q'/Q = 336.18F/478.36F = 70.2\%$

6. 答案：[C]
主要解答过程：
总空调冷负荷：$Q = 135000 \times 90 + 75000 \times 140 + 50000 \times 110 = 28150(kW)$
根据《热网规》(CJJ 34—2010)第3.1.2.3条条文说明，双效溴化锂机组COP可达1.0~1.2，再根据《教材2019》P647，0.4MPa蒸汽采用双效溴化锂机组，热力系数可提高到1.1~1.2。
因此市政供热负荷：$Q_R = 28150kW/(1.0 \sim 1.2) = 28450 \sim 23460kW$

7. 答案：[D]
主要解答过程：
查《环境空气质量标准》(GB 3059—1996)，非特定工业区的排放标准为二级。
排放速率为：$50mg/m^3 \times 60000m^3/h = 3kg/h$
根据《大气污染物综合排放标准》(GB 16297—1996)表2，20m排气筒的二级允许排放速率为3.1kg/h。但根据第7.1条，排气筒应高出周围200m半径范围的建筑5m以上，不能达到则需严格50%，因此允许排放速率为$3.1 \times 50\% = 1.55kg/h < 3kg/h$，故排放不达标。

8. 答案：[B]
主要解答过程：
根据《教材2019》P174当数种溶剂(苯及其同系物、醇类或醋酸酯类)蒸汽或数种刺激性气体同时放散于空气中时，应按各种气体分别稀释至规定的接触限值所需要的空气量的总和计算全面通风换气量。所需新风量为$500000 + 10000 + 2000 = 512000(m^3/h)$，大于排除余热余湿所需新风量，因此应取较大值$512000m^3/h$。

9. 答案：[C]
主要解答过程：
根据《教材2019》P183 式(2.3-19)

$$t_p = t_w + \frac{t_n - t_w}{m} = 32 + \frac{35 - 32}{0.4} = 39.5(℃)$$

根据 P181 式(2.3-12)

$$t_{np} = \frac{t_n + t_p}{2} = \frac{35 + 39.5}{2} = 37.25(℃)$$

注意：题干给出干扰条件，要根据需求选择有用的已知条件。

10. 答案：[B]
主要解答过程：
根据《教材(第二版)》P179 第2个例题，将该罩看成是 640mm×640mm 的假想罩，$a/b = 1.0$，$x/b = 1.0$，查图 2.3-15 得：$v_x/v_0 = 0.12$（注意教材取值错误，图中从下向上，第一根是圆形风管，第二根才是矩形 1:1）
罩口平均风速：$v_0 = v_x/0.12 = 4.33 m/s$
实际排风量：$L = 3600Fv_0 = 3600 × 0.32 × 0.64 × 4.33 = 3194.9(m^3/h)$
由于带法兰边，需考虑 0.75 的系数，即：$L' = 0.75L = 2396.2 m^3/h$

11. 答案：[D]
主要解答过程：
实际计算风量为：$10000 m^3/h × (1 + 5\%) = 10500 m^3/h$，实际计算风压为：$300Pa × (1 + 10\%) = 330Pa$
根据《教材2019》P267 式(2.8-3)

电动机功率：$N = \dfrac{LP}{\eta × 3600 × \eta_m} K = \dfrac{10500 × 330}{0.65 × 3600 × 0.98} × K = 1511K(W)$

根据表 2.7-5，$K = 1.3$，因此：$N = 1511 × 1.3 = 1964W = 1.964kW$

12. 答案：[D]
主要解答过程：
根据《公建节能2015》第 4.3.12 条

$$X = \frac{180 × 30}{40000} = 0.135 \quad Z = \frac{50 × 30}{7500} = 0.2$$

$$Y = \frac{X}{1 + X - Z} = \frac{0.135}{1 + 0.135 - 0.2} = 0.1444$$

因此系统新风量为：$40000 × 0.1444 = 5775.4(m^3/h)$

13. 答案：[D]
主要解答过程：
由于是温湿度独立控制系统，室内风机盘管不承担任何湿负荷，为干工况运行，新风承担新风和室内湿负荷，参见《教材2019》P393 表中第三种工况。查 h-d 图得，$d_w = 22.3 g/kg$
因此新风湿负荷为：

$$W_X = \frac{4500}{3600}\rho(d_w - d_L) = 1.25 × 1.2 × (22.3 - 8) = 21.45 g/s = 77.27 kg/h$$

14. 答案：[B]

主要解答过程：

处理过程线如图所示，风机盘管处理后相对湿度为90%，过室内等含湿量线与90%相对湿度线相交，交点 M 的温度 $t_M = 20.25℃$，由于风盘仅处理显热负荷，冷负荷为：

$$Q_L = cG\Delta t = 1.01 \times \frac{30000 - 4500}{3600} \times 1.2 \times (27 - 20.25)$$
$$= 57.9(kW)$$

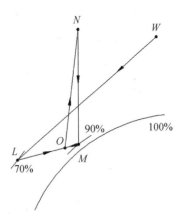

15. 答案：[D]

主要解答过程：

本题为2010年专业案例（上）第16题原题，为防止歧义，出题老师将2010年原题题干"除湿器"改为"转轮除湿器"，计算方法不变。

根据《09 技措》P125，知转轮除湿过程近似认为是等焓升温过程处理过程线如图所示：AB 为一级冷却除湿，BC 为转轮除湿，等焓过程，CD 为二级冷却过程。过 D 点做等含湿量线与过 B 点的等焓线的交点即为除湿器后的状态点，查 h-d 图得：$t_C = 36.5℃$

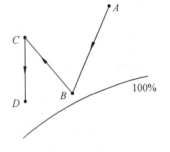

16. 答案：[均可]

主要解答过程：

本题出题错误，所给条件不足，备选答案四个选项均有可能。一般的解题过程如下：

一般风机盘管加新风系统不能同时满足室内温度和相对湿度的设计要求，通常以保证室内设计温度为主，本题即为在保证室内设计温度（26℃）的情况下，计算室内实际的相对湿度值。

房间全热负荷为8kW，湿负荷为3.72kg/h，则潜热负荷为：

$$Q_q = \frac{3.72}{3600} \times 2500 = 2.58(kW)$$

显热负荷为：

$$Q_x = 8 - 2.58kW = cG_{新}(t_n - t_{新}) + cG_{风盘}(t_n - t_{风盘})$$
$$= 1.01 \times \frac{1000}{3600} \times 1.2 \times (26 - 14) + 1.01 \times \frac{2000}{3600} \times 1.2 \times (26 - t_{风盘})$$

解得：$t_{风盘} = 24℃$

从这里开始很多参考资料的解答就出现了判断错误，有人判断，由于风盘出口送风温度远远高于室内状态点的露点温度，就此作出"风机盘管不承担室内湿负荷，为干工况运行"的错误判断，之后让新风系统承担所有湿负荷，计算出室内含湿量（12.59g/kg），从而得出室内相对湿度为60%的错误答案。其实，决定风盘处理过程是否为干工况的关键在于供水温度，只有供水温度（或供回水平均温度）低于室内空气的露点温度时，才会发生结露现象，即所谓的湿工况，这也是为什么温湿度独立控制系统要严格控制供水温度的原因。下图（风盘送风与新风混合后送入室内的画法）将说明之前所述判断错误的原因，并分析为什么本题得不到确切答案：

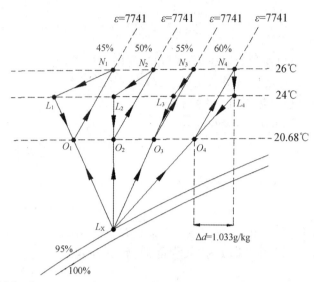

图中四种工况，分别表示 ABCD 四个选项中室内相对湿度的状态点，可以看出前三种工况风盘的处理过程线（N_1L_1，N_2L_2，N_3L_3）风盘出风口温度均为 24℃，均远远大于室内状态点的露点温度，但可以明显看出，3 个过程线均为湿工况，风盘均承担湿负荷，因此可以说明之前提到的判断方法是完全错误的。具体原因可参考《教材 2019》P375，"由于表冷器翅片之间的距离，不是所有的空气都能被冷却到露点"，因此湿工况的出风温度不一定低于空气露点温度。

图中 L_X 为新风送风温度，$L_1 \sim L_4$ 为风盘出口状态点，$O_1 \sim O_4$ 为新风与风盘送风混合后状态点。

房间热湿比为：$\varepsilon = 1000 \times \dfrac{8}{\dfrac{3.72}{3600} \times 1000} = 7741$，$N_1O_1$，$N_2O_2$，$N_3O_3$，$N_4O_4$ 均为沿该热湿比的过程线。

因此，根据焓湿图比例及相似关系，可以得到以下等式：

$$h_{N1} - h_{O1} = h_{N2} - h_{O2} = h_{N3} - h_{O3} = h_{N4} - h_{O4} = \dfrac{8}{G_{新} + G_{风盘}} = \dfrac{8}{\dfrac{1000 + 2000}{3600} \times 1.2}$$

$$= 8(\text{kJ/kg})$$

$$t_{N1} - t_{O1} = t_{N2} - t_{O2} = t_{N3} - t_{O3} = t_{N4} - t_{O4} = \dfrac{8 - 2.58}{c(G_{新} + G_{风盘})} = \dfrac{5.37}{1.01 \times \dfrac{1000 + 2000}{3600} \times 1.2}$$

$$= 5.32(℃)$$

$$d_{N1} - d_{O1} = d_{N2} - d_{O2} = d_{N3} - d_{O3} = d_{N4} - d_{O4} = \dfrac{1000 \times 3.72}{G_{新} + G_{风盘}} = \dfrac{1000 \times 3.72}{(1000 + 2000) \times 1.2}$$

$$= 1.033(\text{g/kg})$$

$$\dfrac{\overline{L_XO_1}}{\overline{L_1O_1}} = \dfrac{\overline{L_XO_2}}{\overline{L_2O_2}} = \dfrac{\overline{L_XO_3}}{\overline{L_3O_3}} = \dfrac{\overline{L_XO_4}}{\overline{L_4O_4}} = \dfrac{L_{风盘}}{L_{新风}} = \dfrac{2000 \text{m}^3/\text{h}}{1000 \text{m}^3/\text{h}} = 2$$

可以发现图中四种工况（仅根据 ABCD 选项举例，其他工况也可）处理过程均能够满足题干中所有条件的要求和约束，因此本题没有固定答案，目测为出题过程中遗漏已知条件，较为可能遗漏的已知条件为："风盘为干工况运行"，若补充条件后，则实际工况为图中第四种工况，解答过程较为简单，可以得到60%的结果。

17. 答案：[D]
主要解答过程：

根据(GB 19577—2004)表2，制冷量为1530kW时，3级能效机组 $COP=5.1$

因此其冷凝器热负荷为：$Q_K = 1530 \times (1 + 1/COP) = 1830\text{kW}$

冷却水泵流量：$G = \dfrac{Q_K}{c\rho\Delta t} \times 3600 = \dfrac{1830}{4.18 \times 1000 \times 5} \times 3600 = 315.2(\text{m}^3/\text{h})$

水泵轴功率为：$N = \dfrac{GH}{367.3\eta} = \dfrac{315.2 \times 40}{367.3 \times 0.7} = 49(\text{kW})$

因此冷却塔总排热量为：$Q = Q_K + N = 1830 + 49 = 1879(\text{kW})$

18. 答案：[D]
主要解答过程：

管内水流速为：$v = \dfrac{180}{3600 \times \dfrac{1}{4}\pi \times (0.2)^2} = 1.59(\text{m/s})$

根据《教材 2019》P74 式(1.6-1)

$$\Delta p = \Delta p_m + \Delta p_i = \left(\dfrac{\lambda}{d}l + \sum\zeta\right)\dfrac{\rho v^2}{2}$$

$$= \left[\dfrac{0.02}{0.2} \times 10 + (2 + 0.7)\right] \times \dfrac{1000 \times 1.59^2}{2} = 4677\text{Pa} = 4.677\text{kPa}$$

19. 答案：[B]
主要解答过程：

分别计算四种搭配方案的一次能源消耗量：

第一种方案：$M_1 = \dfrac{3 \times 2000\text{kW}}{6 \times 0.35} \times 1000\text{h} + \dfrac{1000\text{kW}}{0.7} \times 300\text{h} = 3.28 \times 10^6\text{kWh}$

第二种方案：$M_2 = \left(\dfrac{2 \times 2500\text{kW}}{6 \times 0.35} + \dfrac{1000\text{kW}}{4.5 \times 0.35}\right) \times 1000\text{h} + \dfrac{1000\text{kW}}{4 \times 0.35} \times 300\text{h} = 3.23 \times 10^6\text{kWh}$

第三、第四种方案在配置上不合理，无法合理匹配冬季热负荷，这里假设机组非满负荷运行性能系数与满负荷运行性能系数相同，计算其一次能源消耗量(实际消耗量应大于以下计算值，因为非满负荷性能系数低)

第三种方案：$M_3 = \dfrac{3 \times 2000\text{kW}}{4.5 \times 0.35} \times 1000\text{h} + \dfrac{1000\text{kW}}{4 \times 0.35} \times 300\text{h} = 4.02 \times 10^6\text{kWh}$

第四种方案：$M_4 = \dfrac{3 \times 2000\text{kW}}{1.6} \times 1000\text{h} + \dfrac{1000\text{kW}}{1.0} \times 300\text{h} = 4.05 \times 10^6\text{kWh}$

因此应选择方案二。

20. 答案：[C]
主要解答过程：

参考《教材(第二版)》P418，本题因回风含尘浓度较高，认为回风先与新风进行混合再经过三级过滤器(否则没有正确答案)。

出口含尘浓度为：

$N_s = (0.15 \times 1000000 + 0.85 \times 500000) \times (1 - 20\%) \times (1 - 65\%) \times (1 - 99.9\%)$

$$= 161(粒/m^3)$$

注：新版教材已删除该公式。

21. 答案：[B]
主要解答过程：

实际 COP 为：$COP = \dfrac{1055 \times 0.935}{209 \times 1.095} = 4.31$

22. 答案：[A]
主要解答过程：

离心冷水机组性能系数：$COP_1 = \dfrac{3267}{605} = 5.4$，螺杆冷水机组性能系数：$COP_2 = \dfrac{1338}{278} = 4.8$

根据《公建节能》表5.4.5及条文说明 P73，可知制冷量大于1163时，$COP = 5.4$ 属于3级能效等级，$COP = 4.8$ 属于4级能效等级。

注：本题根据2005版《公建节能》出题，《公建节能2015版》第4.2.10条针对于2005版规范第5.4.5条，更新了冷机类型制冷量范围及其效率限值，将定频机组和变频机组区别规定，并分气候区进行规定，考生应引起重视。

23. 答案：[B]
主要解答过程：

本题根据2007年专业案例（上）第19题改编。

$$m_7 : m_3 = 5.5$$

质量守恒方程：$m_6 = m_3 + m_7$

能量守恒方程：$m_6 h_6 = m_3 h_3 + m_7 h_7$

解得：$h_5 = h_6 = 256.5 \text{kJ/kg}$

24. 答案：[B]
主要解答过程：

根据《教材（第二版）》P562 式(4.4-1)

$$H_P = 1.1(H_f + H_d + H_m + H_s + H_0)$$

$$= 1.1 \times \left[\dfrac{(45 + 80 + 30) \times 10^3}{1000 \times 9.8} + 3.5 \right]$$

$$= 21.25(\text{mH}_2\text{O})$$

注：《教材2019》P496 式(3.7-7)有所调整，本题按第二版教材出题。

25. 答案：[D]
主要解答过程：

根据《燃气设计规》(GB 50028—2006)第10.2.29.3条，沿外墙敷设补偿计算温差取70℃。
根据《教材2019》P104 式(1.8-23)

$$\Delta X = 0.012(t_1 - t_2)L = 0.012 \times 70 \times (19 \times 2.8 - 1.8 + 0.8) = 43.85(\text{mm})$$

2013年度全国注册公用设备工程师(暖通空调)执业资格考试 专业案例(上)

1. 如图所示一重力循环上供下回供暖系统,已知:供回水温度为95℃/70℃,对应的水的密度分别为961.92kg/m³,977.81kg/m³,管道散热量忽略不计。问:系统的重力循环水头应为何项?

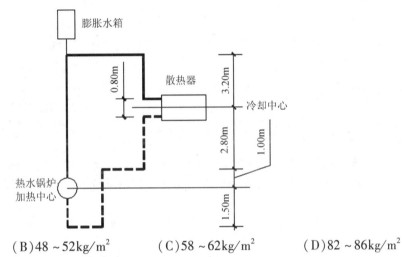

(A)42~46kg/m²　　(B)48~52kg/m²　　(C)58~62kg/m²　　(D)82~86kg/m²

答案:[   ]

主要解答过程:

2. 某住宅小区,住宅楼均为6层,设分户热计量散热器供暖系统(异程双管下供下回式),设计室内温度为20℃,户内为单管跨越式(户间共用立管)。原设计供暖热水的供回水温度分别为85℃/60℃。对小区住宅楼进行了围护结构节能改造后,该住宅小区的供暖热负荷降至原来的65%,若维持原系统流量和设计室内温度不变,供暖热水供回水的平均温度和温差应是下列何项?(已知散热器传热系数计算公式 $K = 2.81\Delta t^{0.276}$)

(A) $t_{pj} = 59 \sim 60℃$,$\Delta t = 20℃$,　　(B) $t_{pj} = 55 \sim 58℃$,$\Delta t = 20℃$
(C) $t_{pj} = 55 \sim 58℃$,$\Delta t = 16.25℃$　　(D) $t_{pj} = 59 \sim 60℃$,$\Delta t = 16.25℃$

答案:[   ]

主要解答过程:

3. 某车间采用单侧单股平行射流集中送风方式供暖,每股射流作用的宽度范围为24m。已知:车间高度为6m,送风口采用收缩的圆喷嘴,送风口高度为3m,工作地带的最大平均回流速度 V_1 为0.3m/s,射流末端最小平均回流速度 V_2 为0.15m/s。试问该方案的送风射流的有效作用长度能够完全覆盖的车间是哪一项?

(A)长度为60m的车间 (B)长度为54m的车间
(C)长度为48m的车间 (D)长度为36m的车间
答案：[　　]
主要解答过程：

4. 某工程的集中供暖系统，室内设计温度为18℃，供暖室外计算温度 -7℃，冬季通风室外计算温度 -4℃，冬季空调室外计算温度 -10℃，供暖期室外平均温度 -1℃，供暖期为120天。该工程供暖设计热负荷1500kW，通风设计热负荷800kW，通风系统每天平均运行3h。另有，空调冬季设计热负荷500kW，空调系统每天平均运行8h，该工程全年最大耗热量应是下列何项？
(A)18750～18850GJ (B)13800～14000GJ
(C)11850～11950GJ (D)10650～10750GJ
答案：[　　]
主要解答过程：

5. 某热水供热管网的水压图如图所示，设计供回水温度为110℃/70℃。1号楼、2号楼、3号楼和4号楼的高度分别是：18m、36m、21m和21m。2号楼为间接连接，其余为直接连接，求循环水泵的扬程和系统停止运行时3号楼顶层的水系统的压力(不考虑顶层的层高因素)是何项？

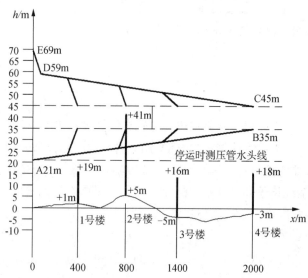

(A)水泵扬程38mH₂O，3号楼顶层水系统的压力5mH₂O
(B)水泵扬程48mH₂O，3号楼顶层水系统的压力5mH₂O
(C)水泵扬程38mH₂O，3号楼顶层水系统的压力19mH₂O
(D)水泵扬程48mH₂O，3号楼顶层水系统的压力19mH₂O
答案：[　　]
主要解答过程：

6. 某厂房内一排风系统设置变频调速风机，当风机低速运行时，测得系统风量 $Q_1 = 30000 \text{m}^3/\text{h}$，系统的压力损失 $\Delta P_1 = 300\text{Pa}$；当将风机转速提高，系统风量增大到 $Q_2 = 60000\text{m}^3/\text{h}$ 时，系统的压力损失 ΔP_2 将为下列何项？

(A) 600Pa (B) 900Pa (C) 1200Pa (D) 2400Pa

答案：[   ]

主要解答过程：

7. 某生产厂房采用自然进风，机械排风的全面通风方式，室内空气温度为30℃，相对湿度为60%，室外通风设计温度为27℃，相对湿度为50%，厂房内的余湿量为25kg/h。厂房所在地为标准大气压，查 h-d 图计算，该厂房排风系统消除余湿的设计风量（按干空气计）应为下列何项？

(A) 3100~3500kg/h
(B) 3600~4000kg/h
(C) 4100~4500kg/h
(D) 4800~5200kg/h

答案：[   ]

主要解答过程：

8. 某生产厂房采用自然进风、机械排风的全面通风方式，室内设计空气温度为30℃，含湿量17.4g/kg；室外通风设计温度为26.5℃，含湿量为15.5g/kg；厂房内的余热量20kW，余湿量为25kg/h；该厂房排风系统的设计风量应为下列何项？（空气比热容为1.01kJ/kg·K）

(A) 12000~14000kg/h
(B) 15000~17000kg/h
(C) 18000~19000kg/h
(D) 20000~21000kg/h

答案：[   ]

主要解答过程：

9. 某人防地下室战时为二级人员掩护体，清洁区的有效体积为3200m³，掩蔽人数为420人，清洁式通风的新风量标准为6m³/(p·h)，滤毒式通风的新风量标准为2.5m³/(p·h)，最小防毒通道体积为20m³，设计滤毒通风时的最小新风量，应是下列何项？

(A) 2510~2530m³/h
(B) 1040~1060m³/h
(C) 920~940m³/h
(D) 790~810m³/h

答案：[   ]

主要解答过程：

10. 某厂房采用自然通风排除室内余热，要求进风窗的进风量与天窗的排风量均为 $G_j = 850\text{kg/s}$，排风天窗窗孔两侧的密度差为0.055kg/m³，进风窗的面积 $F_j = 800\text{m}^2$、局部阻力系数 $\zeta_j = 3.18$，设：天窗与进风窗之间中心距 $h = 15\text{m}$，天窗中心与中和面的距离 $h_j = 10\text{m}$，天窗局部阻力系数 $\zeta_p = 4.2$，天窗排风口空气密度 $\rho_p = 1.125\text{kg/m}^3$，则所需天窗面积为下列何项？

(A) 410~470m² (B) 471~530m² (C) 531~590m² (D) 591~640m²

答案：[ ]
主要解答过程：

11. 某台离心式风机在标准工况下的参数为：风量9900m³/h，风压350Pa，在实际工程中用于输送10℃的空气，当地大气压力为标准大气压力，则该风机的实际风量和风压值为下列哪项？
(A)风量不变，风压为335～340Pa
(B)风量不变，风压为360～365Pa
(C)风量为8650～8700m³/h，风压为335～340Pa
(D)风量为9310～9320m³/h，风压为360～365Pa
答案：[ ]
主要解答过程：

12. 某恒温车间采用一次回风空调系统，设计室温为22℃±0.5℃，相对湿度为50%，室外设计计算参数：干球温度36℃，湿球温度27℃，夏季室内仅有显热负荷109.08kW，新风比为20%，表冷器机器露点取相对湿度为90%，当采用最大送风温差时，该车间的组合式空调器的设计冷量(当地为标准大气压，空气密度按1.20kg/m³，不考虑风机与管道温升)应为下列何项？查 h-d 图计算。
(A)200～230kW   (B)240～280kW   (C)300～350kW   (D)380～420kW
答案：[ ]
主要解答过程：

13. 某地大型商场为定风量空调系统，冬季采用变新风供冷、湿膜加湿方式。室内设计温度22℃，相对湿度50%，室外空调设计温度-1.2℃，相对湿度74%；要求送风参数为13℃，相对湿度为80%；系统送风量30000m³/h。查焓湿图(B=101325Pa)求新风量和加湿量为下列何项？(空气密度取1.20kg/m³)
(A)20000～23000m³/h，130～150kg/h   (B)10000～13000m³/h，45～55kg/h
(C)7500～9000m³/h，30～40kg/h   (D)2500～4000m³/h，20～25kg/h
答案：[ ]
主要解答过程：

14. 位于我国西部某厂的空调系统，当地夏季大气压力为70kPa，车间的总余热为100kW，空调系统的送风焓差为15kJ/kg干空气，试问：设空气密度与温度无关，该空调系统的送风量最接近下列何项？(标准大气压力下，空气密度 ρ=1.20kg/m³)
(A)29000m³/h   (B)31000m³/h   (C)33000m³/h   (D)35000m³/h
答案：[ ]
主要解答过程：

15. 某空调系统用表冷器处理空气，表冷器空气进口温度为34℃，出口温度为11℃，冷水进口温度为7℃，则表冷器的热交换效率系数应为下列何项？
(A)0.58～0.64　　(B)0.66～0.72　　(C)0.73～0.79　　(D)0.80～0.86
答案：[　]
主要解答过程：

16. 某一次回风全空气空调系统负担4个空调房间（房间A～房间D），各房间设计状态下的新风量和送风量详见下表，已知4个房间的总室内冷负荷为18kW，各房间的室内设计参数均为：$t=25℃$，$\varphi=55\%$，$h=52.9$kJ/kg，室外新风状态点为$t=34℃$，$\varphi=65\%$，$h=90.4$kJ/kg，无再热负荷，且忽略风机、管道温升，该系统的空调器所需冷量应为下列何项？（空气密度$\rho=1.2$kg/m³）

	房间A	房间B	房间C	房间D	合计
新风量/(m³/h)	180	270	180	150	780
送风量/(m³/h)	1250	1500	1500	1200	5450
新风比	14.4%	18%	12%	12.5%	14.3%

(A)25～25.9kW　　(B)26～26.9kW　　(C)27～27.9kW　　(D)28～28.9kW
答案：[　]
主要解答过程：

17. 某空调系统的水冷式冷水机组的运行工况与国家标准（GB/T 18430.1—2007）规定的名义工况时的温度/流量条件完全相同，其制冷性能系数$COP=6.25$kW/kW，如果按照该冷水机组名义工况的要求来配备冷却水泵的水流量，此时冷却塔进塔与出塔水温，最接近以下哪个选项？（不考虑冷却水供回水管和冷却水泵的温升）
(A)进塔水温34.6℃，出塔水温30℃　　(B)进塔水温35.0℃，出塔水温30℃
(C)进塔水温36.0℃，出塔水温31℃　　(D)进塔水温37.0℃，出塔水温32℃
答案：[　]
主要解答过程：

18. 一台名义制冷量2110kW的离心式冷水机组，其性能参数见下表，试问其综合部分负荷性能系数（$IPLV$）值，接近下列何项值？
(A)5.33　　(B)5.69　　(C)6.29　　(D)6.59

负荷(%)	制冷量/kW	冷却水进水温度/℃	COP/(kW/kW)
25	528	19	5.22
50	1055	23	6.39
75	1582	26	6.46
100	2100	30	5.84

答案：[　]
主要解答过程：

19. 某房间采用温湿度独立控制方式的新风加干式风机盘管空调系统，房间各项冷负荷逐时计算结果汇总见下表。问：在设备选型时，新风机组的设计冷负荷 Q_k 和干工况风机盘管的设计冷负荷 Q_f 应为以下何项？

各项冷负荷逐时计算结果汇总表　　　　　　　　　　（单位：W）

时刻	10:00	11:00	12:00	13:00	14:00	15:00	16:00
围护结构冷负荷	1800	2300	2700	2900	3000	3100	3000
照明冷负荷	200	210	220	230	240	250	260
人员潜热冷负荷	200	200	200	200	200	200	200
人员显热冷负荷	100	110	120	130	140	150	160
新风冷负荷	900	1000	1100	1200	1300	1200	1100

(A) $Q_k=1300W$，$Q_f=3580W$　　　　(B) $Q_k=1300W$，$Q_f=3650W$
(C) $Q_k=1500W$，$Q_f=3380W$　　　　(D) $Q_k=1500W$，$Q_f=3500W$

答案：[　　]

主要解答过程：

20. 某户用风冷冷水机组，按照现行国家标准规定的方法，出厂时测得机组名义工况制冷量为35.4kW，制冷总耗功率为12.5kW，试问，该机组能源效率按国家能耗等级标准判断，下列哪项是正确的？

(A)1级　　　　(B)2级　　　　(C)3级　　　　(D)4级

答案：[　　]

主要解答过程：

21. 离心式冷水机组运行中由于冷凝器内传热面污垢的形成，会导致其传热系数下降，已知该机组的冷凝放热量 Q，冷凝器的对数传热温差 $\Delta\theta_m$ 的额定值和实际运行数值，具体见下表，试问，机组冷凝器的污垢系数增加后，导致冷凝器传热系数下降的百分比，数值正确的应该是下列选项的哪一个？

参数	冷水机组额定值	实际运行数值
Q/kW	2460	1636.8
$\Delta\theta_m$/℃	4	4.4

(A)10%~20%　　　　(B)25%~30%　　　　(C)35%~40%　　　　(D)45%~50%

答案：[　　]

主要解答过程：

22. 某离心式冷水机组允许变流量运行，允许蒸发器最小流量是额定流量的65%，蒸发器在额定流量时，水压降为60kPa，蒸发侧（冷水回路侧）设有压差保护装置（当压差低于设定数值，表明水量过小，实现机组自动停机保护）。问满足变流量要求设定的保护压差数值应为下列何项？

(A)60kPa　　　　(B)48~52kPa　　　　(C)38~42kPa　　　　(D)24~28kPa

答案：[　　]

主要解答过程：

23. 某全新的水冷式冷水机组（冷量 2400kW，$COP = 5.0$）的冷凝器温差为 $1.2℃$（100%负荷），经过一个供冷季的运行后，冷凝器温差为 $3.6℃$（100%负荷），设机组冷凝温度提高 $1℃$，机组能效降低4%，问机组当前的 COP 为下列何项？
(A) 4.4 (B) 4.5 (C) 4.6 (D) 4.7
答案：[   ]
主要解答过程：

24. 某燃气三联供项目的发电量全部用于冷水机组供冷，设内燃发电机组额定功率 $1MW \times 2$ 台，发电效率40%，发电后燃气余热可利用67%，若离心式冷水机组 COP 为5.6，余热溴化锂吸收式冷水机组性能系数为1.1，系统供冷量为下列何项？
(A) 12.52MW (B) 13.4MW (C) 5.36MW (D) 10MW
答案：[   ]
主要解答过程：

25. 某民用住宅楼用户户内安装有大便器、洗脸盆、洗涤盆、洗衣机、热水器和淋浴设备，已知该住宅楼总人数为600，最高日用水定额为 $200L/(人 \cdot d)$，最高日用热水定额为 $60L/(人 \cdot d)$，问：该住宅楼最大日用水量为下列哪一项？
(A) 120t/d (B) 125t/d (C) 145t/d (D) 165t/d
答案：[   ]
主要解答过程：

2013 年度全国注册公用设备工程师(暖通空调)执业资格考试 专业案例(上) 详解

专业案例答案									
题号	答案	题号	答案	题号	答案	题号	答案	题号	答案
1	C	6	C	11	B	16	D	21	C
2	C	7	D	12	C	17	A	22	D
3	D	8	D	13	C	18	C	23	B
4	B	9	B	14	A	19	D	24	B
5	B	10	B	15	D	20	C	25	A

1. 答案:[C]

主要解答过程:

根据《教材 2019》P25 式(1.3-3)及图 1.3-1

系统的重力循环水头:

$$\Delta p = h(\rho_h - \rho_g) = (2.8 + 1) \times (977.81 - 961.92) = 60.38(\text{kg/m}^2)$$

注:h 为加热中心至冷却中心的垂直距离,公式中不乘以重力加速度 g,所得结果单位为选项中的 kg/m^2。

2. 答案:[C]

主要解答过程:

因为系统流量不变,热负荷减小为 65%,因此供回水温差也应减小为改造前的 65%,即:

$$t_g - t_h = 0.65(t_{g0} - t_{h0}) = 0.65 \times (85 - 60) = 16.25(℃)$$

根据《教材 2019》P89 式(1.8-1),由于修正系数保持不变,则:

原始散热量:$Q = K_0 F \Delta t_0 = 2.81 \times F \times \Delta t_0^{1.276}$

改造后散热量:$0.65Q = KF\Delta t = 2.81 \times F \times \Delta t^{1.276}$

两式相除得:$\dfrac{1}{0.65} = \dfrac{\left(\dfrac{85+60}{2} - 20\right)^{1.276}}{(t_{pj} - 20)^{1.276}}$,解得:$t_{pj} = 57.46℃$。

注:本题出题符号混乱!要注意题干中传热系数表达式中的 Δt 与选项中的 Δt 含义不同!

3. 答案:[D]

主要解答过程: 本题类似于 2008 年案例(下)第 2 题,送风口高度不同,采用计算公式不同。

根据《教材 2019》P65 式(1.5-2)

$h = 3\text{m} = 0.5H$。根据 P67 表 1.5-2 取 $X = 0.33$;根据 P68 表 1.5-4 取送风口紊流系数 $a = 0.07$。

代入得:

$$l_x = \frac{0.7X}{a}\sqrt{A_h} = \frac{0.7 \times 0.33}{0.07}\sqrt{24 \times 6} = 39.6(m)$$

4. 答案：[B]
主要解答过程：
根据《教材2019》P123~P124
供暖全年耗热量：

$$Q_h^a = 0.0864NQ_h\frac{t_i - t_a}{t_i - t_{o,h}} = 0.0864 \times 120 \times 1500 \times \frac{18 - (-1)}{18 - (-7)} = 11819.52(GJ)$$

通风全年耗热量：

$$Q_v^a = 0.0036T_vNQ_v\frac{t_i - t_a}{t_i - t_{o,v}} = 0.0036 \times 3 \times 120 \times 800 \times \frac{18 - (-1)}{18 - (-4)} = 895.42(GJ)$$

空调全年耗热量：

$$Q_a^a = 0.0036T_aNQ_a\frac{t_i - t_a}{t_i - t_{o,a}} = 0.0036 \times 8 \times 120 \times 500 \times \frac{18 - (-1)}{18 - (-10)} = 1172.57(GJ)$$

全年最大耗热量：

$$Q_T^a = Q_h^a + Q_v^a + Q_a^a = 13887.51(GJ)$$

5. 答案：[B]
主要解答过程：
本题可参考《教材2019》P136例题。水泵扬程：$H = 69 - 21 = 48(mH_2O)$
系统停泵后，静水压线为21m，则3号楼顶层的水系统的压力为：$P_3 = 21 - 16 = 5(mH_2O)$
注：本题出题不严密，题干中没有像教材一样说明1、3、4号楼是直接采用高温水供暖还是采用带混合装置的直接连接。查《教材2019》P136表1.10-4，110℃水的汽化压力为46kPa = 4.6mH_2O，为保证不汽化还要留有30~50kPa的富裕压力，分析1、3、4号楼停泵时候顶层水系统的压力：$P_1 = 21 - 19 = 2(mH_2O)$，$P_3 = 21 - 16 = 5(mH_2O)$，$P_4 = 21 - 18 = 3(mH_2O)$ 均小于 $4.6 + 3 = 7.6(mH_2O)$ 防止汽化的最低压力，因此推测题干中所谓的直接连接应该是采用混合装置的直接连接，才能够满足不汽化的要求。其实可以发现，教材P134图中在高温水供暖建筑的楼顶是附加了4.6mH_2O的汽化压力水头的，而题干图中并未做该附加，因此可以认为题目默认1、3、4号楼是采用带混合装置的直接连接。

6. 答案：[C]
主要解答过程：
风道系统阻力系数 S 值不变，根据公式 $\Delta P = SQ^2$

$$\Delta P_1 = SQ_1^2 \quad \Delta P_2 = SQ_2^2 = \left(\frac{Q_2}{Q_1}\right)^2 \Delta P_1 = 1200Pa$$

7. 答案：[D]
主要解答过程：
根据《教材2019》P174查 h-d 图得：$d_n = 16.04g/kg$，$d_w = 11.15g/kg$

排风量：$G = \dfrac{W}{d_n - d_w} = \dfrac{25kg/h \times 1000}{(16.04 - 11.15)g/kg} = 5112.5kg/h$

8. 答案：[D]

主要解答过程：

根据《教材 2019》P174

消除余热排风量：$G_1 = \dfrac{Q}{c(t_p - t_o)} = \dfrac{20\text{kW}}{1.01\text{kJ/(kg·K)} \times (30 - 26.5)℃} = 5.658\text{kg/s}$
$= 20367.8\text{kg/h}$

消除余湿排风量：$G_2 = \dfrac{W}{d_p - d_o} = \dfrac{25\text{kg/h} \times 1000}{(17.4 - 15.5)\text{g/kg}} = 13157.9\text{kg/h}$

设计风量应取两者大值，即20367.8kg/h。

注意：题干中所给的余热量为显热。计算风量要记住：显热用温差，潜热用湿差，全热用焓差。

9. 答案：[B]

主要解答过程：

根据《人防规》(GB 50038—2005)第5.2.7条

$L_R = L_2 n = 2.5 \times 420 = 1050 (\text{m}^3/\text{h})$

$L_H = V_F K_H + L_F = 20 \times 40 + 3200 \times 4\% = 928 (\text{m}^3/\text{h})$，取大值为1050m³/h。

10. 答案：[B]

主要解答过程：

根据《教材 2019》P178 式(2.3-1b)，$\mu_p = \sqrt{\dfrac{1}{\zeta_p}} = 0.49$

根据 P182 式(2.3-15)，排风天窗面积为：

$F_b = \dfrac{G_j}{\mu_p \sqrt{2h_2 g \Delta\rho \rho_p}} = \dfrac{850}{0.49 \sqrt{2 \times 10 \times 9.8 \times 0.055 \times 1.125}} = 498.1(\text{m}^2)$

注：本题出题有问题，因为教材 P182 式(2.3-15)中 $\Delta\rho = \rho_w - \rho_{np}$，是室外空气密度和室内平均温度下的空气密度之差，而题干中所给的窗孔两侧的密度差实际上是 $\rho_w - \rho_p$，即室外空气密度和排风密度之差，因此实际上上述算法是不准确的，正确的解法如下：

室外空气密度为：
$\rho_w = \rho_p + 0.055 = 1.18 (\text{kg/m}^3)$

式(2.3-14)与式(2.3-15)相比：

$\dfrac{F_j}{F_p} = \dfrac{\mu_p \sqrt{2h_2 g \Delta\rho \rho_p}}{\mu_j \sqrt{2h_1 g \Delta\rho \rho_w}} = \sqrt{\dfrac{h_2 \rho_p \zeta_j}{h_1 \rho_w \zeta_p}} = \sqrt{\dfrac{10 \times 1.125 \times 3.18}{5 \times 1.18 \times 4.2}} = 1.2$

$F_p = 665.8\text{m}^2$

但却发现并没有对应选项，不知本题目出题者想法为何。

11. 答案：[B]

主要解答过程：

根据《教材 2019》P266，通风机的标准工况为空气温度为20℃，空气密度为1.20kg/m³

实际工程中10℃空气的密度为：$\rho_{10} = 353/(273 + 10) = 1.247 (\text{kg/m}^3)$

再根据 P267 表 2.8-6，密度变化风量不变，风压：$P_2 = P_1 \times \dfrac{1.247}{1.2} = 363.8(\text{Pa})$

12. 答案：[C]

主要解答过程：空气处理过程如图所示。

查 h-d 图得：$h_n = 43.12 \text{kJ/kg}$，$h_w = 84.62 \text{kJ/kg}$
混合状态点：
$$h_C = 20\% \times 84.62 \text{kJ/kg} + (1 - 20\%) \times 43.12 \text{kJ/kg}$$
$$= 51.42 \text{kJ/kg}$$

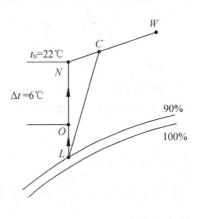

由于室内仅有显热负荷，做室内状态点的等湿线与 90% 相对湿度线的交点即为机器露点，
$$h_L = 33.7 \text{kJ/kg}, \quad t_L = 12.75\text{℃}$$
注意题干，恒温洁净室的温度精度为 ±0.5℃，根据《教材2019》P437 表 3.5-4，送风温差为 3~6℃，取最大值 6℃，则送风量为：
$$G = \frac{Q}{c\Delta t} = \frac{109.08 \text{kW}}{1.01 \text{kJ/(kg·K)} \times 6\text{℃}} = 18 \text{kg/s}$$
空调器的设计冷量即为将空气由 C 点处理至 L 点所需要的冷量：
$$Q_L = G(h_C - h_L) = 18 \text{kg/s} \times (51.42 - 33.7) \text{kJ/kg} = 318.96 \text{kW}$$
注意：本题由于是有精度要求的恒温空调，因此最大温差送风并不是露点送风，需要经过再热至 O 点，再送入室内。

13. **答案**：[C]
主要解答过程：空气处理过程如图所示。
湿膜加湿为等焓加湿过程，因此 $h_C = h_O$

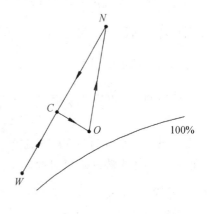

查 h-d 图得：$h_O = h_C = 31.92 \text{kJ/kg}$，$h_N = 43.12 \text{kJ/kg}$，$h_W = 5.02 \text{kJ/kg}$
设新风比为 m，根据空气混合关系：
$$h_C = mh_W + (1-m)h_N$$
$$m = \frac{h_C - h_N}{h_W - h_N} = \frac{31.92 - 43.12}{5.02 - 43.12} = 0.294$$
新风量为：$G_x = 30000 \text{m}^3/\text{h} \times 0.294 = 8818.9 \text{m}^3/\text{h}$
查 h-d 图得：$d_N = 8.22 \text{g/kg}$，$d_W = 2.52 \text{g/kg}$，$d_O = 7.44 \text{g/kg}$
则：$d_C = md_W + (1-m)d_N = 6.54 \text{g/kg}$
加湿量：$\Delta W = G(d_O - d_C) = 30000 \times 1.2 \times (7.44 - 6.54) = 32248 \text{g/h} = 32.25 \text{kg/h}$

14. **答案**：[A]
主要解答过程：
大气压力不同于标准大气压，空气密度需做修正，题干假设密度与温度无关，仅与大气压有关

根据热力学公式：$PV = mRT \Rightarrow P = \frac{m}{V}RT \Rightarrow P = \rho RT$，因此：$\rho_{70} = \frac{70}{101.3}\rho_0 = 0.83 \text{kg/m}^3$

送风量：$L = \frac{Q}{\rho_{70}\Delta h} = \frac{100 \text{kW} \times 3600}{0.83 \text{kg/m}^3 \times 15 \text{kJ/kg}} = 28915.7 \text{m}^3/\text{h}$

15. **答案**：[D]
主要解答过程：
根据《教材2019》P408 式(3.4-15)

$$\varepsilon_1 = \frac{t_1 - t_2}{t_1 - t_{w1}} = \frac{34 - 11}{34 - 7} = 0.852$$

16. 答案：[D]
主要解答过程：
房间总冷负荷已知，只需求出新风负荷即可，根据《教材 2019》P560 或《公建节能 2015》第 4.3.12 条

系统新风比：$Y = \dfrac{X}{1 + X - Z} = \dfrac{14.3\%}{1 + 14.3\% - 18\%} = 14.85\%$

系统新风量为：$L_x = 5450 \times 14.85\% = 809.3 (\text{m}^3/\text{h})$

新风负荷为：$Q_x = L_x \rho \Delta h = \dfrac{809.3}{3600} \times 1.2 \times (90.4 - 52.9) = 10.12 (\text{kW})$

空调器所需冷量：$Q = Q_n + Q_x = 28.12 \text{kW}$

17. 答案：[A]
主要解答过程：
根据 GB/T 18430.1—2007 表 2 或《教材 2019》P621 表 4.3-5，冷却塔出塔水温为 30℃，单位制冷量冷却水流量为 0.215m³/(h·kW)

则冷却塔所需散热量为：$Q_1 = Q_0 + \dfrac{Q_0}{COP} = 1.16 Q_0$

冷却塔循环水流量为：$G = 0.215 Q_0$

冷却塔温升：$\Delta t = \dfrac{Q_1}{cG\rho} = \dfrac{1.16 Q_0}{4.18 \times \dfrac{0.215 Q_0}{3600} \times 1000} = 4.65℃$

冷却塔进塔水温为 30℃ + 4.65℃ = 34.65℃
注意： 表 2 中冷却水流量的单位(单位制冷量)。

18. 答案：[C]
主要解答过程：
根据《教材 2019》P623 式(4.3-24)
$IPLV = 1.2\% \times 5.84 + 32.8\% \times 6.46 + 39.7\% \times 6.39 + 26.3\% \times 5.22 = 6.10$
注意： 各负荷率的 COP 值需对应准确。
注：《公建节能 2015》第 4.2.13 条对 IPLV 计算公式做出了修改，对于其适用范围及使用误区也在条文说明内做出了详细的阐述，请考生详细阅读。本题根据新规范系数计算，答案与选项并未完全匹配。

19. 答案：[D]
主要解答过程：
温湿度独立控制方式，干式风机盘管仅承担室内显热负荷，新风机组承担新风负荷和室内潜热负荷
表中显热负荷最大值出现在 15:00 时，$Q_f = 3500 \text{kW}$
新风负荷和室内潜热负荷的累加最大值出现在 14:00 时，$Q_k = 1500 \text{kW}$
注： 本题出题有误，简单地认为温湿度独立控制系统的室内显热负荷全部由干式风机盘管承担，实际上，新风在承担全部潜热负荷的同时，还会承担一部分显热负荷，而干式风机盘管

只承担剩余的显热负荷,但本题明显未考虑到这点,否则无法作答。温湿度独立控制系统负荷的正确计算方法可参考 2014 年案例(上)18 题解析。

20. 答案:[C]
主要解答过程:
机组能效比:$COP = 35.4/12.5 = 2.832$
查《冷水机组能效限定值及能源效率等级》(GB 19577—2004)表 2,能耗等级为 3 级。

21. 答案:[C]
主要解答过程:
污垢系数增加可认为换热面积 A 不变,则

额定传热系数:$K_0 = \dfrac{2460}{4 \times A} = \dfrac{615}{A}$

实际传热系数:$K_1 = \dfrac{1636.8}{4.4 \times A} = \dfrac{372}{A}$

则传热系数下降的百分比:$m = \dfrac{K_0 - K_1}{K_0} = \dfrac{615 - 372}{615} = 39.5\%$

22. 答案:[D]
主要解答过程:
当运行流量小于额定流量的 65% 时,机组停机保护,蒸发器管路阻力系数 S 不变。

根据:$P = SQ^2 \Rightarrow P' = \left(\dfrac{0.65Q_0}{Q_0}\right)^2 P_0 = 25.35\text{kPa}$

23. 答案:[B]
主要解答过程:
机组当前 $COP = 5.0 - 5.0 \times (3.6 - 1.2) \times 4\% = 4.52$

24. 答案:[B]
主要解答过程:
参考《教材 2019》燃气冷热电三联供相关内容,首先要明确题干中内燃发电机组额定功率即为发电机组的装机容量,简单地说就是发电机组可以发出的电量。因此:

离心冷机供冷量:$Q_1 = 2\text{MW} \times 5.6 = 11.2\text{MW}$

发电余热:$Q_y = \dfrac{2\text{MW}}{40\%} - 2\text{MW} = 3\text{MW}$

溴化锂冷机供冷量:$Q_2 = 3\text{MW} \times 67\% \times 1.1 = 2.21\text{MW}$

总供冷量:$Q_t = Q_1 + Q_2 = 13.41\text{MW}$

25. 答案:[A]
主要解答过程:
根据《教材 2019》P809 或《给水排水规》(GB 50015—2003)第 5.1.1 条表 5.1.1-1 注 2 可知热水定额是包括在日用水定额内的,因此题干中最高日用热水定额为干扰数据。根据《教材 2019》P807 式(6.1-1),最大日用水量为:

$$M_d = Q_d \rho = m q_0 \rho = 600 \times \dfrac{200}{1000}\text{m}^3/(人 \cdot \text{d}) \times 1000\text{kg/m}^3 = 120000\text{kg/d} = 120\text{t/d}$$

2013 年度全国注册公用设备工程师(暖通空调)执业资格考试 专业案例(下)

1. 严寒地区 A 区拟建正南、北朝向 10 层办公楼,外轮廓尺寸为 63m×15m,顶层为多功能厅,南侧外窗为 14 个竖向条形落地窗(每个窗宽 2700mm),一层和顶层层高为 5.4m,中间层层高为 3.9m,其顶层多功能厅开设两个天窗,尺寸为 15m×6m,问该建筑的南外墙及南外窗的传热系数(W/m²·K)应为何项?

(A)$K_{窗} \leqslant 1.7$,$K_{墙} \leqslant 0.40$ 　　　　(B)$K_{窗} \leqslant 1.7$,$K_{墙} \leqslant 0.45$
(C)$K_{窗} \leqslant 1.5$,$K_{墙} \leqslant 0.40$ 　　　　(D)$K_{窗} \leqslant 1.5$,$K_{墙} \leqslant 0.45$
答案:[　]
主要解答过程:

2. 某厂房设计采用 60kPa 蒸汽供暖,供气管道最大长度为 870m,选择供气管道管径时,平均单位长度摩擦压力损失值以及供汽水平干管的末端管径,应是何项?

(A)$\Delta P_m \leqslant 25$Pa/m,$DN \leqslant 20$mm 　　　　(B)$\Delta P_m \leqslant 35$Pa/m,$DN \geqslant 25$mm
(C)$\Delta P_m \leqslant 40$Pa/m,$DN \geqslant 25$mm 　　　　(D)$\Delta P_m \leqslant 50$Pa/m,$DN \geqslant 25$mm
答案:[　]
主要解答过程:

3. 某住宅楼供暖系统原设计热媒为 85~60℃ 热水,采用铸铁四柱 640 型散热器,经对该楼进行围护结构节能改造后,室外供暖热水降至 65~45℃ 仍能满足原设计的室内温度 20℃(原供暖系统未做任何变动)。围护结构改造后的供暖热负荷应是下列何项?(已知散热器传热系数计算公式 $K = 2.81\Delta t^{0.297}$)

(A)为原设计热负荷的 56%~60% 　　　　(B)为原设计热负荷的 61%~65%
(C)为原设计热负荷的 66%~70% 　　　　(D)为原设计热负荷的 71%~75%
答案:[　]
主要解答过程:

4. 在浴室采用低温热水地面辐射供暖系统,设计室内温度为 25℃,且不超过地表面平均温度最高上限要求(32℃),敷设加热管单位面积散热量的最大数值应为哪一项?

(A)60W/m² 　　(B)70W/m² 　　(C)80W/m² 　　(D)100W/m²
答案:[　]
主要解答过程:

5. 严寒地区某 200 万 m² 的住宅小区,冬季供暖用热水锅炉房总装机容量为 140MW,对该住宅小区进行围护结构节能改造后，供暖热指标降至 $45W/m^2$，该锅炉房还能再负担新建节能住宅(供暖热指标 $35W/m^2$)供暖的面积，应是下列何项？（锅炉房自用负荷忽略不计，管网输送效率 $K_0 = 0.94$）

(A) $118 \times 10^4 m^2$ (B) $128 \times 10^4 m^2$ (C) $134 \times 10^4 m^2$ (D) $142 \times 10^4 m^2$

答案：[ ]

主要解答过程：

6. 某小区供暖锅炉房，设有 1 台燃气锅炉，其额定工况为：供水温度为 95℃，回水温度 70℃，效率为 90%。实际运行中，锅炉供水温度改变为 80℃，回水温度为 60℃，同时测得水流量为 100t/h，天然气耗量为 $260Nm^3/h$（当地天然气低位热值为 $35000kJ/Nm^3$）。该锅炉实际运行中的效率变化为下列何项？

(A) 运行效率比额定效率降低了 1.5% ~ 2.5%
(B) 运行效率比额定效率降低了 4% ~ 5%
(C) 运行效率比额定效率提高了 1.5% ~ 2.5%
(D) 运行效率比额定效率提高了 4% ~ 5%

答案：[ ]

主要解答过程：

7. 某车间除尘通风系统的圆形风管制作完毕，需对其漏风量进行测试，风管设计工作压力为 1500Pa，风管设计工作压力下的最大允许漏风量接近下列何项值？（按 GB 50738 要求）

(A) $1.03 m^3/(h \cdot m^2)$ (B) $2.04 m^3/(h \cdot m^2)$
(C) $4.08 m^3/(h \cdot m^2)$ (D) $6.12 m^3/(h \cdot m^2)$

答案：[ ]

主要解答过程：

8. 某化工生产车间内，生产过程中散发苯、丙酮、醋酸乙酯和醋酸丁酯的有机溶剂蒸汽，需设置通风系统。已知其散发量分别为：苯 $M_1 = 200g/h$、丙酮 $M_2 = 150g/h$、醋酸乙酯 $M_3 = 180g/h$、醋酸丁酯 $M_4 = 260g/h$。车间内四种溶剂的最高允许浓度分别为：苯 $S_1 = 50mg/m^3$、丙酮 $S_2 = 400mg/m^3$、醋酸乙酯 $S_3 = 200mg/m^3$、醋酸丁酯 $S_4 = 200mg/m^3$。试问该车间的通风量应为下列何项？

(A) $4000 m^3/h$ (B) $4900 m^3/h$ (C) $5300 m^3/h$ (D) $6575 m^3/h$

答案：[ ]

主要解答过程：

9. 某层高 4m 的一栋散发有害气体的厂房，室内供暖计算温度 15℃，车间围护结构耗热量 200kW，室内为消除有害气体的全面机械排风量 10kg/s；拟采用全新风集中热风供暖系统，送风量 9kg/s，则车间热风供暖系统的送风温度应为下列何项？（当地室外供暖计算温度 -10℃，冬季通风室外计算温度 -5℃，空气比热容为 $1.01kJ/kg \cdot K$）

(A) 33.0 ~ 34.9℃ (B) 35.0 ~ 36.9℃

(C)37.0~38.9℃ (D)39.0~40.9℃
答案：[ ]
主要解答过程：

10. 某屋面高为14m的厂房，室内散热均匀，余热量为1374kW，温度梯度0.4℃/m；夏季室外通风计算温度30℃，室内工作区(高2m)设计温度32℃。拟采用屋面天窗排风、外墙侧窗进风的自然通风方式排除室内余热，自然通风量应为下列何项？(空气比热容为1.01kJ/kg·K)
(A)171~190kg/s (B)191~210kg/s
(C)211~230kg/s (D)231~250kg/s
答案：[ ]
主要解答过程：

11. 一个地下二层的汽车库，建筑面积3500m²，层高3m，设置通风兼排烟系统，排烟时机械补风。试问计算的排烟量和补风量为下列哪组时符合要求？
(A)排烟量52500m³/h，补风量21000m³/h (B)排烟量52500m³/h，补风量26250m³/h
(C)排烟量63000m³/h，补风量25200m³/h (D)排烟量63000m³/h，补风量31500m³/h
答案：[ ]
主要解答过程：

12. 某酒店集中空调系统采用离心式循环水泵输送冷水，设计选用水泵额定流量200m³/h，扬程50mH$_2$O，配套电动机功率45kW。系统运行后，水泵常因故障停泵。经实测，水泵扬程为30mH$_2$O。该水泵性能的有关数据见表。实际运行时，水泵轴功率接近下列何项？并说明停泵原因。

型号	流量/(m³/h)	扬程/mH$_2$O	效率 η
200/400	140	53	68%
200/400	200	50	75%
200/400	260	46	71%
200/400	370	30	60%

(A)45kW (B)50kW (C)55kW (D)75kW
答案：[ ]
主要解答过程：

13. 一空调矩形钢板送风管(风管内空气温度15℃)，途经一非空调场所(场所空气干球温度35℃、露点温度为31℃)。拟选用离心玻璃棉保温防止结露，则该风管的防止结露的最小计算保温厚度应是下列何项？(注：离心玻璃棉的导热系数 $\lambda = 0.039$W/m·K，不考虑导热系数的温度修正；保温层外表面换热系数 $\alpha = 8.14$W/m²·K，保冷厚度修正系数为1.2)
(A)19.3~20.3mm (B)21.4~22.4mm
(C)22.5~23.5mm (D)23.6~24.6mm
答案：[ ]
主要解答过程：

14. 严寒地区的某办公建筑中的两管制定风量全空气空调系统，其空调机组的功能段如图所示。设风机(包含电动机及传动效率)的总效率为 $\eta_t = 55\%$。问：该系统送风机符合节能设计要求所允许的最大全压限值，接近以下何项？

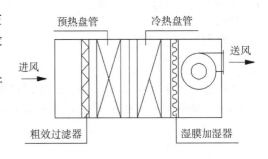

(A)832Pa (B)901Pa
(C)937Pa (D)1006Pa
答案：[ ]
主要解答过程：

15. 已知某地一空调房间采用辐射顶板+新风系统供冷(新风系统采用7℃/12℃冷水冷却除湿)，设计室内参数：干球温度26℃，相对湿度60%，室内无余湿。当地气象条件：标准大气压，室外空调计算干球温度34℃，计算含湿量20g/kg$_{干空气}$。送入房间的新风处理方式中，设计合理的应是下列何项？并说明求解过程(新风处理后相对湿度为90%)。
(A)直接送室外34℃的新风　　　　　(B)新风处理到约18℃送入室内
(C)新风处理到约19.5℃送入室内　　(D)新风处理到约26℃送入室内
答案：[ ]
主要解答过程：

16. 某地大气压力 $B = 101.3$kPa，夏季室外空气设计参数：干球温度34℃、湿球温度20℃。一房间的室内空气设计参数 $t_n = 26℃$、$\Phi_n = 55\%$，室内余湿量为1.6kg/h。采用新风机组+干式风机盘管，新风机组由表冷段+循环喷雾段组成。已知，表冷段供水温度为16℃，热交换效率系数0.75，新风机组出风的相对湿度 $\Phi_x = 90\%$。查 $h\text{-}d$ 图计算并绘制出空气处理过程。送入房间的新风量应是下列何项？
(A)1280~1680kg/h　(B)1700~2300kg/h　(C)2400~3000kg/h　(D)3100~3600kg/h
答案：[ ]
主要解答过程：

17. 某建筑一房间空调系统为全空气一次回风定风量、定新风比系统(全年送风量不变)，新风比为40%。系统设计的基本参数除表列值外，其余见后：①夏季房间空调全热冷负荷40kW，送风机器露点确定为95%(不考虑风机及风管温升)；②冬季室外设计状态：室外温度-5℃，相对湿度30%；冬季送风设计温度为28℃；冬季加湿方式为高压喷雾等焓加湿；③大气压力为101325Pa。问：该系统空调机组的加热盘管在冬季设计状态下所需要的加热量，接近以下何项？(查 $h\text{-}d$ 图计算)

	室内设计参数		热湿比/(kJ/kg)
	温度	相对湿度	
夏季	25℃	50%	20000
冬季	20℃	40%	-5000

(A)72~78kW　(B)60~71kW　(C)55~59kW　(D)43~54kW

答案:[   ]
主要解答过程:

18. 某办公室 1000m², 层高 4m, 顶棚高度 3m; 空调换气次数 8 次/h; 要求采用面尺寸 500mm, 颈部尺寸 400mm 的方形散流器送风, 试计算散流器的最少个数? (已知: 散流器的安装高度为 3m 时, 颈部最大风速要求为 4.65m/s; 安装高度为 4m 时, 颈部最大风速要求为 5.60m/s)

(A)6个　　　　　(B)9个　　　　　(C)10个　　　　　(D)12个

答案:[   ]
主要解答过程:

19. 某空调冷水系统如图所示。设计工况下, 二次侧水泵的运行效率为 75%, 水泵轴功率为 10kW。当末端及系统处于低负荷时, 该系统采用恒定水泵出口压力的方式来自动控制水泵的转速。当系统所需要的流量为设计工况流量的 50% 时, 假设二次侧水泵在此工况时的效率为 60%。问: 此时二次侧水泵所需的轴功率, 接近以下何项(膨胀管连接在水泵吸入口)?

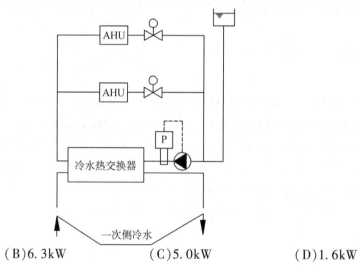

(A)12.5kW　　　(B)6.3kW　　　(C)5.0kW　　　(D)1.6kW

答案:[   ]
主要解答过程:

20. 某空调机组内设有粗、中效两级空气过滤器, 按质量浓度计, 粗效过滤器的效率为 70%, 中效过滤器的效率为 80%。若粗效过滤器入口空气含尘浓度为 150mg/m³, 中效过滤器出口空气含尘浓度为下列何项?

(A)3mg/m³　　　(B)5mg/m³　　　(C)7mg/m³　　　(D)9mg/m³

答案:[   ]
主要解答过程:

21. 图示为采用热力膨胀阀的回热式制冷循环, 点 1 为蒸发器出口状态, 1-2 和 5-6 为气液在回热器的换热过程, 试问该循环制冷剂的单位质量压缩耗功应是下列哪个选项? (注: 各点

比焓见下表)

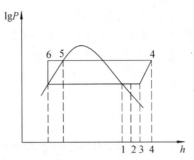

状态点号	1	2	3	4	5	6
比焓/(kJ/kg)	340	346.3	349.3	376.5	235.6	229.3

(A)6.8kJ/kg　　　(B)9.5kJ/kg　　　(C)27.2kJ/kg　　　(D)30.2kJ/kg
答案:[ ]
主要解答过程:

22. 某带回热器的压缩式制冷机组，制冷剂为 CO_2。图示为系统组成和制冷循环，点1为蒸发器出口状态，该循环回热器的出口(点5)焓值为何项？(注：各点比焓见下表)

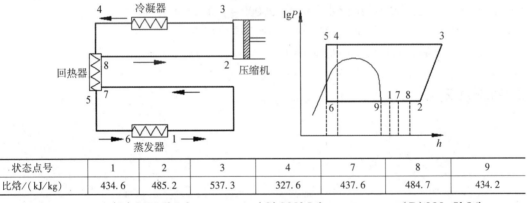

状态点号	1	2	3	4	7	8	9
比焓/(kJ/kg)	434.6	485.2	537.3	327.6	437.6	484.7	434.2

(A)277kJ/kg　　　(B)277.5kJ/kg　　　(C)280kJ/kg　　　(D)280.5kJ/kg
答案:[ ]
主要解答过程:

23. 某建筑冬季采用水环热泵空调系统，设计工况，外区热负荷为3000kW，内区冷负荷为2100kW，水环热泵机组的制热系数为4.0，制冷系数为3.75，若要求系统能够满足冬季运行要求，在设计工况下，辅助设备应是辅助供热设备还是辅助排热设备？其容量(预留10%余量)应为下列何项(忽略水泵及管道系统冷热损失)？
(A)排热设备，450kW　　　　　　(B)供热设备，450kW
(C)排热设备，660kW　　　　　　(D)供热设备，660kW
答案:[ ]
主要解答过程:

24. 地处夏热冬冷地区的某信息中心工程项目采用一台热回收冷水机组进行冬季期间的供冷、供暖，供冷负荷为3500kW，供暖负荷为2400kW，设机组的能效维持不变，其 $COP = 5.2$，忽略水泵和管道系统的冷、热损失，试求该运行工况下由循环冷却水带走的热量为下列何项？
(A)4173kW　　　　(B)3500kW　　　　(C)1773kW　　　　(D)2400kW
答案：[　]
主要解答过程：

25. 某地一宾馆卫生热水供应方案：方案一采用热回收热泵机组2台；方案二采用燃气锅炉1台。已知：热回收热泵机组供冷期（运行185天）既满足空调制冷又同时满足卫生热水的需求，其他有关数据见下表。

卫生热水用量/(t/d)	自来水温度/℃	卫生热水温度/℃	热回收机组产热量/(kW/台)/耗电量/kW	燃气锅炉效率(%)
160	10	50℃	455/118	90

注：1. 电费1元/kWh、燃气费4元/Nm³、燃气低位热值为39840kJ/Nm³。
　　2. 热回收机组产热量、耗电量为过渡季节和冬季制备卫生热水的数值。

关于两个方案年运行能源费用的论证结果，正确的是下列何项？
(A)方案一比方案二年节约运行能源费用350000~380000元
(B)方案一比方案二年节约运行能源费用720000~750000元
(C)方案二比方案一年节约运行能源费用350000~380000元
(D)方案一与方案二的运行费用基本一致
答案：[　]
主要解答过程：

2013 年度全国注册公用设备工程师(暖通空调)执业资格考试 专业案例(下) 详解

\multicolumn{10}{c	}{专业案例答案}
题号	答案	题号	答案	题号	答案	题号	答案	题号	答案
1	B	6	C	11	D	16	A	21	C
2	C	7	B	12	B	17	B	22	D
3	A	8	D	13	C	18	B	23	A
4	B	9	D	14	D	19	B	24	C
5	A	10	B	15	C	20	D	25	B

1. 答案：[B]
主要解答过程：
建筑表面积：$S = 63 \times 15 + 2 \times (63 + 15) \times (5.4 \times 2 + 3.9 \times 8) = 7497(m^2)$
建筑体积：$V = 63 \times 15 \times (5.4 \times 2 + 3.9 \times 8) = 39690(m^3)$
体型系数：$N = S/V = 0.189 < 0.4$
天窗占屋面百分比：$M = (2 \times 15 \times 6)/(63 \times 15) = 19.0\% < 20\%$
南向窗墙比：$Q = 14 \times 2.70 \times (5.4 \times 2 + 3.9 \times 8)/63 \times (5.4 \times 2 + 3.9 \times 8) = 60\%$
根据《公建节能》第4.1.2及4.2.6条，不需要进行权衡判断确定
查表4.2.2-1，得 $K_墙 \leq 0.45$，$K_窗 \leq 1.7$
注：本题为2012年案例(上)第1题改数据原题。

2. 答案：[C]
主要解答过程：
根据《教材2019》P34可知，60kPa属于低压蒸汽系统，根据P81式(1.6-4)
$$\Delta P_m = \frac{(P - 2000)\alpha}{l} = \frac{(60000 - 2000) \times 0.6}{870} = 40(Pa/m)$$
根据《教材2019》P79，低压蒸汽管路管径不小于25mm。
注：本题为2010年案例(下)第2题改数据原题。

3. 答案：[A]
主要解答过程：
改造前房间热负荷：$Q_1 = K_1 F \Delta t_1 = 2.81 F(t_{pj1} - t_n)^{1.297} = 2.81 \times F\left(\frac{85+60}{2} - 20\right)^{1.297}$
改造后房间热负荷：$Q_2 = K_2 F \Delta t_2 = 2.81 F(t_{pj2} - t_n)^{1.297} = 2.81 \times F\left(\frac{65+45}{2} - 20\right)^{1.297}$

$$\frac{Q_2}{Q_1} = \left(\frac{\frac{65+45}{2}-20}{\frac{85+60}{2}-20}\right)^{1.297} = 59.1\%$$

注：本题为2010年案例(下)第3题原题改编。

4. 答案：[B]
主要解答过程：

根据《教材2019》P44 式(1.4-9)

$$32 = 25 + 9.82 \times \left(\frac{q_x}{100}\right)^{0.969} \Rightarrow q_x = 70.5 \text{W/m}^2$$

5. 答案：[A]
主要解答过程：

容量为140MW的锅炉，能够提供的供暖负荷为：

$$Q = 140 \times K_0 = 131.6 \text{MW}$$

既有住宅改造后所需的供暖负荷为：

$$Q_1 = 200 \times 10^4 \times 45 = 90 (\text{MW})$$

可负担新建住宅面积为：

$$\Delta S = \frac{Q-Q_1}{35} = \frac{131.6-90}{35} = 119 \times 10^4 (\text{m}^2)$$

6. 答案：[C]
主要解答过程：

根据《教材2019》P152，锅炉实际运行热效率：

$$\eta' = \frac{\text{加热水的热量}}{\text{完全燃烧产生的热量}} = \frac{4.18 \times (100 \times 1000) \times (80-60)}{35000 \times 260} = 91.87\%$$

运行热效率提高了：$91.87\% - 90\% = 1.87\%$

注：本题与2007年案例(下)第5题考点相同。

7. 答案：[B]
主要解答过程：

根据《通风施规》(GB 50738—2011)第4.1.6条表4.1.6-1，1500Pa管道属于中压系统，再根据第15.2.3条，中压矩形风道允许漏风量为：

$$Q_M \leq 0.0352 \times 1500^{0.65} = 4.083 \text{m}^3/(\text{h} \cdot \text{m}^2)$$

再根据15.2.3.2条，圆形风管允许漏风量是矩形的50%，因此最终允许漏风量为2.041m³/(h·m²)。

注：其实根据《通风验规》(GB 50243—2002)第4.2.5.5条，除尘系统风管是直接按照中压计算的，但是GB 50738相同的条款将"除尘"二字删除了，值得注意。假如题干所给压力为400Pa，则根据两本规范计算所得数值就不同了。

8. 答案：[D]
主要解答过程：

根据《教材2019》P174，当数种溶剂(苯及其同系物、醇类或醋酸酯类)蒸汽或数种刺激性气体同时放散于空气中时，应按各种气体分别稀释至规定的接触限值所需要的空气量的总和计算

全面通风换气量。根据 P172 式(2.2-1b)，则该车间的通风量应为：(公式 K 值取 1，否则没有答案)

$$L = \frac{M_1}{S_1 - 0} + \frac{M_2}{S_2 - 0} + \frac{M_3}{S_3 - 0} + \frac{M_3}{S_4 - 0} = \frac{200}{0.05} + \frac{150}{0.4} + \frac{180}{0.2} + \frac{260}{0.2} = 6575 (\text{m}^3/\text{h})$$

9. 答案：[D]
主要解答过程：
根据《教材 2019》P175，根据风量平衡：$G_s + G_{zj} = G_p$，得：$G_{zj} = 1 \text{kg/s}$
根据热量平衡：$Q + cG_p t_n = cG_{zj} t_w + cG_s t_s$，其中 t_w 为冬季供暖室外计算温度 -10℃
$200 + 1.01 \times 10 \times 15 = 1.01 \times 1 \times (-10) + 1.01 \times 9 \times t_s$
解得：$t_s = 39.8\text{℃}$
注：本题为 2010 年案例(下)第 1 题修改数据原题。

10. 答案：[B]
主要解答过程：
天窗排风温度：$t_p = 32 + 0.4 \times (14 - 2) = 36.8(\text{℃})$
通风量：$G = \dfrac{Q}{c(t_p - t_w)} = \dfrac{1374\text{kW}}{1.01\text{kJ}/(\text{kg} \cdot \text{K}) \times (36.8 - 30)\text{℃}} = 200\text{kg/s}$

11. 答案：[D]
主要解答过程：
根据《汽车库、修车库、停车场设计防火规范》(GB 50067—2014)第 8.2.2 条，第 8.2.5 条及第 8.2.10 条，建筑面积 3500m²，应该划分至少 2 个防烟分区，层高 3m，单个防烟分区排烟量不小于 30000m³/h，总排烟量不小于 60000m³/h，补风量不小于 30000m³/h。

12. 答案：[B]
主要解答过程：
实际运行时 $H = 30\text{m}$，查表得流量为 $370\text{m}^3/\text{h}$
水泵轴功率：$N = \dfrac{GH}{376.3\eta} = \dfrac{370 \times 30}{367.3 \times 0.6} = 50.37\text{kW} > 45\text{kW}$
可以看出，水泵实际运行功率大于配用电动机功率，造成电流超载，导致停泵，主要原因在于设计计算管网阻力大于实际管网阻力，导致水泵选型过大。
注：本题为 2011 年案例(下)第 13 题改数据原题。

13. 答案：[C]
主要解答过程：
本题未给出风管内表面换热系数、风管材料导热系数以及风管厚度，只能忽略其热阻。(风管内为强制对流换热，对流换热热阻较小，此外风管材料的热阻也远小于保温材料)
为防止结露，保温层外侧最低温度不能低于空气的露点温度，根据热量传递等量关系：

$$8.14 \times (35 - 31) = \frac{31 - 15}{\dfrac{d}{0.039}} \Rightarrow d = 19.17\text{mm}$$

考虑到 1.2 的保冷厚度修正系数，保温层厚度为：$19.17\text{mm} \times 1.2 = 23.0\text{mm}$

14. 答案：[D]
主要解答过程：

根据《公建节能》第5.3.26条,查表5.3.26,办公建筑、设粗效过滤器、两管制定风量系统的单位风量耗功率限值为$0.42\text{W}/(\text{m}^3/\text{h})$,又根据注2和注3,严寒地区增设预热盘管时,功率可增加$0.035\text{W}/(\text{m}^3/\text{h})$,采用湿膜加湿方法时,功率可增加$0.053\text{W}/(\text{m}^3/\text{h})$,即$W_s = 0.42 + 0.035 + 0.053 = 0.508[\text{W}/(\text{m}^3/\text{h})]$。

$$W_s = P/(3600\eta_t) \Rightarrow P = 3600 W_s \eta_t = 1005.84\text{Pa}$$

15. 答案:[C]
主要解答过程:
室内无余湿,因此新风机组只需要承担新风的湿负荷即可,即新风处理到室内状态点的等湿线上,假设新风机组的机器露点为90%,做室内状态点的等湿线与90%相对湿度线的交点即为送风状态点,查 h-d 图得,新风送风温度为:19.5℃。

16. 答案:[A]
主要解答过程:
本题比较特殊,查 h-d 图得:$d_w = 9.05\text{g/kg}$,$d_n = 11.57\text{g/kg}$,可以发现夏季室外含湿量低于室内,对于新风反而要加湿,具体空气处理过程如图所示,其中上图为新风与风盘送风混合后送入室内,下图为新风与风盘送风分别送入室内(两种方案计算结果相同)。风盘+新风处理过程线可参考《教材2019》P392。

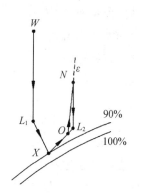

根据《教材2019》P408 式(3.4-15)

$$0.75 = \frac{34 - t_{L1}}{34 - 16} \Rightarrow t_{L1} = 20.5℃$$,循环喷雾为等焓加湿,做 L_1 点的等焓线与90%相对湿度线交点即为新风出口状态点,查 h-d 图得:$d_x = 10.6\text{g/kg}$

由于风机盘管为干式,因此室内湿负荷完全由新风承担,因此新风量为:

$$G_x = \frac{W}{d_n - d_x} = \frac{1.6}{\frac{11.57 - 10.6}{1000}} = 1650(\text{kg/h})$$

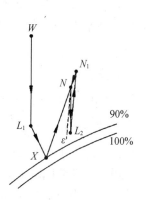

注:本题出题较为新颖,过程线与常见工况不同(干旱高温地区)。

17. 答案:[B]
主要解答过程:
过室内状态点 N 做20000的热湿比线与95%相对湿度线的交点即为送风状态点,查 h-d 图得:$h_n = 50.2\text{kJ/kg}$,$h_L = 36.9\text{kJ/kg}$

送风量:$G = \dfrac{40\text{kW}}{(50.2 - 36.9)\text{kJ/kg}} = 3.01\text{kg/s}$

冬季工况,具体空气处理过程如图所示(先加热,再加湿方案)。

查 h-d 图得:$h_n' = 34.8\text{kJ/kg}$,$h_w' = -3.15\text{kJ/kg}$

一次回风与新风混合状态点焓值为:
$$h_c = h_w' \times 40\% + h_n' \times (1 - 40\%) = 19.62\text{kJ/kg}$$

过冬季室内状态点做 -5000 的热湿比线与28℃的等温线的交点即为送风状态点 O,过 O 点做等焓线与 C 点等湿线的交点即为加热

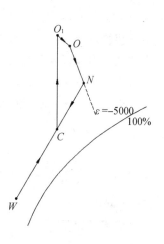

盘管出口空气状态点 O_1，查焓湿图得：$h_{O1} = h_0 = 40.15\text{kJ/kg}$，则加热盘管的加热量为：

$$Q_R = G(h_{O1} - h_C)$$
$$= 3.01\text{kg/s} \times (40.15 - 19.62)\text{kJ/kg} = 61.8\text{kW}$$

注：一般焓湿图热湿比标尺最大为10000，新版清风注考焓湿图小工具已将热湿比标尺扩展至40000，此外精确热湿比线的手工画法请参照交流群内共享资料。

18. 答案：[B]
主要解答过程：
换气次数应计算吊顶下的空间，送风量为：

$$L = 1000 \times 3 \times 8 = 24000(\text{m}^3/\text{h})$$

单个散流器送风量为：

$$L_0 = 0.4^2 \times 4.65 = 0.744\text{m}^3/\text{s} = 2678.4\text{m}^3/\text{h}$$

所需散流器个数为：

$$n = \frac{L}{L_0} = \frac{24000}{2678.4} = 8.96，取9个。$$

19. 答案：[B]
主要解答过程：

设计工况下：$N_0 = \dfrac{G_0 H}{367.3\eta_0}$

50%流量工况下：$N_1 = \dfrac{0.5G_0 H}{367.3\eta_1}$

两式相比得：$\dfrac{N_1}{N_0} = 0.5 \dfrac{\eta_0}{\eta_1} = 0.625\text{kW} \Rightarrow N_1 = 0.625N_0 = 6.25\text{kW}$

20. 答案：[D]
主要解答过程：
根据《教材2019》P207 式(2.5-4)

$$\eta = 1 - (1 - 70\%) \times (1 - 80\%) = 0.94$$

出口含尘浓度为：

$$G = 150\text{mg/m}^3 \times (1 - 0.94) = 9\text{mg/m}^3$$

21. 答案：[C]
主要解答过程：
耗功率 $W = h_4 - h_3 = 27.2\text{kJ/kg}$

注：本题为2008年专业案例(上)第22题原题简化版。

22. 答案：[D]
主要解答过程：
由回热器能量守恒：$h_4 - h_5 = h_8 - h_7$，得：$h_5 = 280.5\text{kJ/kg}$

23. 答案：[A]
主要解答过程：
为满足外区热负荷，所需热量为：$Q_r = 3000 - \dfrac{3000}{4.0} = 2250(\text{kW})$

为满足内区冷负荷,所需排热量为:$Q_l = 2100 + \dfrac{2100}{3.75} = 2660(kW)$

因此辅助设备应是排热设备,容量为:$\Delta Q = 1.1 \times (2660 - 2250) = 451(kW)$

24. 答案:[C]
主要解答过程:
本题与上题类似。

排热量为:$Q_p = 3500 + \dfrac{3500}{5.2} = 4173.1(kW)$

需由冷却水带走的热量为:$\Delta Q = Q_p - 2400 = 1773.1(kW)$

25. 答案:[B]
主要解答过程:
采用方案一时,供冷季不需消耗额外电能进行卫生热水的制备,因此一年内消耗电能制取卫生热水的天数只有 365 − 185 = 180 天。方案一加热热水热量为:

$$Q_1 = cm\Delta t = 4.18 \times 160 \times 1000 \times 180 \times (50 - 10) = 4815360000(kJ)$$

耗电量为:

$$M_1 = Q_1 \times \dfrac{118}{455} = 1248818637 kJ = 346894 kWh$$

电费为:$W_1 = M_1 \times 1 = 346894$ 元

方案二加热热水热量为:(365 天都要运行)

$$Q_2 = cm\Delta t = 4.18 \times 160 \times 1000 \times 365 \times (50 - 10) = 9764480000(kJ)$$

耗燃气量为:

$$M_2 = \dfrac{Q_2}{90\% \times 39840} = 272324.9(Nm^3)$$

燃气费为:

$$W_2 = M_2 \times 4 = 1089299.4(元)$$

因此方案一比方案二年节约运行能源费用:

$$\Delta W = 1089299.4 - 346894 = 742405(元)$$

2014年度全国注册公用设备工程师(暖通空调)执业资格考试 专业案例(上)

1. 某住宅楼节能外墙的做法(从内到外):①水泥砂浆:厚度 $\delta_1 = 20$mm,导热系数 $\lambda_1 = 0.93$W/(m·K);②蒸压加气混凝土块 $\delta_2 = 200$mm,导热系数 $\lambda_2 = 0.20$W/(m·K),修正系数 $\alpha_\lambda = 1.25$;③单面钢丝网片岩棉板 $\delta_3 = 70$mm,$\lambda_3 = 0.045$W/(m·K),修正系数 $\alpha_\lambda = 1.20$;④保护层、饰面层。如果忽略保护层、饰面层热阻影响,该外墙的传热系数 K 应为以下何项?

(A) $0.29 \sim 0.31$W/(m²·K) (B) $0.35 \sim 0.37$W/(m²·K)
(C) $0.38 \sim 0.40$W/(m²·K) (D) $0.42 \sim 0.44$W/(m²·K)

答案:[ ]
主要解答过程:

2. 寒冷地区某住宅楼采用热水地面辐射供暖系统(间歇供暖,修正系数 $\alpha = 1.3$),各户热源为燃气壁挂炉,供水/回水温度为 45℃/35℃,分室温控,加热管采用 PE-X 管,某户的起居室 32m²,基本耗热量 0.96kW,查规范水力计算表该环路的管径(mm)和设计流速应为下列中的哪一项?

注:管径 D_o: X_1/X_2(管内径/管外径)mm
(A) D_o: 15.7/20, v: 约 0.17m/s (B) D_o: 15.7/20, v: 约 0.18m/s
(C) D_o: 12.1/16, v: 约 0.26m/s (D) D_o: 12.1/16, v: 约 0.30m/s

答案:[ ]
主要解答过程:

3. 双管下供下回式热水供暖系统如图所示,每层散热器间的垂直距离为6m,供/回水温度85℃/60℃,供水管 ab 段、bc 段和 cd 段的阻力分别为 0.5kPa、1.0kPa 和 1.0kPa(对应的回水管段阻力相同),散热器 A1、A2 和 A3 的水阻力分别为 $P_{A1} = P_{A2} = 7.5$kPa 和 $P_{A3} = 5.5$kPa,忽略管道沿程冷却与散热器支管阻力,试问设计工况下散热器 A3 环路相对 A1 环路的阻力不平衡率(%)为多少?(取 $g = 9.8$m/s²,热水密度 $\rho_{85℃} = 968.65$kg/m³,$\rho_{60℃} = 983.75$kg/m³)

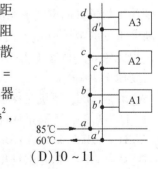

(A) $26 \sim 27$ (B) $2.8 \sim 3.0$ (C) $2.5 \sim 2.7$ (D) $10 \sim 11$

答案:[ ]
主要解答过程:

4. 某住宅小区住宅楼均为6层,设计为分户热计量散热器供暖系统(异程双管下供下回式)。设计供暖热媒为 85℃/60℃ 热水,散热器为内腔无砂四柱 660 型,$K = 2.81\Delta t^{0.276}$(W/m²·℃)。因住宅楼进行了围护结构节能改造(供暖系统设计不变),改造后该住宅小区的供暖热水供回水温度为 70℃/50℃,即可实现原室内设计温度 20℃。问:该住宅小区节能改造前与改造后供暖系统阻力之比应是下列哪一项?

(A)0.8~0.9　　　(B)1.0~1.1　　　(C)1.2~1.3　　　(D)1.4~1.5

答案:[　]

主要解答过程:

5. 某项目需设计一台热水锅炉,供回水温度 95℃/70℃,循环水量 48t/h,设锅炉热效率 90%,分别计算锅炉采用重油的燃料耗量(kg/h)及采用天然气的燃料消耗量(Nm³/h),正确的答案应是下列哪一项?(水的比热容取 4.18kJ/kg·K,重油的低位热值为 40600kJ/kg、天然气的低位热值为 35000kJ/Nm³)

(A)135~140,155~160
(B)126~134,146~154
(C)120~125,140~145
(D)110~119,130~139

答案:[　]

主要解答过程:

6. 某送风管(镀锌薄钢板制作,管道壁面粗糙度 0.15mm)长 30m,断面尺寸为 800mm×313mm;当管内空气流速 16m/s,温度 50℃ 时,该段风管的长度摩擦阻力损失是多少 Pa?(注:大气压力 101.3kPa,忽略空气密度和黏性变化的影响)

(A)80~100　　　(B)120~140　　　(C)155~170　　　(D)175~195

答案:[　]

主要解答过程:

7. 某均匀送风管道采用保持孔口前静压相同原理实现均匀送风(如图所示),有四个间距为 2.5m 的送风孔口(每个孔口送风量为 1000m³/h)。已知:每个孔口的平均流速为 5m/s,孔口的流量系数均为 0.6,断面 1 处风管的空气平均流速为 4.5m/s。该段风管断面 1 处的全压应是下列何项,并计算说明是否保证出流角 α≥60°?(注:大气压力 101.3kPa、空气密度取 1.20kg/m³)

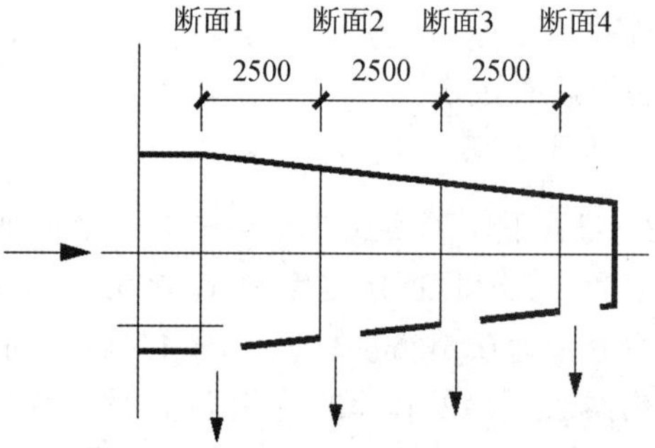

(A)10~15Pa,不满足保证出流角的条件
(B)16~30Pa,不满足保证出流角的条件
(C)31~45Pa,满足保证出流角的条件
(D)46~60Pa,满足保证出流角的条件

答案:[　]

主要解答过程:

8. 接上题,孔口出流的实际流速应为下列何项?

(A)9.1~10m/s　　(B)8.1~9.0m/s　　(C)5.1~6.0m/s　　(D)4.1~5.0m/s

答案：[ ]
主要解答过程：

9. 某空调机组从风机出口至房间送风口的空气阻力为1800Pa，机组出口处的送风温度为15℃，且送风管保温良好(不计风管的传热)。问：该系统送至房间送风出口处的空气温度，最接近以下哪个选项？(取空气的定压比热为1.01kJ/kg·K、空气密度为1.2kg/m³)？(注：风机电动机外置)
(A)15℃   (B)15.5℃   (C)16℃   (D)16.5℃
答案：[ ]
主要解答过程：

10. 已知室内有强热源的某厂房，工艺设备总散热量为1136kJ/s，有效热量系数 $m=0.4$；夏季室内工作点设计温度33℃；采用天窗排风、侧窗进风的自然通风方式排除室内余热，其全面通风量 G 应是下列何项？(注：当地大气压101.3kPa，夏季通风室外计算温度30℃，取空气的定压比热为1.01kJ/kg·K)。
(A)80~120kg/s   (B)125~165kg/s
(C)175~215kg/s   (D)220~260kg/s
答案：[ ]
主要解答过程：

11. 对某环隙脉冲袋式除尘器进行漏风率的测试，已知测试时除尘器的净气箱中的负压稳定为2500Pa，测试的漏风率为2.5%，试求在标准测试条件下，该除尘器的漏风率更接近下列何项？
(A)2.0%   (B)2.2%   (C)2.5%   (D)5.0%
答案：[ ]
主要解答过程：

12. 某酒店的集中空调系统为闭式系统，冷水机组及冷水循环水泵(处于机组的进水口前)设于地下室，回水干管最高点至水泵吸入口的水阻力15kPa，系统最大高差50m(回水干管最高点至水泵吸入口)，定压点设于泵吸入口管路上，试问系统最低定压压力值，正确的是下列何项(取 $g=9.8m/s^2$)？
(A)510kPa   (B)495kPa   (C)25kPa   (D)15kPa
答案：[ ]
主要解答过程：

13. 某工艺用空调房间共有10名工作人员，人均最小新风量要求不少于30m³/(h·人)，该房间设置了工艺要求的局部排风系统，其排风量为250m³/h，保证房间正压所要求的风量为200m³/h。问：该房间空调系统最小设计新风量应为多少 m³/h？
(A)300   (B)450   (C)500   (D)550

答案：[ ]
主要解答过程：

14. 某空调工程位于天津市。夏季空调室外计算日 16:00 时的空调室外计算温度，最接近下列哪个选项？并写出判断过程。
(A)29.4℃   (B)33.1℃   (C)33.9℃   (D)38.1℃
答案：[ ]
主要解答过程：

15. 某二次回风空调系统，房间设计温度23℃，相对湿度45%，室内显热负荷17kW，室内散湿量9kg/h。系统新风量2000m³/h，表冷器出风相对湿度95%（焓值23.3kJ/kg干空气）；二次回风混合后经风机及送风管温升1℃，送风温度19℃；夏季室外设计计算温度34℃，湿球温度26℃，大气压力101.325kPa。新风与一次回风混合点的焓值接近下列何项？并于焓湿图绘制空气处理过程线。（空气密度取 1.2kg/m³，比热取 1.01kJ/kg·℃，忽略回风温升。过程点参数：室内 d_n = 7.9g/kg干空气，h_n = 43.1kJ/kg干空气，室外 d_w = 18.1g/kg干空气，h_w = 80.6kJ/kg干空气）
(A)67kJ/kg干空气   (B)61kJ/kg干空气
(C)55kJ/kg干空气   (D)51kJ/kg干空气
答案：[ ]
主要解答过程：

16. 某常年运行的冷却水系统如图所示，h_1、h_2、h_3 为高差，h_1 = 8m、h_2 = 6m、h_3 = 3m，各段阻力见下表。计算的冷却水循环泵的扬程应为下列何项？（不考虑安全系数，取 g = 9.8m/s²）

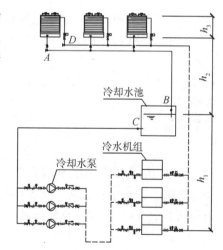

	阻力/kPa
$A\sim B$ 管道及附件	20
$C\sim D$ 管道及附件	150
冷水机组	50
冷却塔布水器	20

(A)215~225kPa   (B)235~245kPa
(C)300~315kPa   (D)380~395kPa
答案：[ ]
主要解答过程：

17. 成都市某12层的办公建筑，设计总冷负荷为850kW，冷水机组采用两台水冷螺杆式冷水机组。空调水系统采用两管制一级泵系统，选用两台设计流量为100m³/h，设计扬程为30mH₂O的冷水循环泵并联运行。冷冻机房至系统最远用户的供回水管道的总输送长度350m，那么冷水循环泵的设计工作点效率应不小于多少？
(A)58.3%   (B)69.0%   (C)76.4%   (D)80.9%

答案：[   ]
主要解答过程：

18. 某空调办公室采用温湿度独立控制系统，设计室内空气温度24℃。房间热湿负荷的计算结果为：围护结构冷负荷1500W，人体显热冷负荷550W，人体潜热冷负荷300W，室内照明及用电设备冷负荷1150W。房间设计新风量合计为300m³/h，送入房间的新风温度要求为20℃。问：室内干工况末端装置的最小供冷量，应为下列何项？（空气密度为1.2kg/m³，空气的定压比热为1.01kJ/kg·K）
(A)2650W   (B)2796W   (C)3096W   (D)3200W
答案：[   ]
主要解答过程：

19. 某变频水泵的额定转速为960r/min，变频控制最小转速为额定转速的60%。现要求该水泵隔振设计时的振动传递比不大于0.05。问：选用下列哪种隔振器更合理？并写出推断过程。
(A)非预应力阻尼型金属弹簧隔振器   (B)橡胶剪切隔振器
(C)预应力阻尼型金属弹簧隔振器   (D)橡胶隔振垫
答案：[   ]
主要解答过程：

20. 已知不同制冷方案的一次能源利用效率见下表，表列方案中的最高一次能源利用效率制冷方案与最低一次能源利用效率制冷方案之比值接近下列何项？

序号	制冷方案	效率
1	燃气蒸汽锅炉+蒸汽溴化锂吸收式制冷	锅炉效率88%，吸收式制冷 COP=1.3
2	燃煤发电+电压缩制冷	发电效率(计入传输损失)25%，电压缩制冷 COP=5.5
3	燃气直燃溴化锂吸收式制冷	COP=1.3
4	燃气发电+电压缩制冷	发电效率(计入传输损失)45%，电压缩制冷 COP=5.5

(A)1.80   (B)1.90   (C)2.16   (D)2.48
答案：[   ]
主要解答过程：

21. 已知用于全年累计工况评价的某空调系统的冷水机组运行效率限值 $COP_{LV}=4.8$，冷却水输送系数限值 $WTF\mathrm{cw}_{LV}=25$，用于评价该空调系统的制冷子系统的能效比限值（EER_{rLV}）应为下列何值？
(A)2.8~3.50   (B)3.51~4.00   (C)4.01~4.50   (D)4.51~5.00
答案：[   ]
主要解答过程：

22. 图示为一次节流完全中间冷却的双级氨制冷理论循环，各状态点比焓(kJ/kg)见下表。

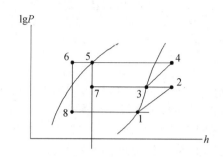

h_1	h_2	h_3	h_4	h_5	h_6
1408.41	1590.12	1450.42	1648.82	342.08	181.54

试问在该工况下，理论制冷系数为下列何项？
(A)1.9~2.2　　　(B)2.3~2.6　　　(C)2.7~3.0　　　(D)3.1~3.4
答案：[ ]
主要解答过程：

23. 已知某电动压缩式制冷机组处于额定负荷出力的工况运行：冷凝温度为30℃，蒸发温度为2℃，不同的销售人员介绍该工况下机组的制冷系数值，不可取信的为下列何项？并说明原因。
(A)5.85　　　(B)6.52　　　(C)6.80　　　(D)9.82
答案：[ ]
主要解答过程：

24. 某多联式制冷机组（制冷剂为R410A），布置如图所示，已知，蒸发温度为5℃（对应蒸发压力934kPa、饱和液体密度为795.5kg/m³）；冷凝温度为55℃（对应冷凝压力为2602kPa、饱和液体密度为1162.8kg/m³），根据电子膨胀阀的动作要求，其压差不应超过2.26MPa。如不计制冷剂的流动阻力和制冷剂的温度变化，则理论上，图中的 H 数值最大为下列何项（g 取 $9.81m/s^2$）？
(A)49~55m　　　　　　　　(B)56~62m
(C)63~69m　　　　　　　　(D)70~76m
答案：[ ]
主要解答过程：

25. 已知某住宅小区燃气用户为250户，每户均设置燃气双眼灶和快速热水器各一台，其额定流量分别为2.4m³/h和1.75m³/h，该小区的燃气计算流量应接近下列何项？
(A)156m³/h　　　(B)161m³/h　　　(C)166m³/h　　　(D)170m³/h
答案：[ ]
主要解答过程：

2014 年度全国注册公用设备工程师(暖通空调)执业资格考试 专业案例(上) 详解

专业案例答案									
题号	答案	题号	答案	题号	答案	题号	答案	题号	答案
1	D	6	C	11	B	16	C	21	B
2	D	7	D	12	B	17	D	22	C
3	D	8	A	13	B	18	B	23	D
4	C	9	D	14	B	19	C	24	A
5	A	10	B	15	B	20	C	25	B

1. 答案：[D]

主要解答过程：

根据《教材2019》P3 表1.1-4 和表1.1-5，该外墙内外表面换热系数：

$$\alpha_n = 8.7 \text{ W/(m}^2 \cdot \text{K)} \quad \alpha_w = 23 \text{ W/(m}^2 \cdot \text{K)}$$

根据式(1.1-3)，该外墙传热系数：(其中 $R_k = 0 \text{m}^2 \cdot \text{K/W}$)

$$K = \frac{1}{R_o} = \frac{1}{\frac{1}{\alpha_n} + \sum \frac{\delta}{\alpha_\lambda \lambda} + R_K + \frac{1}{\alpha_w}}$$

$$= \frac{1}{\frac{1}{8.7} + \frac{0.02}{0.93} + \frac{0.2}{0.2 \times 1.25} + \frac{0.07}{1.2 \times 0.045} + 0 + \frac{1}{23}} = 0.439 (\text{m}^2 \cdot \text{K/W})$$

2. 答案：[D]

主要解答过程：

根据《辐射冷暖规》(JGJ 142—2012)第3.3.7条及其条文说明，该住户起居室的供暖热负荷为：

$$Q = \alpha Q_j + q_h M = 1.3 \times (0.96 \times 1000) + 7 \times 32 = 1472(\text{W})$$

系统流量为：

$$G = \frac{0.86 Q}{\Delta t} = \frac{0.86 \times 1472}{45 - 35} = 126.6 (\text{kg/h})$$

查附录D表D.0.1，结合第3.5.11条对于管内流速不小于0.25m/s的要求，表D.0.1中三种管径规格，当 $G = 126.6$ kg/h 时，只有管内径/管外径为12.1mm/16mm对应的流速为0.3m/s左右，大于0.25m/s的限值，因此只能选择D选项。

3. 答案：[D]

主要解答过程：

根据《教材 2019》P27，重力循环宜采用上供下回式，题干中系统为下供下回，故判断该系统为机械循环系统。再根据 P78，机械循环系统必须考虑各层不同的自然循环压力，可按设计水温条件下最大循环压力的 2/3 计算。此外根据《民规》第 5.9.11 条或教材 P78 所述，各并联环路之间的压力损失相对差值不包括公共管段，因此 A3 环路相对 A1 环路的阻力差值不应包括 ab 段和 $a'b'$ 段。A3 环路相对 A1 环路附加的自然循环压力为：

$$H = \frac{2}{3}gh(\rho_h - \rho_g) = \frac{2}{3} \times 9.8 \times (6+6) \times (983.75 - 968.65) = 1183.84(\text{Pa})$$

A3 环路相对 A1 环路的阻力不平衡率为：（A3 相对于 A1，因此以 A1 环路阻力为分母）

$$\alpha = \frac{(\Delta P_3 - H) - \Delta P_1}{\Delta P_1} = \frac{2P_{bc+cd} + P_{A3} - H - P_{A1}}{P_{A1}}$$

$$= \frac{4000\text{Pa} + 5500\text{Pa} - 1183.84\text{Pa} - 7500\text{Pa}}{7500\text{Pa}}$$

$$= 10.9\%$$

注：(1) 自然循环(即热压)对于散热器热水循环是动力，因此在计算阻力时应减去。

(2) 本题存在争议，具体分析请参考 2016 年案例(下)第 2 题解答过程。

4. 答案：[C]

主要解答过程：

根据《教材 2019》P89 式(1.8-1)，并认为散热器修正系数不变，有：

$$Q_1 = \frac{K_1 F \Delta t_1}{\beta_1 \beta_2 \beta_3 \beta_4} = \frac{2.81 F (t_{pj1} - t_n)^{1.276}}{\beta_1 \beta_2 \beta_3 \beta_4} = cG_1(85 - 60)$$

$$Q_2 = \frac{K_2 F \Delta t_2}{\beta_1 \beta_2 \beta_3 \beta_4} = \frac{2.81 F (t_{pj2} - t_n)^{1.276}}{\beta_1 \beta_2 \beta_3 \beta_4} = cG_2(70 - 50)$$

两式相比得：$\dfrac{\left(\dfrac{85+60}{2} - 20\right)^{1.276}}{\left(\dfrac{70+50}{2} - 20\right)^{1.276}} = \dfrac{G_1}{G_2} \times \dfrac{85-60}{70-50} \Rightarrow \dfrac{G_1}{G_2} = 1.132$

由于系统管网阻力系数 S 值不变：

$$\frac{\Delta P_1}{\Delta P_2} = \frac{SG_1^2}{SG_2^2} = \left(\frac{G_1}{G_2}\right)^2 = 1.28$$

5. 答案：[A]

主要解答过程：

根据《教材 2019》P152，锅炉热效率：（设 Q 为热水负荷，B 为燃料消耗量，q 为燃料低位热值）

$$\eta_{gl} = \frac{Q}{Bq} \Rightarrow B = \frac{Q}{\eta_{gl} q} = \frac{cG\Delta t}{\eta_{gl} q}，\text{因此：}$$

燃料采用重油时燃料消耗量为：

$$B_{zy} = \frac{48 \times 1000 \times 4.18 \times (95-70)}{90\% \times 40600} = 137.3(\text{kg/h})$$

燃料采用天然气时燃料消耗量为：

$$B_{tyq} = \frac{48 \times 1000 \times 4.18 \times (95-70)}{90\% \times 35000} = 159.2(\text{Nm}^3/\text{h})$$

6. 答案：[C]
主要解答过程：
根据《教材2019》P252 式(2.7-7)
流速当量直径：

$$D_v = \frac{2ab}{a+b} = \frac{2 \times 800 \times 313}{800 + 313} = 449.95(mm)$$

查 P251 图 2.7-1 得单位长度摩擦压力损失为：$R_{mo} = 6Pa/m$
考虑空气温度和大气压的修正，不考虑空气密度和黏性的修正，$K = 0.15$ 不考虑管壁粗糙度的修正，因此，根据式(2.7-4)：

$$R_m = K_t K_B R_{mo} = \left(\frac{273+20}{273+t}\right)^{0.825} \times \left(\frac{B}{101.3}\right)^{0.9} \times R_{mo}$$

$$= \left(\frac{273+20}{273+50}\right)^{0.825} \times \left(\frac{101.3}{101.3}\right)^{0.9} \times 6 = 5.536(Pa)$$

故该段风管的长度摩擦阻力损失为：

$$\Delta P = R_m L = 5.536 \times 30 = 166.1(Pa)$$

7. 答案：[D]
主要解答过程：
根据《教材2019》P259~P260
根据式(2.7-15)，孔口平均流速 $v_0 = 5m/s$，孔口流量系数 $\mu = 0.6$，
故静压流速为：

$$v_j = \frac{v_0}{\mu} = 8.33 m/s$$

根据式(2.7-10)和式(2.7-11)
断面1处的静压为：

$$p_j = \frac{1}{2} v_j^2 \rho = 0.5 \times 8.33^2 \times 1.2 = 41.63(Pa)$$

动压为：

$$p_d = \frac{1}{2} v_d^2 \rho = 0.5 \times 4.5^2 \times 1.2 = 12.15(Pa)$$

全压为：

$$p_q = p_j + p_d = 41.63 + 12.15 = 53.78(Pa)$$

根据式(2.7-12)，出流角为：

$$\alpha = \arctan\left(\frac{v_j}{v_d}\right) = \arctan\frac{8.33}{4.5} = 61.6° > 60°$$

注：本题可参考《教材(第二版)》P245 例题，更易理解，第三版教材删除该例题。

8. 答案：[A]
主要解答过程：
根据《教材2019》P259 式(2.7-13)
孔口实际流速为：$v = \frac{v_j}{\sin\alpha} = \frac{8.33}{\sin 61.6} = 9.47(m/s)$

9. 答案：[D]

主要解答过程：

本系统风道及风口的阻力为1800Pa，参考《教材2019》P272 风机全压的组成，这1800Pa的阻力需要依靠风机全压里的一部分压头来克服，并且这部分能量通过摩擦的方式转化为热量造成了送风温升，那么产生这部分压头所需要的风机有效功率为：(P266 式2.8-1)

$$N_y = \frac{LP}{3600} = Q_{温升} = c\rho \frac{L}{3600} \Delta t \times 1000$$

$$\Delta t = 1.49 ℃$$

$$t_s = 15 + \Delta t = 16.49 ℃$$

10. 答案：[B]

主要解答过程：

根据《教材2019》P183 式(2.3-19)，天窗排风温度：

$$t_p = t_w + \frac{t_n - t_w}{m} = 30 + \frac{33 - 30}{0.4} = 37.5(℃)$$

根据P181 式(2.3-13)，全面通风量为：

$$G = \frac{Q}{C(t_p - t_j)} = \frac{1136}{1.01 \times (37.5-30)} = 149.97(kg/s)$$

11. 答案：[B]

主要解答过程：

根据《脉冲喷吹类袋式除尘器》(JBJ 8532—2008)第5.2条，该除尘器的漏风率为：

$$\varepsilon = \frac{44.72\varepsilon_1}{\sqrt{p}} = \frac{44.72 \times 2.5\%}{\sqrt{2500}} = 2.236\%$$

12. 答案：[B]

主要解答过程：

本题的直接考点是《教材2018》P508 式(3.7-13)，但是教材针对这部分的分析出现错误，《教材2019》P509 已做出了勘误，但仍未考虑全面，为说明其错误原因，做以下分析：

根据P508 关于定压点的叙述，定压点确定的最主要原则是：保证系统内任何一点不出现负压或者热水的汽化(无论是系统运行还是停止)，定压点的最低运行压力应保证水系统最高点的压力为5kPa以上。根据以上原则结合 P507 图3.7-26b 对该系统进行水力工况分析：

(1) 当系统停止时，为保证系统最高点 A 点压力不小于5kPa，B 点的最低定压压力为：

$$P_{B停} = P_{Amin} + \rho gH = 5 + 1 \times 9.8 \times 50 = 495(kPa)$$

(2) 当系统运行时，同样保证 A 点压力不小于5kPa，列 AB 两点的伯努利方程：

$$P_{Amin} + \rho gH + \frac{\rho v^2}{2} = P_{B运行} + \frac{\rho v^2}{2} + \Delta P_{AB}$$

$$P_{B运行} = P_{Amin} + \rho gH - \Delta H_{AB} = 5 + 1 \times 9.8 \times 50 - 15 = 480(kPa)$$

可以发现，系统停止运行时是对于定压点定压值选取的最不利状态，只要满足系统停止时定压值的要求，则系统运行时一定不会产生负压或者汽化现象，因此系统最低定压压力值，应选取495kPa。

注：由以上分析可知，老版教材式(3.7-13)给出的计算方法是错误的，并且也没有合理的物理意义，当年本题的出题意图应该是有意考查教材的出错点，以考验考生真实的分析能力，但也不排除出题者并未意识到公式错误，以简单套公式为目的给出510kPa 的参考答案。

13. 答案：[B]

主要解答过程：

根据《民规》第 7.3.19.2 条

首先，人员所需的最小新风量为：$M_1 = 30 \times 10 = 300(\text{m}^3/\text{h})$

其次，补偿排风与保持空调区域空气压力所需的新风量之和为：$M_2 = 250 + 200 = 450(\text{m}^3/\text{h})$

因此，该房间空调系统最小的设计新风量为：$M = \max(M_1, M_2) = 450\text{m}^3/\text{h}$

14. 答案：[B]

主要解答过程：

根据《民规》第 4.1.11 条或《教材 2019》P352。

夏季空调室外计算逐时温度为：$t_{sh} = t_{wp} + \beta \Delta t_r$

查表 4.1-11 得：$\beta = 0.43$，查民规附录 A 得：$t_{wp} = 29.4℃$，$t_{wg} = 33.9℃$，故：

$$t_{sh} = 29.4℃ + 0.43 \times \frac{33.9℃ - 29.4℃}{0.52} = 33.12℃$$

15. 答案：[B]

主要解答过程：

空气处理过程示意图如图所示，根据相对湿度 95%，$h = 23.3\text{kJ}/\text{kg}_{干空气}$，查 h-d 图得机器露点 $t_L = 7.7℃$，二次回风混合点温度 $t_{OO} = 19 - 1 = 18(℃)$，系统总送风量为：

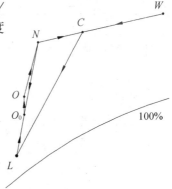

$$G_{总} = \frac{3600Q}{c\rho\Delta t}$$
$$= \frac{3600 \times 17\text{kW}}{1.01\text{kJ}/\text{kg}_{干空气} \times 1.2\text{kg}/\text{m}^3 \times (23-19)℃}$$
$$= 12623.7\text{m}^3/\text{h}$$

根据二次混风风量关系比：

$$\frac{G_L}{G_{总}} = \frac{t_N - t_{OO}}{t_N - t_L} = \frac{23 - 18}{23 - 7.7} \Rightarrow G_L = 4125.4\text{m}^3/\text{h}$$

一次回风量为：

$$G_1 = G_L - G_w = 4125.4 - 2000 = 2125.4(\text{m}^3/\text{h})$$

一次回风混合点焓值：

$$h_C = \frac{G_1}{G_L}h_N + \frac{G_w}{G_L}h_W = \frac{2125.4}{4125.4} \times 43.1 + \frac{2000}{4125.4} \times 80.6 = 61.28(\text{kJ}/\text{kg}_{干空气})$$

16. 答案：[C]

主要解答过程：

冷却水泵从水箱抽水经冷凝器（冷水机组）送到冷却塔布水器，因此不计从冷却塔依靠重力流至回水箱的管路阻力（可把"管路 AB + 水箱"当作一个"集水盘"来看待，由水箱提升至喷淋器的高差（$h_2 + h_3$）相当于冷却塔中水的提升高度，根据《教材 2019》P496 式(3.7-7)，其中根据 P495 下部所述，进塔水压 H_t 包含了集水盘至布水口之间的压差，因此，冷却水泵扬程为：

$$H_p = \Delta P + H_t = (P_{CD} + P_{冷机}) + [\rho g(h_2 + h_3) + P_{布水}]$$
$$= 150 + 50 + 1 \times 9.8 \times (6+3) + 20 = 308.2(\text{kPa})$$

17. 答案：[D]

主要解答过程：

根据《民规》第 8.5.12 条，冷水循环泵的耗电输冷比满足：

$$ECR = 0.003096 \sum (GH/\eta_b)/\sum Q \leqslant A(B + \alpha \sum L)/\Delta T$$

查各附表：$G = 100 \text{m}^3/\text{h}$（单台水泵），$H = 30\text{m}$，$\sum Q = 850\text{kW}$，$\Delta T = 5°\text{C}$

$A = 0.003858$，$B = 28$，$\sum L = 350$，$\alpha = 0.02$

故：$\eta_b \geqslant \dfrac{0.003096 \Delta T \sum GH}{A(B + \alpha \sum L) \sum Q} = \dfrac{0.003096 \times 5 \times 2 \times 100 \times 30}{0.003858 \times (28 + 0.02 \times 350) \times 850} = 80.92\%$

注：表 8.5.12-3 和表 8.5.12-4 在查询参数上标注不明确，易造成困扰，故作者对表 8.5.12-3 做出注释，以便考生理解：

表 8.5.12-3

系统组成		四管制 单冷、单热管道 B 值 （两管制 冷水管路 B 值也按该列选取）	二管制 热水管道 B 值 （热水管道对应冷水系统不取值，为"—"）
一级泵	冷水系统	28	—
	热水系统	22	21
二级泵	冷水系统	33	—
	热水系统	27	25

同理，两管制冷水管路 α 值也应根据表 8.5.12-4 取值。

18. 答案：[B]

主要解答过程：

温湿度独立控制系统，新风承担所有系统湿负荷，室内末端干工况运行，仅承担显热负荷。由于新风送风温度为 20℃，低于室内空气干球温度，故承担了一部分室内显热负荷：

$$Q_1 = c\rho L_W \Delta t = 1.01 \times 1.2 \times \frac{300}{3600} \times (24 - 20) = 0.404(\text{kW})$$

室内总显热负荷为：

$$Q_X = 1500 + 550 + 1150 = 3200(\text{W})$$

干工况末端最小供冷量为：

$$Q = Q_X - Q_1 = 3200 - 404 = 2796(\text{W})$$

注：由于显热负荷和潜热负荷分别处理，因此温湿度独立空调系统的负荷计算及负荷分配流程有别于常规系统：

首先，分别计算出室内显热负荷和潜热负荷。

其次，根据室内湿负荷和新风量计算出新风系统的送风状态点，保证新风承担全部湿负荷。

接着，根据新风送风状态点，计算出新风系统所能承担室内的显热负荷。

最后，将剩余的室内显热负荷交给干工况末端来处理。

19. 答案：[C]

主要解答过程：

根据《教材 2019》P549 式（3.9-14）及式（3.9-15）

水泵额定工况的扰动频率为：

$$f = \frac{n}{60} = \frac{960}{60} = 16(\text{Hz})$$

所需隔振器的自振频率为：

$$f_0 = f\sqrt{\frac{T}{1-T}} \le 16\sqrt{\frac{0.05}{1-0.05}} = 3.67\text{Hz} < 5\text{Hz}$$

故，根据教材所述自振频率小于5Hz时，应采用预应力阻尼型金属弹簧隔振器。

20. 答案：[C]
主要解答过程：
设制冷量为Q，一次能源消耗量为A，一次能源利用效率为ε，则：

$$\varepsilon = \frac{Q}{A} = \frac{Q}{\dfrac{Q}{\eta COP}} = \eta COP$$

其中η为锅炉效率或发电效率，COP为机组制冷效率，故：

方案1：$\varepsilon_1 = \eta_1 COP_1 = 0.88 \times 1.3 = 1.144$
方案2：$\varepsilon_2 = \eta_2 COP_2 = 0.25 \times 5.5 = 1.375$
方案3：$\varepsilon_3 = COP_3 = 1.3$
方案4：$\varepsilon_4 = \eta_4 COP_4 = 0.45 \times 5.5 = 2.475$

最大与最小比值为：

$$\frac{\varepsilon_4}{\varepsilon_1} = \frac{2.475}{1.144} = 2.16$$

21. 答案：[B]
主要解答过程：
根据《空气调节经济运行》(GB/T 17981—2007)第5.4.2条，用于评价空调系统中制冷子系统的经济运行指标限值为：

$$EER_{rLV} = \frac{1}{\dfrac{1}{COP_{LV}} + \dfrac{1}{WTFcw_{LV}} + 0.02} = \frac{1}{\dfrac{1}{4.8} + \dfrac{1}{25} + 0.02} = 3.73$$

22. 答案：[C]
主要解答过程：
根据《教材2019》P583~P584式(4.1-24)~式(4.1-29)，设制冷量为Φ_0，通过蒸发器的制冷剂质量流量为M_{R1}，通过中间冷却器的制冷剂质量流量为M_{R2}(注意教材图4.1-13与题干附图状态点编号有差别)，则有：

$$M_{R1} = \frac{\Phi_0}{(h_1 - h_8)} = \frac{\Phi_0}{(h_1 - h_6)}$$

$$M_{R2} = M_{R1}\frac{(h_2 - h_3) + (h_5 - h_6)}{(h_3 - h_7)} = M_{R1}\frac{(h_2 - h_3) + (h_5 - h_6)}{(h_3 - h_5)}$$

$$P_{th1} = M_{R1}(h_2 - h_1) = \frac{h_2 - h_1}{h_1 - h_6}\Phi_0 = 0.148\Phi_0$$

$$P_{th2} = (M_{R1} + M_{R2})(h_4 - h_3) = \frac{(h_2 - h_6)(h_4 - h_3)}{(h_3 - h_5)(h_1 - h_6)}\Phi_0 = 0.206\Phi_0$$

$$\varepsilon_{th} = \frac{\Phi_0}{P_{th1} + P_{th2}} = \frac{1}{0.148 + 0.206} = 2.83$$

23. 答案：[D]

主要解答过程：

参考《教材2019》P575 式(4.1-5)，两定温热源间的逆卡诺循环效率为：

$$\varepsilon_c = \frac{T_0'}{T_k' - T_0'} = \frac{273+2}{(273+30)-(273+2)} = 9.82$$

要知道逆卡诺循环为理想制冷循环，是所能达到的最高效率，考虑到实际制冷循环的温差损失、节流损失、过热损失等因素，实际制冷循环的制冷系数不可能达到9.82。

24. 答案：[A]

主要解答过程：

本题要首先明确的是多联机在制冷工况下，电子膨胀阀位于室内机即蒸发器侧，故由室外机至室内机向下方的制冷剂管道内为高温高压的液态制冷剂，密度取1162.8kg/m³，列该段管路的阻力关系方程：

$$P_k + \rho g H - \Delta P = P_0$$

$$\Delta P = P_k - P_0 + \rho g H \leq 2260 \text{kPa}$$

$$H \leq \frac{(2260 - 2602 + 934) \times 1000}{9.81 \times 1162.8} = 51.89 (\text{m})$$

注：本题解答的关键是判断膨胀阀位置，并选用正确的密度数据，多联机冷媒管一般分为液管和气管，液管较细，气管较粗。故也可以从附图中管道粗细得到一定提示。

25. 答案：[B]

主要解答过程：

根据《教材2019》P822 式(6.3-2)，查表6.3-4，采用内插法得：

$$k = 0.15 + \frac{300-250}{300-200} \times (0.16 - 0.15) = 0.155$$

$$Q_h = \sum kNQ_n = 0.155 \times 250 \times (2.4 + 1.75) = 160.8 (\text{m}^3/\text{h})$$

2014年度全国注册公用设备工程师(暖通空调)执业资格考试 专业案例(下)

1. 某建筑首层门厅采用地面辐射供暖系统,门厅面积 $F=360m^2$,可敷设加热管的地面面积 $F_j=270m^2$,室内设计计算温度20℃。以下何项房间计算热负荷数值满足保证地表面温度的规定上限值?
(A)19.2kW   (B)21.2kW   (C)23.2kW   (D)33.2kW
答案:[   ]
主要解答过程:

2. 某住宅楼采用上供下回双管散热器供暖系统,室内设计温度为20℃,热水供回水温度90℃/65℃,设计采用椭四柱660型散热器,其传热系数 $K=2.682\Delta t^{0.297}[W/(m^2·℃)]$。因对小区住宅楼进行了围护结构节能改造,该住宅小区的供暖热负荷降至原设计负荷的60%,若原设计供暖系统保持不变,要保持室内温度为20~22℃,供暖热水供回水温度(供回水温差为20℃)应是下列哪一项?并列出计算判断过程(忽略水流量变化对散热器散热量的影响)。
(A)75℃/55℃   (B)70℃/50℃   (C)65℃/45℃   (D)60℃/40℃
答案:[   ]
主要解答过程:

3. 某住宅室内设计温度为20℃,采用双管上供下回供暖系统,设计供回水温度85℃/60℃,铸铁柱型散热器明装,片厚60mm,单片散热面积 $0.24m^2$,连接方式如图所示。为使散热器组装长度≤1500mm,每组散热器负担的热负荷不应大于下列哪一个选项?
注:散热器传热系数 $K=2.503\Delta t^{0.293}W/(m^2·℃)$,$\beta_3=\beta_4=1.0$。 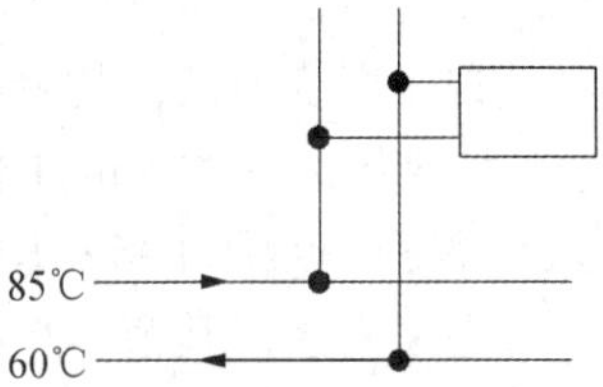
(A)1600~1740W   (B)1750~1840W   (C)2200~2300W   (D)3100~3200W
答案:[   ]
主要解答过程:

4. 严寒地区某住宅小区的冬季供暖用热水锅炉房,容量为280MW,刚好满足 $400×10^4m^2$ 既有住宅的供暖。因对既有住宅进行了围护结构节能改造,改造后该锅炉房又多负担了新建住宅供暖的面积 $270×10^4m^2$,且能满足设计要求。请问既有住宅的供暖热指标和改造后既有住宅的供暖热指标分别应接近下列选项的哪一个?(锅炉房自用负荷可忽略不计,管网散热损失为供热量的2%;新建住宅供暖热指标 $35W/m^2$)
(A)70.0W/m^2 和46.3W/m^2 (B)70.0W/m^2 和45.0W/m^2
(C)68.6W/m^2 和46.3W/m^2 (D)68.6W/m^2 和45.0W/m^2
答案:[   ]

主要解答过程:

5. 某住宅小区热力管网有四个热用户,管网在正常工况时的水压图和各热用户的水流量如图所示,如果关闭热用户 2、3、4,热用户 1 的水力失调度应是下列选项的哪一个?(假设循环水泵扬程不变)

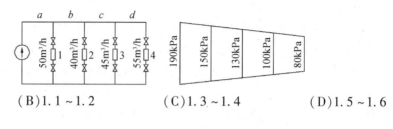

(A)0.9~1.0 (B)1.1~1.2 (C)1.3~1.4 (D)1.5~1.6

答案:[ ]

主要解答过程:

6. 某热水供热系统(上供下回)设计供回水温度 110℃/70℃,为 5 个用户供暖(见下表),用户采用散热器承压 0.6MPa,试问设计选用的系统定压方式(留出了 $3mH_2O$ 余量)及用户与外网连接方式,正确的应是下列何项?(汽化表压取 42kPa,$1mH_2O = 9.8kPa$,膨胀水箱架设高度小于 1m)

用户	1	2	3	4	5
用户底层地面标高/m	+5	+3	-2	-5	0
用户楼高/m	48	24	15	15	24

注:以热网循环水泵中心高度为基准。

(A)在用户 1 屋面设置膨胀水箱,各用户与热网直接连接
(B)在用户 2 屋面设置膨胀水箱,用户 1 与外网分层连接,高区 28~48m 间接连接,低区 1~27m 直接连接,其余用户与热网直接连接
(C)取定压点压力 $56mH_2O$,各用户与热网直接连接,用户 4 散热器选用承压 0.8MPa
(D)取定压点压力 $35mH_2O$,用户 1 与外网分层连接,高区 23~48m 间接连接,低区 1~22m 直接连接,其余用户与热网直接连接

答案:[ ]

主要解答过程:

7. 某风系统风量为 $4000m^3/h$,系统全年运行 180 天、每天运行 8h,拟比较选择纤维填充式过滤器和静电过滤器两种方案(二者实现同样的过滤级别)的用能情况。已知:纤维填充式过滤器的运行阻力为 120Pa,静电过滤器的运行阻力为 20Pa、静电过滤器的耗电功率为 40W,风机机组的效率为 0.75,问采用静电过滤器方案,一年节约的电量(kW·h)应为下列何项?

(A)140~170 (B)175~205 (C)210~240 (D)250~280

答案:[ ]

主要解答过程:

8. 某车间,室内设计温度 15℃,车间围护结构设计耗热量 200kW,工作区局部排风量 10kg/s;

车间采用混合供暖系统(散热器+新风集中热风供暖),设计散热器散热量等于室内+5℃值班供暖的热负荷。新风送风系统风量7kg/s,送风温度t(℃)为下列何项?(已知:供暖室外计算温度为-10℃,空气的比热容为1.01kJ/kg,值班供暖时,通风系统不运行)
(A)35.5~36.5   (B)36.6~37.5   (C)37.6~38.5   (D)38.6~39.5
答案:[   ]
主要解答过程:

9. 某除尘系统由旋风除尘器(除尘总效率85%)+脉冲袋式除尘器(除尘总效率99%)组成,已知除尘系统进入风量为10000m^3/h,入口含尘浓度为5.0g/m^3,漏风率:旋风除尘器为1.5%,脉冲袋式除尘器为3%,求该除尘系统的出口含尘浓度应接近下列何项(环境空气的含尘量忽略不计)?
(A)7.0mg/m^3 (B)7.2mg/m^3 (C)7.4mg/m^3 (D)7.5mg/m^3
答案:[   ]
主要解答过程:

10. 含有SO_2浓度为100ppm的有害气体,流量为5000m^3/h,选用净化装置的净化效率为95%,净化后的SO_2浓度(mg/m^3)为下列何项(大气压为101325Pa)?
(A)12.0~13.0   (B)13.1~14.0   (C)14.1~15.0   (D)15.1~16.0
答案:[   ]
主要解答过程:

11. 某房间设置一机械送风系统,房间与室外压差为零。当通风机在设计工况运行时,系统送风量为5000m^3/h,系统的阻力为380Pa。现改变风机转速,系统送风量降为4000m^3/h,此时该机械送风系统的阻力(Pa)应为下列何项?
(A)210~215   (B)240~245   (C)300~305   (D)系统阻力不变
答案:[   ]
主要解答过程:

12. 某办公楼的空气调节系统,空调风管的绝热材料采用柔性泡沫橡塑材料,其导热系数为0.0365W/(m·K),根据有关节能设计标准,采用柔性泡沫橡塑板材的厚度规格,最合理的应是下列选项的哪一个?并列出判断过程。(计算中,不考虑修正系数)
(A)19mm   (B)25mm   (C)32mm   (D)38mm
答案:[   ]
主要解答过程:

13. 某空调房间经计算在设计状态时,显热冷负荷为10kW,房间湿负荷为0.01kg/s。则该房间空调送风的设计热湿比,接近下列何项?
(A)800   (B)1000   (C)2500   (D)3500
答案:[   ]

主要解答过程：

14. 某建筑设置 VAV + 外区风机盘管空调系统。其中一个外区房间外墙面积 $8m^2$，外墙传热系数 $0.6W/(m^2 \cdot K)$；外窗面积 $16m^2$，外窗传热系数 $2.3W/(m^2 \cdot K)$；室外空调计算温度 $-12℃$，室内设计温度 $20℃$；房间变风量末端最大送风量 $1000m^3/h$，最小送风量 $500m^3/h$，送风温度 $15℃$；取空气密度为 $1.2kg/m^3$，比热容为 $1.01kJ/kg$。不考虑围护结构附加耗热量及房间内部的热量。问：该房间风机盘管应承担的热负荷(W)为下列何项？

(A)830～850　　(B)1320～1340　　(C)2160～2180　　(D)3000～3020

答案：[　　]

主要解答过程：

15. 某空调房间室内设计参数为：$t_n = 26℃$，$\varphi_n = 50\%$，$d_n = 10.5g/kg_{干空气}$；房间热湿比为 $8500kJ/kg$，设计送风温差 $9℃$。要求应用公式计算空气焓值，则设计送风状态点的空气焓值 $(kJ/kg_{干空气})$应为下列何项(空气的比热容为 $1.01kJ/kg℃$)？

(A)38.2～38.7　　(B)39.5～40　　(C)41.0～41.5　　(D)42.3～42.8

答案：[　　]

主要解答过程：

16. 某局部岗位冷却送风系统，采用紊流系数为 0.076 的圆管送风口，送风出口温度 $t_S = 20℃$，房间温度 $t_n = 35℃$，送风口至工作岗位的距离为 3m。工艺要求为：送风至岗位处的射流的轴心温度 $t = 29℃$、射流轴心速度为 $0.5m/s$。问：该圆管风口的送风量，应最接近下列何项(送风口直径采用计算值)？

(A)$160m^3/h$　　(B)$200m^3/h$　　(C)$250m^3/h$　　(D)$300m^3/h$

答案：[　　]

主要解答过程：

17. 某办公楼层采用温湿度独立控制空调系统，夏季室内设计参数为 $t = 26℃$，$\varphi = 60\%$，室内总显热冷负荷为 35kW。湿度控制系统(新风系统)的送风量为 $2000m^3/h$，送风温度为 $19℃$；温度控制系统由若干台干式风机盘管构成，风机盘管的送风温度为 $20℃$。试问温度控制系统的总风量(m^3/h)应为下列何项？(取空气密度为 $1.2kg/m^3$，比热容为 $1.01kJ/kg$。不计风机、管道温升)

(A)14800～14900　　(B)14900～15000　　(C)16500～16600　　(D)17300～17400

答案：[　　]

主要解答过程：

18. 如图所示的集中空调冷水系统为由两台主机和两台冷水泵组成的一级泵变频变流量水系统，一级泵转速由供回水总管压差进行控制。已知条件是：每台冷水机组的额定设计制冷量为 1163kW，供回水温差为 5℃，冷水机组允许的最小安全运行流量为额定设计流量的 60%，供回水总管恒定控制压差为 150kPa。问：供回水总管之间的旁通电动阀所需要流通能力，最接近下列何项？

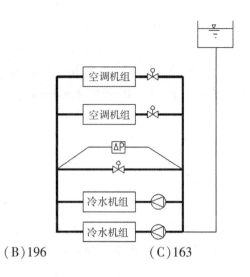

(A)326　　　　　(B)196　　　　　(C)163　　　　　(D)98
答案：[　]
主要解答过程：

19. 某空调房间设置全热回收装置，新风量与排风量均为200m³/h，室内温度为24℃、相对湿度60%、焓值56.2kJ/kg，室外温度35℃、相对湿度60%，焓值90.2kJ/kg，全热回收效率62%，试求新风带入室内的冷负荷为下列何项？（空气密度为1.2kg/m³）
(A)260～320W　　　(B)430～470W　　　(C)840～880W　　　(D)1380～1420W
答案：[　]
主要解答过程：

20. 某洁净室按照发尘量和洁净度等级要求计算送风量12000m³/h，根据热湿负荷计算送风量15000m³/h，排风量14000m³/h，正压风量1500m³/h，室内25人，该洁净室的送风量应为下列何项？
(A)12000m³/h　　　(B)15000m³/h　　　(C)15500m³/h　　　(D)16500m³/h
答案：[　]
主要解答过程：

21. 某建筑空调冷源配置2台同规格冷水机组，表1为不同负荷率下冷水机组的制冷COP，表2为供冷季节负荷率。计算冷水机组供冷季节制冷的COP应为下列何项？

表1　冷水机组制冷COP

负荷率	12.5%	25%	37.5%	50%	75%	100%
COP	3.2	5.6	6.2	6.0	6.2	6.0

表2　供冷季节负荷率

	100%	75%	50%	37.5%	25%	12.5%
时间比例(%)	5	25	30	20	15	5

(A)5.20～5.30　　　(B)5.55～5.65　　　(C)5.95～6.05　　　(D)6.15～6.25

答案：[ ]
主要解答过程：

22. 某活塞式制冷压缩机的轴功率为100kW，摩擦效率为0.85。压缩机制冷负荷卸载50%运行时(设压缩机进出口的制冷剂焓值、指示效率与摩擦功率维持不变)，压缩机所需的轴功率为下列何项？
(A)50kW (B)50.5~54.0kW (C)54.5~60.0kW (D)60.5~65.0kW
答案：[ ]
主要解答过程：

23. 已知某电动压缩式制冷机组的冷凝器设计的放热量为1500kW，分别采用温差为5℃的冷却水冷却和采用常温下水完全蒸发冷却(不考虑显热)，前者与后者相同单位时间的水量之比值是下列何项？
(A)10~12 (B)50~90 (C)100~120 (D)130~150
答案：[ ]
主要解答过程：

24. 1t含水率为60%的猪肉从15℃冷却至0℃，需用时1h，货物耗冷量为下列何项？
(A)11.0~11.2kW (B)13.4~13.6kW (C)14.0~14.20kW (D)15.4~15.6kW
答案：[ ]
主要解答过程：

25. 某半即热式水加热器，要求小时供热量不低于1250000kJ/h，热媒为50kPa饱和蒸汽，饱和蒸汽温度为100℃，进入加热器的最低水温为7℃，出水终温为60℃，加热器的传热系数为5000kJ/($m^2 \cdot h \cdot K$)，则加热器的最小加热面积应为下列何项？(取热损失系数为1.10，ε为0.8)
(A)7.55~7.85m^2 (B)7.20~7.50m^2 (C)5.40~5.70m^2 (D)5.05~5.35m^2
答案：[ ]
主要解答过程：

2014年度全国注册公用设备工程师(暖通空调)执业资格考试 专业案例(下) 详解

专业案例答案									
题号	答案	题号	答案	题号	答案	题号	答案	题号	答案
1	D	6	D	11	B	16	C	21	C
2	B	7	A	12	C	17	B	22	C
3	A	8	B	13	D	18	D	23	C
4	D	9	B	14	C	19	C	24	B
5	B	10	C	15	B	20	C	25	C

1. 答案：[D]

主要解答过程：

根据《辐射冷暖规》(JGJ 142—2012)第3.4.6条，再查表3.1.3，门厅为人员短时间停留场所，地面平均温度上限取32℃，故：

$$t_{pj} = t_n + 9.82 \left(\frac{q}{100}\right)^{0.969}$$

$$32℃ = 20 + 9.82 \times \left(\frac{q}{100}\right)^{0.969} \Rightarrow q = 123 \text{W/m}^2$$

最大房间热负荷为：$Q = qF_j = 33.2 \text{kW}$

2. 答案：[B]

主要解答过程：

根据《教材2019》P89式(1.8-1)，由于散热器片数与安装形式均未变化，且忽略水流量变化对散热器散热量的影响，故各修正系数均未发生变化。改造前后热负荷：

$$Q_1 = \frac{K_1 F \Delta t_1}{\beta_1 \beta_2 \beta_3 \beta_4} = \frac{2.682 F (t_{pj1} - t_n)^{1.297}}{\beta_1 \beta_2 \beta_3 \beta_4}$$

$$0.6 Q_1 = \frac{K_2 F \Delta t_2}{\beta_1 \beta_2 \beta_3 \beta_4} = \frac{2.682 F (t_{pj2} - t_n)^{1.297}}{\beta_1 \beta_2 \beta_3 \beta_4}$$

两式相比得：$\dfrac{\left(\dfrac{90+65}{2} - 20\right)^{1.297}}{(t_{pj2} - 20)^{1.297}} = \dfrac{1}{0.6}$

$t_{pj2} = \dfrac{t_g' + t_h'}{2} = 58.8℃$

$t_g' - t_h' = 20℃ \quad\Rightarrow t_g' = 68.8℃ \quad t_h' = 48.8℃$

注：本题为2010年案例(下)第3题原题改编。

3. 答案：[A]
主要解答过程：

由散热器长度限制可知，最大片数值为：$n = \dfrac{1500}{60} = 25$（片）。

根据《教材2019》P89式(1.8-1)并查表1.8-2和表1.8-3得 $\beta_1 = 1.1$，$\beta_2 = 1.42$。

$$Q = \dfrac{K_1 F(t_{pj} - t_n)}{\beta_1 \beta_2 \beta_3 \beta_4} = \dfrac{(25 \times 0.24) \times 2.503 \times \left(\dfrac{85+60}{2} - 20\right)^{1.293}}{1.1 \times 1.42 \times 1 \times 1} = 1610.96(\text{W})$$

注：本题出题图文不符，题干为上供下回，而配图散热器为下供上回，本题根据配图下供上回选取修正系数进行计算。

4. 答案：[D]
主要解答过程：

容量为280MW的锅炉，能够提供的供暖负荷为：

$$Q = 280 \times (1 - 2\%) = 274.4(\text{MW})$$

既有建筑改造前的热指标为：

$$q = \dfrac{Q}{400 \times 10^4} = 68.6 \ (\text{W/m}^2)$$

新建住宅所需的供暖负荷为：

$$Q_x = 270 \times 10^4 \times 35 = 94.5(\text{MW})$$

既有建筑改造后的热指标为：

$$q' = \dfrac{Q - Q_x}{400 \times 10^4} = 45.0 \ (\text{W/m}^2)$$

5. 答案：[B]
主要解答过程：

参考《教材2019》P138~P141部分内容，如图所示，四个用户均运行时 a 管段的阻力损失为：(190-150)/2 = 20(kPa)，流量为：50 + 40 + 45 + 55 = 190(m³/h)，故：
a 管段的阻力数为：

$$S_a = \dfrac{P_a}{Q_a^2} = \dfrac{20 \times 10^3 \text{Pa}}{(190\text{m}^3/\text{h})^2} = 0.554\text{Pa}/(\text{m}^3/\text{h})^2$$

1 支路的阻力数为：

$$S_1 = \dfrac{P_1}{Q_1^2} = \dfrac{150 \times 10^3 \text{Pa}}{(50\text{m}^3/\text{h})^2} = 60\text{Pa}/(\text{m}^3/\text{h})^2$$

关闭2、3、4用户后，原干管和1支路阻力系数不变，故：
1 支路的流量为：

$$Q_1' = \sqrt{\dfrac{P_Z}{2S_a + S_1}} = \sqrt{\dfrac{190 \times 10^3}{2 \times 0.554 + 60}} = 55.76(\text{m}^3/\text{h})，注意与 a 管路对应还有一段回水干管。$$

用户1的水力失调度为：

$$x_1 = \dfrac{Q_1'}{Q_1} = \dfrac{55.76}{50} = 1.12$$

6. 答案：[D]

主要解答过程：
根据《教材2019》P136～P138水压图分析部分内容。
由于系统任意一点(系统最高点为最不利点)的压力，不能低于热水的汽化压力(42kPa)，并留出3mH₂O的余量，计算最高建筑用户1所需求的最低静水压力要求为：

$$H_{J1} = 48 + 5 + \frac{42000}{1000 \times 9.8} + 3 = 60.3(m)$$

因此首先排除C选项；A选项：由于膨胀水箱架设高度小于1m，因此若在屋面设置膨胀水箱，定压压力 $H \leq 48m + 5m + 1m = 54m < 60.3m$，同样不满足最低静水压力要求；B选项：同理A选项，在用户2屋面设置膨胀水箱，是不可能满足2用户直接连接方式下的最低静水压力要求的，因此B选项错误；D选项正确，分析如下：
在用户1进行高低分区后，除用户1高区外，其余直接连接用户(包括用户1低区)，系统最高点为22 + 5 = 27(m)或24 + 3 = 27(m)，此时所需要的最低静水压力要求为：

$$H_{J2} = 27 + \frac{42000}{1000 \times 9.8} + 3 = 34.3m < 35m，故定压点压力满足静水压力要求。$$

系统最低点为用户4底层的-5m，散热器承压为：

$$P = \rho g H = 1000 \times 9.8 \times (35 + 5) = 0.392MPa < 0.6MPa$$

散热器不超压。

7. 答案：[A]
主要解答过程：
根据《教材2019》P267式(2.8-3)，题干所给通风机效率为总效率，计算消耗电能不需考虑电动机安全容量系数。
纤维填充式过滤器耗电量为：

$$N_1 = \frac{LP_1}{\eta \times 3600} = \frac{4000 \times 120}{0.75 \times 3600} = 177.8(W)$$

静电过滤器除了风机电耗外还要计算除尘器本身电耗：

$$N_2 = \frac{LP_2}{\eta \times 3600} + 40 = \frac{4000 \times 20}{0.75 \times 3600} + 40 = 69.6(W)$$

故，运行180天一年节约电量为：

$$W = 180 \times 8 \times \frac{177.8 - 69.6}{1000} = 155.8(kW \cdot h)$$

注：本题为2010年专业案例(下)第7题原题改编。

8. 答案：[B]
主要解答过程：
由于值班供暖时通风系统不运行，因此值班供暖散热器仅承担+5℃条件下对应的围护结构耗热量，在设计温度15℃条件下，围护结构设计耗热量为200kW，由于围护结构耗热量与室内外温差成正比，故：

$$\frac{Q'}{200kW} = \frac{5-(-10)}{15-(-10)} \Rightarrow Q' = 120kW 即为散热器的散热量。$$

根据《教材2019》P175式(2.2-5)和式(2.2-6)
车间风量平衡：

$$G_p = G_{zj} + G_{jj} \Rightarrow G_{zj} = 10 - 7 = 3(kg/s)$$

车间热量平衡：
$$(200 - Q') + cG_p t_n = cG_{jj} t + cG_{zj} t_w$$

解得：$t = 37.03℃$

注：本题近似认为散热器在室温5℃时和15℃时散热量不变，均为120kW。

9. 答案：[B]

主要解答过程：

入口含尘量为：
$$m_入 = 5g/m^3 \times 10000 m^3/h = 50 kg/h$$

总除尘效率为：
$$\eta_t = 1 - (1 - \eta_1)(1 - \eta_2) = 99.85\%$$

出口风量为：
$$V_出 = 10000 m^3/h \times (1 + 1.5\%) \times (1 + 3\%) = 10454.5 m^3/h$$

出口含尘量为：
$$m_出 = m_入(1 - \eta_t) = 0.075 kg/h$$

出口浓度为：
$$y = \frac{m_出}{V_出} = 7.17 mg/m^3$$

10. 答案：[C]

主要解答过程：

根据《教材2019》P231 式(2.6-1)
$$Y = \frac{CM}{22.4} = \frac{100 \times 64}{22.4} = 285.71 (mg/m^3)$$

故净化后的SO_2浓度为：
$$Y' = Y(1 - \eta) = 285.71 \times (1 - 95\%) = 14.29 (mg/m^3)$$

11. 答案：[B]

主要解答过程：

根据管网公式$P = SQ^2$，工况改变管网阻力系数S不变，故有：
$$\frac{P_1}{P_2} = \frac{Q_1^2}{Q_2^2}$$
$$P_2 = \frac{Q_2^2}{Q_1^2} P_1 = \left(\frac{4000}{5000}\right)^2 \times 380 = 243.2 (Pa)$$

12. 答案：[C]

主要解答过程：

根据《民规》第11.1.6条及附录表K.0.4-1或《公建节能2015》附录D.0.4，最小热阻限值为$0.81 m^2 \cdot K/W$，因此：
$$0.81 \leq \frac{\delta_2}{\lambda} \Rightarrow \delta_2 \geq 29.6 mm$$

13. 答案：[D]

主要解答过程：

本题考查热湿比的基本定义，根据《教材2019》P346 式(3.1-6)，注意热湿比可换算为全热负荷除以湿负荷。

房间全热负荷为：

$$Q = 10\text{kW} + 2500\text{kJ/kg} \times 0.01\text{kg/s} = 35\text{kW}$$

房间送风热湿比为：

$$\varepsilon = \frac{Q}{W} = \frac{35\text{kW}}{0.01\text{kg/s}} = 3500\text{kJ/kg}$$

14. **答案：[C]**

主要解答过程：

围护结构热负荷为：

$$Q_{围} = K_1 F_1 \Delta t + K_2 F_2 \Delta t$$
$$= 0.6 \times 8 \times [20-(-12)] + 2.3 \times 16 \times [20-(-12)] = 1331.2(\text{W})$$

关于VAV系统带来的热负荷应按最小送风量计算，原因在于：题干所述变风量系统一次送风温度为15℃，低于室内设计温度，其目的是为了满足建筑内区房间冬季供冷的需求，而对于外区房间，一次风仅需要满足室内最小新风量的要求，采用最小送风量即可。若选择最大送风量则会造成冷热抵消，增加风机盘管负荷，显然不合理，具体可参考《教材2019》P384~P387部分。因此VAV系统带来的热负荷为：

$$Q_{\text{VAV}} = cG\Delta t = 1.01 \times \frac{500}{3600} \times 1.2 \times (20-15) = 0.842\text{kW} = 842\text{W}$$

故风机盘管应承担的热负荷为：

$$Q_{\text{FP}} = Q_{围} + Q_{\text{VAV}} = 2173\text{W}$$

15. **答案：[B]**

主要解答过程：

送风温度 $t_o = t_n - 9 = 17℃$，根据《教材2019》P344 式(3.1-4)

$$h_o = 1.01 t_o + \frac{d_o}{1000}(2500 + 1.84 t_o)$$

$$h_n = 1.01 t_n + \frac{d_n}{1000}(2500 + 1.84 t_n)$$

$$= 1.01 \times 26 + \frac{10.5}{1000} \times (2500 + 1.84 \times 26) = 53.01(\text{kJ/kg}_{干空气})$$

再根据 P346 式(3.1-6)

$$\varepsilon = \frac{\Delta h}{\Delta d} = \frac{h_o - h_n}{(d_o - d_n)/1000} = 8500\text{kJ/kg}$$

$$d_o = 8.95\text{g/kg}_{干空气}$$

解得：$h_o = 1.01 t_o + \frac{d_o}{1000}(2500 + 1.84 t_o) = 39.81\text{kJ/kg}_{干空气}$

16. **答案：[C]**

主要解答过程：

根据《教材2019》P429 式(3.5-3)

$$\frac{\Delta T_x}{\Delta T_0} = \frac{0.35}{\frac{\alpha x}{d_0} + 0.145} \Rightarrow \frac{35-29}{35-20} = \frac{0.35}{\frac{0.076 \times 3}{d_0} + 0.145} \Rightarrow d_0 = 0.31\text{m}$$

根据 P425 式(3.5-1)

$$\frac{v_x}{v_0} = \frac{0.48}{\frac{\alpha x}{d_0} + 0.145} \Rightarrow \frac{0.5}{v_0} = \frac{0.48}{\frac{0.076 \times 3}{0.313} + 0.145} \Rightarrow v_0 = 0.91\text{m/s}$$

故送风量：

$$V = \frac{1}{4}\pi d_0^2 v_0 = 251\text{m}^3/\text{h}$$

17. 答案：[B]
主要解答过程：
温湿度独立控制系统，新风承担所有系统湿负荷，室内末端干工况运行，仅承担显热负荷。
由于新风送风温度为19℃，低于室内空气干球温度，故承担了一部分室内显热负荷：

$$Q_1 = c\rho L_W \Delta t = 1.01 \times 1.2 \times \frac{2000}{3600} \times (26-19) = 4.71(\text{kW})$$

干式风机盘管承担的显热负荷为：

$$Q = 35\text{kW} - Q_1 = 30.29\text{kW}$$

干式风机盘管的风量为：

$$V = \frac{Q}{c\rho\Delta t} = \frac{30.29}{1.01 \times 1.2 \times (26-20)} \times 3600 = 14995(\text{m}^3/\text{h})$$

18. 答案：[D]
主要解答过程：
每台冷水机组的额定流量为：

$$V = \frac{Q}{c\rho\Delta t} = \frac{1163}{4.18 \times 1000 \times 5} \times 3600 = 200.3(\text{m}^3/\text{h})$$

根据《09技措》第5.7.6.5条，旁通阀的设计流量应取单台最大冷水机组的最小安全额定流量：

$$V_{\min} = 60\% \times V = 120.2\text{m}^3/\text{h}$$

根据《教材2019》P525 式(3.8-1)

$$C = \frac{316 V_{\min}}{\sqrt{\Delta P}} = \frac{316 \times 120.2}{\sqrt{150 \times 1000}} = 98$$

19. 答案：[C]
主要解答过程：
根据《教材2019》P564 式(3.11-7)

$$\eta_h = 0.62 = \frac{h_1 - h_2}{h_1 - h_3} = \frac{90.2 - h_2}{90.2 - 56.2}$$

$$h_2 = 69.12\text{kJ/kg}$$

则新风带入室内的冷负荷为：

$$Q_x = \rho V(h_2 - h_3) = 1.2 \times \frac{200}{3600} \times (69.12 - 56.2) = 0.861\text{kW} = 861\text{W}$$

20. **答案：**[C]

主要解答过程：

根据《洁净规》(GB 50073—2013)第6.1.5条，新鲜空气量为：

$$V_x = \max[(14000+1500), 25 \times 40] = 15500 (m^3/h)$$

再根据第6.3.2条，送风量为：

$$V_s = \max[12000, 15000, V_x] = V_x = 15500 (m^3/h)$$

21. **答案：**[C]

主要解答过程：

本题主要考点为2台机组配合运行时，运行策略对于系统整体 COP 的影响，但题干并未给出具体运行策略，这就给解题过程造成了一定的争议，下面主要讨论两种运行策略：①COP 最大方案，②逐台启动，满载后加载下一台。

①COP 最大方案

负荷率	12.5%	25%	37.5%	50%	75%	100%
搭配方案及机组负荷率	1×25%	1×50%	1×75%	1×75%+1×25%	2×75%	2×100%
机组综合 COP	5.6	6.0	6.2	6.038*	6.2	6.0
时间比例(%)	5	15	20	30	25	5

注：50%负荷率时综合 COP 的计算方法为：

$$COP_{50\%} = \frac{Q}{W} = \frac{0.5Q_0}{\frac{0.375Q_0}{6.2} + \frac{0.125Q_0}{5.6}} = 6.038$$

大于单台100%运行和两台50%运行时的 COP 值(6.0)，因此供冷季节制冷的 COP 应为：(按加权平均算法)

$$COP_Z = 5.6 \times 0.05 + 6 \times 0.15 + 6.2 \times 0.2 + 6.038 \times 0.3 + 6.2 \times 0.25 + 6 \times 0.05$$
$$= 6.08$$

②逐台启动，满载后加载下一台

负荷率	12.5%	25%	37.5%	50%	75%	100%
搭配方案及机组负荷率	1×25%	1×50%	1×75%	1×100%	1×100%+1×50%	2×100%
机组综合 COP	5.6	6.0	6.2	6.0	6.0	6.0
时间比例(%)	5	15	20	30	25	5

因此供冷季节制冷的 COP 应为：

$$COP_Z = 5.6 \times 0.05 + 6 \times 0.15 + 6.2 \times 0.2 + 6 \times 0.3 + 6 \times 0.25 + 6 \times 0.05 = 6.02$$

可以发现只有按方案②计算结果落在了 C 选项的范围内，因此推测出题者思路为方案②，但题干未说明产生了争议。

注：题解中所采用的加权平均法其实是一种近似的计算方法，其实按照 COP 的基本定义，采用总制冷量/总功耗的方法计算出的 COP 才是最准确的，但两种方法计算结果差距很小，不影响选项结果。

如方案②的计算过程如下：

$$COP_z = \frac{\sum Q}{\sum W}$$

$$= \frac{0.125Q_0 \times 0.05 + 0.25Q_0 \times 0.15 + 0.375Q_0 \times 0.2 + 0.5Q_0 \times 0.3 + 0.75Q_0 \times 0.25 + Q_0 \times 0.05}{\frac{0.125Q_0 \times 0.05}{5.6} + \frac{0.25Q_0 \times 0.15}{6.0} + \frac{0.375Q_0 \times 0.2}{6.2} + \frac{0.5Q_0 \times 0.3}{6.0} + \frac{0.75Q_0 \times 0.25}{6.0} + \frac{Q_0 \times 0.05}{6.0}}$$

$$= 6.023$$

22. 答案：[C]

主要解答过程：

根据《教材2019》P614 式(4.3-17)，压缩机指示功率为：

$$P_i = P_e \eta_m = 100 \times 0.85 = 85 (\text{kW})$$

根据式(4.3-16)，摩擦功率为：

$$P_m = P_i - P_e = 100 - 85 = 15 (\text{kW})$$

冷负荷卸载50%后，压缩机制冷剂质量流量减半，由于压缩机进出口的制冷剂焓值、指示效率与摩擦功率维持不变，根据式(4.3-15)，指示效率变为：

$$P_i' = \frac{1}{2} M_{R0}(h_3 - h_2)/\eta_i = \frac{1}{2} P_i = 42.5 \text{kW}$$

轴功率变为：

$$P_e' = P_i' + P_m = 42.5 + 15 = 57.5 (\text{kW})$$

23. 答案：[C]

主要解答过程：

采用冷却水冷却时，用水量为：

$$M_1 = \frac{Q}{c \Delta t} = \frac{1500}{4.18 \times 5} = 71.77 (\text{kg/s})$$

采用蒸发冷却时，用水量为：

$$M_2 = \frac{Q}{2500 \text{kJ/kg}} = \frac{1500 \text{kW}}{2500 \text{kJ/kg}} = 0.6 \text{kg/s}$$

比值为：

$$\frac{M_1}{M_2} = \frac{71.77}{0.6} = 119.6$$

24. 答案：[B]

主要解答过程：

根据《教材2019》P711 式(4.8-1)，猪肉比热为：

$$C_r = 4.19 - 2.30 X_S - 0.628 X_S^3$$

$$= 4.19 - 2.3 \times (1 - 0.6) - 0.628 \times (1 - 0.6)^3 = 3.23 [\text{kJ}/(\text{kg} \cdot ℃)]$$

货物耗冷量为：

$$Q = \frac{C_r m \Delta t}{3600} = \frac{3.23 \times 1000 \times (15 - 0)}{3600} = 13.46 (\text{kW})$$

25. 答案：[C]

主要解答过程：

根据《给水排水规》(GB 50015—2003)第5.4.7.2条，半即热式水加热器计算温差为：

$$\Delta t_j = \frac{\Delta t_{\max} - \Delta t_{\min}}{\ln \dfrac{\Delta t_{\max}}{\Delta t_{\min}}} = \frac{(100-7)-(100-60)}{\ln \dfrac{100-7}{100-60}} = 62.8(℃)$$

根据第5.4.6条,最小加热面积为:

$$F_{jr} = \frac{C_r Q_g}{\varepsilon K \Delta t_j} = \frac{1.1 \times 1250000}{0.8 \times 5000 \times 62.8} = 5.47(\text{m}^2)$$

注:题干已给出蒸汽热媒温度,无需按第5.4.8.1条选择。

2016年度全国注册公用设备工程师(暖通空调)执业资格考试 专业案例(上)

1. 严寒 C 区某甲类公共建筑(平屋顶),建筑平面为矩形,地上 3 层,地下 1 层,层高均为 3.9m,平面尺寸为 43.6m×14.5m。建筑外墙构造与导热系数如图所示。已知外墙(包括非透光幕墙)传热系数限值见下表,则计算岩棉厚度(mm)理论最小值最接近下列何项(忽略金属幕墙热阻,不计材料导热系数修正系数)?

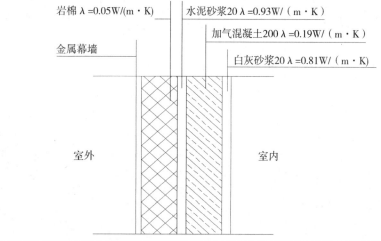

体型系数≤0.30	0.30＜体型系数≤0.50
传热系数 $K[W/(m^2 \cdot K)]$	
≤0.43	≤0.38

(A)53.42　　　(B)61.34　　　(C)68.72　　　(D)43.74

答案:[   ]
主要解答过程:

2. 某厂房冬季的围护结构耗热量 200kW,由散热器供暖系统承担。设备散热量 5kW,厂房内设置局部排风系统排除有害气体,排风量为 10000m³/h,排风系统设置热回收装置,显热热回收效率为 60%,自然进风量为 3000m³/h。热回收装置的送风系统计算的送风温度(℃)最接近下列何项?(室内设计温度 18℃,冬季通风室外计算温度 −13.5℃;供暖室外计算温度 −20℃;空气密度 $\rho_{-20}=1.365$kg/m³; $\rho_{-13.5}=1.328$kg/m³; $\rho_{18}=1.172$kg/m³;空气定压比热容取 1.01kJ/kg·K)

(A)34.5　　　(B)36.0　　　(C)48.1　　　(D)60.5

答案:[   ]
主要解答过程:

3. 某蒸汽凝水回水管段，疏水阀后的压力 $p_2 = 100\text{kPa}$，疏水阀后管路系统的总压力损失 $\Delta p = 5\text{kPa}$，回水箱内的压力 $p_3 = 50\text{kPa}$。回水箱处于高位，凝水被余压压到回水箱内。疏水阀后的余压可使凝水提升的计算高度（m）最接近下列何项？（取凝结水密度为 1000kg/m^3、$g = 9.81\text{m/s}^2$）

(A)4.0 (B)4.5 (C)5.1 (D)9.6

答案：[　　]

主要解答过程：

4. 严寒地区某展览馆采用燃气辐射供暖，气源为天然气，已知展览馆的内部空间尺寸为 $60\text{m} \times 60\text{m} \times 18\text{m}$（高），设计布置辐射器总辐射热量为 450kW，按经验公式计算发生器工作时所需的最小空气量（m^3/h）接近下列何值？并判断是否要设置室外空气供应系统。

(A)$3140\text{m}^3/\text{h}$，不设置室外空气供应系统　　(B)$6480\text{m}^3/\text{h}$，设置室外空气供应系统
(C)$9830\text{m}^3/\text{h}$，不设置室外空气供应系统　　(D)$11830\text{m}^3/\text{h}$，设置室外空气供应系统

答案：[　　]

主要解答过程：

5. 坐落于北京市区的某大型商业综合体的冬季热负荷包括供暖、空调和通风的耗热量，设计热负荷为：供暖2MW，空调6MW 和通风3.5MW，室内设计温度为20℃，供暖期内空调系统平均每天运行12h，通风装置平均每天运行6h，供暖期天数为 123 天，该商业综合体供暖期耗热量（GJ）为多少？

(A)51400～51500 (B)46100～46200
(C)44000～45000 (D)38100～38200

答案：[　　]

主要解答过程：

6. 某地下汽车库机械排风系统，一台小风机和一台大风机并联安装，互换交替运行，分别为两个工况服务。设小风机运行时系统风量为 $24000\text{m}^3/\text{h}$、压力损失为 300Pa，如大风机运行时系统风量为 $36000\text{m}^3/\text{h}$，并设风机的全压效率为 0.75，则大风机的轴功率（kW）最接近下列何项？

(A)4.0 (B)6.8 (C)9.0 (D)10.1

答案：[　　]

主要解答过程：

7. 全热型排风热回收装置，额定新风量 $50000\text{m}^3/\text{h}$、新排风比 $1:0.8$、风机总效率均为 65%，两侧额定风量阻力均为 200Pa；夏季设计工况回收冷量为 192kW。设空气密度为 1.2kg/m^3、制冷系统保持 $COP = 4.5$，则所给工况下每小时节电量（kW·h）最接近下列何项？

(A)34.98 (B)42.67 (C)45.65 (D)53.34

答案：[　　]

主要解答过程：

8. 一单层厂房（屋面高度10m）迎风面高10m，长40m，厂房内有设备产生烟气，厂房背风面

4m高处已设有进风口,为避免排风进入屋顶上部的回流空腔,则机械排风立管设置高出屋面的高度(m)至少应是下列何项?
(A)20　　　　(B)15　　　　(C)10　　　　(D)5
答案:[　　]
主要解答过程:

9. 某产生易燃易爆粉尘车间的面积为3000m²、高6m。已知,粉尘在空气中爆炸极限的下限是37mg/m³,易燃易爆粉尘的发尘量为4.5kg/h。设计排除易燃易爆粉尘的局部通风除尘系统(排除发尘量的90%),则该车间的计算除尘排风量(m³/h)的最小值最接近下列何项?
(A)219000　　(B)243000　　(C)365000　　(D)438000
答案:[　　]
主要解答过程:

10. 图示的机械排烟(风)系统采用双速风机,设 A、B 两个 1400mm×1000mm 的排烟防火阀。A 阀常闭,火灾时开启,负担 A 防烟分区排烟,排烟量 54000m³/h;B 阀平时常开,排风量 36000m³/h,火灾时开启负担 B 防烟分区排烟,排烟量 72000m³/h;系统仅需满足 A、B 中任一防烟分区的排烟需求,除排烟防火阀外,不计其他漏风量(排烟防火阀关闭时,250Pa 静压差下漏风量为 700m³/h·m²,漏风量与压差的平方根成正比)。经计算:风机低速运行时设计全压 400Pa,近风机进口处 P 点管内静压 -250Pa;问:风机高速排烟时设计计算排风风量(m³/h)最接近下列何项(不考虑防火阀漏风对管道阻力的影响)?

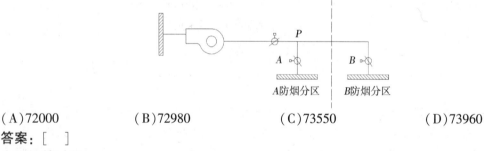

(A)72000　　(B)72980　　(C)73550　　(D)73960
答案:[　　]
主要解答过程:

11. 某地新建一染料工厂,一车间内的除尘系统,其排风温度为250℃(空气密度0.675kg/m³),排风量为12000m³/h,采用一级袋式除尘器处理。要求混入室外空气(温度按20℃、空气密度1.2kg/m³)使进入袋式除尘器的气流温度不高于120℃(空气密度0.89kg/m³),不考虑染料尘的热影响、空气定压比热容取1.01kJ/(kg·K),则该除尘系统的计算混入新风量(m³/h)最小值最接近下列何项?
(A)8800　　　(B)9500　　　(C)10200　　(D)12000
答案:[　　]
主要解答过程:

12. 某空调机组内,空气经过低压饱和干蒸汽加湿器处理后,空气的比焓值增加了12.75kJ/kg干空气,含湿量增加了5g/kg干空气。请问空气流经干蒸汽加湿器前后的干球温度最接近下列哪一项?

(A)加湿前为 26.5℃，加湿后为 27.2℃　　　(B)加湿前为 27.2℃，加湿后为 27.2℃
(C)加湿前为 27.2℃，加湿后为 30.2℃　　　(D)加湿前为 30.5℃，加湿后为 30.5℃
答案：[　　]
主要解答过程：

13. 某空调采用辐射顶板供冷，新风($1500m^3/h$)承担室内湿负荷和部分室内显热冷负荷。新风的处理过程为：进风—排风/新风空气热回收设备(全热交换效率70%)—表冷器(机器露点90%)—诱导送风口(混入部分的室内空气)。有关设计计算参数见下表(当地大气压101.3Pa，空气密度取 $1.2kg/m^3$)。

室内温度与相对湿度	室内湿负荷/(kg/h)	室外温度/℃/湿球温度/℃
26℃、55%	3.6	35/27

查 h-d 图，计算新风表冷器的计算冷量(kW)应最接近下列何项？
(A)9.5　　　(B)12.5　　　(C)20.5　　　(D)26.5
答案：[　　]
主要解答过程：

14. 某集中空调冷水系统的设计流量为 $200m^3/h$，计算阻力为300kPa。设计选择水泵扬程 H(kPa)与流量 $Q(m^3/h)$的关系式为：$H = 410 + 0.49Q - 0.0032Q^2$。投入运行后，实测实际工作点的水泵流量为$220m^3/h$，问：与采用变频调速(达到系统设计工况)理论计算的水泵轴功率相比，该水泵实际运行所增加的功率(kW)最接近以下何项？(水泵效率为70%)
(A)2.4　　　(B)2.9　　　(C)7.9　　　(D)23.8
答案：[　　]
主要解答过程：

15. 某既有建筑房间空调冷负荷计算结果见下表(假定其他围护结构传热负荷和内部热、湿负荷为恒定值)。该建筑进行节能改造后，外窗太阳得热系数由0.75降为0.48，外窗传热系数由$6.0W/(m^2·K)$变为$2.8W/(m^2·K)$，其他条件不变。请问，改造后该房间设计空调冷负荷(W)最接近下列何项？

时间	外窗传热负荷/W	外窗太阳辐射负荷/W	其他围护结构传热负荷/W	内部发热散湿负荷/W
8:00	151	344		
9:00	186	458		
10:00	216	630		
11:00	251	821		
12:00	281	802	160	1200
13:00	306	1050		
14:00	320	1050		
15:00	320	993		
16:00	315	878		
17:00	302	572		

(A)1820　　　(B)2180　　　(C)2300　　　(D)2500

答案：[　　]
主要解答过程：

16. 某具有工艺空间要求的房间，室内设计参数为：室温22℃，相对湿度60%（室内空气比焓47.4kJ/kg$_{干空气}$），室温允许波动值为±0.5℃，送风温差取6℃。房间计算总冷负荷为50kW，湿负荷为0.005kg/s（热湿比ε=10000）。为了满足恒温精度要求，空调机组对空气降温达到90%的"机器露点"之后，利用热水加热器再热而达到送风状态点。查h-d图计算，再热盘管计算的设计加热量(kW)最接近下列何项？（室外大气压为101325Pa）
(A)3.5~8.5　　　(B)9.4~15.0　　　(C)20.0~25.0　　　(D)25.5~30.5
答案：[　　]
主要解答过程：

17. 某离心式风机，其运行参数为：风量10000m³/h，全压550Pa，转速1450r/min。现将风机转速调整为960r/min，调整后风机的估算声功率级[dB(A)]最接近下列何项？
(A)88.5　　　(B)90.8　　　(C)96.5　　　(D)99.8
答案：[　　]
主要解答过程：

18. 某寒冷地区一办公建筑，冬季采用空气源热泵机组和锅炉房联合提供空调热水。空气源热泵热水机组的供热性能系数COP_R见下表。

室外温度/℃	1	2	3	4	5	6	7	8	9
COP_R	2.0	2.1	2.2	2.3	2.5	2.7	3.0	3.4	3.7

假定发电及输配电系统对一次能源的利用率为32%。锅炉房的供热总效率为80%，问：以下哪种运行策略对于一次能源的利用率是最高的？并给出计算依据。
(A)附表所有室外温度条件下，均由空气源热泵供应热水
(B)附表所有室外温度条件下，均由锅炉房供应热水
(C)室外温度<7℃时，由锅炉房供应热水
(D)室外温度>5℃时，由空气源热泵供应热水
答案：[　　]
主要解答过程：

19. 某空调机组的表冷器设计工况为：制冷量Q=60kW，冷水供回水温差5℃，水阻力ΔP_B=50kPa。要求为其配置电动二通阀权度为P_V=0.3（不考虑冷水供回水总管的压力损失）。现有阀门口径Dg与其流通能力C的关系见下表。

阀门口径Dg	20	25	32	40	50	65	80	100
流通能力C	6.3	10	16	23	40	63	100	160

问：按照上表选择阀门口径时，以下哪一项是正确的？并给出计算依据。
(A)Dg32　　　(B)Dg40　　　(C)Dg50　　　(D)Dg65
答案：[　　]

主要解答过程：

20. 一个由两个定温过程和两个绝热过程组成的理论制冷循环，低温热源恒定为 -15℃，高温热源恒定为 30℃，试求传热温差均为 5℃ 时，热泵循环的制热系数最接近下列何项？
(A)6.7   (B)5.6   (C)4.6   (D)3.5
答案：[   ]
主要解答过程：

21. 蒸汽压缩式制冷冷水机组，制冷剂为 R134a，各点热力参数见下表，计算时考虑如下效率：压缩机指示效率为 0.92，摩擦效率为 0.99，电动机效率为 0.98，该状态下的制冷系数 COP 最接近下列何项？

状态点	绝对压力/Pa	温度/℃	液体比焓/(kJ/kg)	蒸汽比焓/(kJ/kg)
压缩机入口	273000	10		407.8
压缩机出口	1017000	53		438.5
蒸发器入口	313000	0	257.3	
蒸发器出口	293000	5		401.6

(A)4.20   (B)4.28   (C)4.56   (D)4.70
答案：[   ]
主要解答过程：

22. 下图为某带经济器的制冷循环，已知：$h_1 = 390 \text{kJ/kg}$、$h_3 = 410 \text{kJ/kg}$、$h_4 = 430 \text{kJ/kg}$、$h_5 = 250 \text{kJ/kg}$、$h_7 = 220 \text{kJ/kg}$。蒸发器制冷量为 50kW，求冷凝器散热量(kW)最接近下列何项？（忽略管路等传热的影响）

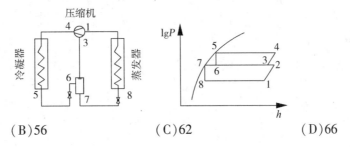

(A)50   (B)56   (C)62   (D)66
答案：[   ]
主要解答过程：

23. 某工程设计冷负荷为 3000kW，拟采购 2 台离心式冷水机组。由于当地冷却水水质较差，设计选用冷凝器时的污垢系数为 $0.13 \text{m}^2 \cdot \text{℃/kW}$。机组污垢系数对其制冷量的影响详见下表，则机组在出厂检测时单台制冷量(kW)应达到下列哪一项才是合格的？（设计温度同名义工况）

污垢系数/(m²·℃/kW)	0	0.044	0.086	0.13
制冷量变化	1.02	1.00	0.98	0.96

(A)1500　　　　(B)1535　　　　(C)1563　　　　(D)1594
答案：[　]
主要解答过程：

24. 已知某图书馆的一计算管段的卫生器具给水当量总数 N_g 为 5，问：该计算管段的给水设计秒流量(L/s)最接近下列何项？
(A)0.54　　　　(B)0.72　　　　(C)0.81　　　　(D)1.12
答案：[　]
主要解答过程：

25. 下图为冰蓄冷+冷水机组供冷的系统流程示意图。该系数共设三台双工况主机，空调供冷工况：两台主机制冷量为2500kW，一台主机空调供冷工况制冷量1000kW。空调冷水循环泵根据回水温度(12℃)进行变频控制；主机出口空调冷水温度为7℃，供水温度恒定为5℃。当空调冷负荷为4500kW时，采用最合理的供冷主机运行组合，运行主机承担的负荷占其运行主机额定负荷的比率最接近下列哪项？

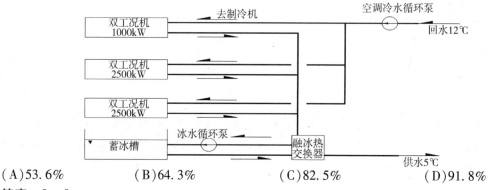

(A)53.6%　　　(B)64.3%　　　(C)82.5%　　　(D)91.8%
答案：[　]
主要解答过程：

2016年度全国注册公用设备工程师(暖通空调)执业资格考试 专业案例(上) 详解

专业案例答案									
题号	答案	题号	答案	题号	答案	题号	答案	题号	答案
1	A	6	C	11	A	16	B	21	B
2	B	7	A	12	B	17	B	22	C
3	B	8	C	13	B	18	D	23	D
4	C	9	A	14	C	19	B	24	B
5	B	10	D	15	B	20	B	25	B

1. 答案：[A]
主要解答过程：

根据《公建节能2015》第2.0.2条，建筑体型系数计算中，外表面积与体积均不包含地下建筑，因此，体型系数为：

$$m = \frac{(43.6 + 14.5) \times 2 \times 3 \times 3.9 + 43.6 \times 14.5}{43.6 \times 14.5 \times 3 \times 3.9} = 0.27 < 0.3$$

传热系数取 $K \leq 0.43 \text{W/(m}^2 \cdot \text{K)}$，查《教材2019》P3 表1.1-4、表1.1-5，$\alpha_n = 8.7 \text{W/(m}^2 \cdot \text{K)}$，$\alpha_w = 23 \text{W/(m}^2 \cdot \text{K)}$，不考虑导热系数修正系数。

$$K = \frac{1}{\frac{1}{\alpha_n} + \frac{\delta_1}{\lambda_1} + \frac{\delta_2}{\lambda_2} + \frac{\delta_3}{\lambda_3} + \frac{\delta_4}{\lambda_4} + \frac{1}{\alpha_w}} \leq 0.43$$

$$\frac{1}{\frac{1}{8.7} + \frac{\delta_1}{0.05} + \frac{0.02}{0.93} + \frac{0.2}{0.19} + \frac{0.02}{0.81} + \frac{1}{23}} \leq 0.43 \Rightarrow \delta_1 \geq 0.05342\text{m} = 53.42\text{mm}$$

2. 答案：[B]
主要解答过程：

本题显热热回收效率为60%为干扰项，因为无论如何热回收，最终所求的送风温度是一定的，本题不是求所需供热量大小，因此无需理会热回收效率这个条件。此外围护结构热负荷完全由散热器承担，通风计算过程不需要考虑。

根据《教材2019》P175，根据质量守恒：

$$G_{zj} + G_{jj} = G_{jp} \Rightarrow G_{jj} = \frac{10000}{3600} \times 1.172 - \frac{3000}{3600} \times 1.365 = 2.12(\text{kg/s})$$

根据能量守恒：(局部排风的补风应采用供暖室外计算温度 $t_w = -20\text{℃}$)

$$cG_{jp}t_n = cG_{jj}t_s + cG_{zj}t_w + 5\text{kW}$$

$$1.01 \times 3.26 \times 18 = 1.01 \times 2.12 \times t_s + 1.01 \times 1.14 \times (-20) + 5\text{kW}$$

$$t_s = 36.1℃$$

3. 答案：[B]
主要解答过程：

$$\rho g H = p_2 - \Delta p - p_3$$

$$H = \frac{100 - 5 - 50}{(1000 \times 9.81) \times 0.001} = 4.5(\text{m})$$

注：本题可参考2006年专业案例(下)第3题。

4. 答案：[C]
主要解答过程：
根据《教材2019》P58 式(1.4-25)

$$L = \frac{Q}{293}K = \frac{450000}{293} \times 6.4 = 9829.4(\text{m}^3/\text{h})$$

房间体积为：$60 \times 60 \times 18\text{m} = 64800(\text{m}^3)$，房间换气次数为：

$$n = \frac{9829.4}{64800} = 0.15 < 0.5，因此无需设置室外空气供应系统。$$

5. 答案：[B]
主要解答过程：
根据《教材2019》P123～P124 式(1.10-8)～式(1.10-10)，查《民规》附录A，$t_a = -0.7℃$，$t_{o,h} = -7.6℃$，$t_{o,v} = -3.6℃$，$t_{o,a} = -9.9℃$，因此：
供暖全年耗热量：

$$Q_h^a = 0.0864 N Q_h \frac{t_i - t_a}{t_i - t_{o,h}} = 0.0864 \times 123 \times 2 \times 1000 \times \frac{20 - (-0.7)}{20 - (-7.6)} = 15940.8(\text{GJ})$$

通风全年耗热量：

$$Q_v^a = 0.0036 T_v N Q_v \frac{t_i - t_a}{t_i - t_{o,v}}$$

$$= 0.0036 \times 6 \times 123 \times 3.5 \times 1000 \times \frac{20 - (-0.7)}{20 - (-3.6)} = 8156.2(\text{GJ})$$

空调全年耗热量：

$$Q_a^a = 0.0036 T_a N Q_a \frac{t_i - t_a}{t_i - t_{o,a}}$$

$$= 0.0036 \times 12 \times 123 \times 6 \times 1000 \times \frac{20 - (-0.7)}{20 - (-9.9)} = 22071.9(\text{GJ})$$

总耗热量为：

$$Q = Q_h^a + Q_v^a + Q_a^a = 46168.9\text{GJ}$$

6. 答案：[C]
主要解答过程：
风道管网阻力系数S不变：

$$S = \frac{P_1}{L_1^2} = \frac{P_2}{L_2^2} \Rightarrow P_2 = \frac{L_2^2}{L_1^2} P_1 = \left(\frac{36000}{24000}\right)^2 \times 300 = 675(\text{Pa})$$

大风机轴功率为：

$$N = \frac{LP}{3600\eta} = \frac{36000 \times 675}{3600 \times 0.75} = 9000\mathrm{W} = 9\mathrm{kW}$$

7. 答案：[A]
主要解答过程：
新、排风机消耗功率分别为：

$$N_\mathrm{X} = \frac{L_\mathrm{X}P}{3600\eta} = \frac{50000 \times 200}{3600 \times 0.65} = 4273\mathrm{W} = 4.27\mathrm{kW}$$

$$N_\mathrm{P} = \frac{L_\mathrm{P}P}{3600\eta} = \frac{50000 \times 0.8 \times 200}{3600 \times 0.65} = 3419\mathrm{W} = 3.42\mathrm{kW}$$

回收冷量如采用制冷系统承担，耗电量为：

$$N' = \frac{192}{4.5} = 42.67(\mathrm{kW})$$

每小时节约电量为：

$$Q = (N' - N_\mathrm{X} - N_\mathrm{P}) \times 1\mathrm{h} = 34.98\mathrm{kW} \cdot \mathrm{h}$$

8. 答案：[C]
主要解答过程：
根据《教材2019》P257 排风口要求"位于建筑空气动力阴影区和正压区以上"(图2.7-3)。并利用 P180 式(2.3-7)。动力阴影区(回流空腔)的最大高度为：

$$H_\mathrm{C} \approx 0.3\sqrt{A} = 0.3 \times \sqrt{10 \times 40} = 6(\mathrm{m})$$

根据题干选项分布，只能选择 C 选项。

注：本题出题选项设置不合理，也因此在考友讨论中造成了三种错误的解答方式：
第一种：错误地根据《教材2019》P257 图2.7-3 中 1.3~2.0H 的高度要求，选取其最大值 2H，得到 10m 的答案，恰巧符合 C 选项，但要注意地是，题干所求为"高出屋面的最小高度"，因此如果按照该图解答，实际答案应该为 3m。
第二种：下意识地利用《教材2019》P180 式(2.3-8)，求出屋顶上方受建筑影响气流的最大高度为 20m，也能得到 10m 的"正确答案"。但实际上，为了防止污染物通过进风口进入室内，排风立管的最小高度只需要高于动力阴影区(回流空腔)即可，并非一定要高于受建筑影响气流的最大高度，因此采用式(2.3-8)的计算方法也是错误的，详细内容可参考《工业通风(第四版)》P188~P189 相关内容及图7-3~图7-5。
第三种：利用上述公式计算的 6m 高度，强行加上 4m 的背部进风口高度，得出 10m 的结果。实际上动力阴影区的高度与背风面是否设置进风口无关，而排风立管只需要高于动力阴影区即可，并不需要附加进风窗的高度。

9. 答案：[A]
主要解答过程：
根据《工业暖规》第 6.9.5 条，风管内的含尘浓度不应大于 $37\mathrm{mg/m^3} \times 50\% = 18.5\mathrm{mg/m^3}$，由质量守恒可知：

$$4.5\mathrm{kg/h} \times 90\% = V \times 18.5\mathrm{mg/m^3}$$
$$V = 218918\mathrm{m^3/h}$$

10. 答案：[D]

主要解答过程：
由于 A 阀门常闭，B 阀门常开，因此计算排烟防火阀漏风量时仅需考虑 A 阀门，风机低速运行时，全压为 400Pa，则高速运行时，风机全压为：

$$P' = \left(\frac{72000}{36000}\right)^2 \times 400 = 1600(\text{Pa})$$

同理，此时 P 点的静压为：

$$P_P = \left(\frac{72000}{36000}\right)^2 \times (-250) = -1000(\text{Pa})$$

此时 A 阀门的漏风量为：

$$V = \sqrt{\left(\frac{-1000}{-250}\right)} \times 700 \times (1 \times 1.4) = 1960(\text{m}^3/\text{h})$$

由于需满足 A、B 中任一防烟分区的排烟需求，排烟量取两防烟分区大值 72000m³/h，则系统总风量为：

$$V_T = 72000 + V = 73960(\text{m}^3/\text{h})$$

注：本题要注意漏风量的单位为 m³/(h·m²)，即单位面积漏风量；此外，在计算风机高速运行风机全压与各点静压时，只能近似忽略漏风量的影响。

11. **答案：**[A]
主要解答过程：
根据混合过程中能量守恒：

$$c\rho_{250}V_{排} \times 250 + c\rho_{20}V_{新} \times 20 = c(\rho_{250}V_{排} + \rho_{20}V_{新}) \times 120$$

$$0.675 \times 12000 \times 250 + 1.2 \times V_{新} \times 20 = (0.675 \times 12000 + 1.2 \times V_{新}) \times 120$$

$$\Rightarrow V_{新} = 8775\text{m}^3/\text{h}$$

12. **答案：**[B]
主要解答过程：
根据《教材2019》P375，干蒸汽加湿过程近似认为是等温过程，因此，加湿前后焓差为：

$$\Delta h = \left[1.01t + \frac{d_1}{1000}(2500 + 1.84t)\right] - \left[1.01t + \frac{d_2}{1000}(2500 + 1.84t)\right]$$

$$12.75 = \frac{\Delta d}{1000} \times (2500 + 1.84t) = \frac{5}{1000} \times (2500 + 1.84t)$$

$$t = 27.2℃$$

13. **答案：**[B]
主要解答过程：
查 $h\text{-}d$ 图得：室内 $d_n = 11.6\text{g/kg}$，$h_n = 55.7\text{kJ/kg}$，室外 $h_w = 84.7\text{kJ/kg}$，新风承担全部室内湿负荷：

$$W = \frac{3.6}{3600} \times 1000 = \frac{1500}{3600} \times 1.2 \times (d_n - d_L)$$

$$d_L = 9.6\text{g/kg}_干$$

机器露点 90%，查 $h\text{-}d$ 图得：$t_L = 14.9℃$，$h_L = 39.1\text{kJ/kg}$，假设不进行热回收，表冷器冷量为：

$$Q_0 = \frac{1500}{3600} \times 1.2 \times (84.7 - 39.1) = 22.8(\text{kW})$$

全热交换量：

$$Q_{回} = \frac{1500}{3600} \times 1.2 \times (84.7 - 55.7) \times 70\% = 10.15(\text{kW})$$

表冷器实际需要冷量为：

$$Q = Q_0 - Q_{回} = 12.65 \text{kW}$$

14. 答案：[C]
主要解答过程：
设计工况轴功率为：

$$W_0 = \frac{G_0 H_0}{367.3\eta} = \frac{200 \times \frac{300000}{10^5}}{367.3 \times 0.7} = 23.3(\text{kW})$$

实际工况水泵扬程为：

$$H = 410 + 0.49 \times 220 - 0.0032 \times 220^2 = 362.9 \text{kPa} = 36.3 \text{ mH}_2\text{O}$$

实际工况水泵轴功率为：

$$W = \frac{GH}{367.3\eta} = \frac{220 \times 36.3}{367.3 \times 0.7} = 31.1(\text{kW})$$

增加功率：$\Delta W = 31.1 - 23.3 = 7.76(\text{kW})$

15. 答案：[B]
主要解答过程：
根据《民规》式(7.2.7-3)和式(7.2.7-4)，可知外窗辐射得热与太阳得热系数成正比，外窗传热得热与传热系数成正比。根据附表可知改造前14:00时逐时冷负荷最大，因此改造后外窗辐射得热为：

$$W_C = \frac{0.48}{0.75} \times 1050 = 672(\text{W})$$

外窗传热得热为：

$$W_W = \frac{2.8}{6} \times 320 = 149.3(\text{W})$$

总负荷为：$W = 149.3 + 672 + 160 + 1200 = 2181.3(\text{W})$

16. 答案：[B]
主要解答过程：
送风温度为：$t_s = 22 - 6 = 16(℃)$，过室内状态点 N 做10000的热湿比线与16℃等温线交点即为送风状态点，查 h-d 图得 $h_s = 39.0 \text{kJ/kg}_{干空气}$，$d_s = 9.0 \text{g/kg}_{干空气}$，过 d_s 的等湿线与90%相对湿度线相交，交点即为机器露点 L，$h_L = 37.1 \text{kJ/kg}_{干空气}$。系统送风量为：

$$G = \frac{50}{47.4 - 39} = 5.95(\text{kg/s})$$

再热盘管计算的设计加热量为：

$$Q_Z = G(h_s - h_L) = 11.3 \text{kW}$$

17. 答案：[B]
主要解答过程：
根据《教材2019》P267 表2.8-6，转速调整后，风机风量及全压分别为：

$$L_2 = L_1 \frac{n_2}{n_1} = 10000 \times \frac{960}{1450} = 6620(\text{Pa})$$

$$P_2 = P_1 \left(\frac{n_2}{n_1}\right)^2 = 550 \times \left(\frac{960}{1450}\right)^2 = 241(\text{Pa})$$

根据《教材2019》P540 式(3.9-7)

$$L_W = 5 + 10\lg L_2 + 20\lg P_2 = 5 + 10\lg 6620 + 20\lg 241 = 90.8[\text{dB(A)}]$$

18. 答案：[D]
主要解答过程：
比较两种系统一次能源利用效率，锅炉一次能源利用效率为0.8，空气源热泵机组一次能源利用效率为供热性能系数与发输变电效率的乘积，即 $0.32COP_R$，当 $0.32COP_R > 0.8$，即 $COP_R > 2.5$ 时应采用空气源热泵供应热水，查表得此时室外温度为5℃。

19. 答案：[B]
主要解答过程：
系统流量为：

$$G = \frac{60}{4.18 \times 1000 \times 5} \times 3600 = 10.33(\text{m}^3/\text{h})$$

根据《教材2019》P528 式(3.8-7)及P525 式(3.8-1)：

$$P_V = \frac{\Delta P_V}{\Delta P_B + \Delta P_V} = 0.3 \Rightarrow \Delta P_V = 21.4\text{kPa}$$

$$C = \frac{316G}{\sqrt{\Delta P_V}} = \frac{316 \times 10.33}{\sqrt{21.4 \times 1000}} = 22.3$$

查表选择 $Dg40$。

20. 答案：[B]
主要解答过程：
根据《教材2019》P576 图4.1-7，式(4.1-6)所求为循环制冷系数，同理热泵循环的制热系数为：

$$\varepsilon' = \frac{T_k}{T_k - T_0} = \frac{273 + (30 + 5)}{[273 + (30 + 5)] - [273 + (-15 - 5)]} = 5.6$$

21. 答案：[B]
主要解答过程：
根据《教材2019》P613~P615 式(4.3-9)、式(4.3-18)、式(4.3-22)：

$$\phi_0 = M_R \times (401.6 - 257.3)$$

$$P_e = \frac{P_{th}}{\eta_i \eta_m} = \frac{M_R \times (438.5 - 407.8)}{0.92 \times 0.99}$$

$$COP = \frac{\phi_0}{P_e} = 4.28$$

注：本题存在争议，原因是《教材（第三版）》P609 对于 COP 的定义区分开式压缩机和封闭式压缩机，开式压缩机为：制冷量除以轴功率，封闭式压缩机为：制冷量除以输入功率；而《教材2019》P615 式(4.3-22)不再区分开式压缩机和封闭式压缩机，统一将 COP 的定义修改

为制冷量除以轴功率,本题中并未指出压缩机类型,只能按照新版《教材2019》公式计算,不考虑题干所提供的电动机效率。

此外,有学员认为本题所求为制冷机组的 COP,以此为理由认为应考虑电动机效率。实际上根据《教材2019》P625,制冷机组名义消耗电功率不仅包括压缩机耗功率,还包括油泵电动机和操作控制电路等其他输入的总功率,由此可知本题题意并非计算制冷冷水机组的 COP。

22. 答案:[C]
主要解答过程:
流经蒸发器循环质量流量:
$$M_{R1} = \frac{50}{h_1 - h_7} = 0.29(\text{kg/s})$$
列经济器的能量守恒方程:
$$M_{R2}h_6 = M_{R1}h_7 + (M_{R2} - M_{R1})h_3$$
$$M_{R2}h_5 = M_{R1}h_7 + (M_{R2} - M_{R1})h_3$$
$$\frac{M_{R2}}{M_{R1}} = \frac{h_7 - h_3}{h_5 - h_3} = 1.1875 \Rightarrow M_{R2} = 1.1875 \times 0.29 = 0.344(\text{kg/s})$$
冷凝器散热量:
$$Q = M_{R2}(h_4 - h_5) = 62\text{kW}$$

23. 答案:[D]
主要解答过程:
根据《教材2019》P621,新机组测试时,蒸发器和冷凝器认为是清洁的,测试时污垢系数考虑为 $0\text{m}^2 \cdot \text{℃/kW}$,这是本题易错点。考虑实际污垢系数影响,机组出厂检测时单台制冷量应不小于:
$$Q = \frac{3000 \div 2}{0.96} \times 1.02 = 1593.75(\text{kW})$$

24. 答案:[B]
主要解答过程:
根据《给水排水规》(GB 50015—2003)第3.6.5条,查表3.6.5,图书馆 $\alpha = 1.6$。
$$q_g = 0.2\alpha\sqrt{N_g} = 0.2 \times 1.6 \times \sqrt{5} = 0.72(\text{L/s})$$

25. 答案:[B]
主要解答过程:
空调工况时,制冷机组和蓄冰系统联合运行,共同提供末端所需冷量,由于流经制冷机组与流经融冰热交换器的流量相等,因此当空调冷负荷为 4500kW 时,制冷机组所承担的冷负荷为:
$$Q = \frac{12 - 7}{12 - 5} \times 4500 = 3214.3(\text{kW})$$
供冷主机运行组合存在三种情况:
(1) $2500\text{kW} + 1000\text{kW}$,此时负荷率为:
$$m = \frac{3214.3}{2500 + 1000} = 91.8\%$$
(2) $2500\text{kW} + 2500\text{kW}$,此时负荷率为:

$$m = \frac{3214.3}{2500 + 2500} = 64.3\%$$

(3) 2500kW + 2500kW + 1000kW，此时负荷率为：

$$m = \frac{3214.3}{2500 + 2500 + 1000} = 53.6\%$$

对于一般冷水机组，负荷率为60%左右时，制冷系数最高，而且一般容量大的机组制冷效率更高，因此参考《教材2019》P504~P505，从节能角度考虑，笔者认为采用两台2500kW机组以64.3%的负荷率运行应是最合理的组合。

注：考生可查询冷机样本，当冷却水进水温度相同时（如30℃），部分负荷，不同负荷率机组 COP 大小的变化曲线。

2016年度全国注册公用设备工程师(暖通空调)执业资格考试 专业案例(下)

1. 某住宅小区的住宅楼均为6层、设计为分户热计量散热器供暖系统,户内为单管跨越式、户外是异程双管下供下回式。原设计供暖热水为85~60℃,设计采用铸铁四柱660型散热器。小区住宅楼进行围护结构节能改造,原设计系统不变,供暖热媒改为65~45℃后,该住宅小区的实际供暖热负荷降至原来的65%。改造后室内的温度(℃)最接近下列何项?(已知原室内温度为20℃,散热器传热系数 $K = 2.81\Delta t^{0.276} W/m^2 \cdot K$)
(A)16.5　　　　(B)17.5　　　　(C)18.5　　　　(D)19.5
答案:[　　]
主要解答过程:

2. 双管上供下回式热水供暖系统如图所示,每层散热器间的垂直距离为6m,供/回水温度95℃/70℃,供水管 ab 段、bc 段的阻力均为0.5kPa(对应的回水管段阻力相同),散热器 A_1、A_2 和 A_3 的水阻力均分别为7.5kPa。忽略管道沿程冷却与散热器支管阻力,试问:以 a 点和 c_2 点为基准,设计工况下散热器 A_3 环路阻力相对 A_1 环路的阻力不平衡率接近下列何项?(取 $g = 9.81 m/s^2$,热水密度 $\rho_{95℃} = 962 kg/m^3$, $\rho_{70℃} = 977.9 kg/m^3$) 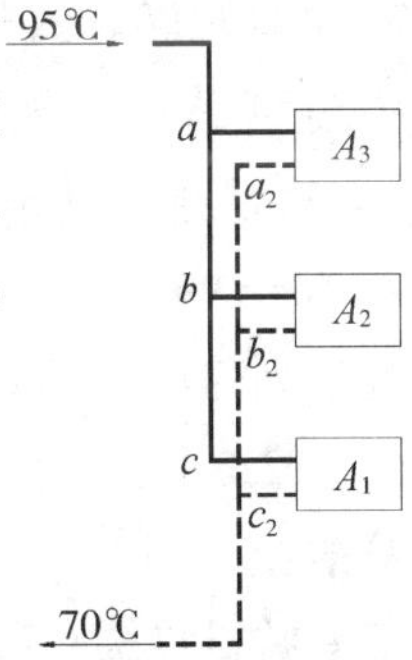
(A) -22%　　　　　　　　(B)0
(C)13%　　　　　　　　　(D)22%
答案:[　　]
主要解答过程:

3. 严寒地区某10层办公楼,建筑面积28000m²,供暖热负荷1670kW,采用椭三柱645型铸铁散热器系统供暖,热源位于该建筑物地下室换热站,热媒为95~70℃,采用高位膨胀水箱定压。请问计算的膨胀水箱有效容积(m³)最接近下列何项?
(A)0.8　　　　(B)0.9　　　　(C)1.0　　　　(D)1.2
答案:[　　]
主要解答过程:

4. 地板热水供暖系统为保证足够的流速,热水流量应有一最小值。当系统的供回水温差为10℃,采用的地板埋管回形环路管径为 $De25 \times 2.3mm$ 时,该回路允许最小热负荷(W)最接近下列何值?(水的比热容取4.187kJ/kg·K)
(A)2869　　　　(B)3420　　　　(C)4233　　　　(D)5133
答案:[　　]
主要解答过程:

5. 某住宅楼供暖系统，设计工况供暖热负荷为300kW，热媒为80℃/55℃热水、供暖系统压力损失为41.2kPa。而实际运行时测得系统供热量为251.2kW，供回水温度70℃/50℃，热力入口处供回水压力差(kPa)应最接近下列哪一项？（水的比热容取4.187kJ/kg·K、不计水的密度变化）

(A)41.2   (B)42.5   (C)44.0   (D)45.0

答案：[　]

主要解答过程：

6. 已知额定工况下，埋管换热器吸热量5000kW，热泵机组制热性能系数 $COP=5.0$，地源侧循环泵总轴功率150kW，如不计地上管路的热损失，且全部制热量经冷凝器供出，问热泵机组制热量(kW)的正确值最接近下列哪一项？

(A)6437.5   (B)6400   (C)6250   (D)6180

答案：[　]

主要解答过程：

7. 某新风转轮式热回收装置新风进风温度35℃，含湿量22g/kg$_{干空气}$，焓值92kJ/kg；排风进风温度26℃，含湿量13g/kg$_{干空气}$，焓值70.5kJ/kg，全热交换效率为60%，新、排风量均为20000m³/h，风侧阻力300Pa，风机总效率均为70%，风机全压均为1000Pa；转轮拖动电动机功率2kW。试计算该装置的性能系数 COP（$COP=$装置的回收热量与消耗功率之比值）最接近下列何项？（空气密度取为1.20kg/m³）

(A)12.7   (B)16.4   (C)21.2   (D)30.0

答案：[　]

主要解答过程：

8. 某地一车间室内供暖计算温度14℃，室外供暖计算温度-10℃，车间供暖耗热量339.36kW（室内无热源），采用散热器供暖。后来工作区增设局部排风量10kg/s，拟用全新风热风系统补热并提高室温至16℃，若送风量为6kg/s时，送风温度(℃)最接近下列何项？（空气定压比热容取1.01kJ/kg·K、散热器供热量维持不变）

(A)37   (B)38   (C)39   (D)40

答案：[　]

主要解答过程：

9. 北京地区某厂房的显热余热量为300kW，散热强度50W/m²，厂房高度10m，若采用屋顶水平天窗自然通风方式，保证夏季车间内温度不高于32℃，车间自然通风全面换气的最小风量(kg/h)最接近下列何项（当地夏季通风计算温度29.7℃，空气定压比热容取1.01kJ/kg·K）？

(A)120450   (B)122910   (C)123590   (D)125700

答案：[　]

主要解答过程：

10. 有一设在工作台上尺寸为 300mm×600mm 的矩形侧吸罩,要求在距罩口 $X=900$mm 处,形成 $V_x=0.3$m/s 的吸入速度,根据公式计算该排风罩的排风量(m^3/h)最接近下列何项?
(A)8942　　　(B)4568　　　(C)195　　　(D)396
答案:[　]
主要解答过程:

11. 某活性炭吸附装置,处理有害气体量 $V=100m^3$/min,体积浓度 $C_0=5$ppm,气体分子的克摩尔数 $M=94$,活性炭平衡吸附时吸附量 $q_0=0.15$kg/kg$_炭$,装置吸附率 $\eta=95\%$,有效使用时间(穿透时间)$t=200$h,求所需最小装炭量(kg)最接近下列何项?(标准状况条件)
(A)85　　　(B)105　　　(C)160　　　(D)177
答案:[　]
主要解答过程:

12. 现有一台离心风机的风量为 30000m^3/h,全压为 600Pa,转速为 1120r/min,经计算其噪声超出要求。现更换一台离心风机,保持风机风量不变,计算噪声要求为 100.33dB,则新更换风机的全压(Pa)应最接近下列何项?
(A)337　　　(B)365　　　(C)450　　　(D)535
答案:[　]
主要解答过程:

13. 武汉市某 12 层的办公建筑,设计总冷负荷为 1260kW,采用 2 台水冷螺杆式冷水机组。空调水系统采用二管制一级泵系统,选用 2 台设计流量为 100m^3/h、设计扬程为 30mH_2O 的冷水循环泵并联运行。冷冻机房至系统最远用户的供回水管道的总输送长度为 248m,那么冷水循环泵的设计工作点效率应不小于多少?
(A)58.0%　　　(B)63.0%　　　(C)76.0%　　　(D)80.0%
答案:[　]
主要解答过程:

14. 某空调区的室内设计参数为 $t=25℃$,$\varphi=55\%$,其显热冷负荷为 30kW,湿负荷为 5kg/h。为其服务的空调系统的总送风量为 10000m^3/h,新风量为 1500m^3/h。空气处理流程如图所示,其中表冷器 1 承担了空调区的全部湿负荷,且机器露点为 90%。问:表冷器 2 需要的冷量(kW)应为下列哪一项?(按标准大气压条件查 h-d 图计算,空气密度为 1.2kg/m^3,定压比热容为 1.01kJ/kg·K,且不考虑风机与管路的温升)

(A)表冷器 1 的冷量已能满足要求,表冷器 2 所需冷量为 0
(B)表冷器 2 所需冷量为 20.5~22.0
(C)表冷器 2 所需冷量为 22.5~24.0

(D)表冷器2所需冷量为25.5~26.0

答案：[   ]

主要解答过程：

15. 某餐厅计算空调冷负荷的热湿比为5000kJ/kg，室内设计温度为$t_n=25℃$。在设计冷水温度条件下，空气处理机组能够达到的最低送风点参数为$t_s=12.5℃$、$d_s=9.0$g/kg$_{干空气}$。设水蒸气的焓值为定值：2500kJ/kg$_{水蒸气}$，请计算在设计冷负荷条件下室内空气含湿量(g/kg$_{干空气}$)最接近下列何项？（大气压力101325Pa，空气定压比热容为1.01kJ/kg·K，采用公式法计算）

(A)10.5　　　　　(B)12.6　　　　　(C)13.7　　　　　(D)14.1

答案：[   ]

主要解答过程：

16. 某酒店客房采用侧送贴附方式的气流组织形式，侧送风口(一个)尺寸为800mm(长)×200mm(高)，垂直于射流方向的房间净高为3.5m，宽度为4m。人员活动区的允许风速为0.2m/s。则送风口最大允许风速(m/s)最接近下列何项？（风口当量直径按面积当量直径计算）

(A)2.41　　　　　(B)2.53　　　　　(C)2.70　　　　　(D)3.39

答案：[   ]

主要解答过程：

17. 某房间设置风机盘管加新风空调系统。室内设计温度25℃，含湿量9.8g/kg$_{干空气}$，将新风处理到与室内空气等焓的状态点后送入室内，新风送风温度19℃。已知该房间设计计算空调冷负荷为2.8kW，热湿比为12000kJ/kg，新风送风量180m³/h。风机盘管应该承担的除湿量(g/s)最接近下列何项？（按标准大气压条件，空气密度为1.2kg/m³，且不考虑风机与管路的温升）

(A)0.15　　　　　(B)0.23　　　　　(C)0.38　　　　　(D)0.46

答案：[   ]

主要解答过程：

18. 某实验室室内维持负压，设置室内循环式空调机组。实验室的空调负荷为50kW，室内状态焓值50kJ/kg，送风状态焓值35kJ/kg，室外新风设计状态焓值85kJ/kg，设置的排风量为0.3kg/s(新风经围护结构渗透进入室内)。求实验室空调机组送风量(kg/s)和机组冷负荷(kW)最接近下列哪组数据？

(A)4.03，60.5　　(B)3.30，60.5　　(C)4.03，50　　(D)3.30，50

答案：[   ]

主要解答过程：

19. 某空调水系统在设计冷负荷下处于小温差运行，实测参数为：水泵流量150m³/h，水泵扬程35mH$_2$O，水泵轴功率19kW，供回水温差3.5℃，拟通过水泵变频运行将系统的供回水温差调整至5℃，水泵变频后其效率为70%。则水泵变频运行后，其运行轴功率比变频前降低的理论计算数值(kW)最接近下列何项？(重力加速度取 $9.81m/s^2$)

(A)7.0　　　　　(B)8.5　　　　　(C)10.5　　　　　(D)12.0

答案：[　]
主要解答过程：

20. 某工厂一正压洁净室的工作人员为3人，室内外压差为10Pa，房间有一扇密闭门1.5m×2.2m，三扇单层固定密闭钢窗1.8m×1.5m，设备排风量为 $30m^3/h$，洁净室内最小新风量(m^3/h)应最接近下列何项？(门窗气密性安全系数取1.20，按缝隙法计算)

(A)150　　　　　(B)138　　　　　(C)120　　　　　(D)108

答案：[　]
主要解答过程：

21. 已知某热泵装置运行时，从室外低温环境中的吸热量为3.5kW，根据运行工况查得各状态点的焓值为：蒸发器出口制冷剂比焓359kJ/kg，压缩机出口气态制冷剂的比焓380kJ/kg；冷凝器出口液态制冷剂的比焓229kJ/kg。则该装置向室内的理论计算供热量(kW)最接近下列何项？(系统的放热均全部视为向室内供热)

(A)3.90　　　　　(B)4.10　　　　　(C)4.30　　　　　(D)4.50

答案：[　]
主要解答过程：

22. 某乙醇制造厂采用第二类吸收式热泵机组将高温水从106℃提高到111℃，所获得热量为 $Q_A=2675kW$；驱动热源为生产过程的乙醇蒸汽，提供的热量为 $Q_G=5570kW$；热泵机组的冷凝器经冷却水带走的热量是 $Q_K=2895kW$。问该热泵机组的性能系数COP最接近下列何项？

(A)0.48　　　　　(B)0.52　　　　　(C)0.924　　　　　(D)1.924

答案：[　]
主要解答过程：

23. 某办公楼采用蓄冷系统供冷(部分负荷蓄冰方式)，空调系统全天运行12h。空调设计冷负荷为3000kW，设计日平均负荷系数为0.75。根据当地电力政策23:00~7:00为低谷电价，当进行夜间制冰，冷水机组采用双工况螺杆式冷水机组(制冰工况下制冷能力的变化率为0.7)，则选定的蓄冷装置有效容量全天所提供的总冷量(kW·h)占设计日总冷量(kW·h)的百分比最接近下列何项？

(A)25.5%　　　　　(B)29.6%　　　　　(C)31.8%　　　　　(D)35.5%

答案：[　]
主要解答过程：

24. 某住宅小区的燃气管网为天然气低压分配管网(采用区域调压站)，燃气供气压力为0.008MPa，问燃气管段到达最远住户的燃具管道的允许阻力损失(Pa)最接近下列何项？

(A)900 (B)1650 (C)2250 (D)6150

答案：[ ]
主要解答过程：

25. 某地夏季空气调节室外计算温度34℃，夏季空调室外计算日平均温度29.4℃，冻结物冷藏库设计计算温度 –20℃。冻结物冷藏库外墙结构见下表（表中自上而下依次为室外至室内）。

材料名称	导热系数/[W/(m·K)]	蓄热系数/[W/(m²·K)]	厚度/mm
水泥砂浆抹面	0.93	11.37	20
砖墙	0.81	9.96	180
水泥砂浆抹面	0.93	11.37	20
隔汽层	0.20	16.39	2.0
聚苯乙烯挤塑板	0.03	0.28	200
水泥砂浆抹面	0.93	11.37	20

取聚苯乙烯挤塑板导热系数修正系数为1.3，已知冻结物冷藏库外墙总热阻为5.55(m²·K)/W，外墙单位面积热流量(W/m²)最接近下列何项？

(A)8.90 (B)9.35 (C)9.80 (D)11.60

答案：[ ]
主要解答过程：

2016年度全国注册公用设备工程师(暖通空调)执业资格考试 专业案例(下) 详解

专业案例答案									
题号	答案	题号	答案	题号	答案	题号	答案	题号	答案
1	B	6	A	11	C	16	A	21	B
2	A	7	A	12	A	17	C	22	A
3	C	8	B	13	A	18	A	23	C
4	B	9	B	14	C	19	D	24	B
5	D	10	B	15	D	20	C	25	B

1. 答案：[B]
主要解答过程：
根据《教材2019》P89 式(1.8-1)，各修正系数不变。改造前后热负荷：

$$Q_1 = \frac{K_1 F \Delta t_1}{\beta_1 \beta_2 \beta_3 \beta_4} = \frac{2.81 F(t_{pj1} - t_n)^{1.276}}{\beta_1 \beta_2 \beta_3 \beta_4}$$

$$0.65 Q_1 = \frac{K_2 F \Delta t_2}{\beta_1 \beta_2 \beta_3 \beta_4} = \frac{2.81 F(t_{pj2} - t_n)^{1.276}}{\beta_1 \beta_2 \beta_3 \beta_4}$$

两式相比得：$\dfrac{\left(\dfrac{85+60}{2} - 20\right)^{1.276}}{\left(\dfrac{65+45}{2} - t_n\right)^{1.276}} = \dfrac{1}{0.65}$

解得：$t_n = 17.5℃$

注：本题改造后负荷减小为原来的65%，即便是供回水温差减小至20℃，实际流量依旧减小，因此不应考虑流量修正系数。

2. 答案：[A]
主要解答过程：
本题为双管上供下回系统，未明确指出循环形式，由于重力循环一般采用上供下回系统，因此本题按照重力循环解答(存在争议)。A_3 环路相对 A_1 环路附加的自然循环压力为：

$$H = gh(\rho_h - \rho_g) = 9.8 \times (6+6) \times (977.9 - 962) = 1.87(kPa)$$

参考《教材2019》P79 表1.6-7 等温降法水力计算的步骤，A_3 环路在设计工况(环路流量为设计值)下的压力损失为：

$$\Delta P_3 = 7.5 + 0.5 + 0.5 - H = 6.63(kPa)$$

而 A_1 环路在设计工况(环路流量为设计值)下的压力损失为：

$$\Delta P_1 = 7.5 + 0.5 + 0.5 = 8.5(kPa)$$

因此 A_3 环路相对 A_1 环路的阻力不平衡率为:(A_3 相对于 A_1,因此以 A_1 环路阻力为分母)

$$\alpha = \frac{\Delta P_3 - \Delta P_1}{\Delta P_1} = \frac{6.63 - 8.5}{8.5} = -22\%$$

注:本题与2014-3-3题属于同一系列题目,争议较大,主要争议点在于:首先,题干没有说明系统循环形式,是机械循环还是重力循环,这影响到自然循环压力的计算;其次,平时工程中计算不平衡率一般以最不利环路阻力作为分母,而题干要求计算 A_3 环路阻力相对 A_1 环路的阻力不平衡率,是否应理解为固定将 A_1 环路阻力作为分母?抛开具体答案不谈,笔者仅对于不平衡率的相关概念和计算方法做以下梳理:

(1)并联管路资用压力:并联管路中管路进出口处所具有的能用于克服流动阻力的压力差。

(2)在水力计算时,为了保证两并联环路中的流量分配均符合设计值(或偏差不超过规定值),两并联环路的压力损失需均与资用压力相等(或偏差不超过规定值)。

(3)根据《教材2019》P79 表1.6-7 等温降水力计算的方法,计算每个环路在设计工况流量时的压力损失,再比较各环路之间压力损失的不平衡率。这里每个环路的压力损失也就等于为了保证各环路流量达到设计值所需要的资用压力。

(4)同样的,题干中给出的各管段及散热器的阻力,实际上就是其在设计流量时所对应的阻力损失,各路的总阻力也即各对应环路所需要的资用压力,对于 A_1 环路,由于不存在自然循环压力,该环路所需要的资用压力即为其设计工况下的阻力损失:8.5kPa;而对于 A_3 环路,由于自然循环压力有利于循环,克服了一部分该环路在设计工况下的阻力损失,因此 A_3 环路所需要的资用压力有所减小,应为设计阻力损失与自然循环压力之差:6.63kPa。

(5)因此,两个环路阻力的不平衡率实际上也可以理解为:两环路同时达到设计工况流量时,所需要外部系统提供的资用压力的偏差程度。

(6)平时工程中,两环路不平衡率=(最不利环路阻力-另一环路阻力)/最不利环路阻力,而根据题干特殊要求,笔者认为 A_3 环路阻力相对 A_1 环路的阻力不平衡率=(A_3 环路阻力-A_1 环路阻力)/A_1 环路阻力,此处存在争议,考生可不必纠结,只需掌握水力计算的基本概念和方法即可,考试时可根据具体题目和选项灵活应对。

3. **答案**:[C]
主要解答过程:
根据《教材2019》P98 表1.8-8,查得该系统水容量(包括散热器、室内机械循环管路和换热器三部分)为:

$$V_c = (8.8 + 7.8 + 1.0) \times 1670 = 29392(L)$$

则膨胀水箱容积为:

$$V = 0.0034 V_c = 1000L = 1.0 m^3$$

4. **答案**:[B]
主解答过程:
根据《辐射冷暖规》(JGJ 142—2012)第3.5.11条,管内流速不宜小于0.25m/s,$De25 \times 2.3$mm 管材内径为:

$$d_n = 25 - 2.3 \times 2 = 20.4(mm)$$

最小流量为:

$$L = \frac{\pi}{4} d_n^2 \times 0.25 = 8.17 \times 10^{-5} (m^3/s)$$

最小热负荷为：
$$Q = c\rho V\Delta t = 4.18 \times 8.17 \times 10^{-5} \times 1000 \times 10 = 3.414 \text{kW} = 3414 \text{W}$$

5. 答案：[D]
主要解答过程：
设计工况流量：
$$G_0 = \frac{300}{4.18 \times (80-55)} = 2.87(\text{kg/s})$$

实际工况流量：
$$G = \frac{251.2}{4.18 \times (70-50)} = 3(\text{kg/s})$$

管网阻力系数不变：
$$S = \frac{P_0}{G_0^2} = \frac{P}{G^2} \Rightarrow P = \left(\frac{G}{G_0}\right)^2 P_0 = 45 \text{kPa}$$

6. 答案：[A]
主要解答过程：
根据热泵循环能量守恒关系：
$$Q = W + (5000 + 150) = \frac{Q}{COP} + 5150$$

$$Q = \frac{5150}{1-0.2} = 6437.5(\text{kW})$$

注：注意题干COP为制热性能系数，为制热量与耗功率比值。

7. 答案：[A]
主要解答过程：
本题首先要了解转轮式热回收机组的基本构成，其包含送风和排风两台风机；其次要理解题干所求的COP为"转轮"回收的热量与"转轮"所消耗的功率之比，转轮装置风阻为300Pa，系统其他阻力为1000-300=700(Pa)，因此在计算转轮所消耗风机功率时，应选用其阻力300Pa，而不是风机全压1000Pa。因此由于设置转轮所增加的单台风机功率：
$$\Delta N = \frac{LP}{3600\eta} = \frac{300 \times 20000}{3600 \times 0.7} = 2.38(\text{kW})$$

回收热量：
$$Q = \rho L(h_1 - h_3) \times 60\% = 1.2 \times \frac{20000}{3600} \times (92 - 70.5) \times 0.6 = 86(\text{kW})$$

转轮的性能系数为：
$$COP = \frac{Q}{2N+2} = 12.7$$

8. 答案：[B]
主要解答过程：
车间耗热量与室内外温差成正比，室温提高至16℃，耗热量为：
$$\frac{Q}{339.36} = \frac{16-(-10)}{14-(-10)} \Rightarrow Q = 367.64 \text{kW}$$

增加耗热量为367.64-339.36=28.3kW，由热风系统承担。

质量守恒：
$$G_P = G_{jj} + G_{zj} \Rightarrow G_{zj} = 10 - 6 = 4(\text{kg/s})$$
能量守恒：
$$28.3 + cG_P \times 16℃ = cG_{jj} \times t_s + cG_{zj} \times (-10℃) \Rightarrow t_s = 38℃$$

9. 答案：[B]
主要解答过程：
根据《教材2019》P183 式(2.3-17)，查表2.3-3 得温度梯度为 $0.8℃/m$。
天窗排风温度：$t_p = 32 + 0.8 \times (10 - 2) = 38.4(℃)$
通风量：$G = \dfrac{Q}{c(t_p - t_w)} = \dfrac{300}{1.01 \times (38.4 - 29.7)} = 34.14 \text{kg/s} = 122908 \text{kg/h}$
注：题干所给条件印刷错误，散热强度单位应为"W/m^3"。

10. 答案：[B]
主要解答过程：
注意题干要求根据公式计算，因此根据《教材2019》P195 式(2.4-8)：
$$L = \dfrac{1}{2}L' = (5x^2 + F) = (5 \times 0.9^2 + 0.3 \times 0.6) \times 0.3 = 1.269 \text{m}^3/\text{s} = 4568.4 \text{m}^3/\text{h}$$
注：本题争议分析请参考本书第2.4.2 节考点说明。

11. 答案：[C]
主要解答过程：
根据《教材2019》P231 式(2.6-1)
$$Y = CM/22.4 = 5 \times 94/22.4 = 21(\text{mg/m}^3)$$
根据吸附过程质量守恒：
$$(100 \times 60) \times 21 \times 10^{-6} \text{kg/m}^3 \times 95\% \times 200 = m \times 0.15 \text{kg/kg}_{炭}$$
$$m = 159.6 \text{kg}$$
注：计算过程注意单位换算。

12. 答案：[A]
主要解答过程：
根据《教材2019》P540 式(3.9-7)
$$L_W = 5 + 10\lg L + 20\lg H$$
$$100.33 = 5 + 10\lg 30000 + 20\lg H$$
$$H = 331 \text{Pa}$$

13. 答案：[A]
主要解答过程：
根据《公建节能2015》第4.3.9 条，查各附表得：$\Delta T = 5℃$，$A = 0.003858$，$B = 28$，$\alpha = 0.02$
$$EC(H)Ra = 0.003096 \sum (GH/\eta_b) / \sum Q \leq A(B + \alpha \sum L)/\Delta T$$
$$\eta_b \geq \dfrac{0.003096 \Delta T \sum GH}{A(B + \alpha \sum L) \sum Q} = \dfrac{0.003096 \times 5 \times 2 \times 100 \times 30}{0.003858 \times (28 + 0.02 \times 248) \times 1260} = 58\%$$
注意：ΔT 应查表取定值 $5℃$，而不是采用实际计算值 $5.4℃$。

14. 答案：[C]

主要解答过程：

新风承担所有室内湿负荷，查 h-d 图得：$d_n = 11.01 \text{g/kg}_干$，湿负荷：

$$\frac{5}{3600} = \frac{1500}{3600} \times 1.2 \times (11.01 - d_L)$$

$$d_L = 8.23 \text{g/kg}_干$$

过 $d_L = 8.23 \text{g/kg}_干$ 的等湿线与 90% 相对湿度线相交，交点即为新风的机器露点 L，查 h-d 图得：$t_L = 12.6℃$。

则新风承担的室内显热负荷为：

$$Q_X = 1.01 \times \frac{1500}{3600} \times 1.2 \times (25 - 12.6) = 6.26(\text{kW})$$

表冷器 2 所需冷量为：

$$Q_2 = 30 - Q_X = 23.74 \text{kW}$$

15. 答案：[D]

主要解答过程：

$$\varepsilon = \frac{\Delta h}{\Delta d} = \frac{\left(1.01 t_n + \frac{d_n}{1000} \times 2500\right) - \left(1.01 t_s + \frac{d_s}{1000} \times 2500\right)}{\frac{d_n - d_s}{1000}} = 5000$$

$$d_n = 14.1 \text{g/kg}_干$$

注意：(1) 注意 d 的单位，计算时要除以 1000。

(2) 题干假设水蒸气焓值为定值 2500，忽略了焓值公式中 $1.84t$ 此项，因为 $1.84t$ 远小于 2500，在工程计算中可忽略，以简化计算。

16. 答案：[A]

主要解答过程：

根据《教材2019》P441 式(3.5-12)，其中面积当量直径（题干要求使用）为：

$$d_0 = \sqrt{\frac{4F}{\pi}} = 1.13 \sqrt{0.8 \times 0.2} = 0.452(\text{m})$$

$$F_n = \frac{4 \times 3.5}{1} = 14$$

$$\frac{0.2}{v_0} = \frac{0.69}{\frac{\sqrt{14}}{0.452}} \Rightarrow v_0 = 2.4 \text{m/s}$$

注：本题《民规》公式与教材不同，存在争议。根据《民规》第 7.4.11 条条文说明，给出的公式计算系数为 0.65，相应计算结果为 2.54m/s，选择 B 选项。

17. 答案：[C]

主要解答过程：

查 h-d 图，$h_n = 50.2 \text{kJ/kg}$，过室内等焓线与 19℃ 等温线交点即为新风送风状态点，得 $d_x = 12.2 \text{g/kg}$。

根据热湿比求室内湿负荷：

$$12000 = \frac{2.8}{W} \Rightarrow W = 0.233 \text{g/s}$$

新风处理至室内等焓线，因此风机盘管需承担一部分新风湿负荷：

$$W_X = \frac{180}{3600} \times 1.2 \times (12.2 - 9.8) = 0.144 \text{(g/s)}$$

风机盘管承担的总除湿量为：

$$W_F = W + W_X = 0.377 \text{g/s}$$

18. 答案：[A]
主要解答过程：
由质量守恒可知，渗透新风量为0.3kg/s。实验室空调负荷不包括新风负荷，内循环式空调机组需承担渗透新风负荷：

$$Q_X = 0.3 \times (85 - 50) = 10.5 \text{(kW)}$$

机组冷负荷为：

$$Q = 50 + Q_X = 60.5 \text{(kW)}$$

送风量为：

$$L = \frac{Q}{50 - 35} = 4.03 \text{(kg/s)}$$

19. 答案：[D]
主要解答过程：
由于系统冷负荷不变：

$$Q = c\rho \times 150 \times 3.5 = c\rho L_2 \times 5$$

$$L_2 = 105 \text{m}^3/\text{h}$$

管网阻力系数不变：

$$S = \frac{P_1}{L_1^2} = \frac{P_2}{L_2^2} \Rightarrow P_2 = 17.15 \text{m}$$

变频后的轴功率为：

$$W_2 = \frac{L_2 P_2}{367.3\eta} = \frac{105 \times 17.15}{367.3 \times 0.7} = 7 \text{(kW)}$$

$$\Delta W = 19 - W_2 = 12 \text{(kW)}$$

20. 答案：[C]
主要解答过程：
根据《洁净规》(GB 50073—2013)第6.2.3条条文说明及表7，压差风量为：

$$Q = \alpha \sum (qL) = 1.2 \times [6 \times (1.5 + 2.2) \times 2 + 1 \times 3 \times (1.8 + 1.5) \times 2] = 77.04 \text{(m}^3/\text{h)}$$

根据第6.1.5条，补偿排风和保证正压所需新风量为：$77.04 + 30 = 107.04 \text{(m}^3/\text{h)}$，人员新风量为：$3 \times 40 = 120 \text{(m}^3/\text{h)}$，取大值120m³/h。

21. 答案：[B]
主要解答过程：
该热泵循环制热性能系数为：

$$COP_h = \frac{380 - 229}{380 - 359} = 7.19$$

供热量为：$Q = 3.5 + \dfrac{Q}{7.19} \Rightarrow Q = 4.06 \text{kW}$

解法二：

求该循环质量流量：

$$m_r = \dfrac{3.5}{359 - 229} = 0.269$$

$$Q = m_r \times (380 - 229) = 4.06 \text{kW}$$

22. 答案：[A]
主要解答过程：

根据《教材2019》P665

$$COP = \dfrac{Q_A}{Q_C} = \dfrac{2675}{5570} = 0.48$$

23. 答案：[C]
主要解答过程：

根据《教材2019》P690 式(4.7-6)和式(4.7-7)，空调系统总冷负荷为：

$$\sum q_i = 12 \times 3000 \times 0.75 = 27000 (\text{kW} \cdot \text{h})$$

$$q_c = \dfrac{\sum q_i}{n_2 + n_1 c_f} = \dfrac{27000}{12 + 8 \times 0.7} = 1534.1 (\text{kW})$$

$$Q_S = n_1 c_f q_c = 8 \times 0.7 \times 1534.1 = 8591 (\text{kW})$$

占设计日总冷量的百分比为：

$$m = \dfrac{Q_S}{\sum q_i} = 31.8\%$$

24. 答案：[B]
主要解答过程：

首先根据《燃气设计规》(GB 50028—2006) 表10.2.2查得低压用气设备额定压力为2000Pa，再根据第6.2.8条：

$$\Delta P = 0.75 \times 2000 + 150 = 1650 (\text{Pa})$$

注：题干0.008MPa为供气压力，而不是用气设备额定压力，为干扰数据。

25. 答案：[B]
主要解答过程：

根据《教材2019》P723 式(4.8-18)，外墙热惰性指标：

$$D = \dfrac{0.02 \times 11.37}{0.93} + \dfrac{0.18 \times 9.96}{0.81} + \dfrac{0.02 \times 11.37}{0.93} + \dfrac{0.002 \times 16.39}{0.2} + \dfrac{0.2 \times 0.28}{0.03 \times 1.3} +$$

$$\dfrac{0.02 \times 11.37}{0.93} = 4.54 > 4$$

查表4.8-29，温差修正系数取1.05，计算温度取夏季空调室外计算平均温度，根据式(4.8-20)：

$$q = K\alpha(t_w - t_n) = \dfrac{1}{5.55} \times 1.05 \times (29.4 + 20) = 9.35 \ (\text{W/m}^2)$$

2017年度全国注册公用设备工程师(暖通空调)执业资格考试 专业案例(上)

1. 某逆流水—水热交换器热交换过程如图所示,一次侧水流量为120t/h,二次侧水流量为100t/h,设计工况下一次侧供回水温度为80℃/60℃、二次水供回水温度为64℃/40℃。实际运行时由于污垢影响,热交换器传热系数下降了20%。问:在一、二次侧水流量、一次水供水温度、二次水回水温度不变的情况下,热交换器传热量与设计工况下传热量的比值(%),最接近下列何项?(传热计算采用算数平均温差)

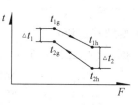

(A)75 (B)80 (C)85 (D)90

答案:[   ]

主要解答过程:

2. 有一供暖房间的外墙由3层材料组成,其厚度与导热系数从外到内依次为:240mm 砖墙,导热系数 0.49W/(m·K);200mm 泡沫混凝土砌块,导热系数 0.19W/(m·K);20mm 石灰粉刷,导热系数 0.76W/(m·K),则该外墙的传热系数[W/(m²·K)]最接近下列哪一项?

(A)0.58 (B)0.66 (C)1.51 (D)1.73

答案:[   ]

主要解答过程:

3. 某严寒地区(室外供暖计算温度 -18℃)住宅小区,既有住宅楼均为6层,设计为分户热计量散热器供暖系统,户内为单管跨越式、楼内的户外系统是异程双管下供下回式。原设计供暖热媒为95℃/70℃,设计室温为18℃,采用铸铁四柱660型散热器(该散热器传热系数计算公式 $K=2.81\Delta t^{0.276}$)。后来政府对小区住宅楼进行了墙体外保温节能改造,现在供暖热媒降至 60℃/40℃即可使住宅楼的室内温度达到20℃(在室外温度仍然为 -18℃时)。如果按室内温度18℃计算,该住宅小区节能率(%)(即:供暖热负荷改造后比改造前节省百分比)最接近下列哪一项?

(A)35.7 (B)37.6 (C)62.3 (D)64.3

答案:[   ]

主要解答过程:

4. 某严寒地区(室外供暖计算温度 -11℃)工业厂房,原设计功能为货物存放,厂房内温度按5℃设计,计算热负荷为600kW,采用暖风机供暖系统,热媒为95℃/70℃热水。现欲将货物存放功能改为生产厂房,在原供暖系统及热媒不变的条件下,使厂房内温度达到18℃,需要对厂房的围护结构进行节能改造。问:改造后厂房的热负荷限值(kW)最接近下列选项的哪一项?

(A)560　　　　　(B)540　　　　　(C)500　　　　　(D)330
答案：[　　]
主要解答过程：

5. 某商场建筑设计采用水环热泵空调系统，内区全年供冷，外区夏季供冷，冬季供暖。该建筑冬季空调设计热负荷 $Q_R = 3000kW$，内区冬季设计冷负荷800kW；水环热泵机组冬季额定运行工况下的制冷 $COP = 3.9$、制热 $COP = 4.4$；系统冬季设计工况三台循环水泵并联运行，总流量 $G = 600m^3/h$，扬程 $H = 25mH_2O$，效率 $\eta = 75\%$。问忽略系统管道热损失的情况下，该系统辅助热源容量(kW)最接近下列哪一项？（注：水的密度 $\rho = 1000kg/m^3$）
(A)2200.0　　　(B)1940.4　　　(C)1258.6　　　(D)1313.2
答案：[　　]
主要解答过程：

6. 含有 SO_2 的有害气体流量为 $5000m^3/h$，其中有害成分 SO_2 的浓度为 $8.75ml/m^3$，有害物成分克摩尔数 $M = 64$，选用效率为90%的固定床活性炭吸附装置净化后排放，则排放浓度 (mg/m^3) 最接近下列哪一项？
(A)2.0　　　　　(B)2.5　　　　　(C)3.0　　　　　(D)3.5
答案：[　　]
主要解答过程：

7. 某均匀送风管采用保持孔口前静压相同原理实现均匀送风(如图所示)，有四个送风孔口(间距为2.5m)断面1处风管的空气平均流速为5m/s，且每段风管的阻力损失为3.5Pa。该段风管断面4处的平均风速(m/s)应最接近下列哪一项？（注：大气压力101.3kPa、空气密度取 $1.20kg/m^3$）
(A)4.50　　　　(B)4.16　　　　(C)3.52　　　　(D)2.74

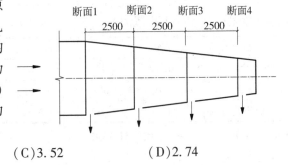

答案：[　　]
主要解答过程：

8. 某大厦的地下变压器室安装有2台500kVA变压器。设计全面通风系统，当排风温度为40℃，送风温度为28℃时，变压器室的计算通风量(m^3/h)最接近下列哪一项？（变压器负荷率和功率因素均按上限取值）
(A)1860　　　　(B)2960　　　　(C)3760　　　　(D)4280
答案：[　　]
主要解答过程：

9. 河南安阳某车间，冬季室内设计温度为16℃，围护结构耗热量为260kW，车间有2台相同的通风柜,每台排风量为 0.75kg/s,车间采用全面机械排风系统排除有害气体,排风量为 16kg/s,采用全新风集中热风供暖补风,热风补风量为 14kg/s。问:送风温度 t_{jj}(℃)最接近下列哪一项?[空气比热容为 1.01kJ/(kg·℃)]
(A)36.8　　　　(B)37.6　　　　(C)38.6　　　　(D)39.6
答案:[　　]
主要解答过程:

10. 一排风系统共有外形相同的两个排风罩(如图所示),排风罩的支管(管径均为 200mm)通过合流三通连接排风总管(管径 300mm)。在两个排风支管上(设置位置如图所示)测得管内静压分别为 -169Pa、-144Pa。设排风罩的阻力系数均为 1.0,则该系统的总排风量(m^3/h)最接近下列哪一项?(空气密度按 $1.2kg/m^3$ 计)

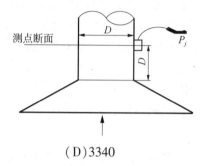

(A)2480　　　　(B)2580　　　　(C)3080　　　　(D)3340
答案:[　　]
主要解答过程:

11. 某地夏季室外通风温度 t_w=31℃。有 $2000m^2$ 热车间高 9m,室内散热量 $116W/m^2$,工作点设计温度 t_n=33℃。设计采用热压自然通风方式:车间侧墙下、上部分别设置进、排风常开无扇窗孔;排风窗孔中心距屋顶 1m,进、排窗孔面积比 0.5,中心距 7m,流量系数均为 0.43。问:上部排风的窗口总面积(m^2)应为以下哪项?
[注:用温度梯度法求排风温度,空气定压比热容取 1.01kJ/(kg·℃)]

温度/℃	30	31	32	33	34	35	36	37
空气密度/(kg/m^3)	1.165	1.161	1.157	1.154	1.150	1.146	1.142	1.139
温度/℃	38	39	40	41	42	43	44	45
空气密度/(kg/m^3)	1.135	1.132	1.128	1.124	1.121	1.117	1.114	1.110

(A)71~80　　　　(B)51~60　　　　(C)41~50　　　　(D)31~40
答案:[　　]
主要解答过程:

12. 某空调工程采用设计风量为 $80000m^3/h$ 组合式空调机组,样本提供机组的漏风率 0.3%(标准空气状态),实际使用条件:温度为 15℃,大气压力为 81200Pa。问:该空调机组的实际设计漏风量(kg/h)应最接近下列哪一项?
(A)196　　　　(B)235　　　　(C)240　　　　(D)1600
答案:[　　]
主要解答过程:

13. 空调房间设有从排风回收显热冷量的新风换气装置,新风量为 $3250m^3/h$,排风量为 $3000m^3/h$,室内空气温度 25℃。室外空气温度 35℃。设:装置对排风侧的显热回收效率为

0.65，则该新风换气装置的新风送风温度 t_x(℃)最接近下列哪一项？
(A)27　　　　　(B)28　　　　　(C)29　　　　　(D)30
答案：[   ]
主要解答过程：

14. 某候机厅拟采用单侧圆形喷口送风，初选喷口直径为250mm，喷口送风速度为8m/s，此时发现供冷时空调区的平均风速达到0.50m/s，不能满足空调区平均风速不大于0.25m/s 的室内环境控制要求。若要满足室内环境控制要求，同时维持喷口安装高度、射程和送风速度不变，则喷口的射程(m)和直径(mm)选择应最接近下列哪一项？（圆形喷口的紊流系数取0.07）

(A)射程为13.2，直径为100　　　　(B)射程为13.2，直径为125
(C)射程为26.9，直径为125　　　　(D)射程为26.9，直径为200
答案：[   ]
主要解答过程：

15. 严寒地区某建筑设置空调系统和值班供暖系统（工作时两个系统同时使用），散热器出口设温控阀恒定散热器出水温度。冬季空调室外计算温度 −25℃，值班供暖温度10℃，室内设计温度20℃。值班供暖负荷按室内设计温度10℃计算的空调热负荷计算，散热器供回水温度为75℃/50℃。某房间值班供暖散热器负荷为2000W，散热器传热系数 $K = 1.76\Delta t^{0.25}$。问：空调系统应该负担的房间热负荷(W)为下列哪项？
(A)500～600　　(B)650～750　　(C)1000～1100　　(D)2500～2600
答案：[   ]
主要解答过程：

16. 某空调水系统采用两管制一级泵系统，设计总冷负荷为300kW，设计供/回水温度为6℃/12℃，从冷冻机房至最远用户的供回水管道总长度为95m。假定选用1台冷水循环泵，其设计工作点效率为60%，则冷水循环泵设计扬程最大限值(m)最接近下列何项？
(A)26.7　　　　(B)28.4　　　　(C)33.6　　　　(D)38.5
答案：[   ]
主要解答过程：

17. 在空气处理室内，将100℃的饱和干蒸汽喷入干球温度等于22℃的空气中，对空气进行加湿，且不使空气的含湿量达到饱和状态，则该空气状态变化过程的热湿比最接近下列何项？
(A)2768　　　(B)2684　　　(C)2540　　　(D)2500
答案：[   ]
主要解答过程：

18. 地处温和地区的某建筑，供冷期为50天，空调系统每天运行时间为8h。供冷期室外空气的平均焓值为56.8kJ/kg，室内设计参数对应的焓值为55.5kJ/kg。建筑内设有1套风量为10000m³/h的集中新风系统和风量为8500m³/h的集中排风系统配套使用，空调冷源系统（含主机、冷水系统和冷却水系统）的制冷季节能效比为4.0kWh/kWh。若增设排风热回收系统用于新风预冷,则新风系统的风机全压需增加 100Pa,排风系统的风机全压需增加 80Pa。假如热回收装置的基于排风的全热交换效率为 65%,两个系统改造前后的风机总效率均为 75%。试分析该建筑增设排风热回收装置的节能性,增设热回收系统前后供冷期的空调运行总能耗变化量为下列哪项?(不考虑其他附加,空气密度取 1.2kg/m³)

(A) 可节能,增设后总能耗减少了 33～34kWh
(B) 可节能,增设后总能耗减少了 709～800kWh
(C) 不节能,增设后总能耗增加了 8～10kWh
(D) 不节能,增设后总能耗增加了 91～92kWh

答案:[ ]
主要解答过程:

19. 某办公室建筑采用了单风道节流型末端的变风量空调系统,由各房间温控器控制对应变风量末端的风量。在系统设计工况下各房间空调冷负荷见下表,其中湿负荷全部为人员散湿形成的湿负荷。各空调房间设计温度 25℃、相对湿度 50%。表冷器机器露点相对湿度 90%,不考虑风机温升。问在上述设计工况下相对湿度最大的房间,其相对湿度值(%)最接近下列何项?(用标准大气压湿空气焓湿图作答)

	房间 1	房间 2	房间 3	房间 4	房间 5	房间 6
显热负荷/W	10000	8000	6000	8000	4000	10000
潜热负荷/W	2500	2500	2500	2500	2500	2500

(A) 50 (B) 58 (C) 65 (D) 72

答案:[ ]
主要解答过程:

20. 建筑采用土壤源热泵机组进行制冷并通过冷凝热回收提供生活热水。建筑空调设计冷负荷为 1800kW,生活热水负荷为 300kW。热泵机组制冷性能系数(EER)为 4.5。计算地埋管排热负荷(kW)最接近下列何项?

(A) 1800 (B) 1900 (C) 2100 (D) 2200

答案:[ ]
主要解答过程:

21. 某空调系统用的空气冷却式冷凝器,其传热系数 $K=30W/(m^2 \cdot ℃)$(以空气侧为准),冷凝器的热负荷 $\varphi_k=60kW$,冷凝器入口空气温度 $t_{a1}=35℃$,流量为 15kg/s,如果冷凝温度 $t_k=48℃$,设空气的定压比热 $c_p=1.0kJ/(kg \cdot ℃)$,则该冷凝器空气侧传热面积(m^2)应为以下哪个选项?(注:按照对数平均温度差计算)

(A) 170～172 (B) 174～176 (C) 180～182 (D) 183～185

答案:[ ]
主要解答过程:

22. 某热回收离心冷水机组运行工况下 $COP=5.7$,冬季空调冷负荷 1300kW,冬季空调热负荷 800kW,忽略冷冻水泵、冷却水泵的热量和管道热损失。问:冬季制冷时该冷水机组的循环冷却水热负荷(kW)最接近下列何项?

(A)50   (B)728   (C)1300   (D)1528

答案:[ ]
主要解答过程:

23. 如图所示为带闪发分离器的双级压缩制冷循环,该循环部分节点的制冷剂比焓见下面已知条件,流经一级压缩机的制冷剂质量流量为10kg/s。问:二级压缩机质量流量(kg/s)为以下哪个选项?

已知:$h_3 = 415$kJ/kg, $h_6 = 250$kJ/kg, $h_7 = 230$kJ/kg

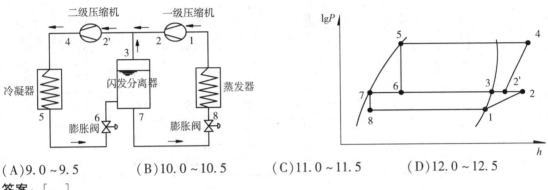

(A)9.0~9.5   (B)10.0~10.5   (C)11.0~11.5   (D)12.0~12.5

答案:[ ]
主要解答过程:

24. 如图所示为采用R134A制冷剂的蒸汽压缩制冷理论循环,采用将压缩后的高压气体分流一部分(8→6)与来自蒸发器的制冷剂混合(4+6→5)后再压缩的方式实现变制冷量调节。已知,蒸发温度为0℃、冷凝温度为40℃,有关状态点的焓值(kJ/kg)见表中所列,该循环的理论制冷量与不调节分流的理论制冷量之比值(%)最接近下列何项?

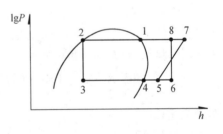

h_1	h_2	h_4	h_5	h_7	h_8
417.2	256.8	395.6	420.2	449.8	439.8

(A)44.3   (B)51.1   (C)54.2   (D)58.6

答案:[ ]
主要解答过程:

25. 设计某宿舍的排水系统,已知用水定额为120L/(d·p)、小时变化系数为3.10,某一层的一段生活排水管道汇集有12个相同房间,房间卫生间的配置均为洗脸盆1个(同时排水百分数为80%)、冲洗水箱大便器1个,问:该段排水管道的排水设计秒流量(L/s)最接近下列何项?

(A)1.50   (B)3.40   (C)3.88   (D)4.56

答案:[ ]
主要解答过程:

2017年度全国注册公用设备工程师(暖通空调)执业资格考试 专业案例(上) 详解

专业案例答案									
题号	答案	题号	答案	题号	答案	题号	答案	题号	答案
1	D	6	B	11	B	16	C	21	D
2	B	7	D	12	B	17	B	22	B
3	D	8	C	13	C	18	C	23	C
4	C	9	D	14	B	19	B	24	A
5	C	10	B	15	C	20	B	25	D

1. 答案：[D]

主要解答过程：

设计工况时：

一次侧换热量为：$Q_1 = cm_1(t_{1g} - t_{1h})$

二次侧换热量为：$Q_2 = cm_2(t_{2g} - t_{2h})$

换热器换热量为：$Q = KB\Delta t_{pj}F$

其中 $\Delta t_{pj} = \dfrac{\Delta t_1 + \Delta t_2}{2} = \dfrac{(80-64)+(60-40)}{2} = 18(℃)$

实际工况时：

一次侧换热量为：$Q_1' = cm_1(t_{1g} - t_{1h}')$

二次侧换热量为：$Q_2' = cm_2(t_{2g}' - t_{2h})$

换热器换热量为：$Q' = (1-20\%)KB\Delta t_{pj}'F$

其中 $\Delta t_{pj}' = \dfrac{\Delta t_1' + \Delta t_2'}{2} = \dfrac{(80-t_{2g}')+(t_{1h}'-40)}{2} = 20 + \dfrac{t_{1h}' - t_{2g}'}{2}$

由于污垢影响热交换器传热系数下降后，一次侧、二次侧及换热器本身换热量等比例减小(认为换热量计算公式中其他参数保持不变)。得到如下等式：

$$\dfrac{Q_1'}{Q_1} = \dfrac{Q_2'}{Q_2} = \dfrac{Q'}{Q} \Rightarrow \dfrac{80-t_{1h}'}{80-60} = \dfrac{t_{2g}'-40}{64-40} = \dfrac{0.8 \times \left(20 + \dfrac{t_{1h}'-t_{2g}'}{2}\right)}{18}$$

以上等式为二元一次方程组，解得：$t_{1h}' = 62.02℃$，则热交换器传热量与设计工况下传热量的比值为：

$$\dfrac{Q'}{Q} = \dfrac{Q_1'}{Q_1} = \dfrac{80-62.02}{80-60} \times 100\% = 89.9\%$$

2. 答案：[B]

主要解答过程：

根据《教材2019》P3 式(1.1-3)，查表 1.1-4、表 1.1-5 及表 1.1-6 得：

$$\alpha_n = 8.7 \text{ W}/(\text{m}^2 \cdot \text{K}), \alpha_w = 23 \text{ W}/(\text{m}^2 \cdot \text{K}), \alpha_\lambda = 1.25$$

$$K = \cfrac{1}{\cfrac{1}{\alpha_n} + \sum \cfrac{\delta}{\alpha_\lambda \lambda} + \cfrac{1}{\alpha_w}} = \cfrac{1}{\cfrac{1}{8.7} + \cfrac{0.24}{1 \times 0.49} + \cfrac{0.2}{1.25 \times 0.19} + \cfrac{0.02}{1 \times 0.76} + \cfrac{1}{23}}$$

$$= 0.66 [\text{W}/(\text{m}^2 \cdot \text{K})]$$

注：本题有一定争议，在于是否应考虑泡沫混凝土砌块的导热修正系数，参考 2014-3-1，题干中明确给出了修正系数数值，题目较为严谨。而本题并未给出具体修正系数，也未提示是否应考虑修正系数的影响，因此很难判断出题者思路，本题解答按考虑导热修正系数计算，并保留争议。

3. 答案：[D]
主要解答过程：

根据《教材2019》P89 式(1.8-1)，认为公式中各修正系数不变，对比改造前后散热器散热量：

$$\frac{Q'}{Q} = \frac{K'F\Delta t'^{0.276}}{KF\Delta t^{0.276}} = \frac{\Delta t'^{1.276}}{\Delta t^{1.276}} = \left(\cfrac{\cfrac{60+40}{2} - 20}{\cfrac{95+70}{2} - 18}\right)^{1.276} \Rightarrow Q' = 0.376Q$$

上述负荷计算结果是按照室温 20℃ 计算所得，如按室内温度 18℃ 计算，根据室内外温差与房间负荷的正比关系：

$$Q'' = \frac{18 - (-18)}{20 - (-18)}Q' = 0.356Q$$

节能率为：

$$\varepsilon = \frac{Q - Q''}{Q} \times 100\% = 64.3\%$$

4. 答案：[C]
主要解答过程：

根据《教材2019》P70 式(1.5-18)和式(1.5-19)，由于原供暖系统及热媒不变，因此：

$$Q'_d = \cfrac{\cfrac{95+70}{2} - 18}{\cfrac{95+70}{2} - 15}Q_0, \quad Q_d = \cfrac{\cfrac{95+70}{2} - 5}{\cfrac{95+70}{2} - 15}Q_0$$

$$\frac{Q'}{Q} = \frac{Q'_d}{Q_d} = 0.83 \Rightarrow Q' = 0.83 \times 600 \text{kW} = 498 \text{kW}$$

5. 答案：[C]
主要解答过程：

内区供冷冷凝器散热量：$Q_1 = 800\text{kW} + \cfrac{800\text{kW}}{3.9} = 1005.1\text{kW}$

外区供热蒸发器吸热量：$Q_2 = 3000\text{kW} - \cfrac{3000\text{kW}}{4.4} = 2318.2\text{kW}$

水泵循环轴功率：$W = \cfrac{GH}{367.3\eta} = \cfrac{600 \times 25}{367.3 \times 0.75} = 54.4(\text{kW})$

根据能量守恒关系，辅助热源容量：$\Delta Q = Q_2 - Q_1 - W = 1258.7\text{kW}$

注：本题需了解水环热泵系统运行原理。

6. 答案：[B]
主要解答过程：
根据《教材2019》P231 式(2.6-1)
$$Y = \frac{CM}{22.4} = \frac{8.76 \times 64}{22.4} = 25(\text{mg/m}^3)$$
净化后排放浓度为：
$$Y' = (1 - 90\%)Y = 2.5\text{ mg/m}^3$$

7. 答案：[D]
主要解答过程：
根据《教材2019》P260 式(2.7-11)，断面1处的动压为：
$$P_{d1} = \frac{\rho}{2}v_1^2 = \frac{1.2}{2} \times 5^2 = 15(\text{Pa})$$
由于各孔口的静压相同，因此各管段压力损失均为动压，故断面4处的动压及平均风速为：
$$P_{d4} = P_{d2} - 3 \times 3.5\text{Pa} = 4.5\text{Pa}$$
$$v_4 = \sqrt{\frac{2P_{d4}}{\rho}} = \sqrt{\frac{2 \times 4.5}{1.2}} = 2.74(\text{m/s})$$

8. 答案：[C]
主要解答过程：
根据《09技措》P60 式(4.4.2)，变压器发热量为：
$$Q = (1 - \eta_1)\eta_2\phi W = (1 - 0.98) \times 0.8 \times 0.9 \times (2 \times 500) = 15.2(\text{kW})$$
所需通风量为：
$$L = \frac{Q}{\rho c(t_n - t_w)} \times 3600 = \frac{15.2}{1.2 \times 1.01 \times (40 - 28)} \times 3600 = 3762.4(\text{m}^3/\text{h})$$

9. 答案：[D]
主要解答过程：
查《民规》附录A可知，安阳冬季供暖室外计算温度为$-4.7℃$，根据室内空气质量守恒：
$$G_{zj} + G_{jj} = G_{jp} \Rightarrow G_{zj} = 2 \times 0.75 + 16 - 14 = 3.5(\text{kg/s})$$
根据室内空气能量守恒：
$$260\text{kW} + cG_{jp}t_{jp} = cG_{jj}t_{jj} + cG_{zj}t_w$$
$$\Rightarrow t_{jj} = 39.6℃$$

10. 答案：[B]
主要解答过程：
根据《教材2019》P285 式(2.9-9)，两个排风罩排风量分别为：
$$L_1 = v_1F = \frac{1}{\sqrt{1+\zeta}} \times \frac{1}{4}\pi d^2 \times \sqrt{\frac{2}{\rho}} \times \sqrt{|p_{j1}|}$$
$$= \frac{1}{\sqrt{1+1}} \times \frac{1}{4}\pi \times 0.2^2 \times \sqrt{\frac{2}{1.2}} \times \sqrt{169} = 0.37(\text{m}^3/\text{s})$$

$$L_2 = v_2 F = \frac{1}{\sqrt{1+\zeta}} \times \frac{1}{4}\pi d^2 \times \sqrt{\frac{2}{\rho}} \times \sqrt{|p_{j2}|}$$

$$= \frac{1}{\sqrt{1+1}} \times \frac{1}{4}\pi \times 0.2^2 \times \sqrt{\frac{2}{1.2}} \times \sqrt{144} = 0.34(\text{m}^3/\text{s})$$

则系统的总排风量：$L = (L_1 + L_2) \times 3600 = 2580 \text{m}^3/\text{h}$

注：要注意阻力系数和流量系数的区别。

11. 答案：[B]
主要解答过程：
说明：本题题干数据单位有误，需要将"2000m²"修改为"2000m³"，"116W/m²"修改为"116W/m³"后方可得出正确答案。
根据《教材2019》P183 式(2.3-17)，并查表2.3-3，排风温度为：

$$t_p = t_n + \alpha(h-2) = 33 + 1.5 \times (8-2) = 42(\text{℃})$$

室内平均温度为：

$$t_{np} = (t_n + t_p)/2 = 37.5\text{℃}$$

查表得：$\rho_p = 1.121\text{kg/m}^3$，$\rho_n = 1.154\text{kg/m}^3$，$\rho_w = 1.161\text{kg/m}^3$，$\rho_{np} = 1.137\text{kg/m}^3$
通风量为：

$$G = \frac{Q}{c(t_p - t_w)} = \frac{2000\text{m}^3 \times 0.116 \text{kW/m}^3}{1.01\text{kJ}(\text{kg}\cdot\text{℃}) \times (42-31)\text{℃}} = 20.9\text{kg/s}$$

根据 P182 式(2.3-14)和式(2.3-15)，两式相比得：

$$0.5 = \frac{F_j}{F_p} = \frac{\sqrt{2h_2 g(\rho_w - \rho_{np})\rho_p}}{\sqrt{2h_1 g(\rho_w - \rho_{np})\rho_w}} = \sqrt{\frac{h_2 \rho_p}{h_1 \rho_w}}$$

解得：$h_2 = 0.259 h_1$，$h_1 + h_2 = 7\text{m} \Rightarrow h_2 = 1.44\text{m}$
因此排风的窗口总面积为：

$$F_p = \frac{G}{\mu \sqrt{2h_2 g(\rho_w - \rho_{np})\rho_p}}$$

$$= \frac{20.9}{0.43 \times \sqrt{2 \times 1.44 \times 9.8 \times (1.161 - 1.137) \times 1.121}} = 55.8(\text{m}^2)$$

12. 答案：[B]
主要解答过程：
标准空气状态(20℃，大气压101325Pa)下机组漏风量为：

$$L_0 = 80000\text{m}^3/\text{h} \times 0.3\% = 240\text{m}^3/\text{h}$$

换算到实际工况下的漏风量为：

$$G = \rho_{15} \frac{B}{B_0} L_0 = 1.293 \times \frac{273}{273+15} \times \frac{81200}{101325} \times 240 = 235.7(\text{kg/h})$$

13. 答案：[C]
主要解答过程：
根据《教材2019》P564 式(3.11-8)，回收显热：

$$Q_t = c\rho L_p(t_1 - t_3)\eta = c\rho L_x(t_1 - t_2)$$

$$3000 \times (35-25) \times 0.65 = 3250 \times (35 - t_2)$$

$$\Rightarrow t_2 = 29\text{℃}$$

14. 答案：[B]
主要解答过程：
根据《教材2019》P451 式(3.5-32)，轴心速度为末端平均速度的2倍，因此：

$$\frac{0.5 \times 2}{8} = \frac{0.48}{\frac{0.07x}{0.25} + 0.145} \Rightarrow x = 13.2\text{m}$$

若保持喷口安装高度、射程和送风速度不变，且末端平均风速满足0.25m/s的要求，则：

$$\frac{0.25 \times 2}{8} = \frac{0.48}{\frac{0.07 \times 13.2}{d'_0} + 0.145} \Rightarrow d'_0 = 0.123\text{m} = 123\text{mm}$$

注：注意轴心速度与末端平均速度的关系。

15. 答案：[C]
主要解答过程：
首先核算散热器在室温20℃时的实际散热量，根据《教材2019》P89 式(1.8-1)，认为公式中各修正系数不变，则：

$$\frac{Q'}{2000\text{W}} = \frac{K'F\Delta t'^{0.25}}{KF\Delta t^{0.25}} = \frac{\Delta t'^{1.25}}{\Delta t^{1.25}} = \left(\frac{\frac{75+50}{2} - 20}{\frac{75+50}{2} - 10}\right)^{1.25} \Rightarrow Q' = 1535.7\text{W}$$

由于房间热负荷与室内外温差成正比，计算室温为20℃时，房间的实际热负荷：

$$\frac{Q_{20}}{2000\text{W}} = \frac{20 - (-25)}{10 - (-25)} \Rightarrow Q_{20} = 2571.4\text{W}$$

则空调系统应承担的热负荷为：

$$\Delta Q = Q_{20} - Q' = 1035.7\text{W}$$

16. 答案：[C]
主要解答过程：

$$300\text{kW} = c \times \rho \times \frac{G}{3600} \times (12 - 6) \Rightarrow G = 43\text{m}^3/\text{h}$$

根据《公建节能2015》第4.3.9条，查各附表得：$\Delta T = 5℃$，$A = 0.004225$，$B = 28$，$\alpha = 0.02$

$$EC(H)Ra = 0.003096 \sum (GH/\eta_b)/\sum Q \leq A(B + \alpha \sum L)/\Delta T$$

$$\Rightarrow H \leq 34.1\text{m}$$

注：常规冷水系统ΔT应查表取定值5℃，而不是采用实际计算值6℃。

17. 答案：[B]
主要解答过程：
根据《教材2019》P347 式(3.1-11)

$$\varepsilon = 2500 + 1.84 t_q = 2500 + 1.84 \times 100 = 2684$$

注：t_q是水蒸气的温度，而不是室内干球温度，因为虽然蒸汽的显热相比于潜热数值较小，但干蒸汽加湿过程的热湿比还是与蒸汽的温度有关，例如500℃的蒸汽和100℃的蒸汽喷入室内加湿过程的热湿比数值必然不同的，实际上常说的干蒸汽等温加湿是近似的等温过程。

18. 答案：[C]

主要解答过程:

根据《教材2019》P564 式(3.11-9),如设置排风热回收系统,回收全热量为:

$$Q_\mathrm{h} = \rho L_\mathrm{p}(h_1 - h_3)\eta = 1.2 \times \frac{8500}{3600} \times (56.8 - 55.5) \times 65\% = 2.39(\mathrm{kW})$$

节省电功率:

$$W_1 = \frac{Q_\mathrm{h}}{COP} = 0.598\mathrm{kW}$$

但增加排风热回收系统,新、排风机增加耗功率为:

$$W_2 = W_\mathrm{p} + W_\mathrm{x} = \frac{L_\mathrm{p}\Delta P_\mathrm{p}}{3600\eta} + \frac{L_\mathrm{x}\Delta P_\mathrm{x}}{3600\eta} = 0.62\mathrm{kW} > 0.598\mathrm{kW}$$

因此,系统不节能,全年多消耗的电能为:

$$\Delta Q = 50 \times 8 \times (W_2 - W_1) = 9\mathrm{kWh}$$

注:《公建节能2015》已经取消了老版《公建节能》对于排风热回收系统设置的条件限制,指出应根据项目具体情况进行经济技术比较分析来确定是否采用,本题即为典型的分析实例计算题目。

19. 答案:[B]
主要解答过程:

系统总显热负荷为: $Q_\mathrm{X} = 46\mathrm{kW}$
总潜热负荷为: $Q_\mathrm{Q} = 15\mathrm{kW}$
总全热负荷为: $Q_\mathrm{T} = 46\mathrm{kW} + 15\mathrm{kW} = 61\mathrm{kW}$
散湿量为: $\Delta W = 15/2500 = 0.006(\mathrm{kg/s})$
全空气系统设计工况总热湿比为:

$$\varepsilon = \frac{Q_\mathrm{T}}{\Delta W} = \frac{61\mathrm{kW}}{0.006\mathrm{kg/s}}$$
$$= 10167\mathrm{kJ/kg} \approx 10000\mathrm{kJ/kg}$$

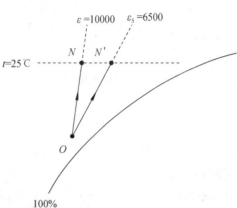

由于全空气变风量系统空气统一处理,故各房间送风状态点均相同。系统控制方式为:变风量末端根据室内温度调节送入室内风量大小,因此实际上该系统仅能保证室内温度达到设计值(25℃),而不能保证各房间的相对湿度。由于各房间湿负荷相同,因此相对湿度最大的房间应是显热负荷最小(即热湿比最小)的房间,可以发现房间5显热负荷最小,其热湿比为:

$$\varepsilon_5 = \frac{\Delta Q_\mathrm{T5}}{\Delta W_5} = \frac{(2.5 + 4)\mathrm{kW}}{(2.5/2500)\mathrm{kg/s}} = 6500\mathrm{kJ/kg}$$

利用焓湿图作答过程如下:首先过设计室内状态点 N 做10000的热湿比线与90%相对湿度线相交,即可得到实际送风状态点 O,再过 O 点做6500的热湿比线(房间5的实际空气处理过程线)与25℃的等温线相交,即可得到房间5的实际室内状态点 N',查焓湿图即可得到其相对湿度约为58%。

20. 答案:[B]
主要解答过程:

空调系统冷凝热: $Q_1 = 1800\mathrm{kW} + \frac{1800\mathrm{kW}}{4.5} = 2200\mathrm{kW}$

冷凝热中扣除热回收提供生活热水所需热量,则地埋管排热负荷为:

$$\Delta Q = Q_1 - 300\mathrm{kW} = 1900\mathrm{kW}$$

21. 答案：[D]
主要解答过程：

$$\varphi_k = cm\Delta t = 1.01 \times 15 \times (t_{a2} - 35)$$

$$\Rightarrow t_{a2} = 39℃$$

$$\Delta\theta_m = \frac{(48-35)-(48-39)}{\ln\frac{48-35}{48-39}} = 10.88(℃)$$

根据《教材2019》P739 式(4.9-10)

$$A = \frac{\varphi_k}{K\Delta\theta_m} = \frac{60 \times 1000}{30 \times 10.88} = 183.8(m^2)$$

22. 答案：[B]
主要解答过程：

空调系统冷凝热：$Q_1 = 1300kW + \frac{1300kW}{5.7} = 1528kW$

冷凝热中扣除热回收提供空调热负荷，冷却水热负荷为：

$$\Delta Q = Q_1 - 800kW = 728kW$$

23. 答案：[C]
主要解答过程：

对闪发分离器列质量守恒及能量守恒方程：

$$m_6 = m_3 + m_7$$
$$m_6 h_6 = m_3 h_3 + m_7 h_7$$

解得：$m_6 = 11.21 kg/s$

24. 答案：[A]
主要解答过程：

对 4+6→5 混合过程列质量守恒及能量守恒方程：

$$m_5 = m_4 + m_6$$
$$m_5 h_5 = m_4 h_4 + m_6 h_6$$

其中，$h_6 = h_8 = 439.8 kJ/kg$

解得：$m_4 = 0.797 m_6$

理论制冷量之比值为：

$$\frac{Q}{Q_0} = \frac{m_4(h_4 - h_3)}{m_5(h_4 - h_3)} = \frac{m_4}{m_5} = \frac{m_4}{m_4 + m_6} \times 100\% = 44.3\%$$

25. 答案：[D]
主要解答过程：

根据《给水排水规》(GB 50015—2003)表 3.1.10，题目用水定额为 120L/(d·p)，因此判断建筑为Ⅲ类Ⅳ类宿舍。再根据第4.4.6条，并查表4.4.4，排水设计秒流量为：

$$q_p = \sum q_0 n_0 b = 0.25 \times 12 \times 0.8 + 1.5 \times 12 \times 12\% = 4.56(L/s)$$

注：本题的难点在于先通过用水定额判断宿舍类型。

2017年度全国注册公用设备工程师(暖通空调)执业资格考试 专业案例(下)

1. 某严寒地区一个6层综合楼,除一层门厅采用地面辐射供暖系统外,其他区域均采用散热器热水供暖系统,计算热负荷分别为散热器系统200kW、地面辐射系统20kW。散热器供暖系统热媒为75℃/50℃,地面辐射供暖系统采用混水泵方式,其一次热媒由散热器供暖系统提供,辐射地板供暖热媒为60℃/50℃。问:该建筑物供暖系统水流量(t/h)和混水泵的流量(t/h)最接近下列哪一个选项?
(A)6.88和1.72　　　(B)6.88和0.688　　　(C)7.568和1.032　　　(D)7.912和1.032
答案:[　　]
主要解答过程:

2. 寒冷地区某工厂食堂净高为4m,一面外墙,窗墙比为0.4,无外门,设计室温为18℃,食堂围护结构基本耗热量为150kW(含朝向修正),冷风渗透热负荷19kW,采用铸铁四柱760散热器明装[单片散热量公式$Q_1 = 0.5538\Delta t^{1.316}(W)$],系统形式为下供下回单管同程式系统,该食堂仅白天使用,采用间歇供暖,散热器接管为异侧上进下出,供暖热媒为95℃/70℃热水,该食堂每组散热器片数均为25片。问:该食堂需要设置散热器的组数最接近下列选项的哪一项?
(A)56　　　(B)62　　　(C)66　　　(D)73
答案:[　　]
主要解答过程:

3. 某办公室采用地板辐射供暖系统,室内计算温度为22℃。问:辐射供暖地板单位面积可承担的最大供暖热负荷(W/m²),最接近以下哪个选项?
(A)70　　　(B)91　　　(C)102　　　(D)123
答案:[　　]
主要解答过程:

4. 某蒸汽供暖系统供汽压力为0.04MPa,散热器的集中回水管路拟采用3级串联水封替代疏水阀,已知:凝结水排水管处压力为0.02MPa,凝结水密度为958.4kg/m³,重力加速度9.81m/s²,水封连接点处蒸汽压力为供暖系统供汽压力的0.7倍。问:3级串联水封高度(m)的合理选取值,最接近以下何项?
(A)0.32　　　(B)0.43　　　(C)0.48　　　(D)1.18
答案:[　　]
主要解答过程:

5. 某住宅楼集中热水供暖系统，计算热负荷为262kW、热媒为75℃/50℃热水、系统计算压力损失为35.0kPa；而实际运行时测得：供回水温度65℃/45℃，热力入口处供回水压力差39.2kPa，则系统实际供热量(kW)最接近下列哪一项？
(A)210　　　　　(B)220　　　　　(C)230　　　　　(D)244
答案：[　　]
主要解答过程：

6. 某车间拟用蒸汽铸铁散热器供暖系统，余压回水。系统最不利环路的供汽管长400m，起始蒸汽压力200kPa，如果摩擦阻力占总压力损失的比例为0.8，则该管段选择管径依据的平均单位长度摩擦阻力(Pa/m)应最接近下列何项？
(A)60　　　　　(B)80　　　　　(C)100　　　　　(D)120
答案：[　　]
主要解答过程：

7. 某车间生产设备发热量11.6kJ/s，工作区局部排风量0.84kg/s，机械补风量0.56kg/s，室外空气温度30℃，机械补风温度25℃，室内工作区温度32℃，天窗排气温度38℃。若采用天窗自然通风方式排出余热，问：所需的自然进风量(kg/s)和自然排风量(kg/s)最接近下列哪一项？
(A)0.96 和 0.68　　(B)1.06 和 0.78　　(C)1.16 和 0.88　　(D)1.26 和 0.98
答案：[　　]
主要解答过程：

8. 按照现行 GB 50072 的规定，氨制冷机房空气中氨气体浓度报警的上限为150ppm，若将其与现行《国家职业卫生标准》(GBZ 2.1)规定的短时间接触容许浓度相比较，前者与后者的浓度数值之比最接近下列何项？(氨气分子量17，按标准状况条件计算)
(A)0.26　　　　　(B)1.00　　　　　(C)2.53　　　　　(D)3.79
答案：[　　]
主要解答过程：

9. 某化工车间内产生余热量 $Q = 50kW$，余湿量 $W = 50kg/h$，同时散发出硫酸气体10mg/s，要求夏季室内工作地点温度不大于33℃，相对湿度不大于70%，问：所需要的全面通风量(m^3/h)最接近以下哪个选项？
已知条件：夏季通风室外计算温度 $t_{wt} = 30℃$，相对湿度62%。30℃时空气密度为 1.165 kg/m^3。工作场所空气中硫酸的时间加权平均允许浓度1mg/m^3，短时间接触允许浓度 2mg/m^3，消除有害物质通风量安全系数 $K = 3$。
(A)36000　　　　(B)51000　　　　(C)72000　　　　(D)10800(应为108000)
答案：[　　]
主要解答过程：

10. 河北衡水某车间内有强热源,工艺设备的总散热量为2000kW,热源占地面积和地板面积之比为0.155,热源高度4m,热源的辐射散热量为1000kW,室内工作区温度33.5℃。采用自然通风方式,屋面设排风天窗,外墙侧窗进风,消除室内余热,全面通风量(kg/s)最接近下列哪一选项?[空气比热容为1.01kJ/(kg·℃)]

(A)240　　　　(B)270　　　　(C)300　　　　(D)330

答案:[　]

主要解答过程:

11. 某化学实验室局部采用通风柜,通风柜工作孔开口尺寸为:长0.8m、宽0.5m,柜内污染物为苯,其气体发生量为0.055m^3/h;另一个某些特定工艺(车间)局部通风也采用通风柜,通风柜工作孔开口尺寸为:长1m、宽0.6m,柜内污染物为苯,其气体发生量为0.095m^3/h,问:以上两个通风柜分别要求的最小排风量(m^3/h)最接近下列哪一项?

(A)800,1062　　(B)832,1530　　(C)1062,1530　　(D)1062,2156

答案:[　]

主要解答过程:

12. 某空调房间尺寸为4m×5m×3m,室内平均吸声系数为0.15,指向性因素为4,送风口距测量点的距离为3m,送风口进入室内的声功率级为40dB,试问测量点的声压级(dB)最接近下列何项?

(A)25　　　　(B)30　　　　(C)35　　　　(D)40

答案:[　]

主要解答过程:

13. 某办公建筑有若干间办公室,房间设计温度为25℃、相对湿度≤60%,设计室内人数为100人,每人的散湿量为61.0g/h。拟采用风机盘管+新风的温湿度独立控制空调系统,空调室内湿度由新风系统承担,若新风机组送入室内的空气含湿量最低可为9.0g/kg,问:新风机组的最小设计风量(m^3/h)最接近下列何项?(标准大气压,空气密度取1.2kg/m^3)

(A)1750　　　(B)1980　　　(C)2510　　　(D)3000

答案:[　]

主要解答过程:

14. 某室内游泳馆面积600m^2,平均净高4.8m,按换气次数6次/h确定空调设计送风量,设计新风量为送风量的20%,室内计算人数为50人,室内泳池水面面积310m^2。室外设计参数:干球温度34℃、湿球温度28℃;室内设计参数:干球温度28℃、相对湿度65%;室内人员散湿量400g/(p·h);水面散湿量150g/(m^2·h)。当地为标准大气压,问:空调系统的计算湿负荷(kg/h)最接近下列何项?(空气密度取1.2kg/m^3)

(A)55　　　　(B)66　　　　(C)82　　　　(D)92

答案:[　]

主要解答过程:

15. 某地夏季空调室外计算干球温度35℃，最热月月平均相对湿度80%；某公共建筑敷设在架空层中的矩形钢板风管（高500mm、宽1000mm），板厚0.5mm，风管内输送的空气温度为15℃。选用离心玻璃棉保温。问：该风管的防结露计算的保温厚度（mm）最接近下列何项？（注：大气压力为101325Pa，离心玻璃棉的导热系数 $\lambda = 0.035$ W/m·K；保温层外表面换热系数 $\alpha = 8.141$ W/m²·K，保冷厚度计算修正系数 $K = 1.2$）

(A)19　　　　　　(B)21　　　　　　(C)23　　　　　　(D)26

答案：[　　]

主要解答过程：

16. 两管制调水系统，设计供/回温度：供热工况45℃/35℃、供冷工况7℃/12℃，在系统低位设置容纳膨胀水量的隔膜式气压罐定压（低位定压），补水泵平时运行流量为3m³/h，空调水系统最高点位置高于定压点50m，系统安全阀开启压力设为0.8MPa，系统水容量 $V_c = 50$ m³，假定系统膨胀的起始计算温度为20℃。问：气压罐最小总容积（m³）最接近以下哪个选项？[不同温度时水的密度（kg/m³）为：7℃ 999.88，12℃ 999.43，20℃ 998.23，35℃ 993.96，45℃ 990.25]

(A)0.6　　　　　　(B)1.8　　　　　　(C)3.0　　　　　　(D)3.6

答案：[　　]

主要解答过程：

17. 某冷冻站采用一级泵主机定流量、末端变流量的空调冷水系统，设有3台型号相同的冷水机组，冷冻水系统并联配置3台型号相同的循环水泵。单台水泵运行时的参数为：流量300m³/h，扬程350kPa。分、集水器设计供回水压差为250kPa。问：分水器与集水器之间的旁通压差调节阀的流通能力 K_v 最接近以下哪个选项？

(A)300　　　　　　(B)190　　　　　　(C)160　　　　　　(D)140

答案：[　　]

主要解答过程：

18. 夏热冬冷地区某办公楼设计集中空调系统，选用3台单台名义制冷量为1055kW的螺杆式冷水机组，名义制冷性能系数 $COP = 5.7$。系统配3台冷水循环泵，设计工况时的轴功率为30kW/台；3台冷却水循环泵，设计工况时的轴功率45kW/台；3台冷却塔，配置的电动机额定功率为5.5kW/台。问：该空调系统设计工况下的冷源综合制冷性能系数，最接近以下何项？

(A)4.0　　　　　　(B)4.5　　　　　　(C)5.0　　　　　　(D)5.7

答案：[　　]

主要解答过程：

19. 某演艺厅的空调室内显热冷负荷为54kW，潜热冷负荷为16.4kW，湿负荷为24kg/h；室内设计参数为 $t = 25$℃、$\varphi = 60\%$（$h = 55.5$ kJ/kg，$d = 11.89$ g/kg）；室外设计参数为干球温度31.5℃、湿球温度26℃（$h = 80.4$ kJ/kg，$d = 18.98$ g/kg）；若采用温湿度独立控制空调系统，

湿度控制系统为全新风系统,设计送风量6000m³/h,新风处理采用冷却除湿方式,露点送风(机器露点相对湿度95%);温度控制系统采用干式显热处理末端。问:湿度控制系统的设计冷量[Q_H(kW)]和温度控制系统的设计冷量[Q_T(kW)]最接近以下何项?(标准大气压,空气密度取1.2kg/m³)

(A)Q_H=49.8,Q_T=54 (B)Q_H=49.8,Q_T=29
(C)Q_H=92,Q_T=29   (D)Q_H=92,Q_T=11

答案:[ ]
主要解答过程:

20. 如果生产工艺要求洁净环境≥0.3μm粒子的最大浓度限值为352pc/m³,问:≥0.5μm粒子的最大浓度限值(pc/m³)最接近以下何项?
(A)122 (B)212 (C)352 (D)588
答案:[ ]
主要解答过程:

21. 某建筑采用土壤源热泵为供暖和生活热水系统提供热源。冬季建筑供暖热负荷为1200kW,生活热水负荷为230kW。热泵机组性能系数(COP)为3.2。问:地埋管的取热量(kW)最接近下列何项?
(A)665 (B)826 (C)983 (D)1167
答案:[ ]
主要解答过程:

22. 设计某卷心菜的预冷设备,已知进入预冷的卷心菜温度35℃,需预冷到20℃,冷却能力为2000kg/h,卷心菜的固形质量分数为13%,问:计算的预冷冷量(kW)最接近下列何项?
(A)27.6 (B)32.4 (C)38.1 (D)42.5
答案:[ ]
主要解答过程:

23. 某乙醇制造厂的蒸馏塔111℃的高温水,由采用蒸汽加热塔底106℃的回水而得到。为节能,现应用第二类吸收式热泵机组将水温从106℃提高到111℃,机组所获得热量为Q_A=2675kW,设每天工作20h,年运行365天,年节约的蒸汽用量(t)接近下列何项?(设原来蒸汽的焓值是2706kJ/kg)
(A)7511 (B)8629 (C)27038 (D)31065
答案:[ ]
主要解答过程:

24. 某平面进深较大的商业建筑拟采用水环热泵空调系统,冬季内区设计冷负荷为50kW,外区设计热负荷为100kW;内外区均采用相同型号的水环热泵机组,其设计工况下的制冷性能系数为4.2W/W,制热性能系数为3.5W/W,则该水环系统辅助热源的设计容量(kW)最接近下列何项?
(A)9.5　　　　　(B)28.6　　　　　(C)38.1　　　　　(D)50
答案:[　]
主要解答过程:

25. 设计某宾馆的全日供应热水系统,已知床位数为800床、小时变化系数为3.10,热水用水定额140L/(d·床),冷水温度为7℃,热水密度为1kg/L,问:计算的设计耗热量(kW)最接近下列何项?
(A)2675　　　　　(B)1784　　　　　(C)1264　　　　　(D)892
答案:[　]
主要解答过程:

2017年度全国注册公用设备工程师(暖通空调)执业资格考试 专业案例(下) 详解

专业案例答案									
题号	答案	题号	答案	题号	答案	题号	答案	题号	答案
1	C	6	C	11	C	16	B	21	C
2	C	7	C	12	C	17	B	22	B
3	A	8	D	13	D	18	B	23	D
4	C	9	D	14	D	19	C	24	A
5	B	10	A	15	B	20	A	25	D

1. 答案:[C]

主要解答过程:

设系统总流量为G,地暖系统流量为G_2,混水泵流量为G_{2a},地暖用户流量为G_{2b},则针对总系统有:

$$200 + 20 = c \times G \times (75 - 50) \Rightarrow G = 2.105 \text{kg/s} = 7.57 \text{t/h}$$

则针对地暖系统有:

$$20 = c \times G_2 \times (75 - 50) \Rightarrow G_2 = 0.191 \text{kg/s} = 0.688 \text{t/h}$$

对地暖混水过程列质量守恒及能量守恒方程:

$$G_2 + G_{2a} = G_{2b}$$
$$75 \times G_2 + 50 \times G_{2a} = 60 \times G_{2b}$$

解得:$G_{2a} = 1.032 \text{t/h}$

2. 答案:[C]

主要解答过程:

根据《教材2019》P19 负荷计算及相关修正系数的选取方法,房间热负荷为(考虑间歇附加):

$$Q = 150 \text{kW} \times (1 + 20\%) + 19 \text{kW} = 199 \text{kW}$$

单片散热器散热量为:

$$Q_0 = 0.5538 \times \Delta t^{1.316} = 0.5538 \times \left(\frac{95+70}{2} - 18\right)^{1.316} = 133.3 \text{W}$$

查《教材2019》P89 表1.8-2 ~ 表1.8-5,$\beta_1 = 1.10$,$\beta_2 = \beta_3 = \beta_4 = 1.0$

所需散热器总片数为:$n = \dfrac{Q}{Q_0}\beta_1\beta_2\beta_3\beta_4 = 1642.2$ 片

所需散热器组数为:$X = \dfrac{n}{25} = \dfrac{1642.2}{25} = 65.7$ 组,取66组

注:需正确掌握房间热负荷各修正系数的选取方法,可参考《专业知识篇》1.2节围护结构耗

热量计算公式的相关总结。

3. 答案：[A]
主要解答过程：
根据《教材2019》P44 式(1.4-9)，再查表1.4-3，办公室为人员经常停留的场所，最高温度上限值为29℃，因此：

$$29 = 22 + 9.82 \times \left(\frac{q_x}{100}\right)^{0.969} \Rightarrow q_x = 70.5 \text{W/m}^2$$

4. 答案：[C]
主要解答过程：
根据《教材2019》P96 式(1.8-18)和式(1.8-19)：

$$H = \frac{(p_1 - p_2)\beta}{\rho g} = \frac{(0.7 \times 0.04 - 0.02) \times 10^6 \times 1.1}{958.4 \times 9.8} = 0.937(\text{m})$$

$$h = 1.5 \frac{H}{n} = 1.5 \times \frac{0.937}{3} = 0.47(\text{m})$$

5. 答案：[B]
主要解答过程：
设计工况系统流量：

$$G_0 = \frac{Q_0}{c\Delta t_0} = \frac{262}{4.18 \times (75 - 50)} = 2.51(\text{kg/s})$$

由于管网阻力系数不变，根据 $P = SG^2$：

$$\frac{G^2}{G_0^2} = \frac{P}{P_0} \Rightarrow G = \sqrt{\frac{P}{P_0}} G_0 = \sqrt{\frac{39.2}{35.0}} \times 2.51 = 2.66(\text{kg/s})$$

则实际供热量为：

$$Q = cG\Delta t = 4.18 \times 2.66 \times (65 - 45) = 222.4(\text{kW})$$

6. 答案：[C]
主要解答过程：
根据《教材2019》P34 可知，200kPa 蒸汽为高压蒸汽，根据 P82 式(1.6-5)

$$\Delta p_m = \frac{0.25\alpha p}{l} = \frac{0.25 \times 0.8 \times 200 \times 1000}{400} = 100(\text{Pa/m})$$

注：教材中并未给出高压蒸汽摩擦阻力占总压力损失的比例(0.8)，考生易直接带入低压蒸汽公式式(1.6-4)中的数据(0.6)。

7. 答案：[C]
主要解答过程：
根据室内空气质量守恒：

$$G_{zj} + G_{jj} = G_{zp} + G_{jp}$$
$$G_{zj} + 0.56 = G_{zp} + 0.84$$

根据室内空气能量守恒：

$$11.6\text{kW} + cG_{zj}t_{zj} + cG_{jj}t_{jj} = cG_{zp}t_{zp} + cG_{jp}t_{jp}$$
$$11.6\text{kW} + 1.01 \times G_{zj} \times 30 + 1.01 \times 0.56 \times 25 = 1.01 \times G_{zp} \times 38 + 1.01 \times 0.84 \times 32$$

解方程组得：$G_{zj} = 1.16\text{kg/s}$，$G_{zp} = 0.88\text{kg/s}$

注：工作区局部排风温度应取工作区温度，而非天窗排气温度。

8. 答案：[D]
主要解答过程：
查 GBZ 2.1—2007 表 1，氨短时间接触容许浓度为 30mg/m^3，根据《教材 2019》P231 式(2.6-1)

$$Y = \frac{CM}{22.4} = \frac{150 \times 17}{22.4} = 113.8(\text{mg/m}^3)$$

浓度比为：$113.8 \div 30 = 3.79$

9. 答案：[D]
主要解答过程：
根据《教材 2019》P173~P174
消除余热所需通风量：

$$L_1 = \frac{Q}{c\rho\Delta t} = \frac{50}{1.01 \times 1.165 \times (33-30)} \times 3600 = 50992(\text{m}^3/\text{h})$$

消除余湿所需通风量：（查焓湿图，$d_n = 22.4\text{g/kg}$，$d_w = 16.7\text{g/kg}$）

$$L_2 = \frac{W}{\rho\Delta d} = \frac{50}{1.165 \times (22.4-16.7) \times 10^{-3}} = 7529.6(\text{m}^3/\text{h})$$

消除有害物所需通风量：（工作场所计算应取加权平均允许浓度）

$$L_3 = \frac{Kx}{y_2-y_0} = \frac{3 \times 10}{1-0} \times 3600 = 108000(\text{m}^3/\text{h})$$

所需要的全面通风量应取消除余热、余湿及有害物所需通风量中的最大值，即 $108000\text{m}^3/\text{h}$。
注：此题选项 D 印刷错误。

10. 答案：[A]
主要解答过程：
查《民规》附录 A 可知河北衡水地区夏季通风室外计算温度为：30.5℃。
根据《教材 2019》P183 式(2.3-19)，查表 2.3-4，表 2.3-5 及图 2.3-5 得：

$$m = m_1 m_2 m_3 = 0.4 \times 0.85 \times 1.07 = 0.364$$

$$t_p = t_w + (t_n - t_w)/m = 30.5 + (33.5 - 30.5)/0.364 = 38.8(℃)$$

则全面通风量为：

$$G = \frac{Q}{c\Delta t} = \frac{2000}{1.01 \times (38.8-30.5)} = 239(\text{kg/s})$$

11. 答案：[C]
主要解答过程：
本题考题印刷错误，题干中污染物发生量的单位应改为 m^3/s。
根据《工业暖规》第 6.2.2 条条文说明，苯为极毒物质。
根据《教材 2019》P191 式(2.4-3)，对于实验室查表 2.4-1，极毒物质取最小控制风速 0.5m/s，则最小排风量为：

$$L_a = L_{1a} + vF\beta = 0.055 + 0.5 \times (0.8 \times 0.5) \times 1.1 = 0.275\text{m}^3/\text{s} = 990\text{m}^3/\text{h}$$

对于特定工艺车间查表 2.4-2，取最小控制风速 0.5m/s，则最小排风量为：

$$L_b = L_{1b} + vF\beta = 0.095 + 0.5 \times (1 \times 0.6) \times 1.1 = 0.425\text{m}^3/\text{s} = 1530\text{m}^3/\text{h}$$

注：(1) 本题数据单位印刷错误，造成考生解题过程中得不到正确答案。
(2) 对于苯的毒性判断较为困难，查相关规范可知苯为剧毒物质，但以此计算得不到匹配答

案，反而按照苯为"有毒性或有危险的污染物"选择控制风速（0.4m/s），可以得到匹配选项（选项B）。

12. 答案：[C]
主要解答过程：
根据《教材2019》P543 式（3.9-13）

$$L_P = L_W + 10\lg\left[\frac{Q}{4\pi r^2} + \frac{4(1-a_m)}{Sa_m}\right]$$

$$= 40 + 10 \times \lg\left\{\frac{4}{4\pi \times 3^2} + \frac{4 \times (1-0.15)}{[(4+5) \times 2 \times 3 + 2 \times (4 \times 5)] \times 0.15}\right\} = 34.4(\text{dB})$$

13. 答案：[D]
主要解答过程：
查焓湿图得：$d_n = 11.9$ g/kg
室内湿负荷为：$W = 100 \times 61 = 6100$ g/h $= 1.69$ g/s
按消除湿负荷计算的最小新风量为：

$$L = \frac{W}{\rho(d_n - d_L)} = \frac{1.69\text{g/s}}{1.2\text{kg/m}^3 \times (11.9 - 9.0)\text{g/kg}} \times 3600 = 1748\text{m}^3/\text{h}$$

但是根据《民规》第3.0.6条，公共办公建筑每人所需最小新风量为：30m³/(h·人)，因此按照规范要求，该房间新风量不应小于3000m³/h。

注：题干条件"最低可为"的用词十分严谨，9.0g/kg并非送入室内新风的实际含湿量。

14. 答案：[D]
主要解答过程：

人员湿负荷为：$W_1 = 50 \times \frac{400}{1000} = 20$（kg/h）

水面湿负荷为：$W_2 = 310 \times \frac{150}{1000} = 46.5$（kg/h）

室内新风量为：$L_X = (600 \times 4.8) \times 6 \times 20\% = 3456$（m³/h）

查焓湿图得：$d_n = 15.5$ g/kg，$d_w = 22.0$ g/kg

新风湿负荷为：$W_X = L_X \rho \frac{(d_w - d_n)}{1000} = 27.0$ kg/h

总湿负荷为：$W = W_1 + W_2 + W_X = 93.5$ kg/h

15. 答案：[B]
主要解答过程：
查焓湿图，露点温度 $t_l = 31$℃，忽略风管内表面换热系数及风管热阻，列热平衡方程得：

$$\frac{t_w - t_l}{\frac{1}{\alpha}} = \frac{t_l - t_n}{\frac{\delta}{K\lambda}} \Rightarrow \frac{35-31}{\frac{1}{8.141}} = \frac{31-15}{\frac{\delta}{1.2 \times 0.035}}$$

解得：$\delta = 0.0206$ m $= 20.6$ mm

16. 答案：[B]
主要解答过程：
根据《09技措》P165~P167，题干条件为容纳膨胀水量的隔膜式气压罐定压，因此应根据式

(6.9.8)计算，首先根据式(6.9.6-2)计算系统膨胀水量，需要注意的是，根据 P166 表 6.9.6-1 下注，系统供回水温度按平均水温计，即系统膨胀水终温为：$(45+35)/2 = 40(℃)$，其密度为 $(993.96+990.25)/2 = 992.105(kg/m^3)$，而膨胀的起始计算温度为20℃，因此，系统膨胀水量为：

$$V_P = 1.1 \times \frac{\rho_{20} - \rho_{40}}{\rho_{40}} \times 1000 V_C$$

$$= 1.1 \times \frac{998.23 - 992.105}{992.105} \times 1000 \times 50 = 339.56(L)$$

气压罐应吸纳的最小水容积为：

$$V_{xmin} = V_{min} = V_t + V_P = \frac{3}{60} \times 3 \times 1000 + 339.6 = 498.56(L)$$

气压罐正常运行的最高压力为：

$$P_{2max} = 0.9 P_3 = 0.9 \times 0.8 \text{MPa} = 0.72 \text{MPa} = 720 \text{kPa}$$

无水时气压罐的起始充气压力，根据第6.9.5条计算：

$$P_0 = \rho g H + 5 \text{kPa} = \frac{992.105 \times 9.8 \times 50}{1000} + 5 = 491.1(\text{kPa})$$

因此，气压罐最小总容积为：

$$V_{Zmin} = V_{xmin} \frac{P_{2max} + 100}{P_{2max} - P_0} = 498.56 \times \frac{720 + 100}{720 - 491.1} = 1786.3 \text{L} = 1.786 \text{m}^3$$

注：本题较难，不仅是因为计算量较大，主要难点在于对应水温密度的选取，需要注意到供暖膨胀水终温应按照供回水平均温度计算，否则如按照45℃计算，不能得到匹配的答案选项。

17. 答案：[B]
主要解答过程：
根据《09技措》第5.7.4条或《教材2019》P480，对于主机定流量、末端变流量的空调冷水系统，旁通阀的设计流量应取单台冷水机组的额定流量。再根据《教材2019》P525 式(3.8-1)，调节阀的流通能力为：

$$K_V \approx C \frac{316 G}{\sqrt{\Delta P}} = \frac{316 \times 300}{\sqrt{250 \times 1000}} = 189.6$$

18. 答案：[B]
主要解答过程：
根据《公建节能2015》第4.2.12条及其条文说明，注意冷源综合制冷性能系数 $SCOP$ 中不包含冷水泵的能耗。系统制冷量为：

$$Q = 3 \times 1055 = 3165(\text{kW})$$

系统耗功率为：

$$W = \frac{Q}{5.7} + 3 \times 45 + 3 \times 5.5 = 706.8(\text{kW})$$

冷源综合制冷性能系数为：

$$SCOP = \frac{Q}{W} = \frac{3165}{706.8} = 4.48$$

19. 答案：[C]

主要解答过程：
室内湿负荷：

$$24\text{kg/h} = 6000 \times 1.2 \times \frac{d_\text{n} - d_0}{1000}$$

解得：$d_0 = 8.56\text{g/kg}$，机器露点为 95%，查焓湿图得：$h_0 = 35.5\text{kJ/kg}$，$t_0 = 13.5℃$。
湿度控制系统设计冷量为：

$$Q_\text{H} = \frac{6000}{3600} \times 1.2 \times (80.4 - 35.5) = 89.8(\text{kW})$$

湿度控制系统承担的显热负荷为：

$$Q_\text{Hx} = 1.01 \times \frac{6000}{3600} \times 1.2 \times (25 - 13.5) = 23.23(\text{kW})$$

因此，温度控制系统的设计冷量为：

$$Q_\text{T} = 54 - Q_\text{Hx} = 30.8\text{kW}$$

注：注意掌握温湿度独立控制系统负荷分配及计算方法。

20. 答案：[A]
主要解答过程：
根据《教材2019》P456 式(3.6-1)，≥0.3μm 粒子和 ≥0.5μm 粒子在相同洁净度等级的情况下有：

$$352 = 10^N \times (0.1/0.3)^{2.08}$$

$$\therefore C_\text{n} = 10^N \times (0.1/0.5)^{2.08} = 352 \times \frac{(0.1/0.5)^{2.08}}{(0.1/0.3)^{2.08}} = 121.6(\text{pc/m}^3)$$

21. 答案：[C]
主要解答过程：
总热负荷为：$Q = 1200 + 230 = 1430(\text{kW})$

地埋管的取热量为：$Q_\text{h} = Q - \dfrac{Q}{COP} = 1430 - \dfrac{1430}{3.2} = 983.1(\text{kW})$

22. 答案：[B]
主要解答过程：
根据《教材2019》P711 式(4.8-1)，卷心菜的比热容为：

$$C_\text{r} = 4.19 - 2.30X_\text{s} - 0.628X_\text{s}^3$$
$$= 4.19 - 2.3 \times 0.13 - 0.628 \times 0.13^3 = 3.89[\text{kJ/(kg}\cdot℃)]$$

则预冷冷量为：

$$Q = \frac{C_\text{r}M\Delta t}{3600} = \frac{3.89 \times 2000 \times (35 - 20)}{3600} = 32.41(\text{kW})$$

23. 答案：[D]
主要解答过程：
本题题意为，利用蒸汽将 106℃ 的水加热到 111℃，已知获得总热量，求蒸汽用量。因此可根据《教材2019》P149 式(1.11-1)计算，其中由于焓值的定义为以 0℃ 的空气和 0℃ 的水的比焓为零，因此 106℃ 的水的焓值可以采用下式计算：

$$h_{106} = c(t - 0) = 4.18 \times (106 - 0) = 443.08(\text{kJ/kg})$$

根据式(1.11-1)得年节约蒸汽量为：

$$\Delta D = \frac{Q_A \times 10^{-3}}{0.000278 \times (2706 - 443.08)} \times 20 \times 365 = 31041(\text{t})$$

24. 答案：[A]
主要解答过程：

内区热泵机组散热量为：$Q_1 = 50 + \dfrac{50}{4.2} = 61.9(\text{kW})$

外区热泵机组吸热量为：$Q_2 = 100 - \dfrac{100}{3.5} = 71.4(\text{kW})$

辅助热源设计容量为：$\Delta Q = Q_2 - Q_1 = 9.5(\text{kW})$

25. 答案：[D]
主要解答过程：
根据《教材2019》P810 式(6.1-6)

$$Q_h = K_h = \frac{mq_r C(t_r - t_1)\rho_r}{T}$$

$$= 3.1 \times \frac{800 \times 140 \times 4.187 \times (60 - 7) \times 1}{24} = 3210312.5\text{kJ/h} = 891.8\text{kW}$$

2018 年度全国注册公用设备工程师(暖通空调)执业资格考试 专业案例(上)

1. 某单层多功能礼堂建筑,设计温度为 18℃。供暖计算热负荷为 235kW,室内供暖系统为双管系统,采用明装铸铁四柱 760 型散热器,上进下出异侧连接,散热器单片散热量公式为:$Q=0.5538\Delta t^{1.316}$,供暖热媒为 85℃/60℃热水,每组散热器片数均为 25 片。问:该礼堂需要设置散热器组数最接近下列选项的哪一项?
 (A)63 (B)70 (C)88 (D)97
答案:[ ]
主要解答过程:

2. 北京市某办公楼供暖系统采用一级泵系统,设计总热负荷为 3600kW,设置两台相同规格的循环水泵并联运行,供/回水温度为 75℃/50℃,水泵设计工作点的效率为 75%,从该楼换热站到供暖末端的管道单程长度为 97m。请问根据相关节能规范的要求循环水泵扬程(m),接近下列哪一项?(不考虑选择水泵时的流量安全系数)
 (A)17 (B)21 (C)25 (D)28
答案:[ ]
主要解答过程:

3. 某厂房室内设计温度为 20℃,采用暖风机供暖。已知该暖风机在标准工况(进风温度 15℃,热水供/回水温度为 80℃/60℃)时的散热量为 55kW。问:如果热水温度不变,向该暖风机提供的热水流量(kg/h),应最接近以下哪个选项?(热媒平均温度按照算术平均温度计算)
 (A)2600 (B)2365 (C)2150 (D)1770
答案:[ ]
主要解答过程:

4. 某工厂因工艺要求设置蒸汽锅炉房,厂房相应采用蒸汽供暖形式。已知锅炉送至供暖用分汽缸的蒸汽量 2000kg/h,蒸汽工作压力为 100kPa。问:分汽缸选用的疏水阀的设计凝结水排量(kg/h)最接近下列何项?
 (A)200 (B)300 (C)600 (D)900
答案:[ ]
主要解答过程:

5. 某住宅小区 A 建筑面积为 230 万 m²,设有一座冬季供暖使用的热水锅炉房,安装总容量为 140MW,刚好能够满足其正常供暖。现将邻近的一个原供暖热指标和使用方式都与小区 A 相同、建筑面积为 100 万 m² 的住宅小区 B 的供暖,划归由小区 A 的现有锅炉房承担(锅炉房安装总容量不变)。在对小区 A、B 的住宅建筑进行相应的节能改造后,刚好能同时满足两个小区的正常供暖。问:节能改造后整个区域(A 和 B)的供暖热指标(W/m^2)和节能率,应是下列选项的哪一个?(锅炉房自用负荷以及管网热损失均忽略不计)

(A)60.87 和 69.7%　　　　　　　　(B)60.87 和 30.3%
(C)42.42 和 69.7%　　　　　　　　(D)42.42 和 30.3%

答案:[　　]
主要解答过程:

6. 某送风系统的设计工作压力为 1000Pa,风管总面积 1000m^2,由各出风口测得的风量累计值为 20000m^3/h,如果风管漏风量符合规范要求,问:该系统风机的最大送风量(m^3/h)最接近以下哪一项?

(A)23140　　　(B)16860　　　(C)19997　　　(D)21000

答案:[　　]
主要解答过程:

7. 某车间采用自然进风、机械排风的全面通风方式,负压段排风管全部位于车间内且其总长度 40m。室内空气温度为 30℃,空气含湿量为 17g/kg。夏季通风室外计算温度为 26.4℃,空气含湿量为 13.5g/kg。车间内余热量为 30kW,余湿量为 70kg/h。问:所选排风机的最小排风量(kg/h)最接近下列哪项数据?

已知:空气比热容为 1.01kJ/(kg・℃)。

(A)29703　　　(B)31188　　　(C)32673　　　(D)49703

答案:[　　]
主要解答过程:

8. 某地夏季室外计算风速 $v=2.5m/s$,该地一厂房拟采用风帽直径 $d=0.70m$ 的筒形风帽,以自然排风形式排除夏季室内余热,其排除室内余热的计算排风量为 37500m^3/h。设:室内热压 $\triangle p_g=2Pa$,室内外压差 $\triangle p_{ch}=0Pa$。风帽直接安装在屋面上(无竖风道和接管),风帽入口的阻力系数 $\Sigma\zeta=0.5$。问:需安装该筒形风帽的最少数量(个)为下列何项?

(A)8　　　(B)11　　　(C)15　　　(D)20

答案:[　　]
主要解答过程:

9. 某车间窗户有效流通面积 0.8m^2,窗孔口室内外压差 3Pa,窗孔口局部阻力系数 0.2,空气密度 1.2kg/m^3。问:该窗孔口的通风量(m^3/h)最接近下列何项?

(A)13700　　　(B)14400　　　(C)15800　　　(D)17280

答案:[　　]
主要解答过程:

10. 某化工车间内散发到空气中的苯、甲苯、二甲苯、二氧化碳等有害物的散发量分别为

12g/h、75g/h、50g/h、4500g/h，工作场所苯、甲苯、二甲苯、二氧化碳 PC-TWA 允许浓度分别为 6mg/m³、50mg/m³、50mg/m³、9000mg/m³，假定补充空气中上述有害物浓度均为零，取安全系数 $K=5$。问：该车间的全面通风量(m^3/h)最接近以下哪项？

(A)10000　　　(B)17500　　　(C)22500　　　(D)25000

答案：[　]

主要解答过程：

11. 某地面上一变配电室，安装有两台容量为 $W=1000$kVA 的变压器(变压器功率因数 $\Phi=0.95$，效率 $\eta_1=0.98$，负荷率 $\eta_2=0.78$)，当地夏季通风室外计算温度为 30℃，变压器室的室内设计温度为 40℃。拟采用机械通风方式排除变压器室余热(不考虑变压器围护结构的传热)，室外空气密度按 1.20kg/m³，空气比热容按 1.01kJ/(kg·K)计算。问：该变电室的最小通风量(m^3/h)最接近下列何项？

(A)8800　　　(B)9270　　　(C)10500　　　(D)11300

答案：[　]

主要解答过程：

12. 某一次回风空气调节系统，新风量为 100kg/h，新风焓值 90kJ/kg；回风量为 500kg/h，回风焓值 50kJ/kg，新风与回风直接混合。问混合后的空气焓值(kJ/kg)最接近下列何项？

(A)48　　　(B)57　　　(C)90　　　(D)95

答案：[　]

主要解答过程：

13. 某住宅采用风冷热泵机组，额定制热量为 150kW，供水温度 50℃，室外空调计算干球温度 0℃，室外通风计算干球温度 4℃，假定每小时化霜一次。该机组在设计工况下的供热能力(kW)最接近下列哪项？该机组热量温度修正系数见下表。

出水温度/℃	进入盘管的空气温度/℃								
	0	1	2	3	4	5	6	7	8
50	0.803	0.827	0.851	0.875	0.899	0.899	0.940	0.981	1.008

(A)95.5　　　(B)108.5　　　(C)120.5　　　(D)130.5

答案：[　]

主要解答过程：

14. 某设置送、回风机的双风机全空气定风量系统设计风量 40000m³/h，最小新风比 20%，室内设计温度 26℃，室内冷负荷 293.3kW，湿负荷 144kg/h，空气处理机组表冷器出风参数为 12℃/95%。若不考虑风机、管道及回风温升，试计算：当室外新风参数为 20℃/85% 时，如果室内冷负荷和湿负荷不随室外空气参数变化且室内空气参数保持不变，则全新风工况相比最小新风工况每小时的节能量(kW·h)最接近下列哪项？

(A)340　　　(B)283　　　(C)87　　　(D)30

答案：[　]

主要解答过程：

15. 某建筑设置间歇运行集中冷热源空调系统，空调冷热水系统最大膨胀量为 $1m^3$，采用闭式气压罐定压，定压点工作压力等于补水泵启泵压力 0.5MPa，停泵压力 0.6MPa，泄压阀动作压力 0.65MPa。要求在系统不泄漏的情况下补水泵不得运行。问：在定压点工作压力下闭式气压罐最小气体容积(m^3)最接近下列哪一项？（定压罐内空气温度不变）

(A)5.0　　　　　(B)6.0　　　　　(C)7.0　　　　　(D)8.0

答案：[　　]

主要解答过程：

16. 某空调冷水系统共有 5 个空调末端。各末端在设计工况下的冷水流量均为 $50m^3/h$，水流阻力均为 40kPa，主管路及末端支管路的设计水流阻力如图所示。运行过程中，控制 A、B 点的压差一直维持在设计工况的压差。问：如果回路 2 的阀门关闭（其他阀门不动作），则系统的总循环水量(m^3/h)最接近下列何项？

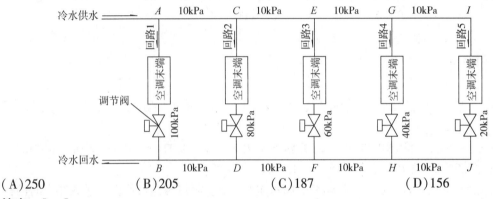

(A)250　　　　　(B)205　　　　　(C)187　　　　　(D)156

答案：[　　]

主要解答过程：

17. 已知某空调房间送风量为 $1000m^3/h$，空气处理过程、送风状态点 S、过程状态点 S_1、S_2 的有关参数如图所示。问：S_1 到 S 过程的加热量(kW)和加湿量(kg/h)最接近下列何项？[室外大气压 101325Pa、空气密度 $1.2kg/m^3$、空气比热容 $1.01kJ/(kg·K)$]

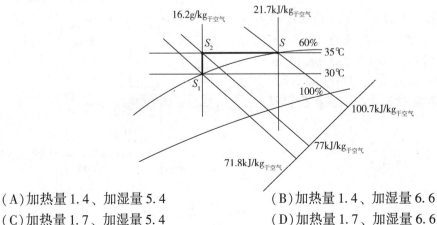

(A)加热量 1.4、加湿量 5.4　　　　　(B)加热量 1.4、加湿量 6.6
(C)加热量 1.7、加湿量 5.4　　　　　(D)加热量 1.7、加湿量 6.6

答案：[　　]
主要解答过程：

18. 夏热冬冷地区某建筑的空调水系统采用两管一级泵系统，空调热负荷为2800kW，空调热水的设计供/回水温度为65℃/50℃。锅炉房至最远用户供回水管总输送长度为800m，拟设置两台热水循环泵，系统水力计算所需水泵扬程为25m。水的密度值取1000kg/m³，定压比热容值取4.18kJ/(kg·K)。问：热水循环泵设计点的工作效率的最低限值最接近下列哪项？
(A)51%　　　　(B)69%　　　　(C)71%　　　　(D)76%
答案：[　　]
主要解答过程：

19. 空调房间净尺寸为：长4.8m、宽4.8m、高3.6m，室内温度控制要求22℃±0.5℃，恒温区高度2.0m。采用一个平送风散流器送风，送风口喉部尺寸300×300(mm)，房间冷负荷900W。问：该空调房间的最小送风量(kg/h)最接近下列哪一项？
(A)500　　　　(B)600　　　　(C)800　　　　(D)1100
答案：[　　]
主要解答过程：

20. 上海地区某工程选用空气源热泵冷热水机组，产品样本给出名义工况下的制热量为1000kW。
已知：①室外空调计算干球温度T_w(℃)的修正系数$K_t = 1 - 0.02(7 - T_w)$；②机组每小时化霜1次；③性能系数COP的修正系数$K_c = 1 - 0.01(7 - T_w)$。
问：在本工程的供热设计工况(供水45℃、回水40℃)下，满足规范最低性能系数要求时的机组制热量Q_h(kW)和机组输入电功率N_h(kW)应最接近以下哪项？
(A)$Q_h = 816$，$N_h = 450$　　　　(B)$Q_h = 814$，$N_h = 550$
(C)$Q_h = 735$，$N_h = 405$　　　　(D)$Q_h = 735$，$N_h = 450$
答案：[　　]
主要解答过程：

21. 一种空气源热泵机组的工作原理图如图所示。已知：图中一些状态点的比焓值：$h_1 = 418$kJ/kg，$h_2 = 439$kJ/kg，$h_4 = 458$kJ/kg，$h_5 = 276$kJ/kg，$h_7 = 223$kJ/kg，$h_9 = 425$kJ/kg。问：该热泵机组的制热能效比COP最接近下列哪项？
(A)3.8　　　　(B)4.4
(C)4.8　　　　(D)5.1

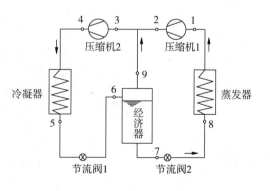

答案：[　　]
主要解答过程：

22. 一台水冷式冷水机组，其满负荷名义冷量为 33kW，其部分负荷工况性能按标准测试规程进行测试，得到的数据见下表。

冷凝器进水温度/℃	负荷率(%)	制冷量/kW	输入功率/kW	COP
30	100	32.8	11.23	2.92
27.4	82	27.06	7.67	3.53
23	48.2	15.9	5.08	3.13
20.0	30.8	10.16	3.43	2.96

问：按照产品标准规定的 $IPLV = 2.3\% \times A + 41.5\% \times B + 46.1\% \times C + 10.1\% \times D$ 公式计算，该机组的 IPLV 最接近以下哪个选项？（忽略检测工况点冷凝器进水温差偏差影响）
(A) 3.35　　　　(B) 3.25　　　　(C) 3.15　　　　(D) 3.05
答案：[　]
主要解答过程：

23. 设计某地埋管热泵空调系统，热泵机组带有制备卫生热水的热回收功能。已知夏季设计工况条件下，热泵机组承担的冷负荷为 3150kW，热泵机组的制冷 $EER=5.5$，制备卫生热水的热负荷为 540kW。问：在此条件下，热泵机组排入土壤中的热量(kW)最接近下列何项？（注：不考虑机房管路的热损失及地源侧水泵的功率）
(A) 2038　　　　(B) 2610　　　　(C) 3183　　　　(D) 3723
答案：[　]
主要解答过程：

24. 某办公楼空调冷热源采用了两台名义制冷量为 1000kW 的直燃型溴化锂吸收式冷热机组，在机组出厂验收时，对其中一台进行了性能测试。在名义工况下，实测冷水流量为 169m³/h，天然气消耗量为 89m³/h，天然气低位热值为 35700kJ/m³，机组耗电量为 11kW，水的密度为 1000kg/m³，水比热容为 4.2kJ/(kg·K)。问：下列对这台机组性能的评价选项中，正确的是哪一项？
(A) 名义制冷量不合格、性能系数满足节能设计要求
(B) 名义制冷量不合格、性能系数不满足节能设计要求
(C) 名义制冷量合格、性能系数满足节能设计要求
(D) 名义制冷量合格、性能系数不满足节能设计要求
答案：[　]
主要解答过程：

25. 某宾馆建筑设置集中生活热水系统，已知宾馆客房 400 床位，最高日热水用水定额 120L/(床位·d)，使用时间 24h，小时变化系数 K_h 为 3.33，热水温度 60℃，冷水温度 10℃，热水密度 1.0kg/L，问：该宾馆客房部分生活热水的最高日平均小时耗热量(kW)最接近下列何项？
(A) 116　　　　(B) 232　　　　(C) 349　　　　(D) 387
答案：[　]
主要解答过程：

2018 年度全国注册公用设备工程师(暖通空调)执业资格考试 专业案例(上) 详解

\multicolumn{10}{c}{专业案例答案}										
题号	答案	题号	答案	题号	答案	题号	答案	题号	答案
1	D	6	A	11	A	16	B	21	C
2	B	7	A	12	B	17	D	22	B
3	C	8	C	13	B	18	A	23	C
4	B	9	B	14	D	19	D	24	D
5	D	10	C	15	C	20	C	25	A

1. 答案：[D]
主要解答过程：
根据《教材 2019》P90 式(1.8-3)，另查表 1.8-2～表 1.8-5 得：$\beta_1=1.1$，$\beta_2=\beta_3=\beta_4=1.0$，则所需散热器片数：

$$n = \frac{Q}{Q_s}\beta_1\beta_2\beta_3\beta_4 = \frac{235\times1000}{0.5538\times\left(\frac{85+60}{2}-18\right)^{1.316}}\times1.1\times1\times1\times1 = 2421(片)$$

所需散热器组数：

$$n' = \frac{n}{25} = 96.8\,组，取\,97\,组。$$

2. 答案：[B]
主要解答过程：

$$3600\text{kW} = c\times\rho\times\frac{G}{3600}\times(75-50)$$

$G=123.8\text{m}^3/\text{h}$，单台泵流量为：$61.9\text{m}^3/\text{h}$

根据《公建节能 2015》第 4.3.3 条，查各附表得：$\Delta T=25℃$，$A=0.003858$，$B=17$，$\alpha=0.0115$，

$$ECR-h = 0.003096\sum(G\times H/\eta_b)/Q \leq A(B+\alpha\sum L)/\Delta T$$

$$0.003096\times\frac{123.8\times H}{75\%\times3600} \leq 0.003858\times\frac{17+0.0115\times92\times2}{25}$$

$$\Rightarrow H\leq 20.9\text{m}\approx 21\text{m}$$

3. 答案：[C]
主要解答过程：
根据《教材 2019》P70 式(1.5-19)，暖风机进口温度标准参数为 15℃，不同时散热量需进行修正：

$$\frac{Q_d}{Q_0} = \frac{t_{pj} - t_n}{t_{pj} - 15} = \frac{\frac{80+60}{2} - 20}{\frac{80+60}{2} - 15} \Rightarrow Q_d = 50\text{kW}$$

则热水流量为：

$$G = \frac{Q_d}{c\Delta t} \times 3600 = \frac{50 \times 3600}{4.18 \times (80-60)} = 2153(\text{kg/h})$$

4. 答案：[B]
主要解答过程：
根据《教材2019》P94 式(1.8-13)

$$G_{sh} = G \times C \times 10\% = 2000 \times 1.5 \times 10\% = 300(\text{kg/h})$$

5. 答案：[D]
主要解答过程：
改造前后的热指标分别为：

$$q_0 = \frac{140 \times 10^6 \text{W}}{230 \times 10^4 \text{m}^2} = 60.87 \text{W/m}^2$$

$$q = \frac{140 \times 10^6 \text{W}}{(230 + 100) \times 10^4 \text{m}^2} = 42.42 \text{W/m}^2$$

节能率为：$X = \dfrac{q - q_0}{q_0} = 30.3\%$

6. 答案：[A]
主要解答过程：
根据《通风施规》(GB 50738—2011)第4.1.6条表4.1.6-1，1000Pa管道属于中压系统，再根据第15.2.3条，中压单位面积允许漏风量(默认矩形风道)为：

$$Q_M \leq 0.0352 \times 1000^{0.65} = 3.14[\text{m}^3/(\text{h} \cdot \text{m}^2)]$$

允许漏风量为：$\Delta Q = Q_M \times 1000\text{m}^2 = 3137\text{m}^3/\text{h}$

风机的最大送风量为：$Q = 20000 + \Delta Q = 23137\text{m}^3/\text{h}$

注：(1) 本题考点同2013-4-7。

(2) 题目未说明风管形状，由于求风机的最大送风量，本题按矩形风管默认计算。

(3) 有观点认为本题应根据《工业暖规》第6.7.4.1条，取5%的漏风率计算，但笔者认为根据题干所提供条件，考点明显指向《通风施规》，且题目并未说明为工业建筑，因此不应参考《工业暖规》。

7. 答案：[A]
主要解答过程：
根据《工业暖规》第6.7.4条条文说明，全面排风系统直接布置在使用房间内，不必考虑漏风的影响，因此本题不考虑风机漏风附加风量。

消除余热排风量为：$L_R = \dfrac{Q}{c\Delta t} \times 3600 = \dfrac{30 \times 3600}{1.01 \times (30 - 26.4)} = 29703(\text{kg/h})$

消除余湿排风量为：$L_S = \dfrac{W}{\Delta d/1000} = \dfrac{70 \times 1000}{17 - 13.5} = 20000(\text{kg/h})$

排风机的最小排风量为：$L = \max[L_R, L_S] = 29703\text{kg/h}$

注：考生应从根本上理解风机风量附加的原因，是为了保证通风系统满足设计风量要求，对于全面通风系统，由于只需满足室内总排（送）风量达到设计值，因此当排（送）风系统直接布置在使用房间内，不必考虑漏风的影响；但如果是对风口风量有要求的局部排（送）风系统，即使排（送）风系统直接布置在使用房间内，也应对风机风量进行附加。

8. 答案：[C]
主要解答过程：

根据《教材2019》P187 式(2.3-22)，式(2.3-23)：

$$A = \sqrt{0.4 v_w^2 + 1.63(\Delta p_g + \Delta p_{ch})} = \sqrt{0.4 \times 2.5^2 + 1.63(2+0)} = 2.4$$

$$L_0 = 2827 d^2 \frac{A}{\sqrt{1.2 + \sum \xi + 0.02 l/d}}$$

$$= 2827 \times 0.7^2 \times \frac{2.4}{\sqrt{1.2 + 0.5 + 0.02 \times 0/0.7}} = 2549.8 (m^3/h)$$

筒形风帽个数为：$n = \frac{L}{L_0} = \frac{37500}{2549.8} = 14.7 \approx 15$ 个

9. 答案：[B]
主要解答过程：

根据《教材2019》P178

$$\mu = \sqrt{\frac{1}{\zeta}} = 2.24$$

$$G = \mu F \sqrt{2 \Delta p \rho} = 2.24 \times 0.8 \times \sqrt{2 \times 3 \times 1.2} = 4.8 (kg/s)$$

$$L = \frac{G}{\rho} \times 3600 = 14425 m^3/h$$

10. 答案：[C]
主要解答过程：

根据《教材2019》P174，稀释苯及其同系物所需排风量应进行叠加，而不需与稀释 CO_2 的排风量进行叠加。根据式(2.2-1b)

$$L_{苯} = \frac{Kx}{y_2 - y_0} = \frac{5 \times 12}{0.006 - 0} = 10000 (m^3/h)$$

$$L_{甲苯} = \frac{Kx}{y_2 - y_0} = \frac{5 \times 75}{0.05 - 0} = 7500 (m^3/h)$$

$$L_{二甲苯} = \frac{Kx}{y_2 - y_0} = \frac{5 \times 50}{0.05 - 0} = 5000 (m^3/h)$$

$$L_{CO_2} = \frac{Kx}{y_2 - y_0} = \frac{5 \times 4500}{9 - 0} = 2500 (m^3/h)$$

故全面通风量为：

$$L = \max[(L_{苯} + L_{甲苯} + L_{二甲苯}), L_{CO_2}] = 22500 m^3/h$$

11. 答案：[A]
主要解答过程：

根据《09技措》P60 式(4.4.2)

变压器散热量：
$$Q = 2 \times (1 - \eta_1) \times \eta_2 \times \varphi \times W = 2 \times (1 - 0.98) \times 0.78 \times 0.95 \times 1000 = 29.64(\text{kW})$$

最小通风量：$L = \dfrac{Q}{c\rho \Delta t} \times 3600 = \dfrac{29.64}{1.01 \times 1.2 \times (40 - 30)} \times 3600 = 8804(\text{m}^3/\text{h})$

12. 答案：[B]
主要解答过程：
混合过程满足质量守恒及能量守恒原则：
$$M_1 + M_2 = M$$
$$M_1 h_1 + M_2 h_2 = Mh$$
$$\therefore h = \dfrac{M_1 h_1 + M_2 h_2}{M_1 + M_2} = \dfrac{100 \times 90 + 500 \times 50}{100 + 500} = 56.7(\text{kJ/kg})$$

13. 答案：[B]
主要解答过程：
根据《民规》第8.3.2条条文说明，查表得 $K_1 = 0.803$，$K_2 = 0.9$，则设计工况下的供热能力为：
$$Q = qK_1 K_2 = 150 \times 0.803 \times 0.9 = 108.4(\text{kW})$$

14. 答案：[D]
主要解答过程：
查 $h-d$ 图得：表冷器出风状态点 $h_L = 33\text{kJ/kg}$；室外新风状态点 $h_W = 51.7\text{kJ/kg}$，最小新风工况（$C—L$）及全新风工况（$W—L$）空气处理过程线如图所示。

热湿比为：$\varepsilon = \dfrac{\Delta Q}{\Delta W} = \dfrac{293.3\text{kW}}{(144/3600)\text{kg/s}} = 7332.4\text{kJ/kg}$

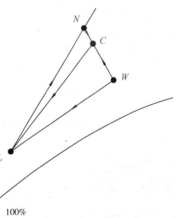

过 L 点做热湿比为7332.4的热湿比线与26℃等温线交点即为室内状态点 N，查 $h-d$ 图得 $h_N = 54.7\text{kJ/kg}$，则混合状态点焓值为：
$h_C = 20\% \times h_W + (1 - 20\%) \times h_N = 54.1\text{kJ/kg}$，则：

最小新风工况制冷量：$Q_1 = m(h_C - h_L) = \dfrac{40000 \times 1.2}{3600} \times (54.1 - 33) = 281.3(\text{kW})$

全新风工况制冷量：$Q_2 = m(h_W - h_L) = \dfrac{40000 \times 1.2}{3600} \times (51.7 - 33) = 249.3(\text{kW})$

故每小时的节能量为：$\Delta Q = (Q_1 - Q_2) \times 1\text{h} = 32\text{kW} \cdot \text{h}$

15. 答案：[C]
主要解答过程：
根据《09技措》P165～P167，由于题干要求在系统不泄漏的情况下补水泵不得运行，故不考虑式(6.9.6-1)中的调节容积 V_t，因此：
$$V_{x\min} = V_{\min} = V_p = 1\text{m}^3$$
$$V_{Z\min} = V_{x\min} \times \dfrac{P_{2\max} + 100}{P_{2\max} - P_0} = 1 \times \dfrac{600 + 100}{600 - 500} = 7(\text{m}^3)$$

16. 答案：[B]
主要解答过程：
CD 点后系统压力、流量及管网阻力系数分别为：

$$P_{CD} = (10 \times 2 + 60 + 40) = 120(\text{kPa})$$

$$L_{CD} = 3 \times 50 = 150(\text{m}^3/\text{h})$$

$$S_{CD} = \frac{P_{CD}}{L_{CD}^2} = \frac{120}{150^2} = 5.33 \times 10^{-3}[\text{kPa}/(\text{m}^3/\text{h})^2]$$

AC 及 BD 管段阻力系数为：

$$S_{AC} = S_{BD} = \frac{P_{AC}}{L_{AC}^2} = \frac{P_{BD}}{L_{BD}^2} = \frac{10}{200^2} = 2.5 \times 10^{-4}[\text{kPa}/(\text{m}^3/\text{h})^2]$$

回路 2 的阀门关闭后，AB 点之后（不含回路 1）的总阻力数为：

$$S_{AB} = S_{AC} + S_{BD} + S_{CD} = 5.83 \times 10^{-3} \text{kPa}/(\text{m}^3/\text{h})^2$$

AB 点之后（不含回路 1）循环水量为：

$$Q_{AB} = \sqrt{\frac{P_{AB}}{S_{AB}}} = 155 \text{m}^3/\text{h}$$

系统总循环水量为：

$$Q = Q_{AB} + Q_1 = 155 + 50 = 205(\text{m}^3/\text{h})$$

17. 答案：[D]
主要解答过程：

$$\Delta Q = m\Delta h = \frac{1.2 \times 1000}{3600} \times (77 - 71.8) = 1.73(\text{kW})$$

$$\Delta W = m\Delta d = 1.2 \times 1000 \times \frac{21.7 - 16.2}{1000} = 6.6(\text{kg/h})$$

18. 答案：[A]
主要解答过程：

$$2800 = c \times \rho \times \frac{G}{3600} \times (65 - 50)$$

$$G = 160.5 \text{m}^3/\text{h}, 单台泵流量为：80.25 \text{m}^3/\text{h}$$

根据《公建节能 2015》第 4.3.9 条，查各附表得：
$\Delta T = 10℃, A = 0.003858, B = 21, \alpha = 0.002 + 0.16/800 = 0.0022$

$$EC(H)R-a = 0.003096 \sum (GH/\eta_b)/Q \leq A(B + \alpha \sum L)/\Delta T$$

$$0.003096 \times \frac{160.5 \times 25}{\eta \times 2800} \leq 0.003858 \times \frac{21 + 0.0022 \times 800}{10}$$

$$\Rightarrow \eta \geq 50.5\%$$

19. 答案：[D]
主要解答过程：
根据《教材 2019》P437 表 3.5-4 及 P444 式(3.5-18)、式(3.5-19)
垂直射程：$h_x = H - h = 1.6\text{m}$
水平射程需参考《红宝书》P1912 为：$l = 0.75 \times (4.8/2) = 1.8(\text{m})$

因此，$l/h_x = 1.125$，$0.1 \dfrac{l}{\sqrt{F_0}} = 0.1 \times \dfrac{1.8}{\sqrt{0.3 \times 0.3}} = 0.6$

查图 3.5-23 得：$K = 0.58$，由于 $\Delta t_x < 0.5℃$（空调精度），则：

$$\dfrac{0.5}{\Delta t_0} > 1.1 \times \dfrac{\sqrt{0.3 \times 0.3}}{0.58 \times (1.6 + 1.8)} \Rightarrow \Delta t_0 < 2.99℃$$

最小送风量：$L = \dfrac{Q}{c\rho \Delta t_0} \times 3600 = \dfrac{0.9 \times 3600}{1.01 \times 1.2 \times 2.99} = 894 (\text{m}^3/\text{h})$

散流器喉部风速：$v_0 = \dfrac{L}{0.3 \times 0.3 \times 3600} = 2.76 \text{m/s}$

验算轴心速度：$\dfrac{v_x}{v_0} = 1.2K \dfrac{\sqrt{F_0}}{h_x + l} \Rightarrow v_x = 0.17 \text{m/s} < 0.2 \sim 0.5 \text{m/s}$

验算换气次数：$n = \dfrac{L}{4.8 \times 4.8 \times 3.6} = 10.8 \text{次/h} > 8 \text{次/h}$，均满足表 3.5-4 中要求，

校核气流贴附长度：

$$Ar_x = 0.06 Ar \left(\dfrac{h_x + l}{\sqrt{F_0}} \right)^2 = 0.06 \times 11.1 \times \dfrac{\Delta t_0}{v_0^2 T_n} \sqrt{F_0} \times \left(\dfrac{h_x + l}{\sqrt{F_0}} \right)^2 = 0.03 < 0.18$$

$$l_x = 0.54 \dfrac{\sqrt{F_n}}{d_0} = 0.54 \times \dfrac{\sqrt{4.8 \times 4.8}}{\dfrac{4 \times 0.3 \times 0.3}{2(0.3 + 0.3)}} = 8.64 \text{m} > 1.8 \text{m}$$

因此最小送风量为 $G = \rho L = 1072 (\text{kg/h})$

注意：(1) 散流器气流组织计算步骤参见《教材2019》P445，为2018年新考点。

(2) 水平射程计算方法需参考《红宝书》。

(3) 所求风量为质量流量，注意单位。

20. **答案**：[C]
主要解答过程：
根据《民规》第8.3.2条条文说明及附录A，$t_w = -2.2℃$

$K_1 = 1 - 0.02 \times (7 + 2.2) = 0.816$

$K_2 = 0.9$

$K_c = 1 - 0.01 \times (7 + 2.2) = 0.908$

$Q_h = 1000 \times K_1 \times K_2 = 734.4 \text{kW}$

根据《民规》第8.3.1.2条，在名义工况下要求 $COP \geq 2.0$，按实际工况修正后得：

$COP' = 2.0 \times K_c = 1.816$

$\therefore N_h = \dfrac{Q_h}{COP'} = 404.4 \text{kW}$

21. **答案**：[C]
主要解答过程：
参考《教材2019》P584，设 M_1、M_2 分别为通过 1# 和 2# 压缩机的制冷剂质量流量，对经济器列能量守恒方程（$h_5 = h_6$）：

$M_2 h_5 = (M_2 - M_1) h_9 + M_1 h_7$

$\therefore \dfrac{M_2}{M_1} = \dfrac{h_9 - h_7}{h_9 - h_5} = 1.35$

对 3 状态点列能量守恒方程：

$$M_2 h_3 = (M_2 - M_1) h_9 + M_1 h_2$$

$$\therefore h_3 = \frac{0.35 M_1 h_9 + M_1 h_2}{1.35 M_1} = 435.4 \text{kJ/kg}$$

因此热泵机组的制热能效比为：

$$COP = \frac{M_2(h_4 - h_5)}{M_2(h_4 - h_3) + M_1(h_2 - h_1)} = 4.8$$

22. 答案：[B]
主要解答过程：
本题应参考 GB/T 18430.2—2016 附录 A，但规范计算过程错误，正确计算过程如下：
根据第 5.6.1.2.a 条，首先绘制部分负荷曲线图如下（附录附图错误）：

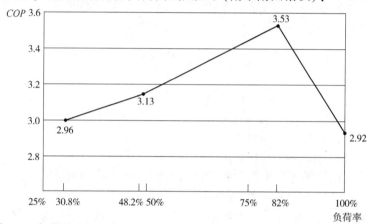

利用插值法计算 75% 负荷率 COP 值：

$$\frac{82 - 48.2}{82 - 75} = \frac{3.53 - 3.13}{3.53 - B} \Rightarrow B = 3.45$$

50% 负荷率 COP 值根据附录要求（偏差在 2% 以内），直接取 48.2% 负荷率时的 COP 值，即 $C = 3.13$。

根据第 5.6.1.2.b.1 条计算 25% 负荷率 COP 值（附录计算过程数据错误）：

$$LF = \frac{\left(\frac{LD}{100}\right) Q_{FL}}{Q_{PL}} = \frac{\left(\frac{25}{100}\right) \times 32.8}{10.16} = 0.807$$

$$C_D = (-0.13 \times LF) + 1.13 = -0.13 \times 0.807 + 1.13 = 1.03$$

$$COP = D = \frac{Q_m}{C_D P_m} = \frac{10.16}{1.03 \times 3.43} = 2.88$$

因此：$IPLV = 2.3\% \times 2.92 + 41.5\% \times 3.45 + 46.1\% \times 3.13 + 10.1\% \times 2.88 = 3.23$

23. 答案：[C]
主要解答过程：

制冷工况散热量：$Q = 3150 + \frac{3150}{EER} = 3723 \text{kW}$

根据能量守恒原理，排入土壤热量为：$\Delta Q = Q - 540 = 3183 \text{kW}$

24. 答案：[D]

主要解答过程：

查 GB/T 18362—2008 表1，$t_g = 7℃$，$t_h = 12℃$，实测制冷量为：

$$Q_L = cm\Delta t = 4.2 \times \frac{1000 \times 169}{3600} \times (12 - 7) = 986(kW) > 1000 \times 95\% = 950(kW)$$

因此满足 GB/T 18362—2008 第5.3.1条对于实测制冷量的要求。

热源耗热量为：$Q_R = mq = \frac{89}{3600} \times 35700 = 882.6(kW)$

性能系数为：$COP = \frac{Q_L}{Q_R + W} = \frac{986}{882.6 + 11} = 1.10$

性能系数满足 GB/T 18362—2008 表1的要求，但根据《公建节能 2015》第4.2.19条，对于直燃溴化锂冷水机组的性能系数要求有所提高，要求 $COP \geq 1.20$，因此综合判断，该机组性能系数不满足节能设计要求。

注： 本题由于不同规范对性能系数有不同要求，故有一定难度，但该考点在当年专业知识考试(上)第67题中已有考查，因此对考生有一定的提示作用。

25. **答案：** [A]

主要解答过程：

参考《教材 2019》P810式(6.1-6)热水设计小时耗热量的计算公式，由于本题所求为最高日平均小时耗热量，因此不应考虑公式中的小时变化系数 K_h：

$$\overline{Q}_h = \frac{mq_r C(t_r - t_1)\rho_r}{T} = \frac{400 \times 120 \times 4.18 \times (60 - 10) \times 1}{24 \times 3600} = 116(kW)$$

注：（1）本题陷阱十分隐晦，考生在紧张的考场上较难发现。

（2）小时变化系数的含义参考《给水排水规》(GB 50015—2003)第2.1.3条，对于热水系统，应为设计小时耗热量与日平均小时耗热量的比值，是衡量耗热量按时间分布不均的数值，在计算系统设计耗热量时使用，而计算全日平均小时耗热量时不应考虑。

2018年度全国注册公用设备工程师(暖通空调)执业资格考试 专业案例(下)

1. 严寒地区A区某地计划建设一座朝向为正南正北的12层办公楼,外轮廓尺寸为39000×15000(mm),顶层为多功能厅。每层南、北侧分别为10个外窗,外窗尺寸均为2400×1500(mm),首层层高为5.4m,顶层层高为6.0m,中间层层高均为3.9m,其顶层多功能厅设有两个天窗,尺寸均为7800×7800(mm)。问:该建筑正确的设计做法应是下列选项的哪一个?(K_c为窗的传热系数,K_q为墙的传热系数)

(A)满足$K_c \leq 2.5$,$K_q \leq 0.38$即可
(B)满足$K_c \leq 2.7$,$K_q \leq 0.35$即可
(C)满足$K_c \leq 2.2$,$K_q \leq 0.38$即可
(D)应通过权衡判断来确定K_c和K_q

答案:[　　]
主要解答过程:

2. 某夏热冬冷地区的甲类公共建筑,外墙做法如图所示。各材料的热工参数为:①石膏板,导热系数$\lambda_1 = 0.33 W/(m \cdot K)$,蓄热系数$S_1 = 5.28 W/(m^2 \cdot K)$。②乳化膨胀珍珠岩,导热系数$\lambda_2 = 0.093 W/(m \cdot K)$;蓄热系数$S_2 = 1.77 W/(m^2 \cdot K)$。③大理石板,导热系数$\lambda_3 = 2.91 W/(m \cdot K)$,蓄热系数$S_3 = 23.27 W/(m^2 \cdot K)$。外墙内外表面的换热系数分别取$8.7 W/(m^2 \cdot K)$和$23 W/(m^2 \cdot K)$。问:为了满足现行节能设计标准对外墙热工性能的要求,乳化膨胀珍珠岩的最小厚度$\delta(mm)$,最接近以下哪个选项?

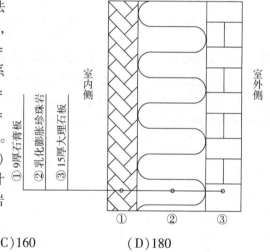

(A)120　　(B)140　　(C)160　　(D)180

答案:[　　]
主要解答过程:

3. 某住宅小区,既有住宅楼均为6层,设计为分户热计量散热器供暖系统,室内设计温度20℃,户内为单管跨越式、户外是异程双管下供下回式。原设计供暖热媒为95~70(℃),设计采用内腔无砂铸铁四柱660型散热器。后来由于对小区住宅楼进行了围护结构节能改造,该住宅小区的供暖热负荷降至原来的40%。已知散热器传热系数计算公式$K = 2.81 \Delta t^{0.276}$,如果系统原设计流量不变,保持室内温度为20℃,合理的供暖热媒供/回温度(℃)最接近下列哪个选项?(传热平均温差按照算术平均温差计算)

(A)55.5/45.5　　(B)58.0/43.0　　(C)60.5/40.5　　(D)63.0/38.0

答案:[　　]

主要解答过程：

4. 某车间热风供暖系统热源为饱和蒸汽，压力 0.3MPa，流量 600kg/h，安全阀排放压力 0.33MPa。安全阀公称通径与喉部直径关系见下表。问：安全阀公称通径的选择，合理的应是下列何项？

公称通径 DN/mm		25	32	40	50
微启式	d/mm	20	25	32	40
	A/cm²	3.14	4.18	8.04	12.57
全启式	d/mm	—	—	25	32
	A/cm²	—	—	4.81	8.04

(A) DN25　　　　(B) DN32　　　　(C) DN40　　　　(D) DN50

答案：[　　]

主要解答过程：

5. 严寒地区 A 区拟建小区，规划建设住宅 120 万 m²、商店 15 万 m² 和旅馆 10 万 m²（均是指建筑面积，且均为节能建筑）。现新建一个热水锅炉房为以上建筑提供冬季供暖和空调热源，其中住宅不考虑空调，商店供暖建筑面积与空调建筑面积各为商店总建筑面积的 50%，旅馆供暖建筑面积和空调建筑面积分别占旅馆总建筑面积的 40% 和 60%。问：锅炉房热负荷最大概算容量（MW）最接近下列何项？（锅炉房自用负荷忽略不计）

(A) 61.25　　　　(B) 70.05　　　　(C) 77.85　　　　(D) 84.00

答案：[　　]

主要解答过程：

6. 某地冬季供暖室外计算温度 $t_{WN} = -4℃$，冬季空调室外计算温度 $t_{WN} = -6℃$。冬季供暖期 $N = 120$ 天，供暖期室外平均温度 $t_{WP} = 3℃$。当地一公共建筑项目由 A、B 座组成，A 座采用散热器 24h 连续供暖，室内设计温度 $t_N = 18℃$，设计热负荷 $Q_A = 1000kW$；B 座由集中空调系统供暖，每天运行 10h，室内空调设计温度 $t_K = 20℃$，设计热负荷 $Q_B = 600kW$；该项目 A、B 座供暖热媒均由项目换热站供热。该项目全年耗热量（GJ）最接近下列何项？

(A) 8690　　　　(B) 8764　　　　(C) 9039　　　　(D) 11137

答案：[　　]

主要解答过程：

7. 在严寒地区某厂房通风设计时，新风补风系统的加热器设置在风机出口，已知当地冬季室外通风计算温度为 $-25℃$，冬季室外大气压力为 943hPa。新风补风系统选用风机的样本上标出标准状态下的流量为 30000m³/h、全压 1000Pa、全压效率为 75%，标准工况的大气压力、温度和空气密度分别按 1013hPa、20℃ 和 1.2kg/m³ 计算，忽略空气温度对风机效率的影响，问：该风机冬季通风设计工况下的功率与标准工况下功率的比值最接近下列哪个选项？

(A)0.79　　　　　(B)1.00　　　　　(C)1.10　　　　　(D)1.27

答案：[　　]

主要解答过程：

8. 某工业槽尺寸为3m×1.5m(长×宽)，采用吹吸式槽边排风罩，其风量按照美国联邦工业卫生委员会推荐的方法计算。问：计算出的该排风罩的最小吹风量(m^3/h)和最小吸风量(m^3/h)最接近下列何项？

(A)1793 和 12375　　　　　　　(B)1250 和 12375
(C)1174 和 8100　　　　　　　(D)818 和 8100

答案：[　　]

主要解答过程：

9. 某除尘系统，由两个除尘器串联运行，除尘器位于除尘系统风机的吸入段。入口风量15000m^3/h，入口含尘浓度38g/m^3。第一级采用旋风除尘器，除尘效率86%，漏风率1.8%；第二级采用回转反吹袋式除尘器。问：回转反吹袋式除尘器主要技术性能指标中，满足技术参数上限值所要求的回转反吹袋式除尘器效率最接近下列何项？

(A)90%　　　　　(B)95%　　　　　(C)97%　　　　　(D)99%

答案：[　　]

主要解答过程：

10. 某通风系统采用调频变速离心风机。在风机转速n_1=710r/min时，测得的参数为：流量L_1=23650m^3/h，全压P_1=760Pa，内效率η=93%。问：如果该通风系统不做任何调整和变化，风机在转速n_2=1000r/min时的声功率级(dB)最接近下列何项？

(A)114　　　　　(B)104　　　　　(C)94　　　　　(D)84

答案：[　　]

主要解答过程：

11. 某车间面积100m^2，净高8m，存在热和有害气体的散放。不设置局部排风，而采用全面排风的方式来保证车辆环境，工艺要求的全面排风换气次数为6次/h，同时还设置事故排风系统。问：该车间上述排风系统的风机选择方案中，最合理的是以下何项？（注：风机选择时风量附加安全系数为1.1）

(A)两台风量为2640m^3/h的定速风机　　　(B)两台风量为3960m^3/h的定速风机
(C)一台风量为7920m^3/h的定速风机　　　(D)一台风量为10560m^3/h的定速风机

答案：[　　]

主要解答过程：

12. 某地热水梯级利用系统流程及部分参数如图所示，已知设计工况下水源热泵制热COP=5.0。问：水源热泵设计供热量(kW)最接近下列哪一项？

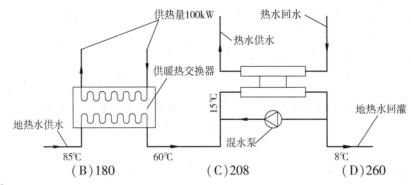

(A)35   (B)180   (C)208   (D)260

答案：[   ]

主要解答过程：

13. 某空调房间采用变风量全空气系统，由房间温度控制变风量末端的送风量。该房间计算全热冷负荷50kW，余湿15kg/h，设计送风温差为8℃。问：当仅仅由于日射负荷变化使得房间全热冷负荷为40kW(其他参数不变)时，该房间的空调送风量(kg/s)应最接近下列哪一项？[送风空气比热容取1.01kJ/(kg·K)，水的汽化潜热取2500kJ/kg]

(A)6.19   (B)4.95   (C)4.28   (D)3.66

答案：[   ]

主要解答过程：

14. 某冰蓄冷空调冷源系统，设计日全天供冷量18000kWh，最大冷负荷2000kW，空调季最低冷负荷650kW。选用双工况冷水机组两台，单台机组空调工况制冷量725kW、蓄冰工况制冷量500kW，低谷电时段8h，假定蓄冰装置有效容量等于机组8h制冰能力。问：该项目对蓄冰装置的名义容量和释冷速率的最低要求最接近以下哪个选项？

(A)8000kWh 和 650kW   (B)8600kWh 和 650kW

(C)8600kWh 和 550kW   (D)9600kWh 和 650kW

答案：[   ]

主要解答过程：

15. 如图所示的一级泵变流量空调水系统，主机侧定流量末端变流量，图中标识出主要管段的管径和设计工况下的水流阻力；每台冷水机组的额定冷量为650kW，供回水温度为7℃/12℃。各不同口径电动阀的流通能力见下表。问：供回水总管之间(A、B点之间)的旁通电动阀，以下哪个阀门口径是最合理的？[水的密度为1000kg/m³，定压比热容值为4.18kJ/(kg·K)]

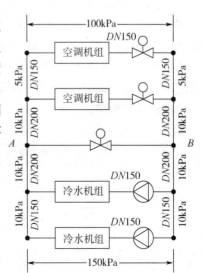

阀门口径	阀门流通能力
DN50	40
DN65	63
DN80	100
DN100	160
DN125	250
DN150	400

(A) $DN80$　　　　(B) $DN100$　　　　(C) $DN125$　　　　(D) $DN150$

答案：[　　]
主要解答过程：

16. 某办公建筑采用全空气变风量空调系统，空气处理机组的风量为 $25000m^3/h$，机外余压为 $560Pa$，风机效率为 0.65，该系统的单位风量耗功率 $[W/(m^3/h)]$ 最接近下列哪项？并判断能否满足节能标准的要求？

(A) 0.22，符合节能设计标准要求　　　　(B) 0.24，符合节能设计标准要求
(C) 0.26，符合节能设计标准要求　　　　(D) 0.28，符合节能设计标准要求

答案：[　　]
主要解答过程：

17. 某图书阅览室采用一套温湿度独立控制系统。温度控制系统采用风机盘管，湿度控制系统（新风系统）处理后空气温度为 $13.9℃$，含湿量为 $9g/kg$，比焓为 $36.78kJ/kg$。阅览室总面积 $300m^2$，总在室人员 120 人。总热湿负荷计算结果为：围护结构冷负荷 $8400W$，人员显热冷负荷 $8040W$，人员散湿量 $7320g/h$，照明及用电设备冷负荷 $6000W$。室内设计参数为：干球温度 $25℃$，相对湿度 60%，室内空气含湿量 $12.04g/kg$。室外空气计算参数为：干球温度 $32℃$，比焓 $81kJ/kg$。问：新风机组耗冷量（kW）和风机盘管供冷量（kW）最接近下列哪项？（不考虑风机温升和管道冷损耗）[空气密度为 $1.2kg/m^3$，比热容为 $1.01kJ/(kg·K)$]

(A) 新风机组耗冷量 35.4，风机盘管供冷量 13.5
(B) 新风机组耗冷量 29.6，风机盘管供冷量 13.5
(C) 新风机组耗冷量 35.4，风机盘管供冷量 22.4
(D) 新风机组耗冷量 29.6，风机盘管供冷量 22.4

答案：[　　]
主要解答过程：

18. 某建筑空调设计冷负荷为 $120kW$，空调设计热负荷为 $100kW$。采用空气源热泵机组作为空调冷热源，夏季供水温度为 $7℃$，冬季供水温度为 $50℃$。建设地点的夏季室外空调计算干球温度 $37.5℃$，冬季室外空调计算干球温度 $-5℃$。不同工况下的热泵机组制冷/制热出力修正系数见下表。冬季机组制热时每小时融霜 2 次。问：满足要求的热泵机组，其名义工况下的制冷量（kW）和制热量（kW）最少应达到下列哪项？（计算过程中，不在下表所列值时，采用插值法计算确定）

空气源热泵机组工况修正系数表

出水温度/℃	空气侧温度/℃			出水温度/℃	空气侧温度/℃		
	−5	0	7		45	40	35
40	0.7	0.82	1.02	5	0.8	0.87	0.95
45	0.69	0.74	1	7	0.87	0.95	1
50	0.67	0.72	0.89	9	0.95	1	1.05

(A) 名义制冷量 120，名义制热量 100　　　　(B) 名义制冷量 120，名义制热量 145

(C)名义制冷量123，名义制热量149 (D)名义制冷量123，名义制热量187
答案：[   ]
主要解答过程：

19. 某办公楼空调设计采用集中供冷方案，总供冷负荷 $Q_0=2300\text{kW}$，设计工况下冷冻水供水温度 $t_g=7℃$、回水温度 $t_h=12℃$，选用两台容量相等的冷水机组，设置三台型号相同的冷冻水泵（两用一备），水力计算已得知冷冻水循环管路系统（未含冷水机组）的压力损失为 $P_1=275\text{kPa}$，产品样本查知冷冻水流经冷水机组的压力损失为 $P_2=75\text{kPa}$。问：若水泵效率 $\eta=76\%$，则每台水泵的轴功率值(kW)最接近下列哪一项？
(A)19.2   (B)19.9   (C)25.3   (D)38.5
答案：[   ]
主要解答过程：

20. 某洁净室要求室内空气≥0.5μm尘粒的浓度≤35.2pc/L。室外大气≥0.5μm尘粒的含尘浓度为 $10\times10^7\text{pc/m}^3$，该洁净室内单位容积发尘量为 $2.08\times10^4\text{pc/(m}^3\cdot\text{min)}$，净化空调系统设计新风比为10%。新风经粗效过滤（效率20%，效率为对≥0.5μm尘粒的效率，以下同）、中效过滤（效率70%）后与经过中效过滤（效率70%）的回风混合并经高效过滤（效率99.99%）后送入洁净室。若安全系数取0.6，按非单向流均匀分布计算法算出的该洁净室所需的最小换气次数(次/h)最接近下列何项？
(A)60   (B)70   (C)80   (D)90
答案：[   ]
主要解答过程：

21. 在使用侧和放热侧水温差均为5℃的情况下，现行水冷式冷水机组国家标准 GB/T 18430.1—2007 和 GB/T 18430.2—2016 在其规定的使用侧和放热侧水流量条件下，冷水机组的制冷性能系数 COP_C 最接近以下哪个选项？
(A)3.5   (B)4.0   (C)4.5   (D)5.0
答案：[   ]
主要解答过程：

22. 夏热冬冷地区某土壤源热泵空调系统，同时配置有辅助冷却塔。已知：设计工况下，机组制冷和制热的性能系数均为5.0，且夏季空调负荷为3000kW，冬季供热负荷为2100kW，要求地埋管系统容量按照冬季供暖负荷设计。问：冷却塔夏季设计工况时的排热负荷(kW)最接近下列何项？（注：设计工况下，地埋管冬、夏季单位管长换热量按相等考虑）
(A)900   (B)1320   (C)1920   (D)3600
答案：[   ]
主要解答过程：

23. 制冷量与使用侧工况条件均相同的直燃型溴化锂吸收式冷水机组和离心式冷水机组，前

者的制冷能效比 $COP_1 = 1.2$，后者的 $COP_2 = 6.0$。如果二者的冷却水进、出口温度相同，则前者与后者所要求的冷却水流量之比最接近以下哪项？

(A)0.2　　　　(B)1.0　　　　(C)1.6　　　　(D)5.0

答案：[　　]

主要解答过程：

24. 某办公楼的工作模式为 9:00 到 17:00，设计日工作期间的平均小时冷负荷为 600kW，采用部分负荷水蓄冷方案，蓄冷负荷率为 50%，蓄冷槽的容积率取 1.2，可利用的进出水温差取 5℃，蓄冷槽效率取 0.8，制冷站设计日附加系数取 10%。问：蓄冷槽的最小设计容积(m^3)最接近下列哪项？

(A)500　　　　(B)600　　　　(C)700　　　　(D)800

答案：[　　]

主要解答过程：

25. 某小区共有 5 栋公寓楼，每栋楼 20 户，另有一栋小区会所。小区采用低压天然气供应，拟考虑每户公寓厨房设置一台快速燃气热水器和一台燃气双眼灶。其中单台热水器燃气流量为 2.86(m^3/h)，单台双眼灶燃气流量为 0.7(m^3/h)，小区会所燃气计算流量为 12(m^3/h)。问：该小区天然气的总计算流量(m^3/h)最接近以下哪个选项？

(A)60.52　　　(B)72.52　　　(C)74.76　　　(D)86.76

答案：[　　]

主要解答过程：

2018年度全国注册公用设备工程师（暖通空调）执业资格考试 专业案例（下） 详解

专业案例答案									
题号	答案	题号	答案	题号	答案	题号	答案	题号	答案
1	D	6	B	11	B	16	D	21	B
2	A	7	C	12	D	17	A	22	C
3	A	8	D	13	D	18	D	23	C
4	C	9	D	14	C	19	C	24	C
5	C	10	A	15	A	20	A	25	B

1. 答案：[D]
主要解答过程：
根据《公建节能2015》第3.2节

建筑高：$H = 5.4 + 6.0 + 10 \times 3.9 = 50.4(m)$

建筑体积：$V = 39 \times 15 \times 50.4 = 29484(m^3)$

建筑表面积：$S = (39 + 15) \times 2 \times 50.4 + 39 \times 15 = 6028.2(m^2)$

体型系数：$\varepsilon = \dfrac{S}{V} = 0.204$，满足第3.2.1条要求。

南北窗墙比：$n_1 = \dfrac{10 \times 2.4 \times 1.5 \times 12}{39 \times 50.4} = 22\%$，满足第3.2.2条要求。

天窗占屋顶面积比：$n_2 = \dfrac{2 \times 7.8 \times 7.8}{39 \times 15} = 20.8\%$，不满足第3.2.7条要求。

因此必须按照《公建节能2015》规定的方法进行权衡判断。

注：《公建节能2015》相较于《公建节能》关于权衡判断的修改内容，请参见1.1.2节"新旧节能规范关于权衡判断的对比"相关总结。

2. 答案：[A]
主要解答过程：
根据《公建节能2015》表3.3.1-4，由于是求保温材料的最小厚度，先假设$D > 2.5$，则取$K \leqslant 0.8W/(m^2 \cdot K)$，根据《教材2019》P3式(1.1-3)

$$K = \frac{1}{R_o} = \frac{1}{\dfrac{1}{\alpha_n} + \sum \dfrac{\delta}{\alpha_\lambda \lambda} + R_K + \dfrac{1}{\alpha_w}} = \frac{1}{\dfrac{1}{8.7} + \dfrac{0.009}{0.33} + \dfrac{\delta}{1 \times 0.093} + \dfrac{0.015}{2.91} + \dfrac{1}{23}} \leqslant 0.8W/(m^2 \cdot K)$$

$\Rightarrow \delta \geqslant 0.098m = 98mm$

验算热惰性指标：

$$D = R_1 S_1 + R_2 S_2 + R_3 S_3 = \frac{0.009}{0.33} \times 5.28 + \frac{0.098}{0.093} \times 1.77 + \frac{0.015}{2.91} \times 23.27 = 2.15 < 2.5$$

不满足假设条件,因此计算当 $D = 2.5$ 时,保温材料的厚度:

$$D = 2.5 = \frac{0.009}{0.33} \times 5.28 + \frac{\delta'}{0.093} \times 1.77 + \frac{0.015}{2.91} \times 23.27$$

$$\Rightarrow \delta' = 0.117 \mathrm{m} = 117 \mathrm{mm}$$

因此当乳化膨胀珍珠岩厚度大于 $117\mathrm{mm}$ 时,可满足 $D > 2.5$ 的同时,$K < 0.8 \mathrm{W/(m^2 \cdot K)}$。

注:《教材2019》表 1.1-6 中并未列举乳化膨胀珍珠岩的导热材料修正系数,因此不予考虑。

3. **答案:** [A]

主要解答过程:

根据《教材2019》P89 式(1.8-1),各修正系数不变,忽略其影响。改造前后热负荷:

$$Q_0 = K_0 F \Delta t_0 = 2.81 \times F \times \Delta t_0^{1.276}$$

$$0.4 Q_0 = KF \Delta t = 2.81 \times F \times \Delta t^{1.276}$$

两式相比得:

$$\frac{1}{0.4} = \frac{\left(\frac{95+70}{2} - 20\right)^{1.276}}{\left(\frac{t_g + t_h}{2} - 20\right)^{1.276}} \Rightarrow t_g + t_h = 100.96 \text{℃}$$

又因为系统流量不变,因此:

$$\frac{Q}{95-70} = \frac{0.4Q}{t_g - t_h} \Rightarrow t_g - t_h = 10 \text{℃}$$

解得:$t_g = 55.5 \text{℃}, t_h = 45.5 \text{℃}$

4. **答案:** [C]

主要解答过程:

根据《教材2019》P92 式(1.8-9)

$$A = \frac{q_m}{490.3 P_1} = \frac{600}{490.3 \times 0.33} = 3.71 (\mathrm{cm}^2)$$

由于微启式一般用于液体,故选全启式,因此选择 $DN40$。

扩展: 全启式安全阀,排放量大,当 $DN \geq 40\mathrm{mm}$ 时,其出口管径一般比进口管径大一级,多用于气体介质。

5. **答案:** [C]

主要解答过程:

根据《教材2019》P120 式(1.10-2)并查表 1.10-1;P122 式(1.10-5)并查表 1.10-2

供暖热负荷为:

$$Q_n' = q_f F \times 10^{-3} = (45 \times 120 \times 10^4 + 70 \times 15 \times 10^4 \times 50\% + 60 \times 10 \times 10^4 \times 40\%) \times 10^{-3}$$
$$= 61650 \mathrm{kW} = 61.65 \mathrm{MW}$$

空调热负荷为:

$$Q_a = q_a A_k \times 10^{-3} = (120 \times 15 \times 10^4 \times 50\% + 120 \times 10 \times 10^4 \times 60\%) \times 10^{-3}$$
$$= 16200 \mathrm{kW} = 16.2 \mathrm{MW}$$

总热负荷最大概算容量为:$Q = Q_n' + Q_a = 77.85 \mathrm{MW}$

6. 答案：[B]
主要解答过程：
根据《教材2019》P123~P124

A座耗热量：$Q_h^a = 0.0864 N Q_h \dfrac{t_i - t_a}{t_i - t_{o,h}} = 0.0864 \times 120 \times 1000 \times \dfrac{18 - 3}{18 - (-4)} = 7069(\text{GJ})$

B座耗热量：$Q_a^a = 0.0036 T_a N Q_a \dfrac{t_i - t_a}{t_i - t_{o,a}} = 0.0036 \times 8 \times 120 \times 600 \times \dfrac{20 - 3}{20 - (-6)} = 1695(\text{GJ})$

全年最大耗热量：$Q_T^a = Q_h^a + Q_a^a = 8764(\text{GJ})$

7. 答案：[C]
主要解答过程：
根据《教材2019》P271 式(2.8-5)

$$\rho_{-25℃} = 1.293 \times \dfrac{273}{273 - 25} \times \dfrac{943}{1013} = 1.32(\text{kg/m}^3)$$

根据 P268 表 2.8-6 得：

$$\dfrac{N_2}{N_1} = \dfrac{\rho_{-25℃}}{\rho_{20℃}} = \dfrac{1.32}{1.2} = 1.1$$

8. 答案：[D]
主要解答过程：
根据《教材2019》P198，最小吸风量为：

$$L_2 = 1800A = 1800 \times 3 \times 1.5 = 8100(\text{m}^3/\text{h})$$

最小吹风量为：

$$L_1 = \dfrac{1}{BE} L_2 = \dfrac{1}{1.5 \times 6.6} \times 8100 = 818(\text{m}^3/\text{h})$$

9. 答案：[D]
主要解答过程：
根据 JBT 8533—2010 表1，要求出口含尘浓度≤50mg/m³，漏风率≤3%。

入口含尘量：$m_入 = 15000\text{m}^3/\text{h} \times 38\text{ g/m}^3 = 57 \times 10^4\text{g/h}$

出口风量：$L_出 = 15000\text{m}^3/\text{h} \times (1 + 1.8\%) \times (1 + 3\%) = 15728.1\text{m}^3/\text{h}$

出口最大含尘量：$m_出 = L_出 \times 50\text{ mg/m}^3 = 786.4\text{g/h}$

因此：$m_入 \times (1 - 86\%) \times (1 - \eta) = m_出 \Rightarrow \eta = 99\%$

10. 答案：[A]
主要解答过程：
根据《教材2019》P267 表 2.8-6

$$L_2 = L_1 \dfrac{n_2}{n_1} = 23650 \times \dfrac{1000}{710} = 33309.8(\text{m}^3/\text{h})$$

$$P_2 = P_1 \left(\dfrac{n_2}{n_1}\right)^2 = 760 \times \left(\dfrac{1000}{710}\right)^2 = 1507.6(\text{Pa})$$

根据 P539 式(3.9-7)

$L_W = 5 + 10\lg L_2 + 20\lg P_2 = 113.8\text{dB}$

11. 答案：[B]

主要解答过程：

根据《工业暖规》第6.3.8条条文说明，"当房间高度大于6m时，仍按6m高度时的房间容积计算全面排风量"；根据第6.4.3.2条，当房间高度大于6m时，事故通风量按6m的空间体积计算，因此：

事故通风量：$L_1 = 100 \times 6 \times 12 \times 1.1 = 7920(m^3/h)$

全面排风量：$L_2 = 100 \times 6 \times 6 \times 1.1 = 3960(m^3/h)$

因此最为合理（节能）的风机配置方案为：设置两台风量为3960m^3/h的定速风机，平时通风开启一台，事故通风时两台同时打开。

注： 实际工程中类似情况常选用一台双速风机，平时低速运行，事故时高速运行，相比于题目所选方案更加节约初投资。

12. 答案：[D]
主要解答过程：

设水源热泵蒸发器侧吸热量为Q_1，则根据地热水侧流量相等有：

$$\frac{Q_1}{100kW} = \frac{60-8}{85-60} \Rightarrow Q_1 = 208kW$$

水源热泵设计供热量为Q，则：

$$Q = Q_1 + \frac{Q}{COP} = 208 + \frac{Q}{5} \Rightarrow Q = 260kW$$

注：（1）水源热泵热源侧换热量应从整体考虑，可不必进行混水泵计算，减少计算量。
（2）注意题目已知条件为制热系数，不要错看为制冷系数。

13. 答案：[D]
主要解答过程：

房间潜热负荷为：$Q_q = \frac{15}{3600} \times 2500 = 10.4(kW)$

当由于日射负荷变化导致全热负荷减小为40kW时，房间潜热负荷不变，故此时房间显热负荷为：

$$Q_x' = 40 - Q_q = 29.6kW$$

送风温差不变，因此房间空调送风量减小为：

$$m = \frac{Q_x'}{c\Delta t} = \frac{29.6}{1.01 \times 8} = 3.66(kg/s)$$

注： 关于变风量系统相关总结可参考专业知识篇3.3.3节"变风量系统知识点总结"相关内容，本题考点在于：变风量系统湿度控制能力较差，即不能同时保证不同房间湿度要求，一般仅控制室内温度。

14. 答案：[C]
主要解答过程：

根据《教材2019》P690及《09技措》P142，蓄冰装置的名义容量的最低要求为：

$$Q_{so} = \varepsilon Q_s = 1.03 \times 2 \times 500 \times 8 = 8240(kWh)$$

根据《蓄冷空调工程技术规程》（JGJ 158—2008）第2.0.21条及3.3.8条，释冷速率为蓄冷装置瞬时的单位时间释冷量的大小，并应能满足蓄冷空调系统的用冷需求。由于制冷机组空调工况总制冷量不能满足最大负荷需求，因此释冷速率的最低要求为：

$$Q_{\min} = 2000 - 2 \times 725 = 550(kW)$$

综合判断，选择 C 选项。

注：(1)《教材 2019》及《蓄冷空调工程技术规程》中均未给出蓄冷装置实际放大系数取值。

(2) 有观点认为最小释冷速率应满足空调季最低冷负荷 650kW，理由是最低负荷时可以转换为全负荷蓄冷，节约运行费用。笔者认为该看法错误，首先，题目所求为最小释冷速率，仅需满足蓄冷空调系统的用冷需求，空调季部分负荷工况时，可以由制冷机直接供冷；其次，空调最低冷负荷出现时间较短，仅满足最低负荷工况下全负荷蓄冷没有实际意义，例如当实际冷负荷高于最低冷负荷时(绝大多数时间段)，同样要开启制冷机供冷。

15. **答案**：[A]
主要解答过程：
根据《09 技措》第 5.7.4 条或《教材 2019》P480，对于主机定流量、末端变流量的空调冷水系统，旁通阀的设计流量应取单台冷水机组的额定流量：

$$G = \frac{Q}{c\rho\Delta t} = \frac{650}{4.18 \times 1000 \times 5} \times 3600 = 111.8(m^3/h)$$

用户端旁通阀两侧设计压差为：

$$\Delta P = 100 + 2 \times (10 + 5) = 130(kPa)$$

再根据《教材 2019》P525 式(3.8-1)，调节阀的流通能力为：

$$C = \frac{316G}{\sqrt{\Delta P}} = \frac{316 \times 111.8}{\sqrt{130 \times 1000}} = 98$$

故旁通阀口径选择 $DN80$。

注：题干图中 150kPa 数据有误，导致旁通阀两侧压差值有冲突，考虑到压差旁通阀主要为满足用户端压差，因此解答按用户侧 100kPa 计算。

扩展：对于主机变流量的空调冷水系统，旁通阀的设计流量应取单台最大冷水机组的最小安全额定流量。

16. **答案**：[D]
主要解答过程：
根据《公建节能 2015》第 4.3.22 条

$$W_s = \frac{P}{3600\eta_{CD}\eta_F} = \frac{560}{3600 \times 0.855 \times 0.65} = 0.28[W/(m^3/h)]$$

满足表 4.3.22 中 $0.29W/(m^3/h)$ 的限值，故符合节能设计标准要求。

17. **答案**：[A]
主要解答过程：
根据《民规》表 3.0.6-4，图书馆人员密度为：$120/300 = 0.4(人/m^2)$，故新风量取 $20m^3/(h·人)$，按人员卫生要求最小总新风量为：

$$L_{X1} = 120 \times 20 = 2400(m^3/h)$$

温湿度独立控制系统，新风承担所有湿负荷，所需新风量为：

$$L_{X2} = \frac{W}{\Delta d\rho} = \frac{7320}{(12.04 - 9) \times 1.2} = 2006.6(m^3/h) < L_{X1}，故系统新风量取 2400m^3/h。$$

新风机组总负荷为：$Q_X = \frac{L_{X1}\rho}{3600}\Delta h = \frac{2400 \times 1.2}{3600} \times (81 - 36.78) = 35.4(kW)$

新风机组显热负荷为：$Q_{XX} = \dfrac{cL_{X1}\rho}{3600}\Delta t = \dfrac{1.01 \times 2400 \times 1.2}{3600} \times (25 - 13.9) = 8.97(kW)$

故风机盘管承担负荷为：$Q_{FP} = 8.4 + 8.04 + 6.0 - Q_{XX} = 13.5 kW$

注：温湿度独立控制计算方法可参考第3.3.7节相关总结。

18. **答案**：[D]
主要解答过程：

制冷工况，查表得室外温度为37.5℃，出水温度为7℃时，修正系数采用插值法得：$K_1 = 0.975$，则名义制冷量为：

$$q_L = \dfrac{Q_L}{K_1} = \dfrac{120}{0.975} = 123.1(kW)$$

制冷工况，查表得室外温度为 -5℃，出水温度为50℃时，修正系数为 $K_1 = 0.67$，根据《民规》第8.3.2条条文说明，融霜系数为 $K_2 = 0.8$，则名义制热量为：

$$q_R = \dfrac{Q_R}{K_1 K_2} = \dfrac{100}{0.67 \times 0.8} = 186.6(kW)$$

19. **答案**：[C]
主要解答过程：

单台泵水流量：$G = \dfrac{1}{2} \times \dfrac{Q \times 3600}{c\rho\Delta t} = \dfrac{1}{2} \times \dfrac{2300 \times 3600}{4.18 \times 1000 \times (12 - 7)} = 198(m^3/h)$

水泵扬程：$H = \dfrac{P_1 + P_2}{\rho g} = \dfrac{(275 + 75) \times 1000}{1000 \times 9.8} = 35.7(mH_2O)$

水泵轴功率：$W = \dfrac{GH}{367.3\eta} = \dfrac{35.7 \times 198}{367.3 \times 76\%} = 25.3(kW)$

20. **答案**：[A]
主要解答过程：

根据《教材2019》P465 式(3.6-8)，新风与回风混合后含尘浓度为：

$N_{sh} = 10\% \times 10 \times 10^4 pc/L \times (1 - 20\%) \times (1 - 70\%) + 90\% \times (1 - 70\%) \times 35.2 pc/L$
$= 2409.5 pc/L$

送风含尘浓度：$N_s = N_{sh} \times (1 - 99.99\%) = 0.241 pc/L$

换气次数：$n = 60\dfrac{G}{aN - N_s} = 60 \times \dfrac{2.08 \times 10^4}{0.6 \times 35.2 \times 10^3 - 0.241 \times 10^3} = 59.8(次/h)$

注：注意含尘浓度单位的换算。

21. **答案**：[B]
主要解答过程：

根据 GB/T 18430.1—2007 表2，使用侧流量为：$0.172 m^3/(h \cdot kW)$，放热侧流量为：$0.215 m^3/(h \cdot kW)$

制冷量为：$Q_L = cm_1\Delta t$

散热量为：$Q_R = cm_2\Delta t$

制冷性能系数为：$COP_C = \dfrac{Q_L}{W} = \dfrac{Q_L}{Q_R - Q_L} = \dfrac{0.172}{0.215 - 0.172} = 4.0$

22. **答案**：[C]

主要解答过程：

由于地埋管冬、夏季单位管长换热量按相等考虑，因此夏季设计工况盘管向土壤中的排热量等于冬季设计工况盘管从土壤中的吸热量，即：

$$Q_1 = 2100 - \frac{2100}{5} = 1680(\text{kW})$$

夏季冷却水系统总热负荷为：

$$Q_2 = 3000 + \frac{3000}{5} = 3600(\text{kW})$$

冷却塔夏季设计工况时排热负荷为：

$$\Delta Q = Q_2 - Q_1 = 1920\text{kW}$$

23. **答案：[C]**
主要解答过程：

设冷负荷为 Q_0，根据《教材2019》P643 式(4.5-6)，溴化锂机组消耗的热量为：$Q_g = \dfrac{Q_0}{1.2}$

冷却水热负荷为：$Q_K = Q_0 + Q_g = 1.83Q_0$

电制冷机组冷却水热负荷为：$Q_K' = Q_0 + \dfrac{Q_0}{6.0} = 1.167Q_0$

冷却水进、出口温度相同，故冷却水流量比为：$n = \dfrac{Q_K}{Q_K'} = 1.57$

24. **答案：[C]**
主要解答过程：

根据《教材2019》P689~P691

设备选用日总冷负荷为：$Q = (1+k)Q_d = (1+10\%) \times 600 \times 8 = 5280(\text{kWh})$

蓄冰装置有效容量为：$Q_s = 50\% \times Q = 2640\text{kWh}$

蓄冷槽的最小设计容积为：$V = \dfrac{Q_s P}{1.163\eta\Delta t} = \dfrac{2640 \times 1.2}{1.163 \times 0.8 \times 5} = 681(\text{m}^3)$

25. **答案：[B]**
主要解答过程：

根据《教材2019》P822 式(6.3-2)及表6.3-4，公寓楼燃气计算流量为：

$$Q_{h1} = \sum kNQ_n = 0.17 \times 5 \times 20 \times (2.86 + 0.7) = 60.52(\text{m}^3/\text{h})$$

该小区天然气的总计算流量为：

$$Q_h = Q_{h1} + 12 = 72.52\text{m}^3/\text{h}$$

2019年度全国注册公用设备工程师(暖通空调)执业资格考试 专业案例(上)

1. 某居住小区供暖换热站,采用120℃/70℃的城市热网热水作为一次热源,城市热力接入管道外径为219mm,管道采用地沟敷设方式;采用 $\lambda = 0.035 \text{W}/(\text{m}\cdot\text{K})$ 的玻璃棉管壳保温,要求供水管的单位长度散热量不大于40W/m。问:供水管最小保温层厚度(mm)应为下列哪一项?
  (A)50   (B)55   (C)60   (D)65
  答案:[   ]
  主要解答过程:

2. 某测试厂房的室内高度为12m,采用地面辐射供暖方式,要求工作地点的空气温度为18℃。计算该厂房的外墙供暖热负荷时,其室内空气计算平均温度(℃)最接近下列哪一项?
  (A)16   (B)18   (C)19.2   (D)20.3
  答案:[   ]
  主要解答过程:

3. 某严寒地区(室外供暖计算温度-16℃)住宅小区,既有住宅楼均为6层,设计为分户热计量散热器供暖系统,户内为单管跨越式、户外是异程双管下供下回式。原设计供暖热水供/回水温度为85℃/60℃,设计室温为18℃。对小区住宅楼进行了墙体外保温节能改造后,供暖热水供/回水温度为60℃/40℃,且供暖热水泵的总流量降至了改造前的60%,室内温度达到了20℃。问:如果按室内温度18℃计算(室外温度相同),该住宅小区节能改造后的供暖热负荷比改造前节省的百分比(%),最接近下列哪一个选项?
  (A)55   (B)59   (C)65   (D)69
  答案:[   ]
  主要解答过程:

4. 某厂区架空敷设的供暖蒸汽管线主管末端设置疏水阀。已知:疏水阀前蒸汽主管长度为120m,蒸汽管保温层外径为250mm,管道传热系数为 $20\text{W}/(\text{m}^2\cdot\text{℃})$,蒸汽温度和环境空气温度分别为150℃和-12℃,蒸汽管的保温效率为75%,蒸汽潜热为2118kJ/kg。问该疏水阀的设计排出凝结水流量(kg/h)应最接近下列选项的哪一个?
  (A)97.3   (B)162.7   (C)259.4   (D)389.1
  答案:[   ]
  主要解答过程:

5. 某居住小区供暖系统的热媒供/回水温度为85℃/60℃,安装于地下车库的供水总管有一段长度为160m的直管段需要设置方形补偿器,要求补偿器安装时的预拉量为补偿量的1/3。问:该方形补偿器的最小预拉伸值(mm),应最接近以下哪个选项[注:管材的线膨胀系数 α_t 为 $0.0118 \text{mm}/(\text{m} \cdot ℃)$]?

(A)16   (B)36   (C)41   (D)52

答案:[   ]

主要解答过程:

6. 某化工厂车间,同时散发苯、醋酸乙酯、松节油溶剂蒸汽和余热。通过计算,为消除这些污染物所需的室外新风量分别为 $40000\text{m}^3/\text{h}$、$10000\text{m}^3/\text{h}$、$10000\text{m}^3/\text{h}$ 和 $30000\text{m}^3/\text{h}$。问该车间全面换气需要的最小新风量(m^3/h)应是下列选项的哪一项?

(A)60000   (B)70000   (C)80000   (D)90000

答案:[   ]

主要解答过程:

7. 某办公楼内的十二层无外窗防烟楼梯间及其前室均设置机械加压送风系统,并在防烟楼梯间设置余压阀以保证防烟楼梯间门关闭时门两侧压差为25Pa(前室采取同样措施保证其与室内的压差)。设计计算时:①按3扇门开启计算保持门洞风速的风量为 $4.2\text{m}^3/\text{s}$;②其他非开启的防烟楼梯间门,按照门两侧压差6Pa计算,得到的门缝渗透风量为 $0.8\text{m}^3/\text{s}$。问:防烟楼梯间需要通过余压阀泄出的最大风量(m^3/s),最接近下列哪一项?

(A)2.2   (B)2.8   (C)3.4   (D)4.2

答案:[   ]

主要解答过程:

8. 某工业厂房的房间长度为30m,宽度为20m,高度为10m,要求设置事故排风系统。问:该厂房事故排风系统的最低通风量(m^3/h),最接近以下何项?

(A)43200   (B)54000   (C)60000   (D)72000

答案:[   ]

主要解答过程:

9. 某工厂拟在室外设置的一套两级除尘系统(除尘器均为负压运行):第一级为离心除尘器(除尘效率80%,漏风率2%),第二级为袋式除尘器(除尘效率99.1%,漏风率3%)。已知:含尘气体的风量 $20000\text{m}^3/\text{h}$、含尘浓度 $20\text{g}/\text{m}^3$。除尘系统入口含尘空气的气压为101325Pa、温度为20℃。问:在大气压力101325Pa、空气温度273K的标准状态下,该除尘系统的排放浓度(mg/m^3),最接近下列何项?

(A)34.3   (B)36.0   (C)36.9   (D)38.7

答案:[   ]

主要解答过程:

10. 试验测得某除尘器在不同粒径下,分级效率及分组质量百分数见下表。问:该除尘器的全效率(%)最接近下列何项?

粉尘粒径/μm	0~4	5~8	9~24	25~42	>43
分级效率(%)	70.0	92.5	96.0	99.0	100.0
分组质量百分数(%)	13	17	25	23	22

(A)91.5　　　　　(B)96.0　　　　　(C)85.0　　　　　(D)93.6

答案：[　　]

主要解答过程：

11. 某铝制品表面处理设备，铝粉产尘量7400g/h。铝粉尘爆炸下限浓度为37g/m³，排风系统设备为防爆型。假定排风的捕集效率为100%，补风中铝粉含尘量为零。该排风系统的最小排风量(m³/h)，最接近下列哪一项？

(A)2000　　　　　(B)800　　　　　(C)400　　　　　(D)200

答案：[　　]

主要解答过程：

12. 某风机房内设置两台风机，其中一台风机噪声声功率级为70dB(A)，另一台风机噪声声功率级为60dB(A)，则该风机房内总的噪声声功率级[dB(A)]最接近下列何项？

(A)60.4　　　　　(B)70.4　　　　　(C)80.0　　　　　(D)130.0

答案：[　　]

主要解答过程：

13. 标准大气压下，空气需由状态1($t_1=1℃$，$\varphi_1=65\%$)处理到状态2($t_2=20℃$，$\varphi_2=30\%$)，采取的处理过程是：空气依次经过热盘管和湿膜加湿器。问：流量为1000m³/h的空气，经热盘管的加热量(kW)最接近下列哪项？

(A)6.4　　　　　(B)7.8　　　　　(C)8.5　　　　　(D)9.6

答案：[　　]

主要解答过程：

14. 某空调机组混水流程如图所示。混水泵流量50m³/h、扬程80kPa，空调机组水压降50kPa，一次侧供/回水温度7℃/17℃。设计流量下电动调节阀全开，阀门进出口压差为100kPa。问：电动调节阀所需的流通能力最接近下列哪一项？

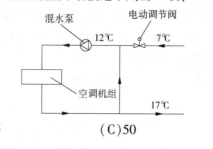

(A)25　　　　　(B)35　　　　　(C)50　　　　　(D)56

答案：[　　]

主要解答过程：

15. 北京市某办公建筑采用带排风热回收的温湿度独立控制空调系统。室内设计参数 $t_n = 26℃$，$\varphi_n = 55\%$，新风量 $G_n = 5m^3/(h \cdot m^2)$，室内湿负荷 $W = 12g/(h \cdot m^2)$，新风机组风量 $G = 20000m^3/h$。热回收装置的新排风比为 1.25，热回收设备基于排风量条件下的显热效率和全热效率均为 65%。已知：室内设计工况的空气焓值 $h_n = 56kJ/kg$、室外空气计算焓值 $h_w = 84kJ/kg$，新风机组表冷器出口空气相对湿度为 95%。新风机组表冷器设计冷负荷 $Q_c(kW)$ 最接近以下哪项？
(A) 172   (B) 182   (C) 206   (D) 303
答案：[   ]
主要解答过程：

16. 严寒地区某商业网点，冬季空调室外计算温度为 $-22℃$，室内设计温度为 $18℃$，新风冬季设计送风温度与室温相等。新风与排风之间设置显热热回收装置（热回收效率 $\eta = 60\%$）进行热回收，新风量和排风量分别为 $3000m^3/h$ 和 $2700m^3/h$。为防止排风侧结露，排风出口温度控制为 $1℃$，空气密度按 $1.26kg/m^3$ 计算（不考虑密度修正）。问在不考虑加湿情况下冬季新风加热盘管的总设计加热量（kW）最接近下列哪个选项？
(A) 19.5   (B) 26.2   (C) 28.4   (D) 32.7
答案：[   ]
主要解答过程：

17. 某空调系统采用转轮固体除湿，已知转轮处理风量为 $10000m^3/h$，进入转轮空气参数：$13℃$、含湿量 $8.9g/kg$ 干空气，流出转轮空气参数：含湿量 $6.2g/kg$ 干空气，忽略转轮与周围环境的热交换，水蒸气冷凝放热值等同汽化潜热值。问：流出转轮空气的干球温度（℃）最接近下列何项？（室外大气压 $101325Pa$、空气密度取 $1.2kg/m^3$，空气比热容 $1.01kJ/kg \cdot ℃$，水蒸气汽化潜热取 $2500kJ/kg$）
(A) 23.2   (B) 19.5   (C) 13.1   (D) 7.0
答案：[   ]
主要解答过程：

18. 某集中新风系统如图所示，每层新风送风量相同，每层支管上设置定风量阀和双位电动风阀。新风系统设计送风量 $18000m^3/h$，送风机全压为 $600Pa$，设计工况下 a 点管道内风速 $9m/s$。对送风机进行定静压变频控制，a 点设定静压为 $250Pa$。送风机工频（50Hz）时，风机的全压—风量关系为：$H = 681 + 1.98 \times 10^{-2} \times L - 1.35 \times 10^{-6} \times L^2$（式中，$H$ 单位：Pa，L 单位：m^3/h）。问：当有 3 层新风支管电动风阀开启时送风机频率（Hz）最接近下列哪项？
(A) 25   (B) 32.3
(C) 34.5   (D) 37.5
答案：[   ]
主要解答过程：

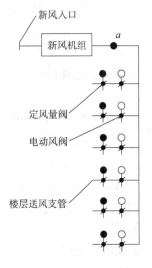

19. 上海地区某建筑内一个全空气空调系统负担两个办公室，室内设计参数为25℃，相对湿度55%（室内空气焓值54.8kJ/kg）；两个房间的室内总冷负荷为32.6kW，1号房间的面积200m²，在室人员30人，设计空调送风量为3000m³/h；2号房间的面积200m²，在室人员25人，设计空调送风量为5000m³/h。空调系统设计送风量为8000m³/h，此空气处理机组的设计冷负荷(kW)最接近下列何项(新风焓值90.6kJ/kg，空气密度按1.2kg/m³)？

(A)39.1　　　　(B)52.3　　　　(C)54.4　　　　(D)61.2

答案：[　　]

主要解答过程：

20. 某冰蓄冷空调系统夏季冷负荷为3000kW，典型设计日冷量为30000kWh，采用部分负荷蓄冰，双工况主机制冰工况制冷能力为其空调工况下的制冷能力的0.65倍，该主机夜间制冰工况运行8h、日间空调工况运行10h，则双工况主机空调工况制冷能力q_c(kW)，应最接近以下哪项数值？

(A)5769　　　　(B)1974　　　　(C)2070　　　　(D)1667

答案：[　　]

主要解答过程：

21. 设计某速冷装置，要求在1h内将50kg饮料水冷却到10℃。已知：饮料水的初始温度32℃，其比热容为4.18kJ/(kg·K)。该速冷装置的制冷量(W)(不考虑包装材料部分)，最接近下列何项？

(A)580　　　　(B)1280　　　　(C)1740　　　　(D)2250

答案：[　　]

主要解答过程：

22. 某地下水源热泵工程，需对采用电动蒸汽压缩式热泵和直燃型吸收式热泵两种机组时的地下水开采量进行比较。已知：电动热泵的制热能效比$COP_{h1}=5.0$，吸收式热泵的制热能效比$COP_{h2}=1.67$，请问：当地下水的利用温差相同时，采用电动热泵与采用吸收式热泵所需的地下水开采量的比值(前者比后者)，最接近以下哪个选项？

(A)1.0　　　　(B)2.0　　　　(C)0.5　　　　(D)0.75

答案：[　　]

主要解答过程：

23. 某办公楼空调冷源采用全负荷蓄冷的水蓄冷方式，设计冷负荷为5600kW，空调设计日总冷量为50000kWh。蓄冷罐进出口温差为8℃，蓄冷罐冷损失为3%，蓄冷罐的容积率取1.05，蓄冷罐效率为0.9。每昼夜的蓄冷时间为8h。合理的蓄冷罐容积(m³)和冷水机组的总制冷能力(kW)选择，最接近下列何项？

(A)6500，6440　　(B)6500，5600　　(C)6300，6250　　(D)730，5600

答案：[　　]

主要解答过程：

24. 一台 R134a 半封闭螺杆冷水机组，采用热气旁通调节其容量，原理如图所示。已知图中主要状态点的比焓 $h_1 = 410$kJ/kg，$h_2 = 430$kJ/kg，$h_3 = 260$kJ/kg，当采用热气旁通时，旁通率 $\alpha = 0.20$。设：无热气旁通时的制冷量为 Q_{01}、能效比为 COP_1；热气旁通时的制冷量为 Q_{02}、能效比为 COP_2，且压缩机的摩擦效率、电动机效率均为 1。问：Q_{02}/Q_{01} 和 COP_2/COP_1 的比值，最接近以下哪个选项？

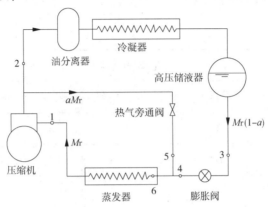

(A) $Q_{02}/Q_{01} = 0.80$，$COP_2/COP_1 = 0.80$
(B) $Q_{02}/Q_{01} = 0.80$，$COP_2/COP_1 = 1.00$
(C) $Q_{02}/Q_{01} = 0.77$，$COP_2/COP_1 = 1.00$
(D) $Q_{02}/Q_{01} = 0.77$，$COP_2/COP_1 = 0.77$

答案：[ ]
主要解答过程：

25. 长春市某住宅小区，原设计 200 住户，一户居民装设一个燃气双眼灶和一个快速热水器，所设计的燃气管道计算流量为 38.4m³/h。后因方案变更，住户数增加到 400 户，每户居民的燃具配置相同。问：变更后的燃气管道计算流量(m³/h)，最接近下列何项？

(A) 82   (B) 77   (C) 72   (D) 67

答案：[ ]
主要解答过程：

2019年度全国注册公用设备工程师(暖通空调)执业资格考试 专业案例(上) 详解

专业案例答案									
题号	答案	题号	答案	题号	答案	题号	答案	题号	答案
1	C	6	A	11	C	16	B	21	B
2	C	7	B	12	B	17	B	22	B
3	A	8	A	13	B	18	D	23	A
4	D	9	C	14	A	19	C	24	D
5	D	10	D	15	C	20	B	25	D

1. 答案:[C]
主要解答过程:
说明:本题最直接考点为《教材2019》P550式(3.10-2),但公式存在多处错误:
①d 应为外径;②q_1的单位应为 W/m;③公式分子应为:$2\pi(t_1 - t_2)$。
这些错误给考生带来了困扰。根据《工业设备及管道绝热工程设计规范》(GB 50264—2013)式(5.3.3-2)可以发现,教材式(3.10-2)即为《绝热规》式(5.3.3-2)推导而来,式中 D_0 对应 d,即为管道外径,而外表面换热系数 a_s 取 11.63 的依据来自《红宝书》P1334 式(16.2-18),认为地沟内风速为 0,因此 $a_s = 1.163 \times 10 = 11.63$,而《绝热规》中仅给出了防烫伤的 a_s 值(8.141),否则需要利用复杂公式计算。本题按照修正后教材公式计算:

$$q_1 = \frac{2\pi(t_1 - t_2)}{\frac{1}{\lambda}\ln\left(\frac{d + 2\delta}{d}\right) + \frac{2}{11.63(d + 2\delta)}}$$

$$q_1 = \frac{2\pi(120 - 40)}{\frac{1}{0.035} \times \ln\left(\frac{0.219 + 2\delta}{0.219}\right) + \frac{2}{11.63 \times (0.219 + 2\delta)}} \leq 40 \text{W/m}$$

该方程无法直接求解,故代入数据验算:
取 $\delta = 50$mm,$q_1 = 44.5$W/m,不满足要求。
取 $\delta = 55$mm,$q_1 = 41.4$W/m,不满足要求。
取 $\delta = 60$mm,$q_1 = 38.7$W/m,满足要求,即为最小保温层厚度。

2. 答案:[C]
主要解答过程:
根据《教材2019》P18,辐射供暖温度梯度取 0.23℃/m,则屋顶下的温度为:

$$t_d = t_g + \Delta t_H(H - 2) = 18 + 0.23 \times (12 - 2) = 20.3(℃)$$

室内平均温度为：

$$t_{np} = \frac{t_g + t_d}{2} = \frac{18 + 20.3}{2} = 19.15(℃)$$

3. 答案：[A]
主要解答过程：
改造前后热负荷分别为：

$$Q_0 = cG_0\Delta t_0 = c \times G_0 \times (85 - 60)$$
$$Q = cG\Delta t = c \times 0.6G_0 \times (60 - 40)$$
$$\Rightarrow Q = 0.48Q_0$$

上述负荷计算结果是按照室温20℃计算所得，如按室内温度18℃计算，根据室内外温差与房间负荷的正比关系：

$$\frac{Q_0{'}}{Q_0} = \frac{18 - (-16)}{20 - (-16)} \Rightarrow Q_0{'} = 0.94Q_0 = 0.45Q$$

节能率为：

$$\varepsilon = \frac{Q - Q_0{'}}{Q} \times 100\% = 55\%$$

4. 答案：[D]
主要解答过程：
根据《教材2019》P94 式(1.8-14)：

$$G_{sh} = FK(t_1 - t_2)CE/H = \pi DLK(t_1 - t_2)CE/H$$
$$= 3.14 \times 0.25 \times 120 \times \left(20 \times \frac{3600}{1000}\right) \times [150 - (-12)] \times 3 \times \frac{0.25}{2118}$$
$$= 389.1(\text{kg/h})$$

注意：传热系数单位的换算，量纲计算是案例考试的重要技巧之一，考生需要加强训练。

5. 答案：[D]
主要解答过程：
参考《教材2019》P104 式(1.8-23)，求最小预拉伸值，因此安装温度取5℃：

$$\Delta X = 0.0118(t_1 - t_2)L = 0.0118 \times (85 - 5) \times 160 = 151(\text{mm})$$

最小预拉伸量：$\Delta L = \frac{1}{3} \times \Delta X = 50.3\text{mm}$

争议点：《热网规》(CJJ 34—2010)第9.0.2.4条，地下敷设时取10℃，笔者认为此处非本题考点。

6. 答案：[A]
主要解答过程：
根据《教材2019》P174，当数种溶剂(苯及其同系物、醇类或醋酸酯类)蒸汽或数种刺激性气体同时放散于空气中时，应按各种气体分别稀释至规定的接触限值所需要的空气量的总和计算全面通风换气量，则该车间的通风量应为：

$$L = \max[(40000 + 10000 + 10000), 30000] = 60000(\text{m}^3/\text{h})$$

7. 答案：[B]

主要解答过程：

楼梯间的总正压送风量为：

$$L = 4.2 + 0.8 = 5(\mathrm{m^3/s})$$

已知 3 扇门开启时，剩余 9 扇门关闭且两侧压差为 6Pa 时的风量，由于门缝渗透阻力系数不变，利用管网阻力公式 $\Delta P = SQ^2$ 可计算当全部 12 扇门关闭且两侧压差为 25Pa 时的渗透风量：

$$L_{25} = \frac{12}{9} \times \sqrt{\frac{25\mathrm{Pa}}{6\mathrm{Pa}}} \times L_6 = 2.2\mathrm{m^3/s}$$

因此当所有门关闭时，为保证楼梯间门两侧压差为 25Pa，若不考虑其他渗漏，所有余压阀需要泄出的最大风量为：

$$\Delta L = L - L_{25} = 2.8\mathrm{m^3/s}$$

注：本题十分新颖，需要考生从根本上理解正压送风系统压差控制的基本原理和实现方法，并能够联想运用管网阻力公式进行计算，是一道好题！

8. 答案：[A]

主要解答过程：

根据《工业暖规》第 6.4.3 条，房间体积按 6m 高度计算，事故排风量为：

$$L = V \times 12 = 30 \times 20 \times 6 \times 12 = 43200(\mathrm{m^3/h})$$

9. 答案：[C]

主要解答过程：

出口总含尘量为：$m = 20000\mathrm{m^3/h} \times 20\mathrm{g/m^3} \times (1 - 80\%) \times (1 - 99.1\%) = 720\mathrm{g/h}$

出口(20℃)风量为：$L_{20} = 20000 \times (1 + 2\%) \times (1 + 3\%) = 21012(\mathrm{m^3/h})$

标况(0℃)风量为：$L_0 = \frac{273}{273 + 20}L_{20} = 19578\mathrm{m^3/h}$

标况(0℃)排放浓度为：$n = \frac{m}{L_0} = \frac{720\mathrm{g/h}}{19578\mathrm{m^3/h}} = 0.0368\mathrm{g/m^3} = 36.8\mathrm{mg/m^3}$

10. 答案：[D]

主要解答过程：

根据《教材 2019》P206 式(2.5-2)：

$$\eta = \frac{G_2}{G_1} \times 100\%$$

$$= \frac{(0.7 \times 0.13 + 0.925 \times 0.17 + 0.96 \times 0.25 + 0.99 \times 0.23 + 1 \times 0.22)G_1}{G_1} \times 100\%$$

$$= 93.6\%$$

11. 答案：[C]

主要解答过程：

根据《工业暖规》第 6.9.5 条，排风(室内)粉尘最大浓度为：$37\mathrm{g/m^3} \times 50\% = 18.5\mathrm{g/m^3}$，根据质量守恒：

$$7400\mathrm{g/h} = L \times (18.5\mathrm{g/m^3} - 0) \Rightarrow L = 400\mathrm{m^3/h}$$

注：有些考生错误地根据第 6.9.15.3 条，选择 25% 的含尘浓度进行计算。应注意该条为是否设置防爆风机的限制条件，若题干条件为"设置普通风机"，才应选择 25%。

12. 答案：[B]
主要解答过程：
根据《教材 2019》P541 表 3.9-6：
$$L = 70 + 0.4 = 70.4[dB(A)]$$

13. 答案：[B]
主要解答过程：
空气处理过程为：等湿加热 + 等焓加湿，过程线如附图所示，查 $h\text{-}d$ 图得 3 点的温度为：$t_3 = 24.1℃$，故盘管的加热量为：

$$Q = cm\Delta t = 1.01 \times 1.2 \times \frac{1000}{3600} \times (24.1 - 1)$$
$$= 7.8(kW)$$

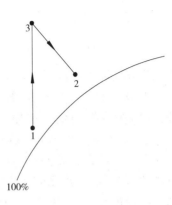

注：本题争议点在于空气密度是否应按 1℃ 空气密度进行计算，笔者认为空调题目在题干未说明的情况下均应按照 20℃ 空气密度 1.2kg/m³ 的原则进行计算，否则很多题目都需要进行密度修正，不符合常规工程计算习惯。

14. 答案：[A]
主要解答过程：
根据混水过程中的质量及能量守恒：
$$G_1 + G_2 = 50m^3/h$$
$$7℃ \times G_1 + 17℃ \times G_2 = 12℃ \times 50m^3/h$$
$$\Rightarrow G_1 = 25m^3/h$$

根据《教材 2019》P525 式(3.8-1)，流通能力为：
$$C = \frac{316 \times G}{\sqrt{\Delta P}} = \frac{316 \times 25}{\sqrt{100 \times 1000}} = 25$$

注：类似题目笔者建议考生根据质量及能量守恒方程进行计算，可避免混水公式参数选择时的困难，也有助于考生从基本物理原理上理解题目。

15. 答案：[C]
主要解答过程：
温湿度独立控制空调系统，室内湿负荷完全由新风系统承担，查 $h\text{-}d$ 图得：$d_n = 11.6g/kg$，因此：

$$W = \rho L(d_n - d_x)$$
$$12g/(h \cdot m^2) = 1.2kg/m^3 \times 5m^3/(h \cdot m^2) \times (11.6 - d_x)g/kg \Rightarrow d_x = 9.6g/kg$$

新风处理至 95% 相对湿度，查 $h\text{-}d$ 图得：$h_x = 38.6kJ/(kg \cdot ℃)$

若不进行热回收，设计冷量为：$Q_1 = \rho \times \frac{20000}{3600} \times (84 - 38.6) = 302.7kW$

回收冷量为：$Q_r = \rho \times \frac{20000}{1.25} \times \frac{1}{3600} \times (84 - 56) \times 65\% = 97.1kW$

表冷器设计冷负荷为：$Q = Q_1 - Q_r = 206kW$

注：考生应熟练掌握温湿度独立控制和排风热回收的做题套路，并将两者相结合。

16. 答案：[B]
主要解答过程：
根据热回收装置的能量守恒，即新风吸收的热量 = 排风释放的热量，因此：

$$Q_x = Q_p = cm_p\Delta t = 1.01 \times 1.26 \times \frac{2700}{3600} \times (18 - 1) = 16.2(\text{kW})$$

假设不进行热回收新风热负荷为：

$$Q_{x0} = cm_x\Delta t = 1.01 \times 1.26 \times \frac{3000}{3600} \times [18 - (-22)] = 42.4(\text{kW})$$

因此实际新风加热盘管的总设计加热量为：

$$Q = Q_{x0} - Q_x = 26.2\text{kW}$$

注：(1) 在严寒地区，为防止热回收装置结露，一般要对室外新风进行预热处理，常利用高温热水（低温热水预热盘管易冻裂）或电加热（能耗较高）进行预热，因此新风进入热回收装置的状态是预热后的状态点，新风在预热之后再与排风进行显热交换（此时热交换效率才是题目中的60%），本题未明确体现预热的过程，题意比较隐晦，而最终求解的新风加热盘管的总设计加热量，包含了新风预热盘管和热回收后新风加热盘管的加热量，因此才会有"总"加热量的问法。
(2) 要注意热交换效率的定义为：回收的热量/新排风的热量差，而在热回收装置内部能量是守恒的，因此认为新风吸收的热量 = 排风释放的热量×热交换效率的想法是一种想当然的错误！

17. 答案：[B]
主要解答过程：
转轮吸附过程中冷凝放热量全部被空气吸收，因此：

$$Q = m \times \Delta d \times 2500 = c \times m \times (t - 13)$$

$$\frac{8.9 - 6.2}{1000}\text{kg/kg} \times 2500\text{kJ/kg} = 1.01\text{kJ/kg} \cdot \text{℃} \times (t - 13)\text{℃} \Rightarrow t = 19.7\text{℃}$$

注：由于转轮除湿过程是"近似"等焓升温过程，因此本题建议采用公式计算法，更加严谨。

18. 答案：[D]
主要解答过程：
由于每层支路设置定风量阀，因此当3层新风支管电动风阀开启时，系统总风量为9000m³/h，因此 a 点管道内风速为设计值的一半，即4.5m/s；又因为风机采用定静压变频控制，a 点压差保持在250Pa，因此：

设计工况时 a 点的全压为：$P_{a0} = 250 + \frac{1}{2}\rho v_{a0}^2 = 250 + 0.5 \times 1.2 \times 9^2 = 298.6(\text{Pa})$

开启3层时 a 点的全压为：$P_a' = 250 + \frac{1}{2}\rho v_a'^2 = 250 + 0.5 \times 1.2 \times 4.5^2 = 262.2(\text{Pa})$

由新风入口至 a 点管网阻力系数 S 不变，因此：

$$S = \frac{P_0 - P_{a0}}{L_{a0}^2} = \frac{P_0' - P_a'}{L_a'^2} \Rightarrow \frac{600 - 298.6}{18000^2} = \frac{P_0' - 262.2}{9000^2} \Rightarrow P_0' = 337.6\text{Pa}$$

根据《教材2019》P267 表2.8-6，且风机频率与转速成正比，因此：

$$\varepsilon' = \sqrt{\frac{337.6}{600}} \times 50\text{Hz} = 37.5\text{Hz}$$

19. 答案：[C]
主要解答过程：
根据《公建节能2015》第4.3.12条，未修正时新风量为：$(30 + 25) \times 30 = 1650(\text{m}^3/\text{h})$

$$X = \frac{V_{\text{on}}}{V_{\text{st}}} = \frac{1650}{8000} = 0.206$$

$$Z = \frac{V_{\text{oc}}}{V_{\text{sc}}} = \frac{30 \times 30}{3000} = 0.3$$

$$Y = \frac{X}{1 + X - Z} = \frac{0.206}{1 + 0.206 - 0.3} = 0.227$$

故修正后系统总新风量为：$L_X = Y \times 8000 = 1816 \text{m}^3/\text{h}$

新风负荷为：$Q_X = \rho \dfrac{L_X}{3600}(h_w - h_x) = 1.2 \times \dfrac{1816}{3600} \times (90.6 - 54.8) = 21.7(\text{kW})$

机组的设计冷负荷为：$Q = Q_X + 32.6 = 54.3 \text{kW}$

20. 答案：[B]
主要解答过程：
根据《教材2019》P690，式(4.7-7)：

$$q_c = \frac{\sum_{i=1}^{24} q_i}{n_2 + n_i c_f} = \frac{30000}{10 + 8 \times 0.65} = 1974(\text{kW})$$

21. 答案：[B]
主要解答过程：
根据能量守恒，制冷量为：

$$Q = \frac{cm\Delta t}{1\text{h}} = \frac{4.18 \times 50 \times (32 - 10)}{1\text{h}} = 4598 \text{kJ/h} = 1277\text{W}$$

22. 答案：[B]
主要解答过程：
假设两种系统供热量均为Q，则根据能量守恒：

电制冷水源热泵机组水源侧吸热量为：$Q_1 = Q - W = Q - \dfrac{Q}{COP_{h1}} = 0.8Q$

吸收式热泵机组水源侧吸热量为：$Q_2 = Q - Q_{qd} = Q - \dfrac{Q}{COP_{h2}} = 0.4Q$

供回水温差相同，流量与热量成正比，比值为：$0.8Q/0.4Q = 2$

注：要根据题干条件判断出该吸收式热泵机组为第一类吸收式热泵。

23. 答案：[A]
主要解答过程：
根据《教材2019》P691 式(4.7-11)，所需蓄冷量为：

$$Q_s = \frac{50000}{1 - 3\%} = 51546(\text{kWh})$$

$$V = \frac{Q_s P}{1.163 \eta \Delta t} = \frac{51546 \times 1.05}{1.163 \times 0.9 \times 8} = 6458(\text{m}^3)$$

$$q_c = \frac{Q_s}{t} = \frac{51546}{8} = 6438(\text{kW})$$

24. 答案：[D]

主要解答过程：

当热气旁通时，列旁通混合点的能量守恒方程，其中 $h_5 = h_2$，$h_4 = h_3$：

$$h_6' M_r = h_2 \alpha M_r + h_3 (1 - \alpha) M_r \Rightarrow h_6' = 294 \text{kJ/kg}$$

制冷量的比值为（$h_6 = h_3$）：$\dfrac{Q_{02}}{Q_{01}} = \dfrac{h_1 - h_6'}{h_1 - h_6} = \dfrac{410 - 294}{410 - 260} = 0.77$

耗功率的比值为：$\dfrac{W_2}{W_1} = \dfrac{h_2 - h_1}{h_2 - h_1} = 1$

能效比的比值为：$\dfrac{COP_2}{COP_1} = \dfrac{Q_{02}}{Q_{01}} \dfrac{W_1}{W_2} = 0.77$

注：热气旁通并不在教材考试范围内，但只要理解基本制冷原理，并熟练掌握质量及能量守恒方程的运用，完全可以解决部分不常见制冷循环的相关计算。

25. 答案：[D]

主要解答过程：

根据《教材2019》P822 式(6.3-2)，并查表 6.3-4：

200 户时：$Q_h = 38.4 = \sum kNQ_n = 0.16 \times 200 \times Q_n \Rightarrow Q_n = 1.2 \text{m}^3/\text{h}$

400 户时：$Q_h' = \sum kNQ_n = 0.14 \times 400 \times Q_n = 67.2 \text{m}^3/\text{h}$

2019年度全国注册公用设备工程师(暖通空调)执业资格考试 专业案例(下)

1. 严寒C区某5层办公建筑,建筑面积为5000m²,建筑造型规整,建筑体型系数为0.35,外墙采用外保温,从室内到室外的有关传热系数计算的热物性参数与材料厚度数值见下表。问:关于该外墙计算的平均传热系数$K[W/(m^2 \cdot K)]$和判断是否满足相关节能设计标准规定值要求,下列哪一项是正确的?

内表面放热系数 α_n /[W/(m²·K)]	水泥砂浆20mm厚,导热系数 λ /[W/(m·K)]	加气混凝土砌块400mm厚,导热系数 λ /[W/(m·K)]	岩棉板75mm厚,导热系数 λ /[W/(m·K)]	外表面放热系数 α_w /[W/(m²·K)]
8.7	0.93	0.19	0.04	23
修正系数		1.25	1.30	

(A)0.27,满足性能限值规定　　　　(B)0.31,满足性能限值规定
(C)0.36,满足性能限值规定　　　　(D)0.39,不满足性能限值规定
答案:[　]
主要解答过程:

2. 某设置散热器连续供暖的多层建筑的中间层房间(其上下房间均为正常供暖房间),房间高度9m(无吊顶),只有一面东外墙及东外窗,东向的窗墙面积比小于1:1,东外窗及东外墙基本耗热量分别为1200W、400W,通过东外窗的冷风渗透热负荷为300W,则房间的计算总热负荷(W)最接近下列哪一项?
(A)1805　　　(B)1900　　　(C)1972　　　(D)1986
答案:[　]
主要解答过程:

3. 某严寒地区8层办公建筑,设置了散热器供暖系统,系统管道的最高标高为30m,热源由城市热网换热后的二次热水管网供给,并设置高位开式膨胀水箱定压,膨胀水箱的设计水位标高为35m,换热设备及二次热水循环泵均设置于标高为-5.0m的地下室设备间的地面上;膨胀管连接在二次管网热水循环泵的吸入口处,热水循环泵的扬程为10mH₂O。问:该供暖系统底部的试验压力(MPa),以下哪个选项是合理的(注:水压力换算时,按照1mH₂O=10kPa计算)?
(A)0.40　　　(B)0.50　　　(C)0.60　　　(D)0.65
答案:[　]
主要解答过程:

4. 某住宅建筑共6层,每层分为A、B、C三种户型(各户型的面积均相同),平面简图如图

所示(粗实线为外墙,细实线为内隔墙),各户每一面楼板和内隔墙的户间传热量分别为400W和200W,各户的供暖热负荷(W)的计算见下表(不含户间传热量)。问：该建筑供暖系统的总热负荷 $Q(kW)$ 和位于三层的 B 户型的室内供暖设备容量 $Q_B(kW)$,最接近以下何项?

A型	B型	C型

楼层	A 型	B 型	C 型
六层	2500	2000	2400
二～五层(每层)	2000	1500	1900
一层	2400	1900	2300

(A)35.10, 2.10   (B)35.10, 2.25   (C)52.65, 2.25   (D)52.65, 2.70

答案：[   ]

主要解答过程：

5. 河南省洛阳市(供暖室外计算温度为 -3℃)的某厂房总面积 10000m²,该厂房原设计散热器连续供暖,室内设计温度 19℃,供暖设计热负荷 1200kW,现拟改为局部辐射供暖,实际供暖区域的面积为 4000m²,仅白天工作使用。问该辐射供暖系统最小设计热负荷(kW),应最接近以下哪一项?

(A)1244   (B)778   (C)672   (D)560

答案：[   ]

主要解答过程：

6. 某严寒地区供暖室外计算温度为 -22.4℃,累年最低日平均温度 -30.9℃,室内设计计算温度 20℃,设计计算相对湿度 60%,设计计算露点温度 12℃,外墙结构(自内向外)见下表。问：满足基本热舒适($\Delta t_w \leq 3℃$)所需要的挤塑聚苯板的最小厚度(mm),最接近下列哪一选项?

序号	材料名称	厚度/mm	密度 /(kg/m³)	导热系数 /[W/(m·K)]	热阻 /[(m²·K)/W]	蓄热系数 /[W/(m²·K)]	热惰性指标
1	室内表面				0.11		
2	内墙水泥砂浆抹灰	20	1800	0.93	0.02	11.37	0.23
3	粉煤灰陶粒混凝土	240	1500	0.7	0.34	9.16	3.11
4	挤塑聚苯板		35	0.032		0.34	
5	外墙水泥砂浆抹灰	20	1800	0.93	0.02	11.37	0.23
6	室外表面				0.04		

(A)70   (B)55   (C)45   (D)35

答案：[   ]

主要解答过程：

7. 某除尘系统有 5 个排风点，每个点排风量为 2000m³/h，其中 3 个点为同时工作，2 个点为非同时工作(不工作时用风阀关闭)，该除尘系统需要的最小排风量 L(m³/h)，最接近下列哪一项？
(A)6000　　　　(B)6600　　　　(C)6800　　　　(D)10000
答案：[　　]
主要解答过程：

8. 某建筑材料生产车间产生石灰石粉尘，采用净化除尘方式。问：如果希望该车间的空气循环使用，净化后循环空气中的粉尘浓度的最高限值(mg/m³)，最接近下列何项？
(A)8.0　　　　(B)4.0　　　　(C)3.6　　　　(D)2.4
答案：[　　]
主要解答过程：

9. 某车间冬季机械排风量 $L_p = 5$m³/s，自然进风 $L_{zj} = 1$m³/s，车间温度 $t_n = 18$℃，室内空气密度 $\rho_n = 1.2$kg/m³，冬季供暖室外计算温度 $t_w = -15$℃，室外空气密度 $\rho_w = 1.36$kg/m³，车间散热器散热量 $Q_1 = 20$kW，围护结构耗热量 $Q_2 = 60$kW。问：该车间机械补风的加热量(kW)，最接近下列何项？
(A)180　　　　(B)220　　　　(C)240　　　　(D)260
答案：[　　]
主要解答过程：

10. 某高大空间高 20m(有喷淋)，面积 900m²，火灾热释放速率 $Q = 3$MW，计算得到的轴对称烟羽流质量流量为 $M_p = 110$kg/s。问：该高大空间的机械排烟量(m³/h)，最接近下列何项？
(A)5.40×10^4　　(B)12.2×10^4　　(C)20.2×10^4　　(D)35.2×10^4
答案：[　　]
主要解答过程：

11. 某商业综合体建筑的地下二层为机动车库，车库净高 3.6m，其中一个防火分区的面积为 3600m²，无通向室外的疏散口，该防火分区火灾时所有的排烟系统均可能投入运行。问：该防火分区的排烟补风系统最小总风量(m³/h)要求，最接近下列何项？
(A)15750　　　(B)21600　　　(C)31500　　　(D)38880
答案：[　　]
主要解答过程：

12. 某闭式空调冷水系统采用卧式双吸泵(泵进出口中心标高相同)，水泵扬程 28mH₂O (274kPa)，采用膨胀水箱定压，膨胀管接至循环水泵进水口处，膨胀水箱水面至水泵中心垂直高度 30m，试问水泵正常运行时，水泵出口的表压力(kPa)最接近下列何项(水泵入口流速 1.5m/s，出口流速 4.0m/s，水的密度 $\rho = 1000$kg/m³，忽略水泵进出口接管阻力)？
(A)274　　　　(B)294　　　　(C)561　　　　(D)568

答案：[ ]
主要解答过程：

13. 某公共建筑内需要常年供冷的房间，设计室温为26℃。其空调系统采用的矩形送风管布置在空调房间内，送风空气温度为15℃，风管绝热设计采用柔性泡沫橡塑。问：满足节能设计要求的绝热层最小厚度（mm），最接近下列哪项？

(A)28 (B)29 (C)30 (D)31

答案：[ ]
主要解答过程：

14. 某办公楼采用一次回风变风量空调系统，共有A、B、C、D四个房间，设计工况下各房间逐时显冷负荷（W）见下表。室内设计计算温度24℃，送风温度15℃。该系统设计计算送风量（m³/h）与下列哪一项最接近？

注：空气计算参数：密度1.2kg/m³，比热容1.01kJ/(kg·K)。

	11:00	12:00	13:00	14:00	15:00	16:00	17:00	18:00	最大值
房间A	2400	2500	2400	2200	2100	2000	1800	1500	2500
房间B	1200	1400	1800	2000	2400	2000	1800	1400	2400
房间C	1500	1800	2000	2100	2200	2400	2300	2200	2400
房间D	1200	1300	1300	1200	1200	1200	1100	1000	1300
合计	6300	7000	7500	7500	7900	7600	7000	6100	8600

(A)2100 (B)2600 (C)2800 (D)3100

答案：[ ]
主要解答过程：

15. 某建筑集中空调系统空调冷水设计供回水温度为6℃/12℃，室内设计温度25℃、相对湿度50%。选用某型号的风机盘管，该型号风机盘管样本中提供的供水温度为6℃时的供冷能力（W）见下表。问：在本项目设计工况下，该型号风机盘管的供冷能力（W）最接近下列哪一项？

水流量/(L/s)	回风参数			
	27℃/50%	26℃/50%	25℃/50%	24℃/50%
0.080	2920	2760	2560	2430
0.120	3515	3275	3015	2840
0.160	3895	3655	3340	3115
0.200	4200	3870	3585	3305

(A)2560 (B)3015 (C)3340 (D)3585

答案：[ ]
主要解答过程：

16. 某工程采用毛细管顶棚辐射供冷,室外大气压力 101325Pa。室内设计工况为干球温度 25℃,相对湿度60%,单位面积毛细管顶棚的设计供冷能力为 21W/m²,辐射体自身热阻为 0.07K·m²/W。设计管内最低供水温度(℃),最接近下列何项?
(A)15.2　　　　(B)18.3　　　　(C)20.2　　　　(D)21.4
答案:[　]
主要解答过程:

17. 某空调车间室内计算冷负荷为 20.25kW,室内无湿负荷。拟采用全新风空调系统,空调设备采用溶液调湿空调机组。室内空气计算参数:温度25℃、空气含湿量11g/kg 干空气,要求送风温差为8℃。问:空调系统的计算冷量(kW),最接近下列何项?(解答过程要求不使用 h-d 图)
注:室外空气计算参数:大气压力 101.3kPa、空气温度 30℃、空气焓值 68.2kJ/kg。
(A)57.5　　　　(B)51.29　　　　(C)37.25　　　　(D)20.25
答案:[　]
主要解答过程:

18. 某房间的空调室内显热冷负荷为 75kW,潜热冷负荷为 16.4kW,湿负荷为 24kg/h;室内设计参数为 $t = 25℃$、$\varphi = 60\%$($i = 55.5$kJ/kg,$d = 11.89$g/kg);室外计算参数为干球温度 31.5℃、湿球温度 26℃($i = 80.4$kJ/kg,$d = 18.98$g/kg);若采用温湿度独立控制空调系统,湿度控制系统为全新风系统,其送风参数为:$d = 8.00$g/kg,$\varphi = 95\%$。温度控制系统采用带干盘管的置换通风型空气分布末端。问:温度控制系统的设计最小风量(m³/h)和设计冷量(kW),应最接近下列何项?(标准大气压,空气密度取 1.2kg/m³)
(A)19000 和 51　　(B)21800 和 51　　(C)26300 和 62　　(D)31800 和 75
答案:[　]
主要解答过程:

19. 某一次泵变频变流量冷源系统如图所示,三台主机制冷量均为 1500kW,并配置三台冷水循环泵。设计供、回水温度为 6℃/12℃、主机允许最小流量为设计流量的 50%,水泵允许最

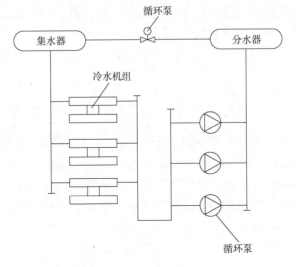

低频率为15Hz(工频为50Hz),设计工况时,分集水器供回水压差为200kPa。问:所选配的压差旁通阀的流通能力,应最接近下列哪一项?

(A)46　　　　　(B)76　　　　　(C)152　　　　　(D)215

答案:[　　]

主要解答过程:

20. 某洁净厂房的洁净大厅长度为54m、宽度为18m、高度为4m,要求洁净度为8级,室内工作人员为200人,采用顶送下回的气流组织形式,在空调机组的回风处引入新风,以维持室内正压。洁净大厅内空气颗粒物浓度按均匀计算。按大于或等于0.5μm粒径的悬浮颗粒物进行计算,生产工艺产尘量为5.0×10^8 pc/min,单位面积洁净室的装饰材料发尘量取1.25×10^4 pc/(min·m²),人员发尘量取100×10^4 pc/(p·min),含尘浓度限值的安全系数取0.5,送风悬浮颗粒物浓度为3000pc/m³,问:该洁净大厅的净化换气次数,最接近下列哪项?

(A)1.9　　　　　(B)4.5　　　　　(C)6.3　　　　　(D)7.8

答案:[　　]

主要解答过程:

21. 设计某地埋管地源热泵空调系统,冬季设计工况条件为,热泵机组承担的热负荷为1150kW,热泵机组制热性能系数的$COP_H = 4.5$,地埋管侧系统循环水泵的输出功率为18.5kW。问:设计工况下热泵机组自土壤中吸收的热量(kW),最接近下列何项(不考虑源自机房内管路的冷热交换)?

(A)876　　　　　(B)894　　　　　(C)1387　　　　　(D)1406

答案:[　　]

主要解答过程:

22. 某工程采用发电机为燃气轮机的冷热电三联供系统。燃气轮机排烟温度550℃,经余热锅炉产生高温蒸汽,分别供应溴化锂制冷机组制冷和生活热水换热器。余热锅炉无补燃,余热锅炉排烟温度为110℃,全年平均热效率0.85;溴化锂制冷机组的全年平均制冷效率$COP = 1.1$,生活热水换热器因保温不好产生的散热损失为5%。燃气轮机烟气全年实际提供的总热量为9800MJ,余热锅炉提供的热量中,50%提供给生活热水,50%提供给溴化锂机组。该项目的年平均余热利用率,最接近下列何项?

(A)87%　　　　　(B)89%　　　　　(C)91%　　　　　(D)105%

答案:[　　]

主要解答过程:

23. 某冷水机组名义工况和规定条件下的$COP = 5.4$、$IPLV = 6.2$;在75%、50%、25%负荷时的性能系数为6.6、6.7和4.95。机组制冷季总计运行1500h,全年总制冷量为450MWh,其中100%、75%、50%负荷率的运行时间为150h、600h、750h,且其冷却水条件与性能测试条件相同。问:该机组制冷机制冷季的总耗电量(MWh),最接近以下哪个选项?

(A)83.3　　　　　(B)79.1　　　　　(C)72.5　　　　　(D)69.2

答案:[　　]

主要解答过程：

24. 已知某低温复叠制冷循环(如图所示)，低温级制冷剂为CO_2，高温级制冷剂为R134a，有关各点的参数见下表。

问：该制冷循环计算的理论制冷系数应最接近下列何项？

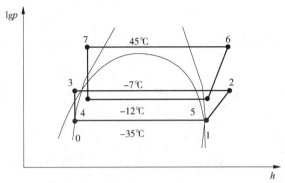

工况点号	1	2	3	5	6	7
比焓值/(kJ/kg)	436.5	460.5	179.5	389.5	428.5	254.5

(A)2.44 (B)4.08 (C)6.59 (D)10.71

答案：[　]

主要解答过程：

25. 某宾馆项目设置集中生活热水系统，为主要用水部门(客房)及其他用水部门(如健身、酒吧、餐厅、美容、员工等)提供生活热水供应，经计算主要用水部门设计小时耗热量为387kW，平均小时耗热量为116kW。在同一时间内，其他用水部门设计小时耗热量为168kW，平均小时耗热量为84kW。问：该宾馆生活热水系统的设计小时耗热量(kW)，最接近下列何项？

(A)200 (B)284 (C)471 (D)555

答案：[　]

主要解答过程：

2019年度全国注册公用设备工程师(暖通空调)执业资格考试 专业案例(下) 详解

\multicolumn{10}{c}{专业案例答案}
题号	答案	题号	答案	题号	答案	题号	答案	题号	答案
1	D	6	C	11	C	16	B	21	A
2	C	7	B	12	C	17	A	22	B
3	D	8	D	13	C	18	B	23	D
4	A	9	C	14	B	19	B	24	A
5	C	10	D	15	B	20	C	25	C

1. 答案：[D]
主要解答过程：
根据《教材2019》P3 式(1.1-3)，墙体的传热系数为：

$$K_P = \frac{1}{\frac{1}{\alpha_n} + \sum \frac{\delta}{\alpha_\lambda \lambda} + \frac{1}{\alpha_w}}$$

$$= \frac{1}{\frac{1}{8.7} + \frac{0.02}{0.93} + \frac{0.4}{1.25 \times 0.19} + \frac{0.075}{1.3 \times 0.04} + \frac{1}{23}}$$

$$= 0.30 \text{ W/(m}^2 \cdot \text{K)}$$

根据《公建节能2015》附录A，严寒地区外墙平均传热系数为：

$$K = \varphi K_P = 1.3 \times 0.30 = 0.39 \text{ W/(m}^2 \cdot \text{K)}$$

大于表3.3.1-2中0.38W/(m²·K)的限值要求，故不满足规定。

注： 教材公式计算所得为理论多层平板墙体的传热系数，由于受结构性热桥影响，实际外墙平均传热系数会比理论传热系数更大。

2. 答案：[C]
主要解答过程：
根据《教材2019》P19，并参考本系列丛书《专业知识篇》第1.2节围护结构耗热量计算公式的考点总结：

高度附加率为：$x_4 = (9 - 4) \times 2\% = 10\%$

东外窗耗热量为：$Q_c = (1 + x_4) \times 1200 \times (1 + x_1) = (1 + 10\%) \times 1200 \times (1 - 5\%) = 1254(\text{W})$

东外墙耗热量为：$Q_q = (1 + x_4) \times 400 \times (1 + x_1) = (1 + 10\%) \times 400 \times (1 - 5\%) = 418(\text{W})$

总热负荷为：$Q = Q_c + Q_q + Q_{lf} = 1254 + 418 + 300 = 1972(\text{W})$

3. 答案：[D]
主要解答过程：
根据《水暖验规》(GB 50242—2002)第8.6.1条，系统试压一般在系统尚未运行时进行，因此系统定点工作压力为0.05MPa，若考虑加0.1MPa，则试验压力为0.15MPa，尚小于0.3MPa，因此顶点试验压力取0.3MPa，此时系统底部试验压力为：0.3MPa + 0.35MPa = 0.65MPa。

4. 答案：[A]
主要解答过程：
根据《供热计量》(JGJ 173—2009)第7.1.5条条文说明，"以户内各房间传热量取适当比例的总和，该比例应根据住宅入住率情况……综合考虑"，可知房间各临室内墙、楼板的总传热量需要考虑一个比例后才是最终用来加大散热末端选型的"户间传热量"，但是考试大纲资料内并未提到该比例大小，根据《供热工程》(田玉卓主编，机械工业出版社)P25第1.1.4条，可知中间户传热概率一般取50%，因此，户间传热量为：
$$Q_{hj} = (400 + 200) \times 2 \times 50\% = 600(W)$$
三层的B户型的室内供暖设备容量为：
$$Q_B = 1500 + \min(Q_{hj}, 1500 \times 50\%) = 2100W = 2.1kW$$
建筑供暖系统的总热负荷，不考虑户间传热为：
$$Q = (2.5 + 2 \times 4 + 2.4) + (2 + 1.5 \times 4 + 1.9) + (2.4 + 1.9 \times 4 + 2.3) = 35.1(kW)$$
注：本题传热概率的知识点不在考试大纲范围内。

5. 答案：[C]
主要解答过程：
根据《工业暖规》第4.1.1.4条，工业建筑采用辐射供暖时，室内设计温度可降低2~3℃，题干求最小热负荷因此取降低3℃，此时计算房间设计热负荷：
$$\frac{Q}{1200} = \frac{16 - (-3)}{19 - (-3)} \Rightarrow Q = 1036.4kW$$
由于是局部辐射供暖，根据第5.2.10条，供暖面积比为：4000/10000 = 0.4，计算系数为0.54，再根据第5.2.8条，取20%的间歇附加系数，最终供暖系统最小设计热负荷为：
$$Q' = Q \times 0.54 \times (1 + 20\%) = 672kW$$
注：本题争议点在于室内设计温度是否降低，因为根据《辐射冷暖规》(JGJ 142—2012)第3.3.2条，只有全面辐射供暖时，室内设计温度可以降低2℃，但本题为工业建筑，应以《工业暖规》为准。

6. 答案：[C]
主要解答过程：
根据《教材2019》P723式(4.8-18)，在不考虑挤塑板时，墙体的热惰性指标为：
$$D_0 = R_2 S_2 + R_3 S_3 + R_5 S_5 = 0.02 \times 11.37 + 0.34 \times 9.16 + 0.02 \times 11.37 = 3.56$$
根据P7表1.1-12，假设考虑挤塑板后，墙体热惰性指标仍小于4.1，则：
$$t_w = 0.3 t_{wn} + 0.7 t_{p,min} = 0.3 \times (-22.4) + 0.7 \times (-30.9) = -28.35(℃)$$
$$R_{O,min} = \frac{(t_n - t_w)}{\Delta t_y} R_n - (R_n + R_w)$$
$$= \frac{18 - (-28.35)}{3} \times 0.11 - (0.11 + 0.04)$$
$$= 1.55(m^2 \cdot K/W)$$

$$R_0 = \varepsilon_1 \varepsilon_2 R_{0,\min} = 1 \times 1 \times 1.55 = 1.55 (\text{m}^2 \cdot \text{K/W})$$

根据 P3 表 1.1-6 挤塑板修正系数取 1.1，则挤塑板所需热阻为：

$$R_4 = R_0 - R_2 - R_3 - R_5 = 1.17 \text{m}^2 \cdot \text{K/W} = \frac{d}{\alpha_\lambda \times 0.032} \Rightarrow d = 41.2 \text{mm}$$

验算热惰性指标：

$$D = D_0 + R_4 S_4 = 3.56 + 1.17 \times 0.34 = 3.96，满足假设条件，假设成立。$$

注：最小传热阻计算公式中 tn 的取值，民用建筑与工业建筑不同，根据 P4~5，民用建筑供暖房间取 18℃，而工业建筑取室内计算温度（本题为 20℃），题干无法判断建筑类型，因此本题不严密，解答按民用建筑计算。

7. 答案：[B]
主要解答过程：
根据《工业暖规》第 7.1.5 条，关闭阀门的最小风量取正常排风量的 15%，系统排风量为：

$$L = 2000 \times 3 + 2000 \times 2 \times 15\% = 6600 (\text{m}^3/\text{h})$$

8. 答案：[D]
主要解答过程：
根据《工作场所有害因素职业接触限值第 1 部分：化学因素》（GBZ 2.1—2007）表 2，查得石灰石粉尘的容许浓度为 8mg/m³，再根据《工业暖规》第 6.3.2 条，空气循环使用粉尘浓度的最高限值为：

$$n = 8 \times 30\% = 2.4 \ (\text{mg/m}^3)$$

9. 答案：[C]
主要解答过程：
根据《教材 2019》P175，
根据质量守恒：$L_{zj}\rho_w + G_{jj} = L_p \rho_n \Rightarrow G_{jj} = 4.64 \text{kg/s}$
根据能量守恒：

$$Q_2 + cL_p \rho_n t_n = cG_{jj} t_s + cL_{zj} \rho_w t_w + Q_1$$
$$60 + 1.01 \times 5 \times 1.2 \times 18 = 1.01 \times 4.64 \times t_s + 1.01 \times 1 \times 1.36 \times (-15) + 20$$
$$t_s = 36.2℃$$

加热量为：$Q_{jj} = cG_{jj}\Delta t = 1.01 \times 4.64 \times [36.2 - (-15)] = 239.9 (\text{kW})$

10. 答案：[D]
主要解答过程：
根据《防排烟规范》第 4.6.11.1、4.6.12 及 4.6.13 条：

$$Q_c = 0.7Q$$
$$\Delta T = \frac{KQ_c}{M_p C_p} = \frac{1 \times 0.7 \times 3000}{110 \times 1.01} = 18.9 (℃)$$
$$T = T_0 + \Delta T = 311.9 \text{K}$$
$$V = \frac{M_p T}{\rho_0 T_0} = \left(\frac{110 \times 311.9}{1.2 \times 293.15}\right) \text{m}^3/\text{s} = 97.6 \text{m}^3/\text{s} = 35.1 \times 10^4 \text{m}^3/\text{h}$$

本题未明确空间功能，因此不便查表 4.6.3 进行对比，但可以发现计算结果大于表 4.6.3 中所有有喷淋空间的排烟量，因此排烟量可取 $35.1 \times 10^4 \text{m}^3/\text{h}$。

11. 答案：[C]
主要解答过程：
根据《汽车库、修车库、停车场设计防火规范》(GB 50067—2014)表8.2.5，采用插值法计算每个防烟分区的排烟量：

$$\frac{31500 - 30000}{31500 - L} = \frac{4 - 3}{4 - 3.6} \Rightarrow L = 30900 \mathrm{m^3/h}$$

根据第8.2.2及8.2.10条，该地库需要至少分为2个防烟分区，且火灾时同时运行，因此最小排烟量及补风量为：

$$L_\mathrm{p} = 2L = 61800 \mathrm{m^3/h}$$
$$L_\mathrm{b} = 50\% L_\mathrm{p} = 30900 \mathrm{m^3/h}$$

注：表8.2.5中数据均为排烟风机风量，因此无需根据《防排烟规范》要求附加1.2的修正系数。

12. 答案：[C]
主要解答过程：
入口静压：$P_{j1} = \rho g H = 1000 \times 9.8 \times 30 = 294(\mathrm{kPa})$

入口动压：$P_{d1} = \frac{1}{2}\rho v_1^2 = \frac{1}{2} \times 1000 \times 1.5^2 = 1.125(\mathrm{kPa})$

水泵增压：$P_\mathrm{p} = \rho g H = 1000 \times 9.8 \times 28 = 274.4(\mathrm{kPa})$

出口动压：$P_{d2} = \frac{1}{2}\rho v_2^2 = \frac{1}{2} \times 1000 \times 4^2 = 8(\mathrm{kPa})$

列水泵进出口两点的伯努利方程：$P_{j1} + P_{d1} + P_\mathrm{p} = P_{j2} + P_{d2}$

出口静压(即表压)：$P_{j2} = P_{j1} + P_{d1} + P_\mathrm{p} - P_{d2} = 561.5 \mathrm{kPa}$

13. 答案：[C]
主要解答过程：
根据《公建节能2015》表D.0.4风道最小热阻为：$R = 0.81 \mathrm{m^2 \cdot K/W}$
根据《教材2019》P551：

$$t_\mathrm{m} = \frac{26 + 15}{2} = 20.5(\mathrm{℃})$$
$$\lambda = 0.0341 + 0.00013 \times 20.5 = 0.0368[\mathrm{W/(m \cdot K)}]$$
$$\delta = R\lambda = (0.81 \times 0.0368)\mathrm{m} = 0.0298 \mathrm{m} = 29.8 \mathrm{mm}$$

14. 答案：[B]
主要解答过程：
变风量系统应取各房间逐时冷负荷最大值：$Q = 7900 \mathrm{kW}$

$$L = \frac{Q}{c\rho\Delta t} \times 3600 = \frac{7.9}{1.01 \times 1.2 \times 9} \times 3600 = 2607(\mathrm{m^3/h})$$

15. 答案：[B]
主要解答过程：
选择风机盘管参数表中与室内状态相同的一列，并试算各工况供回水温差：

$$\Delta t_1 = \frac{Q}{cm_1} = \frac{2560}{4.18 \times 0.08} = 7.66(\mathrm{℃})$$

$$\Delta t_2 = \frac{Q}{cm_2} = \frac{3015}{4.18 \times 0.12} = 6.02(℃)$$

$$\Delta t_3 = \frac{Q}{cm_3} = \frac{3340}{4.18 \times 0.16} = 5.0(℃)$$

$$\Delta t_4 = \frac{Q}{cm_4} = \frac{3585}{4.18 \times 0.20} = 4.2(℃)$$

因此在供回水温度为6℃/12℃时，风机盘管的供冷能力最接近3015W。

16. 答案：[B]
主要解答过程：

根据《辐射冷暖规》(JGJ 142—2012)第3.4.7条，供冷表面平均温度为：

$$t_{pj} = t_n - 0.175q^{0.976} = 25 - 0.175 \times 21^{0.976} = 21.6(℃)$$

满足《教材2019》P51表1.4-10的温度下限值，列辐射体的传热等式：

$$q = 21W/m^2 = \frac{t_{pj} - \frac{1}{2}(t_g + t_h)}{0.07} \Rightarrow t_g + t_h = 40.26℃$$

又根据P51，供回水温差不宜大于5℃且不应小于2℃的要求，求最低供水温度时取最大供回水温差5℃，因此：$t_h - t_g = 5℃$

解得：$t_g = 17.63℃$

注：不能错误地利用供水温度来计算顶棚辐射体的传热量。

17. 答案：[A]
主要解答过程：

系统送风(新风)量：$G = \frac{20.25}{1.01 \times 8} = 2.5(kg/s)$，送风温度为：$t = 25 - 8 = 17(℃)$

送风点焓值：

$$h_0 = 1.01t + d(2500 + 1.84t) = 1.01 \times 17 + \frac{11}{1000} \times (2500 + 1.84 \times 17) = 45[kJ/(kg \cdot ℃)]$$

系统的计算冷量为：$Q = G(h_w - h_0) = 2.5 \times (68.2 - 45) = 58(kW)$

注：溶液调湿空调机组可以通过调节溶液温度控制新风送风温度。

18. 答案：[B]
主要解答过程：

温湿度独立控制系统，新风承担所有室内湿负荷：

$$W = \frac{24}{3600}kg/s = G \times \frac{11.89 - 8}{1000} \Rightarrow G = 1.71kg/s$$

查h-d图，送风温度为：$t_x = 11.5℃$

新风承担的室内显热负荷为：$Q_x = cG\Delta t = 1.01 \times 1.71 \times (25 - 11.5) = 23.4(kW)$

干式风盘承担剩余的室内显热负荷为：$Q_g = 75 - Q_x = 51.6kW$

根据《民规》第7.4.7条，置换通风送风温度不低于18℃，因此设计最小风量为：

$$L = \frac{Q_g}{cp\Delta t} \times 3600 = \frac{51.6 \times 3600}{1.01 \times 1.2 \times (25 - 18)} = 21895(m^3/h)$$

19. 答案：[B]

主要解答过程：
求单台冷机的流量：

$$Q = c\rho \frac{L}{3600}\Delta t$$

$$L = \frac{Q}{c\rho\Delta t} \times 3600 = \frac{1500 \times 3600}{4.18 \times 1000 \times (12-6)} = 215(\text{m}^3/\text{h})$$

根据《民规》第8.5.9条，旁通阀的设计流量应为：$G = 50\%L = 107.5\text{m}^3/\text{h}$
则根据《教材2019》P525 式(3.8-1)压差旁通阀的流通能力为：

$$C = \frac{316G}{\sqrt{\Delta P_V}} = \frac{316 \times 107.5}{\sqrt{200 \times 1000}} = 76$$

20. **答案：[C]**
主要解答过程：
室内总发尘量为：

$$W = 5.0 \times 10^8 + (54 \times 18) \times 1.25 \times 10^4 + 200 \times 100 \times 10^4 = 7.12 \times 10^8(\text{pc/min})$$

根据《教材2019》P456 表3.6-1，8级洁净室，$N = 3520000\text{pc/m}^3$，再根据P465 式(3.6-8)：

$$G = \frac{W}{V} = \frac{7.12 \times 10^8}{54 \times 18 \times 4} = 183166[\text{pc}/(\text{min}\cdot\text{m}^3)]$$

$$n = \frac{60G}{\alpha N - N_s} = \frac{60 \times 183166}{0.5 \times 3520000 - 3000} = 6.3(\text{次}/\text{h})$$

注：应注意各种发尘源的单位。

21. **答案：[A]**
主要解答过程：
根据能量守恒：

$$Q_{吸} + 18.5 + \frac{1150}{COP_H} = 1150\text{kW}$$

$$Q_{吸} = 1150 - 18.5 - \frac{1150}{4.5} = 875.9(\text{kW})$$

22. **答案：[B]**
主要解答过程：
根据《教材2019》P671 式(4.6-2)：
余热锅炉提供的热量：$Q = 9800 \times 85\% = 8330(\text{MJ})$
生活热水供热量：$Q_1 = 50\% \times Q \times (1-5\%) = 3956.8\text{MJ}$
溴化锂机组供冷量：$Q_2 = 50\% \times Q \times COP = 4581.5\text{MJ}$
烟气降至120℃时可利用的热量：$Q_p = \frac{550-120}{550-110} \times 9800 = 9577.3(\text{MJ})$
年平均余热利用率：$\mu = \frac{Q_1 + Q_2}{Q_p} = \frac{3956.8 + 4581.5}{9577.3} = 89.2\%$

注：年平均余热利用率的作用是对比不同设备对于余热的利用能力，必须建立一个对比的基准，即烟气降至120℃时可利用的热量，当先进设备可以将烟气温度降至更低时，即利用了更多的余热，其余热利用率理应大于基准值。

23. **答案：[D]**

主要解答过程：

根据《公建节能2015》4.2.3条

$$IPLV = 6.2 = 1.2\% \times A + 32.8\% \times 6.6 + 39.7\% \times 6.7 + 26.3\% \times 4.95$$
$$\Rightarrow A = 6.12$$

设系统设计冷负荷为 Q，则：

$$Q \times 150 + 0.75Q \times 600 + 0.5Q \times 750 = 450\text{MWh}$$
$$\Rightarrow Q = 461.5\text{kW}$$

则总耗电量为：

$$W = \frac{Q \times 150}{6.12} + \frac{0.75Q \times 600}{6.6} + \frac{0.5Q \times 750}{6.7} = 68.6\text{MWh}$$

24. 答案：[A]

主要解答过程：

设 CO_2 循环制冷剂流量为 m_1，R134a 循环制冷剂流量为 m_2，则列 CO_2 循环冷凝器与 R134a 循环蒸发器的能量守恒方程（$h_4 = h_7$）：

$$m_1(h_2 - h_3) = m_2(h_5 - h_4)$$

$$\frac{m_1}{m_2} = \frac{389.5 - 254.5}{460.5 - 179.5} = 0.48$$

制冷量：$Q = m_1(h_1 - h_0) = m_1(h_1 - h_3)$

耗功率：$W = m_1(h_2 - h_1) + m_2(h_6 - h_5)$

理论制冷系数：$COP = \dfrac{Q}{W} = \dfrac{m_1(h_1 - h_3)}{m_1(h_2 - h_1) + m_2(h_6 - h_5)} = 2.44$

注：复叠制冷循环并不在教材考试范围内，但只要理解基本制冷原理，并熟练掌握质量及能量守恒方程的运用，完全可以解决部分不常见制冷循环的相关计算。

25. 答案：[C]

主要解答过程：

根据《给水排水规》(GB 50015—2003)第4.4.5条：

$$Q = 387 + 84 = 471(\text{kW})$$

第3篇

模拟试题及详细解析（专业案例）

2020年度全国注册公用设备工程师(暖通空调)执业资格考试 专业案例 模拟试卷(上)

1. 某寒冷地区的某地上3层矩形办公楼,正南北朝向,首层层高4.5m,二、三层层高3.2m,建筑外形尺寸长95.5m,宽10.5m,高11.7m(女儿墙标高),南侧立面每层分别有20个外窗,尺寸为2500mm×1800mm。问该建筑屋面及南向外窗的传热系数限值,应是下列哪一项(K_c为窗的传热系数,K_w为屋面的传热系数)?
   (A)K_c≤2.7 K_w≤0.45
   (B)K_c≤2.5 K_w≤0.45
   (C)K_c≤2.5 K_w≤0.40
   (D)K_c≤2.4 K_w≤0.45
   答案:[ ]
   主要解答过程:

2. 北京地区某6层办公建筑,层高3.5m,供暖室内计算温度为18℃,其中二层某办公室仅有一扇南侧外窗,窗中心标高为5.5m,门窗缝隙渗透风系数为0.67,热压系数为0.8,竖井空气温度为10℃。问:冷风渗透压差综合系数接近下列何项?
   (A)0.10   (B)0.15   (C)0.20   (D)0.25
   答案:[ ]
   主要解答过程:

3. 接上题,南外窗尺寸为宽1.8m,高1.5m,形式为双扇平开窗,外窗空气渗透性为5级,室外空气密度为1.32kg/m³。问:该南向外窗的冷风渗透耗热量(W)接近下列何项?
   (A)32.5   (B)36.7   (C)43.5   (D)51.4
   答案:[ ]
   主要解答过程:

4. 某集中供暖热力站采用立式波节管换热器,加热源为0.6MPa的饱和蒸汽,蒸汽潜热为2086kJ/kg,已知单台换热器水侧流量为75m³/h,供回水温度为85℃/60℃,水的比热取4.18kJ/(kg·K),密度按976.4kg/m³计算。问:换热器选用的疏水阀设计排出凝结水流量(kg/h)最接近以下哪个选项?
   (A)3669   (B)7337   (C)11006   (D)14674
   答案:[ ]
   主要解答过程:

5. 北京市某办公楼,其中位于一层的一个办公室共有两面外墙,房间尺寸如图所示,其地面为贴土非保温地面,供暖室内设计温度为18℃,按划分传热地带的方法计算地面温差传热耗热量,则该房间地面温差传热耗热量(W)计算值最接近下列哪一项?

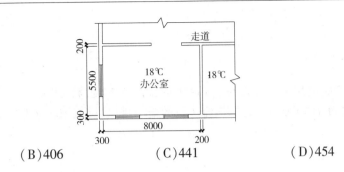

(A)392 (B)406 (C)441 (D)454

答案:[ ]
主要解答过程:

6. 某寒冷地区建筑面积为 20000m² 的商业建筑,由于存在较大面积的透明天窗不满足节能规范限值要求,需要进行围护结构热工性能的权衡判断,参照建筑利用能耗模拟软件进行全年冷热负荷逐时模拟计算后得到:全年累计耗冷量为 2100MWh,累计耗热量为 1050MWh,问:参照建筑单位面积全年供暖和空调总耗电量(kWh/m²)接近下列何项?

(A)46 (B)72 (C)87 (D)105

答案:[ ]
主要解答过程:

7. 北京地区某建筑地下变配电室,设计安装有 2 台 1600kVA 的变压器(变压器效率为 0.98,功率因数为 0.95,负荷率为 0.70),变压器室的室内设计温度为 40℃,原设计采用机械通风方式排除变压器室余热(不考虑变配电室围护结构的传热,假设新排风量相等)。建筑交付使用后,夏季高温用电高峰时段,经常出现变压器高温报警现象,根据现场实测:机械通风风量满足原设计要求,新风口最高送风温度为 31.5℃,变压器峰值负荷率可达到 0.85。根据业主要求,变配电室增设空调辅助制冷,问:新增空调设备所需的最小制冷量(kW),最接近下列何项?(空气密度为 1.20kg/m³,空气比热为 1.01kJ/kg·K)

(A)7.4 (B)9.1 (C)16.6 (D)35.1

答案:[ ]
主要解答过程:

8. 某数控车床车间生产过程中散发的有害物质主要为铜尘,对该工作场所空气中的铜尘浓度进行测定,劳动者接触状况见下表。试问,此状况下该物质的时间加权平均容许浓度值和该状况是否符合国家相关标准规定的判断,正确的是下列哪一项?

接触时间/h	接触铜尘对应的浓度/(按 Cu 计,mg/m³)
0.5	2.6
1.5	1.1
3.5	0.8
2.5	0.7

(A)0.94,符合 (B)0.94,不符合 (C)5.20,符合 (D)5.20,不符合

答案：[ ]
主要解答过程：

9. 某中餐厨房炉灶边尺寸为 1000mm×600mm，设计采用排风罩排风，其长边有一侧靠墙，罩口距灶面的高度为 750mm，计算该排风罩的最小排风量(m^3/h)应为下列哪一项？

(A) 1728 　　　(B) 1875 　　　(C) 2100 　　　(D) 2700

答案：[ ]
主要解答过程：

10. 某企业办公大厦，其标准层由若干个办公室、会议室、走道、核心筒等组成，局部平面示意如下图所示。该防火分区建筑面积为 $1120m^2$，内含两个会议室和若干个办公室，会议室的建筑面积为 $120m^2$，内走道建筑面积为 $150m^2$，办公室建筑为 $60m^2$，走道及各房间净高均为 3.0m。由于会议室及走道不满足自然排烟条件，因此标准层设置一套机械排烟系统。问：该机械排烟系统的最小排烟量是下列哪一项？

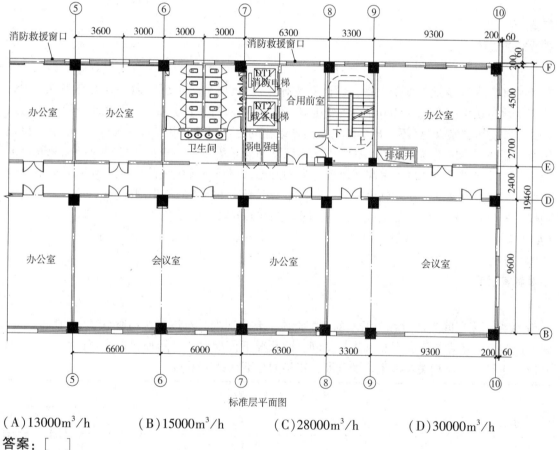

标准层平面图

(A) $13000m^3/h$ 　　(B) $15000m^3/h$ 　　(C) $28000m^3/h$ 　　(D) $30000m^3/h$

答案：[ ]
主要解答过程：

11. 接上题，假设该办公楼内走道排烟口如图中的布置方式，排烟口在吊顶上安装，设计烟层厚度为 800mm，环境温度为 20℃，烟气平均温度与环境温度的差值为 130.7K，根据规范公式进行计算,内走道单个排烟口的最大允许排烟量接近下列哪项?

内走道机械排烟剖面图

(A)6500m³/h (B)5720m³/h (C)3580m³/h (D)2860m³/h

答案:[ ]

主要解答过程:

12. 某洁净车间房间净尺寸为:长8m、宽5m、高4m,采用全面孔板上送风形式,室内设计温度为22℃±0.5℃,工作区的气流速度不超过0.2m/s,室内无潜热负荷,设计显热冷负荷为1500W,孔口直径为6mm,送风温差为5℃。问:孔板送风的最小净孔面积比最接近下列哪一项?(运动黏度取:$15.06 \times 10^{-6} m^2/s$,空气密度为$1.20 kg/m^3$,空气比热为$1.01 kJ/kg \cdot K$,考虑15%的吊顶面积布置灯具使用)

(A)2.0×10^{-3} (B)2.2×10^{-3} (C)2.4×10^{-3} (D)2.6×10^{-3}

答案:[ ]

主要解答过程:

13. 接上题,气流中心最大风速(m/s)及送风的轴心温度差(℃)接近下列何项,并判断是否满足校验要求?

(A)0.15,0.18,满足校验要求 (B)0.17,0.22,满足校验要求
(C)0.19,0.22,不满足校验要求 (D)0.25,0.68,不满足校验要求

答案:[ ]

主要解答过程:

14. 设置于某地下冷冻机房内的空调循环水系统二级泵,额定转速为1450r/min,变频控制最小转速为额定转速的50%,该水泵隔振设计时的振动传递比取0.2。问:该水泵选用的隔振器自振频率(Hz)最接近下列哪一项?

(A)4.9 (B)6.0 (C)9.9 (D)12.1

答案:[ ]

主要解答过程:

15. 某办公楼采用温湿度独立控制空调系统,末端采用溶液除湿机组+毛细管顶棚辐射供冷的系统形式,夏季室内设计参数为 $t=26℃$, $\varphi=60\%$。某开敞办公区域面积为 $700m^2$,总显热冷负荷为 $35kW$,总新风量为 $3000m^3/h$,送风温度为 $16℃$,毛细管直接粘贴在顶板上,喷涂 $5mm$ 的水泥砂浆,供回水温度为 $19℃/23℃$。问:需要敷设的毛细管最小面积(m^2)接近下列哪一项(空气密度为 $1.20kg/m^3$,空气比热为 $1.01kJ/kg·K$)?

(A) 500 　　　　 (B) 550 　　　　 (C) 600 　　　　 (D) 650

答案:[　　]

主要解答过程:

16. 北京地区某办公建筑,标准层设计新风量为 $15000m^3/h$,卫生间、电气机房排风与保证房间正压所需风量总和为 $6000m^3/h$,现根据地方节能规范要求设置转轮全热回收新风机组,为保证转轮的热回收效率且减小转轮选型,部分新风采取旁通的方式,不经过热回收转轮,热回收转轮的排风量与新风量的比值取 0.8,假设转轮基于新风侧的热回收效率为 60%,新风后经冷却盘管处理至室内等焓状态点。问新风冷却盘管的制冷量(kW)接近下列哪一项(空气密度按 $1.2kg/m^3$ 计算,室外空气焓值为 $82.9kJ/kg$,室内空气焓值为 $58.9kJ/kg$)?

(A) 48 　　　　 (B) 57 　　　　 (C) 66 　　　　 (D) 77

答案:[　　]

主要解答过程:

17. 某寒冷地区商业综合体,制冷机房设置两大一小三台电制冷冷水机组,共用一套冷却水系统,机组性能参数及配套冷源设备参数见下表。问:该冷源系统的综合制冷性能系数接近下列何项,是否满足国家相关节能标准的要求?

设备名称	设备参数(主要)	数量
离心式冷水机组	制冷量:1477kW,名义耗功率:254kW	2
螺杆式冷水机组	制冷量:879kW,名义耗功率:170kW	1
方形横流式冷却塔	冷却水量:300m³/h,耗功率:11kW	2
方形横流式冷却塔	冷却水量:180m³/h,耗功率:5.5kW	1
冷冻水循环泵	流量:175m³/h,扬程:35m,耗功率:30kW	2
冷冻水循环泵	流量:110m³/h,扬程:35m,耗功率:18.5kW	1
冷却水循环泵	流量:300m³/h,扬程:25m,耗功率:37kW	2
冷却水循环泵	流量:180m³/h,扬程:25m,耗功率:22kW	1
定压补水、水处理装置	功率:15kW	1套

(A) 4.28,不满足节能规范要求 　　　　 (B) 4.36,不满足节能规范要求
(C) 4.69,满足节能规范要求 　　　　　 (D) 4.78,满足节能规范要求

答案:[　　]

主要解答过程:

18. 某空调房间夏季室内设计温度为26℃，相对湿度50%，室内显热冷负荷为60.5kW，采用一次回风系统，露点送风，新风比为15%。设计选用一台额定风量为18000m³/h 的组合式空调机组，机组表冷器的析湿系数为1.63，冷凝水盘出水口处压力为-270Pa，冷凝水管采用0.003 的坡度接至机房地漏。试计算冷凝水管管径和应有的水封最小高度(mm)最接近下列哪一项？（当地为标准大气压，室外设计计算参数：干球温度34℃，湿球温度28℃，空气密度取1.2kg/m³，不考虑空调机组冷量附加）
    (A)25.1，DN25　　　　　　　　(B)27.6，DN25
    (C)27.6，DN32　　　　　　　　(D)30.3，DN32
    答案：[　]
    主要解答过程：

19. 南京市某具有强热辐射的生产车间夏季采用局部送风，系统送风量为12000m³/h，拟采用50%的新风，新风与室内回风混合后经表冷器处理至20℃送至工作地点。已知室内回风温度为28℃，相对湿度60%，问：空气处理机组表冷器的计算冷量应为下列何项？（大气压按标准大气压，"机器露点"的相对湿度为90%，空气密度取1.2kg/m³）
    (A)77~81kW　　　　　　　　(B)82~86kW
    (C)87~91kW　　　　　　　　(D)92~96kW
    答案：[　]
    主要解答过程：

20. 寒冷地区某建筑空调采用地埋管地源热泵系统，设计参数为：制冷量2000kW，全年空调制冷当量满负荷运行时间为750h，制热量3000kW，全年空调供热当量满负荷运行时间为1000h，热泵机组的制冷、制热能效比全年均为5.0。已知该地区无地下水径流，系统过渡季采用太阳能集热器向土壤中补热，问：若不考虑土壤与外界的传热及水泵等的附加散热量，则太阳能集热器的补热量(MWh)应为多少？
    (A)120　　　　　　　　(B)150
    (C)300　　　　　　　　(D)600
    答案：[　]
    主要解答过程：

21. 周口地区某冷库冷间采用机械通风的地面防冻设计，已知地面加热层传入冷间的热量为2.5kW，土壤传给地面加热层的热量为0.8kW，通风加热装置每日间歇运行4次，每次1.5h。问：该冷间地面防冻的加热负荷接近下列何项？
    (A)7800　　　　　　　　(B)6800
    (C)11700　　　　　　　　(D)10000
    答案：[　]
    主要解答过程：

22. 下图为采用喷气增焓技术的(制冷剂为R134a)压缩制冷（热泵）理论循环和系统组成，各点比焓见下表。问：该开启喷气增焓后机组的制热能效比 COP，最接近下列哪项？

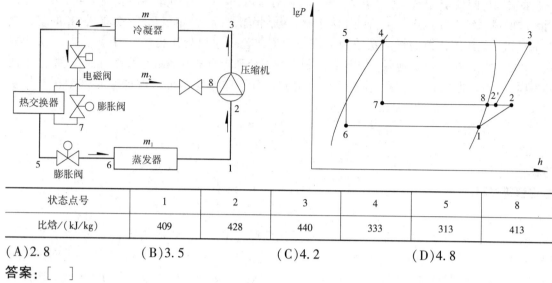

状态点号	1	2	3	4	5	8
比焓/(kJ/kg)	409	428	440	333	313	413

(A)2.8　　　　　(B)3.5　　　　　(C)4.2　　　　　(D)4.8

答案：[　　]

主要解答过程：

23. 某地区一商业综合体，空调冷源采用部分负荷冰蓄冷系统，利用夜间谷电时段完成蓄冷，蓄冰装置承担设计日总冷负荷的30%，采用蓄冰装置与主机合理搭配承担负荷的优化控制方式运行，以降低制冷机组装机容量，节省初投资。该建筑典型设计日逐时冷负荷(kW)见下表，问：在满足该建筑设计冷负荷需求的条件下，冷源系统蓄冰装置设计最大小时释冷量(kWh)和制冷机组空调工况下额定制冷量(kW)的最低要求最接近下列何项？

时间	0:00	1:00	2:00	3:00	4:00	5:00	6:00	7:00	8:00	9:00	10:00	11:00
冷负荷	0	0	0	0	0	0	0	0	1050	1250	2250	2580
时间	12:00	13:00	14:00	15:00	16:00	17:00	18:00	19:00	20:00	21:00	22:00	23:00
冷负荷	2620	2850	2880	3000	2850	2570	2450	2250	1250	1050	0	0
设计日总冷负荷/kWh					30900							

(A)1050，1950　　　(B)1050，1545　　　(C)1455，1545　　　(D)1297，1703

答案：[　　]

主要解答过程：

24. 某大型数据中心，总机柜数量为2000组，单机柜功率密度为12.5kW，其输入功率的98%转化为散热量(冷负荷)，机柜的同时使用率为75%，冷源采用离心式电制冷机组+板式换热器(过渡季自然冷却使用)+冷却塔的系统形式，夏季设计工况系统综合制冷性能系数$SCOP=5.0$。现拟利用数据中心夏季冷却水作为低温热源，设置水源热泵热水机组，加热初始温度为20℃的冷水至55℃为周边大型住宅小区提供集中生活热水，热泵机组的制热性能系数为$COP=8.0$。问：在理想设计工况下，该数据中心可提供的最大生活热水量(t/h)最接近下列何项？(忽略围护结构的冷负荷、冷冻水泵的散热量及管道的传热损失)

(A)172　　　　　(B)610　　　　　(C)620　　　　　(D)810

答案：[　　]

主要解答过程：

25. 接上题，已知该住宅小区最高日热水用水定额 100L/(人·d)，使用时间 24h，小时变化系数 K_h 为 2.75，热水密度为 1.0kg/L，冷水温度为 20℃。问：根据《建筑给水排水设计规范》(GB 50015—2003)集中热水供应系统的设计小时耗热量公式计算，该余热利用系统在理想设计工况下用水计算人数最接近下列何项(不考虑管网热损失)？
(A)38000　　　　(B)48000　　　　(C)54000　　　　(D)130000
答案：[　　]
主要解答过程：

2020 年度全国注册公用设备工程师(暖通空调)执业资格考试 专业案例 模拟试卷(上) 详解

专业案例答案									
题号	答案	题号	答案	题号	答案	题号	答案	题号	答案
1	C	6	B	11	D	16	C	21	A
2	D	7	C	12	C	17	D	22	B
3	B	8	B	13	B	18	C	23	D
4	B	9	B	14	C	19	A	24	C
5	C	10	C	15	B	20	D	25	B

1. 答案:[C]
主要解答过程:
建筑高度为:$H = 4.5 + 3.2 \times 2 = 10.9(m)$
建筑体积为:$V = 95.5 \times 10.5 \times 10.9 = 10930(m^3)$
建筑表面积为:$S = (95.5 + 10.5) \times 2 \times 10.9 + 95.5 \times 10.5 = 3313.6(m^2)$
体型系数为:$\varepsilon = \dfrac{S}{V} = \dfrac{3313.6}{10930} = 0.303$
窗墙比为:$n = \dfrac{20 \times 2.5 \times 1.8 \times 3}{95.5 \times 10.9} \times 100\% = 26\%$
查《公建节能 2015》表 3.3.1-3,可知:$K_c \leq 2.5, K_w \leq 0.40$
注:女儿墙属于建筑围护结构以外的部分,不应计算其高度。

2. 答案:[D]
主要解答过程:
根据《教材 2019》P20~P21 查得北京南外窗朝向修正系数为 0.15,查《民规》附录 A,$v_0 = 4.7 m/s$,$t_{wn} = -7.6℃$,因此:

$$C = 70 \dfrac{h_z - h}{\Delta C_f v_0^{\,2} h^{0.4}} \dfrac{t_n' - t_{wn}}{273 + t_n'} = 70 \times \dfrac{0.5 \times 6 \times 3.5 - 5.5}{0.7 \times 4.7^2 \times 5.5^{0.4}} \times \dfrac{10 - (-7.6)}{273 + 10} = 0.71$$

$$C_h = 0.3 h^{0.4} = 0.3 \times 5.5^{0.4} = 0.59$$

$$m = C_r \Delta C_f (n^{\frac{1}{b}} + C) C_h = 0.8 \times 0.7 \times (0.15^{\frac{1}{0.67}} + 0.71) \times 0.59 = 0.25$$

3. 答案:[B]
主要解答过程:
根据《教材 2019》P20 表 1.2-3,$a_1 = 0.2$,因此:

$$l_1 = (1.8 + 1.5) \times 2 + 1.5 = 8.1(\text{m})$$

$$L_0 = a_1 \left(\frac{\rho_{wn}}{2} v_0^2\right)^b = 0.2 \times \left(\frac{1.32}{2} \times 4.7^2\right)^{0.67} = 1.2[\text{m}^3/(\text{m} \cdot \text{h})]$$

$$L = L_0 l_1 m^b = 1.2 \times 8.1 \times 0.25^{0.67} = 3.84(\text{m}^3/\text{h})$$

$$Q = 0.28 C_p \rho_{wn} L(t_n - t_{wn}) = 0.28 \times 1.01 \times 1.32 \times 3.84 \times [18 - (-7.6)] = 36.7(\text{W})$$

4. 答案：[B]
主要解答过程：
根据《教材 2019》P95 式(1.8-16)，疏水阀的设计排出凝结水流量为：

$$G_{sh} = L\Delta t C_g \rho_g \alpha / r = 75 \times (85 - 60) \times 4.18 \times 976.4 \times 2/2086 = 7337(\text{kg/h})$$

注：根据《教材 2019》P95 及 P109 附图可以判断波节管换热器属于管壳式换热器。

5. 答案：[C]
主要解答过程：
查《民规》(GB 50736—2012)附录 A，北京地区供暖室外计算温度 $t_{wn} = -7.6℃$。
根据《教材 2019》P16～P17 及《供热工程》相关内容，地面的面积应按建筑物外墙以内的内廓至内墙中心线计算，非保温地面的传热系数按每 2m 划分一个地带采用，且第一地带靠近墙角处的面积需计算两次。

第一地带计算面积：$F_1 = 2 \times 8.1 + 2 \times 5.6 = 27.4(\text{m}^2)$

第一地带传热系数：$K_1 = 0.47 \text{W}/(\text{m}^2 \cdot \text{K})$

查《教材 2019》表 1.1-9，围护结构计算温差修正系数 $\alpha = 1$。

第一地带温差传热耗热量：$Q_1 = \alpha K_1 F_1(t_n - t_{wn}) = 0.47 \times 27.4 \times (18 + 7.6) = 329.7(\text{W})$

第二地带计算面积：$F_2 = 2 \times 3.6 + 2 \times 4.1 = 15.4(\text{m}^2)$

第二地带传热系数：$K_2 = 0.23 \text{W}/(\text{m}^2 \cdot \text{K})$

第二地带温差传热耗热量：$Q_2 = \alpha K_2 F_2(t_n - t_{wn}) = 0.23 \times 15.4 \times (18 + 7.6) = 90.7(\text{W})$

第三地带计算面积：$F_3 = 4.1 \times 1.6 = 6.56(\text{m}^2)$

第三地带传热系数：$K_3 = 0.12 \text{W}/(\text{m}^2 \cdot \text{K})$

第三地带温差传热耗热量：$Q_3 = \alpha K_3 F_3(t_n - t_{wn}) = 0.12 \times 6.56 \times (18 + 7.6) = 20.2(\text{W})$

该房间地面温差传热耗热量为：

$$Q = Q_1 + Q_2 + Q_3 = 329.7 + 90.7 + 20.2 = 440.6(\text{W})$$

6. 答案：[B]
主要解答过程：
根据《公建节能 2015》P52：

$$E_C = \frac{Q_C}{ASCOP_T} = \frac{2100 \times 1000}{20000 \times 2.5} = 42(\text{kWh/m}^2)$$

$$E_H = \frac{Q_H}{A\eta_1 q_1 q_2} = \frac{1050 \times 1000}{20000 \times 0.6 \times 8.14 \times 0.36} = 29.9(\text{kWh/m}^2)$$

$$E = E_C + E_H = 71.9 \text{kWh/m}^2$$

7. 答案：[C]
主要解答过程：

根据《09技措》P60式(4.4.2)，原设计变压器散热量为：

$$Q = 2(1 - \eta_1)\eta_2\varphi W = 2 \times (1 - 0.98) \times 0.7 \times 0.95 \times 1600 = 42.56(\text{kW})$$

查《民规》附录A，北京地区夏季通风计算温度为29.7℃，则设计机械通风量为：

$$L = \frac{Q}{c\rho\Delta t} \times 3600 = \frac{42.56}{1.01 \times 1.2 \times (40 - 29.7)} \times 3600 = 12273(\text{m}^3/\text{h})$$

实际极端情况下变压器散热量为：

$$Q' = 2(1 - \eta_1)\eta_2\varphi W = 2 \times (1 - 0.98) \times 0.85 \times 0.95 \times 1600 = 51.68(\text{kW})$$

极端情况下原机械通风系统可负担的冷负荷为：

$$Q_L = c\rho \frac{L}{3600}\Delta t' = 1.01 \times 1.2 \times \frac{12273}{3600} \times (40 - 31.5) = 35.12(\text{kW})$$

则新增空调设备所需的最小制冷量为：

$$\Delta Q_L = Q' - Q_L = 16.56 \text{kW}$$

8. 答案：[B]
主要解答过程：
查《工作场所有害因素职业接触限值 第1部分：化学有害因素》(GBZ 2.1—2007)表1可知，铜尘(按Cu计)PC-TWA限值为1mg/m^3，时间加权平均浓度为：

$$C_{\text{TWA}} = \frac{C_1T_1 + C_2T_2 + C_3T_3 + C_4T_4}{8}$$

$$= \left(\frac{2.6 \times 0.5 + 1.1 \times 1.5 + 0.8 \times 3.5 + 0.7 \times 2.5}{8}\right)\text{mg/m}^3$$

$$= 0.94\text{mg/m}^3 < 1\text{mg/m}^3$$

因此时间加权平均浓度满足限值要求，又根据表4查得最大超限倍数为2.5，短时间接触容许浓度限值为：PC-STEL = $1 \times 2.5 = 2.5(\text{mg/m}^3)$，因此0.5h接触时间的浓度为$2.6\text{mg/m}^3$，短时间接触浓度大于限值要求，即该状况不符合国家相关标准规定。

9. 答案：[B]
主要解答过程：
根据《教材2019》P247～P248，排风罩的平面尺寸应比炉灶边尺寸大100mm，则排风罩平面尺寸取1100mm×700mm，按公式计算排风罩的最小排风量为：

$$L_1 = 1000PH = 1000 \times (1.1 + 0.7 \times 2) \times 0.75 = 1875(\text{m}^3/\text{h})$$

按罩口断面吸风速度不小于0.5m/s计算风量：

$$L_2 = FV \times 3600 = 1.1 \times 0.7 \times 0.5 \times 3600 = 1386(\text{m}^3/\text{h})$$

排风罩的最小排风量应为：

$$L = \max(L_1, L_2) = 1875\text{m}^3/\text{h}$$

10. 答案：[C]
主要解答过程：
(1) 根据《建规2014》第8.5.3.3条，两会议室需设置排烟设施，根据《防排烟规范》第4.6.3.1条，排烟量为$120 \times 60 = 7200\text{m}^3/\text{h} < 15000\text{m}^3/\text{h}$，因此取$15000\text{m}^3/\text{h}$。

(2) 根据《防排烟规范》第4.6.3.4条，内走道排烟量为$150 \times 60 = 9000\text{m}^3/\text{h} < 13000\text{m}^3/\text{h}$，因此取$13000\text{m}^3/\text{h}$。

(3) 根据《防排烟规范》第4.6.4.1条，净高相同且小于6m的空间，排烟量应按任意两个相邻的防烟分区排烟量之和的最大值考虑，由于两间会议室均仅与走道相邻，因此该标准层机械排烟系统最小排烟量为走道与其中一间会议室的排烟量之和，为：15000 + 13000 = 28000（m³/h）。

11. 答案：[D]
主要解答过程：
根据《防排烟规范》第4.6.14条，内走道排烟口尺寸为800mm×500mm，排烟口当量直径为：

$$D = \frac{4ab}{2(a+b)} = \frac{4 \times 0.8 \times 0.5}{2 \times (0.8 + 0.5)} = 0.615(\text{m})$$

而风口中心点到最近墙体的距离为1.0m，小于2倍的排烟口当量直径，γ取0.5，因此单个排烟口最大允许排烟量为：

$$V_{max} = 4.16\gamma d_b^{\frac{5}{2}} \left(\frac{T-T_0}{T_0}\right)^{\frac{1}{2}}$$

$$= \left[4.16 \times 0.5 \times 0.8^{2.5} \times \left(\frac{130.7}{273.15+20}\right)^{\frac{1}{2}}\right]\text{m}^3/\text{s} = 0.795\text{m}^3/\text{s} = 2862\text{m}^3/\text{h}$$

12. 答案：[C]
主要解答过程：
根据《教材2019》P446~P447

$$v_0 = \frac{1500\gamma}{d_0} = \frac{1500 \times 15.06 \times 10^{-6}}{0.006} = 3.77(\text{m/s})$$

系统送风量为：

$$L = \frac{Q \times 3600}{c\rho\Delta t} = \frac{1.5 \times 3600}{1.01 \times 1.2 \times 5} = 891(\text{m}^3/\text{h})$$

孔口总面积及最小（α取0.82）净孔面积比为：

$$F_k = \frac{L}{3600 v_0 \alpha} = \frac{891}{3600 \times 3.77 \times 0.82} = 0.08(\text{m}^2)$$

$$k = \frac{F_k}{F} = \frac{0.08}{8 \times 5 \times (1-15\%)} = 0.0024$$

13. 答案：[B]
主要解答过程：
根据《教材2019》P448，全面孔板送风气流扩散角为0，$v_p/v_x \approx 1$，校验气流中心最大风速：

$$\frac{v_x}{v_0} = \frac{\sqrt{\alpha k}}{\frac{v_p}{v_x}\left(1+\sqrt{\pi}\tan\theta\frac{x}{\sqrt{f}}\right)} = \sqrt{\alpha k}$$

$$v_x = \sqrt{\alpha k} v_0 = (\sqrt{0.82 \times 0.0024} \times 3.77)\text{m/s} = 0.167\text{m/s} < 0.2\text{m/s}$$

校验轴心温度差：

$$\frac{\Delta t_x}{\Delta t_0} \approx \frac{v_x}{v_0} \Rightarrow \Delta t_x = \frac{v_x}{v_0}\Delta t_0 = \left(\frac{0.167}{3.77} \times 5\right)℃ = 0.22℃ < 0.5℃$$

故满足校验要求。

14. 答案：[C]
根据《民规》第10.3.2~10.3.4条条文说明，设备扰动频率为：

$$f = \frac{n}{60} = \frac{1450}{60} = 24.17(\text{Hz})$$

根据 P208 内容可知，隔振器的固有频率一般较低，小于设备扰动频率，因此：

$$T = -\frac{1}{1 - \left(\frac{f}{f_0}\right)^2}$$

$$\Rightarrow f_0 = f\sqrt{\frac{T}{T+1}} = 24.17 \times \sqrt{\frac{0.2}{0.2+1}} = 9.87(\text{Hz})$$

注：《教材2019》P549 公式错误，需引起注意。

15. **答案**：[B]
主要解答过程：
温湿度独立控制系统，新风承担所有系统湿负荷，室内末端干工况运行，仅承担显热负荷。
由于新风送风温度为18℃，低于室内空气干球温度，故承担了一部分室内显热负荷：

$$Q_1 = c\rho L_x \Delta t = 1.01 \times 1.2 \times \frac{3000}{3600} \times (26 - 16) = 10.1(\text{kW})$$

毛细管网承担的显热负荷为：

$$Q = 35 - Q_1 = 24.9 \text{kW}$$

冷水平均温度和室内温度的差值为：

$$\Delta t = 26 - \frac{19 + 23}{2} = 5(℃)$$

查《教材2019》P52 表1.4-11 及图1.4-16 可知单位面积毛细管的供冷能力为：45W/m^2，根据《辐射冷暖规》(JGJ 142—2012) 第3.4.7条，辐射供冷表面平均温度为：

$$t_{pj} = t_n - 0.175 q^{0.976} = 26 - 0.175 \times 45^{0.976} = 18.8(℃)$$

满足表3.1.4 中的温度下限值的要求，因此需要敷设的毛细管的最小面积为：

$$S = \frac{Q}{45} = \frac{24900}{45} = 553(\text{m}^2)$$

16. **答案**：[C]
主要解答过程：
标准层可以用来回收的排风量为：$L_p = 15000 - 6000 = 9000(\text{m}^3/\text{h})$
经过转轮的新风量为：$L_{x1} = 9000/0.8 = 11250(\text{m}^3/\text{h})$
若不进行热回收，新风负荷为：

$$Q_{x0} = \rho L_x \Delta h = 1.2 \times \frac{15000}{3600} \times (82.9 - 58.9) = 120(\text{kW})$$

热回收装置回收全热量为：

$$Q_r = \rho L_x \Delta h \eta = 1.2 \times \frac{11250}{3600} \times (82.9 - 58.9) \times 60\% = 54(\text{kW})$$

因此新风冷却盘管的制冷量为：$Q_L = Q_x - Q_r = 66 \text{kW}$

17. **答案**：[D]
主要解答过程：
根据《公建节能2015》第4.2.12条及其条文说明，计算 SCOP 应考虑冷水机组、冷却水泵和冷却塔的耗电功率，但不考虑冷冻水泵和其他辅助设备的耗电功率，因此：

$$SCOP = \frac{1477 \times 2 + 879}{254 \times 2 + 170 + 11 \times 2 + 5.5 + 37 \times 2 + 22} = 4.78$$

当设备类型和容量不同时，$SCOP$ 的限值应按冷量进行加权计算，查表 4.2.12，寒冷地区两种冷机的 $SCOP$ 限值为 4.4 和 4，根据冷量加权的限值为：

$$SCOP_0 = \frac{1477 \times 2 \times 4.4 + 879 \times 4}{1477 \times 2 + 879} = 4.31$$

故题干制冷系统 $SCOP$，满足节能要求。

18. **答案：**[C]
主要解答过程：
查 $h\text{-}d$ 图，室外空气焓值：$h_w = 89.6 \text{kJ/kg}$，室内空气焓值：$h_n = 53.0 \text{kJ/kg}$。
一次回风混合状态点温度及焓值为：

$$t_c = 0.15 \times 34 + (1 - 0.15) \times 26 = 27.2(\text{℃})$$

$$h_c = 0.15 \times 89.6 + (1 - 0.15) \times 53 = 58.5(\text{kJ/kg})$$

表冷器出口温度为：

$$t_o = t_n - \frac{Q_x}{cG} = 26 - \frac{60.5}{1.01 \times 1.2 \times 18000/3600} = 16(\text{℃})$$

由析湿系数公式：

$$\xi = \frac{h_c - h_o}{c(t_c - t_o)} = \frac{58.5 - h_o}{1.01 \times (27.2 - 16)} = 1.63$$

$$\Rightarrow h_0 = 40.1 \text{kJ/kg}$$

表冷器冷负荷为：

$$Q_L = \rho \frac{L}{3600}(h_c - h_o) = 1.2 \times \frac{18000}{3600} \times (58.5 - 40.1) = 110.4(\text{kW})$$

根据《民规》第 8.5.23 条条文说明表 3，$i = 0.003$，对应的冷凝水管管径为 $DN32$。
根据第 8.5.23.1 条，冷凝水封最小高度为：

$$H = \left|\frac{P}{\rho g}\right| = \left(\frac{270}{1000 \times 9.8}\right)\text{m} = 0.0276\text{m} = 27.6\text{mm}$$

19. **答案：**[A]
主要解答过程：
根据《工规》第 6.5.7 条，当局部送风系统的空气需要冷却处理时，其室外计算参数应采用夏季通风室外计算温度及相对湿度，查附录 A 及 $h\text{-}d$ 图：
南京地区室外计算参数：$t_w = 31.2℃$，$\varphi_w = 69\%$，$h_w = 82.3 \text{kJ/kg}$。
室内回风参数：$t_n = 28℃$，$\varphi_n = 60\%$，$h_n = 64.6 \text{kJ/kg}$。
送风状态点：$t_o = 20℃$，$\varphi_o = 90\%$，$h_o = 53.7 \text{kJ/kg}$。
混合状态点焓值：$h_c = 0.5 \times 82.3 + (1 - 0.5) \times 64.6 = 73.5(\text{kJ/kg})$
表冷器的计算冷量：$Q_L = G(h_c - h_o) = 12000 \times 1.2/3600 \times (73.5 - 53.7) = 79.2(\text{kW})$

20. **答案：**[D]
主要解答过程：
根据《民规》(GB 50736—2012) 第 8.3.4 条条文说明，对于地下水径流流速较小的埋管区域，在计算周期内系统总释热量和总吸热量应平衡。

系统全年总释热量：
$$Q_s = q_c(1 + 1/COP_c)t_c = 2000/1000 \times (1 + 1/5) \times 750 = 1800(\text{MWh})$$
系统全年总吸热量：
$$Q_x = q_h(1 - 1/COP_h)t_h = 3000/1000 \times (1 - 1/5) \times 1000 = 2400(\text{MWh})$$
太阳能集热器补热量：
$$Q_b = Q_h - Q_s = 2400 - 1800 = 600(\text{MWh})$$

21. 答案：[A]
主要解答过程：
根据《民规》附录A，周口地区室外年平均气温为14.4℃，根据《冷库规》(GB 50072—2010)附录A式(A.0.2)，计算修正系数取1.15，因此防冻的加热负荷为：
$$Q_f = a(Q_r - Q_{tu}) \times 24/T = 1.15 \times (2500 - 800) \times 24/(4 \times 1.5) = 7820(\text{W})$$

22. 答案：[B]
主要解答过程：
列热交换器的能量守恒方程：
$$m_1(h_4 - h_5) = m_2(h_8 - h_4) \Rightarrow \frac{m_1}{m_2} = \frac{h_8 - h_4}{h_4 - h_5} = \frac{413 - 333}{333 - 313} = 4$$
列压缩机内制冷剂混合的能量守恒方程：
$$(m_1 + m_2)h_2' = m_1 h_2 + m_2 h_8 \Rightarrow h_2' = 425\text{kJ/kg}$$
制热量为：$Q = (m_1 + m_2)(h_3 - h_4)$
耗功率为：$W = m_1(h_2 - h_1) + (m_1 + m_2)(h_3 - h_2')$
制热能效比为：
$$COP = \frac{Q}{W}$$
$$= \frac{(m_1 + m_2)(h_3 - h_4)}{m_1(h_2 - h_1) + (m_1 + m_2)(h_3 - h_2')}$$
$$= \frac{5 \times (440 - 333)}{4 \times (428 - 409) + 5 \times (440 - 425)} = 3.54$$

23. 答案：[D]
主要解答过程：
蓄冰装置承担设计日冷负荷：$Q_s = 30900 \times 30\% = 9270(\text{kWh})$
蓄冰装置与制冷机组采用优化控制方式运行，制冷机组空调工况额定制冷量最低要求即为可满足设计日全天空调负荷的最小额定制冷量，首先计算理想条件下的机组最小额定制冷量（机组在所有时段均满负荷运行，该值为有可能达到的最低值）：
$$Q_c = (Q_d - Q_s)/n_2 = (30900 - 9270)/14 = 1545(\text{kW})$$
由于该值大于设计日8:00、9:00、20:00、21:00四个时段的冷负荷，机组在上述时段不应满负荷运行，因此机组额定制冷量需加大，否则冷机无法满足全天供冷量的需求，且上述四个时段的冷负荷需由机组承担，因此进一步计算冷机空调工况额定制冷量：
$$Q'_c = (30900 - 9270 - 1050 - 1250 - 1050 - 1250)/10 = 1703(\text{kW})$$
经校核，该值满足条件，即为机组空调工况下额定制冷量的最小值，蓄冰装置设计最大小时释冷量为：

$$q_s = q_{max} - Q'_c = 3000 - 1703 = 1297(kW)$$

注：《教材2019》P690 部分负荷蓄冷计算公式式(4.7-7)默认按冷机满负荷运行考虑，本题的目的即在于提醒考生理论公式在实际工程中应用的局限性。

24. **答案**：[C]
主要解答过程：

数据中心设计冷负荷为：$Q_1 = 2000 \times 12.5 \times 98\% \times 75\% = 18375(kW)$

冷机冷却水总散热量为：$Q_2 = Q_1 + \dfrac{Q_1}{SCOP_1} = 22050 kW$

列水源热泵机组能量守恒方程：$Q_2 + W = Q_3 \Rightarrow Q_2 + \dfrac{Q_3}{COP} = Q_3 \Rightarrow Q_3 = 25200 kW$

因此可提供的生活热水量为：$G = \dfrac{Q_3}{c\Delta t} = \left[\dfrac{25200}{4.18 \times (55-20)}\right] kg/s = 172.2 kg/s = 620.1 t/h$

注：注意题干热泵机组 COP 为机组的制热性能系数。

25. **答案**：[B]
主要解答过程：
根据《给水排水规》(GB 50015—2003)第5.3.1.2条式(5.3.1-1)

$$Q_h = (25200 \times 3600) kJ/h$$
$$= K_h \dfrac{mq_r C(t_r - t_1)\rho_r}{T} = 2.75 \times \dfrac{m \times 100 \times 4.187 \times (60-20) \times 1}{24}$$

$$m = 47273 \text{ 人}$$

注：热水用水定额是按供水温度60℃为基准，不能利用题干55℃计算。

2020年度全国注册公用设备工程师(暖通空调)执业资格考试 专业案例 模拟试卷(下)

1. 某建筑采用钢制柱形散热器热水供暖系统,设计供回水温度为85℃/60℃,在系统低位采用容纳膨胀水量的隔膜式气压罐定压,气压罐总容积按最低要求设置,补水泵平时运行流量为$2m^3/h$,系统最高点位置高于定压点41m,系统安全阀开启压力设为0.8MPa,系统水容量为$60m^3$。问:气压罐总容积应为下列哪一项?注:供暖水加热前温度按5℃计,$1mH_2O = 10kPa$,不同温度时水的密度(kg/m^3)见下表。

水温	5℃	40℃	50℃	60℃	72.5℃	85℃
密度	1000	992.2	988.1	983.2	976.4	968.7

(A)1699L   (B)3356L   (C)4634L   (D)6102L

答案:[   ]
主要解答过程:

2. 接上题,若该系统采用质调节,供暖初期按60℃/40℃运行,利用理论公式计算此工况下补水泵的启泵压力(kPa)和停泵压力(kPa)最接近下列何项?
(A)420,720   (B)527,544   (C)527,720   (D)693,720

答案:[   ]
主要解答过程:

3. 某办公建筑采用散热器供暖系统,原总热负荷为4500kW,供回水温度为85℃/60℃,供回水总管径为DN250(内径252mm),供暖入口供回水压差为85kPa;经过节能改造后,总热负荷减小为3000kW,供回水温度调整为70℃/50℃,现拟采用调压板调节入口压力以满足改造后的要求。问:调压板的孔径(mm)最接近下列哪一项?(热水密度为$970kg/m^3$,比热为$4.18kJ/kg \cdot K$)
(A)80   (B)100   (C)120   (D)150

答案:[   ]
主要解答过程:

4. 某集中空调系统,冷源为离心式电制冷冷水机组,热源采用市政热力,系统总冷负荷为5000kW,供回水温度为5℃/13℃,总热负荷为3500kW,供回水温度为60℃/45℃,根据建筑分区及使用功能不同分设为三个环路,供冷总管、供热总管及各环路支管管径分别为:DN300,DN200,DN150,DN250,DN200。为保证各环路压力平衡设置分集水器,分集水器的筒体流速按0.1m/s考虑,筒体厚度为10mm,分集水器及冷热水管道均采用橡塑保温。

问：下列哪项分集水器的长度 $L(\text{mm})$ 及筒体直径（外径）$D(\text{mm})$ 是满足使用要求且最为经济的？（水的密度为：1000kg/m^3，水的比热为 $4.18\text{kJ/kg}\cdot\text{℃}$）

(A) $L=3170$，$D=1400$　　　　　　(B) $L=2920$，$D=1380$
(C) $L=3410$，$D=865$　　　　　　　(D) $L=3170$，$D=865$

答案：[　　]
主要解答过程：

5. 某集中供热小区，热价为 85 元/GJ，户内环境温度 20℃，风速 0m/s，供热管网吊装在开敞式地下车库楼板底部入户，最高介质温度不超过 95℃，实际使用期平均环境温度为 5℃，某单体引入管径为 $DN200$，则供热管道采用离心玻璃棉时，最低保温厚度（mm）是下列哪一项？

(A) 30~49　　　(B) 50~69　　　(C) 70~89　　　(D) 90~100

答案：[　　]
主要解答过程：

6. 某商业综合体地下一层设置双层机械停车库，板下净高为 4m，车库内平时送、排风与消防排烟、补风机共用一套系统，其中某一防烟分区内总车位数为 45 辆，机械排风量按照稀释浓度法计算，车位利用系数为 0.9，车库内汽车运行时间为 4min，单台车单位时间的排气量为 $0.020\text{m}^3/\text{min}$，室外大气 CO 浓度为 2mg/m^3。问：该防烟分区补风机的最小风量（m^3/h）接近下列何项？（补风机为单速，风机风量附加系数为 1.1）

(A) 13436　　　(B) 14779　　　(C) 15750　　　(D) 17325

答案：[　　]
主要解答过程：

7. 某型号为 No7 的柜式离心风机，风机进口设置进气箱，已知该风机压力系数为 1.0，比转速为 20，通风机进口滞止流量为 $36000\text{m}^3/\text{h}$，进出口滞止压差为 -600Pa，压缩性修正系数为 1.1，叶轮功率为 9.3kW。问该通风机的效率（%）是多少，是否满足 GB 19761—2009 中能效等级的 2 级要求？

(A) 71%，满足 GB 19761—2009 中能效等级的 2 级要求
(B) 74%，满足 GB 19761—2009 中能效等级的 2 级要求
(C) 71%，不满足 GB 19761—2009 中能效等级的 2 级要求
(D) 74%，不满足 GB 19761—2009 中能效等级的 2 级要求

答案：[　　]
主要解答过程：

8. 已知某铸造车间采用直径为 500mm 的圆形送风口对工作地点进行局部送风，工作地点的宽度为 1.61m，设计平均风速为 3m/s，送风口至工作地点的距离为 2.5m，试计算该条件下送风口的设计送风量（m^3/h）最接近下列哪一项？（圆形送风口的紊流系数为 0.076，有效面积系数取 0.9）

(A) 2087　　　(B) 4175　　　(C) 8350　　　(D) 9278

9. 战时为二等人员掩蔽所的人防地下室,防空地下室净高3.8m,人防清洁区面积:1490m²,防毒通道面积:10m²,人防区内掩蔽人数为700人,滤毒通风时,室内人员战时新风量:$2m^3/(p \cdot h)$。求滤毒通风最小排风量是多少?
(A)1746m³/h　　　(B)1626m³/h　　　(C)1520m³/h　　　(D)1400m³/h
答案:[　　]
主要解答过程:

10. 天津市某1800万t螺栓车间及附属办公用房新建燃气锅炉房供暖,经环保稽查队实测锅炉颗粒物的排放浓度为18mg/m³,试问,满足国家排放标准要求的实测氧含量为下列何项?
(A)2.0%~4.0%　　　(B)5.0%~7.0%　　　(C)8.0%~10.0%　　　(D)12.0%~14.0%
答案:[　　]
主要解答过程:

11. 某焦化炉厂房设计了一套回转反吹袋式除尘器,额定处理风量为10000m³/h,监理进场检测时,大气温度为18℃,实测除尘器风量为8000m³/h,实测漏风率为4%,请判断除尘器在试验状况下的漏风率为下列何项?
(A)1%~3%　　　(B)3.1%~5%　　　(C)5.1%~7%　　　(D)7.1%~9%
答案:[　　]
主要解答过程:

12. 某冰球馆设置一台调温型冷凝除湿机组,室内机功能段为:回风段+初中效过滤段+直接蒸发除湿段+冷凝再热段+风机段,并设置风冷热泵型室外机,机组送风量为30000m³/h,送风温度为20℃,冰场室内湿负荷为100kg/h,夏季室内空气(非冰面附近)设计状态点温湿度为:24℃,50%,蒸发器盘管出口空气相对湿度为95%,设计工况压缩机功率为60kW。问:风冷热泵型室外机的冷凝散热量(kW)最接近下列何项?(空气密度为1.20kg/m³,空气比热为1.01kJ/kg·K,不考虑制冷剂管道等各种传输热损失)
(A)13　　　(B)172　　　(C)228　　　(D)288
答案:[　　]
主要解答过程:

13. 某新风管道截面尺寸为300mm×200mm,长度为1.2m,设计工作压力为130Pa,因操作人员疏忽,实际测试压力为150Pa,当实际风管漏风量(m³/h)接近下列哪一项时,风管漏风性能满足要求?
(A)2.3　　　(B)2.5　　　(C)2.7　　　(D)3.2
答案:[　　]
主要解答过程:

14. 北京地区某商业建筑设置一次回风全空气系统,过渡季要求新风比可切换至送风量的70%,系统形式为单风机组合式空调机组(AHU)+配用双速轴流排风机(APF),已知补偿室内排风和保持正压所需风量为3000m³/h,机房设计平面图及设备参数表(部分参数,不考虑风机附加)如下图表所示。问:该机房设计及设备参数存在的主要错误有几处,并说明错误原因。

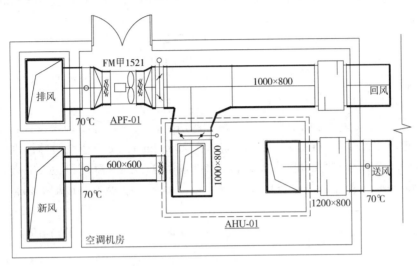

设备编号	设备参数
AHU-01	送风量:25000m³/h,最小新风量:10000m³/h,最大新风比:70% 机外余压:700Pa,风机效率:73%,$W_s=0.31$
APF-01	排风量:7000m³/h/15000m³/h,机外余压:400Pa/550Pa,风机效率:70%,$W_s=0.19/0.26$

(A)3处   (B)4处   (C)5处   (D)6处
答案:[   ]
主要解答过程:

15. 某酒店多功能厅设置一次回风定风量系统,风道的局部阻力按沿程阻力的50%考虑。送风机效率为70%,组合式空调机组整体阻力为350Pa,送、回风口阻力均为25Pa,机组送风最远半径为160m。问:根据相关节能标准,该空调系统风道平均比摩阻(Pa/m)的最大值接近下列何项?
(A)1.5   (B)1.2   (C)1.0   (D)0.8
答案:[   ]
主要解答过程:

16. 哈尔滨市某办公建筑内开敞办公区,冬季室内设计温度为20℃,相对湿度为30%,总新风量为1500m³/h,新风机组设置显热回收装置,排风量为1200m³/h,基于排风侧的热回收效率$\eta=60\%$,为防止排风通路结露(结霜),新风进口设置预热盘管,采用95℃/70℃高温热水。问:新风预热盘管的最小热水流量(m³/h)接近下列何项(空气密度按1.2kg/m³计算,空气比热按1.01kJ/kg·K计算)?
(A)0.15   (B)0.21   (C)0.29   (D)0.35

答案：[　　]
主要解答过程：

17. 某通风机房内设置两台叶片前向型离心风机，风量为：18000m³/h 和 9000m³/h，风机全压为：500Pa 和 400Pa。问：两台风机在中心频率 500Hz 频带下声功率级的叠加值（dB）接近下列哪一项？
(A) 82　　　　(B) 86　　　　(C) 97　　　　(D) 103
答案：[　　]
主要解答过程：

18. 南京地区某办公楼夏季空调采用开式逆流冷却塔，选用的某型冷却塔设计进出水温度为 37℃/32℃，循环水流量为 100m³/h，进塔风量为 720m³/min，出口空气湿球温度为 31℃，冷却塔断面面积为 6.8m²，填料层高度为 0.9m，试计算该型冷却塔在设计工况下的冷却能力（MJ/h）最接近下列哪一项？（当地大气压按标准大气压，C_1 值取 1.6，空气密度取 1.2kg/m³，水密度取 1000kg/m³）
(A) 3272　　　(B) 3522　　　(C) 3788　　　(D) 4419
答案：[　　]
主要解答过程：

19. 某大楼空调系统设计冷负荷为 3100kW，采用一级泵压差变流量空调水系统，冷源共设置 3 台冷水机组，供回水温度为 7℃/12℃，其中 2 台为水冷螺杆机组，单台制冷量为 850kW，剩余 1 台为水冷离心机组，制冷量为 1500kW，各台冷水机组允许的最小安全运行流量均为额定设计流量的 50%，系统冷源侧机组为定流量运行，采用供回水总管压差控制，恒定控制压差为 200kPa，问：供回水总管之间的压差旁通调节阀的流通能力最接近下列何项？
(A) 52　　　　(B) 91　　　　(C) 103　　　(D) 183
答案：[　　]
主要解答过程：

20. 已知某工厂测量室位于北纬 40°，该地区夏季室外大气压力为 850hPa，夏季空气调节室外计算干球温度为 30.9℃，夏季空气调节室外计算日平均温度为 25.3℃，试计算该测量室西外墙 18:00 时的夏季空气调节室外计算逐时综合温度（℃）最接近下列哪一项？（该地区夏季大气压力时的大气透明度等级为 4 级，外墙外表面换热系数为 18.6W/m²·K，外墙外表面对于太阳辐射热的吸收系数为 0.8）
(A) 30.6　　　(B) 32.8　　　(C) 44.1　　　(D) 47.5
答案：[　　]
主要解答过程：

21. 某工程采用发电机为燃气轮机的冷热电三联供系统，年燃气总消耗量为 20000Nm³，燃气低位热值为 39840kJ/Nm³，年输出总电量为 55000kWh，年余热供热总量为 $2×10^5$MJ，年余热供冷总量为 $3.5×10^5$MJ，电厂供电标准煤耗为 308g/kWh，供电线路损失率为 6.29%。问：

该三联供系统的节能率最接近下列何项?
(A)14%　　　　　(B)15%　　　　　(C)16%　　　　　(D)17%
答案:[　　]
主要解答过程:

22. 夏热冬冷地区某商业区采用区域供冷系统,冷源为水冷变频离心式冷水机组,单台机组名义制冷量为4000kW,设计工况下机组蒸发器进出口水温为13℃/5℃,冷凝器进出口水温为32℃/37℃,污垢系数与 GB/T 18430.1—2007 规定相同。按规程要求对机组的非标准部分负荷性能进行测试,得到的数据见下表。试计算该型机组的综合部分负荷性能系数($IPLV$)最接近下列何项? 并判断该型机组是否符合相关节能设计要求。

冷凝器进水温度/℃	负荷率(%)	制冷量/kW	输入功率/kW	COP_n
32	100	3520	530.9	6.63
27.9	75	2640	333.3	7.92
23.8	50	1760	233.1	7.55
19	25	880	142.2	6.19

(A)7.30,不符合　　(B)8.09,符合　　(C)8.30,符合　　(D)8.36,符合
答案:[　　]
主要解答过程:

23. 某冷库冷却间采用氨制冷系统,已知压缩机计算工况下的制冷量为100kW,蒸发温度为 -20℃,冷凝温度为40.6℃,冷凝器的传热系数为2300W/(m²·K),冷却水进出口水温为30℃/35℃。问:该冷凝器的传热面积 $A(m^2)$ 最接近下列何项?
(A)5.5　　　　　(B)6.9　　　　　(C)7.2　　　　　(D)8.5
答案:[　　]
主要解答过程:

24. 国外某研究团队开发出一种新型制冷压缩机,该型压缩机可在压缩工质的同时,通入冷却水进行冷却,实现对工质的等温压缩,为了测试其相关性能,该团队搭建了一套以 R22 为工质的制冷循环系统,系统流程图如下图所示,已知各状态点参数见下表,试计算该循环的理论制冷系数应是下列哪一项?

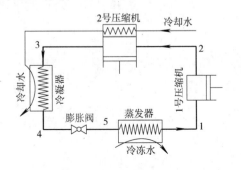
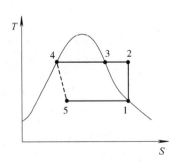

状态点	温度/℃	绝对压力/MPa	比焓/(kJ/kg)	比熵/[kJ/(kg·K)]	比容/(m³/kg)
1	5	0.5841	406.85	1.7436	0.0403
2	38	1.1191	422.70		0.0225
3	38	1.4601	415.90	1.7010	0.0159
4	38	1.4601		1.1582	

(A)4.45　　　　　(B)7.16　　　　　(C)10.08　　　　　(D)10.49

答案：[　　]

主要解答过程：

25. 某工厂规划建设一座500人的职工食堂，人均年用气量预计为58.5m³/a，试估算该工程天然气最小小时计算流量(m³/h)接近下列何项？

(A)0.017　　　　　(B)0.033　　　　　(C)8.5　　　　　(D)16.7

答案：[　　]

主要解答过程：

2020年度全国注册公用设备工程师(暖通空调)执业资格考试 专业案例 模拟试卷(下) 详解

专业案例答案									
题号	答案	题号	答案	题号	答案	题号	答案	题号	答案
1	C	6	C	11	B	16	C	21	C
2	B	7	A	12	C	17	B	22	B
3	B	8	C	13	D	18	D	23	C
4	A	9	C	14	C	19	D	24	B
5	B	10	B	15	C	20	C	25	C

1. 答案:[C]
主要解答过程:
根据《09技措》P165~P167,气压罐调节容积为:

$$V_t = 2 \times 1000 \times \frac{3}{60} = 100(L)$$

根据P166表6.9.6-1下注,系统供回水温度按平均水温计,即系统膨胀水终温为:$(85+60)/2 = 72.5(℃)$,因此85℃/60℃工况下系统膨胀容积为:

$$V_{P1} = 1.1 \frac{\rho_5 - \rho_{72.5}}{\rho_{72.5}} 1000 V_c = 1.1 \times \frac{1000 - 976.4}{976.4} \times 1000 \times 60 = 1595.2(L)$$

气压罐应吸纳的最小水容积为:

$$V_{xmin} = V_{min} = V_t + V_P = 100 + 1595.2 = 1695.2(L)$$

气压罐起始充气压力(根据第6.9.5条计算)及正常运行的最高压力为:

$$P_0 = 41mH_2O \times 10kPa + 10kPa = 420kPa$$

$$P_{2max} = 0.9 P_3 = 0.9 \times 0.8 \times 10^3 = 720(kPa)$$

气压罐最小总容积为:

$$V_{Zmin} = V_{xmin} \frac{P_{2max} + 100}{P_{2max} - P_0} = 1695.2 \times \frac{720 + 100}{720 - 420} = 4633.5(L)$$

2. 答案:[B]
主要解答过程:
60℃/40℃工况下系统膨胀容积,即为该工况下补水泵启泵压力对应的气压罐吸水容积:

$$V_{P2} = 1.1 \frac{\rho_5 - \rho_{50}}{\rho_{50}} 1000 V_c = 1.1 \times \frac{1000 - 988.1}{988.1} \times 1000 \times 60 = 794.9(L)$$

利用《09技措》式(6.9.8),气压罐容积不变,即:

$$V_{Z\min} = 4633.5\text{L} = V_{P2}\frac{P_1' + 100}{P_1' - P_0} = 794.9 \times \frac{P_1' + 100}{P_1' - 420}$$

$$\Rightarrow P_1' = 527.4\text{kPa}$$

该工况补水泵停泵压力对应的气压罐吸水容积即为启泵时吸水容积与气压罐调节容积之和：

$$V' = V_t + V_P' = 100 + 794.9 = 894.9(\text{L})$$

同理利用式(6.9.8)，气压罐容积不变，即：

$$V_{Z\min} = 4633.5\text{L} = V'\frac{P_2' + 100}{P_2' - P_0} = 894.9 \times \frac{P_2' + 100}{P_2' - 420}$$

$$\Rightarrow P_2' = 544.2\text{kPa}$$

注：也可利用 P314 附录 C 式(C.2.5-1)，式(C.2.5-2)计算，该公式由式(6.9.8)推导所得。

3. **答案**：[B]
主要解答过程：
改造前后热负荷分别为：

$$4500 = c \times \frac{G_0}{3600} \times (85 - 60)$$

$$3000 = c \times \frac{G_1}{3600} \times (70 - 50) \Rightarrow G_1 = 0.83G_0 = 129187\text{kg/h}$$

由于管网阻力系数不变：

$$\frac{85}{P_1} = \left(\frac{G_0}{G_1}\right)^2 \Rightarrow P_1 = 59\text{kPa}$$

根据《教材 2019》P102：

$$H = 85\text{kPa} - 59\text{kPa} = 26\text{kPa} = 26000\text{Pa}$$

$$f = 23.21 \times 10^{-4} \times 252^2 \times \sqrt{970 \times 2600} + 0.812 \times 129187 = 845098$$

$$d = \sqrt{\frac{129187 \times 252^2}{845098}} = 98.5(\text{mm})$$

4. **答案**：[A]
主要解答过程：
根据《教材 2019》P107，系统供冷和供热总流量分别为：

$$L_L = \frac{Q_L}{c\rho\Delta t_L} = \frac{5000}{4.18 \times 1000 \times (13 - 5)} = 0.15(\text{m}^3/\text{s})$$

$$L_R = \frac{Q_R}{c\rho\Delta t_R} = \frac{3500}{4.18 \times 1000 \times (60 - 45)} = 0.056(\text{m}^3/\text{s})$$

因此按照冷水流量选择筒体直径：

$$L_L = 0.15\text{m}^3/\text{s} = \frac{1}{4}\pi D_n^2 v = \frac{1}{4}\pi D_n^2 \times 0.1$$

$$D_n = 1.38\text{m}, D_w = D_n + 2 \times 0.01 = 1.40\text{m} = 1400\text{mm}$$

根据式(1.8-26)即图 1.8-18，分集水器各分段长度及总长度为：

$$L_1 = 300 + 120 = 420(\text{mm})$$

$$L_2 = 300 + 200 + 120 = 620(\text{mm})$$

$$L_3 = 200 + 150 + 120 = 470(\text{mm})$$

$$L_4 = 150 + 250 + 120 = 520(\text{mm})$$
$$L_5 = 250 + 200 + 120 = 570(\text{mm})$$
$$L_6 = 200 + 120 = 320(\text{mm})$$
$$L = 130 + L_1 + L_2 + L_3 + L_4 + L_5 + L_6 + 120 = 3170\text{mm}$$

5. 答案：[B]
主要解答过程：
根据《民规》附录K表K.0.1-3可知，最高介质温度为95℃的DN200供热管道室外经济绝热层厚度为70mm，根据注5，当室外温度非0℃时，实际采用的厚度为：

$$\delta' = \left(\frac{T_0 - T_w}{T_0}\right)^{0.36} \delta = \left(\frac{95 - 5}{95}\right)^{0.36} \times 70 = 68.65(\text{mm})$$

6. 答案：[C]
主要解答过程：
根据《民规》第6.3.8.3条条文说明，库内汽车排出气体的总量为：

$$M = \frac{T_1}{T_0} mtkn = \frac{773}{293} \times 0.02 \times 4 \times 0.9 \times 45 = 8.55(\text{m}^3/\text{h})$$

汽车库所需的排风量为：

$$L_p = \frac{G}{y_1 - y_0} = \frac{My}{y_1 - y_0} = \frac{8.55 \times 55000}{30 - 2} = 16795(\text{m}^3/\text{h})$$

补风取排风的80%考虑，平时补风工况补风机最小风量为：

$$L_b = 0.8 \times L_p \times 1.1 = 14779\text{m}^3/\text{h}$$

由于平时通风系统与消防排烟系统共用，根据《汽车库、修车库、停车场设计防火规范》(GB 50067—2014)第8.2.5条，净高4m的车库，排烟风机的最小排烟量为31500m³/h，机械补风量不小于排烟量的50%，因此补风机消防工况所需最小补风量为15750m³/h，综合考虑补风机的最小风量为15750m³/h。

注：GB 50067—2014第8.2.5条中风量即为风机风量，无需考虑题干风机附加系数，也无需考虑《防排烟规范》中1.2的附加系数。

7. 答案：[A]
主要解答过程：
根据《教材2019》P278式(2.8-8)：

$$\eta_r = \frac{Q_{VSgl} P_f k_p}{1000 P_r} \times 100\% = \frac{(36000/3600) \times 600 \times 1.1}{1000 \times 9.3} \times 100\% = 71\%$$

查《通风机能效值及能效等级》(GB 19761—2009)表1，注意风机进口有进气箱时，效率应下降4%，因此题干该风机的2级能效限值为74%-4%=70%，故该风机满足规范中2级能效等级的要求。

8. 答案：[C]
主要解答过程：
根据《工业暖规》附录J，工作地点的气流宽度为：

$$d_s = 6.8(as + 0.145d_0) = 6.8 \times (0.076 \times 2.5 + 0.145 \times 0.5) = 1.785(\text{m})$$

由于 $d_g/d_s = 1.61/1.785 = 0.9$，查图J.0.2，b=0.12，则送风口的出口风速为：

$$v_0 = \frac{v_g}{b}\left(\frac{as}{d_0} + 0.145\right) = \frac{3}{0.12} \times \left(\frac{0.076 \times 0.5}{0.5} + 0.145\right) = 13.13(\text{m/s})$$

送风口设计送风量为：

$$L = 3600F_0 v_0 = 3600 \times \left(\frac{\pi}{4} \times 0.5^2 \times 0.9\right) \times 13.13 = 8353(\text{m}^3/\text{h})$$

9. 答案：[C]
主要解答过程：
首先求滤毒通风新风量，根据《教材2019》P327 式(2.11-2)和式(2.11-3)：

$$L_R = L_2 n = 700 \times 2 = 1400(\text{m}^3/\text{h})$$

$$L_H = V_F K_H + L_F = 10 \times 3.8 \times 40 + 1490 \times 3.8 \times 4\% = 1746.5(\text{m}^3/\text{h})$$

$$L_D = \max(L_R, L_H) = 1746.5\text{m}^3/\text{h}$$

根据《教材2019》P329 式(2.11-5)，滤毒通风最小排风量为

$$L_{DP} = L_D - L_F = 1746.5 - 1490 \times 3.8 \times 4\% = 1520(\text{m}^3/\text{h})$$

10. 答案：[B]
主要解答过程：
根据《锅炉大气污染物排放标准》(GB 13271—2014)第4.3条，新建燃气锅炉房颗粒物排放浓度限值(基准含氧量情况下)为20mg/m³，再根据第5.2条表6及式(1)：

$$\rho = \rho' \frac{21 - \varphi(O_2)}{21 - \varphi'(O_2)}$$

$$\Rightarrow \varphi'(O_2) = 21 - \frac{\rho'}{\rho}[21 - \varphi(O_2)] = 21 - \frac{18}{20} \times (21 - 3.5) = 5.25\%$$

注：排放标准所规定的各种污染物排放浓度限值是在基准含氧量工况下的折算值，对于同种类型的锅炉，正常燃烧时所排烟气中的氧基本是固定的，当人为地增大烟气量，也就是氧量高了的时候，污染物的排放浓度自然会降低。为了防止企业钻空子，国家会把污染物排放浓度通过上述公式换算成标准氧含量下的排放浓度，也就是折算值。

11. 答案：[B]
主要解答过程：
根据《回转反吹类袋式除尘器》(JB/T 8533—2010)第5.2条可知，除尘器漏风率的测试在正常过滤条件下，除尘器净气室内负压为2000Pa时测试。由于过滤器阻力系数不变，根据 $P = SQ^2$，当实际风量为8000m³/h时，净气室内实际负压为：

$$P = P_0 \times (8000/10000)^2 = 1280\text{Pa}$$

因此，当负压偏离时，计算试验状况下的漏风率为：

$$\varepsilon = \frac{44.72\varepsilon_1}{\sqrt{P}} = \frac{44.72 \times 4\%}{\sqrt{1280}} = 5\%$$

12. 答案：[B]
主要解答过程：
空气处理过程示意图如图所示，查 h-d 图得：$d_n = 9.3\text{g/kg}$，$h_n = 47.8\text{kJ/kg}$，除湿机承担室内全部湿负荷：

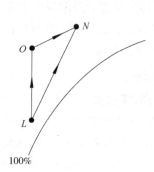

$$W = \rho L \frac{(d_n - d_o)}{1000}$$

$$d_o = d_n - \frac{W}{\rho L} \times 1000 = 9.3 - \frac{100 \times 1000}{1.2 \times 30000} = 6.5(\text{g/kg})$$

查 h-d 图得：$t_L = 8.5℃$，$h_L = 25\text{kJ/kg}$，则冷凝再热量为：

$$Q_Z = c\rho \frac{L}{3600} \Delta t = 1.01 \times 1.2 \times \frac{30000}{3600} \times (20 - 8.5) = 116(\text{kW})$$

蒸发器制冷量为：

$$Q_L = \rho \frac{L}{3600} \Delta h = 1.2 \times \frac{30000}{3600} \times (47.8 - 25) = 228(\text{kW})$$

根据制冷系统能量守恒：

$$Q_L + W = Q_Z + Q_P$$

$$Q_P = Q_L + W - Q_Z = 228 + 60 - 116 = 172(\text{kW})$$

13. 答案：[D]

主要解答过程：

根据《通风验规》（GB 50243—2016）第 4.1.4 条，设计压力 130Pa 为低压系统，根据第 4.2.1.2 条，矩形风管允许漏风量为：

$$Q_0 \leq 0.1056 P_0^{0.65} = 0.1056 \times 130^{0.65} = 2.5[\text{m}^3/(\text{h} \cdot \text{m}^2)]$$

根据附录 C.3.4 条可知，漏风量测定值一般应为规定测试压力下的实测数值。特殊条件下，也可用相近或大于规定压力下的测试代替，其漏风量可按下式换算：

$$Q_0 = Q(P_0/P)^{0.65}$$

$$Q = Q_0(P/P_0)^{0.65} = 2.5 \times (150/130)^{0.65} = 2.7[\text{m}^3/(\text{h} \cdot \text{m}^2)]$$

故满足性能要求的实际漏风量为：

$$L = QS = 2.7 \times 2 \times (0.3 + 0.2) \times 1.2 = 3.24(\text{m}^3/\text{h})$$

14. 答案：[C]

主要解答过程：

错误1：新风管道尺寸过小，不满足过渡季全新风（$25000\text{m}^3/\text{h} \times 0.7 = 17500\text{m}^3/\text{h}$）工况使用要求。

错误2：根据《民规》第 7.3.21 条条文说明，北京地区新风入口宜设置电动保温密闭风阀。

错误3：根据《建规2014》第 9.3.11 条，回风管出机房处漏设 70℃ 防火阀。

错误4：配用排风机过渡季高速风量偏大，无法满足室内正压要求，正确风量应为：$17500\text{m}^3/\text{h} - 3000\text{m}^3/\text{h} = 14500\text{m}^3/\text{h}$。

错误5：根据《公建节能2015》第 4.3.22 条，组合式空调机组送风机单位风量耗功率超过 0.3 的限值要求，应优化送风系统阻力，减小机组余压。

15. 答案：[C]

主要解答过程：

根据《公建节能2015》第 4.3.22 条，酒店全空气系统的单位风量耗功率限值为 $0.30\text{W}/(\text{m}^3/\text{h})$，因此：

$$W_s = \frac{P}{3600\eta_{CD}\eta_F} = \frac{P}{3600 \times 0.855 \times 0.7} \leq 0.30$$

$$P \leq 646.4\text{Pa}$$

因此：
$$P = 350 + 25 + 25 + 160 \times \varepsilon \times (1 + 50\%) \leq 646.4 \text{Pa}$$
$$\varepsilon \leq 1.03 \text{Pa/m}$$

16. 答案：[C]
主要解答过程：
查焓湿图得，室内排风的露点温度为 $t_l = 1.9℃$，因此为防止结露，经显热交换器后排风出口温度不应小于 1.9℃。设热回收装置入口（预热盘管出口）新风温度为 $t_入$，出口温度为 $t_出$，由热回收装置的能量守恒，即新风吸收的热量＝排风释放的热量：
$$c \times \rho \times 1200 \times (t_n - t_l) = c \times \rho \times 1500 \times (t_出 - t_入)$$
$$t_出 - t_入 = 14.48℃$$
根据《教材 2019》P564 式(3.11-8)，则：
$$c \times \rho \times 1200 \times (t_入 - t_n) \times \eta = c \times \rho \times 1500 \times (t_入 - t_出)$$
$$1200 \times (t_入 - 20) \times 0.6 = 1500 \times (-14.48)$$
$$t_入 = -10.2℃$$

查《民规》附录 A，哈尔滨市冬季空调室外计算温度为 -27.1℃，因此预热盘管加热量为：
$$Q = c\rho L_x \Delta t = 1.01 \times 1.2 \times \frac{1500}{3600} \times [-10.2 - (-27.1)] = 8.53 (\text{kW})$$

因此预热盘管的最小热水流量为：
$$L = \frac{0.86 \times 8.53}{95 - 70} = 0.29 (\text{m}^3/\text{h})$$

注：需正确理解热回收效率的定义和热回收装置新排风能量守恒的基本原理。

17. 答案：[B]
主要解答过程：
根据《教材 2019》P539，两台离心风机的声功率级分别为：
$$L_{W1} = 5 + 10\lg L_1 + 20\lg H_1 = 5 + 10\lg 18000 + 20\lg 500 = 101.5 (\text{dB})$$
$$L_{W2} = 5 + 10\lg L_2 + 20\lg H_2 = 5 + 10\lg 9000 + 20\lg 400 = 96.5 (\text{dB})$$
查表 3.9-4，两风机 500Hz 频带下声功率级分别为：
$$L_{W1,500} = 101.5 - 17 = 84.5 (\text{dB})$$
$$L_{W2,500} = 96.5 - 17 = 79.5 (\text{dB})$$
根据 P540 表 3.9-6 可知，叠加后的声功率级为：
$$L_{W,500} = 84.5 + 1.2 = 85.7 (\text{dB})$$

18. 答案：[D]
主要解答过程：
查《民规》附录 A，南京地区夏季空调室外计算湿球温度 $t_{ws} = 28.1℃$，根据《教材 2019》P492，并查 $h-d$ 图得：
冷却水进口水温：$t_{w1} = 37℃$，对应饱和空气焓值：$h_{w1} = 142.9 \text{kJ/kg}$。
冷却水出口水温：$t_{w2} = 32℃$，对应饱和空气焓值：$h_{w2} = 110.7 \text{kJ/kg}$。
室外空气进口湿球温度：$t_{s1} = 28.1℃$，对应饱和空气焓值：$h_{s1} = 90.3 \text{kJ/kg}$。
室外空气出口湿球温度：$t_{s2} = 31℃$，对应饱和空气焓值：$h_{s2} = 105.2 \text{kJ/kg}$。

因此：
$$\Delta_1 = h_{w1} - h_{s2} = 142.9 - 105.2 = 37.7(\text{kJ/kg})$$
$$\Delta_2 = h_{w2} - h_{s1} = 110.7 - 90.3 = 20.4(\text{kJ/kg})$$

对数平均焓差为：
$$MED = \frac{\Delta_1 - \Delta_2}{\ln\Delta_1/\Delta_2} = \frac{37.7 - 20.4}{\ln 37.7/20.4} = 28.2(\text{kJ/kg})$$

总焓移动系数为：
$$K_a = C_1\left(\frac{W}{A}\right)^a\left(\frac{G}{A}\right)^\beta = 1.6 \times \left(\frac{100 \times 1000}{6.8}\right)^{0.45} \times \left(\frac{720 \times 60 \times 1.2}{6.8}\right)^{0.6} = 25632$$

冷却塔的冷却能力为：
$$Q_c = K_a A H MED = (25632 \times 6.8 \times 0.9 \times 28.2)\text{kJ/h} = 4423673\text{kJ/h} = 4423\text{MJ/h}$$

19. 答案：[D]
主要解答过程：
根据《民规》(GB 50736—2012)第8.5.8条，一级泵变流量系统采用冷水机组定流量方式时，供回水总管之间旁通调节阀的设计流量宜取容量最大的单台冷水机组的额定流量。则旁通调节阀的设计流量为大冷机的设计流量：
$$L = \frac{Q \times 3600}{c\rho\Delta t} = \frac{1500 \times 3600}{4.18 \times 1000 \times (12 - 7)} = 258.4(\text{m}^3/\text{h})$$

根据《教材2019》P525式(3.8-1)旁通调节阀的流通能力为：
$$C = \frac{316L}{\sqrt{\Delta P}} = \frac{316 \times 258.4}{\sqrt{200 \times 1000}} = 183$$

20. 答案：[C]
主要解答过程：
根据《工业暖规》第4.2.10条：
夏季室外计算平均日较差为：
$$\Delta t_r = \frac{t_{wg} - t_{wp}}{0.52} = \frac{30.9 - 25.3}{0.52} = 10.77(℃)$$

夏季18：00室外计算逐时温度为：
$$t_{sh} = t_{wp} + \beta\Delta t_r = 25.3 + 0.28 \times 10.77 = 28.32(℃)$$

查表4.3.4，大气压力为850hPa时的4级大气透明度等级相当于附录C标定的5级，查附录C，北纬40°西向太阳总辐射照度为368W/m²，因此《工业暖规》根据第8.2.5条，西外墙18：00时的夏季空气调节室外计算逐时综合温度为：
$$t_{zs} = t_{sh} + \rho J/\alpha_w = 28.32 + 0.8 \times 368/18.6 = 44.1(℃)$$

注：(1)外墙和屋面的室外计算逐时综合温度仅《工业暖规》有涉及，《民规》没有相关内容。
(2)考生应注意附录C的查表方法，西向房间查表从下向上查。

21. 答案：[C]
主要解答过程：
根据《燃气冷热电联供工程技术规范》(GB 51131—2016)第4.3.10条：
$$\eta_{eo} = 122.9\frac{1-\theta}{M} = 122.9 \times \frac{1 - 0.0629}{308} = 0.37$$

$$r = 1 - \frac{BQ_L}{\frac{3.6W}{\eta_{eo}} + \frac{Q_1}{\eta_0} + \frac{Q_2}{\eta_{eo}COP_0}} = 1 - \frac{20000 \times 39.8}{\frac{3.6 \times 55000}{0.37} + \frac{2 \times 10^5}{0.9} + \frac{3.5 \times 10^5}{0.37 \times 5}} = 0.16$$

22. 答案：[B]
主要解答过程：
根据《公建节能2015》第4.2.10、4.2.11条及条文说明，夏热冬冷地区4000kW水冷变频离心式冷水机组COP限值为：$5.9 \times 0.93 = 5.49$，IPLV限值为：$6.2 \times 1.3 = 8.06$

$LIFT = LC - LE = 37 - 5 = 32(℃)$

$A = 0.000000346579568 \times 32^4 - 0.00121959777 \times 32^2 + 0.0142513850 \times 32 + 1.33546833$
$= 0.90606$

$B = 0.00197 \times 5 + 0.986211 = 0.99606$

$K_a = AB = 0.90606 \times 0.99606 = 0.9025$

$IPLV = NPLV/K_a$
$= (1.2\% \times 6.63 + 32.8\% \times 7.92 + 39.7\% \times 7.55 + 26.3\% \times 6.19)/0.9025$
$= 8.09 > 8.06$

$COP = COP_n/K_a = 6.63/0.9025 = 7.35 > 5.49$

因此该型机组符合相关节能设计要求。

23. 答案：[C]
主要解答过程：
根据《教材2019》P738 式(4.9-9)，查图4.9-3a，冷凝器负荷系数为1.29，因此冷凝器的热负荷为：

$Q_c = \varphi Q_e = 1.29 \times 100 = 129(kW)$

冷凝器的对数平均温差为：

$$\Delta\theta_m = \frac{(40.6 - 30) - (40.6 - 35)}{\ln\frac{(40.6 - 30)}{(40.6 - 35)}} = 7.8(℃)$$

冷凝器的传热面积为：

$$A = \frac{Q_c}{K\Delta\theta_m} = \frac{129 \times 1000}{2300 \times 7.8} = 7.2(m^2)$$

24. 答案：[B]
主要解答过程：
根据2号压缩机能量平衡：$h_2 + w_2 = h_3 + T_k(s_2 - s_3)$，代入数据得：
$422.7 + w_2 = 415.9 + (38 + 273) \times (1.7436 - 1.7010)$
解得：$w_2 = 6.45kJ/kg$
根据冷凝器能量平衡：$h_3 - h_4 = T_k(s_3 - s_4)$，代入数据得：
$415.9 - h_4 = (38 + 273) \times (1.7010 - 1.1582)$
解得 $h_4 = 247.09kJ/kg$
单位质量制冷量：$q_0 = h_1 - h_5 = 406.85 - 247.09 = 159.76(kJ/kg)$
1号压缩机单位质量耗功：$w_1 = h_2 - h_1 = 422.7 - 406.85 = 15.85(kJ/kg)$
理论制冷系数：$\varepsilon = q_0/\sum w = 159.76/(15.85 + 6.45) = 7.16$

注：历年类似制冷循环题目多采用压焓图，考生应同样掌握温熵图的使用方法。

25. 答案：[C]
主要解答过程：
根据《教材2019》P823 式(6.3-3)，估算最小用气量，所有系数均选取最小下限值：

$$Q_h = \frac{K_m K_d K_h Q_a}{365 \times 24} = \frac{1.1 \times 1.05 \times 2.2 \times 500 \times 58.5}{365 \times 24} = 8.5 (\text{m}^3/\text{h})$$

附 录

附录 A 2020 年全国注册公用设备工程师（暖通空调）执业资格考试专业考试使用的主要规范、标准

序号	规范名称	标准编号	备注
1	民用建筑供暖通风与空气调节设计规范	GB 50736—2012	AA 类
2	工业建筑供暖通风与空气调节设计规范	GB 50019—2015	AA 类，2017 年新增
3	建筑防烟排烟系统技术标准	GB 51251—2017	AA 类，2019 年新增
4	建筑设计防火规范	GB 50016—2014	AA 类
5	汽车库、修车库、停车场设计防火规范	GB 50067—2014	B 类
6	人民防空工程设计防火规范	GB 50098—2009	B 类
7	人民防空地下室设计规范	GB 50038—2005	B 类
8	住宅设计规范	GB 50096—2011	B 类
9	住宅建筑规范	GB 50368—2005	B 类
10	严寒和寒冷地区居住建筑节能设计标准	JGJ 26—2018	B 类，2020 年更新
11	夏热冬冷地区居住建筑节能设计标准	JGJ 134—2010	B 类
12	夏热冬暖地区居住建筑节能设计标准	JGJ 75—2012	B 类
13	温和地区居住建筑节能设计标准	JGJ 475—2019	B 类，2020 年新增
14	公共建筑节能设计标准	GB 50189—2015	AA 类
15	民用建筑热工设计规范	GB 50176—2016	2018 年新增
16	辐射供暖供冷技术规程	JGJ 142—2012	A 类
17	供热计量技术规程	JGJ 173—2009	A 类
18	工业设备及管道绝热工程设计规范	GB 50264—2013	C 类
19	既有居住建筑节能改造技术规程	JGJ/T 129—2012	B 类
20	公共建筑节能改造技术规范	JGJ 176—2009	C 类
21	环境空气质量标准	GB 3095—2012	C 类
22	声环境质量标准	GB 3096—2008	C 类
23	工业企业厂界环境噪声排放标准	GB 12348—2008	C 类
24	工业企业噪声控制设计规范	GB/T 50087—2013	C 类
25	大气污染物综合排放标准	GB 16297—1996	C 类
26	工业企业设计卫生标准	GBZ 1—2010	C 类
27	工作场所有害因素职业接触限值 第一部分：化学有害因素	GBZ 2.1—2007	C 类
28	工作场所有害因素职业接触限值 第二部分：物理因素	GBZ 2.2—2007	C 类
29	洁净厂房设计规范	GB 50073—2013	A 类

(续)

序号	规范名称	标准编号	备注
30	地源热泵系统工程技术规范	GB 50366—2009	A类
31	燃气冷热电联供工程技术规范	GB 51131—2016	B类，2018年新增
32	蓄能空调工程技术规程	JGJ 158—2018	B类，2020年更新
33	多联机空调系统工程技术规程	JGJ 174—2010	B类
34	冷库设计规范	GB 50072—2010	B类
35	锅炉房设计规范	GB 50041—2008	A类
36	锅炉大气污染物排放标准	GB 13271—2014	C类
37	城镇供热管网设计规范	CJJ 34—2010	A类
38	城镇燃气设计规范	GB 50028—2006	B类
39	城镇燃气技术规范	GB 50494—2009	B类
40	建筑给水排水设计规范	GB 50015—2003	B类
41	建筑给水排水及采暖工程施工质量验收规范	GB 50242—2002	A类
42	通风与空调工程施工规范	GB 50738—2011	A类
43	通风与空调工程施工质量验收规范	GB 50243—2016	A类，2018年新增
44	制冷设备、空气分离设备安装工程施工及验收规范	GB 50274—2010	C类
45	建筑节能工程施工质量验收规范	GB 50411—2007	C类
46	绿色建筑评价标准	GB 50378—2019	B类，2020年更新
47	绿色工业建筑评价标准	GB/T 50878—2013	B类
48	民用建筑绿色设计规范	JGJ/T 229—2010	C类
49	空气调节系统经济运行	GB/T 17981—2007	C类
50	冷水机组能效限定值及能源效率等级	GB 19577—2015	C类，2018年新增
51	单元式空气调节机能效限定值及能源效率等级	GB 19576—2004	C类
52	房间空气调节器能效限定值及能源效率等级	GB 12021.3—2010	C类
53	多联式空调(热泵)机组能效限定值及能源效率等级	GB 21454—2008	C类
54	蒸气压缩循环冷水(热泵)机组 工商业用和类似用途的冷水(热泵)机组	GB/T 18430.1—2007	C类
55	蒸气压缩循环冷水(热泵)机组 户用和类似用途的冷水(热泵)机组	GB/T 18430.2—2016	C类，2018年新增
56	溴化锂吸收式冷(温)水机组安全要求	GB 18361—2001	C类
57	直燃型溴化锂吸收式冷(温)水机组	GB/T 18362—2008	C类
58	蒸汽和热水型溴化锂吸收式冷水机组	GB/T 18431—2014	C类
59	水(地)源热泵机组	GB/T 19409—2013	C类
60	商业或工业用及类似用途的热泵热水机	GB/T 21362—2008	C类
61	组合式空调机组	GB/T 14294—2008	C类
62	柜式风机盘管机组	JB/T 9066—1999	C类
63	风机盘管机组	GB/T 19232—2003	C类
64	通风机能效限定值及能效等级	GB/T 19761—2009	C类
65	清水离心泵能效限定值及节能评价值	GB/T 19762—2007	C类

(续)

序号	规范名称	标准编号	备注
66	离心式除尘器	JB/T 9054—2015	C 类
67	回转反吹类袋式除尘器	JB/T 8533—2010	C 类
68	脉冲喷吹类袋式除尘器	JB/T 8532—2008	C 类
69	内滤分室反吹类袋式除尘器	JB/T 8534—2010	C 类
70	建筑通风和排烟系统用防火阀门	GB 15930—2007	C 类
71	干式风机盘管	JB/T 11524—2013	C 类，2018 年新增
72	高出水温度冷水机组	JB/T 12325—2015	C 类，2018 年新增
73	工业建筑节能设计统一标准	GB 51245—2017	B 类，2020 年新增
74	全国民用建筑工程设计技术措施 暖通空调·动力	2009 年版	大纲删除但仍有考点，建议购买
75	全国民用建筑工程设计技术措施 节能专篇 暖通空调·动力	2007 年版	大纲删除但仍有考点，建议购买

说明：

1. 由于本书出版之日 2020 年考试规范、标准大纲尚未公布，因此上表中仅按惯例列出 2020 年大纲可能涉及的规范、标准。待 2020 年官方大纲目录公布时，读者可自行对照，补全 2020 年新增规范及标准。

2. 注册暖通专业考试大纲涉及规范、规程及标准按时间划分原则：考试年度的试题中所采用的规范、规程及标准均以前一年 10 月 1 日前公布实施的规范、规程及标准为准，如 2020 年考试大纲，应以 2019 年 10 月 1 日前公布实施的规范、规程及标准为准，2019 年 10 月 1 日之后实施的规范、规程及标准，原则上不应列入考试大纲要求。

附录 B 考点总结快速查找目录

1. 新旧节能规范关于权衡判断的对比 ……………………………………（P3）
2. 管网阻力系数恒定在计算中的灵活运用 ………………………………（P17）
3. 流量修正系数 β_4 的使用原则 …………………………………………（P21）
4. 散热器片数取舍原则 ……………………………………………………（P21）
5. 通风工程中室外计算温度取值 …………………………………………（P43）
6. 工作台上侧吸罩计算方法释疑 …………………………………………（P52）
7. 温湿度独立控制系统的设计计算方法 …………………………………（P93）
8. 水泵相关计算 ……………………………………………………………（P103）
9. 多层平板传热问题 ………………………………………………………（P113）
10. 耗电输热(冷)比争议点总结 ……………………………………………（P122）
11. 制冷循环题目计算要点 …………………………………………………（P124）

附录 C 热湿比小工具（仅供配合本书附录 D 使用）

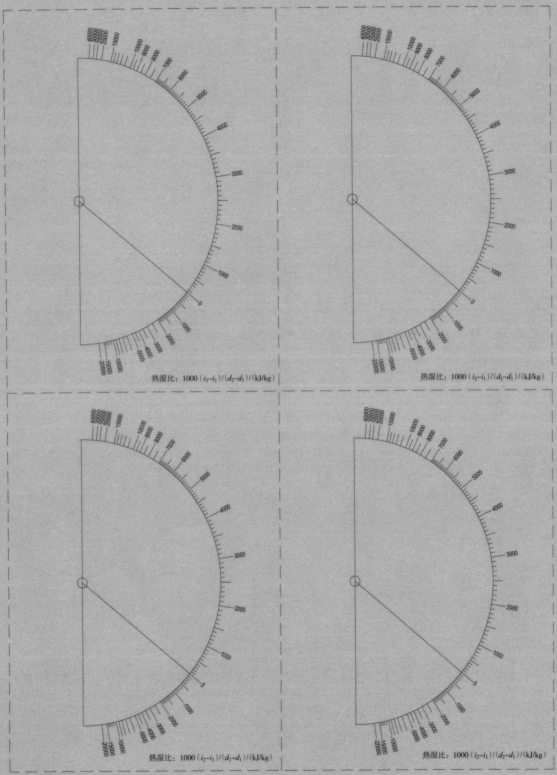

使用说明：
1. **本工具需配合本书附录 D 焓湿图使用，使用其他焓湿图可能造成误差！** 将附录 C 按虚线裁开，共四份，每一份可单独使用。
2. 在焓湿图上确定需要绘制热湿比线的状态点后，将本工具覆盖于焓湿图上，使其圆心与状态点重合，半圆直径与焓湿图等湿线平行。
3. 用直尺紧压本工具与焓湿图，画线连接圆心至所需热湿比大小的刻度处，并继续画线延伸至焓湿图上（超出工具覆盖的范围）。
4. 将工具移走，连接状态点与焓湿图上所画直线，即可准确得到经过该状态点指定大小的热湿比线。

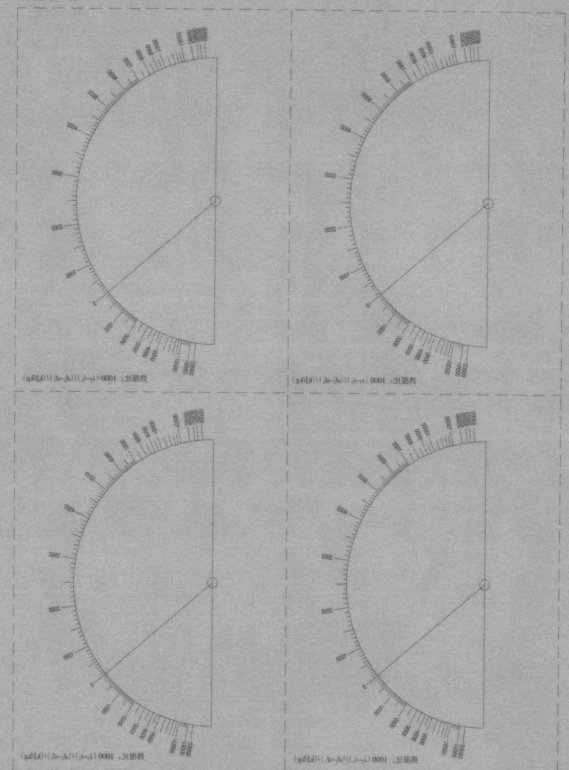